U0879916

高等院校材料类创新型应用人才培养规划教材

材料科学基础(第2版)

主　编　张晓燕
副主编　于　杰　卫广智
参　编　雷源源　鲁圣军
　　　　田　琴　马　瑞
　　　　万明攀

北京大学出版社
PEKING UNIVERSITY PRESS

内容简介

本书全面系统地介绍了材料科学的基本问题，全书共分为12章，以金属材料为主，分析金属材料的成分、组织结构、加工工艺与性能之间的关系及其变化规律，其主要内容包括：晶体结构、晶体缺陷、塑性变形、相图、扩散、凝固以及回复再结晶等，着重于基本概念和基本理论。在此基础上又介绍了陶瓷材料、高分子材料以及复合材料，并在最后对材料的强韧化进行了详述，为学习和研究各种材料提供了必要的基础知识。本书第2版是在教学实践和学科发展的基础上，对第1版内容作了适当的修改和调整，以适应教学之需。

本书既可作为材料科学与工程专业或相关专业大学本科生的教材，也可作为从事材料研究、生产及应用的科研人员和工程技术人员的参考书。

图书在版编目(CIP)数据

材料科学基础/张晓燕主编. —2版. —北京：北京大学出版社，2014.6
高等院校材料类创新型应用人才培养规划教材
ISBN 978-7-301-24221-6

Ⅰ. ①材… Ⅱ. ①张… Ⅲ. ①材料科学—高等学校—教材 Ⅳ. ①TB3

中国版本图书馆CIP数据核字(2014)第090291号

书　　名：材料科学基础(第2版)
著作责任者：张晓燕　主编
策 划 编 辑：童君鑫
责 任 编 辑：宋亚玲
标 准 书 号：ISBN 978-7-301-24221-6/TG·0050
出 版 发 行：北京大学出版社
地　　址：北京市海淀区成府路205号　100871
网　　址：http://www.pup.cn　新浪官方微博：@北京大学出版社
电 子 信 箱：pup_6@163.com
电　　话：邮购部 010-62752015　发行部 010-62750672　编辑部 010-62750667
印　刷　者：北京虎彩文化传播有限公司
经　销　者：新华书店
787毫米×1092毫米　16开本　21.75印张　503千字
2009年8月第1版
2014年6月第2版　2023年1月第6次印刷
定　　价：58.00元

高等院校材料类创新型应用人才培养规划教材

编审指导与建设委员会

第 2 版前言

能源、信息、材料被认为是 21 世纪国民经济的三大支柱，其中材料是各行各业的基础，可以说，没有先进的材料，就没有先进的工业、农业和科学技术。材料科学是研究材料的成分、组织结构、制备工艺与材料性能及应用之间相互关系的学科。材料是人类一切生产和生活水平提高的物质基础，是人类进步的里程碑。由于某些新材料的出现，成功地推动了社会的进步，提高了人类的物质文明。人类文明的发展史，就是一部如何更好地利用材料和创造材料的历史。同时，材料的不断创新和发展，也极大地推动了社会经济的发展。因此材料科学与工程专业担负着为国民经济建设培养新材料领域高级技术人才的使命。

本书是根据材料科学与工程一级学科办学的专业基础课教学实际需要，结合多年来从事本门课程的教学实践和体会，本着加强基础理论、淡化专业和拓宽口径的宗旨编写的，主要作为材料科学与工程专业的专业基础课教材。

“材料科学基础”是材料科学与工程专业本科生的一门重要专业基础课。以介绍材料的基础知识为目的，主要内容包括：材料的微观结构、晶体缺陷、材料的范性变形、相图、固体中原子的扩散、凝固以及再结晶等。本书着重于基本概念和基础理论，从材料的内部结构探讨其性质与行为，揭示材料结构与性能的内在联系及规律，为认识和改进材料的性能提供必备的基础知识。

随着我国现代化建设的不断发展，材料科学与工程的应用越来越广，它渗透到与材料制备、结构、性质和应用有关的许多领域，多学科性成为材料科学与工程的一种重要特征。未来科学技术的综合化趋势对人才培养提出了新的要求，材料专业的学生除了要熟悉金属材料外、还需要了解陶瓷材料、高分子材料和复合材料。为了建立更为宽广的基础知识体系，本书以金属材料为主，在此基础上又介绍了陶瓷材料、高分子材料和复合材料以及材料的强韧化，为学习和研究各种材料提供了必要的基础知识。

本书对材料科学基本概念和基本原理进行系统阐述，力求教材内容的科学性、简洁性和实用性，尤其在章节安排上，注意了本课程的系统性及其与相关课程的衔接。本书内容由 12 章组成：第 1～8 章为金属材料，包括晶体结构、晶体缺陷、形变、相图、扩散、凝固和再结晶；第 9 章为陶瓷材料，包括陶瓷结构、缺陷、相图和变形；第 10 章为高分子材料，包括概论、高分子结构和重要高分子材料等；第 11 章为复合材料，包括复合材料增强体、金属基复合材料、陶瓷基复合材料和聚合物基复合材料；第 12 章为材料强化与韧化。

本书的主编为贵州大学张晓燕教授(第 4、5 章)；副主编为国家复合改性聚合物材料工程技术研究中心于杰教授(第 10.1、10.2、10.4 节)和贵州大学卫广智教授(第 2、3、12 章)；参编为贵州大学雷源源(第 1、9、11 章)、鲁圣军(第 10.3 节)、田琴(第 6 章)、马瑞(第 7

章)和万明攀(第8章)。

在本书编写过程中，编者参阅引用了国内外相关优秀教材及文献资料，在此谨向相关著作者表示真诚的谢意！

由于编者水平有限，本书不当之处在所难免，恳请读者批评指正。

编　者

2014年3月

目 录

第 1 章 金属的晶体结构

本章教学要点

知识要点	掌握程度	相关知识
原子间的键合	熟悉原子间结合键分类及其特点，重点掌握金属键	元素性质、原子结构和该元素在周期表中的位置三者之间的关系； 元素的电负性
空间点阵	掌握空间点阵的概念、特点，以及与晶体结构的联系与区别	晶胞的选取以及点阵常数。 七大晶系； 14 种布拉菲点阵
晶向指数和晶面指数	掌握晶面、晶向指数的标定方法。若给出晶体中具体的晶向、晶面时会标注“指数”；若给出具体的“指数”时，能在三维空间图上找出其位置	晶向族和晶面族的含义； 晶带轴的求法； 晶面间距和晶面夹角
三种典型的金属晶体结构	熟悉三种典型金属晶体结构（bcc、fcc、hcp）的晶体学特点	金属的多晶型性
合金相结构	掌握固溶体和中间相的分类及其结构特点	合金以及相的基本概念

金属在固态下通常都是晶体。所谓晶体，是指其内部原子(分子或离子)在三维空间作有规则的周期性重复排列的物体。晶体中原子(分子或离子)在空间的具体排列方式称为晶体结构。金属的许多性能都与晶体中原子(分子或离子)的排列方式有关，因此分析金属的晶体结构是研究金属材料的关键，其中包括晶体中原子是如何相互作用并结合起来的、原子的排列方式和规律、各种晶体的特点和差异等。

1.1 原子间的键合

材料的许多性能在很大程度上取决于原子结合键。如金刚石和石墨都是含碳的单质，但金刚石是无色坚硬的晶体，而石墨是黑色光滑的片状物，两者性能相差甚远，这就是由于碳原子之间具有不同的键合方式。

根据结合键结合力的强弱可以把结合键分为两大类：一类是结合力较强的主价键(或称一次键)，包括离子键、共价键和金属键；另一类是结合力较弱的次价键(或称二次键)，包括范德瓦尔斯键和氢键。下面一一介绍。

1.1.1 离子键

金属元素特别是ⅠA、ⅡA族金属在满壳层外面有1～2个价电子，很容易脱离原子核，而ⅥA、ⅦA族的非金属元素原子的外壳层得到1～2个电子便可成为稳定的电子结构。当这两类元素结合时，金属元素的外层电子就会转移到非金属元素的外壳层上，使两者都得到稳定的电子结构，从而降低了体系的能量，此时金属元素和非金属元素分别形成正离子和负离子，正负离子之间由于静电引力相互吸引，使原子结合在一起，形成了离子键。所以这种结合的基本特点是以离子而不是以原子为结合单元。

氯化钠是典型的离子键结合，如图1.1所示，Na的最外层电子贡献给Cl，Na变为带正电的离子，而内层电子数为8，是满层电子数；Cl接受1个电子，变为带负电的离子，并使外层电子数为8，也是满层电子数。故1个Na原子和1个Cl原子依靠正负离子间的吸引力而结合在一起。

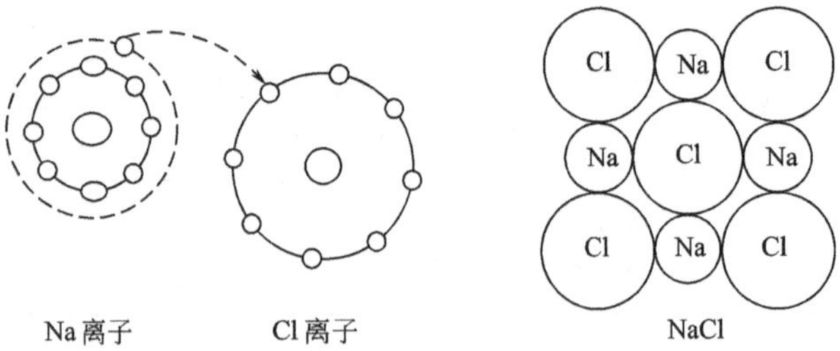

图1.1 NaCl的离子键

一般离子晶体中正负离子静电引力较强，所以有较高熔点。离子晶体如果发生相对移动，将失去电平衡，使离子键遭到破坏，故以离子键结合的材料是脆性的。此外，由于离子晶体中很难产生可以自由运动的电子，因此，它们都是良好的电绝缘体。

1.1.2 共价键

所谓共价键，就是由两个或多个电负性相差不大的原子间通过共用电子对而形成的化学键。在元素周期表中的ⅣA、ⅤA族元素，其价电子数为4、5，得失电子都较困难，因此不容易实现离子结合。在这种情况下，相邻原子间通过共用电子对来实现稳定的电子结构。例如，金刚石是典型的共价键结合，如图1.2所示，碳的4个价电子分别与周围4个碳原子的电子组成4个共用电子对，达到8电子稳定结构。一般来说，两个相邻原子只能共用一对电子，一个原子的共价键数，即可以与它成共价结合的原子数最多只能等于$8-N$（N表示这个原子最外层电子数），所以共价键具有明显的饱和性。此外，在形成共价键时，为使电子云达到最大限度的重叠，共价键还有方向性，例如，在金刚石中，每一个碳原子周围都有4个碳原子各成一定角度和它相邻。

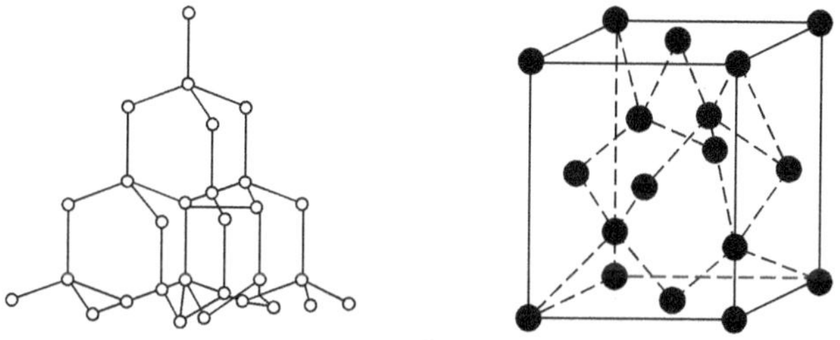

图1.2 金刚石的原子结合(圆点代表C原子)

共价键的结合力很大，因此共价晶体结构比较稳定，具有硬度高、强度大、脆性大、熔点高等性质。

1.1.3 金属键

典型金属原子结构的特点是，其最外层电子数很少，容易失去外壳层电子而具有稳定的电子结构。当金属原子相互靠近时，其最外层电子脱离原子成为自由电子，并在整个晶体内运动，为整个金属所共有，即弥漫于金属正离子组成的晶格中而形成电子云。这种由金属中的自由电子和金属正离子之间相互作用所构成的键合称为金属键。如图1.3所示，绝大多数金属均以金属键方式结合，它的基本特点是电子的共有化。

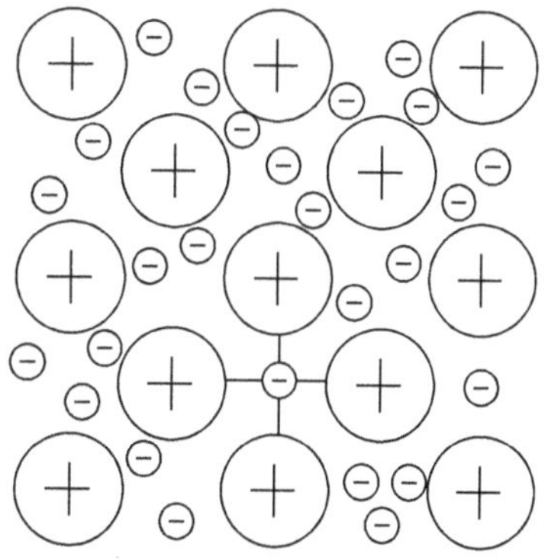

图1.3 金属键示意图

此外，金属键无饱和性也无方向性，因此每个原子有可能同更多的原子相结合，由于原子排列得越紧凑，体系的能量越低，晶体也就越稳定，所以金属晶体中的原子排列都比较紧密。

根据金属键的这些本质特征，可以解释固态金属的一些特性。例如，在外电场作用下，金属中的自由电子能沿着电场方向作定向运动，形成电流，从而使金属显示出良好的导电性。自由电子的运动和正离子的振动使金属具有良好的导热性。随着温度的升高，正离子(或原子)本身振幅增大，阻碍电子的通过，使电阻升高，因而金属具有正的电阻温度系数。由于自由电子很容易提高可见光的能量，而被激发到较高的能级，当它跳回到原来的能级时，将所吸收的可见光能量重新辐射出来，从而使金属不透明具有金属光泽。此外，由于金属键没有饱和性和方向性，所以当金属的两部分发生相对位移时，金属的正离子始终被包围在电子云中，金属键仍旧保持，故金属能经受变形而不断裂，使其具有良好的延展性。

1.1.4 范德瓦尔斯键

原子或离子结构中无序波动会引起核周围电子云的畸变，而这种波动可以由热振动或电磁振动所引起。电子壳层的非对称移动可以引起动态偶极，偶极之间的相互作用可以产生弱的吸引力，范德瓦尔斯力就是借助这种微弱的、瞬时的电偶极矩的感应作用将原来具有稳定的原子结构的原子或分子结合为一体，如图 1.4 所示。这种很弱的范德瓦尔斯键在性质上是一种静电键。这种偶极波动在所有固体中都有，但范德瓦尔斯结合仅对很少的化合物才是重要的，往往在原来具有稳定的电子结构的原子及分子之间起主要作用，例如，具有满壳层结构的惰性气体元素，或已形成共价结合的分子等，它们结合成晶体时，每个原子或分子基本上保持原来的电子结构。

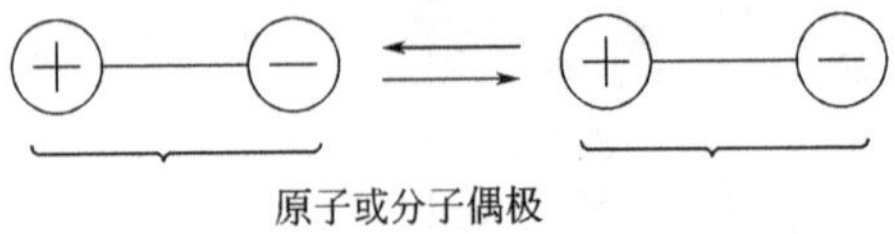

图 1.4 极性分子间的范德瓦尔斯力示意图

由于范德瓦尔斯键很弱，分子晶体的结合力很小。在外力作用下，易产生滑动，造成大的变形。因此，分子晶体的熔点很低，硬度也低。

1.1.5 氢键

氢键是一种特殊的分子间作用力，它是由氢原子同时与两个电负性很大而原子半径很小的原子(O、F、N 等)相结合而产生，它比范德瓦尔斯键要强得多，但比化学键弱。

氢键具有饱和性和方向性，可以存在于分子内或分子间。由氢键结合的 HF、H_2O 及 NH_3 的熔点和沸点都比范德瓦尔斯键结合的 CH_4 和 Ne 等高得多。由氢键结合的物体，其液态稳定范围较宽；而范德瓦尔斯键结合的物质，液态的稳定范围较窄。

实际上，大部分材料的内部原子结合键往往是几种结合键的混合。例如金属主要是金属键结合，但也会出现一些非金属键，如过渡族元素，它们的原子结合中也会出现少量的共价键结合，这也是过渡族金属具有高熔点的原因。

以上简单讨论了结合键的类型和特征，表 1-1 就给出了部分物质的键能和熔融温度。

表 1-1 部分物质的键能和熔融温度

物　质	键合类型	键能		熔融温度/℃
		kJ/mol	eV/原子、离子、分子	
NaCl	离子键	640	3.3	801
MgO		1000	5.2	2800
Si	共价键	450	4.7	1410
C(金刚石)		713	7.4	>3550
Hg	金属键	68	0.7	−39
Al		324	3.4	660
Fe		406	4.2	1538
W		849	8.8	3410

（续）

物　质	键合类型	键能		熔融温度/℃
		kJ/mol	eV/原子、离子、分子	
Ar	范德瓦尔斯键	7.7	0.08	−189
Cl_2		31	0.32	−101
NH_3	氢键	35	0.36	−78
H_2O		51	0.52	0

1.2 晶体学基础

决定晶体结构类型的内在因素是原子（分子、离子）间结合键的类型以及键的强弱。金属晶体的结合键是金属键，由于金属键没有方向性，使金属内部的原子趋于紧密排列，构成高度对称性的简单晶体结构。本章在介绍晶体学基本知识的基础上，着重讨论金属中3种典型的晶体结构。

1.2.1 空间点阵

1. 空间点阵的概念

实际晶体中的质点(原子、分子、离子等)在三维空间可以有无限多种排列形式。为了便于分析研究晶体中质点的排列情况，可把它们抽象为规则排列于空间的无数个几何点，这些点可以是原子或分子的中心，也可以是彼此等同的原子群或分子群的中心，但各个点的周围环境都必须相同。这些点的空间排列就称为空间点阵。点阵中的点称为阵点或结点。在表达空间点阵的几何图形时，为了观察方便起见，可用许多平行的直线将所有阵点连接起来，构成一个三维几何格架，称为空间格子，如图1.5所示。注意，空间点阵只是表示原子或原子团分布规律的一种几何抽象，每个阵点不一定代表一个原子，也就是说，每个阵点可能代表一群原子。但每个阵点都是等同的，周围环境都必须相同。

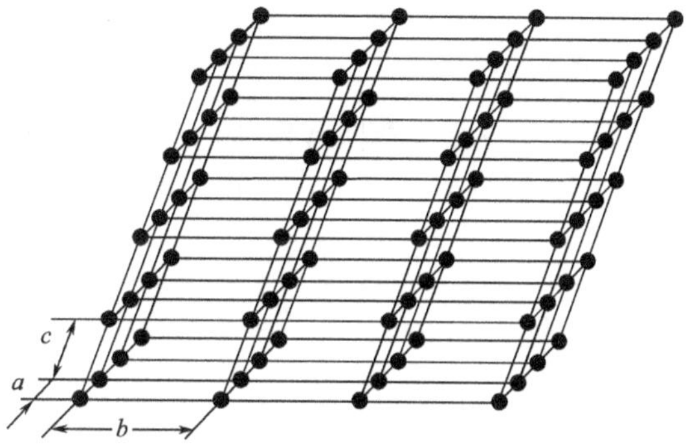

图1.5　空间点阵的一部分

2. 晶胞

由于各阵点的周围环境相同，空间点阵具有周期性、重复性。为了说明点阵排列的规律和特点，可在点阵中取出一个具有代表性的基本单元(通常是取一个最小的平行六面体)作为点阵的组成单元，称为晶胞。将晶胞作三维的重复堆砌就构成了空间点阵。可见，采用晶胞来反映晶体中原子(分子或离子)排列的规律性就更为简单明了。但注意，同一空间点阵可因选取方式不同而得到不相同的晶胞，如图1.6所示。如何正确选取晶胞呢？其选取原则是：要使选取出的晶胞尽量反映出点阵的高度对称性且尽可能是简单晶胞，即只在平行六面体的八个顶角上有阵点。有时为了更好地表现出点阵的对称性，亦可不选简单晶胞而使晶胞中心或面的中心也存在阵点，如体心(在平行六面体的中心有一阵点)，底心(在上下底面的中心各有一阵点)的晶胞。

如何描述晶胞的形状和大小呢？通过晶胞角上的某一阵点(往往取左下角后面一点)，沿其3个棱边作坐标轴 x、y、z(称为晶轴)，则此晶胞及所属点阵类型即可由3条棱边的边长 a、b、c(称为点阵常数)及棱间夹角 α、β、γ 6个参数来描述，如图1.7所示。实际上，采用3个点阵矢量 $\boldsymbol{a}$、$\boldsymbol{b}$、$\boldsymbol{c}$ 来表示晶胞更为方便。这3个矢量不仅确定了晶胞的形状和大小，并且完全确定了此空间点阵。只要任选一个阵点为原点，以这3个矢量作平移(即平移的方向和单位距离由点阵矢量所规定)，就可以确定空间点阵中任何一个阵点的位置，即

$$\boldsymbol{r}_{uvw}=u\boldsymbol{a}+v\boldsymbol{b}+w\boldsymbol{c} \tag{1-1}$$

式中，$\boldsymbol{r}_{uvw}$ 为从原点到某一阵点的矢量；u、v、w 分别为沿3个点阵矢量的平移量，亦即该阵点的坐标。

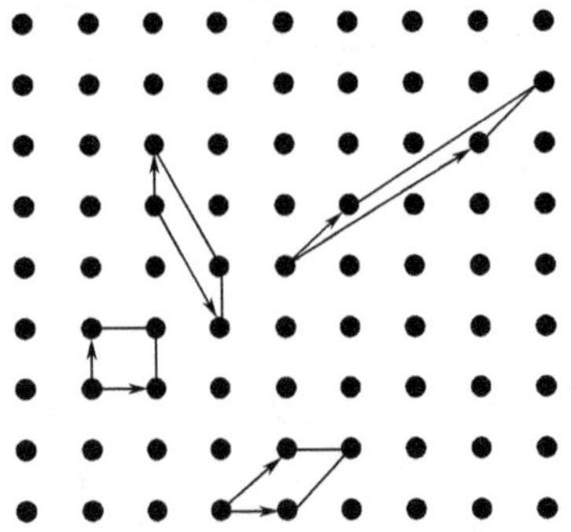

图 1.6　在点阵中选取晶胞

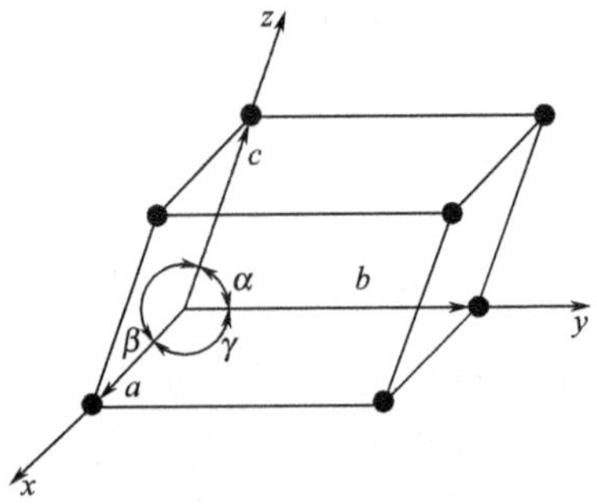

图 1.7　晶胞、晶轴及点阵矢量

3. 晶系

根据6个点阵参数间的相互关系，可将全部空间点阵归属于7种类型，即7个晶系，见表1-2。所有的晶体均可归纳在这7个晶系中。

表 1-2　晶系

晶　系	棱边长度及夹角关系	举　例
三　斜	$a\neq b\neq c$，$\alpha\neq\beta\neq\gamma\neq90°$	K_2CrO_7
单　斜	$a\neq b\neq c$，$\alpha=\gamma=90°\neq\beta$	β—S，$CaSO_4\cdot2H_2O$
正　交	$a\neq b\neq c$，$\alpha=\beta=\gamma=90°$	α—S，Ga，Fe_3C
六　方	$a_1=a_2=a_3\neq c$，$\alpha=\beta=90°$，$\gamma=120°$	Zn，Cd，Mg，NiAs
菱　方	$a=b=c$，$\alpha=\beta=\gamma\neq90°$	As，Sb，Bi
四　方	$a=b\neq c$，$\alpha=\beta=\gamma=90°$	β—Sn，TiO_2
立　方	$a=b=c$，$\alpha=\beta=\gamma=90°$	Fe，Cr，Cu，Ag，Au

4. 布拉菲点阵

自然界中的晶体有很多种，它们都具有各自的晶体结构，为了方便研究，引入了“空间点阵”概念，那么点阵究竟有多少种？按照“每个阵点的周围环境都相同”的要求，法国晶体学家布拉菲(A. Bravais)于1848年用数学方法证明空间点阵只能有14种，故这14

种空间点阵称为布拉菲点阵。其晶胞如图 1.8 所示，它们分属 7 个晶系，见表 1－3。

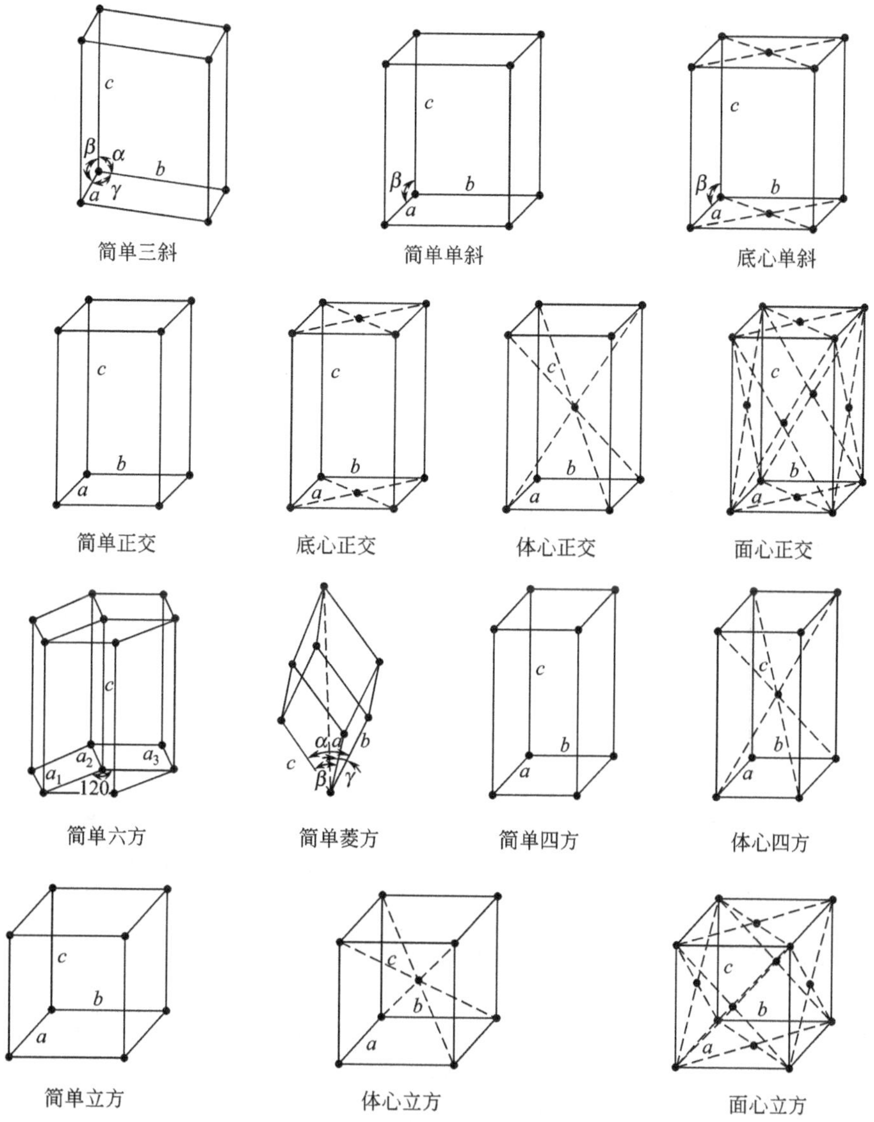

图 1.8　14 种布拉菲点阵

表 1－3　布拉菲点阵

布拉菲点阵	晶　系	布拉菲点阵	晶　系
简单三斜	三　斜	简单六方	六　方
简单单斜 底心单斜	单　斜	简单菱方	菱　方
简单正交 底心正交 体心正交 面心正交	正　交	简单四方 体心四方	四　方
		简单立方 体心立方 面心立方	立　方

同一空间点阵可因选取晶胞的方式不同而得出不同的晶胞，例如，体心立方的晶胞可用简单三斜晶胞来表示，面心立方点阵晶胞也可用简单棱方来表示(图 1.9)，但缺点是它们的高度对称性得不到反映，故不能这样选取。

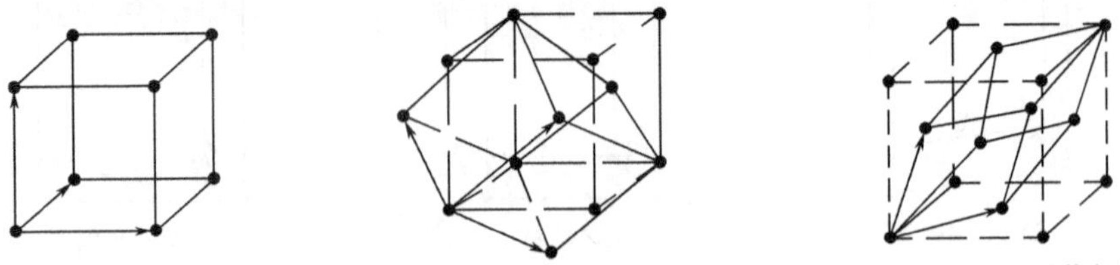

(a) 立方晶系　(b) 体心立方可用简单三斜表示　(c) 面心立方可用简单菱方表示

图 1.9　体心立方和面心立方晶胞的不同取法

5. 空间点阵和晶体结构的关系

空间点阵和晶体结构既有联系又有区别。空间点阵用以描述和分析晶体结构的周期性和对称性，是晶体中质点排列的几何学抽象，由于各阵点必须等同且周围环境相同，因此它只能有 14 种类型。晶体结构则是指晶体中实际质点(包括同类或异类的原子、分子或离子)的具体排列情况，它们能组成各种类型的排列，因此可能出现的晶体结构是无限的。但是各种晶体结构总能够按质点排列的周期性和对称性归属于 14 种空间点阵中的一种。

对于一些简单金属，其晶体结构可能等同于空间点阵，例如，金、银、铜、铝、镍、铅等的晶体结构和空间点阵都是面心立方，钒、铌、铬、钼、钨等的晶体结构和空间点阵都是体心立方。但是，其他一些金属，特别是具有复杂结构的金属和合金，其晶体结构就不等同于空间点阵，例如，NaCl 晶体结构(图 1.10 中的 NaCl 结构)，该晶体结构中的 Na 离子和 Cl 离子不等同，其周围环境也不相同，不能称为 NaCl 空间点阵，而要把它抽象为面心立方空间点阵，其中每个阵点包含一个 Na^+ 和一个 Cl^- 。

不同的晶体结构可能属于同一空间点阵，而相似的晶体结构又可能属于不同的点阵。例如图 1.10 所示为 Cu、CaF_2 和 NaCl 3 种晶体结构。显然，这 3 种晶体结构有很大的差异，然而它们的空间点阵是一样的，都属于面心立方点阵。又如图 1.11 中几种不同的质点抽象为一个点阵时都与图 1.11(a)所示相同，属于同一个点阵，但属于不同的晶体结构。图 1.12 所示为 Cr 和 CsCl 的晶体结构，它们都是体心立方结构，但空间点阵却不相同，Cr 为体心立方，而 CsCl 则属于简单立方空间点阵。

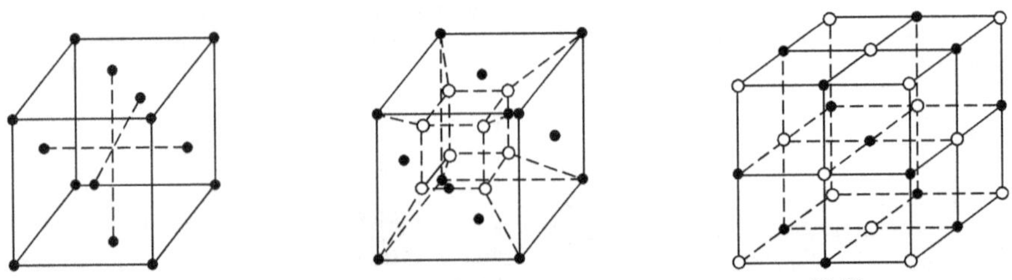

Cu　CaF_2　NaCl

图 1.10　具有相同点阵的晶体结构

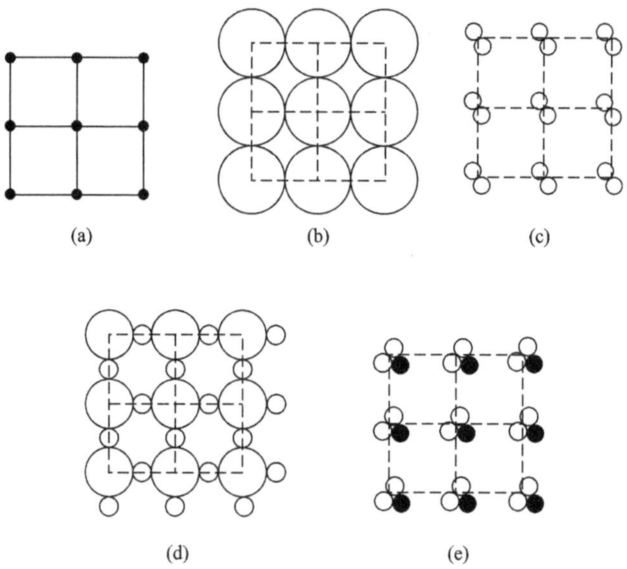

图 1.11 属于同一种空间点阵的几种不同晶体结构示意图

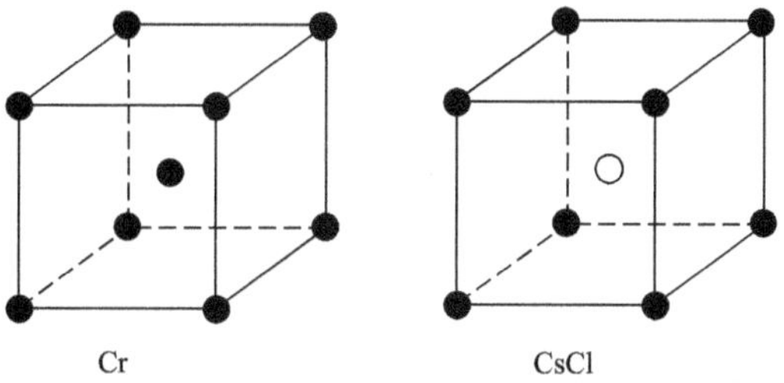

图 1.12 晶体结构相似而点阵不同

1.2.2 晶向指数和晶面指数

在材料科学中分析研究有关晶体的生长、变形、相变以及性能等问题时，常涉及晶体中的某些方向(称为晶向)和原子构成的平面(称为晶面)。为了便于表示和区别各种晶向和晶面，国际上通常用密勒(Miller)指数来统一标定晶向指数和晶面指数。

1. 晶向指数

晶向指数的确定步骤如下：

(1) 建立坐标系。以晶胞的某一阵点 O 原点，3 条棱边为坐标轴(x，y，z)，并以晶胞棱边的长度(即晶胞的点阵常数 a，b，c)分别作为坐标轴的长度单位。

(2) 过原点 O 作一直线 OP，使其平行于待定的晶向。

(3) 在直线 OP 上选取距原点 O 最近的一个阵点，并确定该点的 3 个坐标值。

(4) 将这 3 个坐标值化为最小整数 u、v、w，加上方括号，$[uvw]$ 即为待定晶向的晶向指数。如果 $[uvw]$ 中某个数值为负值，则将负号标注在这个数的上方，如 $[0\bar{1}2]$，$[1\bar{1}0]$ 等。

图 1.13 所示给出了正交晶系中的几个晶向的晶向指数。显然，一个晶向指数并不是仅表示一个晶向，而是表示一组互相平行、方向一致的晶向。若所指的方向相反，则晶向指数的数字相同、但符号相反。由于晶体中的对称关系，原子排列情况相同、空间位向不同的一组晶向称为晶向族，用<uvw>来表示。例如立方晶系中的 [100]，[010]，[001] 和 $[\bar{1}00]$，$[0\bar{1}0]$，$[00\bar{1}]$ 等 6 个晶向，它们的原子排列情况完全相同，性质相同，可用晶向族<100>表示。注意，如果不是立方晶系，改变晶向指数的顺序所表示的晶向可能是不等同的。例如，在正交晶系中由于$a \neq b \neq c$，即 [100]，[010]，[001] 各晶向的原子间距并不相等，故不属于同一晶向族。

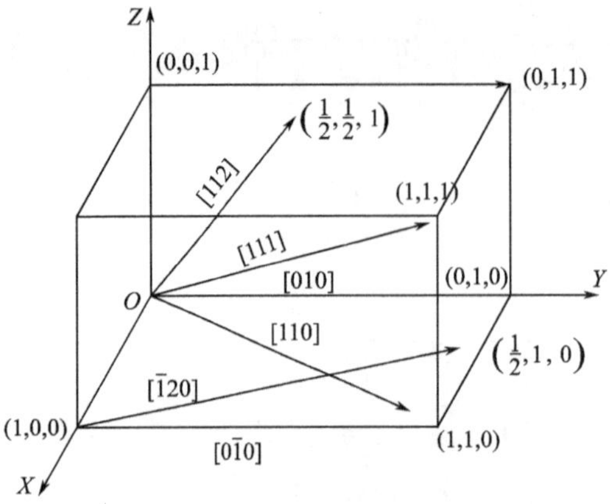

图 1.13 正交晶系中的部分晶向的晶向指数

2. 晶面指数

在晶体中，原子的排列构成了许多不同方位的晶面，需要用晶面指数来表示和区分这些晶面。

晶面指数的确定步骤如下：

(1) 建立如前所述的坐标系，但原点要定于待定晶面之外，避免出现零截距。

(2) 求出待定晶面在 3 个坐标轴上的截距，若该晶面和某坐标轴平行，则在此轴上的截距为∞。

(3) 取这些截距的倒数。

(4) 将上述倒数化为最小的简单整数，并加上圆括号，即表示该晶面的指数，记为(hkl)。

图 1.14 所示的晶面，a_1，b_1，c_1 在 3 个坐标轴上的截距为 1/2，1/3，2/3，其倒数为 2，3，3/2，化为简单整数为 4，6，3，所以晶面 a_1，b_1，c_1 的晶面指数为(463)。如果所求晶面在坐标轴上的截距为负值，则在相应的指数上方加一负号，如 $(10\bar{1})$、$(11\bar{2})$等。图 1.15 所示给出了正交晶系中几个晶面的晶面指数。

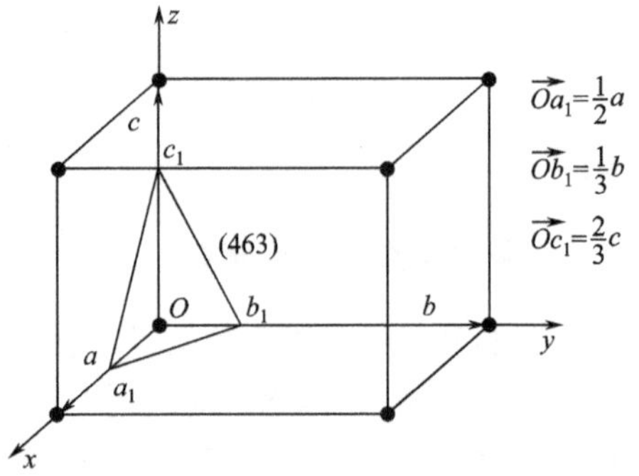

图 1.14 晶面指数的表示方法

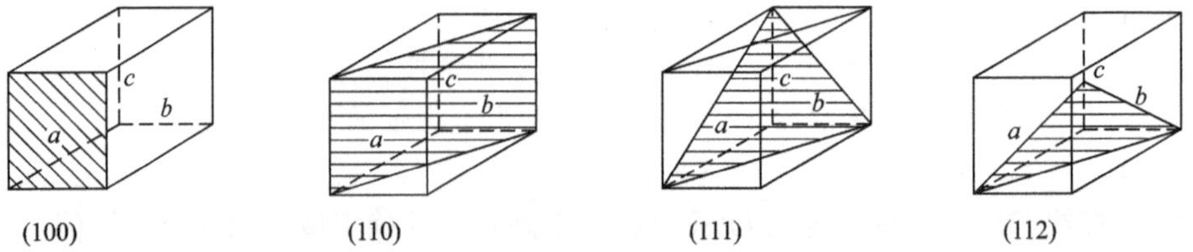

图 1.15 正交晶系中几个晶面的晶面指数

所有相互平行的晶面在 3 个坐标轴上的截距虽然不同，但它们是成比例的，其倒数也仍然成比例，经化简可以得到相同的最小整数。因此，所有相互平行的晶面，其晶面指数相同，或者最多相差一个负号。可见，晶面指数代表的不仅是某一晶面，而是代表一组相互平行的晶面。此外，在晶体中有些晶面原子排列情况相同，面间距也相同，只是空间位向不同，可归并于一个晶面族，用 $\{hkl\}$ 表示。在立方晶系中可以用 h，k，l 3 个数字的排列组合方法求得，例如，$\{111\}$ 和 $\{100\}$ 可表示如下：

$$\{111\}=(111)+(\bar{1}11)+(1\bar{1}1)+(11\bar{1})+(\bar{1}\bar{1}1)+(\bar{1}1\bar{1})+(1\bar{1}\bar{1})+(\bar{1}\bar{1}\bar{1})$$

$$\{100\}=(100)+(010)+(001)+(\bar{1}00)+(0\bar{1}0)+(00\bar{1})$$

若不是立方晶系，如正交晶系，由于点阵常数 $a\neq b\neq c$，因此(100)与(010)不属于同一晶面族。在立方晶系中，具有相同指数的晶面和晶向相互垂直，例如，$[101]\perp(101)$，$[121]\perp(121)$等。注意，这个关系不适用于其他晶系。

3. 六方晶系指数

六方晶系的晶向指数和晶面指数可以用上述方法标定，这时取 a_1，a_2，c 为晶轴，而 a_1 轴与 a_2 轴的夹角为 120°，c 轴与 a_1，a_2 相垂直，如图 1.16 所示。用三轴坐标可以求得六方晶胞的 6 个柱面晶面指数分别是(100)，(010)，$(\bar{1}10)$，$(\bar{1}00)$，$(0\bar{1}0)$，$(1\bar{1}0)$。显然，这 6 个柱面的原子排列规律是相同的，应该属于同一晶面族，但从 6 个柱面的晶面指数上反映不出来。为了克服这一缺点，通常采用另一专用于六方晶系的指数。

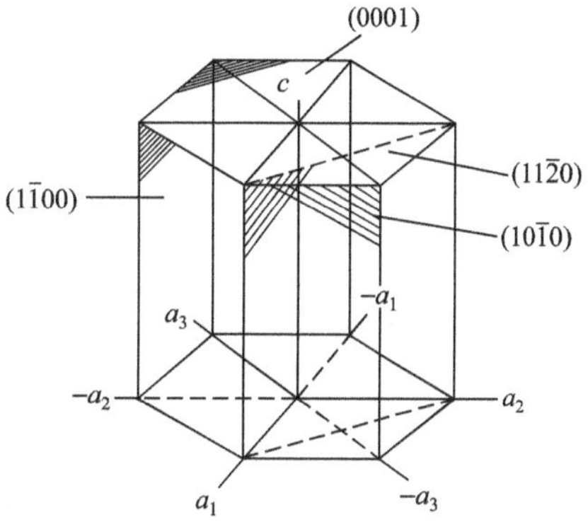

图 1.16 六方晶系一些晶面的晶面指数

根据六方晶系的对称特点，对六方晶系采用 a_1，a_2，a_3 及 c 4 个晶轴，a_1，a_2，a_3 之间的夹角均为 120°，c 与 a_1，a_2，a_3 相垂直。晶面指数标定方法与三轴坐标系相同，但其晶面指数用$(hkil)$4 个指数来表示。采用这种标定方法，等同的晶面可以从指数上反映出来，例如，上述 6 个柱面的指数分别为$(10\bar{1}0)$、$(01\bar{1}0)$、$(\bar{1}100)$、$(\bar{1}010)$、$(0\bar{1}10)$和$(1\bar{1}00)$，显然，这 6 个晶面可归并为同一晶面族$\{10\bar{1}0\}$。

根据几何学知识，三维空间独立的坐标轴最多不超过 3 个，应用上述方法标定的晶面指数形式上是 4 个指数。但由于前 3 个指数中只有两个是独立的，所以它们之间存在以下关系：

$$i=-(h+k)$$

同样，四轴坐标系中晶向指数的确定方法也和三轴坐标系相同，但需用 $[uvtw]$ 来表示，同理，u、v、t 中也只能有两个是独立的，它们之间有下列关系：

$$t=-(u+v)$$

六方晶系按两种晶轴坐标所得的晶向指数和晶面指数可相互转换，其中晶面指数的转换较为简单，三轴转换为四轴时，只要加上 $i=-(h+k)$即可，反之，去掉 i 即可；而对晶向指数而言，$[UVW]$ 与 $[uvtw]$ 之间的转换关系为

$$\left.\begin{array}{l}U=u-t,\ V=v-t,\ W=w\\ u=\dfrac{1}{3}(2U-V),\ v=\dfrac{1}{3}(2V-U),\ t=-(u+v),\ w=W\end{array}\right\}\tag{1-2}$$

4. 晶带

相交于同一直线的一组晶面组成一个晶带，这一组晶面称为共带面，而该直线称为晶带轴。晶带轴 $[uvw]$ 与该晶带中任一晶面(hkl)之间存在以下关系：

$$hu+kv+lw=0\tag{1-3}$$

凡满足此关系的晶面都属于以 $[uvw]$ 为晶带轴的晶带。此外，如果有两个不平行的晶面$(h_1k_1l_1)$和$(h_2k_2l_2)$，则其晶带轴的晶向指数 $[uvw]$ 可从下式求得：

$$u=k_1l_2-k_2l_1$$
$$v=l_1h_2-l_2h_1$$
$$w=h_1k_2-h_2k_1$$

同样，若已知二晶向 $[u_1v_1w_1]$ 和 $[u_2v_2w_2]$，由此二晶向所确定的晶面指数(hkl)为

$$h=v_1w_2-v_2w_1$$
$$k=w_1u_2-w_2u_1$$
$$l=u_1v_2-u_2v_1$$

5. 晶面间距与晶面夹角

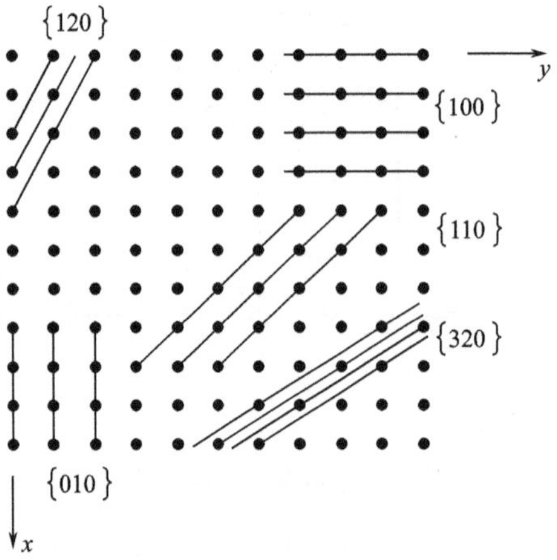

图 1.17 晶面间距

晶面间距是指两个相邻的平行晶面的垂直距离。晶面族 $\{hkl\}$ 指数不同，其晶面间距也不同。通常，低指数的晶面其晶面间距较大，而高指数的晶面其晶面间距较小。如图 1.17 所示，可看到其 {100} 面的晶面间距最大，{120} 的晶面间距较小，而 {320} 面的间距就更小。当然，这还与点阵类型有关，比如，体心立方和面心立方点阵，它们的最大晶面间距的面分别为 {110} 或 {111}，而不是 {100}。

此外，晶面间距最大的晶面总是原子最密排的晶面，晶面间距越小，晶面上原子排列越稀疏。正是由于不同晶面和晶向原子排列情况不同，使得单晶体表现为各向异性，见表 1-4。

表 1-4 单晶体的各向异性

金属	弹性模量/MPa		抗拉强度/MPa		延伸率/%	
	最大	最小	最大	最小	最大	最小
Cu	191000	66700	346	128	55	10
α-Fe	293000	125000	225	158	80	20
Mg	506000	42900	840	294	220	20

晶面间距 d_{hkl} 与晶面指数(hkl)和点阵常数$(a,\ b,\ c)$有如下关系：

正交晶系：

$$d_{hkl}=\frac{1}{\sqrt{\left(\frac{h}{a}\right)^2+\left(\frac{k}{b}\right)^2+\left(\frac{l}{c}\right)^2}} \tag{1-4}$$

立方晶系：

$$d_{hkl}=\frac{a}{\sqrt{h^2+k^2+l^2}} \tag{1-5}$$

六方晶系：

$$d_{hkl}=\frac{1}{\sqrt{\frac{4}{3}\frac{(h^2+hk+k^2)}{a^2}+\left(\frac{l}{c}\right)^2}} \tag{1-6}$$

注意，按以上这些公式所算出的晶面间距是对简单晶胞而言的，若是复杂点阵(例如体心立方、面心立方等)，在计算时应考虑晶面层数增加的影响。例如，在体心立方或面心立方晶胞中，上下底面(001)之间还有一层同类型的晶面，故实际的晶面间距应为$\frac{1}{2}d_{001}$。

除了晶面间距可以通过上述方法和公式进行计算外，两个晶面$(h_1k_1l_1)$和$(h_2k_2l_2)$之间的夹角θ，也可通过类似的几何关系推出。

正交晶系：

$$\theta=\cos^{-1}\left[\frac{\frac{h_1h_2}{a^2}+\frac{k_1k_2}{b^2}+\frac{l_1l_2}{c^2}}{\sqrt{\frac{h_1^2}{a^2}+\frac{k_1^2}{b^2}+\frac{l_1^2}{c^2}}\cdot\sqrt{\frac{h_2^2}{a^2}+\frac{k_2^2}{b^2}+\frac{l_2^2}{c^2}}}\right] \tag{1-7}$$

立方晶系：

$$\theta=\cos^{-1}\left[\frac{h_1h_2+k_1k_2+l_1l_2}{\sqrt{h_1^2+k_1^2+l_1^2}\cdot\sqrt{h_2^2+k_2^2+l_2^2}}\right] \tag{1-8}$$

六方晶系：

$$\theta=\cos^{-1}\left\{\frac{\frac{4}{3a^2}\left[h_1h_2+k_1k_2+\frac{1}{2}(h_1k_2+h_2k_1)\right]+\frac{l_1l_2}{c^2}}{\sqrt{\frac{4}{3a^2}(h_1^2+k_1^2+h_1k_1)+\frac{l_1^2}{c^2}}\cdot\sqrt{\frac{4}{3a^2}(h_2^2+k_2^2+h_2k_2)+\frac{l_2^2}{c^2}}}\right\} \tag{1-9}$$

1.2.3 晶体的对称性

自然界的许多晶体如天然金刚石、水晶等往往具有规则的几何外形。晶体外形的宏观对称性是其内部微观对称性的表现，晶体的对称性也从其物理性质方面如热膨胀、弹性模量和光学常数等反映出来。因此，分析探讨晶体的对称性，对研究晶体结构与性能都具有重大意义。

1. 对称要素

对称要素构成某些动作，晶体经过这些动作后所处的位置与其原始位置完全重合，就像未发生一样。例如，立方晶体每次围绕其垂直于面中心的轴回转90°后，都与其原始位置重合，故此轴是立方晶体的对称要素。

晶体的对称要素可分为宏观和微观两类。宏观对称要素反映出晶体外形和其宏观性质的对称性，而微观对称要素与宏观对称要素配合运用就能反映出晶体中原子排列的对称性。

1）宏观对称要素

(1) 回转对称轴。当晶体围绕某一轴回转而能完全复原时，此轴即为回转对称轴。在回转一周的过程中(360°)，晶体能复原几次，就称为几次对称轴。晶体中实际可能存在的对称轴有1，2，3，4和6五种，并用国际符号1，2，3，4，6表示，如图1.18所示。5次及高于6次的对称轴不可能存在，因为具有这种对称性的晶胞在堆垛时会留有空隙。

(2) 对称面。若通过晶体作一平面，使晶体的各对应点经此平面反映后都能重合一致，则该平面称为对称面，用符号 m 表示，如图1.19所示。

(3) 对称中心。若晶体中所有的点在经过某一点反演后能复原，则该点就称为对称中心，或称为反演中心，用符号 i 表示，如图1.20所示。

(4) 回转-反演轴。当晶体绕某一轴回转一定角度($360°/n$)，再以轴上的一个中心点做反演之后能得到复原时，该轴称为回转-反演轴。如图1.21所示，在图中，P 点绕 BB'

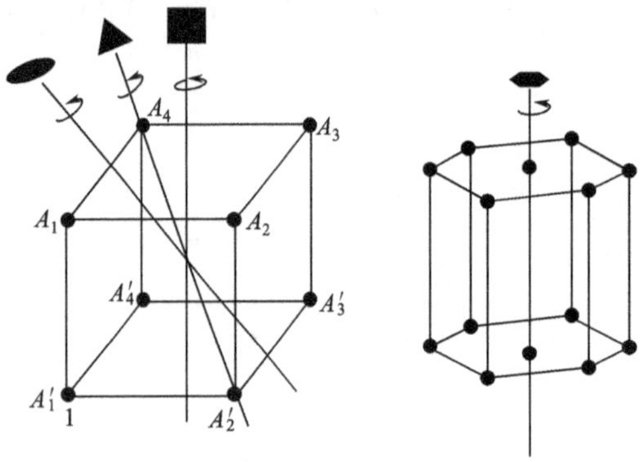

图1.18 对称轴

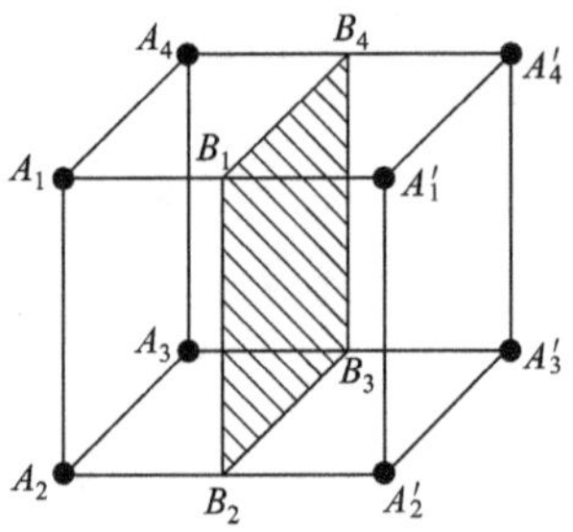

图1.19 对称面图

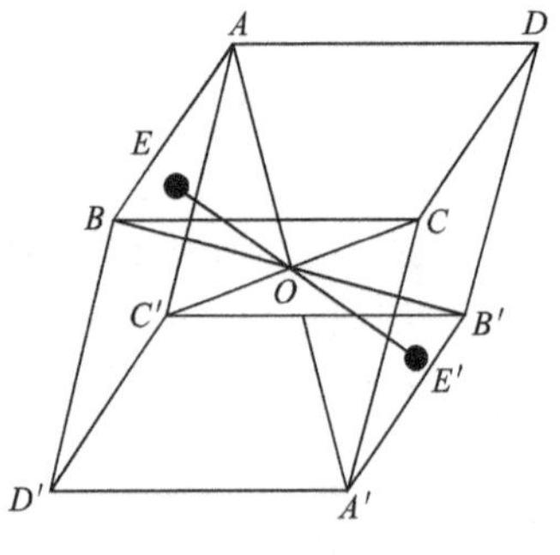

图1.20 对称中心

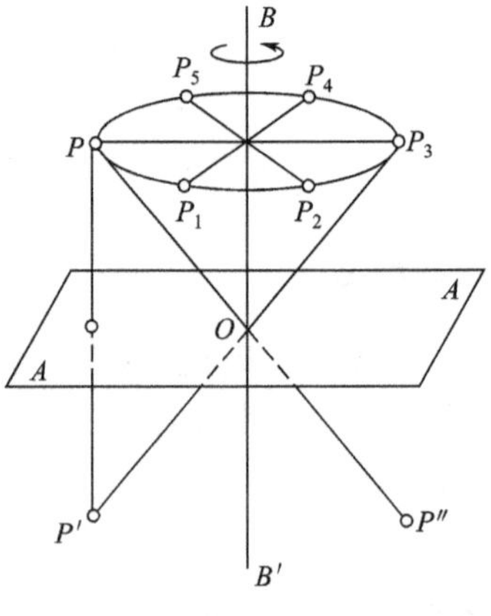

图1.21 回转-反演轴

轴回转180°与 P_3 点重合，再经 O 点反演而与 P' 重合，则称 BB' 为2次回转-反演轴。从图可以看出，回转-反演轴可有1次、2次、3次、4次和6次，分别用符号 $\bar{1}$，$\bar{2}$，$\bar{3}$，$\bar{4}$，

$\bar{6}$。事实上，$\bar{1}$与对称中心等效，$\bar{2}$与对称面等效。

2）微观对称元素

在分析晶体结构的对称性时，还需增加包含有平移动作的两种对称要素，这就是滑动面和螺旋轴。

(1) 滑动面。它是由一个对称面加上沿着此面的平移所组成，晶体结构可借此面的反映并沿此面平移一定距离而复原。例如，如图 1.22 所示，点 2 是点 1 的反映，BB'面是对称面；但图 1.23 所示的结构就不同，单是反映不能得到复原，点 1 经 BB'面反映后再平移 $a/2$ 距离才能与点 2 重合，这时 BB'面是滑动面。

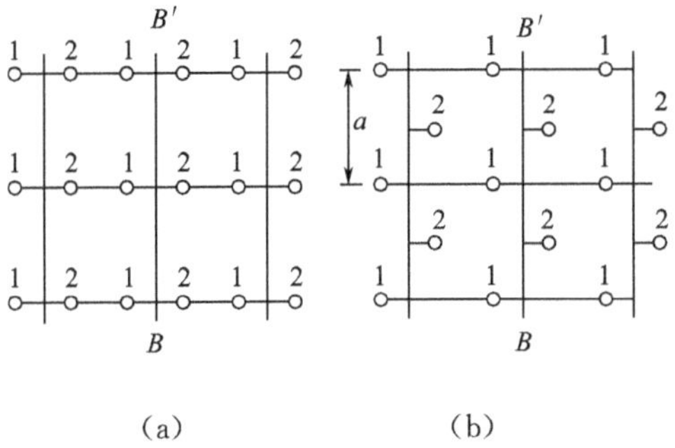

图 1.22 滑动面

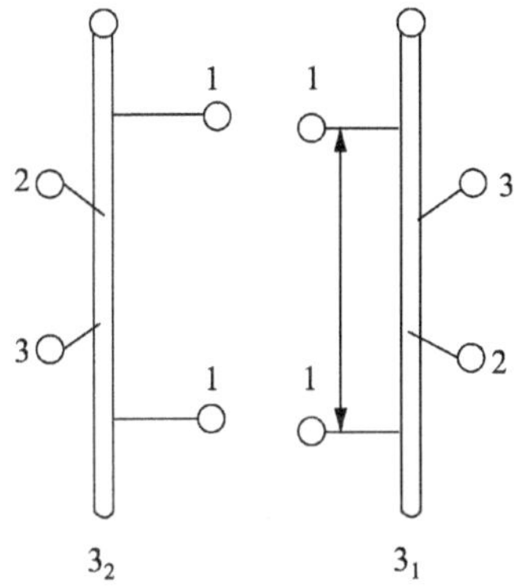

图 1.23 滑动面

滑动面的表示符号如下：如平移为 $a/2$、$b/2$、$c/2$ 时，写作 a、b、c；若沿对角线平移 1/2 距离，则写作 n；若沿面对角线平移 1/4 距离，则写作 d。

(2) 螺旋轴。螺旋轴是由回转轴和平行于轴的平移所构成。晶体结构可借绕螺旋轴回转 $360°/n$ 角度同时沿轴平移一定距离(阵点间距的几分之一)而得到重合，此螺旋轴称为 n 次螺旋轴。图 1.23 所示为 3 次螺旋轴，一些结构绕此轴回转 120°并沿轴平移 $c/3$ 就得到复原。螺旋轴按其回转方向有右旋和左旋之分，图中右边是右螺旋轴，左边是左螺旋轴。因此，螺旋轴可有 2 次(平移距离为 $c/2$，不分左右旋)、3 次(平移距离为 $c/3$，分左右旋)、4 次(平移距离为 $c/4$、$c/2$、前者分左右旋，后者不分)、6 次(平移距离为 $c/6$、$c/3$、$c/2$，前两者分左右旋，最后不分)。用符号表示分别为 2_1(表示 2 次、$c/2$)；3_1(表示 3 次、$c/3$、右旋)，3_2(表示 3 次、$c/3$、左旋)；4_1(表示 4 次、$c/4$、右旋)，4_3(表示 4 次、$c/4$、左旋)，4_2(表示 4 次、$c/2$)；6_1(6 次、$c/6$、右旋)，6_5(6 次、$c/3$、左旋)，6_2(6 次、$c/3$、右旋)，6_4(6 次、$c/6$、左旋)，6_3(6 次、$c/2$)。

到目前为止，把所有的对称要素归纳如下：

回转对称轴：1、2、3、4、6。

对称面：m。

对称中心：i。

回转一反演轴：$\bar{1}$、$\bar{2}$、$\bar{3}$、$\bar{4}$、$\bar{6}$。

滑动面：a、b、c、n、d。

螺旋轴：2_1、3_1、3_2、4_1、4_2、4_3、6_1、6_2、6_3、6_4、6_5。

2. 点群及空间群

1）点群

晶体的对称性可通过一些对称要素的运用而体现，各种晶体因其对称性不同，所具有的对称要素也不同。例如，三斜晶系的对称要素只有 $\bar{1}$ 或 1(不具对称性)；而立方晶系就有多种对称要素，如三个 4、四个 3、六个 2，以及 m、$\bar{1}$ 等。晶体可能存在的对称类型可通过宏观对称要素在一点上组合应用而得出，但这些组合并不是任意的，例如，对称面不能与位于此面以外的对称中心或任意倾斜的对称轴组合。因此，分析了各种可能的组合情况后确定：只能有 32 种点群。点群在宏观上表现为晶体外形的对称。32 种点群见表 1－5。

表 1－5　32 种点群

晶　　系	三　　斜	单　　斜	正　　交	四　　方	菱　　方	六　　方	立　　方
对称要素	1 $\bar{1}$	m 2 $2/m$①	2 m m 2 2 2 $2/m$ $2/m$ $2/m$	$\bar{4}$ 4 $4/m$ $\bar{4}$ 2 m 4 m m 4 2 2 4/m 2/m 2/m	3 $\bar{3}$ $3m$ 3 2 $\bar{3}$ $2/m$	$\bar{6}$ 6 $6/m$ $\bar{6}$ 2 m 6 m m 6 2 2 $6/m$ $2/m$ $2/m$	2 3 $2/m$ $\bar{3}$ $\bar{4}$ $3m$ 4 3 2 $4/m$ $\bar{3}$ $2/m$
特征对称要素	无	1 个 2 或 m	3 个互相垂直的 2 或 2 个互相垂直的 m	1 个 4 或 $\bar{4}$	1 个 3 或 $\bar{3}$	1 个 6 或 $\bar{6}$	4 个 3

注：① $2/m$ 表示其对称面与 2 次轴相垂直，其余类推。

2) 空间群

空间群用以描述晶体中原子组合的所有可能方式，它是通过微观和宏观对称要素在三维空间的组合而得出的。属于同一点群的晶体可因其微观对称要素的不同而分属不同的空间群。故可能存在的空间群数目远远多于点群。现已证明晶体中可能存在的空间群有 230 种，分属于 32 个点群。

1.2.4　极射投影

在进行晶体结构分析时，采用立体图难以做到清晰表达晶体的各种晶向、晶面及其之间的夹角。通过投影图可将三维立体图转化到二维平面上，晶体的投影方法很多，但广泛应用的是极射投影。

1. 极射投影原理

设想将一很小的晶体或晶胞置于一个大球的中心，由于晶胞很小而球很大，可近似认为晶胞中所有晶面的法线和晶向均通过球心，这个球称为参考球。过球心作晶面的法线或晶向的延长线与球面的交点称为极点，这一点即为该晶面或晶向的代表点，极点的相互位置即可用来确定与之相对应的晶向或晶面之间的夹角。

极射投影的原理如图 1.24 所示。在参考球中选定一条过球心 C 的直线 AB，过 A 点一平面与参考球相切，该平面即为投影面，也称极射面。若球面上有一极点 P，连接 BP 并延长之，使其与投影面相交于 P'，P' 即为极点 P 在投影面上的投影。过球心作一平面 $NESW$ 与 AB 垂直(与投影面平行)，它在球面上形成一个直径与球径相等的圆，称为大圆。该大圆在投影面上的投影为 $N'E'S'W'$ 也是一个圆，称为基圆。所有位于左半球球面的极点，投影后的极射投影点均落在基圆之内。再将投影面移到 B 点，并以 A 点为投影点，将所有位于右半球球面上的所有极点投影到位于 B 处的投影面上，并冠以负号。最后将 A 处和 B 处的极射投影图重叠画在一张图上。这样，球面上所有可能出现的极点都可以包含在同一张极射投影图上。

参考球上包含直线 AB 的大圆在投影图上的投影为一直线，其他大圆投影到投影图上时均呈圆弧形(两头包含基圆直径的弧段)，而球面上不包含参考球直径的小圆，投影的结果既可能是一段弧，也可能是一个圆，不过其圆心将不在投影圆的圆心上。如果把参考球看作地球，A 点为北极，B 点为南极，过球心的投影面就是地球的赤道平面，将球面投影到赤道平面上，就称为极射赤面投影。

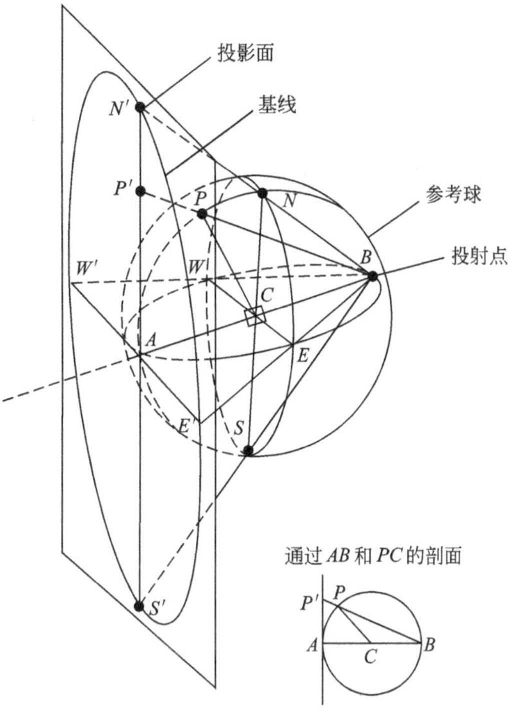

图 1.24 极射投影原理图

2. 吴氏网

如图 1.25 所示，吴氏网(Wulff net)是由经线和纬线组成，其中经线是由参考球空间

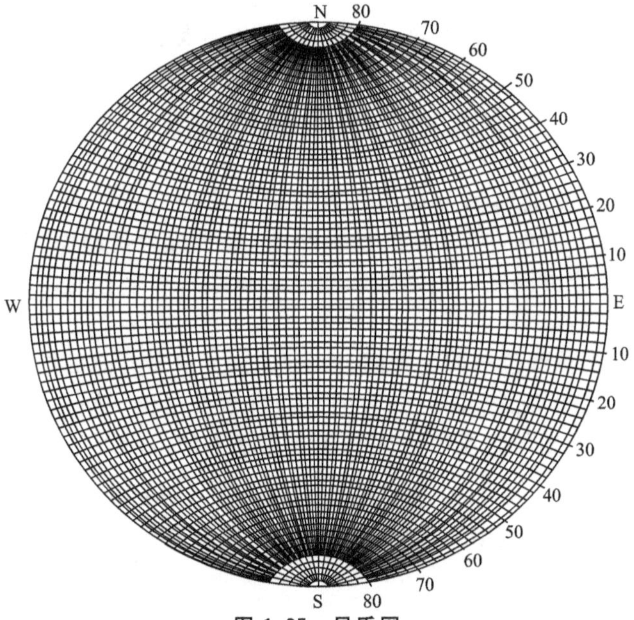

图 1.25 吴氏网

每隔 2°等分且以 NS 轴为直径的一组大圆投影而成；纬线则是由垂直于 NS 轴且按 2°等分球面空间的一组圆投影而成。吴氏网在绘制时如实地保留了角度关系，因此利用吴氏网可

读出任一极点的方位，还可测定投影面上任意两极点间的夹角，是研究晶体投影，晶体取向等问题的有力工具。

使用吴氏网测量时，用透明纸画出直径与吴氏网相等的基圆，在透明纸上作晶向或晶面的投影点，然后将此透明纸盖在吴氏网上测量。特别注意，测量时应使两投影点位于吴氏网同一经线或赤道线上，这样才能正确测出晶向或晶面之间的夹角。为何两投影点不能位于同一纬线上呢？如图 1.26(a)所示，B、C 两点位于同一经线上，在吴氏网上可读出其夹角为 30°。对照图 1.26(b)所示，可看出 B、C 两点之间空间的真实夹角 $\beta=30°$。而位于同一纬线上的 A、B 两点，它们之间的实际夹角为 α，但从吴氏网量出的夹角为 α'，因为$\alpha\neq\alpha'$，所以不能在小圆上测量这两点间的夹角。要测量 A、B 两点间的夹角，应将盖在吴氏网上的透明纸绕圆心转动，使 A、B 两点落在同一经线上或赤道上，然后再读出它们之间的夹角。

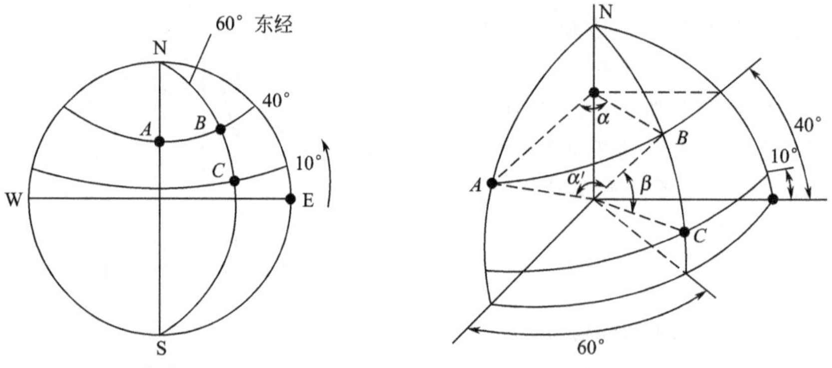

(a) 吴氏网　　(b) 参考球

图 1.26　吴氏网和参考球的关系

3. 标准投影图

以晶体的某个晶面平行于投影面，作出全部主要晶面的极射投影图，称为标准投影图。一般选择一些重要的低指数晶面作为投影面，比如立方晶系(001)，(110)，(111)及六方晶系(0001)等。例如(001)标准投影图是以(001)为投影面，进行极射投影而得，如图 1.27 所示。对于立方晶系，相同指数的晶向和晶面是垂直的，所以标准投影图中的点既代表晶向也代表晶面。

同一晶带各晶面的法线位于同一平面上，因此同一晶带各晶面的极点一定位于参考球的同一大圆上，所以在投影图上同一晶带的晶面投影点也位于同一弧段上(两头包含基圆直径的弧段)。由于晶带轴与其晶面的法线是相互垂直的，所以可根据晶面所在的弧段求出该晶带的晶带轴。例如，图 1.27 中(100)，($3\bar{2}1$)，($1\bar{2}1$)，($0\bar{2}1$)，($\bar{1}00$)等位于同一经线上，它们属于同一晶带，应用吴氏网在赤道线上向右测量出 90°，可求出其晶体带轴为[012]。

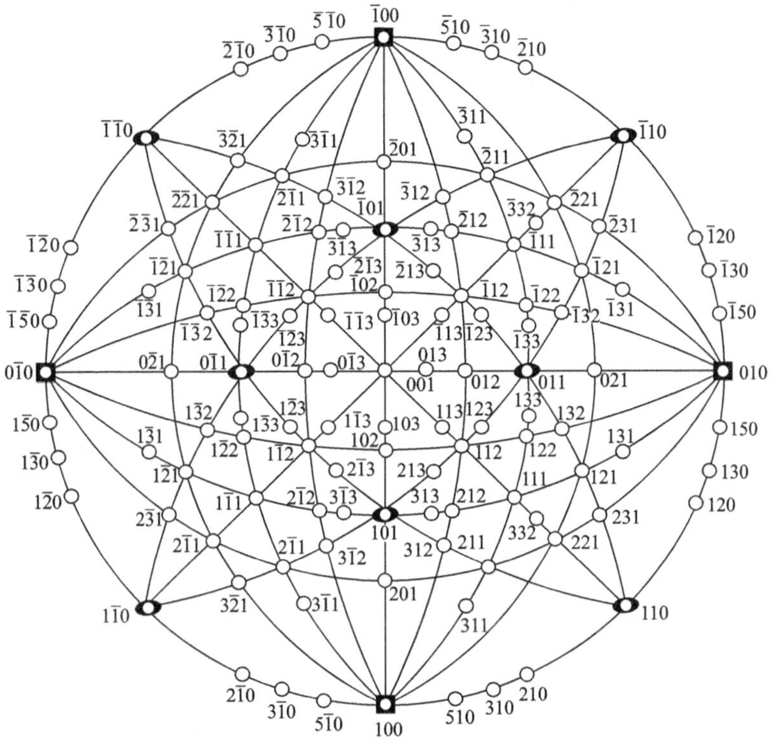

图 1.27　立方晶体(001)标准投影图

1.3　纯金属的晶体结构

金属在固态下一般都是晶体。决定晶体结构的内在因素是原子、离子或分子间键合的类型和强弱。金属晶体中的结合键是金属键，由于金属键无饱和性、无方向性，所以大多数金属晶体都是具有紧密排列、对称性高的简单晶体结构。

1.3.1　三种典型的金属晶体结构

在元素周期表中，金属元素占 80 余种。工业上使用的金属也有三四十种，除少数具有复杂的晶体结构外，绝大多数是具有比较简单的、高对称性的晶体结构。最常见的晶体结构有 3 种，即体心立方结构、面心立方结构和密排六方结构。若把金属原子看做刚性球，这 3 种晶体结构的晶胞分别如图 1.28、图 1.29、图 1.30 所示。在常见的金属中：Al、Cu、Ni、Au、Ag、Pt、Pb、$\gamma-Fe$ 等具有面心立方结构，该结构可用 fcc 或 A1 来表示；$\alpha-Fe$、$\delta-Fe$、W、Mo、Ta、Nb、V、$\beta-Ti$ 等具有体心立方结构，体心立方结构可用符号 bcc 或 A2 来表示；Mg、Zn、Cd 、$\alpha-Be$、$\alpha-Ti$、$\alpha-Zr$、$\alpha-Co$ 等具有密排六方结构，密排六方结构用符号 hcp 或 A3 来表示。

下面从几个方面来进一步分析它们的特征。

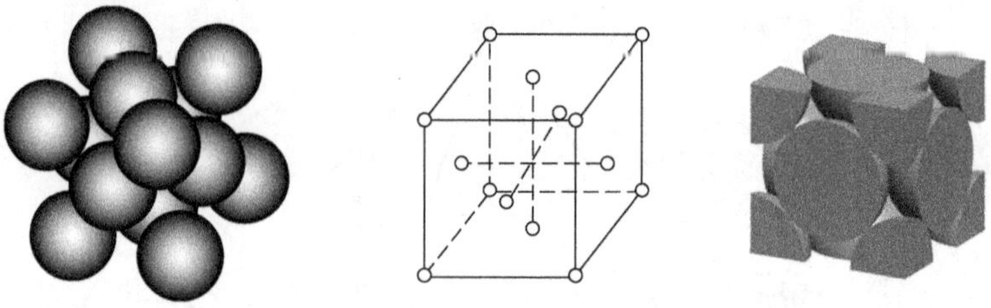

图 1.28　面心立方结构

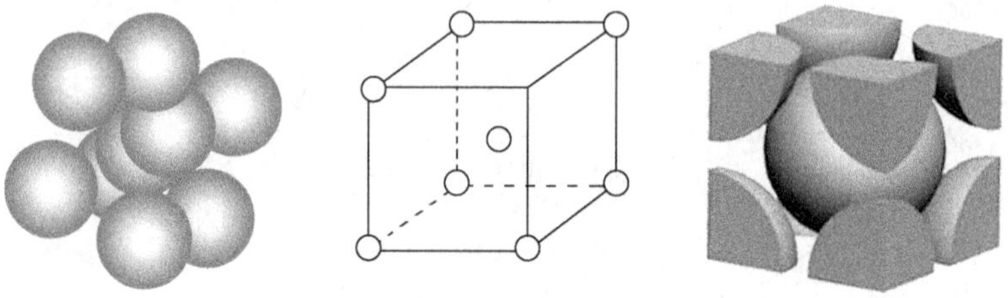

图 1.29　体心立方结构

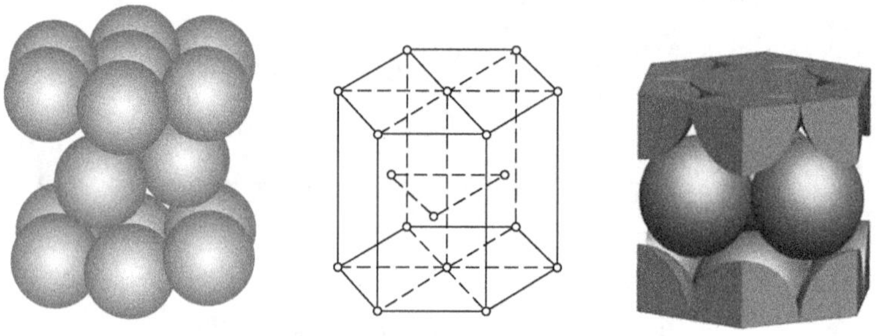

图 1.30　密排六方结构

1. 晶胞中的原子数

晶体由大量晶胞堆砌而成，由上图可看出，处于晶胞顶角上的原子不是一个晶胞所独有，而是几个晶胞所共有，只有在晶胞体积内的原子才为一个晶胞所独有。故3种典型金属晶体结构中每个晶胞所拥有的原子数为：

面心立方结构：

$$n=8\times1/8+6\times1/2=4$$

体心立方结构：

$$n=8\times1/8+1=2$$

密排六方结构：

$$n=12\times1/6+2\times1/2+3=6$$

2. 点阵常数与原子半径的关系

如前所述，晶胞的棱边长度(a、b、c)称为点阵常数，它是表征晶体结构一个重要基本参数。不同金属可以有相同的点阵类型，但却具有各不相同的点阵常数，且随温度不同而变化。

若把金属原子看作半径为 r 的刚性球，由几何学知识可以求出点阵常数 a、b、c 与 r 之间的关系：

面心立方结构($a=b=c$)：

$$\sqrt{2}a=4r$$

体心立方结构($a=b=c$)：

$$\sqrt{3}a=4r$$

密排六方结构($a=b\neq c$)，点阵常数用 a 和 c 来表示。在理想的情况下，即把原子看作等径刚性球，此时，轴比 $c/a=1.633$，$a=2r$；但实际测得的轴比常常偏离此值，即 $c/a\neq 1.633$，此时，$(a^2/3+c^2/4)^{1/2}=2r$。

点阵常数的单位是 nm，$1\text{nm}=10^{-9}\text{m}$。

3 种典型晶体结构中的常见金属及其点阵常数见表 1-6。

表 1-6 一些重要金属的点阵常数

金属	点阵类型	点阵常数/nm	金属	点阵类型	点阵常数/nm
Al	A1	0.40466	Mo	A2	0.31468
γ-Fe	A1	0.36468	W	A2	0.31650
Ni	A1	0.35236	Be	A3	a 0.22856 c 0.35832 c/a 1.5677
Cu	A1	0.36147	Mg	A3	a 0.32094 c 0.52105 c/a 1.6235
Rh	A1	0.38044	Zn	A3	a 0.26649 c 0.49468 c/a 1.8563
Pt	A1	0.39239	Cd	A3	a 0.29788 c 0.56167 c/a 1.8858
Ag	A1	0.40857	α-Ti	A3	a 0.29444 c 0.46737 c/a 1.5873
Au	A1	0.40788	α-Co	A3	a 0.2502 c 0.4601 c/a 1.623
V	A2	0.30782			
Cr	A2	0.28846			
α-Fe	A2	0.28664			
Nb	A2	0.33007			

3. 配位数和致密度

晶体中原子排列的紧密程度与晶体结构类型有关。为了定量地表示原子排列的紧密程度，采用配位数和致密度两个参数。

配位数：晶体结构中任一原子周围最近邻且等距离的原子数。

致密度：晶体结构中原子体积占总体积的百分数。若以一个晶胞来计算，则致密度就是晶胞中原子体积与晶体体积之比值，即

$$K=\frac{nv}{V}$$

式中，K 为致密度；n 为晶胞中的原子数；v 为一个原子的体积，这里将金属原子视为等径刚性球，故 $v=\frac{4\pi}{3}r^3$；V 为晶胞体积。

3 种典型金属晶体结构的配位数和致密度如下：

	配位数	致密度
面心立方结构	12	0.74
体心立方结构	8	0.68
密排六方结构	12	0.74

注意：在密排六方结构中只有当轴比 $c/a=1.633$ 时，配位数才是12，若 $c/a\neq1.633$，则有6个最近邻原子(同一层的6个原子)和6个次近邻原子(上下层的各3个原子)，其配位数应记为6+6。

4. 晶体结构中的间隙

从上面对晶体结构中致密度的分析可知，金属晶体中一定存在许多间隙，分析间隙的大小、数量及位置对了解金属的性能和合金相结构及金属在固态下的扩散、相变等过程都是很重要的。

金属的3种典型晶体结构的间隙，如图1.31、图1.32、图1.33所示。其中，位于6个原子所组成的八面体中间的间隙称为八面体间隙，而位于4个原子所组成的四面体中间的间隙称为四面体间隙。图中实心圆圈代表金属原子，令其半径为 r_A；空心圆圈代表间隙，令其半径为 r_B。r_B 实质上是表示能放入间隙内的小球的最大半径，如图1.34所示。

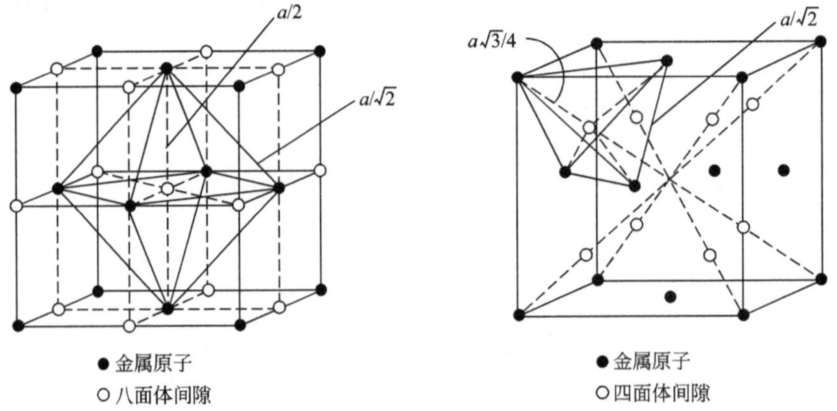

图 1.31　面心立方点阵中的间隙

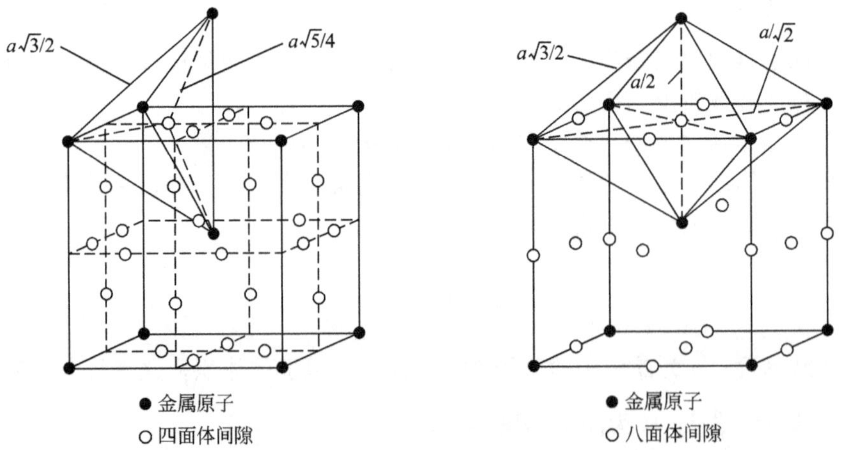

图 1.32　体心立方点阵中的间隙

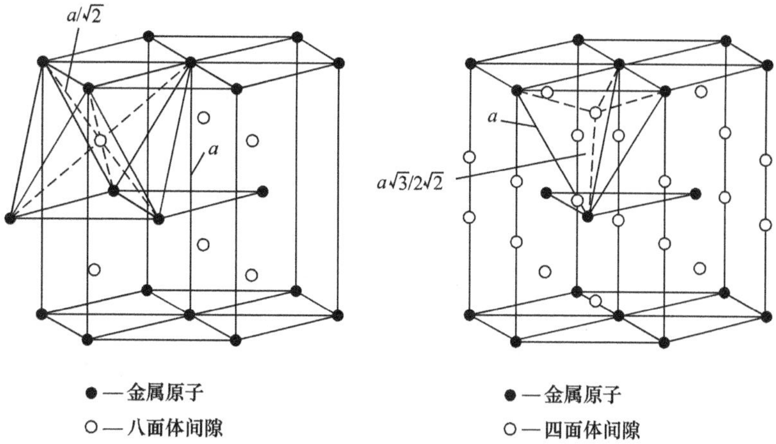

图 1.33 密排六方点阵中的间隙

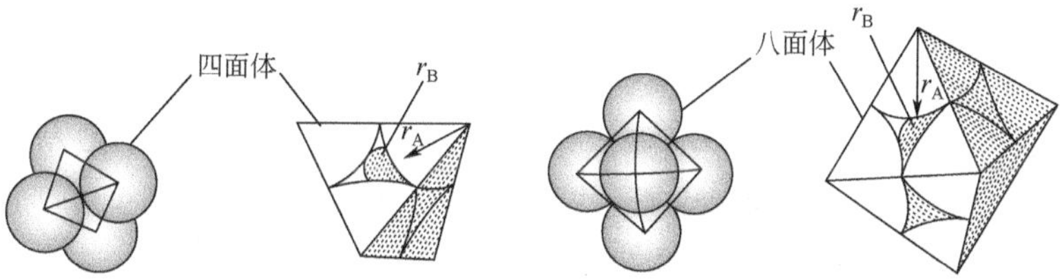

图 1.34 最紧密堆垛原子间隙的钢球模型——四面体间隙和八面体间隙

由图可知，面心立方结构中的四面体间隙及八面体间隙与密排六方结构中的同类间隙的形状相似，都是正四面体和正八面体，在原子半径相同的条件下，两种结构的同类间隙的大小也相等，且八面体间隙大于四面体间隙。而体心立方结构中的八面体间隙却比四面体间隙小，且二者的形状都不对称，其棱边长度不全相等。注意，晶体结构中的间隙对金属的性能和合金的晶体结构及金属在固态下的扩散、相变等过程都有重要影响。

利用几何关系可求出 3 种晶体结构中四面体和八面体间隙的数目和尺寸大小，计算结果见表 1-7。

表 1-7 3 种典型晶体中的间隙

晶体结构	间隙类型	间隙数目	间隙大小(r_B/r_A)
面心立方(fcc)	四面体间隙 八面体间隙	8 4	0.225 0.414
体心立方(bcc)	四面体间隙 八面体间隙	12 6	0.291 0.154<100> 0.633<110>
密排六方(hcp) (c/a=1.633)	四面体间隙 八面体间隙	12 6	0.225 0.414

5. *原子的堆垛方式*

由图可见，3 种晶体结构中均有一组原子密排面和原子密排方向，如下所示：

	原子密排面	原子密排方向
面心立方结构	{111}	<110>
体心立方结构	{110}	<111>
密排六方结构	{0001}	$<11\bar{2}0>$

这些原子密排面在空间沿其法线方向一层一层平行地堆垛起来就分别构成上述 3 种晶体结构。由上可知，面心立方和密排六方结构虽然晶体结构不同，但配位数与致密度却相同。为了弄清这个问题，就必须从晶体中原子的堆垛方式进行分析。

面心立方结构中的 {111} 晶面和密排六方结构中 {0001} 晶面上的原子排列情况完全相同，如图 1.35 所示，都是等径原子球的最紧密排列原子面。假设这时原子所处的位置称为 A 位置，然后把这些原子密排面在空间沿其法线方向一层层堆垛，但在这种密排面上有两种间隙位置，如图 1.36 中标明的 B 位置和 C 位置。当在第一层原子上面排列第二层原子密排面时，可以排在这两种位置之一，在第二层原子面上堆垛第三层原子时，同样也可能排列在两个间隙位置中的任何一个位置。依此类推，这样不断堆垛的结果，就可能产生两种不同的情况：第一种情况是第三层原子的排列位置与第一层原子的位置重合，形成 $ABABAB\cdots$ 的堆垛顺序，这就构成了密排六方结构；第二种情况是第二层原子排在 B 位置，第三层原子排在 C 位置，第四层原子的位置才与第一层重合，形成 $ABCABC\cdots$ 堆垛顺序，这就是面心立方结构的堆垛方式。当沿面心立方晶胞的体对角线([111] 方向)观察时，就可以看到(111)面的这种堆垛方式(图 1.37)。

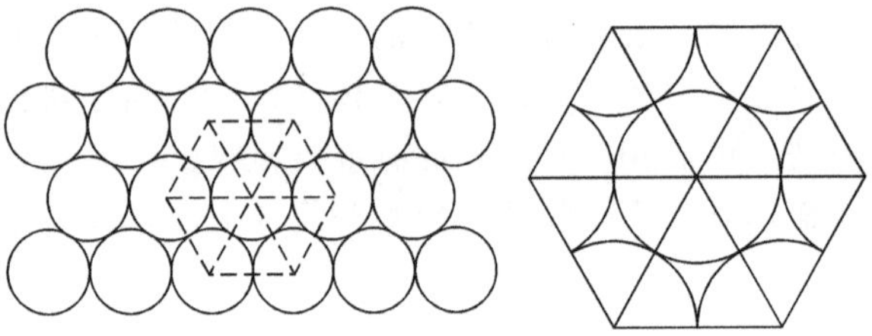

图 1.35 密排六方点阵和面心立方点阵中密排面上的原子排列

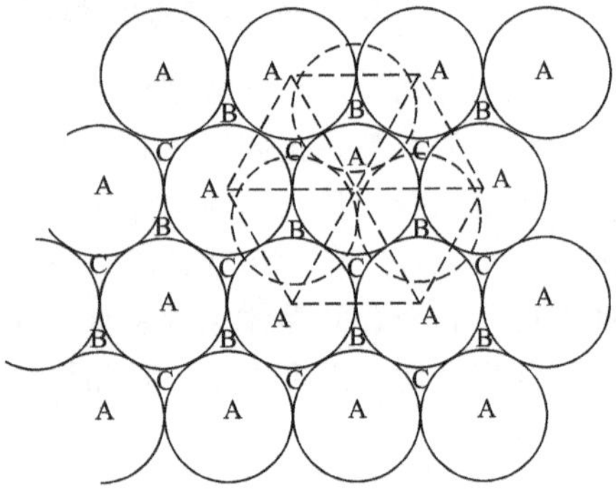

图 1.36 等径钢球在平面上最紧密的堆垛方式

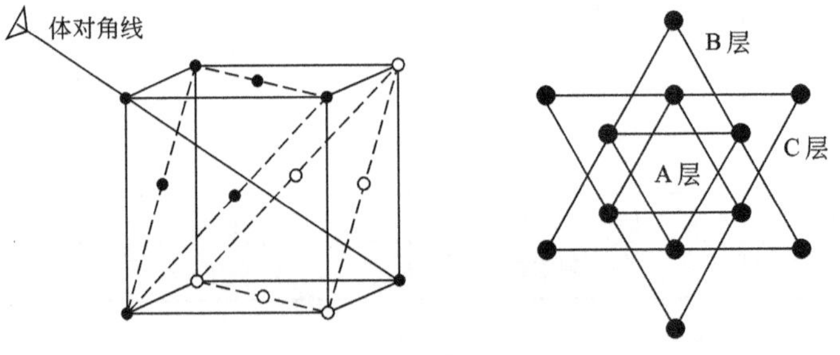

图 1.37 面心立方晶体中的密排面堆垛

1.3.2 金属的多晶型性

有些金属(如 Fe、Mn、Ti、Co、Sn、Zr、U、Pu)固态下在不同温度或不同压力范围内具有不同的晶体结构即有多晶型性。例如，在一个大气压下，铁在 912℃以下为体心立方结构，称为 α-Fe；在 912～1394℃之间为面心立方结构，称为 γ-Fe；而在 1394～1538℃(熔点)之间又是体心立方结构，称为 δ-Fe。把这种同一元素在固态下随温度或压力变化所发生的晶体结构的转变称为多晶型转变或同素异构转变。由于不同晶体结构的致密度不同，当金属由一种晶体结构转变为另一种晶体结构时，将伴随有质量体积的跃变，即体积的突变。图 1.38 所示为实验测得的纯铁加热时的膨胀曲线，在 α-Fe 转变为 γ-Fe 及 γ-Fe 铁转变为 δ-Fe 时，均会因体积突变而使曲线上出现明显的转折点。钢铁材料能进行热处理的原因之一就是因为铁有同素异构转变。因此，可以通过多晶型转变来改变金属的性能。

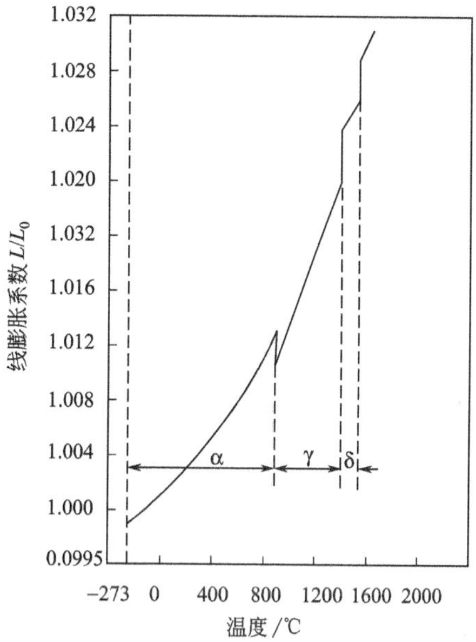

图 1.38 纯铁加热时的膨胀曲线

1.4 合金相结构

纯金属在工业中有着重要的用途，但其强度偏低，因此，在工业上广泛使用的金属材料大部分是合金。所谓合金是指由两种或两种以上的金属与非金属经熔炼、烧结或其他方法组合而成并具有金属特性的物质，如黄铜是铜锌合金，钢、铸铁是铁碳合金。组成合金的最基本的、最独立的物质称为组元。组元可以是金属或非金属元素，也可以是化合物。组元间由于物理的和化学的相互作用，可形成各种“相”。所谓相是合金中具有同一聚集状态、同一晶体结构和性质并以界面相互隔开的均匀组成部分。由一种相组成的合金称为单相合金，由几种不同的相组成的合金称为多相合金。尽管合金中的组成相很多，但根据合金组成元素及其原子相互作用的不同，合金相基本上可分为固溶体和中间相两大类。

固溶体是固体溶液，是溶质原子溶入溶剂中所形成的均匀混合的物质，它保持了溶剂的晶体结构类型；若两组元组成的合金，在形成有限固溶体的情况下，如果溶质含量超过其溶解度时，将会出现新相，其晶体结构类型既不同于溶质也不同于溶剂，其成分处于 A 在 B 中和 B 在 A 中的最大溶解度之间，故称做中间相。

1.4.1 固溶体

固溶体晶体结构的最大特点是保持了溶剂的晶体结构。根据溶质原子在溶剂点阵中所处的位置不同，可将固溶体分为置换固溶体和间隙固溶体两类。若溶质原子有规则地占据溶剂点阵中的固定位置，而且溶质与溶剂原子数之比一定，这种固溶体称为有序固溶体。若溶质与溶剂以任何比例都能互溶，固溶度达100%，则称为无限固溶体，否则为有限固溶体。

1. 置换固溶体

当溶质原子溶入溶剂中，置换了溶剂点阵中的部分溶剂原子，这种固溶体就称为置换固溶体。许多元素之间能形成置换固溶体，但溶解度差异很大，有些能无限溶解，有的只能部分溶解，影响溶解度的因素很多，大量实验证明主要受以下因素影响。

1）晶体结构类型

若溶质与溶剂晶体结构相同，则溶解度较大，若晶体结构不同，则溶解度较小。例如，面心立方结构的Mn、Co、Ni、Cu等元素在面心立方结构的γ-Fe中的溶解度较大，而在体心立方结构的α-Fe中的溶解度较小。晶体结构相同是形成无限固溶体的必要条件。只有当组元A和B的结构类型相同时，B原子才可能连续不断地置换A原子，如图1.39所示。显然，若两组元的晶体结构类型不同，只能形成有限固溶体。表1-8列出了部分合金元素在铁中的溶解度。

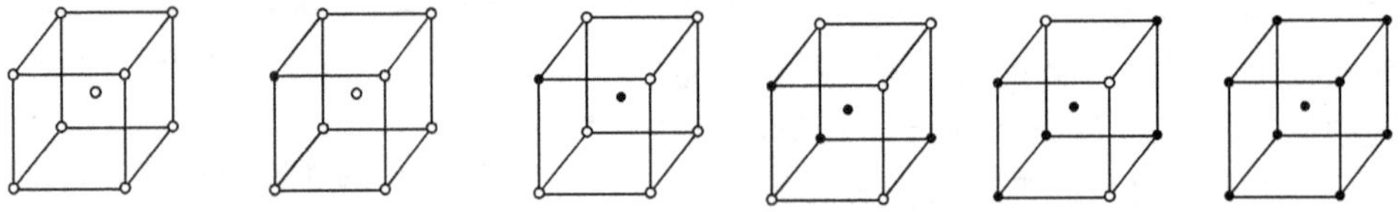

图1.39 无限置换固溶体中两组元素原子置换示意图

表1-8 合金元素在铁中的溶解度

元素	结构类型	在γ-Fe中的最大溶解度/%	在α-Fe中的最大溶解度/%	室温下在α-Fe中的溶解度/%
C	六方金刚石型	2.11	0.0218	0.008(600℃)
N	简单立方	2.8	0.1	0.001(100℃)
B	正　交	0.018～0.026	～0.008	< 0.001
H	六　方	0.0008	0.003	～0.0001
P	正　交	0.3	2.55	～1.2
Al	面心立方	0.625	～36	35
Ti	β-Ti体心立方(>882℃) α-Ti密排六方(<882℃)	0.63	7～9	～2.5(600℃)
Zr	β-Ti体心立方(>882℃) α-Ti密排六方(<882℃)	0.7	～0.3	0.3(385℃)
V	体心立方	1.4	100	100
Nb	体心立方	2.0	α-Fe1.8(989℃) δ-Fe4.5(1360℃)	0.1～0.2
Mo	体心立方	～3	37.5	1.4

（续）

元　素	结构类型	在γ-Fe中的最大溶解度/%	在α-Fe中的最大溶解度/%	室温下在α-Fe中的溶解度/%
W	体心立方	～3.2	35.5	4.5(700℃)
Cr	体心立方	12.8	100	100
Mn	δ-Mn体心立方(＞1133℃) γ-Mn面心立方(1095～1133℃) α，β-Mn复杂立方(＜1095℃)	100	～3	～3
Co	β-Co面心立方(＞450℃) α-Co密排六方(＜450℃)	100	76	76
Ni	面心立方	100	～10	～10
Cu	面心立方	～8	2.13	0.2
Si	金刚石型	2.15	18.5	15

2）尺寸因素

原子尺寸差对溶解度的影响是由于溶质原子的溶入会使溶剂的晶体结构点阵产生点阵畸变，如图1.40所示，从而使体系能量升高。这种由点阵畸变产生的能量称为畸变能。溶质与溶剂原子尺寸相差越大，点阵畸变的程度也越大，则畸变能越高，结构的稳定性越低，溶解度越小。大量实验表明：在其他条件相近的情况下，原子半径差$\Delta r<15\%$时，有利于形成固溶度较大的固溶体；而当$\Delta r\geqslant 15\%$时，Δr越大，溶解度越小。显然$\Delta r<15\%$是形成无限固溶体的又一个必要条件。

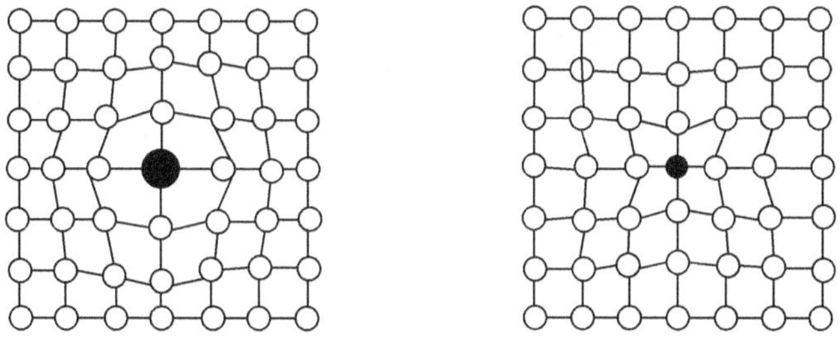

图1.40　形成置换固溶体时的点阵畸变

另外，当$\Delta r>30\%$时就不容易形成置换固溶体，而容易形成中间相或间隙固溶体。

3）电负性因素

电负性是指原子获得电子形成负离子的倾向。在元素周期表中，同一周期内的元素的电负性由左向右依次递增，而在同一族内的元素的电负性由上向下依次递减。溶质与溶剂的电负性相差越大，溶解度越小，倾向于形成化合物而不利于形成固溶体；生成的化合物越稳定，则固溶体的溶解度越小。只有电负性相近的原子才可能具有大的溶解度。例如，以Cu为溶剂，ⅣA族、ⅤA族、ⅥA族中金属元素和亚金属金属元素为溶质，则ⅣA族Si，Ge，Sn，Pb在Cu中的溶解度大于ⅤA族As，Sb，Bi，而ⅥA族Se，Te在Cu中的溶解度极小，易形成稳定化合物。各元素的电负性如图1.41所示。

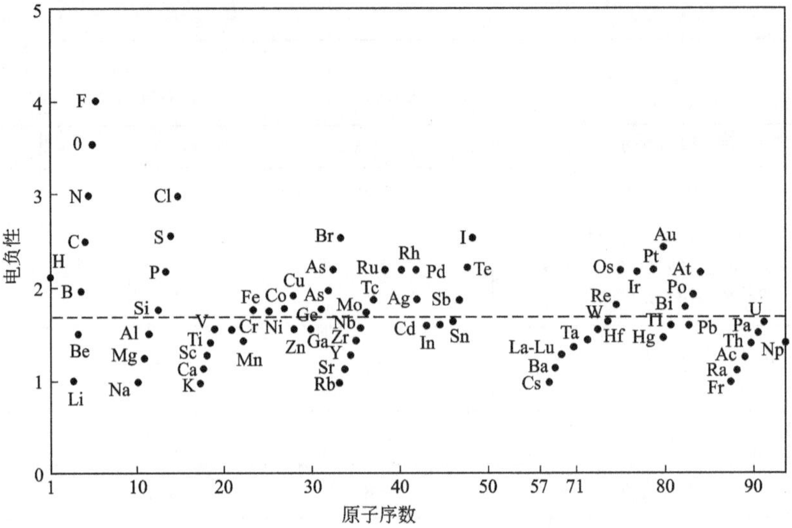

图 1.41　元素的电负性(虚线表示铁的电负性数值)

4）电子浓度因素

电子浓度是指合金中各组成元素价电子总数 e 与原子总数 a 之比 e/a。设溶剂元素的原子价为 A，溶质元素的原子价为 B，溶质原子在合金中的原子百分数为 x，则合金的电子浓度为

$$e/a=\frac{A(100-x)+Bx}{100}$$

实验结果表明：当原子尺寸因素较为有利时，在某些以一价金属(如 Cu，Ag，Au)为基的固溶体中，溶质的原子价越高，其溶解度越小。如 Zn，Ga，Ge 和 As 在 Cu 中的最大溶解度分别为 38%，20%，12%和 7%(图 1.42)；而 Cd，In，Sn 和 Sb 在 Ag 中的最大溶解度分别为 42%，20%，12%，7%(图 1.43)。从中可看出高价元素在一价金属中的最大溶解度随溶质元素原子价的增加而减小。根据电子浓度的公式计算出这些合金在最大溶解度时的电子浓度都接近 1.4，这就是所谓的极限电子浓度，超过此值时，固溶体就不稳定而形成中间相。

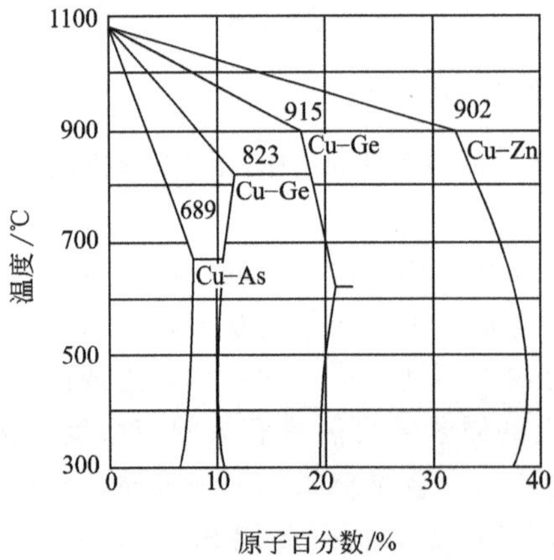

图 1.42　铜合金的固相线和固溶度曲线

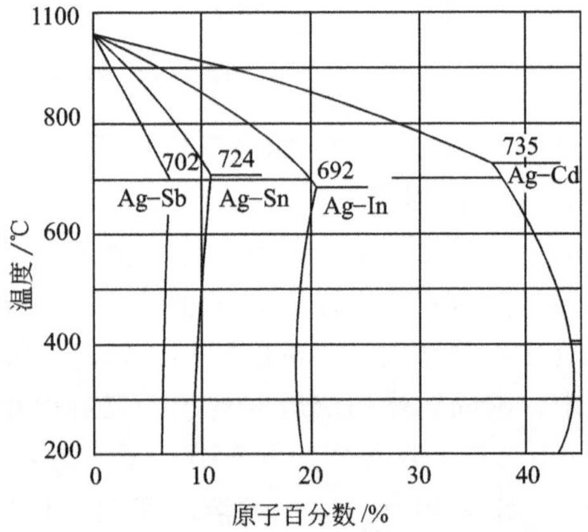

图 1.43　银合金的固相线和固溶度曲线

理论计算结果表明，极限电子浓度还与溶剂晶体结构类型有关，对一价金属而言，若晶体结构为面心立方时，极限电子浓度为1.36，若晶体结构为体心立方时，极限电子浓度为1.48，密排六方时为1.75。

当然，影响固溶度的因素除了上述这几个因素外，还与温度有关，一般而言，温度升高，固溶度升高。

2. 间隙固溶体

溶质原子分布于溶剂晶格间隙而形成的固溶体称为间隙固溶体。如前所述，当溶质与溶剂原子半径差$\Delta r>30\%$时不易形成置换固溶体，而且当溶质原子半径很小，使$\Delta r>41\%$时，溶质原子就可能进入到溶剂晶格间隙中而形成间隙固溶体。由于间隙的尺寸很小，能够形成间隙固溶体的溶质元素只能是那些原子半径小于0.1nm的非金属元素，如H，O，N，C，B等(它们的原子半径分别为0.046，0.060，0.071，0.077，0.097nm)。尽管它们的原子半径很小，但仍比溶剂晶格中的间隙大，当它们溶入溶剂时，都会使溶剂点阵畸变，点阵常数增大，畸变能增加。因此，间隙固溶体都是有限固溶体，而且溶解度很小。

间隙固溶体的溶解度不仅与溶质原子的大小有关，还与溶剂晶体结构中间隙的形状和大小等因素有关。例如，C在$\gamma-Fe$中的最大溶解度为2.11%(质量分数)，而在$\alpha-Fe$中的最大溶解度仅为0.0218%(质量分数)。这是由于碳固溶于$\gamma-Fe$和$\alpha-Fe$中均处在八面体间隙中，而$\gamma-Fe$的八面体间隙比$\alpha-Fe$大的缘故。另外，在$\alpha-Fe$中，四面体间隙和八面体间隙都是不对称的，碳原子溶入八面体间隙时，只需推开z轴方向的上下两个原子即可，这比挤入四面体间隙要同时推开4个铁原子更容易。虽然如此，间隙固溶体的溶解度仍是很小的。

3. 固溶体的结构特点

固溶体的最大特点是仍然保持溶剂的晶体结构。工业材料中大部分固溶体的溶剂元素都是金属，所以固溶体的晶体结构一般比较简单，如fcc，bcc，hcp。但和纯金属相比，由于溶质原子的溶入，导致固溶体会发生某些方面的变化。

1）晶格畸变和点阵常数变化

由于溶质原子和溶剂原子存在尺寸差，使原先溶剂原子排列的规则性在一定范围内受到干扰，产生点阵畸变，从而导致点阵常数的变化。对置换固溶体而言，当溶质原子半径大于溶剂原子半径时，溶质原子周围点阵膨胀，平均点阵常数增大；当溶质原子半径小于溶剂原子半径时，溶质原子周围点阵收缩，平均点阵常数减小。

对间隙固溶体而言，随着溶质原子的加入，平均点阵常数总是增大的。

2）固溶强化

和纯金属相比，固溶体的一个很明显的变化是由于溶质原子的溶入，使固溶体的强度和硬度升高。这种变化称为固溶强化。有关强化机理将在后面章节中进一步讨论。

3）物理和化学性能的变化

固溶体合金随着固溶度的增加，点阵畸变增大，一般而言，电阻率升高，电阻温度系数降低。比如，Si加入到$\alpha-Fe$中可以提高磁导率，因此质量分数W_{Si}为2%～4%的硅钢片是一种应用广泛的软磁材料。

4. 固溶体的微观不均匀性

在固溶体中，溶质原子的分布通常是无序的、随机的，但在一定条件下，它们可能会呈有规则分布，形成有序固溶体。事实上，完全无序的固溶体是不存在的。可以认为，在热力学上处于平衡状态的无序固溶体中，溶质原子的分布在宏观上是均匀的，但在微观上并不均匀。

图 1.44 所示为固溶体中溶质原子分布示意图，其中的图(a)，(b)，(c)，(d)分别为溶质原子完全无序、偏聚、部分有序(或短程有序)和完全有序(或长程有序)时的分布情况。固溶体中溶质原子取何种分布方式主要决定于同类原子(即 A－A，B－B)间的结合能 E_{AA}与 E_{BB}和异类原子(即 A－B)间的结合能 E_{AB}的相对大小。所谓原子间结合能是指原子结合时克服原子间相互作用力外力所做的功。结合能越大，原子越不容易结合。如果同类原子间结合能和异类原子间结合能相近，即 $E_{AA} \approx E_{BB} \approx E_{AB}$，则溶质原子倾向于呈无序分布；如果同类原子间结合能小于异类原子间结合能，即$(E_{AA}+E_{BB})/2<E_{AB}$，则溶质原子倾向于偏聚状态；若异类原子间结合能小于同类原子间结合能，即 $E_{AB}<(E_{AA}+E_{BB})/2$，则溶质原子呈部分有序或完全有序状态。对于某些合金，在较高温度下为短程有序固溶体，当其成分接近于一定的原子比时，缓冷至某一临界温度以下时会转变为完全有序固溶体，简称有序固溶体。这一转变称为固溶体的有序化，发生有序化的温度称为有序化温度。有序固溶体与无序固溶体不同，在 X 射线衍射图上会产生附加的衍射线条，称为超结构线，所以有序固溶体通常称为超结构或超点阵。

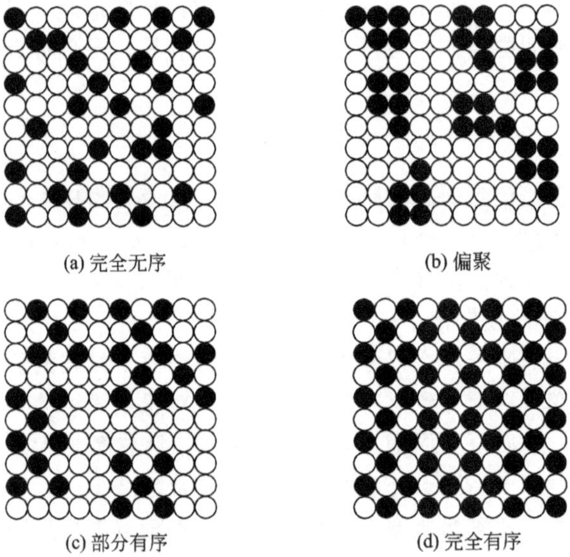

图 1.44 固溶体中溶质原子分布示意图

有序固溶体的类型很多，例如，面心立方结构中 Cu_3Au，CuAu，AlTi 等，体心立方中的 CuZn，FeTi，Fe_3Al 等。主要的几种结构如图 1.45 所示。

固溶体从无序到有序的转变是通过原子迁移来实现的，存在一个形核和长大过程。最初核心是短程有序的微小区域。当合金缓冷到某一临界温度时，各个核心逐渐长大，直至相互接壤。通常将这种小块有序区域称为有序畴，当两个有序畴长大相遇时，若其边界恰

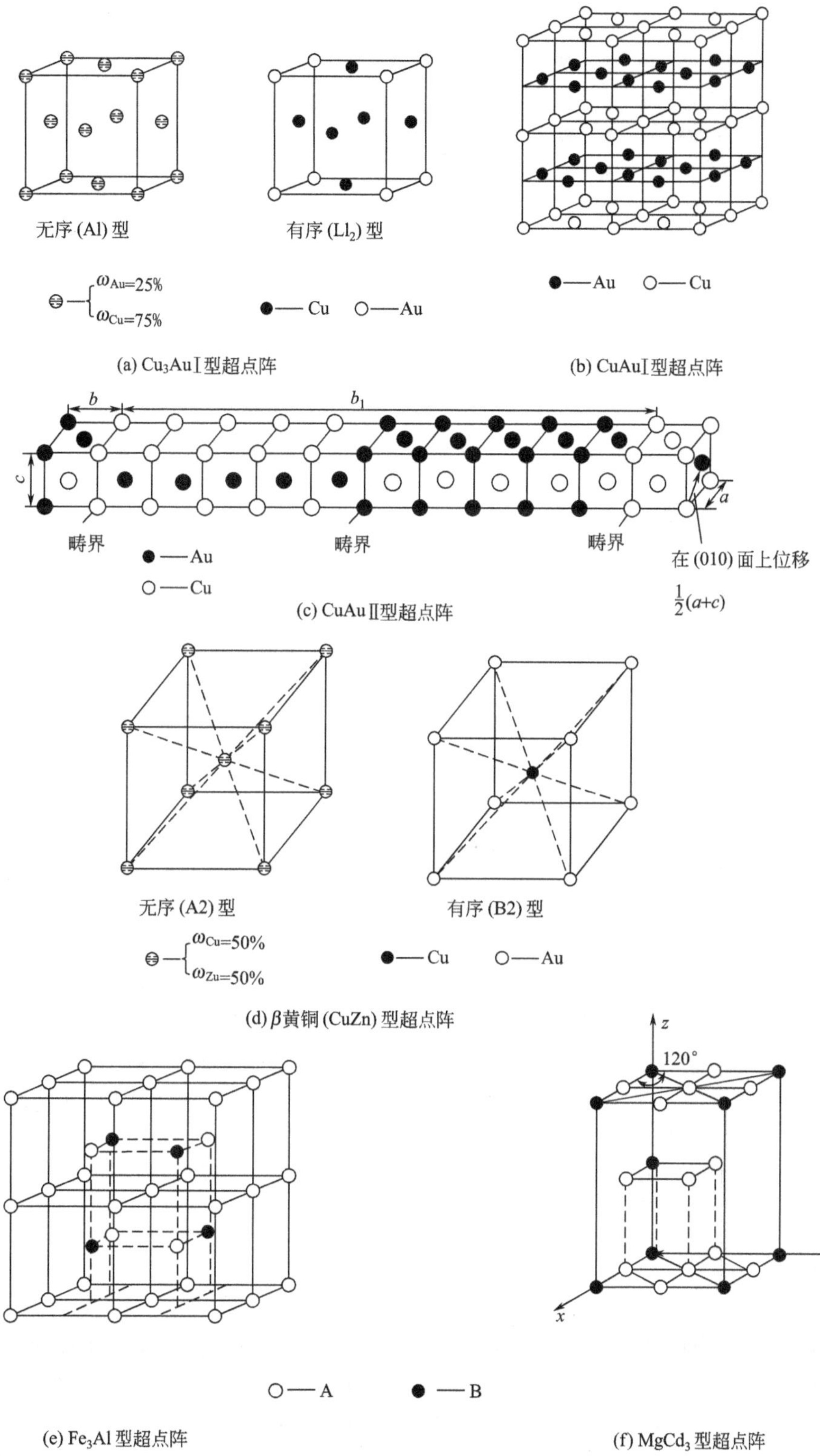

图 1.45 几种典型的超点阵结构

好是同类原子相遇而构成一个明显的分界面，称为反相畴界，其两边的有序畴称为反相畴，如图 1.46 所示。

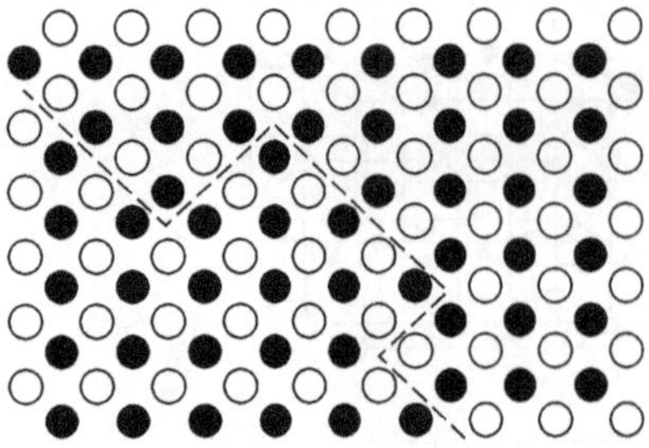

图 1.46 反相畴结构

固溶体有序化时，因原子间结合力增强、点阵畸变和反相畴存在等因素都会使固溶体性能发生突变。例如电导率降低，硬度和屈服强度升高，甚至有些非铁磁性合金有序化后会具有明显的铁磁性。影响有序化的因素有温度、冷却速度和合金成分等。温度升高，冷却速度加快，或合金成分偏离理想成分时，均不利于得到完全的有序结构。

1.4.2 中间相

两组元 A 和 B 形成合金时，除了可形成以 A 为基或以 B 为基的固溶体(端际固溶体)外，还可能形成晶体结构与 A、B 均不同的新相。由于它们在相图上的位置总是处于中间，故通常把这些相称为中间相。

中间相可以是化合物，也可以是以化合物为基的固溶体(称为二次固溶体或第二类固溶体)，中间相可用化学分子式来表示。中间相中原子间的结合键是金属键并兼有离子键、共价键或范德瓦尔斯键。因此，中间相具有金属性质，故又称金属间化合物。其晶体结构不同于其组成元素，通常具有较复杂的晶体结构，且熔点高、硬度高、脆性，常作为合金中的强化相。

中间相的种类很多，根据其形成规律、结构特点将其分为正常价化合物、电子化合物和原子尺寸因素控制的化合物 3 类，下面分别一一介绍。

1. 正常价化合物

正常价化合物是一种主要受电负性控制的中间相，它符合化合物的原子价规律，主要是由一些金属与电负性较强的ⅣA、ⅤA、ⅥA 族的一些元素所形成，并可用化学分子式来表示。例如，2 价的 Mg 和 4 价的 Pb、Sn、Ge、Si 形成的 Mg_2Pb、Mg_2Sn、Mg_2Ge、Mg_2Si 等。这些化合物的稳定性与组元的电负性差值大小有关，电负性相差越大，稳定性越高，越接近于离子键结合；电负性相差较小，越不稳定，越接近于金属键结合。在上述几种化合物中，由 Pb 到 Si 与 Mg 的电负性差值逐渐增大，所以 Mg_2Si 最稳定，熔点为 1012℃；而 Mg_2Pb 熔点仅为 550℃，而且显示典型的金属性质，电阻随温度升高而增加，金属结合键占主导地位。

正常价化合物的结构类型对应于同类分子式的离子化合物结构，如 NaCl 型、Ca_2F 型、立方 ZnS 型、六方 ZnS 型等。

2. 电子化合物

电子化合物是由 IB 族或过渡族金属元素与ⅡB、ⅢA、ⅣA 族金属元素形成的金属化合物。它不遵守化合价规则，而是按照一定电子浓度值形成，电子浓度不同，所形成化合物的晶体结构也不同。这类化合物的特点是电子浓度是决定晶体结构的主要因素。

对大多数电子化合物来说，其晶体结构与电子浓度都有如下的对应关系：电子浓度为 21/14 时，具有体心立方结构，称为 β 相；电子浓度为 21/13 时，具有复杂立方结构，称为 γ 相；电子浓度为 21/12 时，为密排六方结构，称为 ε 相。表 1-9 列出了一些典型的电子化合物及其结构类型，计算电子浓度时，过渡族元素的价电子数视为零。

表 1-9 常见的电子化合物及其结构类型

电子浓度=21/14			电子浓度=21/13	电子浓度=21/12
体心立方结构	复杂立方结构（β-Mn 结构）	复杂六方结构	复杂立方结构（γ-黄铜结构）	密排六方结构
CuZn	Cu_5Si	Cu_3Ga		$CuZn_3$
CuBe	Ag_3Al	Cu_5Ge	Cu_5Zn_8	$CuCd_3$
Cu_3Al	Au_3Al	AgZn	Cu_5Cd_8	Cu_3Sn
Cn_3Ga	$CoZn_3$	AgCd	Cu_5Hg_8	Cu_3Si
Cu_3In		Ag_3Al	Cu_9Al_4	$AgZn_3$
Cu_5Si		Ag_3Ga	Cu_9Ga_4	$AgCd_3$
Cu_5Sn		Ag_3In	Cu_9In_4	Ag_3Sn
AgMg		Ag_5Sn	$Cu_{31}Si_8$	Ag_5Al_3
AgZn		Ag_7Sb	$Cu_{31}Sn_8$	$AuZn_3$
AgCd		Au_3In	Ag_5Zn_8	$AuCd_3$
Ag_3Al		Au_5Sn	Ag_5Cd_8	Au_3Sn
Ag_3In			Ag_5Hg_8	Au_5Al_3
AuMg			Ag_9In_4	
AuZn			Au_5In_8	
AuCd			Au_5Cd_8	
FeAl			Au_9In_4	
CoAl			Fe_5Zn_{21}	
NiAl			Co_5Zn_{21}	
PdIn			Ni_5Be_{21}	
			$Na_{31}Pb_8$	

注：不同温度出现不同的结构。

电子化合物虽然可用化学分子式表示，但不符合化合价规则，实际上其成分是在一定范围内变化，可把电子化合物看作以化合物为基的固溶体，其电子浓度也在一定范围内变化。电子化合物中原子间的结合方式以金属键为主，故具有明显的金属特性。

3. 与原子尺寸因素有关的化合物

该类化合物主要受组元的原子尺寸因素控制，通常是由过渡族金属与原子半径很小的非金属元素组成。当两种原子半径相差很大的元素形成化合物时，倾向于形成间隙相和间隙化合物，而相差不太大时，则倾向于形成拓扑密堆相。

1）间隙相

当金属元素(A)(主要是过渡族金属)与非金属元素(B)之间电负性相差较大，且 $r_X/r_M<0.59$ 时，所形成的中间相具有简单的晶体结构，称为间隙相。它们大多数具有面心立方(fcc)、密排六方(hcp)结构，少数具有体心立方(bcc)或简单六方结构。这里要注意，间隙相的晶体结构和组元的晶体结构均不相同。在晶体中，金属原子占据正常的位置，而非金属原子规则地分布于晶格间隙中，构成一种新的晶体结构。如 VC，金属 V 是体心立方结构，但与 C 形成 VC 间隙相后，晶体结构为面心立方，其中 V 原子构成面心立方结构，

C 原子位于其八面体间隙中。非金属原子在间隙相中处于什么位置，也主要取决于原子尺寸的因素。当 $r_X/r_M<0.414$ 时，可进入四面体间隙；若 $r_X/r_M>0.414$ 时，则进入八面体间隙。

间隙相可用化学分子式来表示，它们有 AB、A_2B、A_4B、AB_2 几种类型。常见的间隙相及其晶体结构见表 1-10。尽管间隙相可以用化学分子式来表示，但其成分也是在一定范围内变化，也可视为以化合物为基的固溶体。特别是间隙相不仅可以溶解其组成元素，而且间隙相之间也能互相溶解。如果两种间隙相具有相同的晶体结构，且这两种金属原子半径差小于 15%，它们还可以形成无限固溶体，如 TiC - ZrC、TiC - VC、ZrC - NbC、VC - NbC 等。

表 1-10 常见的间隙相及其晶体结构

分子式	间隙相举例	晶体结构
M_4X	Fe_4N，Mn_4N	面心立方
M_2X	Ti_2H，Zr_2H，Fe_2N，Cr_2N，V_2N，W_2C，Mo_2C，V_2C	密排六方
MX	TaC，TiC，ZrC，VC，ZrN，VN，TiN，CrN，ZrH，TiH	面心立方
	TaH，NbH	体心立方
	WC，MoN	简单六方
MX_2	TiH_2，ThH_2，ZnH_2	面心立方

间隙相中原子间的结合键为共价键和金属键，具有极高的熔点和硬度(表 1-11)，并具有明显的金属特性，是合金工具钢和硬质合金中的重要组成相。通过表面处理(如氮化、激光涂覆)使工件表面形成含有间隙相的薄层，可显著提高工件表面硬度和耐磨性，延长工件使用寿命。

表 1-11 一些金属和间隙相的熔点和硬度

物质名称	W	W_2C	WC	Mo	Mo_2C	MoC	Ta	TaC
熔点/℃	3630	3130	2867	2895±40	2960±50	2960±50	3300	4150±140
矿物硬度等级	6.5~7.5	>9	9	6~7	7~9	7~8	6	8~9
硬度/HV	~400	3000	1730	350	1480	—	300	1550

物质名称	TaN	Nb	NbC	Nb_2N	V	VC	ZrC	TiC
熔点/℃	3360±50	2770	3770±125	2300	1993	3023	3805	3410
矿物硬度等级	8	6	9	—	6.5	>9	>9	>9
硬度/HV	—	300	2050	—	—	2010	2840	2850

2）间隙化合物

当非金属原子半径与过渡族金属原子半径之比 $r_X/r_M>0.59$ 时，所形成的中间相往往具有复杂的晶体结构，这就是间隙化合物。通常间隙化合物主要是由过渡族金属元素与碳元素所形成的碳化物。常见的间隙化合物有 M_3C 型(如 Fe_3C、Mn_3C)，M_7C_3 型(如 Cr_7C_3)，$M_{23}C_6$ 型(如 $Cr_{23}C_6$)和 M_6C 型(Fe_3W_3C、Fe_4W_2C)等，式中 M 代表金属元素，间隙化合物中的金属元素常常会被其他金属元素所置换而形成以化合物为基的固溶体，如$(Fe、Mn)_3C$，$(Cr、Fe)_7C_3$，$(Cr、Fe、Mo、W)_{23}C_6$等。

间隙化合物的晶体结构很复杂。例如$Cr_{23}C_6$和Fe_3W_3C的晶体结构都属于立方晶系，$Cr_{23}C_6$的晶胞中共有116个原子，其中92个Cr原子和24个C原子；Fe_3W_3C的晶胞中共有112个原子，其中48个Fe原子，48个W原子和16个C原子。不管晶体结构如何复杂，C原子总是位于金属原子的间隙中，下面以Fe_3C为例来说明。

Fe_3C是合金中的一个基本相，称为渗碳体，C原子与Fe原子的原子半径比为0.63，其晶体结构如图1.47所示，为正交晶系，3个点阵常数不相等，晶胞中共有16个原子，其中12个Fe原子，4个C原子，符合Fe∶C=3∶1的关系。Fe_3C中的Fe原子可以被Mn，Cr，Mo，W，V等金属原子所置换形成合金渗碳体，如$(Fe，Mn)_3C$等。Fe_3C硬而脆，其硬度为950～1050HV。

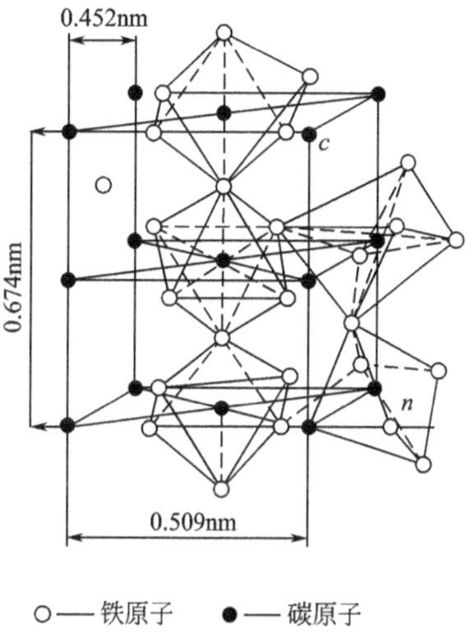

图1.47 Fe_3C晶体结构

间隙化合物中原子间结合键为共价键和金属键。其熔点和硬度均较高，如$Cr_{23}C_6$和Fe_3W_3C的硬度分别为1050HV和1100HV，因此间隙化合物是钢中的主要强化相。特别指出，在钢中只有周期表中位于Fe左方的过渡族金属元素才能形成碳化物(包括间隙相和间隙化合物)，它们的d层电子越少，与碳的亲和力就越强，则形成的碳化物越稳定。

3) 拓扑密堆相

当两种原子半径差很大的元素形成化合物时，倾向于形成间隙相和间隙化合物，而中等程度差别时则倾向于形成拓扑密堆相。

对于纯金属，由于原子半径相同，由等径刚性球堆成的密排结构是fcc和hcp结构，配位数为12，其中存在较大的四面体间隙和八面体间隙。1956年卡斯帕(Kasper)首先指出，如果将两种大小不同的刚性球组合起来，可以得到主要存在四面体间隙的密排结构，配位数可达12，14，15，16，这种由两种大小不同的原子所构成的具有高致密度和高配位数的晶体结构的中间相就称为拓扑密堆相。显然决定拓扑密堆相形成的主要因素是原子尺寸因素。

拓扑密堆相的种类很多，已经发现的有拉弗氏相(如$MgCu_2$，$MgZn_2$，$MgNi_2$，$TiFe_2$)，σ相(如FeCr，FeV，FeMo，CrCo，WCo)，μ相(如Fe_7W_6，Co_7Mo_6)。下面简单介绍拉弗氏相和σ相的晶体结构。

(1) 拉弗氏相。大部分金属之间形成的金属间化合物属于拉弗氏相，其典型化学分子式为AB_2，其中A原子略大于B原子，理论比值为$r_A/r_B=1.255$，而实际比值为1.05～1.68。拉弗氏相的晶体结构有3种类型，它们的典型代表为$MgCu_2$，$MgZn_2$，$MgNi_2$。以$MgCu_2$为例，其晶胞结构如图1.48所示，$MgCu_2$具有复杂立方结构，其晶胞共有24个原子，Mg原子(A)8个，Cu原子(B)16个，较大的Mg原子构成金刚石结构，较小的Cu原子则构成四面体格架，使晶体结构中只存在四面体间隙。A原子周围有12个B原子和4个A原子，故配位多面体为CN16；而B原子周围是6个A原子和6个B原子，即

CN12。因此该相也可看作由 CN16 和 CN12 两种配位多面体相配合而成。

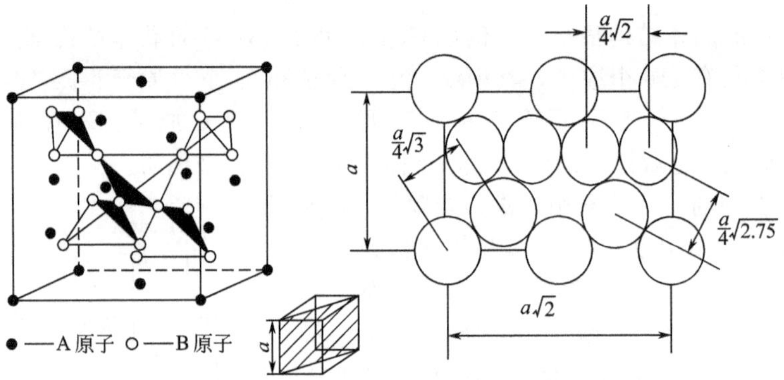

(a) $MgCu_2$晶胞结构　　(b) (110)面上原子排列情况

图 1.48　$MgCu_2$ 立方晶胞中 A、B 原子的分布

虽然决定拉弗氏相晶体结构的主要因素是原子尺寸因素，但电子浓度也有很大影响。例如，镁合金中的拉弗氏相，当电子浓度为 1.33～1.75 时，具有 $MgCu_2$ 结构；当电子浓度为 1.8～2.0 时，具有 $MgZn_2$ 和 $MgNi_2$ 结构。

拉弗氏相是镁合金中的重要强化相。在其他许多合金系中也能形成拉弗氏相，比如在高合金不锈钢和铁基、镍基高温合金中，有时也会在固溶体基体上形成针状的拉弗氏相，当其数量较多时会使钢变脆，降低合金性能。因此在高温合金和高合金钢中应尽量避免形成针状拉弗氏相。

(2) σ 相。σ 相通常存在于过渡族金属元素所组成的合金中，其分子式可写作 AB 或 A_XB_Y，如 FeCr，FeV，FeMo，CrMo，MoCrNi，WCrNi，$(Cr, Mo, W)_x(Fe, Co, Ni)_y$ 等。尽管 σ 相可用化学式表示，但其化学成分是在一定范围内变化，也是以化合物为基的固溶体。

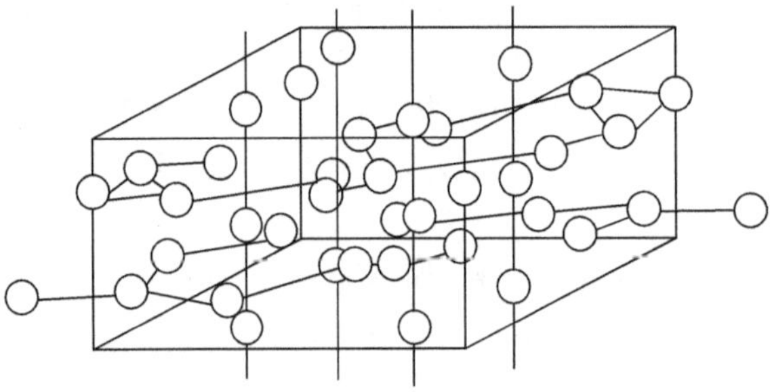

图 1.49　σ 相的晶体结构

σ 相具有复杂的四方结构，其轴比 $c/a\approx0.52$，每个晶胞中有 30 个原子，如图 1.49 所示。

σ 相在常温下硬而脆，它通常对合金性能有害。例如，在不锈钢中出现 σ 相会引起晶间腐蚀和脆性；在镍基高温合金和耐热钢中，若处理不当，产生片状的硬而脆的 σ 相沉淀，则会使材料变脆，降低合金性能。

习　题

1. 金刚石是碳的一种晶体结构，其晶格常数 $a=0.357$nm，当它转换成石墨($\rho=2.25$g/cm^3)结构时，其体积如何改变?

2. 归纳总结 3 种典型的晶体结构的晶体学特征。

3. Cr 的晶格常数 $a=0.2884$nm，密度为 $\rho=7.19$g/cm^3，试确定此时 Cr 的晶体结构。

4. 渗碳体(Fe_3C)是一种间隙化合物，它具有正交点阵结构，其点阵常数 $a=0.4514$nm，$b=0.508$nm，$c=0.6734$nm，其密度为 7.66g/cm^3，试求 Fe^3C 每单位晶胞中含 Fe 原子与 C 原子的数目。

5. 从晶体结构的角度，试说明间隙固溶体、间隙相以及间隙化合物之间的区别。

6. 试说明$(\bar{1}\bar{1}0)$，$(\bar{3}11)$，(132)是否属于同一晶带，若属于同一晶带，指出其晶带轴并写出 5 个属于该晶带轴的晶面。

7. 在立方晶系的晶胞中画出下列晶面或晶向：

(113)、(210)、$(\bar{1}30)$、$[\bar{1}10]$、$[210]$、$[123]$。

8. 有一正交点阵，点阵常数 $a=b$、$c=a/2$，某晶面在 3 个晶轴上的截距分别为 2 个，3 个和 6 个原子间距，求该晶面的密勒指数。

9. 立方晶系的 $\{111\}$、$\{110\}$ 晶面族各包括多少晶面？分别写出它们的密勒指数。

10. 写出六方晶系中 $\{10\bar{1}2\}$ 晶面族中所有晶面的密勒指数，并在六方晶胞中画出 $[11\bar{2}0]$、$[1\bar{1}01]$ 晶向。

11. 底心立方是不是一种独立的布拉菲点阵，为什么？

第2章
晶体缺陷

本章教学要点

知识要点	掌握程度	相关知识
点缺陷	理解点缺陷的形成； 重点掌握点缺陷的平衡浓度	能量起伏的含义
位错	掌握位错的基本类型和特征 理解柏氏回路及柏氏矢量 重点掌握作用在位错上的力和位错的运动 理解位错的应力场及位错与晶体缺陷间的交互作用	位错理论的提出； 刚性模型的含义； 材料力学中应力分量的含义
面缺陷	理解固体表面的表面结构、吸附表面和表面能； 重点掌握小角度晶界和大角度晶界	固相表面的自由度

2.1 引　　言

晶体点阵中的完整性只是一个理论上的概念，自然界存在的晶体总是不完整的。在实际晶体中，由于原子(或离子、分子)的热运动以及晶体的形成条件和冷、热加工过程和辐射、杂质等因素的影响，晶体点阵中的原子(或离子、分子)的排列不可能这样规则和完整，而是或多或少地存在着偏离完整结构的区域，出现了不完整性，通常把这种偏离完整性的区域称为晶体缺陷。对于晶体结构而言，规则的完整排列是主要的，而非完整性是次要的，但对于晶体的许多性能特别是力学性能而言，起主要作用的却是晶体的非完整性，即晶体缺陷扮演主角，晶体的完整性只占次要的地位。

根据晶体缺陷的几何特征，可以将它们分为3类：

(1) 点缺陷：其特征是在三维空间的各个方向上尺寸都很小，尺寸范围约为一个或几个原子尺度，故称为零维缺陷，如空位、间隙原子、杂质或溶质原子等。

(2) 线缺陷：其特征是在空间两个方向上尺寸都很小，另外一个方向上的尺寸相对很长，故也称一维缺陷，如位错。

(3) 面缺陷：其特征是在空间一个方向上尺寸很小，另外两个方向上的尺寸很大，故也称二维缺陷，如晶界、相界、孪晶界和堆垛层错等。

在晶体中，这3类缺陷并不是静止地、稳定不变地存在着，而是随着各种条件的改变而不断变动，它们相互联系，相互制约，在一定条件下还能相互转化，从而对晶体性能产生复杂的影响。下面就分别讨论这3类缺陷的产生和发展、运动方式、交互作用以及与晶体的组织和性能有关的主要问题。

2.2 点　缺　陷

晶体中的点缺陷包括空位、间隙原子、杂质或溶质原子以及由它们组成的复杂缺陷(如空位对、空位团和空位-溶质原子对)。这里主要讨论空位和间隙原子。

2.2.1　点缺陷的形成

在金属晶体中位于点阵结点上的原子并非静止的，而是以各自的平衡位置为中心不停地作热振动。原子的振幅大小与温度有关，温度越高，振幅越大。在一定的温度下，每个原子的振动能量并不完全相同，在某一瞬间，某些原子的能量可能高些，其振幅就要大些；而另一些原子的能量可能低些，其振幅就要小些。对一个原子来说，这一瞬间能量可能高些，另一瞬间能量可能反而低些，这种现象称为能量起伏。根据统计规律，在某一温度的某一瞬间总有一些原子的热振动能量高到足以克服周围原子的束缚时，它们便有可能离开原来的平衡位置而跳到一个新的位置上，并在原来的位置平衡上留下空位。离位原子大致有三个去处：一是迁移到晶体表面或晶界，这样所形成的空位称为肖脱基(Schottky)空位，如图2.1(a)所示；二是迁移到晶体间隙中，所形成的空位称为弗仑克尔(Frenkel)空位，与此同时，还形成了相同数量的间隙原子，如图2.1(b)所示；三是迁移到其他空位处，造成空位迁移，但不增加空位的数目。在一定条件下，晶体表面的原子也可能迁移到晶体内部的间隙位置，成为间隙原子，如图 2.1(c)所示。

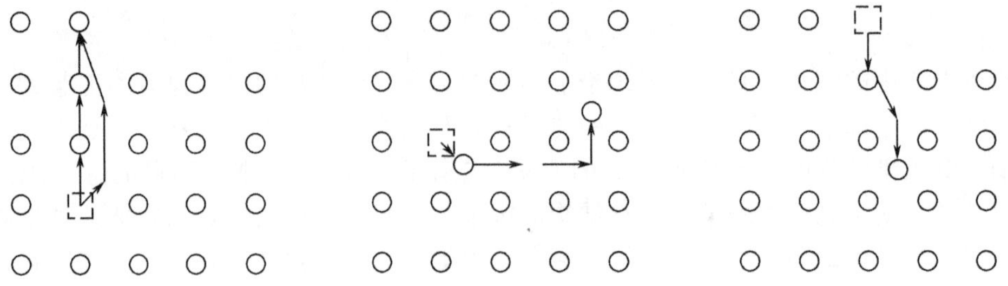

(a) 肖脱基空位　　(b) 弗仑克尔空位　　(c) 间隙原子

图 2.1　晶体中的点缺陷

点缺陷的存在会造成点阵畸变，内能升高，降低热力学稳定性，但点缺陷引起的畸变(不完整性)仅局限在几个原子壳范围内。

由于空位的存在，其周围原子失去了一个近邻原子而使相互间的作用失去平衡，因而它们会朝空位方向稍有移动，偏离其平衡位置，在空位的周围出现一个涉及几个原子间距范围的弹性畸变区，简称晶格畸变。处于间隙位置的间隙原子，同样会使其周围点阵产生弹性畸变，而且畸变程度要比空位引起的畸变大得多，因此，它的形成能大，在晶体中的浓度一般低得多。

点缺陷对金属的性能有一定的影响，使金属的电阻升高，体积膨胀，密度减小，另外，过饱和点缺陷(如淬火空位、辐射缺陷)可提高金属的屈服极限。

2.2.2　非化学计量结构缺陷

按照化学中定比定律，化合物中的不同原子的数量要保持固定的比例，但在实际的化合物中，有些化合物并不符合定比定律，其中负离子与正离子的比例并不是固定的比例关系，这些化合物称为非化学计量化合物。而这类化合物由于在化学组成上偏离化学计量，必然产生结构缺陷，它也是一种点缺陷。这类缺陷分为以下几种：

(1)由于负离子缺位，使金属离子过剩。在 TiO_2、ZrO_2 中会产生这种缺陷，它们的分子式可写成 TiO_{2-x}、ZrO_{2-x}。按化学计量，这种化合物的正离子与负离子的比例是 1∶2，但由于氧离子不足，在晶体中存在氧空位，造成金属离子过剩。TiO_{2-x}、ZrO_{2-x}的产生是由于环境中缺氧，晶格中的氧会逸出到环境中，使晶体中出现氧空位而产生的。

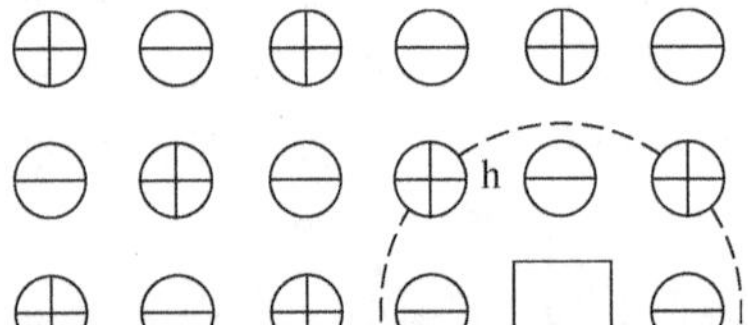

图 2.2　由于正离子空位的存在，引起负离子过剩型结构缺陷

(2) 由于正离子缺位，使负离子过剩。由于存在正离子空位，为了保持电中性，在正离子空位的周围捕获电子空穴，因此，它是 p 型半导体。图 2.2 所示为这种缺陷的示意图，Cu_2O、FeO 中存在这种缺陷。以 FeO 为例，其化学式可写成 $Fe_{1-x}O$。由于存在正离子空位 V''_{Fe}，为了保持电中性，需要 2 个 Fe^{2+} 转变成 Fe^{3+} 来保持电中性。从化学观点看，$Fe_{1-x}O$ 可以看成 Fe_2O_3 在 FeO 中的固溶体。为了保持电中性，3 个 Fe^{2+} 被 2 个 Fe^{3+} 和 1 个空位所代替。

(3) 由于间隙正离子，使金属离子过剩。具有这种缺陷的结构如图 2.3 所示，$Zn_{1+x}O$ 和 $Cd_{1+x}O$ 属于这种类型。过剩的金属离子进入间隙位置，它是带正电的，为了保持电中性，等价的电子被束缚在间隙金属离子的周围，这也是一种色心。例如，在锌蒸气中加热，颜色会逐渐加深，就是形成这种缺陷的缘故。

(4) 由于间隙负离子，使负离子过剩。具有这种缺陷的结构如图 2.4 所示。目前只发现 UO_{2+x} 具有这样的缺陷，可以看成 U_2O_8 在 UO_2 中的固溶体。当在晶格中存在间隙负离子时，为了保持电中性，结构中出现电子空穴，相应的正离子电价升高。电子空穴在电场下会运动，因此，这种材料也是 p 型半导体。

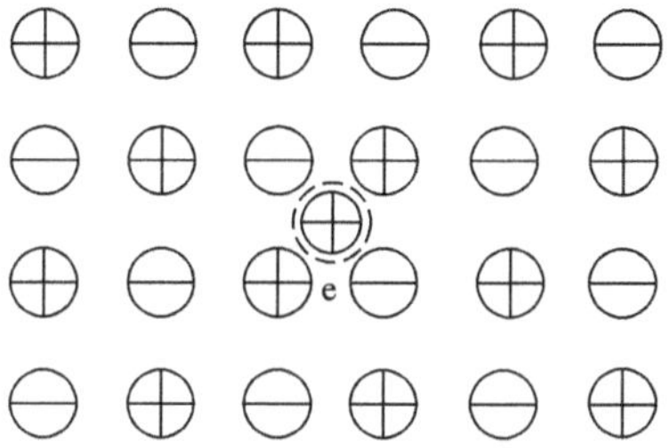

图 2.3 由于存在间隙正离子使金属离子成过剩型结构

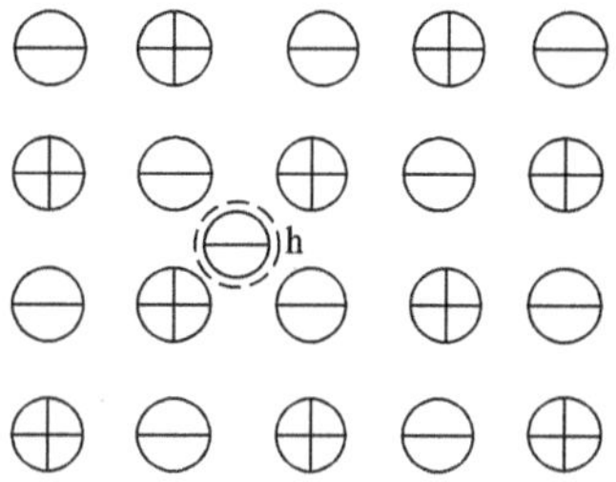

图 2.4 由于存在间隙负离子，使负离子成过剩型结构

非化学计量化合物具有如下特点：

(1) 非化学计量化合物的产生及缺陷浓度与气氛性质、压力有关，这有别于其他缺陷；

(2) 这种化合物可以看作高价化合物与低价化合物的固溶体，即不等价置换是发生在同一种离子中的高价态与低价态间的相互置换；

(3) 缺陷浓度与温度有关。

非化学计量化合物都是半导体，它为制造半导体元件开辟了一个新途径。半导体材料分为两大类：一是掺杂半导体，如 Si、Ge 中掺杂 B、P，Si 中掺 P 为 n 型半导体；二是非化学计量化合物半导体，又分为金属离子过剩(n 型，包括负离子缺位和间隙正离子)和负离子过剩(p 型，包括正离子缺位和间隙负离子)两大类。

2.2.3 点缺陷的平衡浓度

点缺陷(空位、间隙原子等)的存在一方面造成点阵畸变，使晶体的内能升高，降低了晶体的热力学稳定性；另一方面增大了原子排列的混乱程度，增加了晶体的热力学稳定性。这两个相互矛盾的因素使晶体中的点缺陷在一定温度下有一定的平衡浓度。因此，点缺陷是热力学稳定缺陷。

根据热力学理论可推导出点缺陷的平衡浓度。现以空位为例，计算如下：

由热力学原理可知，在恒温下系统的自由能 F 为

$$F=U-TS \tag{2-1}$$

式中，U 为内能；S 为总熵值；T 为绝对温度。

设晶体中有 N 个原子位置，平衡时晶体中空位数为 n 个，原子数为$(N-n)$个。假设一个空位所需的能量为 E_v，则晶体中含有 n 个空位时其内能将增加 $\Delta U=nE_v$；而 n 个空

位造成晶体中的排列有许多不同组态而引起的组态熵为 S_c，空位改变它周围的原子的振动而引起的振动熵为 nS_f，则系统自由能的改变为

$$\Delta F = nE_v - T(S_c + nS_f) \tag{2-2}$$

根据统计热力学，组态熵可表示为

$$S_c = k\ln\omega \tag{2-3}$$

式中，k 为玻耳兹曼常数(1.38×10^{-23} J/K)；ω 为微观状态的数目，即为晶体中 n 个空位在 N 个位置上可能排列方式的数目。因此

$$\omega = \frac{N!}{(N-n)!\ n!}$$

代入式(2-3)，得

$$S_c = k\ln\frac{N!}{(N-n)!\ n!} \tag{2-4}$$

当 N 和 n 都非常大时，可用斯特林(Stirling)近似公式 $\ln x! \approx x\ln x - x$，将式(2-4)改写为

$$S_c = k[N\ln N - (N-n)\ln(N-n) - n\ln n] \tag{2-5}$$

代入式(2-2)得

$$\Delta F = nE_v - kT[N\ln N - (N-n)\ln(N-n) - n\ln n] - nTS_f$$

在平衡时自由能最小，即 $\left(\frac{\partial F}{\partial n}\right)_T = 0$，求得

$$E_v - kT\ln\left(\frac{n}{N-n}\right) - TS_f = 0$$

即

$$\frac{n}{N-n} = \exp\left(-\frac{E_v - TS_f}{kT}\right) \tag{2-6}$$

当 $n \ll N$ 时，$\frac{n}{N-n} \approx \frac{n}{N}$，故空位的平均浓度为

$$C = \frac{n}{N} = \exp\left(-\frac{E_v - TS_f}{kT}\right) = A\exp\left(-\frac{E_v}{kT}\right) \tag{2—7}$$

式中，$A = \exp\left(\frac{S_f}{k}\right)$ 为由振动熵决定的系数，一般为 1～10 之间。

如果将式(2-7)中指数的分子分母同乘以阿伏伽德罗常数 N_A($6.023\times10^{23}\,\text{mol}^{-1}$)，于是有

$$C = A\exp\left(-\frac{N_A E_v}{kN_A T}\right) = A\exp\left(-\frac{Q_f}{RT}\right) \tag{2-8}$$

式中，$Q_f = N_A E_v$ 为形成 1 个摩尔空位所需做的功，单位为 J/mol；$R = kN_A$ 为气体常数(8.314J/mol·K)。

按照类似的计算，也可求出间隙原子的平均浓度，其平均浓度为

$$C' = \frac{n'}{N'} = \exp\left(-\frac{E'_v - TS'_f}{kT}\right) = A'\exp\left(-\frac{E'_v}{kT}\right) \tag{2-9}$$

式中，$A' = \exp\left(\frac{S'_f}{k}\right)$；$N'$ 为间隙原子位置总数；n' 为间隙原子数；E'_v 为形成一个间隙原子所需的能量。

在一般的晶体中，间隙原子的形成能 E'_v 较大(约为空位形成能 E_v 的 3～4 倍)。因此，在同一温度下，晶体中间隙原子的平衡浓度远低于空位的平衡浓度。例如，Cu 的空位形成能为 1.7×10^{-19}J，而间隙原子的形成能 4.8×10^{-19}J，在 1273K 时，空位平衡浓度约为 10^{-4}，而间隙原子的平衡浓度仅约为 10^{-14}，两者浓度比接近 10^{10}。因此，在通常情况下，晶体中间隙原子数目甚少，相对于空位可忽略不计；但是在高能粒子辐照后，产生大量的弗仑克尔缺陷，间隙原子数就不能忽略了。

对于高分子材料而言，以上讨论的平衡浓度的概念是不成立的。高分子材料中存在着比金属中平衡空位还多的分子尺寸的空隙，但这些空隙的形态和数量是由高分子链的构成和分布状态所决定的。

对于离子晶体而言，计算时应考虑到无论是肖脱基缺陷还是弗仑克尔缺陷均是成对出现的事实；相对纯金属而言，离子晶体的点缺陷形成能一般都相当大，故在平衡状态下，一般离子晶体中存在的点缺陷浓度是极其微小的，试验测定相当困难。

2.2.4 点缺陷的运动

晶体中空位或间隙原子并非固定不动，而是处于不断运动中，空位周围的原子由于热振动能量的起伏，有可能跳入空位，这时在这个原子原来的位置就形成空位，空位与周围原子的不断换位，形成空位运动。由于热运动，间隙原子也可由一个间隙位置跳到另一个间隙位置。如果间隙原子与空位相遇，它将使两者都消失，称为“复合”。与此同时，由于能量起伏，在其他位置又会出现新的空位或间隙原子，以保持该温度下的平衡浓度。

点缺陷的不断无规则运动和空位或间隙原子不断产生和复合是晶体许多物理过程如扩散、相变、蠕变等的基础。

空位和间隙原子的平衡浓度是随温度升高呈指数增加，另外高温激冷(淬火)、冷加工、高温粒子轰击以及氧化等也会使它们的浓度显著高于平衡浓度。即形成过饱和空位或过饱和间隙原子，这种过饱和点缺陷是不稳定的，会通过复合或形成较稳定的复合体。

2.3 位　　错

晶体的塑性变形很早就被注意到了，根据晶体表面留下的滑移痕迹，人们认识到塑性变形一定是在晶体中密排面之间的互相滑移所产生的。从原子角度来阐述滑移，则认为滑移面两侧晶体像刚体一样，在滑移过程中所有原子同步平移，即所谓刚性模型。1929 年弗仑克尔用刚性模型推算了理想晶体的临界分切应力，即 $\tau_m=G/2\pi$(G 为晶体的切变模量)。当外力达到 τ_m，原子就可以从一个平面位置迁移到另一个平面位置，晶体开始滑移并产生塑性变形。τ_m 就是临界分切应力理论或称为理论切变强度。一般工程用的金属 G 在 10^4～10^5MPa 之间，所以金属的理论切变强度应在 10^3～10^4MPa 之间。而实际上金属单晶体的临界分切应力值只有 1～10MPa，即理论值与实际值之间相差一千至一万倍。这是一个困惑材料科学家数十年的问题，人们就设想晶体中一定存在某种缺陷，因为它的存在和它的运动引起变形，设想的这种缺陷结构及特性必须和晶体宏观的塑性变形现象相符。根据晶体宏观塑性变形的特点，引进晶体中的这种缺陷必须符合以下几点：

(1) 它的晶体学要素不依赖于加力的大小，而由晶体结构本身确定。由它运动到值的变形不破坏晶体结构，只是原子间的相对运动；

(2) 引入的这种缺陷是易动，但不像空位那样易受热起伏的影响；

(3) 它能解释变形的不均匀性，即能说明它的结构敏感性；

(4) 它能说明变形过程的传播性；

(5) 它应有合理的增殖机制。在晶体中所引进的这种缺陷就是这里要讨论的位错。

1934年，泰勒(G. I. Taylor)、波拉尼(M. Polanyi)和奥罗万(E. Orowan)三人几乎同时提出位错的概念并用位错成功解释金属的变形。他们认为晶体的实际滑移过程并不是滑移面两边的所有原子都同时作整体刚性滑动，而是通过在晶体存在着的称为位错的线缺陷来进行的，位错在较低应力的作用下就能开始移动，使滑移区逐渐扩大，直到整个滑移面上的原子都先后发生相对位移。位错的产生和运动可使晶体发生塑性变形，而产生和推动位错运动所需切应力远小于滑移面整体原子运动所需的理论切变强度，在随后的章节中对位错产生和运动所需作用力的定量计算将表明，以位错形式使材料产生塑性变形所需的临界分切应力与实测值基本符合。

晶体中的位错是一种“线”型畸变，在它周围的严重畸变区域的尺度中，其中一个尺度上比垂直于此线的其他两维尺度大得多，也可以把严重畸变区域用类似一个“管道”来描述，这个管道的直径通常仅有几个原子间距，并贯穿于晶体之中。在管道内，原子间的坐标与在完整晶体中很不同，而在管道之外的原子的坐标接近于完整晶体。这里的所谓管道“内部”和管道“外部”之间并无明确界线，它们之间是逐渐过渡的，并且管道的截面也不一定是圆形。管道“内部”这个定义不很精确的区域称为位错核心。

2.3.1 位错的基本类型和特征

位错作为一种线缺陷只存在于晶体材料中，只有金属和陶瓷材料的塑性变形是通过位错来进行的。金属材料是点阵对称性很高的晶体，原子之间作用力在各个方向上差异很小，位错只有在这样的晶体中才具有很多的滑移面和滑移方向，可以自由运动并容易产生和增殖。在陶瓷材料中，位错的结构相当复杂，运动和生成都比较困难。高分子材料大多以非晶态形式存在，即使在其晶体当中，由于其晶体等同点对应的是很复杂的一个分子结构，而且晶体中存在着很强的分子链方向性，位错的存在和运动是很难实现的，因此，高分子材料中位错对塑性变形和性能不起明显作用。

位错是晶体原子排列的一种特殊组态且位错线结构非常复杂，但是不论如何复杂的位错线都可以看成由两种简单类型的位错，即刃型位错和螺型位错混合而成。根据滑移方式的不同，形成3种类型的位错，即刃型位错、螺型位错、混合型位错，现分别作以下介绍。

1. 刃型位错

取一简单立方晶体，如图2.5(a)所示。在切应力τ的作用下，晶体的左侧上半部分相对下半部分沿滑移面$ABCD$向右滑移了一个原子间距b，滑移终止在晶体内部，图2.5(b)中的影线表示以滑移区域，以滑移区与未滑移区交界(图中的FE)垂直于滑移方向。结果在已滑移区($ADFE$部分)和未滑移区($EFCB$部分)之间出现了一个多余半原子面($EFGH$)，多于半原子面的下侧(EF)就是1根位错线，E和F分别是位错在晶体两边的露头，这种位错称为刃型位错，它使晶体产生的畸变如图2.5(c)所示。

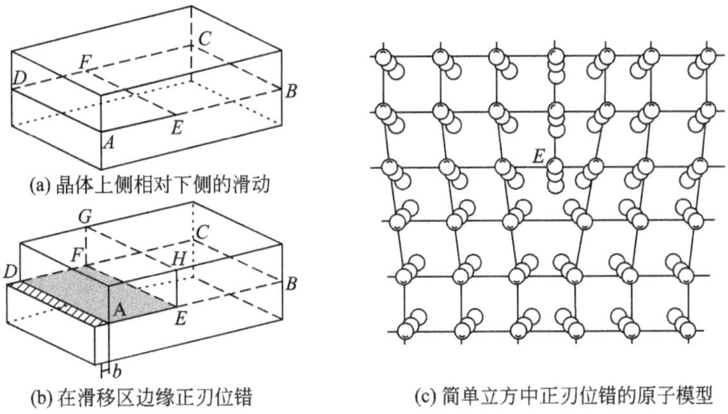

(a) 晶体上侧相对下侧的滑动

(b) 在滑移区边缘正刃位错

(c) 简单立方中正刃位错的原子模型

图 2.5　刃位错的原子模型

刃型位错的结构特点如下：

(1) 刃型位错有一个额外的半原子面，习惯上把半原子面在上方的称为正刃型位错，用“⊥”表示，半原子面在下方的称为负刃型位错，用“⊤”表示。所谓正刃型位错及负刃型位错是相对而言的。

(2) 位错线可视为晶体中已滑移区与未滑移区的边界线。它不一定是直线，也可以是折线或曲线，但它必与滑移方向相垂直，也垂直于滑移矢量，如图 2.6 所示。

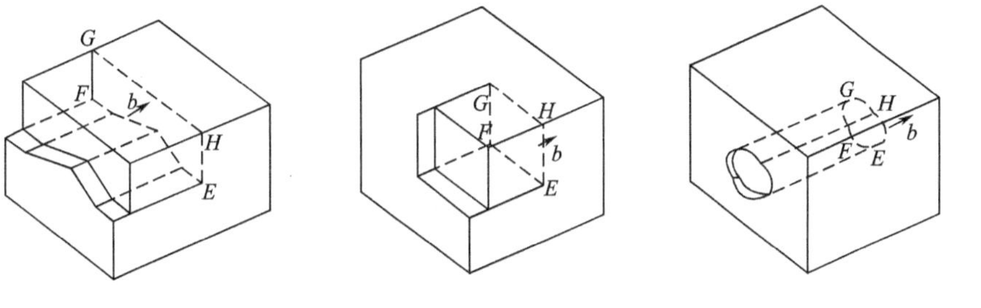

图 2.6　几种形状的刃型位错线

(3) 滑移面必定是由位错线和滑移矢量组成的平面。由于位错线与滑移矢量互相垂直，因此，由它们所构成的平面是唯一的。

(4) 由于晶体中刃型位错的存在，位错周围的点阵发生弹性畸变，既有切应变，又有正应变。就正刃型位错而言，滑移面上方点阵受到压应力，下方点阵受到拉应力；负刃型位错与此相反。

(5) 在位错线周围的过渡区(畸变区)每个原子具有较大的平均能量。但该区只有几个原子间距宽，畸变区是窄长的管道。

2. 螺型位错

螺型位错的结构比刃型位错要复杂些，它的结构特点可由图 2.7 所示来加以说明。设正方晶体右侧在切应力 τ 的作用下，其右侧上、下两部分沿滑移面 $ABCD$ 相对地向后移动了一个原子间距 b，如图 2.7(a)所示。此时已滑移区和未滑移区的边界线 bb' 即为位错线。图 2.7(b)所示为 bb'附近原子排列的顶视图。图中以圆点“·”表示滑移面 $ABCD$ 下方的原子，用圆圈“o”表示滑移面 $ABCD$ 上方的原子。可以看出，在 aa' 右边晶体的上下层原子相对错动了一个原子间距 b，而在 bb' 和 aa' 之间出现了一个约有几个原子间距宽的范围内上、下层原子位置不相吻合的过渡区，产生点阵畸变。如果以位错线 bb' 为轴线，从 a 开始，按顺时针方向依次连接此过渡区的个原子，则其走向与一个右螺旋线的前进方向一样(图 2.7(c))，故称为螺型位错。螺型位错有左螺型位错和右螺型位错之分。根据螺旋面旋转方向，符合右手法则(即以右手拇指代表螺旋面前进的方向，其他四指代表螺旋面的旋转方向)的称为右螺型位错，符合左手法则的称为左螺型位错。显然图 2.7 所示的位错为右螺型位错。必须注意的是，右螺和左螺位错是绝对的，不论从任何角度去看，右螺位错都不会成为左螺位错，反之亦然。

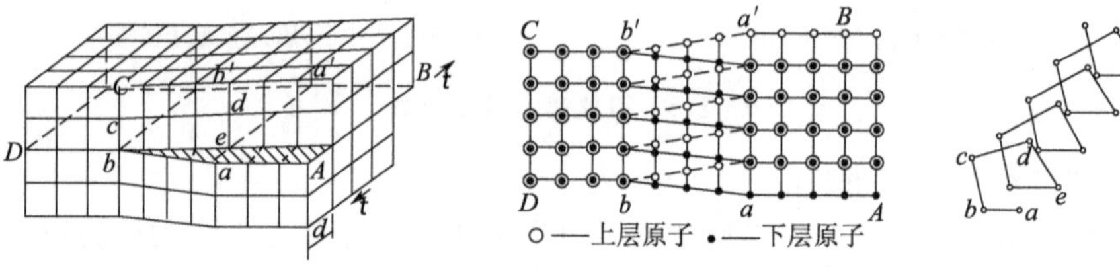

(a) 螺型位错模型　　(b) 螺型位错的原子组态　　(c) 螺旋面

图 2.7　螺型位错

螺型位错具有以下特征：

(1) 螺型位错的原子错排是呈轴对称的，且无多余半原子面。

(2) 螺型位错线与滑移矢量平行，因此，纯螺型位错的滑移面不是唯一的。而位错线的移动方向与晶体滑移方向(也与滑移矢量)垂直。

(3) 螺型位错周围的点阵畸变随离位错线距离的增加而急剧减少，故它也是包含几个原子宽度的线缺陷。

(4) 螺型位错线周围的点阵也发生弹性畸变，但是，只有平行于位错线的切应变而无正应变，即不引起体积膨胀和收缩。

3. 混合型位错

除了上面介绍的两种基本型位错外，还有一种形式更为普遍的位错，其滑移矢量既不平行也不垂直于位错线，而是与位错线相交成任意角度，这种位错称为混合型位错。如图 2.8所示为形成混合位错时晶体局部滑移的情况。这里，混合型位错的位错线是一条曲线(AC 线)。在 A 处，位错线与滑移矢量平行，因此是螺型位错；而在 C 处，位错线与滑移矢量垂直，因此是刃型位错。A 和 C 之间，位错线既不垂直也不平行于滑移矢量，每一小段位错线都可分解为刃型和螺型两个分量。混合位错附近原子组态如图 2.8 所示。

应该指出，位错产生的原因不只限于塑性变形，其他如在凝固、高温淬火、辐照等过程中均有可能产生位错。

2.3.2　柏氏回路及柏氏矢量

为了便于描述晶体中的位错，以及更为确切地表征不同类型位错的特征，1939 年柏格斯(J. M. Burgers)提出用柏氏回路来定义位错，借助这一规定所得到的矢量称为柏氏矢量，柏氏矢量揭示了位错的本质。

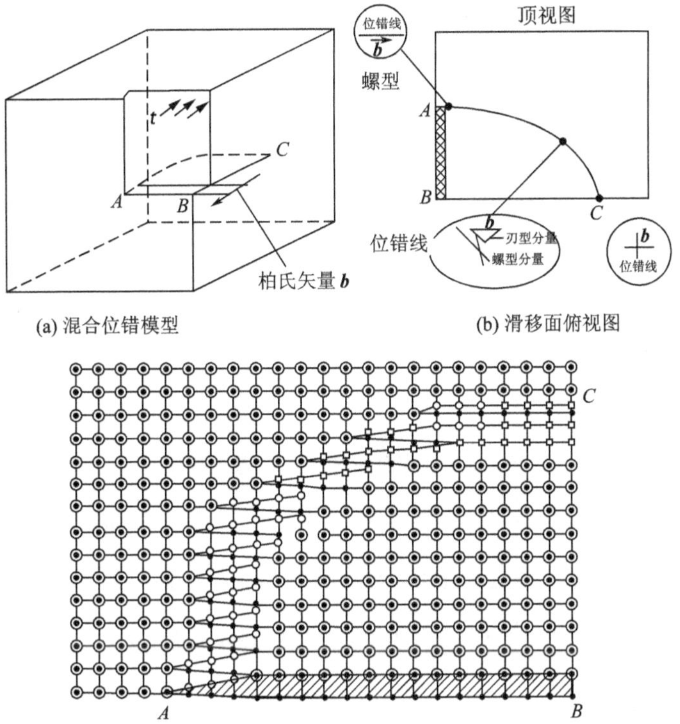

(a) 混合位错模型　　(b) 滑移面俯视图

(c) 混合位错原子组态

图 2.8　混合型位错

1. 柏氏矢量的确定方法

柏氏矢量可以通过作柏氏回路来确定。图 2.9(a)、(b)分别为含有一个刃型位错的实际晶体和用作参考的不含位错的完整晶体。确定该位错柏氏矢量的具体步骤如下：

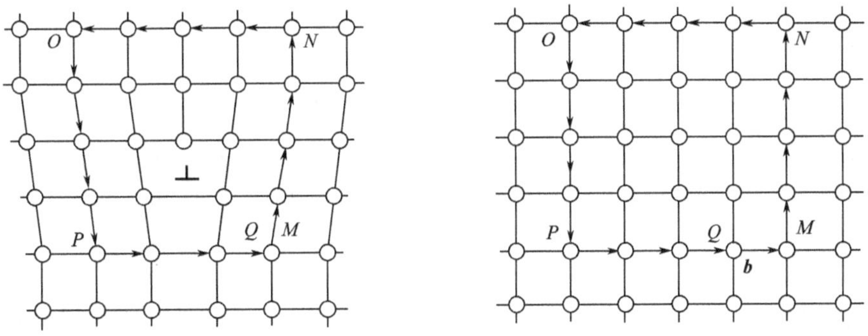

(a) 实际晶体的柏氏回路　　(b) 完整晶体的柏氏回路

图 2.9　刃型位错柏氏矢量的确定

(1)人为定义位错线的正向单位矢量 ξ。

(2)在实际晶体中，从任一原子出发，围绕位错(避开位错线附近的严重畸变区)以一定的步数作一右旋闭合回路 MNOPQ(称为柏氏回路)，如图 2.9(a)所示。

(3) 在完整晶体中按同样的方向和步骤做相同的柏氏回路，该回路并不封闭，由终点 Q 向起点 M 引一矢量 $\boldsymbol{b}$，使该回路闭合，如图 2.9(b)所示。这个矢量 $\boldsymbol{b}$ 就是实际晶体位错的柏氏矢量。由图可见，刃型位错的柏氏矢量与位错线垂直。

螺型位错的柏氏矢量也可按同样的方法加以确定，如图 2.10(a)、(b)所示。由图可见，螺型位错的柏氏矢量与位错线平行。

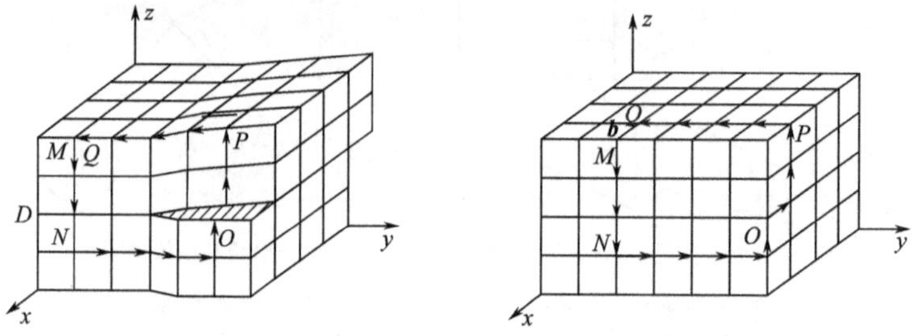

(a) 实际晶体的柏氏回路　　(b) 完整晶体的柏氏回路

图 2.10　螺型位错柏氏矢量的确定

混合位错的柏氏矢量与位错线既不平行也不垂直，而与位错线相交成 ϕ 角 $\left(0<\phi<\frac{\pi}{2}\right)$，可将其分解为垂直和平行于位错线的两个分量，如图 2.11 所示。图中垂直分量 $\boldsymbol{b}_{\mathrm{e}}=\boldsymbol{b}_{\mathrm{m}}\sin\phi$（刃型位错），平行分量 $\boldsymbol{b}_{\mathrm{s}}=\boldsymbol{b}_{\mathrm{m}}\cos\phi$（螺型位错）。

2. 柏氏矢量的重要性质

(1) 柏氏矢量 $\boldsymbol{b}$ 仅和位错周围晶体点阵畸变有关。在确定柏氏矢量时，只规定了柏氏回路应避开位错线附近的严重畸变区选取，而对其形状、大小和位置并没有任何限制。这就意味着柏氏矢量与回路起点及其具体途径无关。一根不分岔的位错线不论其形状如何变化(直线、曲折线或闭合的环状)，也不管位错线上各处的位错类型是否相同，其各部位的柏氏矢量都相同；而且当位错在晶体中运动或者改变方向时，其柏氏矢量是不变，即一根位错线具有唯一的恒定不变的柏氏矢量。如果回路变动，在变动过程中不再和其他位错相遇，则所得的柏氏矢量也是唯一的。这就是柏氏矢量的守恒性。

(2) 若一个柏氏矢量 $\boldsymbol{b}$ 为的位错可以分解为柏氏矢量分别为 $\boldsymbol{b}_1$，$\boldsymbol{b}_2$，…，$\boldsymbol{b}_n$ 的 n 个位错，则分解后各位错的柏氏矢量之和等于原位错的柏氏矢量，即 $\boldsymbol{b}=\sum_{i=1}^{n}\boldsymbol{b}_i$。如图 2.12 所示，$\boldsymbol{b}_1$ 位错分解为 $\boldsymbol{b}_2$ 和 $\boldsymbol{b}_3$ 两个位错，则 $\boldsymbol{b}_1=\boldsymbol{b}_2+\boldsymbol{b}_3$。显然，若有数根位错线相交于一点(称为位错结点)，则指向结点的各位错线的柏氏矢量之和应等于离开结点的各位错线的柏氏矢量之和，即 $\sum_{i=1}^{n}\boldsymbol{b}_i=\sum_{i=1}^{n}\boldsymbol{b}'_i$。

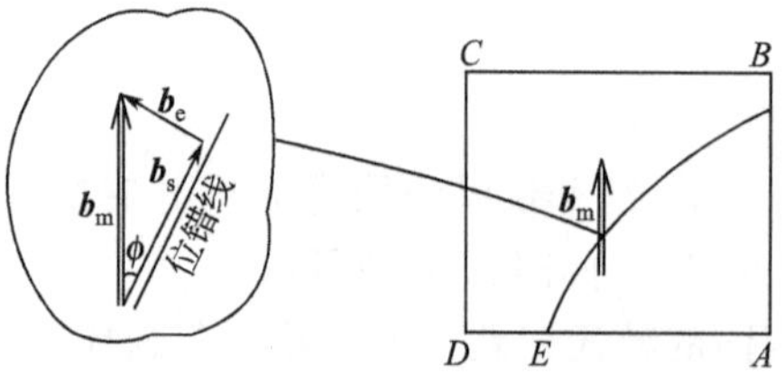

图 2.11　混合位错的柏氏矢量

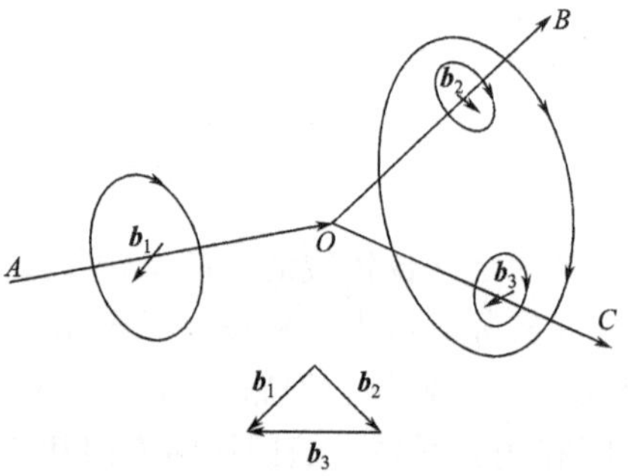

图 2.12　位错线相交与柏氏矢量的关系

(3) 在晶体中的位错不能终止在晶体内部，它只能自我闭合形成一个位错环，或者终止在其他缺陷(如晶界、表面)，或与其他位错相连构成结点。这种性质称为位错的连续性。

3. 柏氏矢量的意义

1) 确定位错类型

若柏氏矢量 $\boldsymbol{b}$ 与位错线垂直，则为刃型位错；若柏氏矢量 $\boldsymbol{b}$ 与位错线平行则为螺型位错；柏氏矢量 $\boldsymbol{b}$ 与位错线既不垂直也不平行而是相交成任意角度，则为混合性位错。

2) 表征晶体中位错区点阵畸变程度

通过柏氏回路确定柏氏矢量的方法表明，柏氏矢量是反映位错周围点阵畸变总积累的物理量。而该矢量的模 $|\boldsymbol{b}|$ 表示了畸变的程度，称为位错强度。

3) 表征晶体滑移时的滑移方向和滑移量的大小

由于柏氏矢量是代表晶体滑移时的滑移矢量，该矢量的方向表示位错的性质与位错的取向，所以柏氏矢量可以表征晶体滑移时的滑移方向和滑移量大小。

4. 柏氏矢量的表示方法

柏氏矢量的方向可用它在晶轴上的分量即用点阵矢量 a、b 和 c 来表示，其模则用该晶向上原子间距来表示。对于立方晶系，由于 $a=b=c$，故可用与柏氏矢量 $\boldsymbol{b}$ 同向的晶向指数来表示。例如，从体心立方晶体的原点到体心的柏氏矢量 $\boldsymbol{b}=a/2+b/2+c/2$，可写成 $\boldsymbol{b}=\frac{a}{2}[111]$。这样立方晶系中位错的柏氏矢量可记为 $\boldsymbol{b}=\frac{a}{2}[u\,v\,w]$，该位错柏氏矢量的模(也称位错强度) $|\boldsymbol{b}|=\frac{a}{n}\sqrt{u^2+v^2+w^2}$，其中 n 为正整数。

柏氏矢量可以进行矢量运算，例如，一个柏氏矢量 $\boldsymbol{b}$ 是另外两个柏氏矢量 $\boldsymbol{b}_1=\frac{a}{n}[u_1 v_1 w_1]$ 和 $\boldsymbol{b}_2=\frac{a}{n}[u_2 v_2 w_2]$ 之和，则按矢量加法法则有

$$\begin{aligned}\boldsymbol{b}&=\boldsymbol{b}_1+\boldsymbol{b}_2=\frac{a}{n}[u_1 v_1 w_1]+\frac{a}{n}[u_2 v_2 w_2]\\&=\frac{a}{n}[u_1+u_2\quad v_1+v_2\quad w_1+w_2]\end{aligned}\tag{2-10}$$

柏氏矢量为研究位错提供了一种抽象而简明的方法。

晶体中存在位错的多少可用位错密度来描述。常用的表示位错密度的方法有以下两种：

(1) 定义为单位体积晶体中所包含的位错线的总长度，其表达式为

$$\rho=\frac{L}{V}\tag{2-11}$$

式中，L 为位错线的总长度；V 为晶体体积。

(2) 定义为在晶体中垂直位错线的单位面积上所穿过的位错线数目，其表达式为

$$\rho=\frac{n}{A}\tag{2-12}$$

式中，n 为穿过 A 面积的位错线数目；A 为晶体截面积。

位错密度的单位为 $1/cm^2$。

试验结果表明：一般经充分退火的金属材料中，位错密度为 $10^6 \sim 10^8/cm^{-2}$；但经精心制备和处理的超纯金属单晶体，位错密度可低于 $10^3 cm^{-2}$；而经过剧烈冷变形的金属，位错密度可高达 $10^{10} \sim 10^{12} cm^{-2}$。

2.3.3 作用在位错上的力和位错的运动

1. 作用在位错上的力

在外切应力的作用下，位错将在滑移面上产生滑移运动。由于位错的移动方向总是垂直于位错线，因此，可理解为有一个垂直于位错线的“力”作用在位错线上。

利用虚功原理可以导出这个作用在位错上的力。推导如下：

如图 2.13 所示，设有切应力 τ 使一小段位错线 $\mathrm{d}l$ 移动了 $\mathrm{d}s$ 距离，此段位错线移动的结果使晶体中 $\mathrm{d}A$ 面积($\mathrm{d}A = \mathrm{d}l \cdot \mathrm{d}s$)沿滑移面产生了滑移，其滑移量为柏氏矢量 $\boldsymbol{b}$，则切应力所做的功为 $\mathrm{d}w = \tau \mathrm{d}A \cdot \boldsymbol{b} = \tau \mathrm{d}l \cdot \mathrm{d}s \cdot \boldsymbol{b}$。

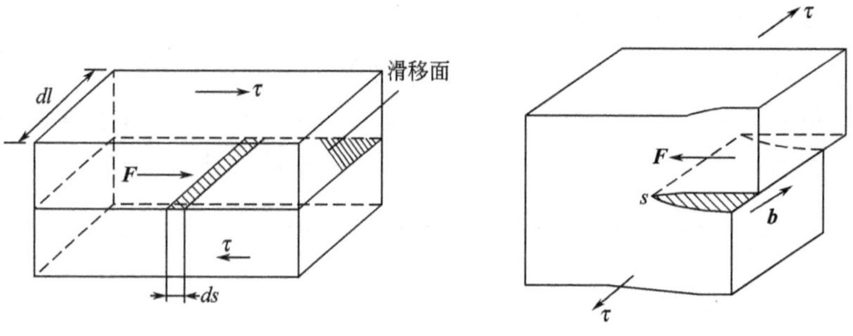

(a) 一小段位错线移动　　(b) 作用在螺型位错上的力

图 2.13 作用在位错上的力

此功也就是相当于作用在位错上的力 $\boldsymbol{F}$，使位错线移动 $\mathrm{d}s$ 距离所做的功，即

$$\mathrm{d}w = \boldsymbol{F} \cdot \mathrm{d}s$$

$$\tau \mathrm{d}l \cdot \mathrm{d}s \cdot \boldsymbol{b} = F \cdot \mathrm{d}s$$

$$F = \tau \mathrm{d}l \cdot \boldsymbol{b}$$

$$f = F/\mathrm{d}l = \tau \boldsymbol{b} \tag{2-13}$$

f 是作用在单位长度位错上的力，它与外切应力 τ 和柏氏矢量 $\boldsymbol{b}$ 呈正比，f 的方向与切应力 τ 的方向往往不同，例如，纯螺型位错 f 的方向与切应力 τ 的方向垂直。

2. 位错的运动

晶体宏观的塑性变形就是通过位错运动来实现，这也是位错重要性质之一。晶体中的位错运动方式有两种，即滑移和攀移。所谓滑移是指在外加切应力作用下通过位错中心附近的原子沿柏氏矢量方向在滑移面上不断地作少量的位移(小于一个原子间距)而逐步实现的。任何类型的位错均可进行滑移。所谓攀移是指位错在垂直于滑移面的方向上移动，只有刃型位错才能攀移。

1) 位错的滑移

图 2.14 所示为正刃型位错沿滑移面移动的情况。在外切应力 τ 的作用下，从 Q 位置

移动一个原子间距到达 Q' 位置时，位错附近的原子配合移动的情况。可以看出，在这个过程中，位错中心附近的原子由“•”位置移动小于一个原子间距的距离达到“o”位置，使位错在滑移面上向左移动了一个原子间距。如果切应力继续作用，位错将继续向左逐步移动。

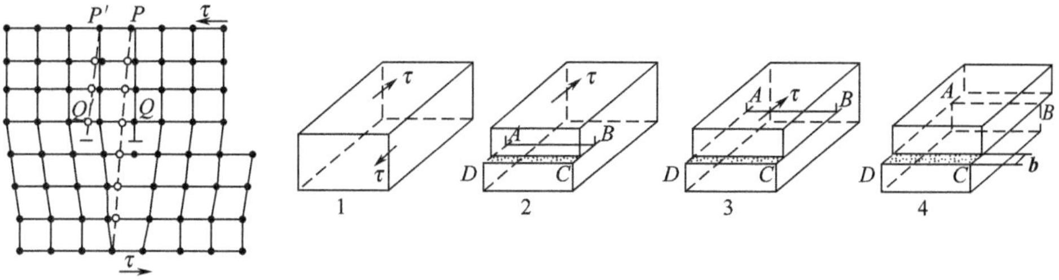

(a) 正刃型位错的原子运动　　(b) 含刃型位错的晶体的滑动

图 2.14　刃型位错滑移

当位错线沿滑移面滑移通过整个晶体时，就会在晶体表面沿柏氏矢量方向产生宽度为一个柏氏矢量大小的台阶，即造成晶体塑性变形，如图 2.14(b)所示。如果有 N 个位错滑过位错的滑移面，则晶体表面处的台阶宽度将增加到 Nb。若外加的切应力方向相反，则位错的运动方向也相反。在相同的切应力下正刃型位错和负刃型位错将反向运动，但位错滑移到晶体表面后，所造成的滑移结果是相同的。应当指出，位错的滑移面是由位错线和柏氏矢量决定的平面，刃型位错的位错线和柏氏矢量相互垂直，所以其滑移面是唯一的。刃型位错的滑移方向与位错线垂直，而与柏氏矢量、切应力方向以及晶体滑移方向平行。

还应指出，为使刃型位错发生滑移，所施加的切应力必须是平行于滑移面且垂直于位错线，但并不是说只有在晶体上施加此类切应力位错才能运动，只要外加应力能满足位错移动所需要的分切应力 $\tau_c \approx \frac{G\boldsymbol{b}}{l}$(式中 G 为剪切模量，$\boldsymbol{b}$ 为柏氏矢量，l 为位错线的长度)即可。

图 2.15 所示为螺型位错沿滑移面移动的情况。(图面为滑移面，图中“•”和“o”分别表示滑移面上、下两部分的原子)。在外切应力 τ 的作用下，原子从虚线位置移动到实线位置，位错线滑移了一个原子间距。由图可见，如同刃型位错一样，滑移时位错线附近原子的移动量很小，所以螺型位错运动所需的力也是很小的。当位错线沿滑移面滑过整个晶体时，同样会在晶体表面沿柏氏矢量方向产生一个宽度为 b 的滑移台阶［图 2.15(c)］。应当注意：螺型位错的移动方向与其柏氏矢量、切应力及晶体的滑移方向相垂直。对于螺型位错，由于位错线与柏氏矢量平行，因此，螺型位错的滑移不限于单一的滑移面上。

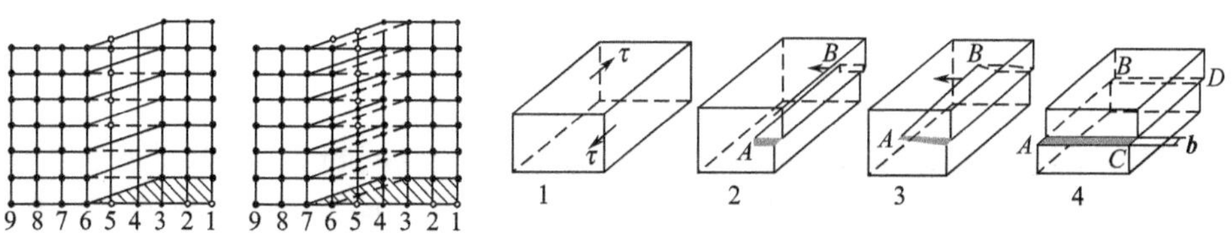

(a) 原始位置　(b) 位错向左移动了一个原子间距　(c) 滑移过程

图 2.15　螺型位错的滑移

图 2.16 所示为混合型位错沿滑移面移动的情况。设在晶体内部有一个位错环，位错环上除 A、B、C、D 四点外，其余部分均为混合型位错。若沿 **b** 的方向对晶体施加切应力 τ 时，包括 A、B、C、D 四点在内的位错环上的各点沿其法向方向在滑移面上向外扩展，当位错环沿滑移面滑过整个晶体时就会在晶体表面沿柏氏矢量 **b** 的方向产生宽度为 b 的滑移台阶，如图 2.16(b)所示。

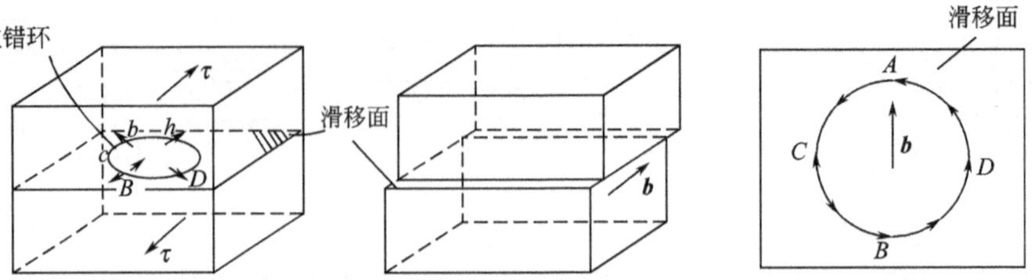

(a) 位错环　(b) 位错环运动后产生的滑移　(c) 位错环顶视图

图 2.16　混合型位错的滑移

必须指出，对于给定位错线，可根据右手法则确定其运动方向，即以拇指代表沿着柏氏矢量 **b** 移动的那部分晶体，食指代表位错线方向，则中指就表示位错线移动方向。

2）位错的攀移

刃型位错除了可以在滑移面上滑移外，在一定的条件下可以沿垂直于滑移面的方向运动，刃型位错的这种运动称为攀移。通常把多余半原子面缩小(向上运动)称为正攀移，扩大(向下运动)称为负攀移，如图 2.17 所示。刃型位错攀移的实质就是导致多余半原子面的扩大或缩小，因此，它是通过物质迁移即原子或空位的扩散来实现的。如果有空位向刃型位错线处扩散或者原子从刃型位错线处扩散到别处，使多余半原子面下端失去一排原子，位错线向上移动了一个原子间距，则发生正攀移［图 2.17(a)］；反之，若有原子向刃型位错线处扩散或者空位从刃型位错线处扩散到别处，使多余半原子面下端增加一排原子，位错线向下移动了一个原子间距，则发生负攀移［图 2.17(c)］。螺型位错由于没有多余的半原子面，因此，不会发生攀移运动。

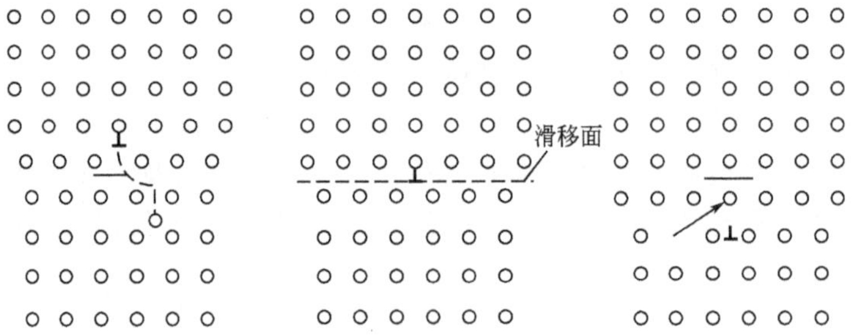

(a) 正攀移　(b) 未攀移时的位错　(c) 负攀移

图 2.17　刃型位错的攀移

由于攀移伴随着位错线附近原子的增加或减少，即有物质迁移，需要扩散才能实现。因此，位错攀移时需要热激活，也就是说比滑移需要更大的能量。故称攀移为“非守恒运动”，而滑移则称为“守恒运动”。

对大多数材料，在室温下位错的攀移十分困难，而在较高温度下，攀移较易实现。经高温淬火、冷变形加工和高能粒子辐照后晶体中将产生大量的空位和间隙原子，过饱和点缺陷的存在有利于攀移运动的进行。

2.3.4 位错的应力场及位错与晶体缺陷间的交互作用

在实际晶体中，由于位错的存在使其周围原子偏离平衡位置而导致点阵畸变和弹性应力场的产生。晶体中的位错在运动过程中与点缺陷和其他位错将发生交互作用，这些交互作用是通过其应力场实现的。要形成应力场就要做功，此功以弹性应变能的形式储存在位错中。而一根位错线的总能量与其长度成正比，为降低总能量位错线力求缩短长度，这种缩短的倾向就表现为线张力。因此，要进一步了解位错的性质，就要讨论位错的弹性应力场，进而推算出位错所具有的能量、位错与晶体缺陷间的交互作用、位错间的交互作用等问题。

1. 位错应力场

要准确地对晶体中位错周围的弹性应力场进行定量计算是复杂而困难的，通常采用位错弹性连续介质模型来进行计算。该模型首先假设实际晶体是完全弹性体，服从胡克定律；其次，近似地认为晶体内部由连续介质组成，晶体中没有空隙，因此晶体中的应力、应变、位移等量是连续的，可用连续函数表示；最后，把晶体视为是各向同性的，这样晶体的弹性常数(弹性模量、泊松比等)不随方向而改变。应注意，该模型未考虑到位错中心区的严重点阵畸变情况，因此导出的结果不适用位错中心区(中心区的半径为0.5～1.0nm)，而在位错中心区以外的区域可采用弹性连续介质模型导出应力场公式。

从材料力学中得知，固体中任一点的应力(单位面积的作用力)状态可用9个应力分量来表示，9个应力分量中有3个正应力(与作用面垂直的应力)和6个切应力(与作用面平行的应力)，用符号σ_{ij}表示。第一个下标i代表应力作用面与i垂直，第二个下标j代表应力作用方向。$i=j$时为正应力，$i\neq j$时为切应力。图2.18(a)、(b)所示分别用直角坐标和圆柱坐标给出单元体上这些应力分量。根据力学平衡关系，切应力具有对称性质，即$\sigma_{ij}=\sigma_{ji}$，于是，9个应力分量中只要有6个独立应力分量(3个正应力、3个切应力)就可决定任一点的应力状态。在直角坐标系中，6个应力分量为σ_{xx}、σ_{yy}、σ_{zz}、σ_{xy}、σ_{xz}和σ_{yz}，相对应的有6个独立的应变分量，ε_{xx}、ε_{yy}和ε_{zz}为3个正应变分量，ε_{xy}、ε_{xz}，ε_{yz}为3个切应变分量。同样在柱坐标系中，也有6个独立的应力分量为σ_{rr}、$\sigma_{\theta\theta}$、σ_{zz}、$\sigma_{r\theta}$、σ_{rz}和$\sigma_{\theta z}$，对应6个独立的应变分量为ε_{rr}、$\varepsilon_{\theta\theta}$、$\varepsilon_{zz}$、$\varepsilon_{r\theta}$、$\varepsilon_{rz}$和$\varepsilon_{\theta z}$。

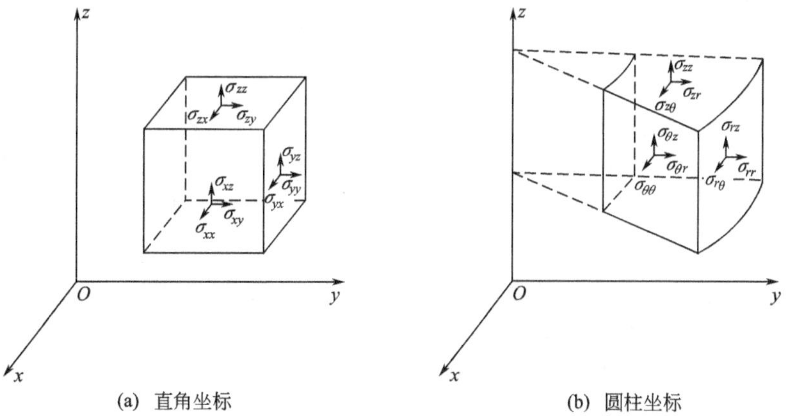

(a) 直角坐标　　(b) 圆柱坐标

图2.18 体积元表示的任一点的应力状态

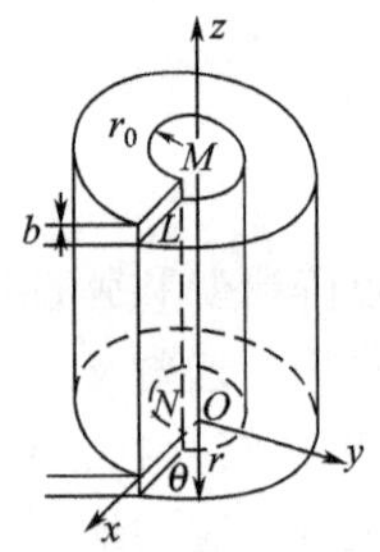

图 2.19 螺型位错的连续介质模型

1）螺型位错的应力场

设想有一各向同性的、长为 L 的弹性空心圆柱体材料，先将圆柱体沿 xz 面切开，再使两个切开面沿 z 轴方向作相对位移 b，然后把这两个面粘接。这样就相当于形成了一个位错线在 z 轴、柏氏矢量为 $\boldsymbol{b}$、滑移面为 xOz 的螺型位错的应力场，如图 2.19 所示。

采用圆柱坐标，由于圆柱体只有沿 z 轴方向的位移，因此只有切应变 $\varepsilon_{\theta z}=\varepsilon_{z\theta}\neq 0$，即

$$\varepsilon_{\theta z}=\frac{b}{2\pi r} \tag{2-14}$$

根据胡克定律，位错在(r,θ)处的切应力为圆柱坐标系应力分量为

$$\sigma_{\theta z}=\sigma_{z\theta}=G\varepsilon_{\theta z}=\frac{Gb}{2\pi r} \tag{2-15}$$

其他应力分量均为零，即

$$\left.\begin{aligned}\sigma_{rr}=\sigma_{\theta\theta}=\sigma_{zz}=0\\ \sigma_{r\theta}=\sigma_{\theta r}=\sigma_{rz}=\sigma_{zr}=0\end{aligned}\right\} \tag{2-16}$$

若用直角坐标时，螺型位错应力场表达式为

$$\left.\begin{aligned}\sigma_{xz}=\sigma_{zx}=-\frac{Gb}{2\pi}\frac{y}{x^2+y^2}\\ \sigma_{yz}=\sigma_{zy}=\frac{Gb}{2\pi}\frac{x}{x^2+y^2}\\ \sigma_{xx}=\sigma_{yy}=\sigma_{zz}=\sigma_{xy}=\sigma_{yx}=0\end{aligned}\right\} \tag{2-17}$$

式中，G 为切变模量；b 为柏氏矢量的模。

螺型位错的应力场具有以下特点：

(1) 只有切应力分量，正应力分量全为零，这表明螺型位错不引起晶体的膨胀和收缩。

(2) 切应力与 b 成正比，与 r 成反比，与 θ，z 无关，说明切应力是轴对称的，即与位错等距离的各处切应力相等，并随着与位错距离的增大，应力值减小。当 $r\to 0$ 时，$\sigma_{\theta z}\to\infty$，这说明上述结果不适用位错中心的严重畸变区。

2）刃型位错的应力场

刃型位错的应力场要比螺型位错的复杂得多。同样，把弹性空心圆柱体沿 xOz 面切开，然后使两个切面沿 x 轴移动一个 b 的距离，再将这两个面粘接，如图 2.20 所示。于是，就形成刃位错的连续介质模型。

由图 2.20 所示模型可知，形成位错时，晶体中原子在 x、y 轴方向有位移，而 z 轴方向无位移，且 x、y 轴方向的位移不随 z 坐标变化，故属于平面应变问题。由弹性力学理论可求得刃型位错诸应力分量为

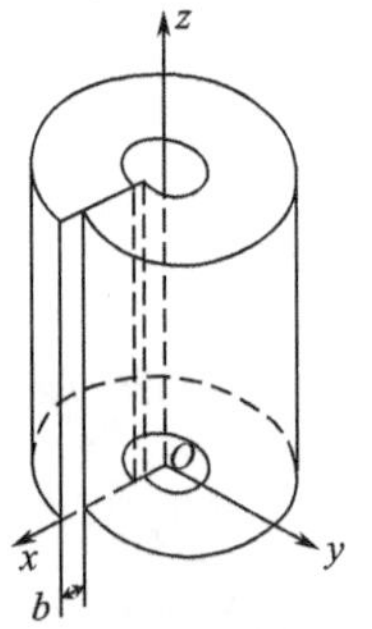

图 2.20 刃型位错的连续介质模型

$$\left.\begin{aligned} \sigma_{xx} &= -A\frac{y(3x^2+y^2)}{(x^2+y^2)^2} \\ \sigma_{yy} &= A\frac{y(x^2-y^2)}{(x^2+y^2)^2} \\ \sigma_{zz} &= \nu(\sigma_{xx}+\sigma_{yy}) \\ \sigma_{xy} = \sigma_{yx} &= A\frac{x(x^2-y^2)}{(x^2+y^2)^2} \\ \sigma_{xz} = \sigma_{zx} &= \sigma_{yz} = \sigma_{zy} = 0 \end{aligned}\right\} \tag{2-18}$$

式中，$A=Gb/2\pi(1-\nu)$，ν 为泊松比；b 为柏氏矢量的模。

若用圆柱坐标，则其应力分量为

$$\left.\begin{aligned} \sigma_{rr} = \sigma_{\theta\theta} &= -A\frac{\sin\theta}{r} \\ \sigma_{zz} &= \nu(\sigma_{rr}+\sigma_{\theta\theta}) \\ \sigma_{r\theta} = \sigma_{\theta r} &= A\frac{\cos\theta}{r} \\ \sigma_{rz} = \sigma_{zr} &= \sigma_{\theta z} = \sigma_{z\theta} = 0 \end{aligned}\right\} \tag{2-19}$$

刃型位错应力场有以下特点：

(1) 正应力分量和切应力分量同时存在，且各应力分量的大小与柏氏矢量的模 b 成正比，与 r 成反比。

(2) 各应力分量都是 x、y 的函数，而与 z 无关。这表明在平行于位错线的直线上，任一点的应力均相同。在 xy 面上，正应力对称于 y 轴，即对称于多余半原子面，且任意位置均有 $|\sigma_{xx}|>|\sigma_{yy}|$。

(3) 当 $y=0$ 时，$\sigma_{xx}=\sigma_{yy}=\sigma_{zz}=0$，说明在滑移面上正应力为零，只有切应力 σ_{xy}，而且切应力达到最大值$\left(\frac{Gb}{2\pi(1-\nu)}\cdot\frac{1}{x}\right)$。

(4) 对正刃型位错，$y>0$ 时，$\sigma_{xx}<0$；而 $y<0$ 时，$\sigma_{xx}>0$。这说明位于滑移面上侧的晶体受压，位于滑移面下侧的晶体受拉。对负刃型位错，则相反。

(5) $|x|=|y|$ 处，$\sigma_{yy}=0$，$\sigma_{xy}=\sigma_{yx}=0$，说明在直角坐标的两条对角线处，只有 σ_{xx} 而且在每条对角线的两侧，$\sigma_{xy}(\sigma_{yx})$ 及 σ_{yy} 的符号相反。图 2.21 所示为正刃型位错周围的应力分布情况。注意，上述公式不适用于刃型位错中心区。

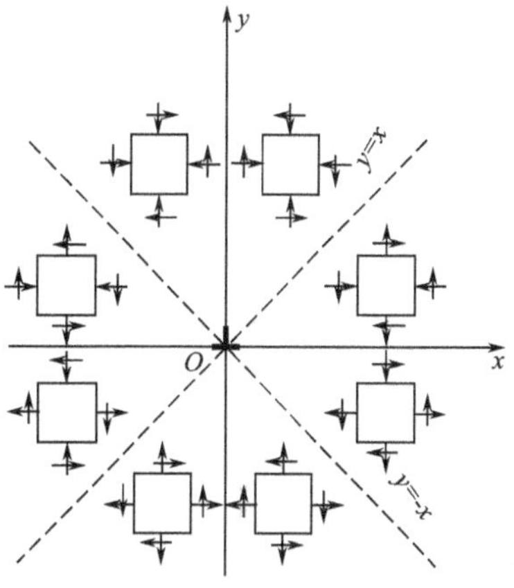

图 2.21 刃位错各应力分量符号与位置的关系

2. 位错的弹性应变能

位错周围点阵畸变引起弹性应力场导致晶体能量增加，这部分能量称为位错的弹性应变能。它包括两个部分，一是位错中心畸变能 W_{core}，在位错中心几个原子间距 $r_o=2|b|=2b$ 的区域内，由于点阵畸变很大，线弹性理论不适用，不能采用连续介质模型，而只能借助点阵模型直接考虑晶体结构和原子间的相互作用。据估算，这部分能量大约为总应变能的 10%左右，故常予以忽略。二是弹性应变能，在位错中心以外，长程应力场作用范围所具有的能量，约占位错能的 90%，

此项能量可采用连续介质弹性模型根据单位长度位错所做的功求得。

根据弹性理论，单位体积弹性物体的应变能(W/V)，与此物体所产生的所有应力分量(σ_{ii}、σ_{ij})及其相应的应变分量(ε_{ii}、ε_{ij})的关系为

$$\frac{W}{V}=\frac{1}{2}\sum(\sigma_{ii}\varepsilon_{ii}+\sigma_{ij}\varepsilon_{ij}) \tag{2-20}$$

对于螺型位错，由于其正应力和正应变为零，只有切应力 $\sigma_{\theta z}=\sigma_{z\theta}=\dfrac{Gb}{2\pi r}$和切应变 $\varepsilon_{\theta z}=\varepsilon_{z\theta}=\dfrac{b}{2\pi r}$，故单位体积的应变能为

$$\frac{W}{V}=\frac{1}{2}\sigma_{\theta z}\cdot\varepsilon_{\theta z} \tag{2-21}$$

根据 $\sigma_{\theta z}=\dfrac{Gb}{2\pi r}$，$\varepsilon_{\theta z}=\dfrac{b}{2\pi r}$，由图 2.19 所示得知，螺型位错周围半径为 r、厚度为 dr、长度为 L 的管状体积元的应变能为

$$\mathrm{d}W=\frac{1}{2}\sigma_{\theta z}\cdot\varepsilon_{\theta z}\cdot\mathrm{d}V=\frac{1}{2}\,\frac{Gb}{2\pi r}\cdot\frac{b}{2\pi r}\cdot\mathrm{d}(2\pi r\mathrm{d}rL)=\frac{Gb^2}{4\pi r}\cdot L\cdot\mathrm{d}r \tag{2-22}$$

设位错中心半径为 r_0，位错应力场作用范围半径为 R，则单位长度螺型位错的弹性应变能为

$$W_s=\frac{W}{L}=\frac{1}{L}\int_{r_0}^{R}\frac{Gb^2}{4\pi}\cdot L\cdot\frac{\mathrm{d}r}{r}=\frac{Gb^2}{4\pi}\ln\frac{R}{r_0} \tag{2-23}$$

同理，可求出刃型位错的弹性应变能为

$$W_e=\frac{Gb^2}{4\pi(1-\nu)}\ln\frac{R}{r_0} \tag{2-24}$$

而对于一个混合型位错，可以分解为一个柏氏矢量为 $b\sin\varphi$ 的刃型位错分量和一个柏氏矢量为 $b\cos\varphi$ 的螺型位错分量，由于相互垂直的刃位错和螺位错之间没有相同的应力分量，它们之间无相互作用能。因此，将它们代入各自的应变能公式并叠加，就得到混合型位错的的应变能，即

$$W_m=W_s+W_e=\frac{Gb^2\cos^2\varphi}{4\pi}\ln\frac{R}{r_0}+\frac{Gb^2\sin^2\varphi}{4\pi(1-\nu)}\ln\frac{R}{r_0}=\frac{Gb^2}{4\pi K}\ln\frac{R}{r_0} \tag{2-25}$$

式中，$K=\dfrac{1-\nu}{1-\cos^2\varphi\nu}$为混合位错分解时的角度因素，其值为 0.75～1。

分析式(2-25)可知，所有的直位错的均可用上式表达。对螺位错的 $K=1$；刃位错 $K=1-\nu$；而对混合位错 $K=(1-\nu)/(1-\cos^2\varphi)$。由此可见，位错应变能的大小与 r_0和 R 有关。

如前所述，位错应力场的公式不适用于位错中心区，所以 r_0不能取零值；而 $R\to\infty$是没有实际意义的，因为实际晶体不是无限大，并且实际晶体中的亚结构尺寸限制了应力场的范围。一般认为 r_0与 b 值接近(10^{-10} m)，R 的数值为亚晶界尺寸，约为 10^{-6}m。因此单位长度位错的总应变能可简化为

$$W\approx\frac{Gb^2}{4\pi K}\ln 10^4=\alpha Gb^2 \tag{2-26}$$

式中，α 为与几何因素有关的系数，其值为 0.5～1。

综上所述，可得出如下结论：

(1) 位错的应变能包括两部分：W_{core}和 W。位错中心区的能量 W_{core}小于总能量的

1/10，常可忽略；位错的弹性应变能 $W \propto \ln(R/r_0)$，它随 R 缓慢地增加，所以位错具有长程应力场。

（2）位错的能量是以单位长度的能量来定义的，故两点间直线位错比弯曲位错具有更低的能量，即直线位错更稳定。因此，位错线有尽量变直和缩短其长度的趋势。

（3）位错的应变能与 b^2 成正比。因此，b 的大小是分析位错组态、判断位错稳定性的一个重要依据。位错的应变能越低，其组态越稳定，所以晶体中的位错趋向于柏氏矢量最小的组态。由此可理解晶体的滑移方向总是沿着原子的密排方向。

3. 位错的线张力

前面讨论了单位长度位错的应变能，对于一根位错线其总应变能与位错线长度成正比，为了降低总应变能，位错线有力求缩短的倾向，故在位错线上存在一种使其变直的线张力 T。线张力是一种组态力，可定义为使位错线增加单位长度所需要的能量，所以线张力在数值上近似等于单位长度位错线的应变能，即

$$T \approx \alpha G b^2 \tag{2-27}$$

式中，α 为系数，对直线位错 $\alpha=1$；对弯曲位错 $\alpha=0.5$。

下面讨论能使两端固定的位错发生弯曲所需的切应力 τ。如图 2.22 所示，在外加切应力 τ 的作用下两端固定的位错发生弯曲。平衡时位错线曲率半径为 r，中心角为 $d\theta$，弯曲位错的长度为 ds。此时作用在单位长度位错线上所受到的力为 $f=\tau b$，它力图使位错线弯曲，而位错线张力将产生一恢复力 $F'=2T\sin\dfrac{d\theta}{2}$，它力图使位错线变直。在平衡条件下，弯曲位错所受的总力为 $\tau b ds$，它与 F' 相等，即

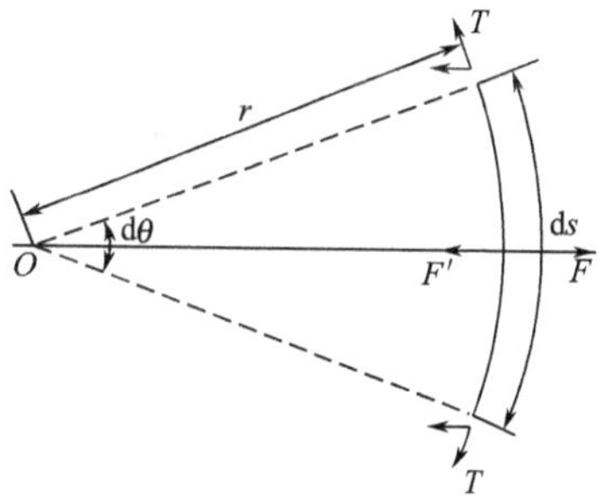

图 2.22 位错的线张力

$$\tau b ds = 2T\sin\frac{d\theta}{2}$$

由于 $ds \approx r d\theta$，$d\theta$ 很小时，$\sin\dfrac{d\theta}{2} \approx \dfrac{d\theta}{2}$，所以 $\tau b = \dfrac{T}{r} = \dfrac{\alpha G b^2}{r}(\alpha=0.5)$ 于是

$$\tau = \frac{T}{br} = \frac{Gb}{2r} \quad \left(T \approx \frac{Gb^2}{2}\right) \tag{2-28}$$

式(2-28)表明，外加切应力 τ 在单位位错线上产生的作用力 $f=\tau b$，若位错线两端不能自由运动，则此作用力将使位错线弯曲，其曲率半径 r 与 τ 成反比。

应当指出，位错的线张力不仅驱使位错线变直，而且也是晶体中位错呈三维网络分布的原因。因为位错网络中相交于同一结点的诸位错，其线张力处于平衡状态，从而保证位错在晶体中的相对稳定性。

4. 位错与点缺陷的交互作用

晶体中存在的点缺陷会引起点阵畸变，故必然产生应力场，点缺陷的应力场与位错的应力场会发生弹性交互作用，使晶体的弹性应变能升高或降低。这种应变能的变化，称为位错与点缺陷的交互作用能。通过点缺陷运动而使点缺陷和位错形成特定的分布，从而使体系的自由能达到较低状态。这种点缺陷和位错的特定分布对晶体的力学性能产生重要的影响。分析位错与点缺陷之间的交互作用是一个十分复杂的问题，这里仅对点缺陷产生球

形对称畸变进行讨论。

假如晶体为弹性的连续介质，内有一个柏氏矢量为 **b** 的刃型位错，在晶体中挖一半径为 R_0(R_0 相当于在置换固溶体中溶剂原子的半径，也相当于在间隙固溶体中能够容纳间隙原子的半径)的球形孔洞，然后在空洞中填入一个半径为 R 的溶质原子。令 $\delta=\frac{R-R_0}{R_0}$，则两者的体积之差约为 $\Delta V=4\pi\delta R_0^3$，而此时产生径向位移为 ΔR。在产生径向位移过程中位错应力场要做功。因为产生径向位移是垂直球面的，是球对称畸变，如图 2.23 所示。因此，只有位错应力场中的正应力分量做功，而切应力不做功。做功的正应力分量的平均值可用水静压力表示，即

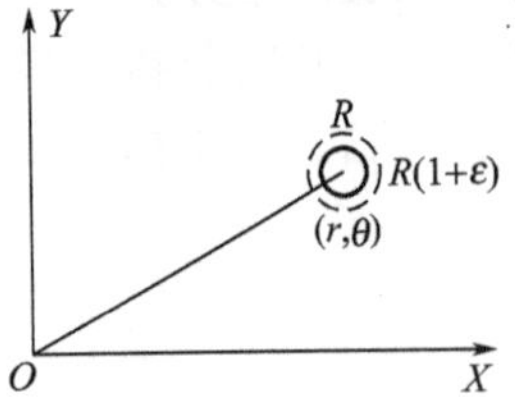

图 2.23 位错和溶质原子的交互作用

$$\sigma_m=\frac{1}{3}(\sigma_{xx}+\sigma_{yy}+\sigma_{zz})$$

$$\sigma_m=\frac{1}{3}[\sigma_{xx}+\sigma_{yy}+\nu(\sigma_{xx}+\sigma_{yy})]=\frac{1}{3}(1+\nu)(\sigma_{xx}+\sigma_{yy})$$

$$=-\frac{Gb}{3\pi}\cdot\frac{1+\nu}{1-\nu}\cdot\frac{y}{x^2+y^2} \tag{2-29}$$

若用柱坐标表示，则

$$\sigma_m=-\frac{Gb}{3\pi}\cdot\frac{1+\nu}{1-\nu}\cdot\frac{\sin\theta}{r} \tag{2-30}$$

式中，r 和 θ 为溶质原子的坐标位置，如图 2.23 所示。

溶质原子溶入时，克服应力场所做功为

$$W=-\sigma_m\Delta V=\frac{4}{3}\frac{Gb(1+\nu)}{1-\nu}\cdot\frac{y}{x^2+y^2}\cdot\delta R_0^3 \tag{2-31}$$

若用柱坐标表示，则

$$W=\frac{4}{3}\cdot\frac{1+\nu}{1-\nu}\cdot Gb\delta R_0^3\cdot\frac{\sin\theta}{r} \tag{2-32}$$

式中，W 为位错和点缺陷的交互作用能。

对式(2-31)讨论如下：交互作用能为负值，即 $W<0$，则表示位错和溶质原子相互吸引；反之，则相互排斥。当 $\delta>0$ 时，即点缺陷的半径大于溶剂原子的半径时，只有在$\pi<\theta<2\pi$ 时 W 才是负值。也就是说，这类点缺陷被吸引正刃型位错的下侧。当 $\delta<0$ 时，则相反，也就是说空位以及比溶剂原子小的置换原子被吸引正刃型位错的上侧。间隙原子以及比溶剂原子大的置换原子被吸引正刃型位错的下侧。

由于点缺陷和位错的交互作用，使位错附近的点缺陷浓度和其他地方的不同，在位错附近的点缺陷浓度比远处的高。溶质原子在位错附近聚集所形成的小原子气团称为柯氏气团。柯氏气团的存在将造成晶体的固溶强化效应，这将在后续讨论。

螺型位错的应力场是纯切应力场，与球对称的点缺陷无交互作用。但如图 2.24 所示，纯切应力场可等效于一正应力场，有些非球对称畸变的点缺陷，有可能和螺型位错发生交互作用。例如，体心立方晶体中八面体间隙位置是四角对称的，间隙原子产生四方性畸变，其应力场不但有正应力分量，还有切应力分量，于是它们不仅和刃型位错有交互作用，也和螺型位错发生交互作用。因此，体心立方晶体中的间隙原子，在有足够激活能的

条件下，会偏聚在螺型位错线附近形成溶质原子气团，称为史氏气团。

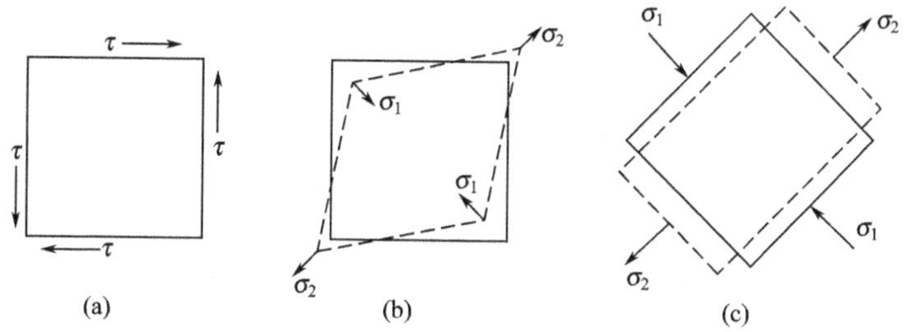

图 2.24 纯切应力场等效正应力场

5. 位错间的交互作用

在实际晶体中有许多位错同时存在。任一位错在其相邻位错应力场作用下会受到作用力，此交互作用力随位错类型、柏氏矢量大小、位错线相对位置的变化而变化。在这里仅讨论两个平行螺型位错和两个平行刃型位错间的作用力。

1）两平行螺型位错的交互作用

图 2.25(a)所示设有两个平行螺型位错 s_1、s_2，其柏氏矢量分别为 $\boldsymbol{b}_1$、$\boldsymbol{b}_2$，位错线平行于 z 轴，位错 s_1 位于坐标原点，位错 s_2 位于(r，θ)处(图 2.25(a))。位错 s_1 在(r，θ)处的切应力为 $\sigma_{\theta z}=\dfrac{Gb_1}{2\pi r}$，显然，位错 s_2 在 $\sigma_{\theta z}$ 作用下受到的力为

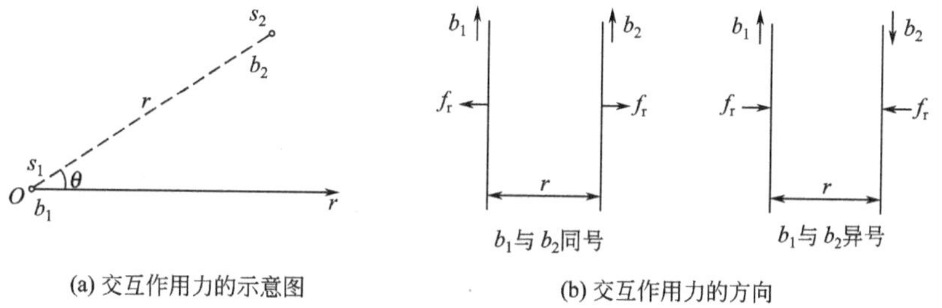

(a) 交互作用力的示意图　　(b) 交互作用力的方向

图 2.25 平行螺型位错的交互作用力

$$f_r=\sigma_{\theta z}b_2=\frac{Gb_1b_2}{2\pi r} \tag{2-33}$$

f_r方向与矢径 r 方向一致，同理，位错 s_1 在 s_2 应力场下也将受到一个大小相等，方向相反的作用力。

由式(2-33)可以看出，两平行螺型位错间的交互作用力，其大小与两位错强度的乘积成正比，而与两位错间距 r 成反比，当 b_1 与 b_2 同向时，$f_r>0$(斥力)，即两同号平行螺型位错相互排斥；当 b_1 与 b_2 反向时，$f_r<0$(引力)，即两同号平行螺型位错相互吸引，如图 2.25(b)所示。

2）两平行刃型位错间的交互作用

设有两个同号平行刃型位错 e_1、e_2，分别位于两个平行滑移面上，其柏氏矢量分别为 $\boldsymbol{b}_1$、$\boldsymbol{b}_2$，且与 x 轴同向，位错线平行于 z 轴。令位错 e_1 位于坐标原点上，位错 e_2 位于(x，y)处，两者之间的距离为 r(图 2.26)。因此，位错 e_1 的应力场中只有切应力分量 σ_{yx} 和正应力分量 σ_{xx} 对位错 e_2 起作用，分别导致位错 e_2 沿 x 轴方向滑移和沿 y 轴方向攀移。这两

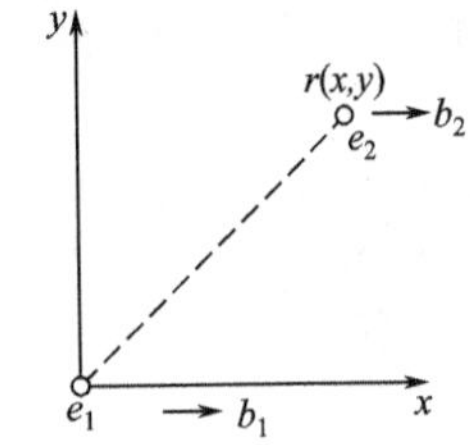

图 2.26 两平行刃型位错间的交互作用

个交互作用力分别为

$$\left.\begin{aligned} f_x &= \sigma_{yx} \cdot b_2 = \frac{Gb_1b_2}{2\pi(1-\nu)} \cdot \frac{x(x^2-y^2)}{(x^2+y^2)^2} \\ f_y &= -\sigma_{xx} \cdot b_2 = \frac{Gb_1b_2}{2\pi(1-\nu)} \cdot \frac{y(3x^2+y^2)}{(x^2+y^2)^2} \end{aligned}\right\} \quad (2-34)$$

对于两个同号平行的刃型位错，由式(2-34)可以看出，滑移力 f_x 随位错 e_2 所处的位置而变化，现归纳如下：

(1) 当 $|x|>|y|$，若 $x>0$，则 $f_x>0$；若 $x<0$，则 $f_x<0$，这说明当位错 e_2 位于图 2.27(a)中的①、②区域时，两位错相互排斥。

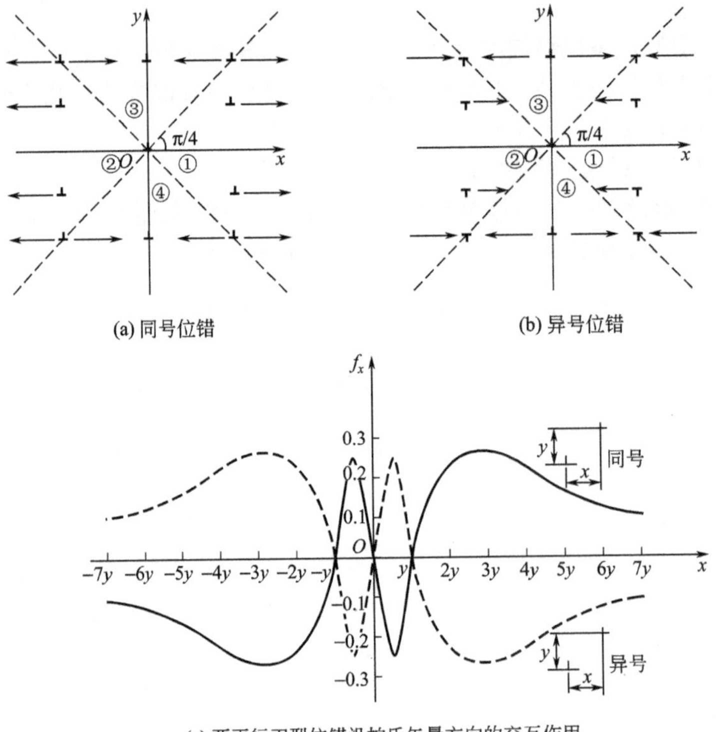

图 2.27 两刃型位错在 x 轴方向上的交互作用

(2) 当 $|x|<|y|$，若 $x>0$，则 $f_x<0$；若 $x<0$，则 $f_x>0$，这说明当位错 e_2 位于图 2.27(a)中的③、④区域时，两位错相互吸引。

(3) 当 $|x|=|y|$ 时，$f_x=0$，位错 e_2 处于介稳定平衡状态，一旦偏离此位置就会受到位错 e_1 的吸引或排斥，使它偏离得更远。它们之间的交互作用如图 2.27(a)所示，现归纳如下：

① 当 $x=0$ 时，$f_x=0$，位错 e_2 处于稳定平衡位置，一旦偏离此位置就会受到位错 e_1 的吸引而退回原处，使位错垂直地排列起来，这种位错组态称为位错墙，它构成小角度晶界。

② 当 $y=0$ 时，若 $x>0$，则 $f_x>0$；若 $x<0$，则 $f_x<0$，此时 f_x 的绝对值和 x 成反比，即处于同一滑移面上的同号刃型位错总是相互排斥的，位错间距离越小，排斥力越大。

两个异号平行刃型位错的交互作用力分别为

$$\left.\begin{aligned} f_x &= \sigma_{yx}\cdot(-b_2) = -\frac{Gb_1b_2}{2\pi(1-\nu)}\cdot\frac{x(x^2-y^2)}{(x^2+y^2)^2} \\ f_y &= -\sigma_{xx}\cdot(-b_2) = -\frac{Gb_1b_2}{2\pi(1-\nu)}\cdot\frac{y(3x^2+y^2)}{(x^2+y^2)^2} \end{aligned}\right\} \tag{2-35}$$

由式(2-35)可以看出，当两刃型位错符号相反时，它们之间的交互作用力 f_x、f_y 的方向与上述同号位错时相反，而且位错 e_2 的稳定位置和介稳定位置相互对换，如图 2.27(b)所示。

分析攀移力 f_y 可知，对于同号位错 e_2，当 $y>0$ 时，$f_y>0$，在 y 轴正方向受力；当 $y<0$ 时，$f_y<0$，在 y 轴反方向受力。所以，同号位错相排斥，位错间距离越小，排斥力越大。对于异号位错 e_2，当 $y>0$ 时，$f_y<0$；当 $y<0$ 时，$f_y>0$。所以，异号位错相吸引，并尽可能靠近乃至最后消失。

图 2.27(c)所示则给出了 f_x 大小沿 x 轴的变化规律。可以看出，两同号位错间的作用力(图中实线)与两异号位错间作用力(图中虚线)大小相等，方向相反。

除上述情况外，在相互平行的螺型位错与刃型位错之间，由于两者的柏氏矢量相垂直，各自的应力场均没有使对方受力的应力分量，故彼此不发生作用。若在两平行位错中含有混合位错时，可将混合位错分解为刃型和螺型分量，再分别考虑它们之间作用力的关系，叠加起来就得到总的作用力。

2.3.5 位错的分解与合成

在实际晶体中，位错的柏氏矢量 **b** 除了等于点阵矢量外，还有可能小于或大于点阵矢量。通常把柏氏矢量等于点阵矢量的位错称为单位位错，把柏氏矢量等于点阵矢量或其整数倍的位错称为全位错，故全位错滑移后晶体原子排列不变。把柏氏矢量不等于点阵矢量整数倍的位错称为不全位错，而柏氏矢量小于点阵矢量的称为部分位错，不全位错滑移后原子排列规律发生变化。

从能量上考虑，由于位错的应变能和 b^2 成正比，因此各种可能出现的全位错稳定性并不一样，能量较高的位错不稳定，可以通过位错反应，分解为能量较低的位错，而以最短的点阵矢量即单位位错为柏氏矢量的位错在晶体中最稳定。表 2-1 列出了 3 种典型金属中全位错和不全位错的柏氏矢量。

表 2-1 典型金属晶体中全位错和不全位错的柏氏矢量

晶体结构	位错类型	柏氏矢量
体心立方	全位错	$\frac{1}{2}a\langle 111\rangle$，$a\langle 100\rangle$
	不全位错	$\frac{1}{3}a\langle 111\rangle$，$\frac{1}{6}a\langle 111\rangle$，$\frac{1}{8}a\langle 110\rangle$，$\frac{1}{3}a\langle 112\rangle$

（续）

晶体结构	位错类型	柏氏矢量
面心立方	全位错	$\frac{1}{2}a\langle110\rangle$，$a\langle100\rangle$
	不全位错	$\frac{1}{6}a\langle112\rangle$，$\frac{1}{3}a\langle111\rangle$，$\frac{1}{3}a\langle100\rangle$，$\frac{1}{6}a\langle110\rangle$，$\frac{1}{6}a\langle103\rangle$，$\frac{1}{3}a\langle110\rangle$
密排六方	全位错	$\frac{1}{3}a\langle11\bar{2}0\rangle$，$\frac{1}{3}a\langle11\bar{2}3\rangle$，$c\langle0001\rangle$
	不全位错	$\frac{1}{6}a\langle20\bar{2}3\rangle$，$\frac{1}{3}a\langle10\bar{1}0\rangle$，$\frac{1}{2}c\langle0001\rangle$

下面仅以 fcc 结构中存在的两种形式的不全位错为例进行讨论。

面心立方结构的晶体是以它的最密排面 {111} 堆垛而成的，正常的堆垛顺序 *ABCABC*…。如果由于某种原因而使密排面的堆垛顺序遭到破坏，使整个一层密排面上的原子都发生了错排，这种缺陷称为层错。例如，在面心立方晶体的堆垛顺序中插入或抽出一层密排面，或者将密排面中的任意一层向该面上的〈211〉方向移动$\frac{a}{6}$〈211〉距离，就能使晶体产生堆垛层错，如图 2－28 所示。堆垛层错是一种面缺陷。若层错不是发生在晶体的整个密排面上而只是部分区域存在，则在层错与完整晶体的交接处就存在柏氏矢量 $\boldsymbol{b}$ 不等于点阵矢量的不全位错。

在面心立方晶体中，有两种重要的不全位错：肖克莱(Shockley)不全位错和弗兰克(Frank)不全位错。图 2.29 所示为肖克莱不全位错的结构。图面代表(101)面，密排面(111)垂直于图面。图中右边晶体按 *ABCABC*…正常顺序堆垛，而左边晶体按 *ABCBCAB*…顺序堆垛，即有层错存在，层错与完整晶体的边界就是肖克莱位错。这相当于左侧原来的 *A* 层原子面沿 [$1\bar{2}1$] 方向滑移到 *B* 层位置所形成的。位错的柏氏矢量 $\boldsymbol{b}=\frac{a}{6}[121]$，它与位错线互相垂直，故为刃型不全位错。

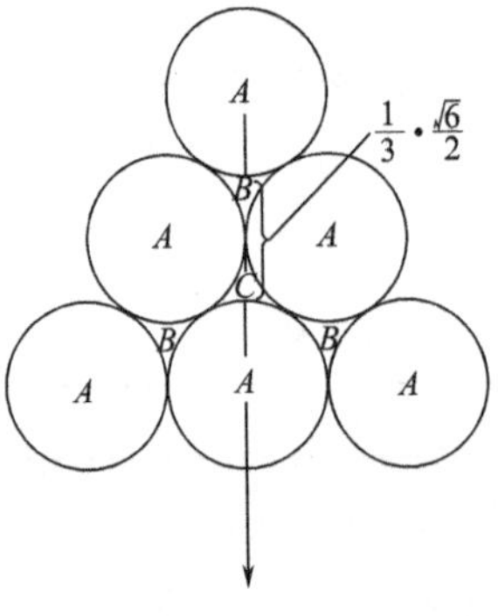

图 2.28 面心立方密排面上原子的位置

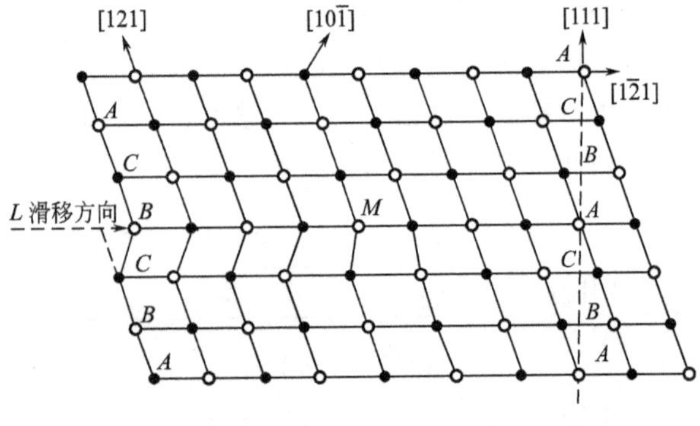

图 2.29 面心立方晶体中的肖克莱不全位错

根据肖克莱位错的柏氏矢量与位错线的夹角关系，它既可以是纯刃型，也可以是纯螺型或混合型，可以在它所在的{111}面上滑移，滑移的结果使层错扩大或缩小。但是，即使是纯刃型的肖克莱不全位错也不能攀移，这是因为它与确定的层错相连。

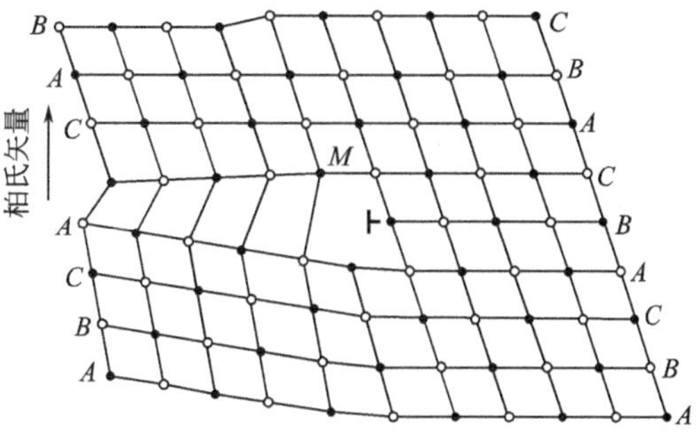

图 2.30　面心立方晶体中的弗兰克不全位错

图 2.30 所示为抽出半层密排面形成的弗兰克不全位错。弗兰克位错属于纯刃型位错，其柏氏矢量为$\frac{a}{3}\langle 111\rangle$，且垂直于层错面{111}。显然这种位错不能在滑移面上滑移，但能通过点缺陷的运动沿层错面攀移，使层错面扩大或缩小。

在实际晶体中，组态不稳定的位错可以转变为组态稳定的位错；具有不同柏氏矢量的位错线可以合并为一条位错线；反之，一条位错线也可以分解为两条或更多条具有不同柏氏矢量的位错线。通常，将位错之间的相互转化(分解与合成)称为位错反应。位错反应必须满足两个条件：

(1) 几何条件：$\sum \boldsymbol{b}_{前}=\sum \boldsymbol{b}_{后}$，即反应前后位错的柏氏矢量之和相等，以满足柏氏矢量的守恒性。

(2) 能量条件：$\sum b^2_{前}>\sum b^2$后，即位错反应后应变能降低。

下面举例说明实际晶体中的位错反应：

(1) 面心立方晶体中一个全位错可以分解为两个肖克莱不全位错。反应式为

$$\frac{a}{2}[110]\rightarrow\frac{a}{6}[211]+\frac{a}{6}[12\bar{1}]$$

(2) 一个肖克莱不全位错和一个弗兰克不全位错合并成一个全位错，即

$$\frac{a}{6}[112]+\frac{a}{3}[11\bar{1}]\rightarrow\frac{a}{2}[110]$$

(3) 两个全位错合并成另一个同一类型的全位错，即

$$\frac{a}{2}[011]+\frac{a}{2}[10\bar{1}]\rightarrow\frac{a}{2}[110]$$

(4) 两个位错合并重组合成另外两个位错，如在体心立方结构中，可能发生如下位错反应：

$$a[100]+a[010]\rightarrow\frac{a}{2}[111]+\frac{a}{2}[11\bar{1}]$$

前面已经介绍，面心立方晶体中{111}面上的$\frac{a}{2}\langle 110\rangle$全位错可以分解为两个$\frac{a}{6}\langle 112\rangle$肖克莱不全位错，由图 2.31 可以看出这两个肖克莱不全位错中间是堆垛层错区。通常把两个不全位错连同层错区一起总称为扩展位错，如图 2.32 所示。

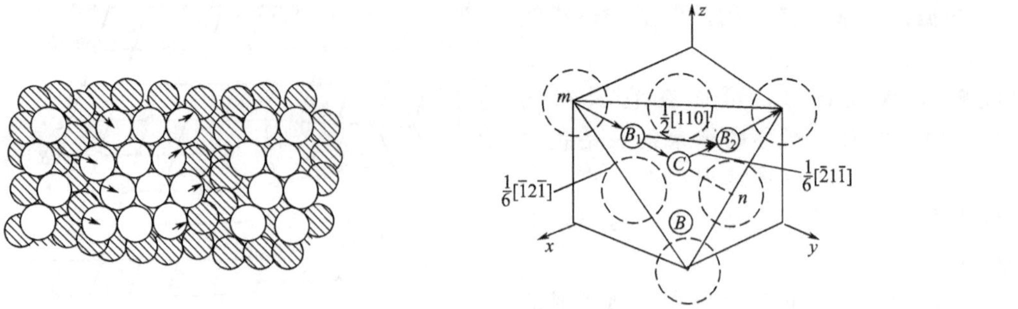

(a) (111)面上的$\frac{a}{2}[\bar{1}10]$全位错分解为$\frac{a}{6}[\bar{1}2\bar{1}]$　　(b) 不全位错附近的原子组态及$\frac{a}{6}[\bar{2}11]$不全位错的原子组态变化(图面为111)

图 2.31　面心立方晶体中的肖克莱不全位错

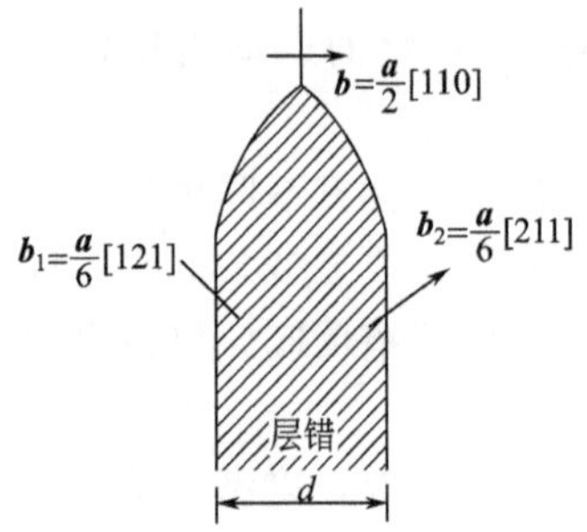

图 2.32　扩展位错示意图

在扩展位错中 b_1 和 b_2 具有同符号的分量，它们要相互排斥，单位长度位错上的排斥力近似地为 $f=G(b_1 \cdot b_2)/2\pi d$，该斥力力图使两个不全位错的宽度增加。为了降低两个不全位错的层错能，力求使两个不全位错的间距缩小，这相当于给予两个不全位错一个引力，数值等于层错的表面张力 γ(即层错能)。当斥力与引力平衡时，不全位错之间的距离一定，这个平衡距离就是扩展位错的宽度 d，即

$$d=G(b_1 \cdot b_2)/2\pi\gamma \tag{2-36}$$

由此可见：扩展位错的宽度与晶体的单位面积层错能 γ 成反比，与切变模量 G 成正比。例如，在层错能较低的不锈钢和 α 黄铜中，存在很宽的扩展位错，均易形成扩展位错，而在层错能很高的铝中，由于宽度很窄，即使在电子显微镜也很难分辨，几乎见不到扩展位错。表 2-2 列出几种金属的层错能和扩展位错的宽度。

表 2-2　几种金属的层错能和扩展位错的宽度

金　属	银	金	铜	铝	镍	钴
层错能 $\gamma/(J \cdot m^{-2})$	0.02	0.06	0.04	0.20	0.25	0.02
扩展位错宽度 d/原子间距	12.0	5.7	10.0	1.5	2.0	35.0

2.4　材料中的面缺陷

实际应用的晶态材料(如金属、陶瓷、高分子材料)大多数是多晶体，多晶体材料的界面是构成晶态固体组织的重要组成部分。严格地说，界面包括外表面(自由表面)和内界面。相对于理想完整晶体而言，表面和界面通常包含几个原子层厚的区域，该区域内的原子排列甚至化学成分往往不同于晶体内部，可以近似地看成是晶体材料的二维结构分布，故称为材料的面缺陷。表面和界面的结构不同于晶体内部，因而其性能不同于晶内。研究表明，材料的许多性能，如摩擦、磨损、腐蚀、氧化、催化、吸附、光的吸收与反射等都要受到表面与界面特点的影响。晶体生长、界面迁动、异类原子在晶界的偏聚、界面的扩散率等也都和界面结构有关。如今对表面和界面结构的研究已成为一门新兴的综合学科。

本节只着重介绍表面和界面结构的基本概念，同时也相应介绍它们的一些性质，为以后的深入研究和应用打下基础。

2.4.1 固体表面

晶态固体的表面是指固态材料与气体或液体的分界面。从晶体学角度看，所谓表面是指晶体内的三维周期性结构开始破坏一直到真空之间的整个过渡区，它的厚度大约有几个原子层。这种表面实际上是理想表面，此外还有清洁表面、吸附表面等。

1. *表面结构*

如果我们讨论的固体是没有杂质的单晶，把固体的表面看成和体内是相同的，即体内的晶体结构无改变地延续到表面层，直至截断为止。把这样的表面定义为理想表面。这是理论上的结构完整的二维点阵平面。它忽略了晶体内部周期性势场在晶体表面中断的影响，忽略了表面原子的热运动、热扩散和热缺陷等，忽略了外界对表面的物理-化学作用等。实际上这种理想表面是不存在的。

为了寻求到更贴近实际的晶体表面结构，根据低能电子衍射技术在表面晶体学研究中所积累的有关资料，提出清洁表面的概念。所谓清洁表面是指不存在任何吸附、催化反应、杂质扩散的等物理-化学效应的表面。根据表面原子的排列，清洁表面又分为弛豫表面、重构表面等。

1）弛豫表面

由于晶态固体点阵的三维周期性在固体表面处突然中断，表面层原子的配位数发生变化，相应地表面层原子附近的电荷分布将有所变化，表面层原子受力情况出现明显的不对称性。为了使体系能量尽可能降低，表面上的原子常常会产生相对于正常位置的上、下位移，结果使表面原子层间距偏离体内原子层间距，产生压缩或膨胀。表面上原子的这种位移称为表面弛豫。也可以说，弛豫是指表面层之间以及表面和体内原子层之间的垂直间距 d_S 和体内原子层间距 d_O 相比有所膨胀和压缩的现象，如图 2.33 所示。弛豫现象往往涉及几个原子层，而每一层间的相对膨胀和压缩的可能是不同的，而且离体内越远，变化越显著。

对于多元素的合金，在同一层上几种元素的膨胀和压缩情况也可能不相同，例如，LiF(001)面的 Li 原子次层、F 原子次层分别向体内压缩 0.035nm 和 0.01nm，两种原子不再处于同一平面，两平面间距 0.025 nm，如图 2.34 所示。同样情况也可以发生在第二、三层，但随着距表面距离的增加，弛豫现象迅速消失，因此，一般只考虑第一层的弛豫效应。

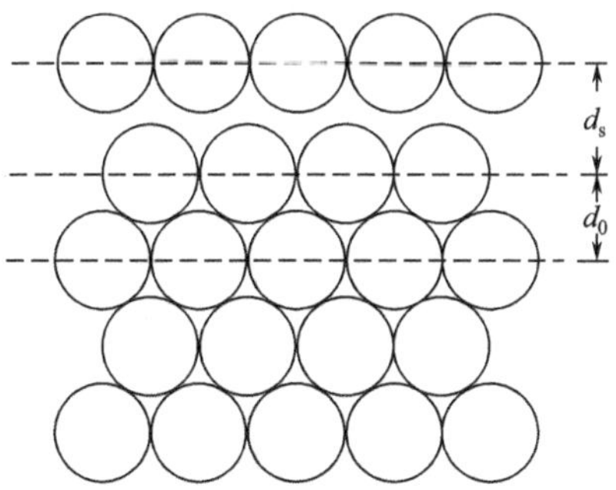

图 2.33 弛豫表面示意图

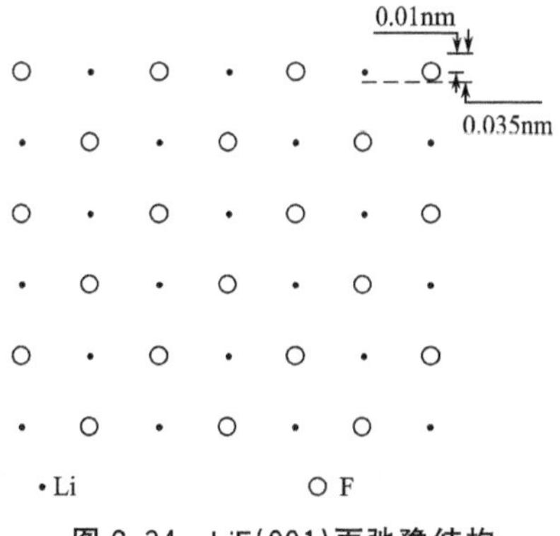

图 2.34 LiF(001)面弛豫结构

2) 重构表面

重构是指表面原子层在水平方向上的周期性不同于体内，但垂直方向的层间距与体内相同。也就是说表面层的晶体结构和体内有本质的不同。重构通常表现为表面超结构的出现，即二维晶胞的基矢按整数倍扩大。例如(110)面(1×2)即表示(110)面的一个矢量不变，另一个矢量加倍，如图 2.35 所示。同一种材料的不同晶面以及相同晶面经不同加热处理后，可能出现不同的重构结构。例如硅(111)面劈断后，出现(2×1)结构，它是亚稳态的，在 370～400℃加热后，两个基矢都比体内大了 7 倍，出现(7×7)结构。这种表面重构现象在硅半导体中常见，这可能与半导体的键合方向性特强、要求四面体的配位有关。表面的出现切断了方向键而形成悬键，为了降低能量只能借助于结构的调整。金属键不具有明显的方向性，因而表面重构也比较少见。

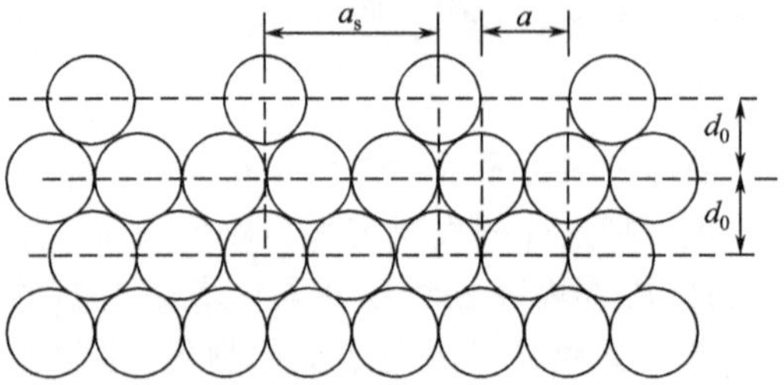

图 2.35　重构表面示意图

2. 吸附表面

吸附表面也称界面。它是指在清洁表面上有来自体内扩散到表面的杂质和来自表面周围空间吸附在表面上的质点所构成的表面。吸附表面会引起材料实际表面的一系列物理、化学及力学性能的变化。

1) 表面偶电层的形成

由于在垂直表面方向上晶体内部周期性遭到破坏，因而在表面附近的电子波函数发生变化，形成新的电子态。这种电子态波函数的变化又必然影响表面原子排列。新的原子排列又影响电子波函数，这种相互影响最后建立起一个与晶体内部不同的自洽势，在表面形成一个势垒。由于微观的隧道效应，必然使一些具有较大动能的电子可以穿透势垒，在表面形成一层稀薄的电子云，而体内邻近表面处的电子云密度有所降低，于是在表面形成一个偶电层。图 2.36 所示是描述金属晶体表面偶电层的示意图。图中六边形是每个原子的元胞，大黑点表示原子中心位置，小黑点的密度表示电子云的密度。图 2.36(a)所示是无表面影响的电子云均匀分布的情况，图 2.36(b)所示是表面电子逸出在表面形成电子云的情况，图 2.36(c)所示是最终形成表面偶电层的情况。对于金属材料，电子向真空深入的距离大约为 0.1nm，电子密度的分布是随其离开原子实平面深入真空中的距离以指数形式迅速衰减，其特征厚度约为晶体体内的点阵常数。对于半导体和绝缘体，用共价键和离子键来描述电子波函数比用电子云来描述更合适。此时，由于表面层共价键或离子键在表面法线方向发生极化而产生偶电层。

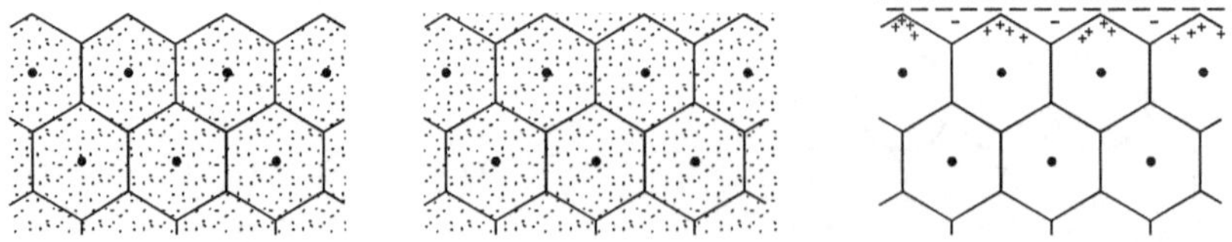

(a) 无表面影响的电子云均匀分布　(b) 表面电子逸出在表面形成电子云　(c) 形成表面偶电层

图 2.36　表面偶电层的示意图

表面偶电层的形成使晶体表面极易吸附其他物质，例如，即使在 1×10^{-3} MPa 的压力下，金属表面在两分种内即可被气体分子所覆盖。

2）物理吸附与化学吸附

表面吸附可分为物理吸附和化学吸附两种。物理吸附是反应分子靠范德瓦尔斯力吸附在固/气交界面上。每一个原子或分子在某种程度上都是可极化的。在它接近表面时，表面原子和吸附原子相互极化，使系统能量降低，相互极化导致小的偶极子吸引，而形成范德瓦尔斯力。由于形成范德瓦尔斯力的作用较弱，所以被物理吸附的分子在结构上变化不大，和在器胎中的分子状态差不多。由于物理吸附热较低，所以在低温时表面以物理吸附为主。化学吸附类似化学反应，吸附剂和吸附物的原子和分子间要发生电子转移，改变了吸附分子的结构。和物理吸附不同，化学吸附时吸附剂与吸附物分子或原子之间的作用力主要是静电库仑力。在化学吸附中，如果吸附剂和吸附物之间发生了完全的电子转移，使吸附剂和吸附物的原子或分子变成离子，两者之间结合是纯离子键，称为离子吸附。如果在化学吸附中，吸附剂和吸附物之间的电子转移不完全，两者之一或双方都提供电子作为共有化电子，形成局部价键(共价键、离子键或配位键)，同时，两者之间的公有化电子不是等同的，这称为化学键吸附。化学吸附的结合力主要是公有化电子与离子之间的库仑力。在实际的化学吸附中，除了上述两种情况外，也会有两者兼有的情况。

物理吸附和化学吸附之间存在以下不同点：

(1) 吸附热不同。吸附本身是一个放热过程，吸附热是负值。化学吸附中的吸附热与化学反应热同数量级，一般为几十个 kJ/mol，而物理吸附最多不超过几个 kJ/mol。显然化学吸附的脱附温度比同种固体物理吸附的高。

(2) 吸附的脱附的速率不同。物理吸附过程一般不需要热激活，而大多数化学吸附是一个热激活过程，需要一定的激活能，所以化学吸附的吸附及脱附的速率比物理吸附的慢。

(3) 吸附的选择性不同。化学吸附因化学本性的原因具有很高的选择性，即一种固体表面只能吸附某些气体而不吸附另一种气体。例如，氢会被钨和镍化学吸附却不能被铝化学吸附。而物理吸附则无选择性，任何气体在任何固体表面在气体沸点附近都可以进行物理吸附。

(4) 吸附层的厚度不同。化学吸附仅限于单原子层或单分子层，而物理吸附在低压下是单层，在高压下会变成多层。

(5) 吸附态的光谱不同。物理吸附只能使原来吸附分子的特征吸收峰发生一些位移，或使吸收峰的强度有所改变，而化学吸附会在紫外、红外或可见光谱区产生新的吸收峰。

物理吸附和化学吸附之间也有一定的联系，有些化学吸附可以直接在吸附剂和吸附物之间进行，但相当多的化学吸附必须先经过物理吸附之后再进行化学吸附。物理吸附和化学吸附可以在一定条件下转化。例如，氢分子在铜表面上的物理吸附，经活化而进一步与铜催化表面接近，可以转化为解理面氢的化学吸附。另外，在某些情况下，在物理吸附之后，吸附剂与吸附物之间相互作用力会起到拉长某些化学键的作用，甚至使分子的化学性质改变，以至于很难区别它是物理吸附还是化学吸附。

3. 表面能

处于固体表面上的原子只有一侧存在邻近，因此表面上的原子的邻近数就比内部的原子少。另外，由于成分偏聚和表面吸附作用往往导致表面成分与体内不一。这些均将导致表面层原子间结合键与晶体内部并不相等。故表面原子就会偏离其正常的平衡位置，并影响到邻近的几层原子，造成表面的点阵畸变，使它们的能量比内部原子高。晶体表面单位面积自由能的增加称为表面能 σ(J/m^2)。表面能也可以理解为产生单位面积新表面所做的功：

$$\sigma=\frac{dW}{dS} \tag{2-37}$$

式中，dW 为产生 dS 表面所做的功。表面能也可以用单位长度上的表面张力(N/m)表示。

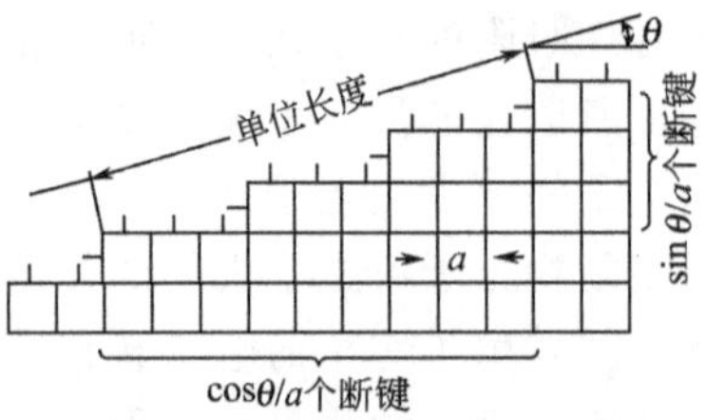

图 2.37　表面能的破坏键模型

由于表面是一个原子排列的终止面，另一侧无固体中原子的键合，如同被割断，故表面能可看成是在形成表面时破坏了一定数量的结合键而引起的。具有不同晶面的表面所割断的结合键的数目是不同的，因而不同晶面具有不同的表面能。如图 2.37 所示，在一简单立方二维晶体中切出一晶面与其(01)面交成 θ 角，形成此面所需切的键数为

$$f(\theta)=\frac{1}{a}+\frac{\tan\theta}{a} \tag{2-38}$$

式中，a 为原子间距；右边第一项代表在一个单位长度上切断垂直键的数目；右边第二项为切断水平方向上键的数目。

假设切断一结合键所需能量为 U_b，则表面能 σ_θ 可写成

$$\sigma_\theta=\frac{\text{切断的总键能}}{\text{形成的表面面积}}=\frac{U_b f(\theta)}{2/\cos\theta} \tag{2-39}$$

式中，$2/\cos\theta$ 为产生的表面面积。

将式(2-38)代入式(2-39)中，化简整理，得

$$\sigma_\theta=\frac{U_b}{2a}(\cos\theta+\sin\theta)=\frac{U_b}{2\sqrt{2}}\cos\left(\theta-\frac{\pi}{4}\right) \tag{2-40}$$

表面能与晶体表面原子排列致密程度有关，原子密排的表面具有最小的表面能。若以原子密排面作表面时，晶体的能量最低，最稳定，所以自由晶体暴露在外的表面通常是低表面能的原子密排面。表面能除了与晶体表面原子排列致密程度有关外，还与晶体表面曲率有关。当其他条件相同时，曲率越大，表面能也越大。表面能的这些性质，对晶体的生长、固态相变中新相形成、陶瓷材料的烧结等都有着重要作用。

2.4.2　固体界面

所谓界面，一般是指两相之间的“接触面”。固体界面分两类：一类是同相界面，它是指相同晶体结构及相同化学成分的晶粒之间的界面，它包括晶粒边界(晶界)、孪晶界、畴界和堆垛层错等；另一类是异相界面(相界面)，它是指不同晶体结构(化学成分也可能不同)的区域之间的紧密界面(包括复合材料中的界面)。

1. 同相界面

1) 固相界面的自由度

晶界的性质取决于它的结构，而晶界的结构在很大程度上取决于与其邻接的两个晶粒的相对取向和晶界相对于其中一个晶粒的相对位向。

为了描述晶界的几何性质，先讨论二维晶粒。如图 2.38 所示，对于二维晶粒来说，

其晶界位置可用两个晶粒的位相差 θ 和晶界相对于一个晶粒(晶面)的取向角 φ 就可确定。因此，二维晶体所构成的晶界自由度为 2。

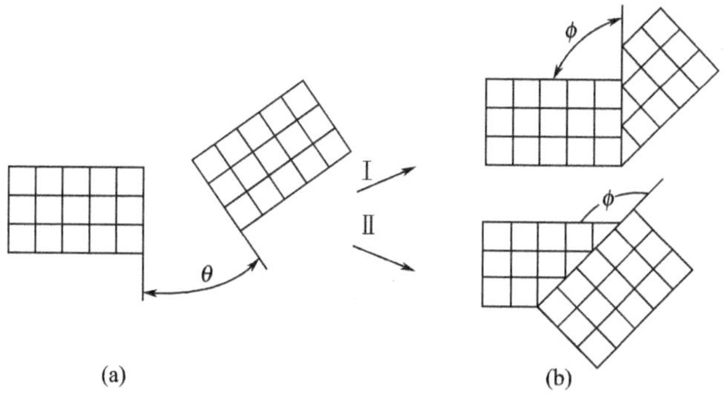

图 2.38　二维晶粒的晶界自由度

对三维空间的晶体来讲，要想说明两个晶粒的取向差用一个 θ 角是不够的，同时要说明晶界面相对于一个晶粒的取向关系用一个 φ 角也是不够的。如图 2.39(a)所示，设想一晶体沿 $x-z$ 面切开，然后让右侧晶体围绕 x 轴旋转一定角度，此时晶体的两部分便出现了取向差。同样，右侧晶体还可以绕 x 或 y 轴旋转。因此，为了确定两个晶粒之间的位向，必须给定 3 个角度。现在再来考虑位相差一定的两个晶粒之间的界面。如图 2.39(b)所示，若在 $x-z$ 平面有一个界面，将这个界面绕 x 轴或 z 轴旋转，可以改变界面的位置；但绕 y 轴旋转时，界面的位置不变。显然，为了确定界面本身的位向，还需要确定两个角度。这就是说，一般空间点阵中的晶界具有 5 个自由度。其中 3 个自由度确定了一个晶粒相对于另一个晶粒的取向，两个自由度确定了晶界相对于另一个晶粒的取向。

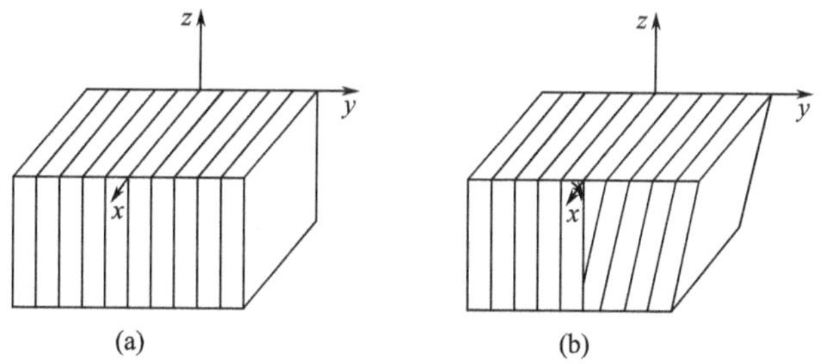

图 2.39　三维点阵的晶界自由度

根据相邻晶粒之间位相差(θ 角)的不同，晶界可分为小角度晶界($\theta<10°$)和大角度晶界($\theta>10°$)。亚晶界属于小角度晶界(一般 $\theta<2°$)，而多晶体材料各晶粒之间的界面属于大角度晶界。

2) 小角度晶界

按照相邻晶粒之间位相差的形式不同，可将小角度晶界分为倾斜晶界(也称倾侧晶界)和扭转晶界。前者由一系列刃型位错组成，后者由螺型位错组成。

图 2.40 所示为 3 种典型小角度晶界的示意图。图 2.40(a)所示为对称倾斜晶界，它是由一系列柏氏矢量相互平行的同号刃型位错垂直排列而构成。晶界两边是对称的，两个晶粒的位向差为 θ，位错的柏氏矢量为 $\boldsymbol{b}$，晶界中位错间距 D 可按下式求得

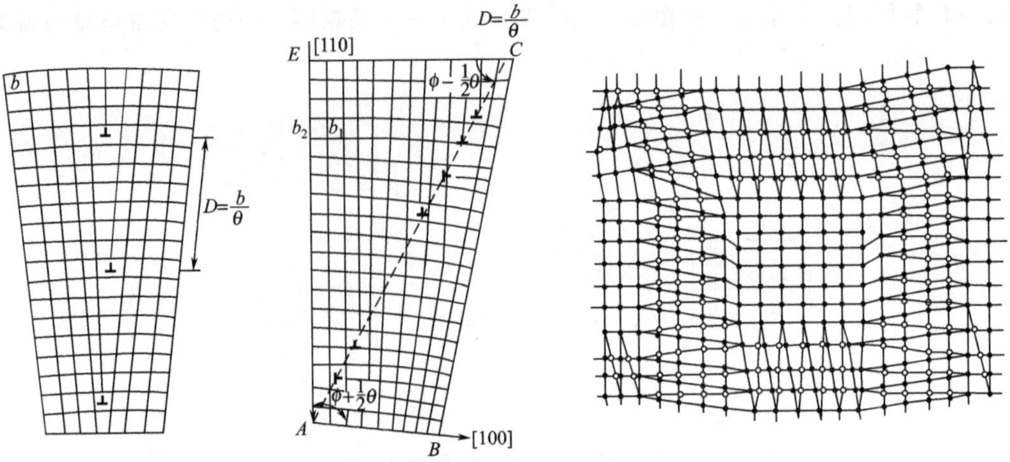

(a) 对称倾斜晶界　　(b) 不对称倾斜晶界　　(c) 扭转晶界

图 2.40　小角度晶界模型

$$D=\frac{b}{2\sin\dfrac{\theta}{2}} \tag{2-41}$$

当 θ 很小时，$\sin(\theta/2)\approx\theta/2$，则 $D\approx\dfrac{b}{\theta}$。

图 2.40(b)所示为不对称倾斜晶界，它是由柏氏矢量相互垂直的刃型位错交叉排列而构成，两组位错各自之间的距离分别为

$$\left.\begin{aligned} D_{\perp}&=\frac{b_{\perp}}{\theta\sin\varphi}\\ D_{\vdash}&=\frac{b_{\vdash}}{\theta\cos\varphi}\end{aligned}\right\} \tag{2-42}$$

这两组位错的数量取决于 θ 角和 φ 角。

图 2.40(c)所示为扭转晶界，它是由两组交叉的同号螺型位错网络构成的。

上述 3 种晶界是理想情况下的小角度晶界，而小角度晶界的实际情况是比较复杂的，一般都是由刃型位错和螺型位错组合而成。

3) 大角度晶界

多晶体材料中各晶粒之间的晶界通常为大角度晶界。大角度晶界的结构较复杂，晶界两侧晶粒的取向差较大，但其过渡区却很窄(仅有十几纳米)，其中原子排列较不规则，很难用位错模型来描述。一般大角度晶界的界面能大约在 0.5～0.6J/m^2 之间，与相邻晶粒的取向差无关。但也有些特殊取向的大角度晶界的界面能比其他任意取向的大角度晶界的界面能低，为了解释这些特殊晶界的性质，人们应用场离子显微镜研究晶界，提出了一系列晶界点阵结构模型，如重合位置点阵(CSL)模型、O 点阵模型、完整型位移点阵(DSC)模型、结构单元模型、多面体单元模型等。下面简单介绍重合位置点阵模型。

(1) 重合位置点阵(CSL)的定义。

假设两个相互穿插的点阵 1 和 2，作相对平移或旋转，当达到某一特定位置时，其中有些阵点相互重合。这些重合点必然构成周期性的相对于 1 和 2 的超点阵，这个超点阵就是重阵的超点阵(CSL)。CSL 的阵点相对 1 和 2 时没用畸变的位置，也就是最佳匹配的位

置。图 2.41 所示就是两个二维简单立方点阵绕［001］轴旋转 28.1°后形成的 CSL。其中黑点是原来的点阵，白点是旋转后的点阵，用直线连接起来的是 CSL。可以看出：它是变换前后两个晶体点阵的超点阵。

(2) 重合位置密度的计算。

为了描述重合位置点阵的特征，引入重合位置密度的概念，记为 $1/\Sigma$，它表示 CSL 阵点数占原有晶体点阵之阵点数的分数。图 2.42 中的一个方格内，17 个阵点中有一个重合，故 $1/\Sigma=1/17$。其中 Σ 表示 CSL 单胞的体积与晶体点阵单胞体积之比($\Sigma\geqslant 1$)，$\Sigma=1$ 表示完全重合。

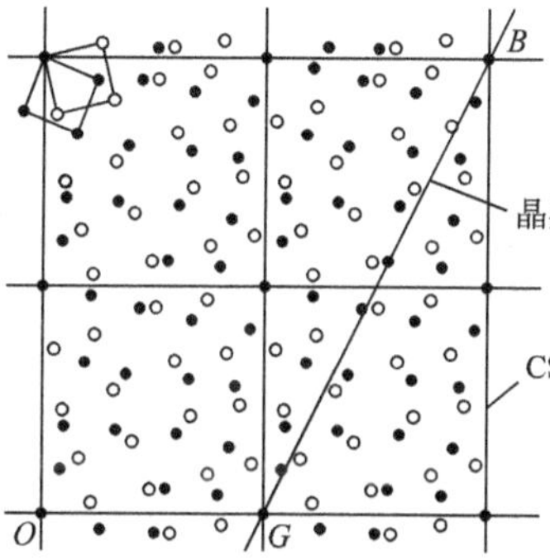

图 2.41 重合位置点阵(图中方格所示)示意图
反映出两个相互穿插的简单立方点阵相对于［001］轴旋转 28.1°后的(001)面原子的排列图，$\Sigma=17$。

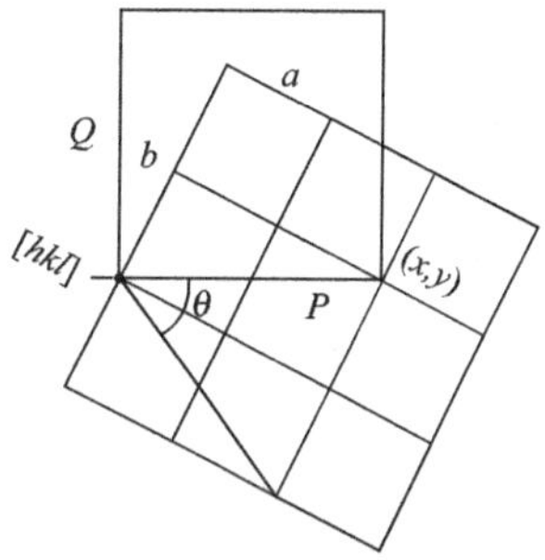

图 2.42 计算重合位置密度 $1/\Sigma$ 示意图

设有两个立方晶体，当围绕［hkl］轴相对旋转 θ 后，有阵点重合。图 2.42 所示是垂直于［hkl］的晶面。在此晶面上原晶体点阵的晶胞参数为 a 和 b，而重合位置点阵(CSL)的晶胞参数为 P 和 Q。设任意一个重合点的坐标为(x，y)，x、y 为整数，则有 $\tan\frac{\theta}{2}=\frac{by}{ax}$，令 $N=\frac{b}{a}$，则

$$\theta=2\arctan N\left(N\frac{y}{x}\right) \tag{2-43}$$

由 Σ 的定义可知：$\Sigma=\frac{P\times Q}{a\times b}$。由于重合位置点阵的晶胞形状与晶体结构原有晶胞形状相似，所以 $\frac{a}{b}=\frac{P}{Q}$，于是有

$$\Sigma=\frac{P\cdot Q}{a\cdot b}=\frac{\frac{b}{a}P^2}{ab}=\frac{1}{a^2}\left[(ax)^2+(by)^2\right]=x^2+Ny^2 \tag{2-44}$$

再在(hkl)面上任找两个相互垂直的短矢量，如［0，l，$\bar{k}$］及［k^2+l^2，$\bar{h}k$，$\bar{h}l$］则

$$N=\sqrt{\frac{(k^2+l)^2+(\bar{h}k)^2+(\bar{h}l)^2}{l^2+k^2}}=\sqrt{h^2+k^2+l^2} \tag{2-45}$$

由此可见，绕确定的［hkl］轴旋转特定的 θ 角所形成的重合位置点阵，其重合位置

密度在选定 x、y 后便可由式(2-43)及式(2-44)计算。当算出的Σ为偶数时，要连续除以2以得到最小的奇数值。

表2-3给出立方晶体中沿几个主要晶轴旋转形成的CSL的重合位置密度$1/\Sigma$及转角θ。表中重合位置密度最高($1/\Sigma=1/3$)的界面是孪晶共格界面，其界面能很低。体心立方点阵相对于[110]轴旋转50.5°形成的重合位置点阵如图2.43所示。

表2-3 立方晶体中几种重要的重合位置点阵

旋转轴	N	x	y	θ	$1/\Sigma$	旋转轴	N	x	y	θ	$1/\Sigma$
[100]	1	1	2	36.9°	1/5	[111]	$\sqrt{3}$	0	1	60°	1/3
		2	1	53.1°	1/5			2	1	38.2°	1/7
		3	2	22.6°	1/13a			1	2	27.8°	1/13b
		4	1	28°	1/17a			4	1	46.8°	1/19b
[110]	$\sqrt{2}$	1	1	70.5°	1/3	[210]	$\sqrt{5}$			131.8°	1/3
		1	2	38.9°	1/9					180°	1/5
		3	1	50.5°	1/11					73.4°	1/7
		3	2	86.6°	1/17b					96.4°	1/9
		1	3	26.5°	1/19a					48.2°	1/15

注：a、b表示有两种重合位置点阵具有相同的重合位置密度。

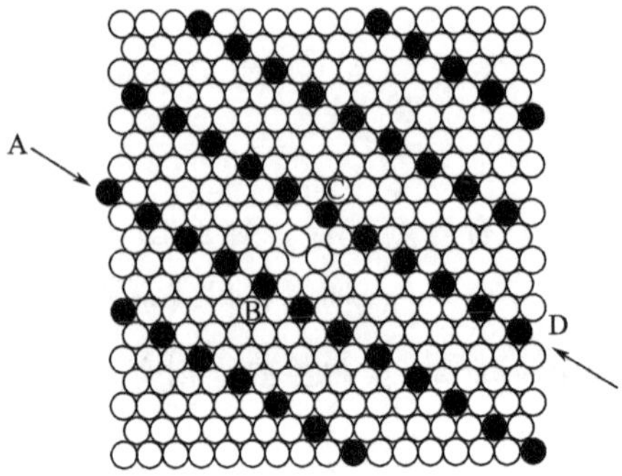

图2.43 体心立方点阵相对[110]轴转动50.5°后出现1/11重合位置点阵

(3) 重合位置点阵与大角度晶界的关系。

重合位置点阵的重要性在于其展示了晶界核心区原子结构的基本周期性，其不足之处在于：第一，它不能包括两晶粒任意取向的晶界，因为只有当绕[hkl]轴转动特定的θ角时，CSL才会出现；第二，当晶体点阵的对称性下降时，CSL出现得更少；第三，一般说，在不同的晶体点阵之间，不会出现CSL。因此，有些学者提出了描述晶界结构的O点阵、DSC点阵等模型。

重合位置点阵与大角度晶界有如下关系：一重合位置晶界总是处于重合位置点阵的最密排面上；二当上述两者有一小角度差时，在晶界上会产生台阶(如图2.43中的BC)，以使两者有最大的重合面积。

事实上，从能量观点来看，图2.41中所示的刚性晶界会首先通过两个点阵的少量平移而发生松弛，以达到能量较低的位置，在此过程中，晶界核心原子会各自发生少量的位置调整(原子松弛)以找到一个能量最低的位置，从而实现点阵1到点阵2的过渡。

2. 孪晶界

孪晶是指相邻两个晶粒(或一个晶粒的内的相邻两个部分)沿一个公共晶面构成镜面对称的位向关系，这两个晶体就称为“孪晶”，此公共晶面就称为孪晶面。

孪晶之间的界面称为孪晶界。孪晶界分为两类，即共格孪晶界和非共格孪晶界，如图2.44所示。

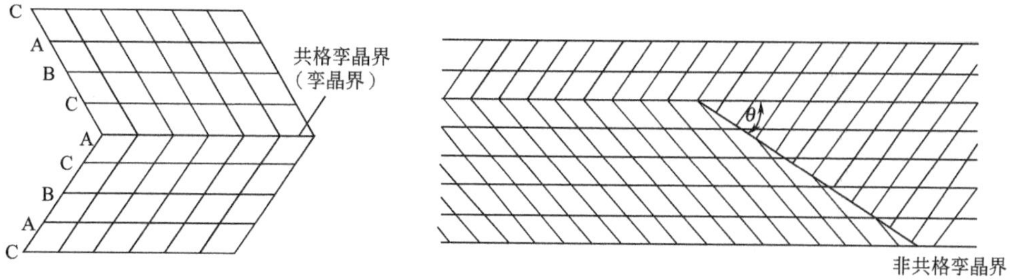

(a) 共格孪晶界

(b) 非共格孪晶界

图 2.44　孪晶界

共格孪晶界就是孪晶面(图 2.44(a))。在孪晶面上的原子同时位于两个晶体点阵的结点上，为两个晶体所共有。显然，它是属于完全匹配的无畸变的共格晶面，因此其界面能很低(约为普通晶界界面能的 1/10)、很稳定，在显微镜下呈直线，这种孪晶界较为常见。

如果孪晶界相对于孪晶面旋转一角度，即可得到另一种孪晶界——非共格孪晶界(图 2.44(b))。此时，孪晶界上只有部分原子为两部分晶体晶体所共有，因此原子错排较严重，这种孪晶界的能量相对较高，约为普通晶界界面能的 1/2。

3. 异相界面

按结构特点，异相界面(相界面)可分为共格界面、半共格界面和非共格界面 3 种类型。

1) 共格界面

共格界面是指界面上的原子同时位于两相晶格的结点上，即两相的晶格是彼此衔接的，界面上的原子为两者共有。图 2.45(a)所示是一种无畸变的具有完全共格的相界，其界面能很低。这种完全共格的相界面一般是不存在的。对相界而言，其两侧为两个不同的相，即使两个相的晶体结构相同，其点阵常数也不可能相等，因此，在晶体中若形成共格界面必然是具有弹性畸变的共格相界，如图 2.45(b)所示。

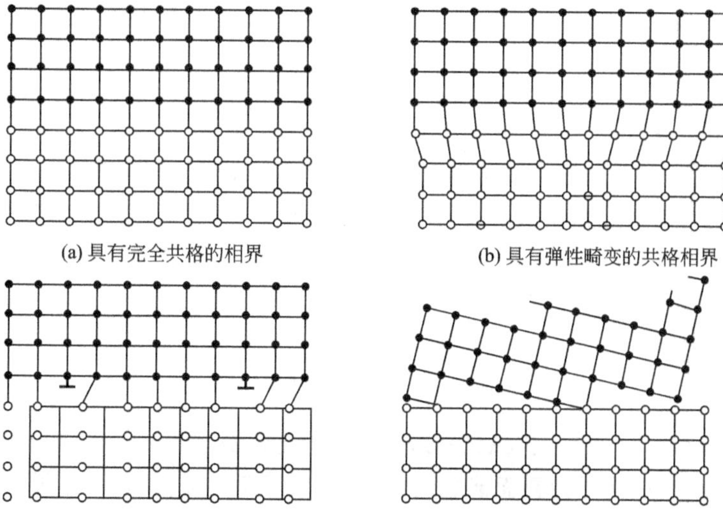

(a) 具有完全共格的相界

(b) 具有弹性畸变的共格相界

(c) 半共格相界

(d) 非共格相界

图 2.45　各种形式的相界

2）半共格界面

当相界两侧两相的晶体结构相似，但原子间距较大时，可形成半共格界面，如图2.45(c)所示。此时，相界上的共格性是靠刃型位错补偿两相原子间距上过大的差别来维持，则半共格相界上的位错间距取决于相界处两相匹配晶面的错配度。错配度δ定义为

$$\delta=\frac{a_\alpha-a_\beta}{a_\alpha} \tag{2-46}$$

式中，a_α和a_β分别表示相界面两侧的α相和β相的点阵常数，且$a_\alpha>a_\beta$。由此可求得位错间距为

$$D=\frac{a_\beta}{\delta} \tag{2-47}$$

当δ很小时，D很大，α相和β相在向界面上趋于共格，即形成共格相界；当δ很大时，D很小，α相和β相在向界面上完全失配，即形成非共格相界。

3）非共格界面

当两相在相界面处的原子排列相差很大时，即δ很大时，只能形成非共格界面，如图2.45(d)所示。这种界面与大角度晶界相似，可看成是由原子不规则排列的很薄的过渡层构成。

4. 界面能

1）小角度晶界的能量

小角度晶界由一组位错组成，其晶界能就是晶界上所有位错的总能量，可以通过不同位错组态形成时的应变能进行计算。形成一个单位长度刃型位错的功E为

$$E=\frac{Gb^2}{4\pi(1-\nu)}\ln\frac{D}{r_0}+E_c^e \tag{2-48}$$

式中：E_c^e为单位长度刃型位错中心区应变能；D为排列在倾斜晶界上刃型位错的距离，当位向差θ很小时，$D=b/\theta$。故由刃型位错组成的单位面积倾斜晶界所具有的界面能γ为

$$\gamma=E/D \tag{2-49}$$

于是有

$$\gamma=\frac{Gb\theta}{4\pi(1-\nu)}\ln\frac{D}{r_0}+\frac{\theta}{b}E_c^e$$

由于倾斜晶界中一列刃型位错之间的应力场交替存在着拉应力和压应力，在大于位错距离D的区域中，其应力相互抵消，故取$R=D$，并令$r_0=b$，则上式可改写成

$$\gamma=\frac{Gb\theta}{4\pi(1-\nu)}\ln\frac{1}{\theta}+\frac{\theta}{b}E_c^e$$

或

$$\gamma=\gamma_0\theta(\ln\frac{1}{\theta}+A)=\gamma_0\theta(A-\ln\theta) \tag{2-50}$$

式中，$\gamma_0=Gb/4\pi(1-\nu)$；$A=E_c^e 4\pi(1-\nu)/Gb^2$，均为常数。

其他类型的小角度晶界的界面能也可求解，只是其中的γ_0与A有所不同，如扭转晶界中，$\gamma_0=Gb/2\pi$，$A=E_c^e 2\pi/Gb^2$(式中E_c^e为单位长度螺型位错中心的应变能)。

2）大角度晶界的能量

任意大角度晶界包含大面积的原子匹配很差的区域，具有比较松散的结构，原子间的

键被割断或者被严重地歪扭了，因而与小角度晶界相比，具有较高的能量，并且基本上不随位相差改变而改变。

大角度晶界的界面能没有计算公式，通常是把试样进行高温退火，然后测量表面与晶界的交角(二面角)θ，如图 2.46 所示。如果自由表面能 γ_s对两个晶粒是相同的，则平衡 3 个界面张力可得

$$\gamma_b = 2\gamma_s \cos(\theta/2) \tag{2-51}$$

所以，如果 γ_s已知，则晶界的界面能 γ_b可计算。对于随意大角度晶界，界面能与位相差的角度无关，大致为表面能的 1/3，为 0.5～0.6J/m²。特殊角度的大角度晶界的界面能要比随意大角度晶界低得多，其中孪晶界界面能非常低，而重合点阵晶界的界面能随重合度的提高而降低。图 2.47 所示给出了各种晶界界面能定量比较的情况。

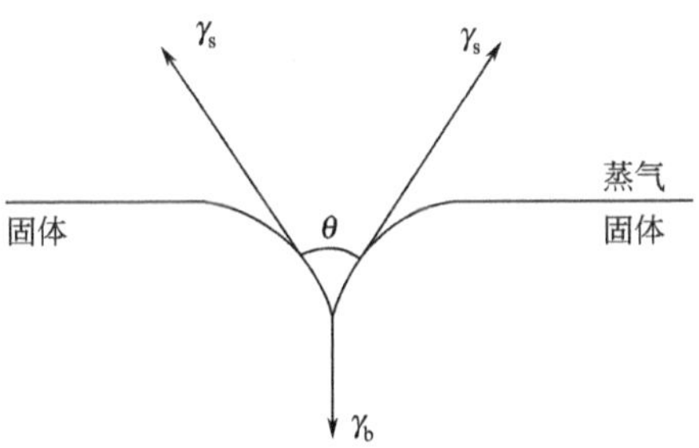

图 2.46 在晶界与自由表面的交点表面与晶界张力的平衡

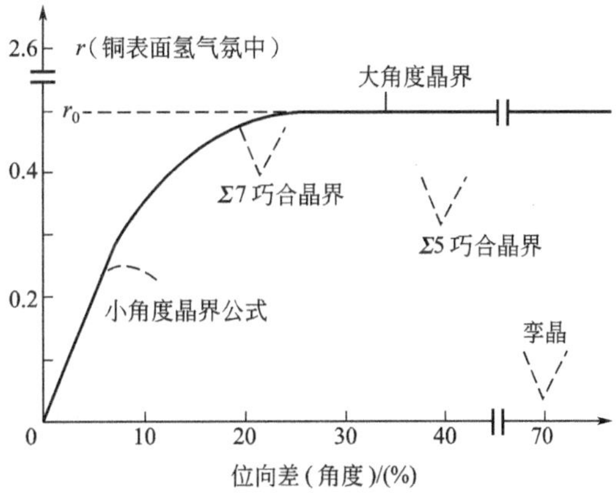

图 2.47 界面能与位向差的关系

相界面的界面能主要取决于界面处两相的共格状态：共格界面其界面能随其附近共格应变值的大小而变化，共格应变大则界面能高，一般不高于 0.2J/m²；半共格界面的界面能与界面上的位错的多少和两相之间的位向差有关，通常为 0.5～0.6J/m²；完全非共格界面的界面能与两相之间的位向没有显著影响，主要取决于两相的化学性质，界面能一般都很高，为 0.5～1.0J/m²。

习 题

1. 纯金属晶体中的主要点缺陷类型有哪几种？这些点缺陷对金属的结构和性能有哪些影响？

2. 设 Cu 中空位周围原子的振动频率为 $10^{13}\,s^{-1}$，$\Delta E_V = 0.15\times10^{-18}$J，$\exp(\Delta S_f/k)$约为 1，试计算在 700K 和室温(20℃)时空位的迁移频率。

3. 纯铁的空位形成能为 105kJ/mol。将纯铁加热到 850K 后激冷至室温(20℃)，假设高温下的空位能全部保留，试求过饱和空位浓度与室温平衡浓度的比值。

4. H 原子可以填入 α－Fe 的间隙位置，若每 200 个铁原子伴随着 1 个 H 原子，试求 α－Fe理论的和实际的密度与致密度(已知 α－Fe 的 $a=0.286$nm，$r_{Fe}=0.1241$nm，$r_H=$

0.036nm)。

5. MgO 的密度为 3.58g/cm^3，其晶格常数为 0.42nm，试求每个单位晶胞内所含的肖脱基缺陷数。

6. 若 Fe_2O_3 固溶于 NiO 中，其质量分数 $W(Fe_2O_3)=10\%$。此时，部分 $3Ni^{2+}$ 被 [$2Fe^{3+}$ +□(空位)] 取代以维持电荷平衡。已知 r_{O}^{2-} —=0.140nm，$r_{Ni}^{2+}=0.069$nm，$r_{Fe}^{3+}=$ 0.064nm，求 1m^3 中有多少个阳离子空位数。

7. 画一个方形位错环并在这个平面上画出柏氏矢量及位错线方向，使柏氏矢量平行于位错环的任意一条边，据此指出位错环各线段的性质。

8. 画一个圆形位错环并在这个平面上画出它的柏氏矢量及位错线方向，据此指出位错环各线段的性质。

9. 试说明滑移、攀移及交滑移的条件、过程和结果，并阐述如何确定位错滑移运动的方向。

10. 什么是全位错、单位位错、不全位错？指出几种典型金属晶体中单位位错的柏氏矢量。

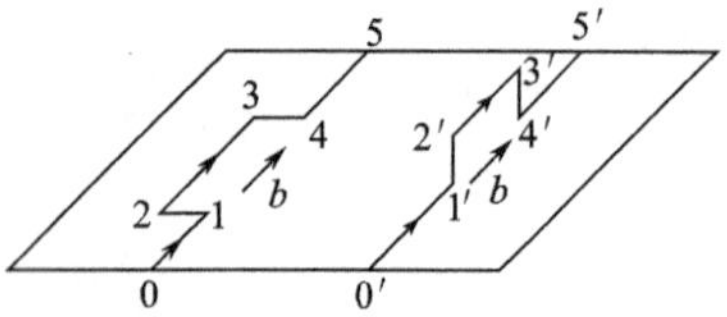

题图 2.1

11. 题图 2.1 所示为 fcc 的(111)面，在该面上有两个弯折位错线 05 和 0′5′，它们的柏氏矢量方向和位错线方向如图中箭头所示。则：

(1) 判断位错线上各段的位错类型。

(2) 这两根位错线段中(指割阶和扭折)，哪一根比较容易通过它们自身的滑移而去除？为什么？

(3) 哪一根位错线在(111)面上运动时会形成空位？为什么？

12. 题图 2.2 表示两根两端被钉扎住的刃型位错线 AB 和 CD，它们具有相同的柏氏矢量 $\boldsymbol{b}$ 和相同的长度 X，二位错线之间距离为 $3X$。则：

(1) 若二位错线方向相同，在切应力作用下二位错线如何运动？画出位错运动过程示意图。

(2) 求出使上述二位错线不断运动的临界切应力。

(3) 此二位错运动过程中能否相遇产生一个大的位错环？

(4) 如果能形成一个大的位错环，试问使该位错环运动所需的临界切应力多大？

(5) 若二位错 $\boldsymbol{b}$ 的方向相反，情况又如何？

13. 如题图 2.3 所示，在相距为 h 的滑移面上有两个相互平行的同号刃型位错 A、B。试求出位错 B 滑移通过位错 A 上面所需的切应力表达式。

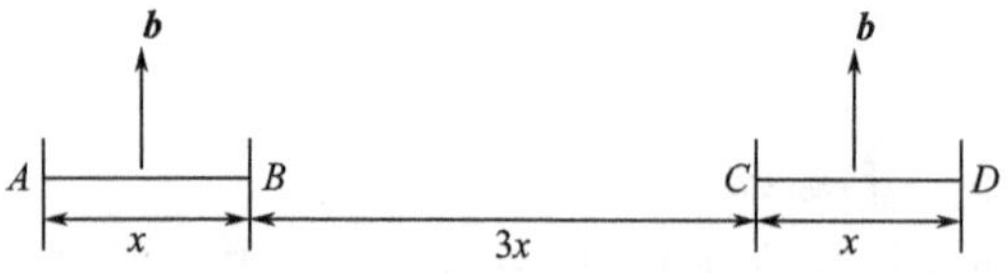

题图 2.2

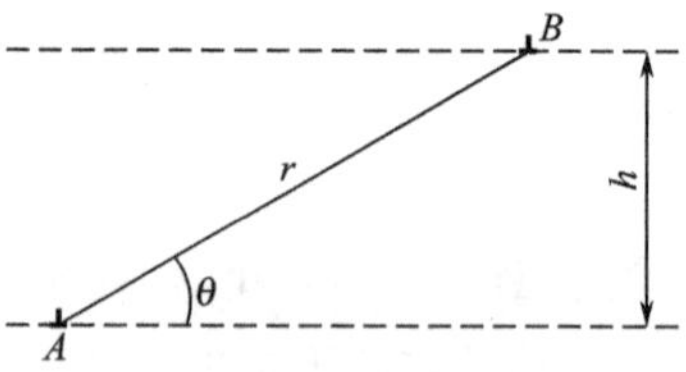

题图 2.3

14. 若面心立方晶体中有 $\boldsymbol{b}=\frac{a}{2}[\bar{1}01]$ 的单位位错以及 $\boldsymbol{b}=\frac{a}{6}[12\bar{1}]$ 的不全位错，此

两位错相遇产生位错反应。则：

(1) 此反应能否进行？为什么？

(2) 写出合成位错的柏氏矢量，并说明合成位错的性质。

15. 已知金晶体的 $G=27\text{GPa}$，且晶体上有一直刃型位错 $b=0.288\text{nm}$，做出此位错所产生的最大分切应力与距离关系图，并计算当距离为 2 μm 时的最大分切应力。

16. 设面心立方晶体中(111)为滑移面，位错滑移后的滑移矢量为 $[10\bar{1}]$。

(1) 在晶胞中画出柏氏矢量 **b** 的方向并计算其大小。

(2) 在晶胞中画出引起该滑移的刃型位错和螺型位错的位错线方向，并写出此二位错的晶向指数。

17. 已知面心立方晶体中(111)面上有一柏氏矢量为 $b=\frac{a}{2}[10\bar{1}]$ 的单位位错，它分解为两个肖克莱不全位错，设晶体的切变模量 $G=7\times10^{10}\text{Nm}^{-2}$，点阵常数 $a=3\times10^{-10}\text{m}$，层错能 $\gamma=1\times10^{-2}\text{Jm}^{-2}$，泊松比 $\nu=\frac{1}{3}$。则：

(1) 写出此两个肖克莱不全位错的柏氏矢量。

(2) 若该单位位错为纯螺型位错，试计算分解后两个肖克莱不全位错之间的平衡距离。

18. Ni 晶体的错排间距为 2000nm，假设每一个错排都是由一个额外的(110)原子面所产生的，计算其小倾角晶界的 θ 角。

19. 若由于嵌入一额外的(111)面，使得 α-Fe 内产生一个 1°的小角度晶界，试求错排间的平均距离。

20. 设有两个 α 相晶粒与一个 β 相相交于一公共晶棱，并形成三叉晶界，已知 β 相所张的两面角为 100°，界面能 $\gamma_{\alpha\alpha}=0.31\text{Jm}^{-2}$，试求 α 相与 β 相的界面能 $\gamma_{\alpha\beta}$。

第3章 材料的形变

本章教学要点

知识要点	掌握程度	相关知识
金属弹性变形	理解弹性变形的本质，了解金属弹性变形的特点	了解工程应力-应变曲线和真实应力-应变曲线； 原子间作用力和距离的关系
金属在常温下两种塑性变形的方式	理解滑移带、滑移系和孪生变形等概念； 重点掌握滑移机制	派-纳力的含义； 影响派-纳力大小的因素
单晶体的塑性变形和多晶体的塑性变形	重点掌握滑移的临界分切应力和多晶体塑性变形的特点。 理解单滑移，交滑移和多系滑移等概念	固相表面的自由度； 螺位错运动的特点； 晶界位错塞积模型
塑性形变对金属材料组织与性能的影响	了解冷形变金属的组织； 理解加工硬化的原理； 理解形变织构的形成过程	形变织构对金属性能的影响 三种典型的金属单晶体的应力-应变曲线

3.1 引 言

材料的形变行为均与其强度和塑性这两个重要的力学性能指标密切相关。强度和塑性决定了零件和构件加工成形的工艺性能，同时它又是零件和构件的重要使用性能。强度和塑性是结构敏感性质，它与材料的组织和结构有密切关系。

研究材料的形变行为无疑是非常重要的。零件和构件在制备过程中，有的是直接利用塑性形变对材料进行加工成形的(如锻造、轧制、拉拔、挤压)，有的则不可避免地伴随着塑性形变(如车、刨、钻、铣、磨)，还有的则是力求避免或减少塑性形变(如铸造、热处理)。当制成零件和构件使用时，则要求零件和构件在许用应力范围内不发生塑性形变，否则零件和构件就会失效报废。

材料经变形后，不仅其外形和尺寸发生变化，同时还会引起材料内部组织和有关性能发生变化。因此探讨材料塑性形变的规律，对指导材料按预定的目标进行成形、加工有明确的实践意义；而搞清材料形变的机理，对提高材料的变形抗力，即强化材料又有重要的理论价值。

3.2 金属材料的形变

3.2.1 金属形变基础

金属在外力(载荷)的作用下，首先发生弹性形变，载荷增加到一定值后，除了发生弹性形变外，同时还发生塑性形变，即弹塑性形变。继续增加载荷，塑性形变也将逐渐增大，直至金属发生断裂。金属在外力作用下的形变过程可分为弹性形变、弹塑性形变和断裂 3 个连续的阶段。研究金属受力形变特性，一般都利用拉伸试验测得的“载荷-变形曲线”或“应力-应变曲线”。

1. 工程应力-应变曲线

图 3.1 所示为低碳钢在单向拉伸时的应力-应变曲线。在工程应用中，应力和应变的计算如下：

应力(工程应力或名义应力)为

$$\sigma=\frac{P}{A_0} \qquad (3-1)$$

应变(工程应变或名义应变)为

$$\varepsilon=\frac{L-L_0}{L_0} \qquad (3-2)$$

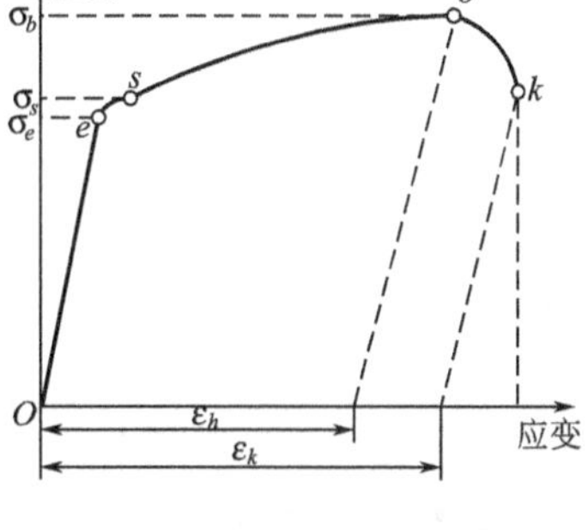

图 3.1 低碳钢单向拉伸时的应力-应变曲线

式中，P 为载荷；A_0 为试样的原始截面积；L_0 为试样的原始标距长度；L 为试样变形后的长度。

从该曲线上可以看出低碳钢的变形过程有如下特点：

当应力低于σ_e时，应力与应变成正比，应力去除，变形便消失，即试样处于弹性形变阶段。σ_e称为材料的弹性极限，它表示材料保持完全弹性形变所能允许的最大应力。

当应力超过σ_e后，应力-应变间的直线关系被破坏，并出现屈服平台或屈服齿。如果卸载，试样的形变只能部分恢复，而保留一部分残余形变，即塑性形变，这说明材料进入弹塑性形变阶段。σ_s称为材料的屈服强度。对于无明显屈服的金属材料，规定以产生0.2%残余形变的应力值为其屈服强度，称为条件屈服强度，以$\sigma_{0.2}$表示。σ_s与$\sigma_{0.2}$均为表示材料抵抗微量塑性形变的抗力。

当外加应力超过$\sigma_s(\sigma_{0.2})$后，试样发生明显而均匀的塑性形变，欲使试样的应变增大，必须提高外加应力值。这种随着塑性形变的增大，塑性形变抗力不断增加的现象称为加工硬化或冷变形强化。当应力达到σ_b后，试样的均匀变形即告终止，σ_b称为材料的抗拉强度，它表示材料的最大均匀塑性形变抗力。

在σ_b值之后，试样开始发生不均匀塑性形变，并形成缩颈，此时应力下降，最后达到σ_k时，试样断裂。σ_k称为材料的条件断裂强度，它表示材料对塑性形变的极限抗力。

断裂后试样的残余总形变量$\Delta L=(L_k-L_0)$与原始长度L_0的百分比称为延伸率δ，即

$$\delta=\frac{L_k-L_0}{L_0}\times 100\% \tag{3-3}$$

试样的原始横截面积F_0和断裂时的横截面积F_k之差与原始横截面积F_0的百分比，称为断面收缩率φ，即

$$\varphi=\frac{F_0-F_k}{F_0}\times 100\% \tag{3-4}$$

δ、φ均为材料的塑性指标，表示金属发生塑性形变的能力。在拉伸条件下，即为断裂前所能承受的最大塑性形变量。显然，无论是金属的强度指标还是塑性指标都与金属的塑性变形密切相关。

2. *真实应力-应变曲线*

工程应力-应变曲线中的应力及应变是以试样的原始尺寸计算的，实际上，这样的计算并不能反映试样内的真实应力和真实应变，因为在拉伸过程中，试样尺寸不断变化，因此每一个瞬间的真实应力，是以其瞬时的实际截面积A_i除作用力P所得值，即

$$\sigma_i=\frac{P}{A_i} \tag{3-5}$$

而瞬时真应变，即应变增量应为$d\varepsilon=dL/L$，式中L为试样的瞬间长度，所以总的真应变ε应为

$$\varepsilon=\int_{L_0}^{L} d\varepsilon=\int_{L_0}^{L}\frac{dL}{L}=\ln\left(\frac{L}{L_0}\right) \tag{3-6}$$

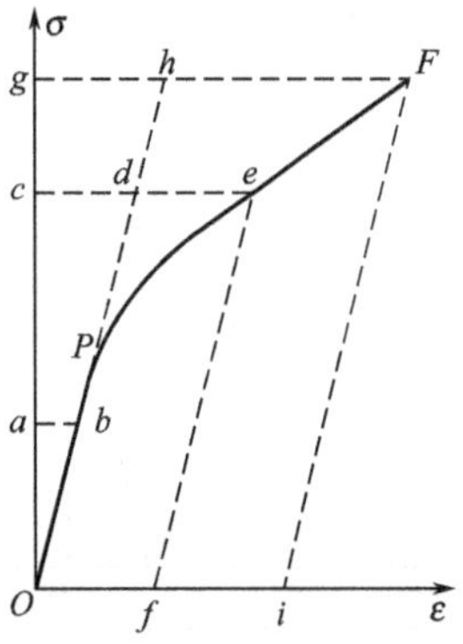

图 3.2 真应力-真应变曲线

图3.2所示为真应力-真应变曲线，它与工程应力-应变曲线的差异在于：试样产生颈缩后，尽管外加载荷已下降，但真应力仍在升高，一直到S_k，S_k是材料的断裂强度。

通常把均匀形变阶段(屈服点至最大载荷点)的真应力-真应变曲线称为流变曲线，它可用下列经验公式表达：

$$S_k=K\varepsilon^n \tag{3-7}$$

式中，K 为常数；n 为形变强化指数，它表征金属在均匀形变阶段的形变强化能力。n 值越大，变形时的强化效果越显著。大多数金属材料的值在 0.10～0.50 范围内。

3.2.2 金属的弹性形变

弹性形变是指外力去除后能够完全恢复的那部分形变，可从原子间结合力的角度来了解它的物理本质。

当无外力作用时，晶体内原子间的结合能和结合力可通过理论计算得出是原子间距离的函数，如图 3.3 所示。

原子处于平衡位置时，其原子间距为 r_0，位能 U 处于最低位置，相互作用力为零，这是最稳定状态。当原子受力后将偏离其平衡位置，原子间距增大时将产生引力，原子间距减小时将产生斥力。这样，外力去除后，原子都会恢复其原来的平衡位置，所产生的形变便完全消失，这就是弹性形变。

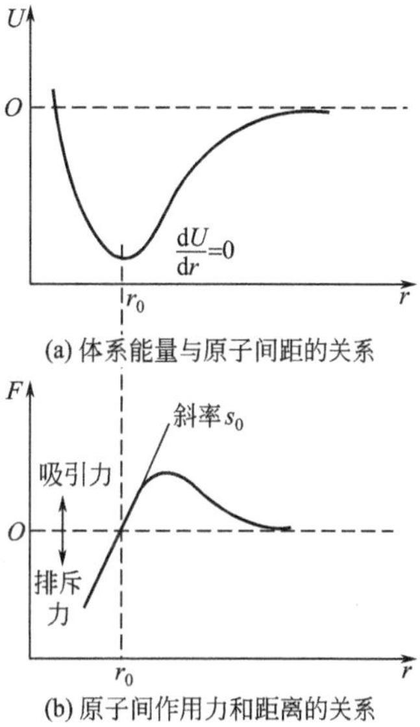

图 3.3 原子间距离的函数

金属的弹性形变的特点有以下几点：

(1) 理想的弹性形变是可逆形变，加载时变形，卸载时形变消失并恢复原状。

(2) 金属、陶瓷和部分高分子材料不论是加载或卸载，只要在弹性形变范围内，其应力-应变曲线呈线性关系，即服从胡克定律。

在正应力下：

$$\sigma = E\varepsilon \tag{3-8}$$

在切应力下：

$$\tau = G\gamma \tag{3-9}$$

式中，σ、τ 分别为正应力和切应力；ε、γ 分别为正应变和切应变；E、G 分别为弹性模量(杨氏模量)和切变模量。E、G 是重要的物理和力学参数。

弹性模量和切变模量之间的关系为

$$G = \frac{E}{2(1+\nu)} \tag{3-10}$$

式中，ν 为材料的泊松比，表示材料的侧向收缩能力。

金属发生弹性形变的难易程度取决于作用力-原子间距曲线的斜率 S_0，即

$$S_0 = \frac{dF}{dr} = \frac{d^2U}{dr^2}$$

由于金属材料的弹性形变量很小(<0.1%)，所以原子间距只在 r_0 附近变化，可把 S_0 看成常数，于是，弹性形变所需外力 F 为

$$F = S_0(r - r_0)$$

由于单位面积内原子键数为 $\frac{1}{r_0^2}$，改写上式为

$$\frac{F}{r_0^2} = \frac{S_0}{r_0} \cdot \frac{(r - r_0)}{r_0}$$

即 $\sigma=\frac{S_0}{r_0}\varepsilon$，则

$$E=\frac{S_0}{r_0} \tag{3-11}$$

这就是胡克定律和弹性模量的微观解释。

弹性模量是原子结合力强弱的反映，所以它是对组织不敏感的性能指标。

3.2.3 滑移系统

金属所承受的应力超过其屈服极限，就要发生塑性形变，金属在常温下的两种塑性形变的方式就是滑移和孪晶。

1. 滑移

将一块纯铝或纯铁的平板磨制、抛光至表面光滑无痕后进行拉伸。当应力超过它们的屈服极限时，让纯铝或纯铁产生一定的塑性形变后，不需腐蚀，在光学显微镜下就能看到试样表面内有许多平行的或几组交叉的细线，这些细线称为滑移带。它是相对滑动的晶体层和试样表面的交线。若将试样(复型)置于电子显微镜下仔细观察，可知在光镜下所观察到的试样表面的一条细线是由很多的一组平行线构成，因此，通常把在光镜下看到的条纹称为滑移带，在电镜下观察到的称为滑移线。图 3.4 所示表示滑移带的形成。滑移线之间的距离仅为 100 个原子间距，而沿每一滑移线的滑移量可达 1000 个原子间距。对滑移线的观察也表明了晶体各部分的塑性形变是不均匀的，滑移只是集中发生在一些晶面上，而滑移带或滑移线之间的晶体层片则为产生形变，只是彼此之间作相对位移而已。

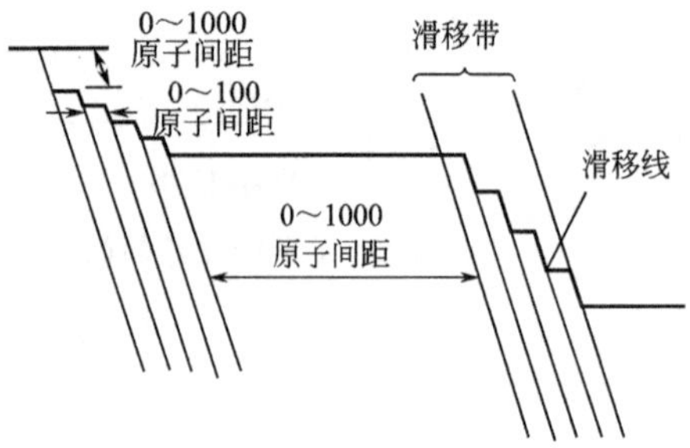

图 3.4 滑移线与滑移带示意图

2. 滑移系

如前所述，塑性形变时位错只沿着一定的晶面和晶向运动，一个滑移面和该面上的一个滑移方向组成一个滑移系。晶体结构不同，其滑移面和滑移方向也不同。表 3-1 列出了几种常见金属的滑移面和滑移方向。

表 3-1 一些金属晶体的滑移系统

晶体结构	金　属	滑移面	滑移方向
面心立方	Cu、Ag、Au、Ni、Al	{111}	⟨110⟩
体心立方	α-Fe	{110}{112}{123}	⟨111⟩
	W、Mo、Na(于 0.08~0.24T_m)	{112}	⟨111⟩
	Mo、Na(于 0.26~0.50T_m)	{110}	⟨111⟩

（续）

晶体结构	金属	滑移面	滑移方向
体心立方	Na、K(于 0.8T_m)	{123}	⟨111⟩
	Nb	{110}	⟨111⟩
密排六方	Cd、Be、Te	{0001}	⟨1120⟩
	Zn	{0001} {1122}	⟨1120⟩ ⟨1123⟩
	Be、Re、Zr	{1010}	⟨1120⟩
	Mg	{0001} {1122} {1011}	⟨1120⟩ ⟨1010⟩ ⟨1120⟩
	Ti、Zr、Hf	{1010} {1011} {0001}	⟨1120⟩

注：T_m—熔点，用绝对温度表示。

从表中可见，滑移面和滑移方向往往是金属晶体中原子排列密排的晶面和晶向。这是因为原子的密排面其面间距最大，点阵阻力最小，因而容易沿着这些面发生滑移；至于滑移方向为原子密排方向是由于最密排方向上原子间距最短，即位错的柏氏失量 $\boldsymbol{b}$ 最小。

一般来说，在其他条件相同时，晶体中的滑移系越多，越有利于塑性变形。据此，面心立方晶体的滑移系共有 $\{111\}_4\langle110\rangle_3=12$（个）。体心立方晶体的滑移系最多，除 12 个 {110} 密排面构成的主滑移系外，非密排面 {112} 和 {123} 也是其滑移面，因此共有$\{110\}_6\langle111\rangle_2+\{112\}_{12}\langle111\rangle_1+\{123\}_{24}\langle111\rangle_1=48$(个)，但却不能推断体心立方晶体的塑性最好，因为在塑性变形时，晶体中的固定滑移系并不会同时开动，到底哪个滑移系开动，要看各滑移系上分切应力的大小，只有当某一滑移系上的分切应力达到临界值后才会产生滑移。材料的塑性好坏除与滑移系多少有关外，还与杂质对变形的影响、加工硬化的影响、屈服强度的高低等因素有关。

3. 滑移机制

第 2 章中已指出，由于位错的存在，使晶体的塑性形变可以在很小的应力下就可发生，即实际测得晶体滑移的临界分切应力值较理论计算值低 3～4 个数量级，说明晶体滑移并不是晶体的一部分相对于另一部分沿着滑移面作整体位移，而是借助于位错在滑移面上的运动逐步实现的。因此，晶体的滑移必须在一定的外力作用下才能发生，这说明位错的运动要克服阻力。

位错运动的阻力首先来自点阵阻力。由于点阵结构的周期性，当晶体中的位错在滑移面上沿滑移方向移动时，位错中心的能量也要发生周期性的变化，如图 3.4 所示；当其从一个平衡位置到另一个平衡位置时，晶体两侧原子对它的作用力相等，晶体处于低能状态。而在位错移动的过程中(到达平衡位置之前)，位错中心将偏离平衡位置使晶体能量增加构成能垒，这就是位错运动所遇到的点阵阻力。派尔斯(Peierls)和纳巴罗(Nabarro)首先估算了这一阻力，故称为派-纳(即P－N)力。

派-纳力与晶体的结构和原子间作用力等因素有关，采用连续介质模型可近似地求出派-纳力为

$$\tau_{\text{P-N}}=\frac{2G}{1-\nu}\exp\left[-\frac{2\pi a}{(1-\nu)b}\right]=\frac{2G}{1-\nu}\exp\left[-\frac{2\pi W}{b}\right] \tag{3-12}$$

式中，a 为滑移面的面间距；b 为滑移方向上的原子间距；$W=a/(1-\nu)$ 为位错宽度；ν 为泊松比。

显然，晶体中沿密排面(a 大)和密排方向(b 小)的点阵阻力最小，位错滑移所需的移动力也最小。此外，位错的宽度越大，运动阻力越小。这是因为位错宽度大，点阵畸变的范围大，位错周围原子更接近于下一个平衡位置，位错移动时相应所需周围原子的移动距离短，阻力也就小。这与实验结果是基本相符的。如面心立方晶体位错宽度大，点阵阻力小，易于滑移的进行，因此其屈服点低，体心立方晶体则恰恰相反，尽管其滑移系很多，但由于位错宽度小，滑移阻力大，因而屈服点高，塑性变形能力不如面心立方晶体。

4. 形变孪生

晶体在外力作用下以产生孪晶的方式而进行的切变过程称为孪生。除滑移变形外，孪生通常是晶体难以进行滑移时而产生的另一种塑性形变方式。

孪生形变过程的示意如图3.5所示。当晶体在切应力作用下发生孪生形变时，晶体内局部区域的各个(111)晶面沿着 $[11\bar{2}]$ 方向(即 AC' 方向)产生彼此相对移动距离为 $\frac{a}{6}[11\bar{2}]$ 的均匀切变，即可得到图3.5(b)所示的情况。图中纸面相当于$(1\bar{1}0)$、(111)面垂直于纸面；AB 为(111)面与纸面的交线，相当于 $[11\bar{2}]$ 晶向。从图中可看出，均匀切变集中发生在中部，由 AB 至 GH 中的每个(111)面都相对于邻面沿 $[11\bar{2}]$ 方向移动了大小为 $\frac{a}{6}[11\bar{2}]$ 的距离。这样的切变晶体的点阵类型并未变化，但它却使均匀切变区中的晶体取向发生变化，变为与未切变区晶体呈镜面对称的取向。这一形变过程称为孪生。变形

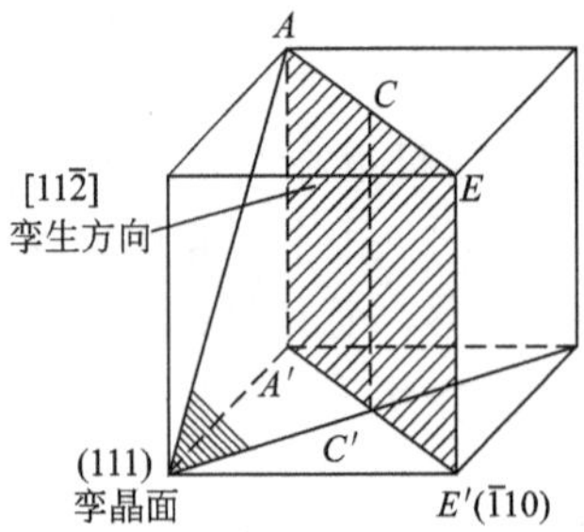

(a) 孪晶面和孪生方向

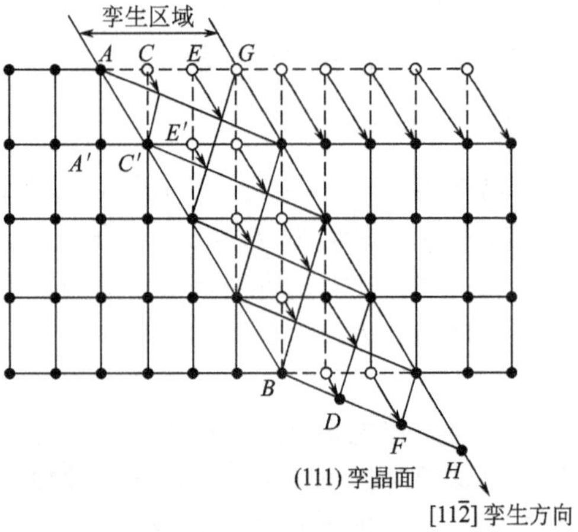

(b) 孪生变形时原子的移动

图3.5 面心立方晶体孪生切变示意图

与未变形两部分晶体合称为孪晶，均匀切变区与未的切变区的分界面(即两者的镜面对称面)称为孪晶界；发生均匀切变的那组晶面称为孪晶面(即(111)面)；孪生面的移动方向(即 $[11\bar{2}]$ 方向)称为孪生方向。

3.2.4 单晶体的塑性形变

工程上应用的金属及合金大多是多晶体，而多晶体的塑性形变与各个晶粒的形变行为相关联，研究金属单晶体的变形规律，将有助于掌握多晶体的塑性形变的基本过程。

1. 滑移的临界分切应力

如上所述，金属晶体的潜在滑移系是较多的，有的多达 48 个(如 $\alpha-Fe$)，最少的也有 3 个(如 Cd、Zn)。但这些滑移系并不能同时都开动，决定晶体能否滑移的应力一定是外力作用在滑移系上沿着滑移方向的分切应力。只有分切应力达到一定临界值时，该滑移系方可以首先发生滑移，该分切应力称为滑移的临界分切应力。

如图 3.6 所示，设有一截面积为 A 的圆柱形单晶体试棒，在轴向拉力 $\boldsymbol{F}$ 作用下产生变形。单晶体的滑移面法线方向和拉力轴的夹角为 φ，滑移方向与拉力轴的夹角为 λ，滑移面的面积为 $A/\cos\varphi$，而力 $\boldsymbol{F}$ 在滑移方向的分力为 $F\cos\lambda$，于是，外力在该滑移面沿滑移方向的分切应力 τ 为

$$\tau=\frac{F}{A}\cos\lambda\cos\varphi \tag{3-13}$$

式中，F/A 为试样拉伸时横截面上的正应力，当 $F/A=\sigma_s$(屈服极限)时，晶体开始滑移，因此，临界分切应力 τ_c 为

$$\tau_c=\sigma_s\cos\lambda\cos\varphi \tag{3-14}$$

式(3-14)称为施密特定律，即当在滑移面的滑移方向上，分切应力达到某一临界值 τ_c 时，晶体就开始屈服。临界分切应力 τ_c 对一定的材料来说只与晶体结构、滑移系类型、形变温度及对滑移阻力有影响等因素有关。在一定条件下，临界分切应力 τ_c 为常数，对某种金属是定值，但材料的屈服强度则随外力 $\boldsymbol{F}$ 相对于晶体的取向，即 φ 角和 λ 角而定，所以 $\cos\lambda\cos\varphi$ 称为取向因子或施密特(Schmid)因子，通常取向因子值大的称为软取向，此时材料的屈服强度较低。反之，取向因子值小的称为硬取向，相应的材料的屈服强度也较高。

施密特定律已在六方晶系和面心立方金属中得到(实验)证实。图 3.7 所示为密排六方

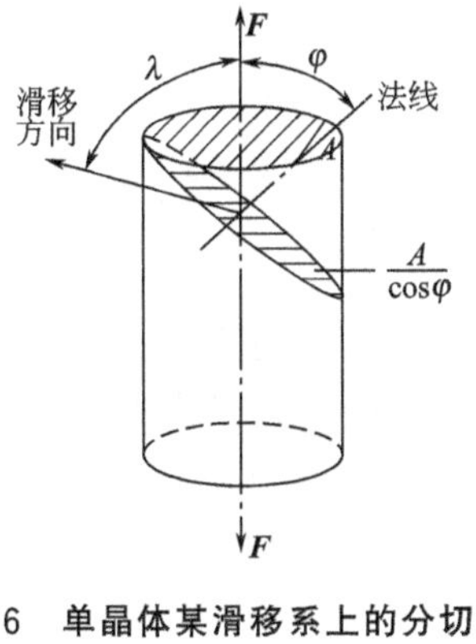

图 3.6 单晶体某滑移系上的分切应力

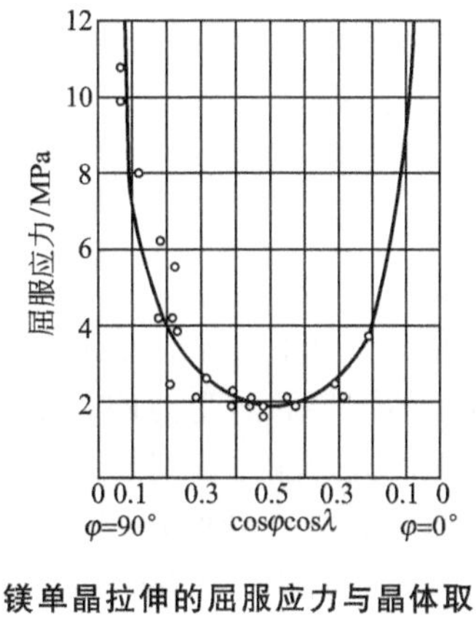

图 3.7 镁单晶拉伸的屈服应力与晶体取向的关系

镁单晶的取向因子对拉伸屈服强度 σ_s 的影响，图中“。”为实验测试值，曲线为计算值，两者吻合很好。从图中可见，当 $\varphi=90°$ 或当 $\lambda=90°$ 时，σ_s 均为无限大，这就是说，当滑移面与外力方向平行，或者使滑移方向与外力方向垂直的情况下不可能产生滑移；而当滑移方向位于外力方向与滑移面法线所组成的平面上，且 $\varphi=45°$ 时，取向因子达到最大值(0.5)，σ_s 最小，即以最小的拉应力就能达到发生滑移所需的分切应力值。但是，对体心立方金属，它们是不服从施密特定律的。具体表现为晶体滑移的临界分切应力并不是常数，由于拉力轴的取向不同，τ_c 也在改变；另外，也发现了在取向因子为最大的晶体取向上作拉伸与压缩，两者的临界切应力是不同的。

应该指出：滑移方向、拉力轴和滑移面法线，这三者在一般情况下不在同一平面内，即 $\varphi+\lambda\neq 90°$。

2. 滑移时晶面的转动

单晶体滑移时，除滑移面发生相对位移外。往往伴随着晶面的转动，对于只有一组滑移面的 hcp，这种现象尤为明显。

图 3.8 所示为拉伸试验时单晶体发生滑移与转动的示意图。设想，如果不受试样夹头对滑移的限制，则经外力 **F** 轴向拉伸，将发生图 3.8(b)所示的滑移变形和轴向偏移。但事实上，由于夹头的限制，拉力轴轴线的方向不能改变，这样就必须使晶面做相应的转动。

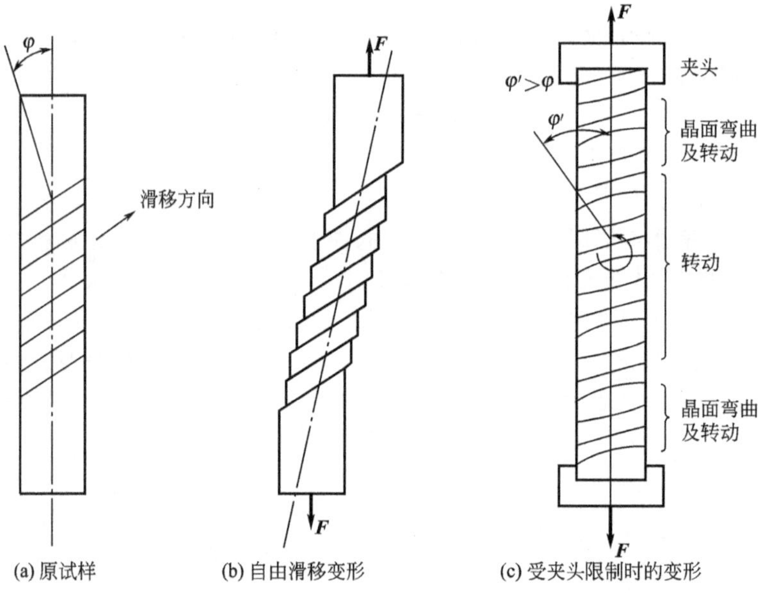

图 3.8　单晶体拉伸变形过程

图 3.9 所示为单轴拉伸时晶体发生转动的力偶作用机制。这里给出了图 3.8(b)中部某三层很薄的晶体滑移后的受力的分解情况。滑移前，外力只作用在轴线(O—O)上，当外力在滑移面上的分切应力达到临界分切应力 τ_c 时，晶体的各相邻上、下两部分将要发生相对位移，然而滑移一旦沿滑移方向进行，原来作用在轴线(O—O)上的外力由于晶体上、下两部分沿滑移面滑移的结果，将作用于 O' 和 O'' 两点上(对中间夹层而言)，如果将作用

在 O' 和 O'' 上的外加应力分解为最大切应力方向的切应力 τ' 及 τ'' 和滑移面法线方向上的正应力 n' 及 n''，则 n' 及 n'' 组成的一个力偶将使滑移面向外力方向转动。而在滑移面上切应力 τ' 及 τ'' 又可分解为滑移方向的分切应力 $\tau'_{分}$ 和 $\tau''_{分}$ 以及垂直于滑移方向的 τ'_n 和 τ''_n，其中 τ'_n 和 τ''_n 组成的力偶将使滑移方向向最大切应力方向转动。晶体受压变形时也要发生转动，但转动的结果是使滑移面逐渐趋于与压力轴相垂直。

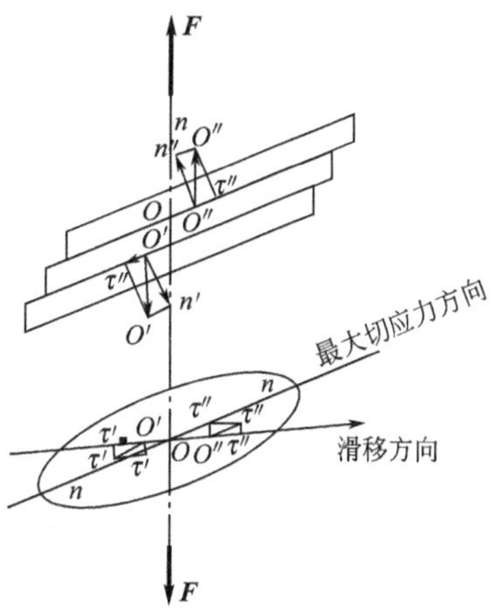

图 3.9　拉伸时晶体转动示意图

由上可知：晶体在滑移过程中不仅滑移面发生转动，而且滑移方向也逐渐改变，最后导致滑移面上分切应力也随之发生变化。由于 $\varphi=45°$ 时，其滑移系上的分切应力最大，故经滑移与转动后，若 φ 趋于 45°，则分切应力不断增大而有利于滑移；反之，若 φ 远离 45°，则分切应力逐渐减小而使滑移系的进一步滑移趋于困难。

3. 单滑移、交滑移和多系滑移

施密特定律的意义，不仅在于阐明了晶体开始塑性变形时，切应力需达到某一临界值，而且也容易说明滑移变形可有单滑移、交滑移和多系滑移几种情况。

当只有一个滑移系统上的分切应力最大并达到临界切应力 τ_c，这时只发生单滑移，在一个晶粒内只有一组平行的滑移线(带)。它是在形变量很小的情况下发生，位错在滑移过程中不会与其他位错交互作用，因此加工硬化也很弱。

交滑移是指两个或两个以上的不同滑移面，同时或交替地向相同的滑移方向滑移。如图 3.10 所示，螺型位错因其柏氏矢量 **b** 与位错线平行，滑移面有无限多个。因此，当螺型位错在某一滑移面上的运动受阻时，可以离开该面而沿另一个与原滑移面有相同滑移方向的晶面继续滑移，由于位错的柏氏矢量不变，位错在新的滑移面上仍然按原方向运动，这一过程就称为交滑移。晶体发生交滑移，滑移线不是平直的，是有转折和台阶的。

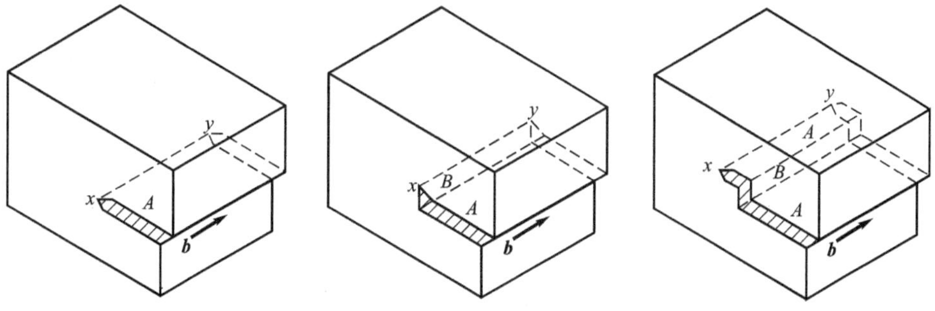

(a) 滑移面为 A 面　(b) 交滑移到 B 面　(c) 再次交滑移到 A 面

图 3.10　螺型位错 xy 的交滑移

又例如：一个全位错可分解为两个不全位错，中间夹有层错。带有层错的不全位错要进行交滑移，必须首先束集成非扩展态的螺型位错，螺型位错的滑移面不是固定的，这样才能交滑移。通常，层错能高的晶体，扩展位错宽度小，容易束集和交滑移，而层错能低的晶体情况则相反。因此，凡是层错能低的材料，交滑移困难，材料的脆性倾向较大。但是，某些低层错能的材料，如奥氏体不锈钢、高锰钢和 α-黄铜，虽然交滑移变形困难，但拉伸断裂前仍有很大的塑性。这是因为这类材料当滑移变形受到抑制时，它们能以产生孪晶的方式变形，孪晶形变又促使滑移的产生，这两种形变机制同时发生或交替动作，材料仍有很好的塑性。

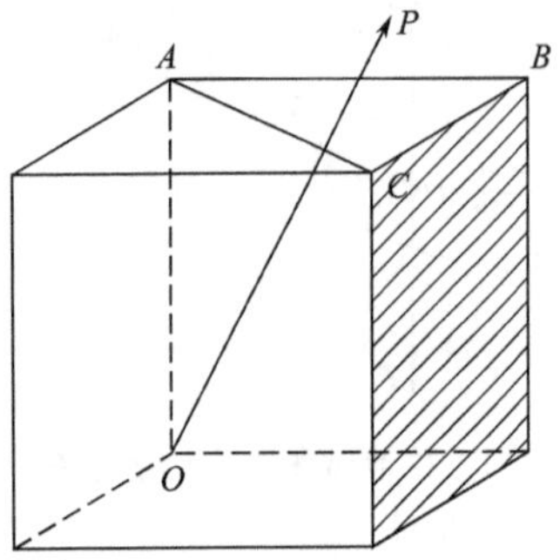

图 3.11 fcc 晶体力轴与滑移系的关系

交滑移在晶体的塑性形变中是很重要的。如果没有交滑移，只增加外力，晶体是很难继续变形下去的，最后只会造成断裂。所以容易产生交滑移的材料，其塑性较好。只有纯螺型位错才会进行交滑移。

多系滑移是指在外力作用下，晶体中有两组或两组以上的不同滑移系上的分切应力同时满足 $\tau > \tau_c$，同时或交替地进行滑移。如图 3.11 所示，一个面心立方晶体若沿 [001] 方向施加外力时，可以启动 8 个滑移系；若沿 [110] 方向施加外力可有 4 个滑移系启动；若沿 [111] 方向可有 6 个滑移系启动；当拉力轴是图中 O 到 $\triangle ABC$ 内任一点的连线时(不包括点和线)，可启动的滑移系只有 1 个。

多系滑移是螺型位错在两个相交的滑移面上的运动，当螺型位错在一个滑移面上的运动遇到障碍，会转到另一滑移面上继续滑移，滑移方向不变。因此，对于具有较多滑移系的晶体而言，除多系滑移外，还常常伴随有交滑移的现象。

应当指出，在多系滑移时，由于这些滑移系是由不同位向的滑移面和滑移方向构成，所以当一个滑移系启动后，另一个滑移系的滑动就必须穿越前者，两个滑移系上的位错会有交互作用，产生交割和反应。因此，多系滑移有较强的加工硬化。

3.2.5 多晶体的塑性形变

现实中，实际使用的材料大多是多晶体。多晶体中的各个晶粒在空间的取向是任意的，两相邻晶粒间的过渡区域称为晶界。晶界本身和相邻晶粒间的取向均对多晶体塑性变形产生影响。室温下，多晶体中每个晶粒变形的基本方式与单晶体相同，仍然是滑移和孪生。但由于相邻晶粒之间取向不同及晶界的存在，因而多晶体的变形既需克服晶界的阻碍，又要求各晶粒的变形相互协调与配合，故多晶体的塑性变形较为复杂。

当外力作用于多晶体时，由于晶体的各向异性，位向不同的各个晶体所受应力并不一致，因此各晶粒并非同时开始变形。应该说只有那些施密特因子最大，并且分切应力首先达到临界分切应力的晶体开始滑移，而那些处于硬取向的晶粒可能仍处于弹性变形状态。滑移要从一个晶粒直接延续到下一个晶粒是极其困难的，也就是说，在室温下晶界对滑移具有阻碍作用。

晶体的位向差本身就影响晶界的结构，单用晶粒位向差也很难解释晶粒大小对屈服强度的影响。即晶界本身和晶体位向的差别是会共同阻碍滑移的，两者是不能截然分开的。因此，多晶体中各晶粒变形应该是相互传播和相互协调的过程。

多晶体式样经拉伸后，每一个晶粒中的滑移带都终止在晶界附近，位错便塞积起来。其塞积情况可用晶界位错塞积模型来描述，如图 3.12 所示。假如某晶粒中心有一位错源，在外加切应力作用下，位错沿某一滑移面运动，运动时需克服点阵摩擦力 τ_0，使位错运动的有效切应力为 $\tau-\tau_0$，位错运动的距离为 L(L 为位错源至晶界之距离)，当位错运动至晶界受阻便塞积起来，位错塞积的数目 n 为

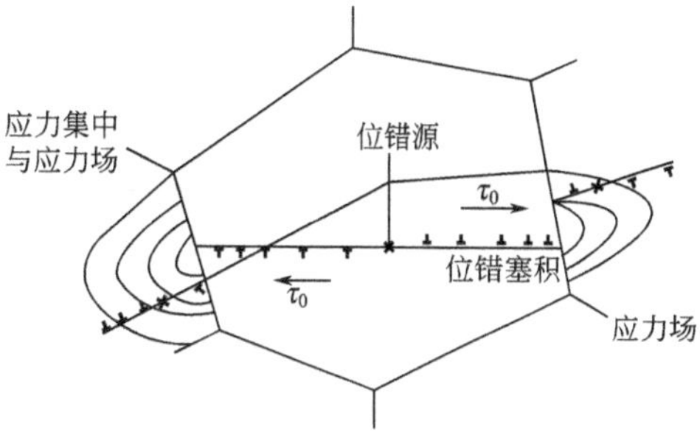

图 3.12 多晶体滑移示意图

$$n=\frac{L(\tau-\tau_0)}{A} \tag{3-15}$$

式中，A 为常数，对螺位错 $A=\frac{Gb}{\pi}$；对刃位错 $A=\frac{Gb}{\pi(1-\nu)}$。

在晶界附近产生的位错塞积群会对晶内的位错源产生一反作用力。此反作用力随位错塞积的数目增多而增大，当增大到某一数值时，可使位错源停止动作，使晶体显著强化。为了使变形继续进行，就必须增大外加应力，促使位错的塞积产生大的应力集中，当应力集中能使邻近晶粒的位错源开动，原来取向不利的晶粒也能开始变形，相邻晶粒变形也使位错塞积产生的应力集中松弛。因此，对多晶体而言，外加应力必须增至足以激发大量晶粒中的位错源开动，才能观察到宏观的塑性变形。这就是滑移的传播过程。

在变形过程中，晶界处于两个取向不同、因而形变程度也不同的晶粒之间的中间区域，要维持形变的连续性，晶界势必要起折中作用。即晶界一方面要抑制那些易于形变的晶粒进行变形，另一方面，又要促进那些不利于形变的晶粒进行变形。图 3.13 所示是对铝多晶体在几种形变量下测量其中几个晶粒的形变量。从图中可看出，晶粒间的形变量是极不均匀的，应变的不均匀必然伴随应力的不均匀。当总变形量为 15%时，各晶粒的应变量可在 5%～22%范围变化。对给定晶粒来说，一般是中心部位形变较大，而晶界附近形变较小，说明晶界对形变的阻力总是要比相应的晶内大。值得注意的是，形变量最小值并不在晶界

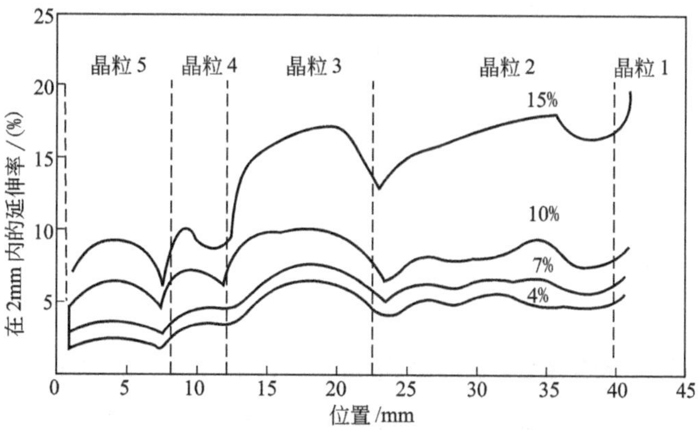

垂直虚线是晶界，线上的数字为总变形量

图 3.13 在不同总形变量下，多晶体中部分晶粒的形变量

处，而是在晶界附近形变量较小的那个晶粒的一边。这正是晶界对形变协调作用的体现。

当形变由一个晶粒传递到另一个晶粒时，必须要有各晶粒间形变的协调配合，否则，就难以变形，甚至会造成晶粒之间变形的不连续性，在晶界上产生空隙或裂缝。为了满足形变的协调性，理论分析指出，多晶体塑性变形时要求每个晶粒至少能在 5 个独立的滑移系上进行滑移。这是因为任意变形均可用 ε_{xx}、ε_{yy}、ε_{zz}、γ_{xy}、γ_{yz}、γ_{xz} 6 个应变分量来表示，但塑性变形时，晶体的体积不变($\Delta V/V=\varepsilon_{xx}+\varepsilon_{yy}+\varepsilon_{zz}=0$)，故只有 5 个独立的应变分量，每个独立的应变分量是由一个独立滑移系来产生的。可见，多晶体的塑性形变是通过各晶粒的多系滑移来保证相互间协调的，即一个多晶体是否能够塑性变形，决定于它是否具有 5 个独立的滑移系来满足各晶粒变形时相互协调的要求。这就与晶体的结构类型有关：面心立方和体心立方金属能满足这个条件，故它们的多晶体具有很好的塑性；相反，密排六方金属由于滑移系少，晶粒之间的应变协调性很差，所以其多晶体的塑性变形能力很低。要实现密排六方晶体的形变协调，有两种方式：一是在晶界附近区域，除了有基面(0001)滑移外，尚可能在柱面 $\{10\bar{1}0\}$ 或棱柱面 $\{10\bar{1}1\}$ 上滑移；二是产生孪晶形变，使孪晶和滑移结合起来，连续地进行变形，由此可知孪晶在密排六方晶体形变中的重要作用。

综上所述，多晶体塑性形变具有以下 3 个特点：①各晶粒变形不能同时进行；②各晶粒变形是不均匀；③各变形晶粒必须相互协调。

3.2.6 合金的塑性变形

工程上使用的金属材料绝大多数是合金。其变形方式总的说来和金属的情况类似，只是由于合金元素的存在，又具有一些新的特点。

按合金组成相不同，主要可分为单相固溶体合金和多相合金，它们的塑性变形又各具有不同的特点。

1. 单相固溶体合金的塑性变形

单相固溶体合金和纯金属相比最大的区别在于，它存在溶质原子。溶质原子对合金塑性变形的影响主要表现在固溶强化作用，它提高了塑性变形的阻力，此外，有些固溶体会出现明显的屈服点和应变时效现象，现分别叙述如下。

1) 固溶强化

溶质原子的存在及其固溶度的增加，使基体金属的变形抗力随之提高。图 3.14 表示 Cu－Ni 固溶体的强度和塑性随溶质含量的增加，合金的强度、硬度提高，而塑性有所下降，即产生固溶强化效果。固溶强化的强化效果可用以下公式表示：

$$\tau=\frac{d\tau}{dc}x \quad 或 \quad \sigma_s=A\frac{x}{a_0^2 b} \tag{3-16}$$

式中，$\frac{d\tau}{dc}$为点阵畸变引起临界分切应力的增量；x 为溶质原子的原子数分数；a_0 为溶剂晶体的点阵常数；b 为位错的伯氏矢量；A 为常数。

比较纯金属与不同浓度固溶体的应力-应变曲线(图 3.15)，可看到溶质原子的加入不仅提高了整个应力-应变曲线的水平，而且使合金的加工硬化速率增大。

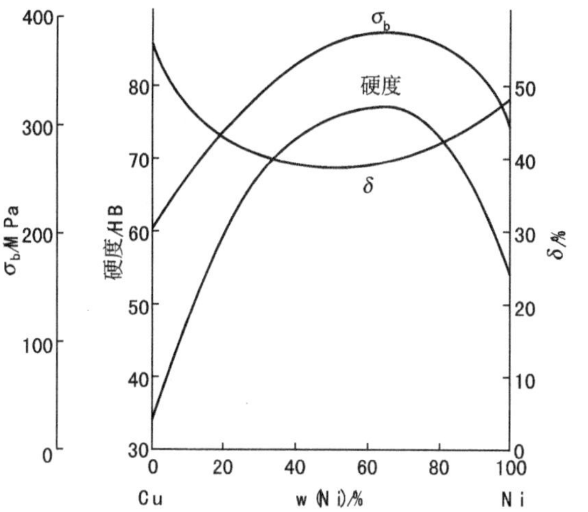

图 3.14　Cu-Ni 固溶体的力学性能与成分的关系

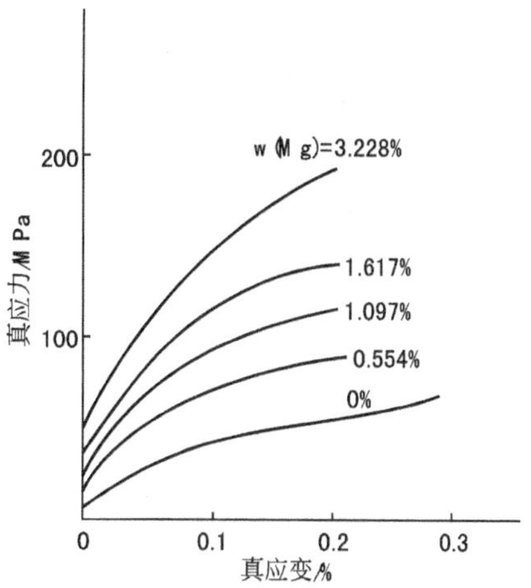

图 3.15　铝溶有镁后的应力-应变曲线

影响固溶强化的因素很多，主要有以下几个方面。

(1) 溶质原子的原子数分数越高，强化作用也越大，特别是当原子数分数很低时，强化效果更为显著。

(2) 溶质原子与基体金属的原子尺寸相差越大，强化作用也越大。

(3) 间隙型溶质原子比置换原子具有较大的固溶强化效果，且由于间隙原子在体心立方晶体中的点阵畸变属于非对称性的，故其强化作用大于面心立方晶体；但间隙原子的固溶度很有限，故实际强化效果也有限。

(4) 溶质原子与基体金属的价电子数相差越大，固溶强化作用越显著，即固溶体的屈服强度随合金电子浓度的增加而提高。

一般认为，固溶强化是由于多方面的作用，主要有溶质原子与位错的弹性交互作用、化学交互作用和静电交互作用，以及当固溶体产生塑性变形时，位错运动改变了溶质原子在固溶体结构中以短程有序或偏聚形式存在的分布状态，从而引起系统能量的升高，由此也增加了滑移变形的阻力。

2) 低碳钢的屈服和应变时效

图 3.16 为低碳钢拉伸时的应力-应变曲线，低碳钢在上屈服点开始塑性变形，当应力达到上屈服点之后开始应力降落，在下屈服点发生连续变形而应力并不升高，即出现水平台，通常称为屈服平台。在屈服平台范围，试样的变形先自夹头两端开始向中间延伸，在表面变形完成之后再扩展至心部。在预先磨光抛光的拉伸试样上，可清楚地看到与外力成一定角度的变形条纹，这称为吕德斯(Luders)带。屈服平台就是 Luders 带的延伸和扩展过程。屈服平台之后产生明显的加工硬化。屈服平台的长短和钢的含碳量有

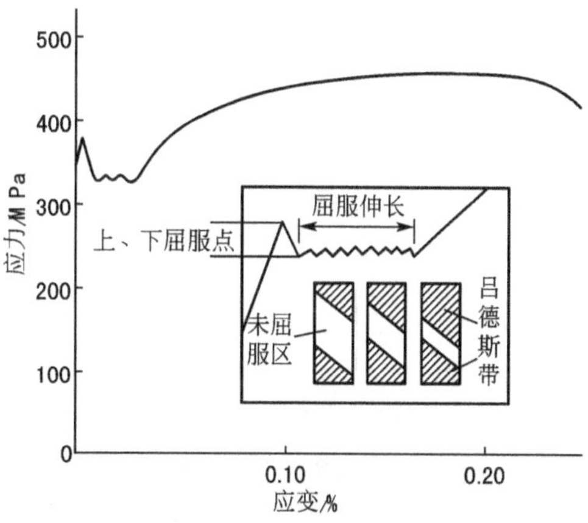

图 3.16　低碳钢退火态的工程应力-应变曲线及屈服现象

关，随着含碳量增加，平台渐短乃至消失。

低碳钢有上下屈服点和屈服平台，这种变形的不连续现象，除了在少数工业合金如含Zn30%的黄铜中可以见到外，多数的工程合金其应力-应变曲线都是连续的。低碳钢的变形为什么有此特点呢？它是碳原子(或氮原子)和位错的交互作用形成柯氏气团以及位错增殖这两个因素共同作用的结果。

先来讨论柯氏气团的形成。由刃位错的应力场可知，在滑移面以上，位错中心区域为压应力，而滑移面以下的区域为拉应力。若有间隙式的溶质原子C、N或比溶剂尺寸大的置换式溶质原子在位错附近，会与位错交互作用，作用的结果是这类原子(如C、N)会偏聚于刃位错的下方，由于可以抵消部分或全部(当碳原子在位错的下方达到饱和)的张应力，因此可使位错的弹性应变能降低。当位错处于能量较低的状态时，位错更加稳定不易运动。所谓柯氏气团，就是指碳原子偏聚于刃位错的下方，碳原子有“钉扎”位错，使位错不易运动。位错要运动，只有从气团中挣脱出来，摆脱碳原子的“钉扎”。Cottrell首先用溶质原子和位错的弹性交互作用，形成气团(因而叫柯氏气团)来解释低碳钢的屈服。柯氏认为位错要从气团中挣脱出来，需要较大的力，这就形成了上屈服点。而一旦挣脱之后位错的运动就比较容易，因此有应力降落，出现下屈服点和水平台。

Cottrell这一理论最初被人们广为接受。但20世纪60年代后Gilman和Johnston发现共价键结合的晶体硅、锗和离子晶体LiF，以及无位错的铜晶须中都有不连续屈服现象。20世纪70年代，在高纯度的无碳纯铁中发现当应变速率为$2.5\times10^{-4}/s$时，在室温以及室温以上并不产生不连续屈服，而低于室温则有之，这说明碳原子并不是产生铁屈服的必要条件。因此Gilman和Johnston提出了位错增殖理论。他们认为晶体开始变形之后，即引起大量的位错增殖。比如，通过双交滑移模型的增殖方式，当位错大量增殖后，在维持一定的应变速率时，流变应力就要降低，这就会造成屈服降落。

在低碳钢的屈服理论中，这两种理论并不互相排斥而是互相补充，才能对此现象解释得更全面。例如单纯的位错增殖理论，其前提要求原晶体材料中的可动位错密度很低。而低碳钢中的原始位错密度为$10^8/cm^2$，但可动位错密度只有$10^3/cm^2$，低碳钢之所以可动位错密度如此之低，正是因为碳原子强烈钉扎位错，形成了气团之故。

柯氏气团还能很好地解释低碳钢的应变时效。低碳钢经过少量的预变性可以不出现明显的屈服点，这是卸载后立即加载的情况，但如果变形后在室温下放置一段较长的时间或在低温经过短时加热，再进行拉伸试验，则屈服点又复出现，且屈服应力提高(图3.17)，这种现象叫做低碳钢的应变时效。低碳钢在变形时效后，经电镜观察，并不一定有碳(氮)化合物自铁素体中析出，这一过程很可能与碳(氮)原子重新扩散到位错周围形成气团有关。

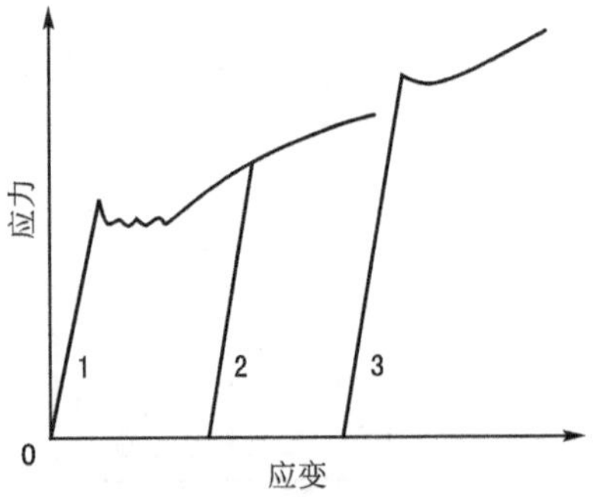

图3.17　低碳钢的拉伸试验

1—预塑性变形；2—卸载后立即加载；3—卸载后放置一段时期或在200℃加热后再加载

低碳钢的屈服和应变时效现象在实际生产中有重要影响。例如，深冲低碳钢薄板时，由于低碳钢出现不连续屈服，致使表面粗糙不平或皱折，为改善表面质量，常将钢板在深冲前进行一道光整冷轧工序(压下量为0.5%～2%)，这就等于预变形消除不连续屈服。再如，锅炉钢板在卷板成形后焊接或使用时，相当于经历一个人工或自然时效过程。低碳钢板的应变时效，常使钢的韧性降低，为此，生产中常在钢中加入0.05%Al，使其与氮(碳)原子结合，可减小钢的应变时效倾向。

2. 第二相对合金变形的影响

工业用合金所含的第二相，对位错的运动来说，可有两种情况：一种是第二相可以变形，位错通过第二相时可以切过它们；一种是第二相不能变形，位错只能绕过它们向前运动。这两种情形如图3.18所示。位错能否切过第二相，由第二相的本性和尺寸而定。许多铝基合金(如Al-Cu，Al-Zn，Al-Li等)和镍基合金(如Ni-Cr-Al，Ni-Ti等)中的第二相，当其尺寸较小并与基体保持共格时，能被位错切过，切过时因增加表面能，通过共格应变场等因素使合金强化。当第二相尺寸增大(在时效或回火温度较高时)与基体失去共格后，位错常不能切过，而只能绕过了。对钢中的碳化物氮化物，弥散强化合金中的氧化物，一般是不能变形的，位错只能绕过它们。位错绕过它们时所需克服的阻力是可以计算的，其阻力和第二相的本性无关，而只决定于第二相的间距 L，即

$$\tau=\frac{Gb}{L} \tag{3-17}$$

可仿照使F-R源动作的临界切应力公式，导出此结果。

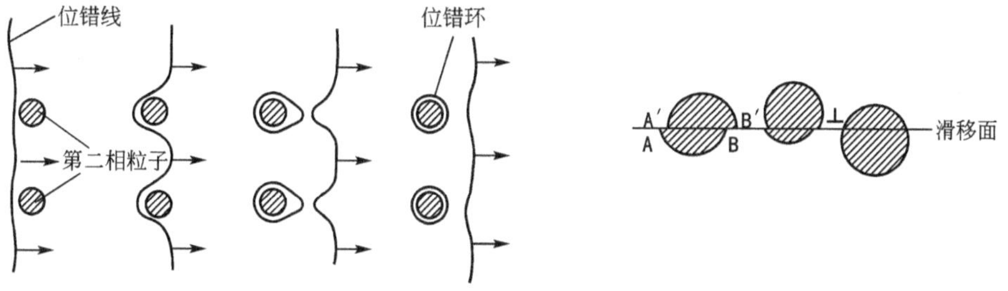

(a) 位错绕过第二相粒子 (b) 位错切割第二相粒子

图3.18 位错与第二相粒子作用示意图

3.2.7 塑性形变对金属材料组织与性能的影响

塑性形变不但可以改变材料的外形和尺寸，而且能使材料的内部组织和各种性能发生变化。

1. 冷形变金属的组织

金属材料经塑性形变后，组织结构会发生明显的变化。除了每个晶粒内部出现大量的滑移带或孪晶带外，还会出现新的亚晶，各种结构缺陷(如位错、空位、间隙原子、层错)的浓度也升高。随着形变量的增加，原来的等轴晶粒将逐渐沿其变形方向伸长。当形变量很大时，晶界变得模糊不清，晶粒已难以分辨并沿材料流变伸展的方向呈现纤维状，称为纤维组织。这种纤维组织沿其形变方向强度、硬度增加，横向则不然，出现了性能的各向异性。

晶体的塑性形变是借助位错在应力作用下运动和不断增殖的。随着形变度的增大，晶体中的位错密度迅速提高。据统计，在经过强烈形变的金属中，位错密度可从退火态的

$10^6 \sim 10^8 cm^{-2}$增加至$10^{11} \sim 10^{12} cm^{-2}$，且形变晶体中位错的组态及其分布等亚结构也发生变化。由于位错的增殖以及运动过程中的交互作用，造成位错缠结，使其组态变得错综复杂，进而构成胞状结构。位错胞内部位错密度很低，在胞壁上缠结大量位错。胞壁属于小角度晶界，但位错运动一般难于穿过胞壁。形变金属的流变应力和位错胞尺寸有以下关系：

$$\tau_f = \tau_0 + kd^{-1} \tag{3-18}$$

式中，τ_f 为流变应力；d 为位错胞的平均直径。对多数金属研究表明流变应力和位错胞尺寸之间并不符合霍尔-佩奇关系。

2. 冷形变金属的加工硬化

塑性形变所造成的组织和结构的变化，必然导致材料性能的变化。图 3.19 所示是铜材经不同程度冷轧后的强度和塑性变化情况。从图中可清楚地看到，金属材料经冷加工变形后，强度(硬度)显著提高，而塑性则很快下降，即产生了加工硬化(形变硬化)现象。一般将金属的真应力-应变曲线上的均匀塑性变形部分称为流变曲线，并可用经验公式表达，即

$$\sigma = K\varepsilon^n \tag{3-19}$$

式中，K 为强化系数；n 为加工硬化指数，它们都随材料的不同而变化。

为了探讨晶体产生加工硬化的本质，排除晶界、杂质等因素的干扰，首先讨论纯金属单晶体的加工硬化过程。图 3.20 所示是金属单晶体的典型应力-应变曲线(也称加工硬化曲线)，其塑性形变部分由 3 个阶段组成：

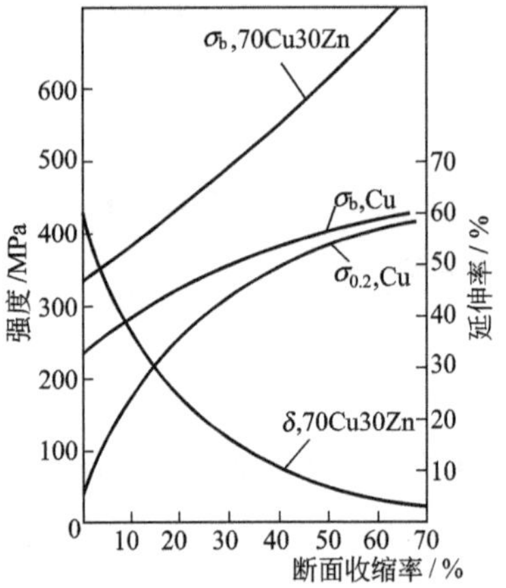

图 3.19　铜材经冷轧后拉伸性能的变化

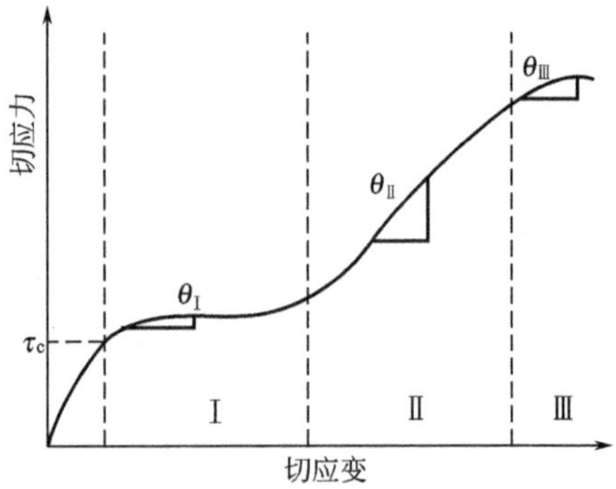

图 3.20　单晶体加工硬化 3 阶段示意图

第Ⅰ阶段为易滑移阶段。此段接近于直线，其斜率 θ_{I} $\left(\theta = \frac{d\tau}{d\gamma}\text{ 或 }\frac{d\sigma}{d\varepsilon}\right)$即加工硬化率低，一般 θ_{I} 约为 $10^{-4}G$(G 为切变模量)。即应力增加不多，便能产生相当大的形变。原因是当外力在滑移面上的分切应力 τ 达到晶体的 τ_c后，晶体中将只有一组主滑移系启动，位错在滑移面上运动时无干扰，可移动相当长的距离直至到达晶体表面，由此产生的滑移线均匀、细长，且随形变量增加，滑移线数目增多。该阶段主滑移面上的位错密度增加较快，加工硬化主要来自位错的增殖所引起的内应力。

第Ⅱ阶段为线性硬化阶段。随着应变增加，应力线性增长，此段也呈直线，且斜率较大，加工硬化率(θ)远大于第Ⅰ阶段，$\theta_{\text{Ⅱ}} \approx G/300$，近乎常数。该阶段被视为快速加工硬化的主要阶段。研究表明，第Ⅱ阶段出现后，滑移线长度明显变短，且分布变得不均匀。变形量越大，这种现象就越明显。经透射电镜观察发现大量的位错缠结和主、次滑移系统相互作用的迹象，直至产生位错的胞状组织。这说明在硬化的第Ⅱ阶段内，有多个滑移系启动，位错密度的增加是主滑移系统中的位错增殖的结果，而其他滑移系统的被激活，将形成压杆位错，阻碍位错的继续运动，限制主滑移系统中的位错运动的自由程，从而产生大的硬化效应。

第Ⅲ阶段为抛物线型硬化阶段。随应变增加，应力上升缓慢，$\theta_{\text{Ⅲ}}$值已不为常数，且呈逐渐减小的趋势，故称为动态回复阶段。此时滑移线变粗成滑移带，新增加的应变几乎全部集中在这些滑移带内，且滑移带碎化。透射电镜下可观察到明显的位错胞状组织，这显然与螺型位错的交滑移有关。当应力足够大时，螺型位错通过交滑移绕过障碍，塞积位错得以松弛，应变速率降低。另外，异号螺型位错还可以通过交滑移彼此消失，这样也可以消除一部分硬化。

各种晶体的实际曲线因其晶体结构类型、晶体位向、杂质含量以及试验温度等因素的不同而变化，但总的来说，其基本特征相同，只是各阶段的长短由于位错的运动、增殖和交互作用而受影响，甚至某一阶段可能就不会出现。图 3.21 所示为 3 种典型晶体结构单晶体的硬化曲线，其中面心立方和体心立方晶体显示出典型的三阶段加工硬化情况。密排六方金属单晶体的第Ⅰ阶段通常很长，远远超过其他结构的晶体，以至于第Ⅱ阶段还未充分发展时试样就已经断裂了。面心立方金属的第Ⅱ阶段非常长，加工硬化效果显著。大多数体心立方金属则具有较典型的三阶段硬化现象。

多晶体的塑性形变由于晶界的阻碍作用和晶粒之间的协调配合的要求，各晶粒不可能以单一滑移系动作而必然有多组滑移系同时作用，因此多晶体的应力-应变曲线不会出现单晶的第Ⅰ阶段，而且其加工硬化率明显高于单晶体，细晶粒多晶体在形变开始阶段尤为明显(图 3.22)。

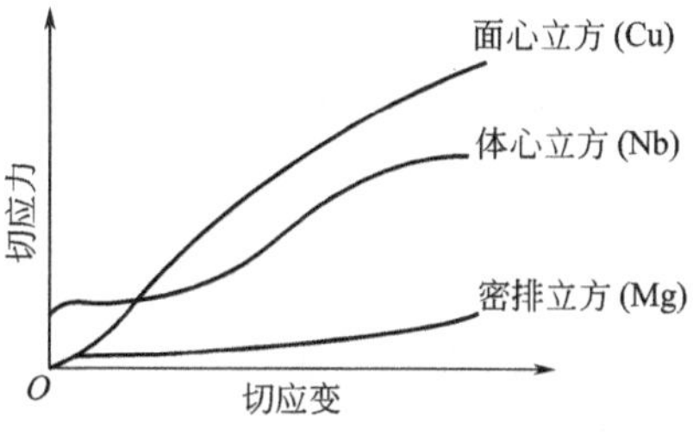

图 3.21　3 种典型的金属单晶体的应力-应变曲线

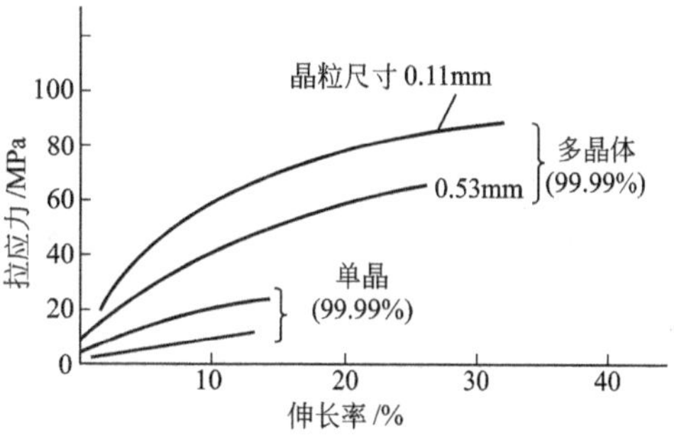

图 3.22　铝单晶与多晶体的应力-应变曲线比较（室温）

有关加工硬化的机制曾提出不同的理论，然而，最终的表达方式基本相同，即流变应力是位错密度的平方根的线性函数，这已被许多实验所证实。

金属材料的加工硬化使材料的塑性形变难以进行，但却不失为材料强化的重要手段，特别对于纯金属更是如此。

3. 形变织构

金属在塑性变形时，晶体的滑移面和滑移方向都要向主形变方向转动，使滑移层逐渐转向与拉力轴平行。由于各个晶粒的某些相同的滑移系(指数相同的晶面和晶向)，在形变量较大时，都逐渐趋向与拉力轴平行，也就是说，原来是任意取向各个晶粒在空间取向上呈现一定程度的规律性，这就形成了晶体的择优取向，这种组织状态称为形变织构。

当晶体的塑性形变量较大时易形成形变织构。由于材料加工变形方式不同，形变织构主要有两种类型：一种是拉拔时形成的织构称为丝织构，其主要特征为各晶粒的某一晶向大致与拉拔方向相平行；另一种是轧制时形成的织构称为板织构，其主要特征为各晶粒的某一晶面和晶向分别趋于同轧制面与轧制方向相平行。表 3-2 给出几种常见金属的丝织构和板织构。

表 3-2　常见金属的丝织构和板织构

晶体结构	金属或合金	丝 织 构	板 织 构
体心立方	α-Fe，Mo，W 铁素体钢	<110>	{100}<011>、{112}<110> {111}<112>
面心立方	Al，Cu，Au， Ni，Cu-Ni α-黄铜	<111> <100>+<111>	{110}<112>、{112}<111> {110}<112>
密排六方	Mg，Mg 合金 Zn	<2130> <0001>与丝轴成 70°	{0001}<1010> {0001}与轧制面成 70°

注：面心立方晶体的形变织构与层错能有关。

多晶体材料的形变量越大，择优取向程度越大，表现出织构越强。但是无论经过多么激烈的塑性变形也不可能使所有晶粒都完全转到织构的取向上去。事实上，多晶体材料在形变过程中是否形成织构及织构集中程度决定于加工变形的方法、变形量、变形温度以及材料本身情况(金属类型、杂质、材料内原始取向)等因素。织构类型和织构的程度，可用 X 射线衍射方法测定。

形变织构对材料的力学性能和物理性能有重要影响。显然，织构的形成会使材料具有强烈的各向异性，其存在对材料的加工成形性和使用性能都有很大的影响，尤其是冷形变材料中出现的织构，用退火处理也无法消除，故在工业生产中应予以高度重视。一般来说，大多数金属板材是不允许出现形变织构的，特别是用于深冲压成形的板材，织构会造成其沿各方向变形的不均匀性，使工件的边缘产生高低不平的所谓“制耳”现象。但是，为了满足特殊需要，人们也会利用材料织构。如变压器用电磁钢板——硅钢片，若能获得 {110}[100] 织构(称为高斯织构)，则沿轧制方向的磁感应强度最大、铁损最小；若能获得 {100}[100] 织构(称为立方织构)，则在与轧制方向平行和垂直的两个方向上均能获得良好的磁性。

习题

1. 写出面心立方金属在室温下所有可能的滑移系统。

2. 什么是单滑移、多滑移、交滑移？三者滑移线的形貌各有何特点？

3. 比较面心立方金属铝的(111)和(110)面面密度及面间距大小，并说明滑移可能在哪一个面上进行。

4. 孪生和滑移的形变机制有何不同？

5. 沿单晶的［110］方向对其施加拉力，当力的大小为50MPa时，在(101)面上的［$11\bar{1}$］方向的分切应力为多少？若τ_C＝31.1MPa，外加拉应力应为多大？

6. 铝单晶在室温时的临界分切应力为$\tau_C=7.9\times10^5$ Pa。若在室温下将铝单晶试样做拉伸试验时，拉力轴为［123］方向，试计算引起该样品屈服所需施加的应力。

7. Mg单晶体的试样拉伸时，3个滑移方向与拉力轴分别相交成38°、45°、85°，而基面法线与拉伸轴相交成60°。如果在拉应力为2.05MPa时开始观察到塑性形变，则Mg的临界分切应力为多少？

8. MgO为NaCl型结构，其滑移面为{110}，滑移方向为<110>，试问沿哪一方向拉伸(或压缩)不会引起滑移？

9. 指出Cu和α－Fe两晶体易滑移的晶面和晶向，并求出它们的滑移面间距，滑移方向上的原子间距及点阵阻力(已知G_{Cu}＝48.3GPa，$G_{\alpha-Fe}$＝81.6GPa，ν＝0.3)。

第4章 二元合金相图及其分类

本章教学要点

知识要点	掌握程度	相关知识
相图的基本知识	了解相平衡和相律； 重点掌握二元相图的测定方法及杠杆定律	相图的含义； 自由度数的含义
匀晶相图、共晶相图和包晶相图分析	能独立分析三种基本相图中点、线的含义，能分析相图中的恒温反应以及不同成分的合金平衡凝固过程。并能计算平衡凝固时，合金中相组成物和组织组成物的相对含量； 能根据相图推测合金性能	非平衡凝固以及枝晶偏析； 组织组成物和相组成物的含义； 伪共晶、离异共晶的含义以及形成条件； 包晶反应时原子迁移过程
铁碳相图分析	能默画出铁碳相图； 了解相图中点、线、区的不同含义； 理解不同成分铁碳合金平衡凝固过程并能计算相组成物和组织组成物的相对含量	铁碳相图的基本相； 含碳量对铁碳合金平衡组织和性能的影响

在实际工业中，广泛使用的金属材料是合金。合金具有良好的机械性能，并且可以通过化学成分和组织结构的调整，满足各种使用性能的要求。合金的性能与其成分及内部的组织结构有密切的关系。因此研究合金的性能必须了解合金中组织的形成及其变化规律，合金相图正是研究这些规律的有效工具。

在多元系中，二元系是最基本的，也是目前研究最充分的体系，二元系相图是表示在热力学平衡状态下，合金系的状态、温度(压力)及成分之间关系的图解。从相图中可以看出不同成分的合金在不同温度下所含合金相的种类和相对数量。通过相图可以预测合金的性质，所以合金相图是研究新合金和制定合金的生产工艺，如合金的熔炼、浇注、塑性加工以及热处理规范的重要依据。

本章将描述二元相图的表示和测定方法，详细地介绍3种基本相图及结晶过程、结晶后的组织形态以及组织对性能的影响规律等。

4.1 相图的基本知识

4.1.1 相平衡和相律

体系中具有相同的物理与化学性质、且与其他部分以界面分开的均匀部分称为相。相平衡是指合金系中各相经历很长时间而不互相转化，始终处于平衡状态，相平衡条件是每个组元在各相中的化学位彼此相等。注意，相平衡是一种动态平衡，相界两侧的原子总是不断地进行相互转换，只是同一时间内各相之间的原子转换速度相等而已。

相律是分析和使用相图的重要工具，给出了平衡条件下，体系中存在的相数、组元数、自由度之间的关系。相律有多种，其中最基本的是吉布斯相律，其通式如下：

$$f=C-P+2 \tag{4-1}$$

当系统的压力为常数时，则为

$$f=C-P+1 \tag{4-2}$$

式中，C为系统的组元数；P为平衡共存的相的数目；f为自由度数，是指在保持合金系中相的数目不变的条件下，合金系中可以独立改变的影响合金状态内部和外部因素的数目。所以，自由度f不能为负值。

利用相律可以判断在一定条件下系统最多可能平衡共存的相数目。从式(4-1)可以看出，当组元数C给定时，自由度f越小，平衡共存的相数便越多。由于f不能为负，取其最小值为零，则从式(4-1)可以得出：

$$P=C+2 \tag{4-3}$$

若压力给定，去掉一个自由度，式(4-3)可写为

$$P=C+1 \tag{4-4}$$

式(4-4)表明：在压力给定的情况下，系统中可能出现的最多平衡相数比组元数多1。如：一元系$C=1$，$P=2$，即最多可以两相平衡共存，如纯金属结晶时，其温度固定不变，同时共存的平衡相为液相和固相；二元系$C=2$，$P=3$，最多可以三相平衡共存；三元系$C=3$，$P=4$，最多可以四相平衡共存；依此类推，n元系，最多可以$n+1$相平衡共存。

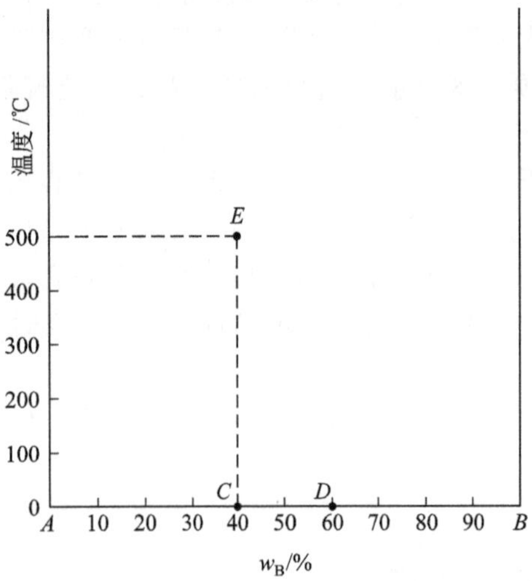

图 4.1 二元相图的表示方法

合金的状态通常由合金的成分、温度和压力决定的。但是压力对液固相之间或固相之间的变化影响不大，而且金属的状态变化多数是在常压下进行的，所以研究合金的相变时往往不考虑压力的作用。这样对于二元合金来讲，影响状态的因素就只有合金的成分和温度两个参数了。所以二元合金的相图，是以横坐标表示成分，纵坐标表示温度，如图 4.1 所示。横坐标上任意一点均表示一种合金的成分，如 A、B 两点表示组成合金的两个组元，C 点的成分表示为 w_B40%、w_A60%；D 点成分为 w_B60%、w_A40%等。在成分和温度坐标平面上的任意一点称为表象点，一个表象点的坐标值表示合金的成分和温度，图 4.1 中 E 点表示合金在 500℃的成分为 w_A60%、w_B40%。

4.1.2 二元相图的测定方法

二元合金相图，是根据实验所测得的各种成分材料的相变临界点绘制成的。临界点的测量方法有很多，如热分析法、电阻法、热膨胀法、金相法、X 射线分析法、磁性法等，相图的精确测量必须有多种方法配合使用，但是经常使用的是比较方便的热分析法。下面以 Cu－Ni 二元合金为例，说明用热分析法测量临界点来绘制二元相图的过程。

首先配制一系列含 Ni 量不同的 Cu－Ni 合金，测出它们从液态到室温的冷却曲线，图 4.2(a)给出纯铜以及 w_{Ni}分别为 30%、50%、70%的 Cu－Ni 合金及纯 Ni 的冷却曲线，得到各临界点。由图可见，纯组元 Cu 和 Ni 的冷却曲线相似，都有一个水平台，表示其结晶在恒温下进行，只有一个临界点，凝固温度分别为 1083℃和 1452℃；而其他 3 种合金的结晶是在一段温度范围内，其冷却曲线上有两个转折点。上折点是表示凝固的开始温度，称为上临界点；下折点是凝固的终了温度，称为下临界点。这是由于合金结晶开始时释放出结晶潜热，致使温度下降变慢，在冷却曲线上出现了一个转折点；结晶终了后，合金不再放出结晶潜热，温度下降变快，于是又出现一个转折点。

将这些临界点对应的温度和成分分别标在二元相图的纵坐标和横坐标上，每个临界点在二元相图中对应一个点，再将凝固的开始温度点和终结温度点分别连接起来，就得到图 4.2(b)所示的 Cu－Ni 二元相图。由凝固开始温度连接起来的相界线称为液相线，由凝固终结温度连接起来的相界线称为固相线。为了精确测定相变的临界点，用热分析法测定时必须非常缓慢冷却，以达到热力学的平衡条件，一般控制在每分钟 0.5～0.15℃之内。这两条曲线把 Cu－Ni 合金相图分成 3 个相区，液相线以上为液相单相区，以 L 表示；固相线以下为固相单相区，以 α 表示；两条曲线之间为液相、固相两相共存区，以 $L+\alpha$ 表示。根据相律可知，在单相区内，$f=2-1+1=2$，说明合金在此相区范围内，可独立改变温度和成分而保持原状态；若在两相区内，$f=1$，这说明温度和成分中只有一个独立变量，即在此相区内任意改变温度，则成分随之而变，不能独立变化，反之亦然；若在合金中有三相共存，则 $f=0$，说明此时三个平衡相的成分和温度都固定不变，在相图上表示为水平线，称为三相平衡水平线。由相律可知，二元系最多只能三相平衡。

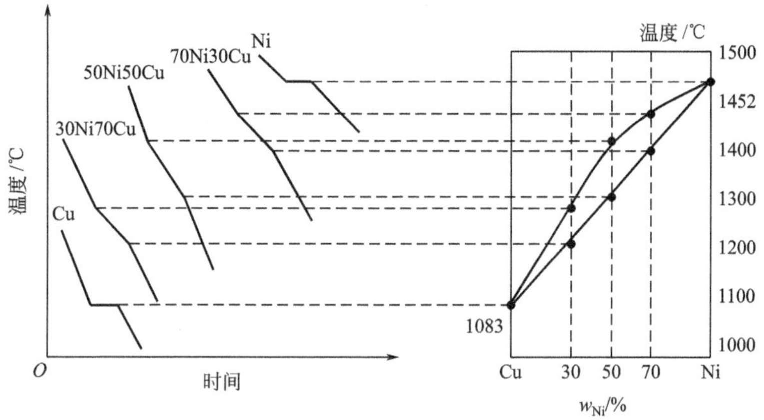

(a) 冷却曲线 (b) 相图

图 4.2 用热分析法建立的 Cu－Ni 相图

4.1.3 杠杆定律

在合金的结晶过程中，合金中各个相的成分以及其相对含量都在不断地发生着变化。对具体合金来说，相的成分固然重要，但相的相对量有时更重要。为了了解相的成分及其相对含量，这就需要应用杠杆定律。根据相律，在二元系合金中，两相平衡共存时自由度 $f=1$，若温度给定，自由度 $f=0$，说明在此温度下，两个平衡相的成分也随之而定。两个相成分点之间的连线(等温线)称为连接线。下面以 Cu－Ni 合金为例进行说明。

如图 4.3 所示，在 Cu－Ni 二元合金相图中，液相线是表示液相的成分随温度变化的平衡曲线，固相线是表示固相的成分随温度变化的平衡曲线。合金 I 在温度 t_1 时，处于两相平衡状态，即 L→α，要确定液相 L 和固相 α 的成分，可通过温度 t_1 作一水平线段 arb，分别与液、固相线相交于 a 和 b，a、b 两点在成分坐标上的投影 C_L 和 C_α，即分别表示液、固两相的成分。

下面计算液相和固相在温度 t_1 时的相对含量。设合金的总质量为 1，液相的质量为 w_L，固相的质量为 w_α。则有

$$w_L+w_\alpha=1$$

此外，合金 I 中的含镍量等于液相和固相中镍的含量之和，即

$$w_L C_L+w_\alpha C\alpha=1C$$

由以上两式可以得出：

$$\frac{w_L}{w_\alpha}=\frac{rb}{ar} \qquad (4-5)$$

如果把 a、b 当作一个力学杠杆 ab 上的两个重力点，把 r 看作支点，把 w_L、w_α 看作作用于 a 和 b 的力，

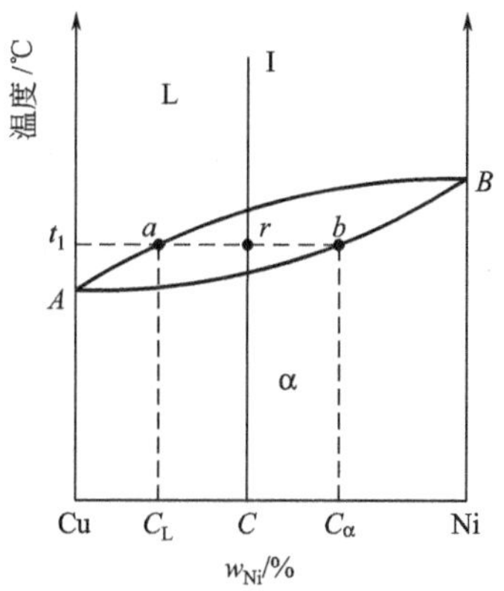

图 4.3 杠杆定理的证明

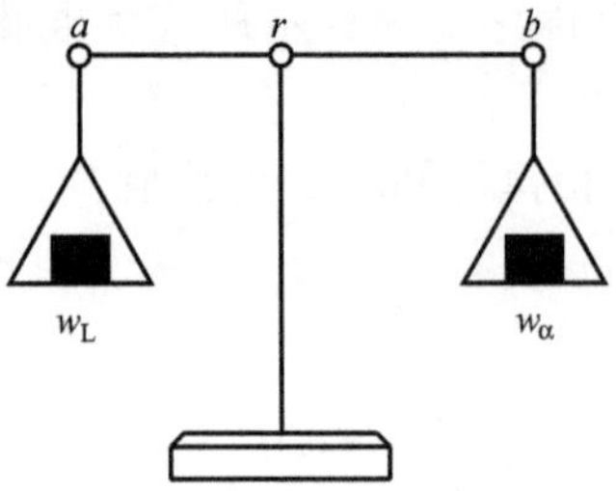

图 4.4　杠杆定律的力学比喻

则上述关系与力学中的杠杆定律完全相似(图 4.4)。因此将式(4-5)称为杠杆定律，这只是一种比喻。式(4-5)也可以写成下列形式：

$$w_L=\frac{rb}{ab}\times 100\%$$

$$w_\alpha=\frac{ar}{ab}\times 100\%$$

这两式可以直接用来求出两相的相对含量。注意，在二元相图中杠杆定律只适用于两相区，其他情况均不适用。

4.2　匀晶相图及固溶体凝固

4.2.1　匀晶相图分析

两组元液态、固态均无限互溶，冷却过程中由液相直接结晶出单相固溶体的转变称为匀晶转变。只发生匀晶转变的相图称为匀晶相图。具有这类相图的二元合金相图有 Cu-Ni、Ag-Au、Ag-Pt、Fe-Ni、Cu-Au、Cr-Mo 等。绝大多数的二元合金相图都包括匀晶转变部分，因此掌握这一类相图是学习二元合金相图的基础。现以 Cu-Ni 相图为例进行分析。

Cu-Ni 二元合金相图如图 4.5 所示。该相图十分简单，只有两个点分别是 Cu、Ni 的熔点，有两条曲线，上面一条是液相线，下面一条是固相线，液相线和固相线把相图分成 3 个区域：即液相区 L、固相区 α 以及液、固两相共存区 L+α。

匀晶相图还可能有其他形式，如图 4.6 所示。

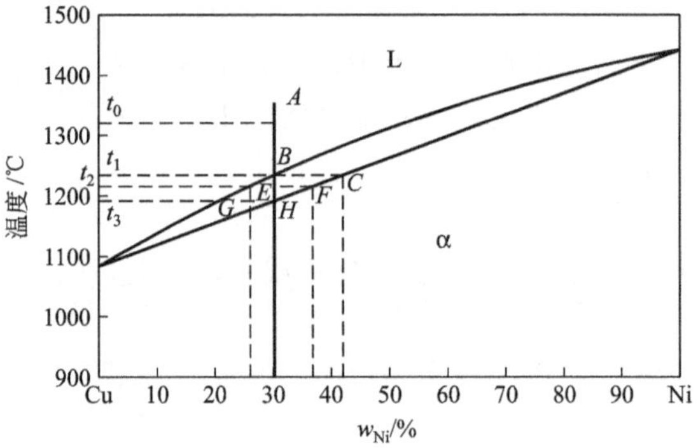

图 4.5　Cu-Ni 二元合金相图

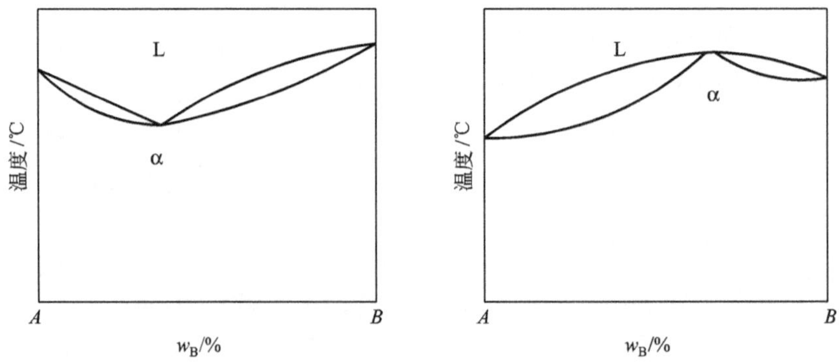

(a) 具有极小点　(b) 具有极大点

图 4.6　具有极小点和极大点的相图

4.2.2 匀晶转变过程

现以 w_{Ni} 为 30%的 Cu - Ni 合金为例来分析匀晶转变过程。

由图 4.5 可以看出，当高温液态合金缓慢冷至 t_1 温度时，开始从液相中结晶出 α 固溶体，根据平衡相成分的确定方法，可知其成分为 C，液相和固相在此温度形成两相平衡。由图可见，α 中的镍的含量超过了合金的镍的含量。运用杠杆定律，可以求出 α 的含量为零，说明在温度 t_1 时，结晶刚刚开始，固相实际尚未形成。随温度继续降低，固相成分沿固相线变化，液相成分沿液相线变化，当温度缓慢冷至 t_2 温度时，此时的固相成分为 F，液相成分为 E，可通过杠杆定律求出两平衡相的相对含量。当冷却到 t_3 温度时，最后一滴液体结晶成固溶体，结晶终了，得到了与原合金成分相同的 α 固溶体。图 4.7 所示说明了该合金平衡结晶时的组织变化过程。

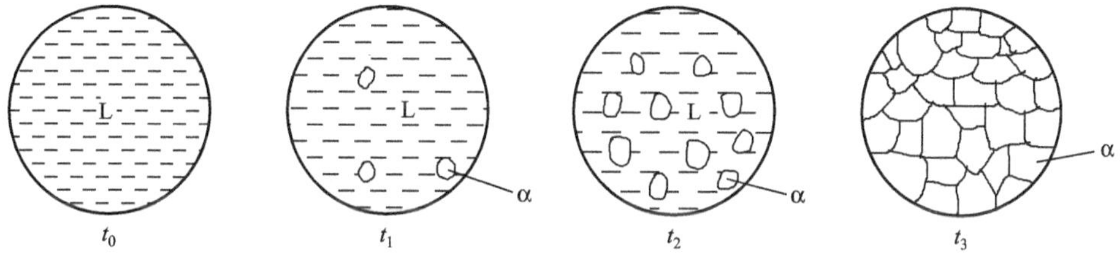

图 4.7 固溶体合金平衡结晶时组织变化示意图

4.2.3 不平衡结晶过程

固溶体的结晶过程是与液相和固相内的原子扩散过程密切相关的，只有在极缓慢的冷却条件下，才能使每个温度下的扩散过程进行完全，使液相或固相的整体处处均匀一致。然而在工业生产中，液态合金浇入铸形之后，冷却速度很快，不能保持在每一温度下有足够的扩散时间，这样就使液相尤其是固相内保持着一定的浓度梯度，造成各相内成分的不均匀。这种偏离平衡结晶条件的凝固，称为非平衡凝固。

现仍以 Cu - Ni 合金为例进行分析。图 4.8 所示为 Cu - Ni 相图富 Ni 端，液、固两相的成分将偏离平衡相图中的液相线和固相线，合金Ⅰ冷却到 t_1 时开始发生匀晶转变，液相成分为 L_1，固相成分为 α_1，冷却到 t_2 温度时液相平衡成分为 L_2，固相平衡成分为 α_2，但由于冷却速度较快，液相和固相(尤其是固相)中原子扩散来不及充分进行，使固相内部成分低于 α_2，甚至保留为 α_1，此时整个固溶体的平均成分为 α_1 与 α_2 的平均值 α_2'，而液相的平均成分为 L_1、L_2 的平均值 L_2'。同理，当冷却到 t_3 温度时，固溶体的平均成分为 α_1、α_2、α_3 的平均值 α_3'，而液相的平均成分为 L_1、L_2、L_3 的平均值 L_3'。继续冷却到 t_4 时匀晶转变才结束，此时固溶体的平均成分为 α_1、α_2、α_3、α_4 的平均值 α_4'，相当于原合金成分，图中曲线 $\alpha_1'\alpha_2'\alpha_3'\alpha_4'$ 便是固相平均成分随温

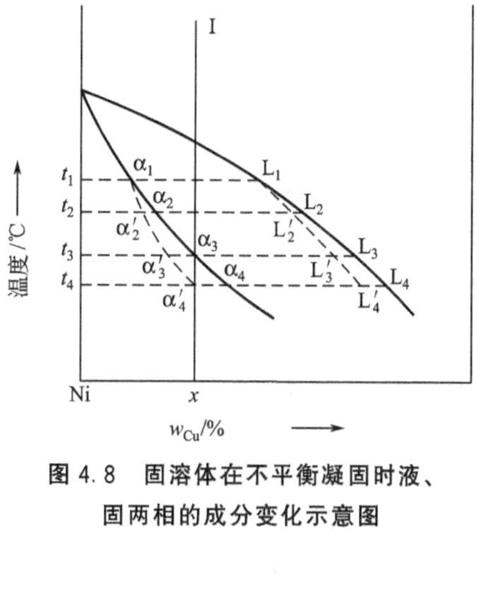

图 4.8 固溶体在不平衡凝固时液、固两相的成分变化示意图

度的变化线，$L_1L_2'L_3'L_4'$便是液相平均成分随温度的变化线。它们都偏离了相图中的液相线和固相线，冷却速度愈快，偏离愈远。

非平衡凝固总是导致结晶终结温度低于平衡结晶时的终结温度。这种不平衡结晶，使固溶体先结晶部分与后结晶部分的成分出现了差异，不平衡结晶固溶体先结晶的内部富含高熔点组元，而后结晶的外部则富含低熔点组元，这种在晶粒内部出现的成分不均匀现象，称为晶内偏析。如果固溶体是以树枝状结晶并长大的，则枝干与枝间便会出现成分差别，称为枝晶偏析。

4.3 共晶相图及其结晶过程

4.3.1 共晶相图

两组元液态可无限互溶，而固态只能部分互溶，甚至完全不溶，在冷却过程中发生共晶转变的相图称为共晶相图。两组元的混合使合金的熔点比各组元低，因此，液相线从两端纯组元向中间凹下，两条液相线的交点所对应的温度称为共晶温度。在该温度下，液相通过共晶转变同时结晶出两个固相，这样两相的混合物称为共晶组织或共晶体。下面以Pb－Sn相图为例，对共晶相图及其合金的结晶进行分析。

图4.9所示为Pb－Sn二元共晶相图，图中AE、BE为液相线，$AMNB$为固相线，MF为Sn在Pb中的溶解度曲线，NG为Pb在Sn中的溶解度曲线。

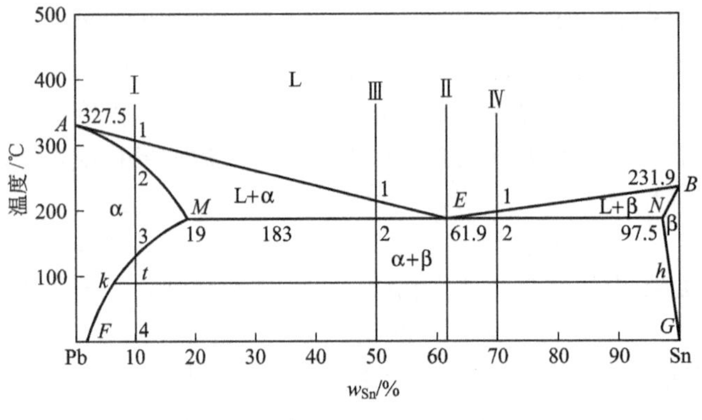

图4.9 Pb－Sn合金相图

相图中有3个单相区：即液相L、固溶体α相和β相。其中，α相是Sn溶于Pb中的固溶体，β相是Pb溶于Sn中的固溶体。各个单相区之间有3个两相区，即L＋α、L＋β和α＋β。在L＋α、L＋β与α＋β两相区之间的水平线MEN表示α＋β＋L三相共存区。

在三相共存水平线所对应的温度下，成分相当于E点的液相(L_E)同时结晶出与M点相对应的α相和点N所对应的β相两个相，形成两个固溶体的混合物。这种转变的反应式为

$$L_E \xrightleftharpoons{t_E} \alpha_M + \beta_N$$

根据相律可知，在发生三相平衡转变时，自由度等于零($f=2-3+1=0$)，所以这一

转变必然在恒温下进行，而且3个相的成分应为恒定值，在相图上的特征是3个单相区与水平线只有一个接触点，其中液体单相区在中间，位于水平线之上，两端是两个固相单相区。这种在一定的温度下，由一定成分的液相同时结晶出两个成分一定的固相的转变过程，称为共晶转变或共晶反应。共晶转变的产物为两个相的混合物，称为共晶组织。

相图中的 MEN 水平线称为共晶线，E 点称为共晶点，E 点对应的温度称为共晶温度，成分对应于共晶点的合金称为共晶合金，成分位于共晶点以左、点 M 以右的合金称为亚共晶合金，成分位于共晶点以右、点 N 以左的合金称为过共晶合金。

此外，应当指出，当三相平衡时，其中任意两相之间也必然平衡，即 α－L、β－L、α－β之间也存在着相互平衡关系，ME、EN 和 MN 分别为它们之间的连接线，在这种情况下就可以利用杠杆定律分别计算平衡相的含量。

具有该类相图的合金还有 Al－Si，Pb－Sb，Ag－Cu 等。共晶合金在铸造工业中是非常重要的，其原因在于它有一些特殊的性质：

(1) 比纯组元熔点低，简化了熔化和铸造的操作；

(2) 共晶合金的流动性好，其在凝固之中防止了阻碍液体流动的枝晶形成，从而改善铸造性能；

(3) 恒温转变(无凝固温度范围)减少了铸造缺陷，例如偏聚和缩孔；

(4) 共晶凝固可获得多种形态的显微组织，尤其是规则排列的层状或杆状共晶组织可能成为优异性能的原位复合材料。

4.3.2 共晶系典型合金的平衡结晶过程及其组织

现以 Pb－Sn 合金为例，分别讨论各种典型成分合金的平衡凝固过程及其显微组织。

1. $w_{Sn}<19\%$ 的 Pb－Sn 合金

由图4.9可见，当 $w_{Sn}=10\%$ 的 Pb－Sn 合金Ⅰ由液相缓冷至 t_1(图中标为1)温度时开始发生匀晶转变，从液相中开始结晶出α固溶体。随着温度的降低，初生α固溶体量不断增多，液相量不断减少，液相和固相的成分分别沿 AE 液相线和 AM 固相线变化。当冷到 t_2 温度时，合金结晶结束，全部转变为单相α固溶体。这一结晶过程与匀晶相图中的平衡转变相同。在 t_2～t_3 温度之间，α固溶体不发生任何变化。当温度冷却到 t_3 时，Sn在α固溶体中呈过饱和状态，因此，随着温度降低，它处于过饱和状态，多余的 Sn 以β固溶体的形式从α固溶体中析出，称为次生β固溶体，用 $\beta_{Ⅱ}$ 表示，以区别于从液相中直接结晶出的初生β固溶体。次生β固溶体通常优先沿初生α相的晶界或晶内的缺陷处析出。随着温度的继续降低，$\beta_{Ⅱ}$ 不断增多，而α和 $\beta_{Ⅱ}$ 相的平衡成分将分别沿 MF 和 NG 溶解度曲线变化。正如前文已指出，L＋α两相区内的相对量，例如两相区中L和α的相对量，α＋β两相区中的α和β的相对量，均可由杠杆法则确定。

图4.10所示为 $w_{Sn}=10\%$ 的 Pb－Sn 合金平衡结晶过程示意图。所有成分位于 M 和 F 点间的合金，平衡结晶过程却与上述合金相似，结晶至室温后的平衡组织均为 $\alpha+\beta_{Ⅱ}$，只是两相的相对量不同而已。而成分位于 N 和 G 点之间的合金，平衡结晶过程与上述合金基本相似，但结晶后的平衡组织为 $\beta+\alpha_{Ⅱ}$。

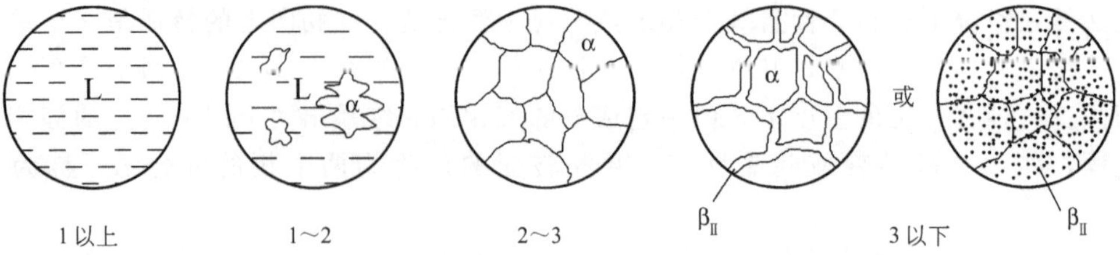

图 4.10　w_{Sn} = 10% 的 Pb - Sn 的合金的平衡结晶示意图

2. 共晶合金

w_{Sn}=61.9%的合金为共晶合金(图4.9)。该合金从液态缓冷至183℃时，液相 L_E 同时结晶出 α 和 β 两种固溶体，即发生共晶反应 $L_E \xleftrightarrow{t_E} \alpha_M + \beta_N$，这一过程在恒温下进行，直至液相完全消失。此时结晶出的共晶体中 α 和 β 相的相对量可用杠杆法则计算，有

$$w_{\alpha_M}=\frac{EN}{MN}\times100\%=\frac{97.5-61.9}{97.5-19}\times100\%=45.4\%$$

$$w_{\beta_N}=\frac{ME}{MN}\times100\%=\frac{61.9-19}{97.5-19}\times100\%=54.6\%$$

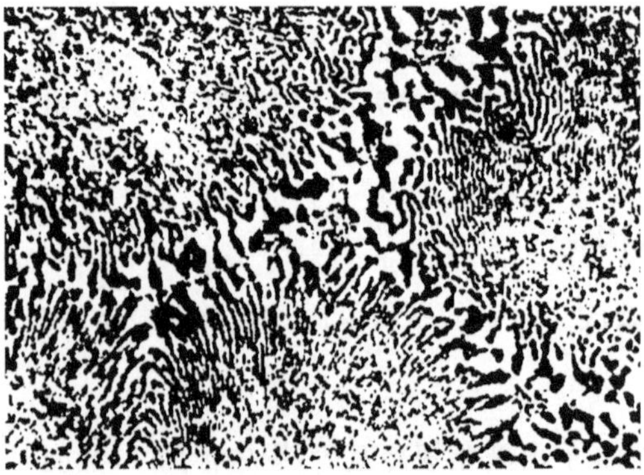

图 4.11　Pb - Sn 共晶合金显微组织

继续冷却时，共晶体中 α 相和 β 相将各自沿 *MF* 和 *NG* 溶解度曲线变化而改变其固溶度，从 α 和 β 中分别析出 β_{II} 和 α_{II}。由于共晶体中析出的次生相常与共晶体中同类相结合在一起，在显微镜下难以分别出来。因此，该合金在室温时的组织一般认为由（α+β）共晶体组成。图 4.11 所示显示出该共晶合金呈片层交替分布的室温组织［经 φ（HNO_3）为 4%硝酸酒精浸蚀］，黑色为 α 相，白色为 β 相，该合金的平衡凝固过程如图 4.12 所示。

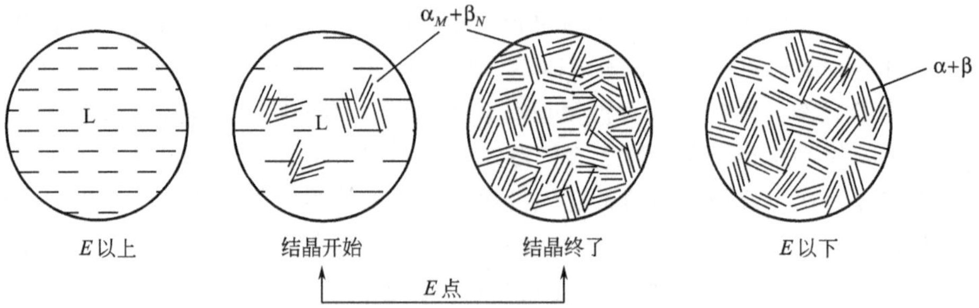

图 4.12　Pb - Sn 共晶合金的平衡结晶过程示意图

3. 亚共晶合金

在图 4.9 中，成分位于 *M*、*E* 两点之间的合金称为亚共晶合金，因为它的成分低于共晶成分而只有部分液相可结晶成共晶体。现以 w_{Sn}=50%的 Pb - Sn 合金为例，分析其平

衡结晶过程(图 4.13)。

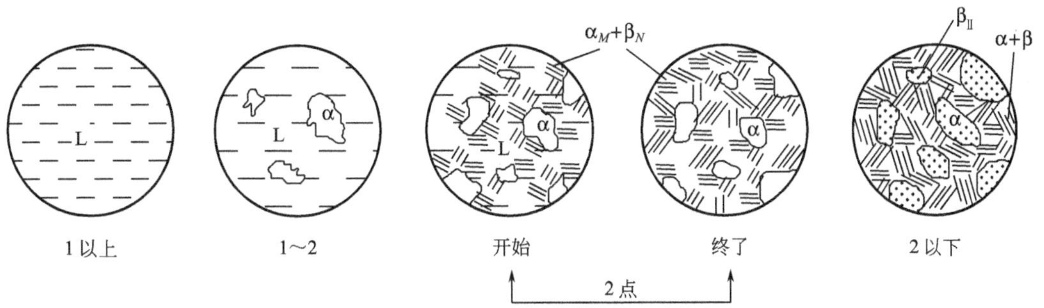

图 4.13 亚共晶合金的平衡凝固示意图

该合金缓冷至 t_1 和 t_2 温度之间时，初生 α 相以匀晶转变方式不断地从液相中析出，随着温度的下降，α 相的成分沿 AM 固相线变化，相对量不断增加而液相的成分沿 AE 液相线变化相对量不断减小。当温度降至 t_2 温度时，剩余的液相成分到达 E 点，此时发生共晶转变，形成共晶体。共晶转变结束后，此时合金的平衡组织为初生 α 固溶体和共晶体(α+β)组成，可简写成 α+(α+β)。初生相 α(或称先共晶体 α)和共晶体(α+β)具有不同的显微形态而成为不同的组织。两种组织相对含量，也称组织组成物相对量，也可用杠杆法则计算，用质量分数表示两种组织的相对含量为

$$w_{\alpha+\beta}=w_L=\frac{50-19}{61.9-19}\times100\%=72\%$$

$$w_{\alpha}=\frac{61.9-50}{61.9-19}\times100\%=28\%$$

上述的计算表明，$w_{Sn}=50\%$的 Pb－Sn 合金在共晶反应刚结束时，初生相 α 占 28%，共晶体(α+β)占 72%。上述两种组织是由 α 相和 β 相组成的，故称两者为组成相。在共晶反应刚结束时，组成相 α 和 β 的相对量分别为

$$w_{\alpha}=\frac{97.5-50}{97.5-19}\times100\%=60.5\%$$

$$w_{\beta}=\frac{50-19}{97.5-19}\times100\%=39.5\%$$

注意上式计算中的 α 组成相包括初生相 α 和共晶体中的 α 相。由上述计算可知，不同成分的亚共晶合金，经共晶转变后的组织均为 α+(α+β)。但随成分的不同，两种组织的相对量不同，越接近共晶成分 E 的亚共晶合金，共晶体越多，反之，成分越接近 M 点，则初生 α 相越多。上述分析强调了运用杠杆定律计算组织组成物相对量和组成相的相对量的方法，关键在于杠杆的支点和两个端点位置的确定。

在 t_2 温度以下，合金继续冷却时，由于固溶体溶解度随之减小，β_{II} 将从初生相 α 和共晶体中的 α 相内析出，而 α_{II} 从共晶体中的 β 相中析出，直至室温，此时室温组织应为

$$\alpha_{初}+(\alpha+\beta)+\alpha_{II}+\beta_{II}$$

但由于 α_{II} 和 β_{II} 析出量不多，除了在初生 α 固溶体可能看到 β_{II} 外，共晶组织的特征保持不变，故室温组织通常可写为 $\alpha_{初}+(\alpha+\beta)+\beta_{II}$。

图 4.14 所示是 Pb－Sn 亚共晶合金经 $\varphi(HNO_3)$为 4%硝酸酒精浸蚀后显示的室温组织，暗黑色块状部分为初生 α 固溶体，其上的白色颗粒为 β_{II}，而黑白相间部分为(α+β)共晶体。

4. 过共晶合金

成分位于 *E*、*N* 两点之间的合金称为过共晶合金。其平衡结晶过程及平衡组织与亚共晶合金相似，只是初生相为 β 固溶体而不是 α 固溶体。室温时的组织为 $\beta_{初}+(\alpha+\beta)+\alpha_{II}$，如图 4.15 所示。图中白亮色卵形部分为 $\beta_{初}$，黑白相间部分为共晶体（α+β）。

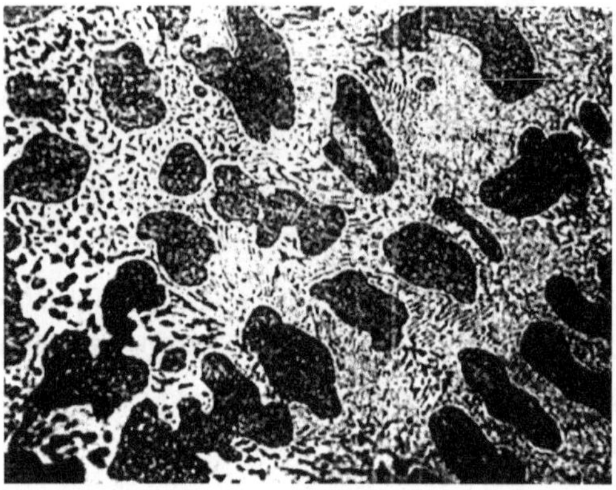

图 4.14　Pb－Sn 亚共晶组织(500×)

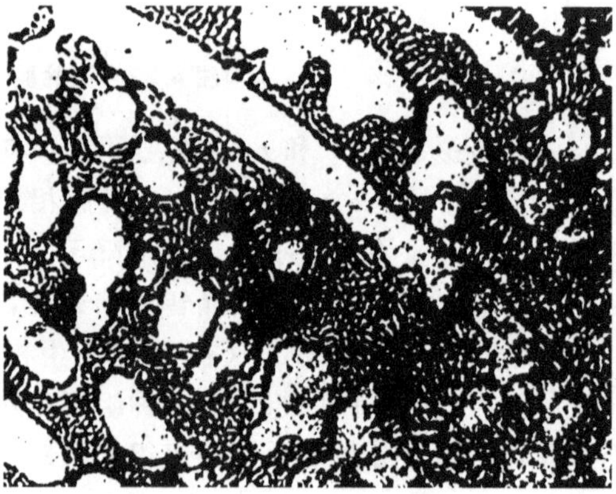

图 4.15　Pb－Sn 过共晶组织(500×)

根据对上述不同成分合金的组织分析表明，尽管不同成分的合金具有不同的显微组织，但在室温下，成分在 *F*－*G* 范围内的合金组织均由 α 和 β 两个基本相构成。所以，两相合金的显微组织实际上是通过组成相的不同形态以及其数量、大小和分布等形式体现出来的，由此得到不同性能的合金。

综上所述，铅锡合金随锡含量增加，其组织也随之依次变化为 $\alpha\rightarrow\alpha+\beta_{II}\rightarrow\alpha+\beta_{II}+(\alpha+\beta)\rightarrow(\alpha+\beta)\rightarrow\beta+\alpha_{II}+(\alpha+\beta)\rightarrow\beta+\alpha_{II}\rightarrow\beta$，它们将相图划分为几个区，如图 4.16 所示。所谓组织是指由具有一定类型、大小、形态和分布的组织组成物构

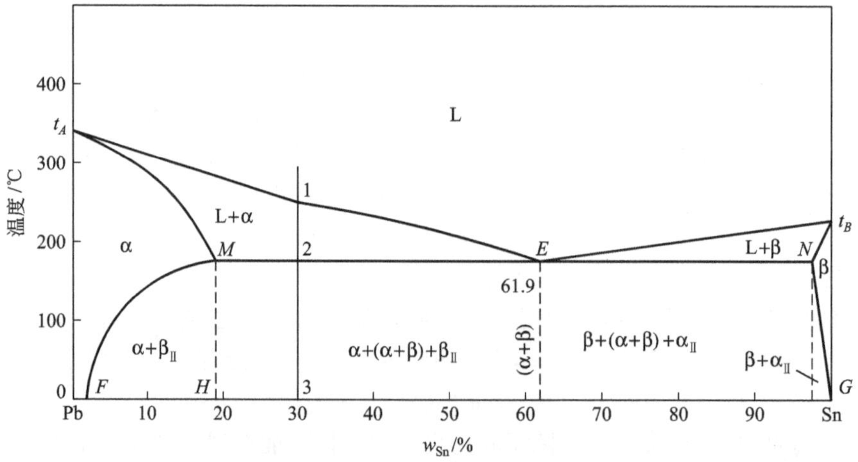

图 4.16　Pb－Sn 合金组织分区图

成的集合体。分析合金的组织必须考虑两方面的情况：一是该组织的组成物类型；二是组成物的大小、形态和分布。此外要注意区分组织组成物和相组成物两个概念。组织组成物是指显微组织中有清晰轮廓的独立组成部分，它可以是单相也可以是两相混合物；在三元合金中还可以是三相混合物；而相组成物是指组成显微组织的基本相。例如，对于成分在 F 点和 G 点之间的合金，尽管它们的组织有所不同，但它们室温下都是由 α 和 β 两个相组成。可以用杠杆定律求出这些合金室温组织中组织组成物的相对含量和相组成物的相对含量。现以 Sn 含量为 30%的 Pb-Sn 合金为例：该合金室温组织中组织组成物为初生 α、β_{II} 和共晶体(α+β)，它们的重量百分数分别为

$$w_{\alpha+\beta}=\frac{2M}{ME}\times 100\%=\frac{30-19}{61.9-19}\times 100\%=25.6\%$$

$$w_{\beta_{II}}=\frac{FH}{FG}\times\frac{2E}{ME}\times 100\%=\frac{19-2}{100-2}\times\frac{61.9-30}{61.9-19}\times 100\%=12.9\%$$

$$w_{初生\alpha}=1-w_{\alpha+\beta}-w_{\beta_{II}}=1-25.6\%-12.9\%=61.5\%$$

该合金室温组织中相组成物为 α 和 β，它们的重量百分数分别为

$$w_{\alpha}=\frac{3G}{FG}\times 100\%=\frac{100-30}{100-2}\times 100\%=71.4\%$$

$$w_{\beta}=1-w_{\alpha}=1-71.4\%=28.6\%$$

4.3.3 共晶系典型合金的非平衡结晶及其组织

在实际生产中，合金往往冷却速度较快，凝固时原子扩散过程得不到充分进行，致使共晶系合金的结晶过程和显微组织与平衡状态发生了某些偏离。

1. 伪共晶

在平衡结晶条件下，只有共晶成分的合金才能获得 100%的共晶组织。但当不平衡结晶时，成分在共晶点附近的亚共晶或过共晶合金，也可能得到 100%共晶组织。这种非共晶成分的合金所得到的共晶组织称为伪共晶。

对于具有共晶转变的合金，当合金溶液过冷到两条液相线的延长线所包围的影线区时，就可得到共晶组织，而在影线区外，则是共晶体加树枝晶的显微组织，影线区称为伪共晶区。随着过冷度的增加，伪共晶区也扩大。

伪共晶区在相图中的配置对于不同合金可能有很大的差别。若当合金中两组元熔点相近时，伪共晶区一般如图 4.17 所示的对称分布；若合金中两组元熔点相差很大时，伪共晶区将偏向高熔点组元一侧，如图 4.18 所示的 Al-Si 合金的伪共晶区那样。一般认为其原因是：由于共晶中两组成相的成分与液态合金不同，它们的形核和生长都需要两组元的扩散，而以低熔点为基的组成相与液态合金成分差别较小，则通过扩散达到该组成相的成分就较容易，其结晶速度较大。所以，在共晶点偏向低熔点相时，为了满足两组成相形成对扩散的要求，伪共晶区的位置必须偏向高熔点相一侧。

知道伪共晶区在相图中的位置和大小，对于正确解释合金非平衡组织的形成是极其重要的。伪共晶区在相图中的配置通常是通过实验测定的。但定性知道伪共晶区在相图分布的规律，就可能解释用平衡相图方法无法解释的异常现象。例如，在 Al-Si 合金中，共

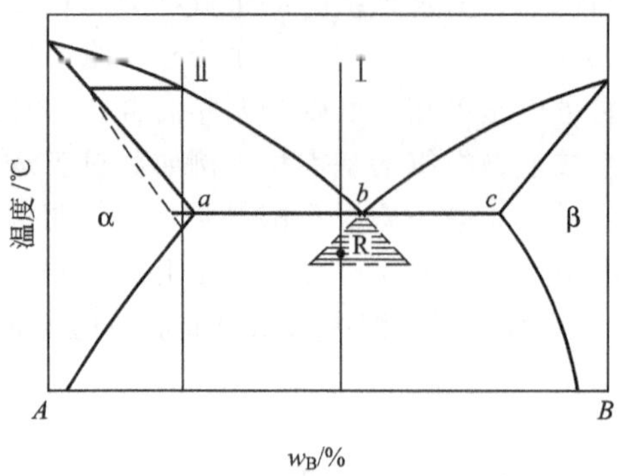

图 4.17　共晶系合金的不平衡凝固

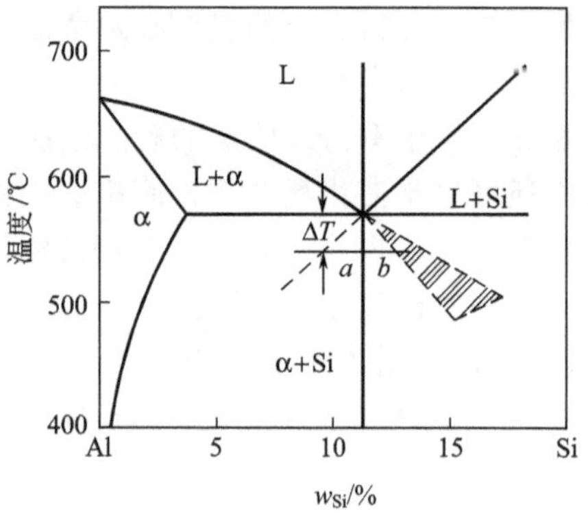

图 4.18　Al－Si 合金的伪共晶区

晶成分的 Al－Si 合金在快冷条件下得到的组织不是共晶组织，而是亚共晶组织；而过共晶成分的合金则可能得到共晶组织或亚共晶组织，这种异常现象通过图 4.18 所示伪共晶区的配置就不难解释了。

2. 离异共晶

在先共晶相数量较多而共晶组织甚少的情况下，有时共晶组织中与先共晶相相同的那一相，会依附于先共晶相上生长，剩下的另一相则单独存在于晶界处，从而使共晶组织的特征消失，这种两相分离的共晶称为离异共晶。离异共晶可以在平衡条件下获得，也可以在不平衡条件下获得。例如，在合金成分偏离共晶点很远的亚共晶(或过共晶)合金中，它的共晶转变是在已存在大量先共晶相的条件下进行的，此时如果冷却速度十分缓慢，过冷度很小，那么共晶中的 α 相如果在已有的先共晶相 α 上长大，要比重新形核再长大容易得多。这样，α 相易于与先共晶 α 相合为一体，而 β 相则存在于 α 相的晶界处。当合金成分越接近 M 点(或 N 点)时(图 4.19 合金Ⅰ)，越易发生离异共晶。

此外，点 M 左面的合金(合金Ⅱ)在平衡冷却时，结晶的组织中不可能存在共晶组织，但是在不平衡结晶时，其固相的平均成分线将偏离平衡固相线，如图 4.19 中的虚线所示，于是合金冷却至共晶温度时仍有少量的液相存在。此时的液相成分接近于共晶成分，这部分剩余液体将会发生共晶转变，形成共晶组织。但是，由于此时的先共晶相数量很多，共晶组织中的 α 相可能依附于先共晶相上长大，形成离异共晶。例如，含 w_{Sb} 为 3.54%的 Sb－Pb 合金在铸造条件下，将会出现离异共晶，如图 4.20 所示。

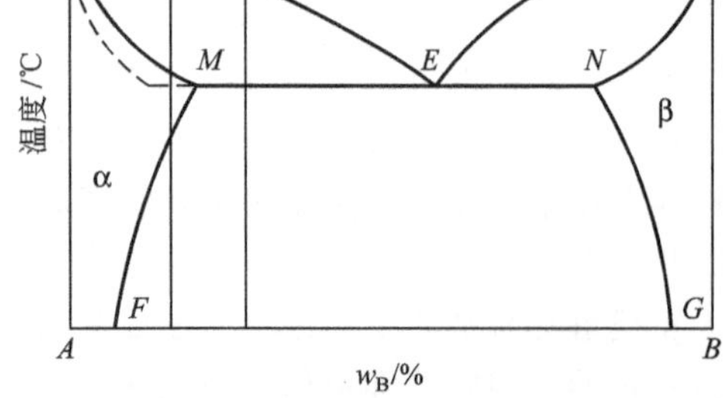

图 4.19　离异共晶示意图

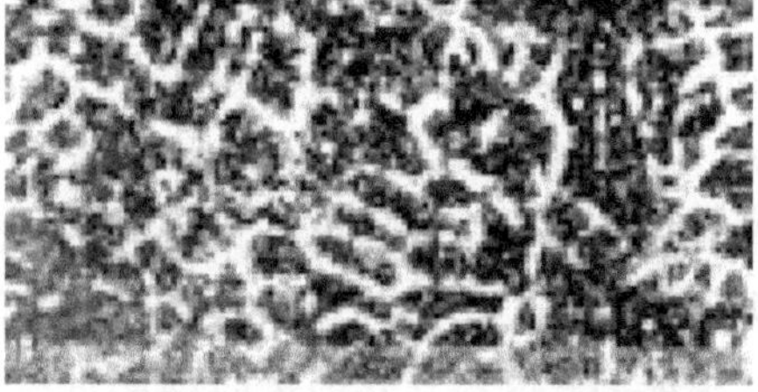

图 4.20　w_{Sb} 为 3.54% Sb－Pb 铸造合金中的离异共晶组织(100×)

4.4 包晶相图及其合金凝固

4.4.1 包晶相图

组成包晶相图的两组元，在液态可无限互溶，而固态只能部分互溶。在二元相图中，包晶转变就是已结晶的固相与剩余液相反应形成另一固相的恒温转变。具有包晶转变的相图有 Fe-C，Cu-Zn，Ag-Sn，Pt-Ag 等。下面以 Pt-Ag 合金为例，对包晶相图及其合金的结晶过程进行分析。

图 4.21 所示的 Pt-Ag 相图是具有包晶转变的相图中的典型代表。图中 *ACB* 是液相线，*AP*、*DB* 是固相线，*PE* 是 Ag 在 Pt 为基的 α 固溶体的溶解度曲线，*DF* 是 Pt 在 Ag 为基的 β 固溶体的溶解度曲线。相图中有 3 个单相区，即液相区 L 及固相 α 和 β。在单相区之间有三个两相区，即 L+α、L+β 和 α+β。两相区之间存在一条三相(L、α、β)共存水平线，即 *PDC* 线。

图 4.21 中所示的水平线 *PDC* 是包晶转变线，成分在 *PC* 范围内的合金在该温度都将发生包晶转变：

$$L_C + \alpha_P \xrightarrow{t_D} \beta_D$$

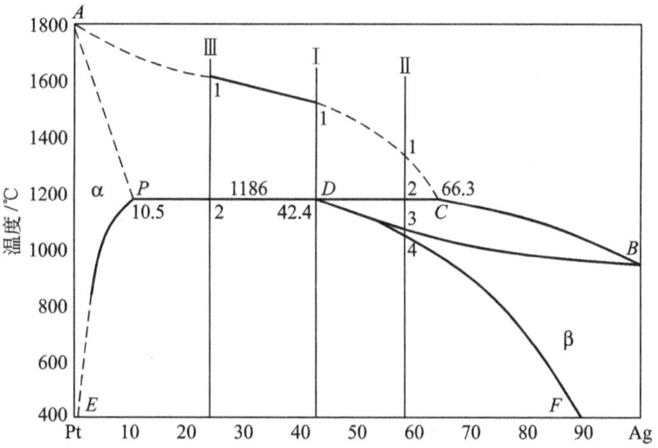

图 4.21 Pt-Ag 包晶相图

这种在一定温度下，由一定成分的固相与一定成分的液相作用，形成另一个一定成分的固相的转变过程，称为包晶转变或包晶反应。根据相律可知，在包晶转变时，其自由度为零($f=2-3+1=0$)，即 3 个相的成分不变，且转变在恒温下进行。在相图上，包晶转变的特征是：反应相是液相和一个固相，其成分点位于水平线的两端，所形成的固相位于水平线中间的下方。相图中的 *D* 点称为包晶点，*D* 点所对应的温度(t_D)称为包晶温度，*PDC* 线称为包晶线。

4.4.2 包晶合金的平衡结晶过程及其组织

1. w_{Ag}为 42.4%的 Pt－Ag 合金(合金Ⅰ)

由图 4.21 可知，合金自高温液态冷至 t_1 时与液相线相交，开始结晶出初生相 α。在继续冷却的过程中，α 固相量逐渐增多，液相量不断减少，α 相和液相的成分分别沿固相线 AP 和液相线 AC 变化。当温度降至包晶反应温度 1186℃时，合金中初生相 α 的成分达到 P 点，液相成分达到 C 点。在开始进行包晶反应时的两相的相对量可由杠杆法则求出：

$$w_L=\frac{PD}{PC}\times 100\%=\frac{42.4-10.5}{66.3-10.5}\times 100\%=57.3\%$$

$$w_\alpha=\frac{DC}{PC}\times 100\%=\frac{66.3-42.4}{66.3-10.5}\times 100\%=42.7\%$$

式中，w_L 和 w_α 分别表示液相和固相在包晶反应时的质量分数。包晶转变结束后，液相和 α 相消失，全部转变为 β 固溶体。

随着温度继续下降，由于 Pt 在 β 相中的溶解度随温度降低而沿 DF 线减小，因此将不断从 β 固溶体中析出 $\alpha_{Ⅱ}$。因此该合金的室温平衡组织为 $\beta+\alpha_{Ⅱ}$，平衡结晶过程如图 4.22 所示。

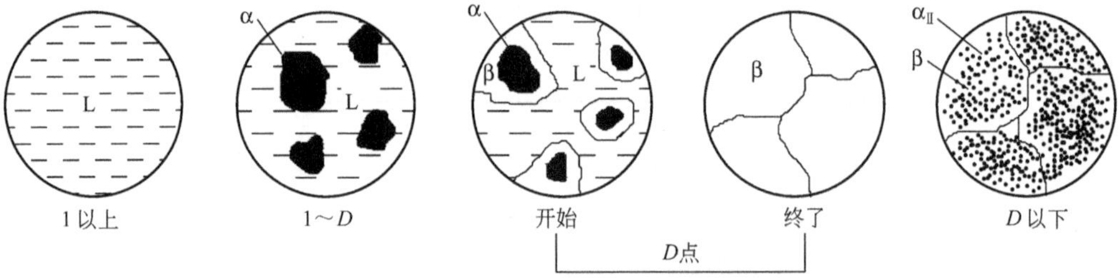

图 4.22 合金Ⅰ的平衡凝固示意图

在大多数情况下，由包晶反应所形成的 β 相倾向于依附初生相 α 的表面形核，以降低形核功，并消耗液相和 α 相而生长。当 α 相被新生的 β 相包围以后，α 相就不能直接与液相 L 接触。由图 4.21 可知，液相中的 Ag 含量较 β 相高，而 β 相的 Ag 含量又比 α 相高，因此，液相中 Ag 原子不断通过 β 相而向 α 相扩散，而 α 相的 Pt 原子以反方向通过 β 相向液相中扩散，这一过程示于图 4.23 中。这样，β 相同时向液相和 α 相方向生长，直至把液相和 α 相全部吞食为止。由于 β 相是在包围初生相 α，并使之与液相隔开的形式下生长的，故称为包晶反应。

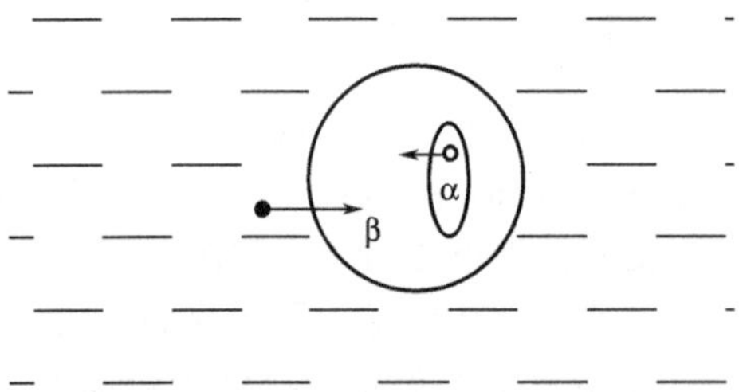

图 4.23 包晶反应时原子迁移示意图

也有少数情况，比如 α－β 间表面能很大，或过冷度较大，β 相可能不依赖于初生相 α 形核，而是在液相 L 中直接形核，并在生长过程中 L、α、β 三者始终互相接触，以至通过 L 和 α 的直接反应来生成 β 相。显然，这种方式的包晶反应速度比上述方式的包晶反应速度快得多。

2. $10.5\% < w_{Ag} < 42.4\%$的 Pt－Ag 合金(合金Ⅲ)

合金Ⅲ在包晶反应前的结晶情况与上述情况相似。包晶转变前合金中α相的相对量大于包晶反应所需的量，所以包晶反应后，除了新形成的β相外，还有剩余的α相存在。包晶温度以下，β相中将析出α_{II}，α相中析出β_{II}，因此该合金的室温平衡组织为$\alpha+\beta+\alpha_{II}+\beta_{II}$，图4.24是合金Ⅲ的平衡凝固示意图。由图4.21可以看出，成分*PD*之间合金凝固过程相似，只是成分越接近*P*点，剩余的α相的量越多，而成分越接近*D*点，剩余的α相的量越少。

图4.24　合金Ⅲ的平衡凝固示意图

3. $42.4\% < w_{Ag} < 66.3\%$的 Pt－Ag(合金Ⅱ)

当合金Ⅱ冷却到与液相线相交的1点时，开始结晶出初晶α相，在1～2点之间，随着温度的降低，α相数量不断增多，液相数量不断减少，这一阶段的转变属于匀晶转变。当冷却到t_D温度时，发生包晶转变，即$L_C+\alpha_P \xrightarrow{t_D} \beta_D$。用杠杆定律可以计算出，合金Ⅱ中液相的相对量大于合金Ⅰ中液相的相对量，所以包晶转变结束后，仍有液相存在。

当合金的温度从2点继续降低时，剩余的液相继续结晶出β固溶体，在2～3点之间，合金的转变属于匀晶转变，β相的成分沿*DB*线变化，液相的成分沿*CB*线变化。在温度降低到3点时，合金Ⅱ全部转变为β固溶体。

在3～4点之间的温度范围内，合金Ⅱ为单相固溶体，不发生变化。在4点以下，将从β固溶体中析出α_{II}。因此，该合金的室温组织为$\beta+\alpha_{II}$。合金Ⅱ的平衡结晶过程示意图如图4.25所示。由相图4.21可以看出，成分*DC*之间合金凝固过程相似，只是成分越接近*D*点，包晶转变后剩余的液相越少，而成分越接近*C*点，包晶转变后剩余的液相越多。

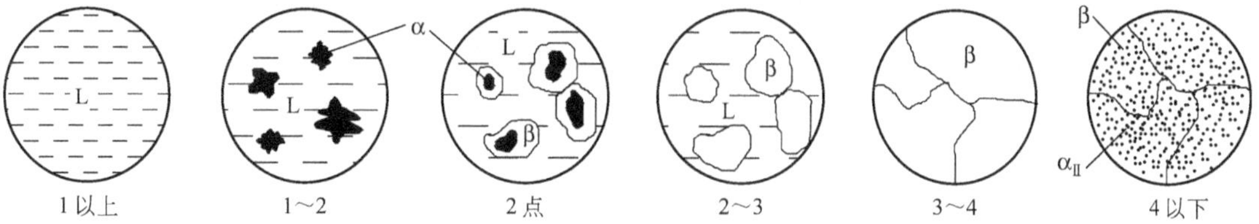

图4.25　合金Ⅱ的平衡凝固示意图

4.4.3　包晶合金的不平衡结晶过程

如前所述，包晶转变的产物β相包围着初生相α，使液相与α相隔开，阻止了液相和α相中原子之间直接地相互扩散，而必须通过β相，这就导致了包晶转变的速度往往是极缓慢的。显然，影响包晶转变能否进行完全的主要矛盾是所形成新相β内的扩散速率。

实际生产中的冷速较快，包晶反应所依赖的固体中的原了扩散往往不能充分进行，导致包晶反应的不完全性，即在低于包晶温度下，将同时存在参与转变的液相和α相，其中液相在继续冷却过程可能直接结晶出β相或参与其他反应，而α相仍保留在β相的心部，形成包晶反应的非平衡组织。

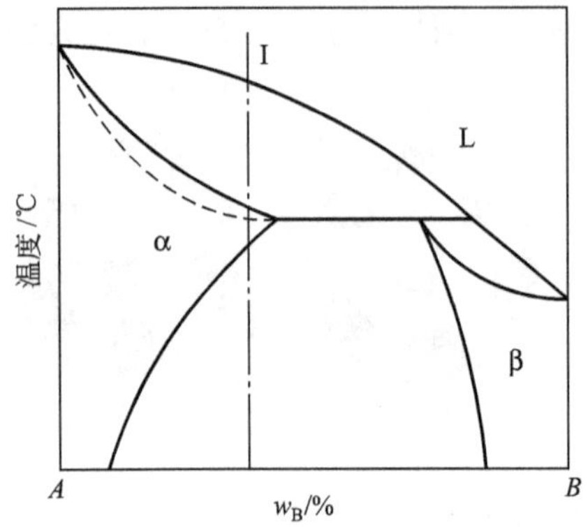

图 4.26 因快冷而可能发生的包晶反应示意图

另外，某些原来不发生包晶反应的合金，图 4.26 中的合金Ⅰ在快冷条件下，由于初生相α凝固时存在枝晶偏析而使剩余的L和α相发生包晶反应，出现某些平衡状态下不应出现的相。

应该指出，上述包晶反应不完全性主要与新相β包围α相的生长方式有关。因此，当某些合金(如 Al - Mn)的包晶相单独在液相中形核和长大时，其包晶转变可迅速完成。包晶反应的不完全性，特别容易在那些包晶转变温度较低或原子扩散速率小的合金中出现。与非平衡共晶组织一样，包晶转变产生的非平衡组织也可通过扩散退火消除。

4.5 其他类型的二元合金相图

除了匀晶、共晶和包晶 3 种最基本的二元合金相图之外，还有其他类型的二元合金相图，现简要介绍如下。

1. 组元间形成化合物的相图

在有些二元系合金中，组元间可能形成金属化合物，这些化合物可能是稳定的，也可能是不稳定的。根据化合物的稳定性，形成金属化合物的二元合金相图也有两种不同的类型。

1) 形成稳定化合物的相图

稳定化合物是指具有一定熔点，在熔点以下保持其固有结构而不发生分解的化合物。

Mg - Si 二元合金相图(图 4.27)就是一种形成稳定化合物的相图。当含硅量为 36.6%

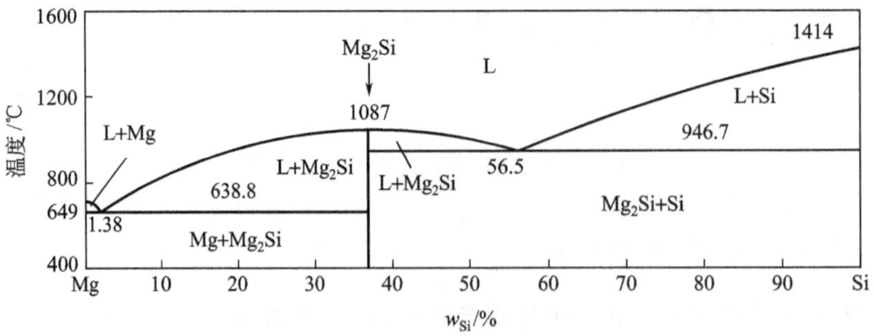

图 4.27 Mg - Si 二元合金相图

时，Mg与Si形成稳定的化合物Mg_2Si，它具有确定的熔点（1087℃），在熔点以下能保持其固有的结构，熔化后的Si含量不变。在相图中，稳定化合物是一条垂线，它表示Mg_2Si的单相区。这样，可把稳定化合物Mg_2Si看作一个独立组元，把相图分成两个独立部分，Mg－Si相图由Mg－Mg_2Si、Mg_2Si－Si两个共晶相图并列而成，可以分别进行分析。

有时，稳定化合物也可能有一定的溶解度，即形成以化合物为基的固溶体，则化合物在相图中有一定的成分范围，Cd－Sb相图如图4.28所示。图中稳定化合物β相有一定的成分范围，以该化合物的熔点(456℃)对应的成分作垂线，如图中虚线所示，则该垂线可把相图分成两个部分。形成稳定化合物的二元系很多，除了Mg－Si、Cd－Sb外，还有Cu－Th、Cu－Ti、Fe－B、Fe－P、Mg－Cu、Fe－Ti、Mg－Sn等。

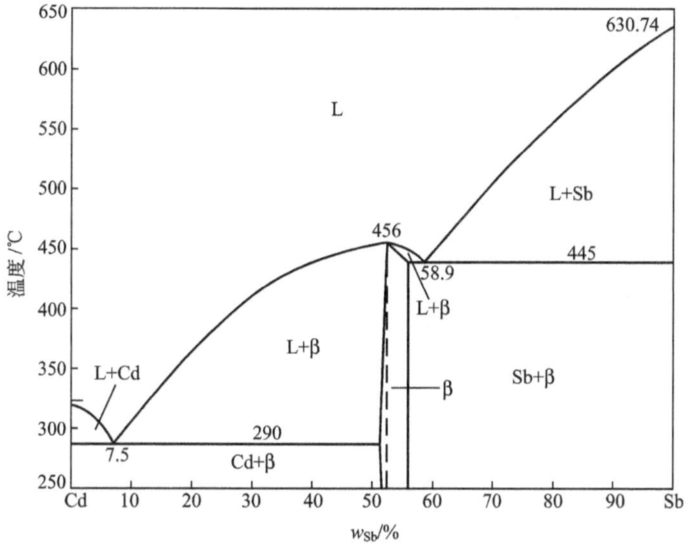

图4.28　Cd－Sb相图

2）形成不稳定化合物的二元相图

不稳定化合物是指加热时发生分解的那些金属化合物。

图4.29所示为K－Na合金相图。从图中可以看出，不稳定的化合物KNa_2，将其加热至一定温度（6.9℃）时分解为液体和钠晶体。这个化合物是包晶转变的产物：L＋Na→KNa_2。

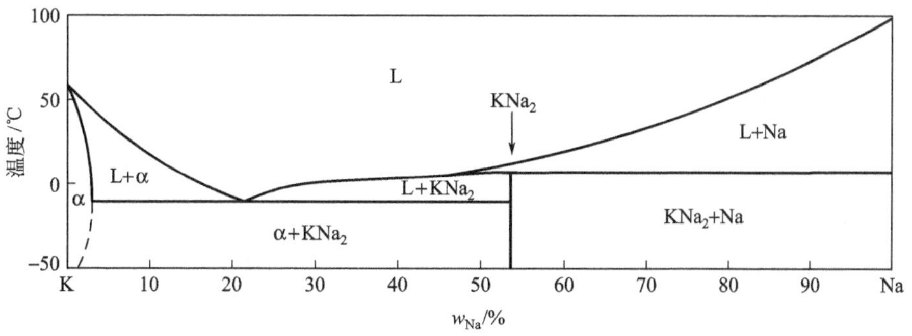

图4.29　K－Na合金相图

如果包晶转变形成的不稳定化合物与组元间有一定的溶解度，那么，它在相图上就不再是一条垂线，而是变成一个相区。但要注意，不稳定化合物无论是一条垂线还是一个具有溶解度的相区，均不能作为组元把相图分成几个独立部分进行分析。典型的不稳定化合物的其他二元合金相图有 Al－Mn，Be－Ce，Mn－P 合金等。

2. 具有其他类型恒温转变的相图

1）共析转变

一定成分的固相，在一定温度下分解为另外两个一定成分的固相的转变过程，称为共析转变。在相图上，这种转变与共晶转变相似，都是由一个相分解为两个相的三相恒温转变，三相成分点在相图上的分布也一样，所不同的只是共析转变的反应相是固相，而不是液相。例如，$Fe-Fe_3C$ 相图(图 4.38)的 *PSK* 线即为共析线。*S* 点是共析点，其反应式为 $\gamma_S \leftrightarrow \alpha_P + Fe_3C$。由于是固相分解，其原子扩散比较困难，容易产生较大的过冷，所以共析组织远比共晶组织细密。共析转变对合金的热处理强化有重大意义，钢铁及钛合金的热处理就是建立在共析转变的基础上。

2）包析转变

包析转变在相图上的特征与包晶转变相类似，所不同的是包析转变的两个反应相都是固相，而包晶转变的反应相中有一个液相。具有包析转变的合金系有 Cu－Sn，Fe－B 等。图 4.30 所示的 Cu－Sn 相图中，$\gamma + \varepsilon \rightarrow \xi$ 和 $\gamma + \xi \rightarrow \delta$ 都是包析转变。

3）熔晶转变

熔晶转变是由一个固定成分的固相转变成一个固定成分的液相和另一个固定成分的固相的恒温转变，具有熔晶转变相图的合金系有 Fe－B，Fe－S，Cu－Mn 等。例如，如图 4.31 所示的 Fe－B 相图中，Fe－B 合金在 1381℃时进行了熔晶转变，即$\delta \rightarrow \gamma + L$。

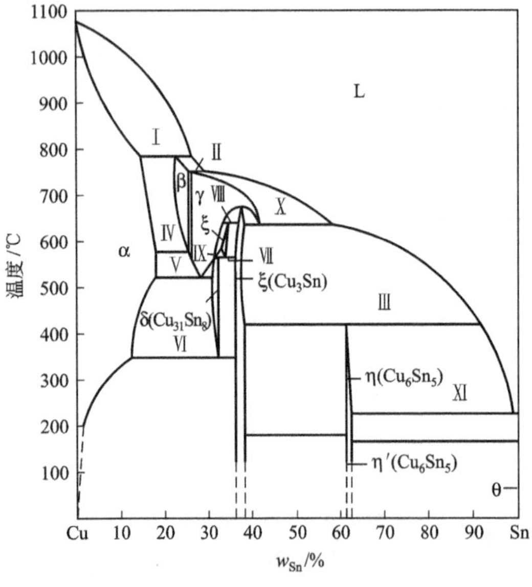

图 4.30　Cu－Sn 相图

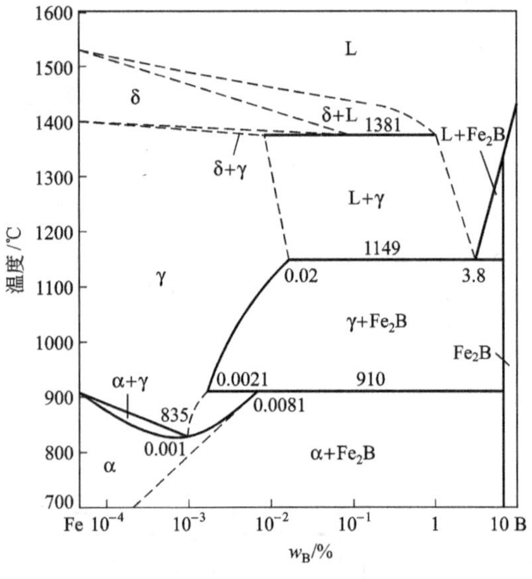

图 4.31　Fe－B 相

4）偏晶转变

偏晶转变是由一个固定成分的液相 L_1 转变为一个固定成分的固相和另一固定成分的

液相 L_2 的恒温转变。具有偏晶转变相图的合金系有 Cu－S，Cu－O，Cu－Pb 等。例如，图 4.32 所示的 Cu－Pb 相图在 955℃发生偏晶转变，其转变式为 $L_{36} \xrightarrow{955℃} Cu + L_{87}$。

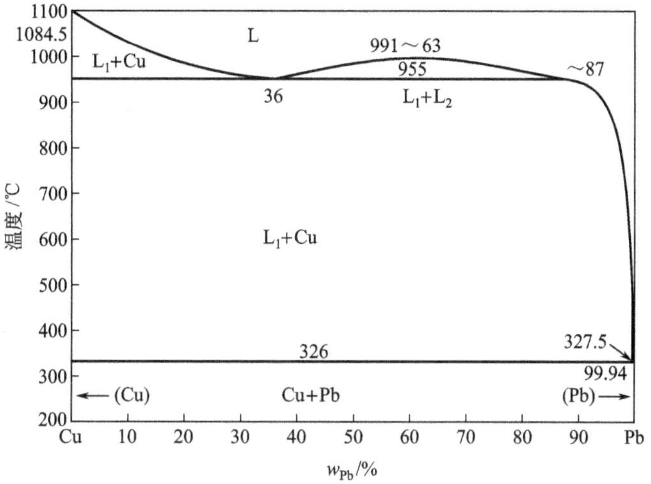

图 4.32　Cu－Pb 相图

5）合晶转变

合晶转变是由两个固定成分的液相相互作用形成一个固定成分的固相的恒温转变，具有合晶转变相图的合金系有 Na－Zn，K－Zn 等。例如，图 4.33 所示的 Na－Zn 相图在 557℃发生合晶转变，其转变式为 $L_1 + L_2 \xrightarrow{557℃} \beta_{97.5}$。

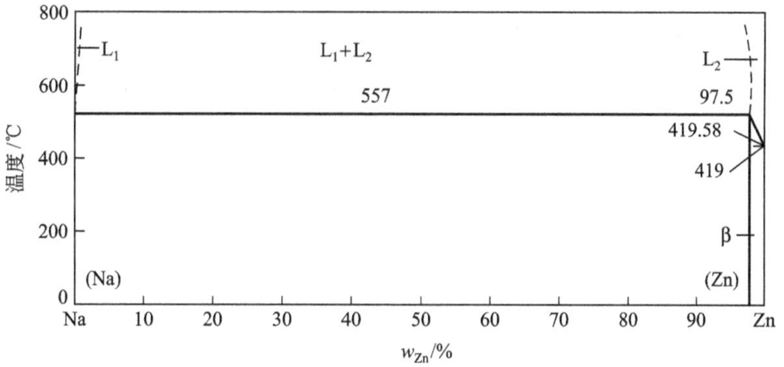

图 4.33　Na－Zn 相图

3. 具有其他固态转变的相图

1）具有固溶体同素异构转变的相图

若合金中的组元具有同素异构转变时，则其形成的固溶体通常也会有同素异构转变。例如，图 4.34 所示的 Fe－Ti 相图中近铁端有 α(或 δ)→γ→α 的同素异构转变；近钛端有 β→α 的同素异构转变。

2）具有有序-无序转变的相图

有些合金系在一定成分和一定温度范围内会发生有序无序转变，在相图上常用虚线或

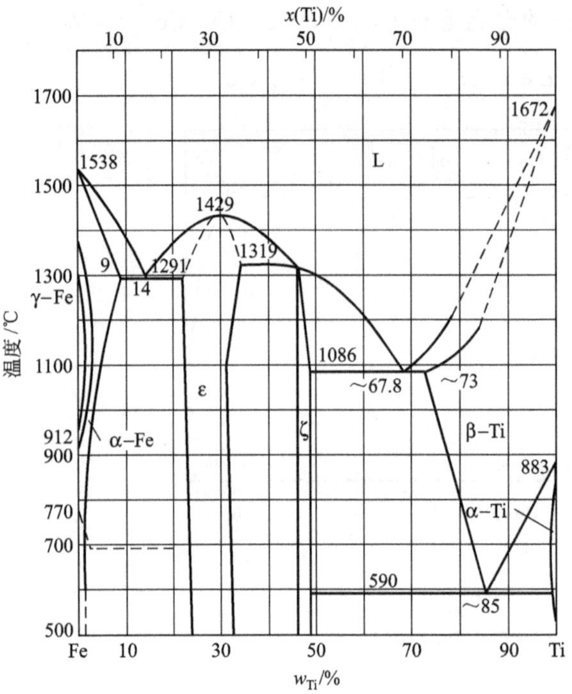

图 4.34 Fe-Ti 相图

细直线表示，如图 4.35 所示的 Sn-Sb 相图，β 相为无序固溶体，β′则为有序固溶体，其有序无序转变温度为 320～325℃。

3）具有脱溶转变的相图

固溶体因温度降低而溶解度减小时会析出第二相，这种转变称为脱溶或二次析出反应。例如，图 4.34 所示的 Fe-Ti 相图中 1291℃时 Ti 在 α-Fe 中溶解度为 9%，当温度降低时要从 α 固溶体中析出 ε 相。

4）具有磁性转变的相图

某些合金中的组成相因温度变化而发生磁性转变，其磁性转变温度称为居里温度，相图中用点线表示，图 4.38 所示的 Fe-Fe_3C 相图中 230℃的水平线就表示渗碳体的磁性转变。

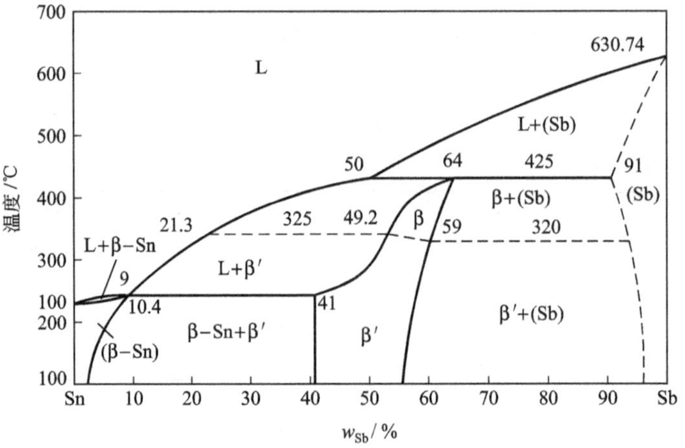

图 4.35 Sn-Sb 相图

4.6 二元相图的分析和使用

4.6.1 二元合金相图分析方法

二元相图反映了二元系合金的成分、温度和平衡相之间的关系，根据合金的成分及温度(即表象点在相图中的位置)，即可了解该合金存在的平衡相、相的成分及其相对含量。掌握了相的性质及合金的结晶规律，就可以大致判断合金结晶后的组织和性能。因此，合金相图在新材料的研制和制订加工工艺过程中起着重要的指导作用。虽然许多二元合金相图看起来十分复杂，但实际上只是一些基本相图的综合，只要掌握各类相图的特点和转变规律，就能化繁为简，易于分析和使用任何复杂的二元相图。一般的分析方法如下：

(1) 首先看相图中是否存在稳定化合物，若存在，则以稳定化合物为独立组元，把相图分成几个区域进行分析。

(2) 根据相区接触法则来辨别各相区。相区接触法则是指在相图中，相邻相区的相数差为一(点接触情况除外)，即两个单相区之间必定有一个由这两个单相所组成的两相区，两个两相区之间必须以单相区或三相共存水平线隔开。

(3) 找出3相共存水平线及与其相接触(以点接触)的3个单相区，从这3个单相区与水平线相互配置位置可以确定三相平衡转变的性质。二元系各类恒温转变图形如表4-1所示。

表4-1 二元系各类恒温转变图形

恒温转变类型		反应型	图形特征
共晶式	共晶转变	$L \rightleftharpoons \alpha+\beta$	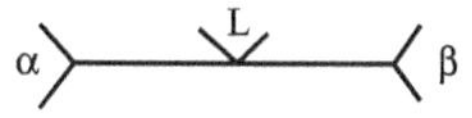
	共析转变	$\gamma \rightleftharpoons \alpha+\beta$	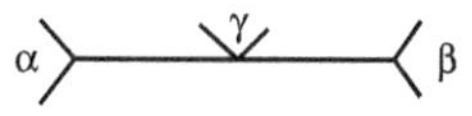
	偏晶转变	$L_1 \rightleftharpoons L_2+\alpha$	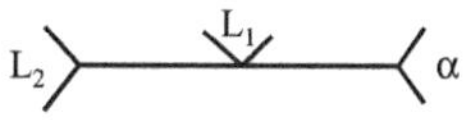
	熔晶转变	$\delta \rightleftharpoons L+\gamma$	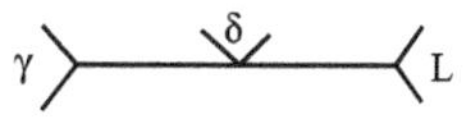
包晶式	包晶转变	$L+\beta \rightleftharpoons \alpha$	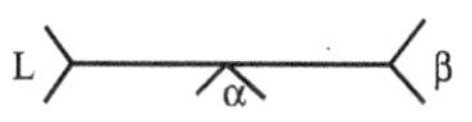
	包析转变	$\gamma+\beta \rightleftharpoons \alpha$	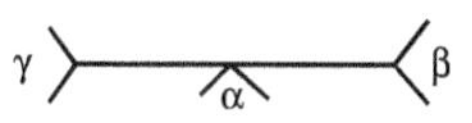
	合晶转变	$L_1+L_2 \rightleftharpoons \alpha$	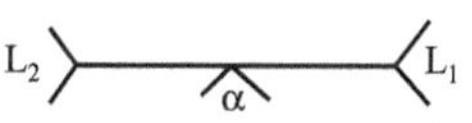

(4) 应用相图分析具体合金的结晶过程和组织变化规律。在单相区，该相的成分与原合金相同；在两相区，不同温度下两相成分分别沿其相界线而变。根据研究的温度画出连接线，其两端分别与两条相界相交，由此根据杠杆法则可求出两相的相对量。三相共存时，3个相的成分是固定的，可用杠杆法则求出恒温转变前、后组成相的相对量。

(5) 在应用相图分析实际情况时，要明确：相图只给出在平衡条件下存在的相、成分及其相对量，并不能表示出相的形状、大小和分布(组织形态)；相图只表示平衡状态的情况，而平衡状态只有在非常缓慢加热和冷却、或者在给定温度长期保温的情况下才能达到。在生产实际条件下很少能够达到平衡状态，如当冷却速度较快时，相的相对含量和组织会发生很大变化，甚至于将高温相保留到室温，或者出现一些新的亚稳相。因此，在运用相图时，不但要掌握在平衡条件下的相变过程，而且要掌握在非平衡条件下的相变过程和组织变化规律。

(6) 若相图的建立由于某种原因可能存在误差和错误时，则可用相律来判断。实际研究的合金，其原材料的纯度、测定方法的正确性和灵敏度以及合金是否达到平衡状态等，这也会影响分析结果的准确性。

掌握了以上规律和相图分析方法，就可以对各种相图进行分析。

4.6.2 根据相图推测合金的性能

合金的性能很大程度上取决于组元的特性及其所形成的合金相的性质和相对量，借助于相图所反映出的这些特性和参量来判定合金的使用性能(如力学和物理性能)和工艺性能(如铸造性能、压力加工性能、热处理性能)，对实际生产有一定的借鉴作用。图 4.36 所示表示相图和合金力学性能及物理性能之间的关系。由图可见，对于匀晶系合金而言，合金的强度和硬度均随着溶质组元含量的增加而提高。若 A、B 两组元的强度大致相同的话，则合金的最高强度应是溶质浓度(溶质的摩尔比)大约为 50%的地方；若 B 组元的强度明显高于 A 组元，则其强度的最大值偏向 B 组元一侧。合金塑性的变化规律正好与上述相反，塑性值随着溶质浓度的增加而降低。

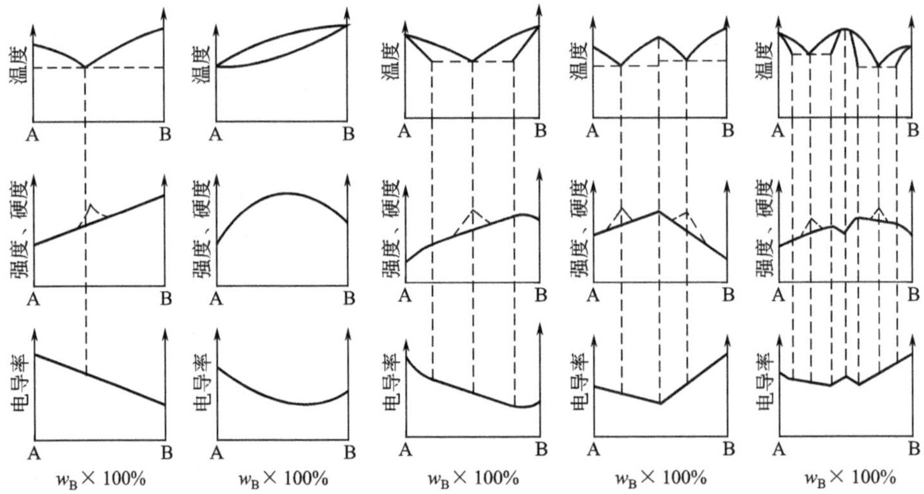

图 4.36 相图与合金强度、硬度及电导率之间的关系

固溶体合金的电导率与成分的变化关系与强度和硬度的相似，均呈曲线变化。这是由于随着溶质浓度的增加，晶格畸变增大，从而增加了合金中自由电子运动的阻力。同理可以推测，热导率的变化关系与电导率相同，而电阻的变化却与之相反。因此工业上常采用含镍量为 50%的 Cu－Ni 合金作为制造加热元件、测量仪表及可变电阻器的材料。形成两相机械混合物的合金，其性能大致是两组成相性能的平均值，即性能与成分呈线形关系。当形成稳定化合物时，其性能在曲线上出现奇点；若共晶组织十分细密，且在不平衡结晶出现伪共晶时，其强度和硬度将偏离直线关系而出现峰值，如图 4.36 中的虚线所示。

根据相图还可以分析合金的工艺性能，所谓工艺性能是指合金的铸造性能、压力加工性能、热处理性能、焊接性能、切削加工性能等。铸造性能包括流动性、缩孔分布、偏析大小。图 4.37 所示表示了相图与合金铸造性能的关系。由图可见，共晶合金的熔点低，并且是恒温结晶，故溶液的流动性好，结晶后容易形成集中缩孔，而分散缩孔(疏松)少，热裂和偏析的倾向较小。因此，铸造合金宜选择接近共晶成分的合金。此图还表明，固溶体合金的流动性不如纯金属和共晶合金，而且液相线与固相线间隔越大，即结晶温度范围越大，形成枝晶偏析的倾向性越大，其流动性也越差，分散缩孔多而集中缩孔小，合金不致密。

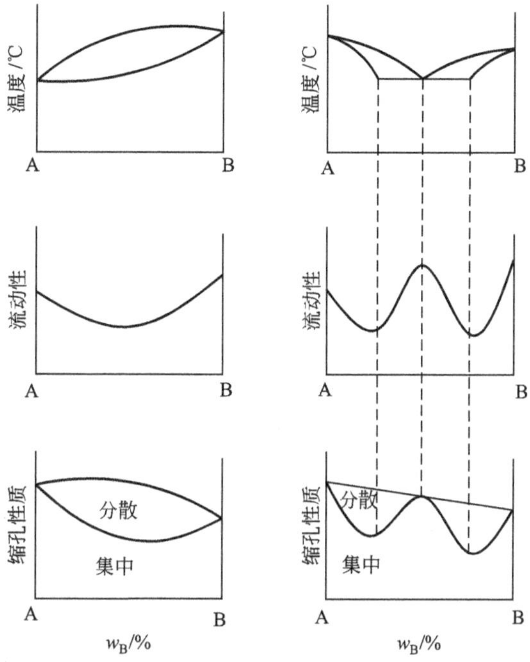

图 4.37 相图和合金铸造性能之间的关系

4.7 铁碳相图

碳钢和铸铁都是铁碳合金，是应用最广泛的金属材料。铁碳合金相图是研究铁碳合金的重要工具，了解与掌握铁碳合金相图，对于钢铁材料组织和性能的研究和使用、各种热加工工艺的制定以及工艺废品原因的分析都有很重要的指导意义。

4.7.1 铁碳相图的组元与基本相

铁碳合金中的碳有两种存在形式：渗碳体 Fe_3C 和石墨。在通常情况下是形成化合物 Fe_3C，可以把 Fe_3C 看作一个组元。当铁碳合金中含碳量大于 5%时，合金的脆性很大，实践使用价值很小，因此通常使用的铁碳合金都不超过 6.69%。但 Fe_3C 是一个亚稳相，在一定条件下可以分解为铁(实际上是以铁为基的固溶体)和石墨，所以石墨是碳存在的更稳定状态。这样铁碳相图就存在 $Fe-Fe_3C$ 和 Fe－石墨两种形式，通常将两者画在一起，称为铁碳双重相图，如图 4.38 所示。

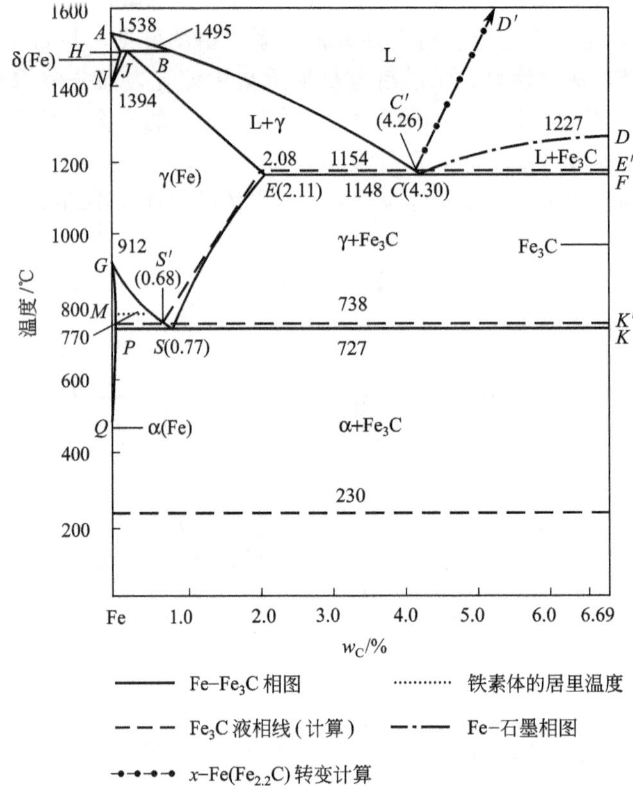

图 4.38 Fe－Fe$_3$C 相图

1. 纯铁

铁是元素周期表上的第 26 个元素，相对原子质量为 55.85，属于过渡族元素。在一个大气压下，于 1538℃熔化，2738℃气化。在 20℃时的密度为 7.87g/cm^3。

固态铁，在不同温度范围具有不同的晶体结构(多型性)：1394～1538℃为体心立方结构，称为 δ－Fe；912～1394℃为面心立方结构，称为 γ－Fe；912℃以下为体心立方结构，称为 α－Fe，它是铁磁性的。

一般所谓的纯铁，多少总含有微量的碳和其他杂质元素。纯铁的力学性能因其纯度及晶粒大小的不同而差别很大，其大致范围如下：抗拉强度(σ_b)为 176～274MPa，屈服强度($\sigma_{0.2}$)为 98～166MPa，延伸率(δ)30%～50%，断面收缩率(φ)70%～80%，冲击韧性(α_k)160～200J/cm^2，布氏硬度 HB 为 50～80，纯铁的塑性和韧性很好，但其强度很低，很少用作结构材料。纯铁的主要用途是利用它所具有的铁磁性，工业上炼制的电工纯铁具有高的磁导率，可用于要求软磁性的场合，如各种仪器仪表的铁心等。

2. 铁与碳形成的相

铁素体是碳溶于 α－Fe 中的间隙固溶体，为体心立方晶格，常用符号 F 或 α 表示。奥氏体是碳溶于 γ－Fe 中的间隙固溶体，为面心立方晶格，常用符号 A 或 γ 表示。铁素体和奥氏体是铁碳相图中两个十分重要的基本相。

面心立方晶格与体心立方晶格相比具有较大的致密度，为什么奥氏体比铁素体具有较大的溶碳能力呢？显然，这与晶体结构中的间隙尺寸有关。根据测量和计算，γ-Fe 的晶格常数(950℃)为 0.36563nm，其八面体间隙半径为 0.0535nm，和碳原子 0.077nm 比较接近，所以碳在奥氏体中的溶解度较大，α-Fe 在 20℃的晶格常数为 0.28663nm，碳原子通常溶于八面体间隙中，而八面体的间隙半径只有 0.01862nm，远小于碳的原子半径，所以碳在铁素体中的溶解度很小。

碳溶于体心立方晶格 δ-Fe 中的间隙固溶体称为δ铁素体，以δ表示，于 1495℃时的最大溶碳量为 0.09%。

渗碳体是铁与碳形成的间隙化合物，Fe_3C 含碳量为 6.69%，可以用符号 C_m 表示，渗碳体的硬度很高，维氏硬度为 950～1050HV，是硬脆相，延伸率接近于零。渗碳体的数量和分布对合金的组织和性能有很大影响，是铁碳相图中的重要基本相。

4.7.2 Fe-Fe_3C 相图分析

Fe-Fe_3C 相图看起来比较复杂，其实 Fe-Fe_3C 相图主要是由包晶相图、共晶相图和共析相图 3 部分所构成。主要分析相图的点、线、区及其意义。

1. Fe-Fe_3C 相图中的特性点

Fe-Fe_3C 相图中的特性点的温度、碳浓度及其意义列于表 4-2 中。特性点的符号是国际通用的，不能更换。

表 4-2 Fe-Fe_3C 相图中的特性点

符号	温度/℃	w_C/%	说明
A	1538	0	纯铁的熔点
B	1495	0.53	包晶转变时液态合金的成分
C	1148	4.30	共晶点
D	1227	6.69	渗碳体的熔点
E	1148	2.11	碳在 γ-Fe 中的最大溶解度
F	1148	6.69	渗碳体的成分
G	912	0	α-Fe→γ-Fe 转变温度(A_3)
H	1495	0.09	碳在 δ-Fe 中的最大溶解度
J	1495	0.17	包晶点
K	727	6.69	渗碳体的成分
M	770	0	纯铁的磁性转变点
N	1394	0	γ-Fe→δ-Fe 的转变温度
O	770		W_C≈0.5%合金磁性转变点
P	727	0.0218	碳在 α-Fe 中的最大溶解度
S	727	0.77	共析点(A_1)
Q	600	0.0057	600℃时碳在 α-Fe 中的溶解度

2. Fe－Fe_3C相图中的特性线

图4.38中所示的*ABCD*为液相线，*AHJECF*为固相线。相图中有3个恒温转变。

(1) 包晶转变水平线*HJB*。在1495℃恒温下，含碳量为0.53%的液相与含碳量为0.09%的δ铁素体发生包晶反应，形成含碳量为0.17%的奥氏体，其反应式为

$$L_B+\delta_H \xleftrightarrow{1495℃} \gamma_J$$

(2) 共晶转变水平线*ECF*。在1148℃的恒温下，由含碳量4.3%的液相转变为含碳量2.11%的奥氏体和渗碳体组成的混合物。其反应式为

$$L_C \xleftrightarrow{1148℃} \gamma_E+Fe_3C$$

共晶转变形成的奥氏体与渗碳体的混合物，称为莱氏体，以符号L_d表示。凡是含碳量在2.11%～6.69%范围内的合金，都要进行共晶转变。

在莱氏体中，渗碳体是连续分布的相，奥氏体呈颗粒状分布在渗碳体的基底上。由于渗碳体很脆，所以莱氏体是塑性很差的组织。

(3) 共析转变水平线*PSK*。在727℃恒温下，由含碳量0.77%的奥氏体转变为含碳量0.0218%的铁素体和渗碳体组成的混合物，其反应式为

$$\gamma_S \xleftrightarrow{727℃} \alpha_P+Fe_3C$$

共析转变的产物称为珠光体，用符号*P*表示。共析转变的水平线*PSK*，称为共析线或共析温度，常用符号A_1表示。凡是含碳量大于0.0218%的铁碳合金都将发生共析转变，经共析转变形成的珠光体是层片状的，其中的铁素体和渗碳体的含量可以用杠杆定律进行计算：

$$w_F=\frac{SK}{PK}=\frac{6.69-0.77}{6.69-0.0218}\times100\%=88.7\%$$

$$w_{Fe_3C}=100\%-w_F=11.3\%$$

渗碳体与铁素体含量的比值为$w_{Fe_3C}/w_F\approx1/8$。这就是说，如果忽略铁素体和渗碳体比容上的微小差别，则铁素体的体积是渗碳体的8倍，在金相显微镜下观察时，珠光体组织中较厚的片是铁素体，较薄的片是渗碳体。图4.39所示是不同放大倍率下的珠光体组织照片。珠光体组织中片层排列方向相同的领域称为一个珠光体领域或珠光体团。相邻珠光体团的取向不同，在显微镜下，不同的珠光体团的片层粗细不同，这是由于它们的取向不同所致。

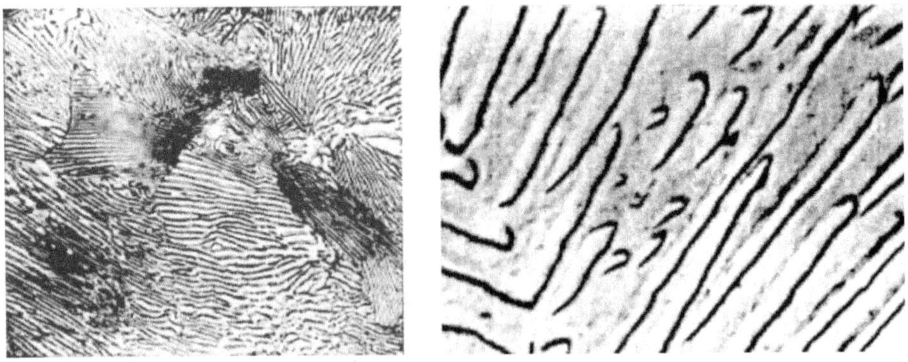

(a) 500×　　(b) 4000×

图4.39　不同放大倍率下的珠光体组织

此外，$Fe-Fe_3C$ 相图上还有以下几条重要的固态转变线：

(1) *GS* 线。*GS* 线又称为 A_3 线，它是在冷却过程中，由奥氏体析出铁素体的开始线，或者说在加热过程中，铁素体溶入奥氏体的终了线。常称此温度为 A_3 温度。

(2) *ES* 线。*ES* 线是碳在奥氏体中的溶解度曲线，当温度低于此曲线时，就要从奥氏体中析出次生渗碳体，通常称为二次渗碳体，记为 $Fe_3C_{Ⅱ}$（区别从液相中析出的一次渗碳体 $Fe_3C_{Ⅰ}$）因此该曲线又是二次渗碳体的开始析出线，此温度线也称 A_{cm} 线。由相图可以看出，*E* 点表示奥氏体的最大溶碳量，即奥氏体的溶碳量在 1148℃时为 2.11%。

(3) *PQ* 线。*PQ* 线是碳在铁素体中的溶解度曲线。铁素体中的最大溶碳量于 727℃时达到最大值 0.0218%。随着温度的降低，铁素体中的溶碳量逐渐减少，在 300℃以下，溶碳量小于 0.001%。因此，当铁素体从 727℃冷却下来时，要从铁素体中析出渗碳体，称为三次渗碳体，记为 $Fe_3C_{Ⅲ}$。

图 4.38 中 770℃的水平线表示铁素体的磁性转变温度，称为 A_2 温度。230℃水平线表示渗碳体的磁性转变温度。

4.7.3 铁碳合金的平衡结晶过程及组织

铁碳合金的组织是液态结晶和固态重结晶的综合结果，研究铁碳合金的结晶过程，目的在于分析合金的组织形成，以考虑其对性能的影响。为了讨论方便起见，先将铁碳合金进行分类。通常按有无共晶转变将其分为碳钢和铸铁两大类，即含碳量低于 2.11%的为碳钢(当含碳量低于 0.0218%的为工业纯铁)，含碳量大于 2.11%的为铸铁。按 $Fe-Fe_3C$ 系结晶的铸铁，碳以 Fe_3C 形式存在，断口呈亮白色，称为白口铸铁。

根据铁碳相图中获得的不同组织特征，将铁碳合金按含碳量划分为 7 种类型：

(1) 工业纯铁：含碳量 $w_C<0.0218\%$。

(2) 共析钢：含碳量为 $w_C=0.77\%$。

(3) 亚共析钢：含碳量为 $w_C=0.0218\%\sim0.77\%$。

(4) 过共析钢：含碳量为 $w_C=0.77\%\sim2.11\%$。

(5) 共晶白口铸铁：含碳量为 $w_C=4.30\%$。

(6) 亚共晶白口铸铁：含碳量为 $w_C=2.11\%\sim4.30\%$。

(7) 过共晶白口铸铁：含碳量为 $w_C=4.30\%\sim6.69\%$。

现从每种类型中选择一种合金来分析其平衡结晶过程和室温组织，如图 4.40 所示。

1. 工业纯铁

$w_C=0.01\%$的合金(1)，其结晶过程示意如图 4.41 所示。合金熔液冷至 1～2 点之间发生匀晶转变 L→δ，结晶出 δ 固溶体。2～3 点之间为单相固溶体 δ。继续冷却，在 3～4 点发生多晶型转变 δ→γ，奥氏体相不断在 δ 相的晶界上形核并长大，直至 4 点结束，合金全部为单相奥氏体，并保持到 5 点温度以上。冷至 5～6 点间又发生多晶型转变 γ→α，变为铁素体。其同样在奥氏体晶界上优先形核并长大，并保持到 7 点温度以上。当温度降至 7 点以下，将从铁素体中析出三次渗碳体 $Fe_3C_{Ⅲ}$。在缓慢冷却条件下，这种渗碳体常沿铁素体晶界呈片状析出。工业纯铁的室温组织如图 4.42 所示。

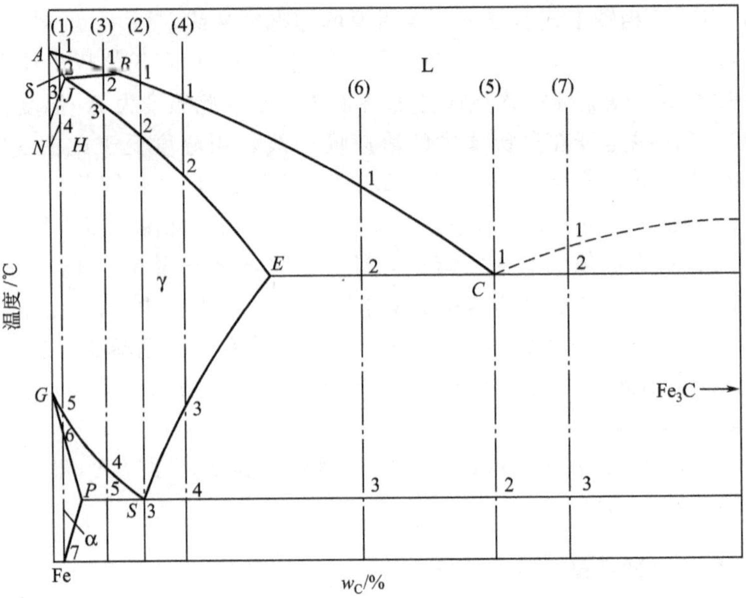

图 4.40　典型铁碳合金冷却时的组织转变过程分析

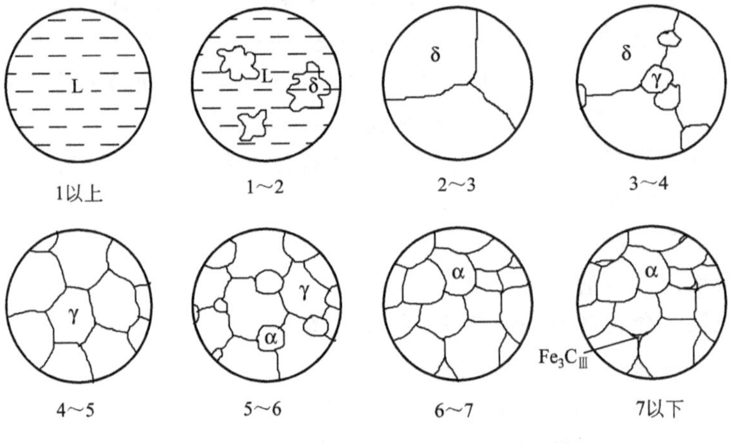

图 4.41　工业纯铁的结晶过程示意图

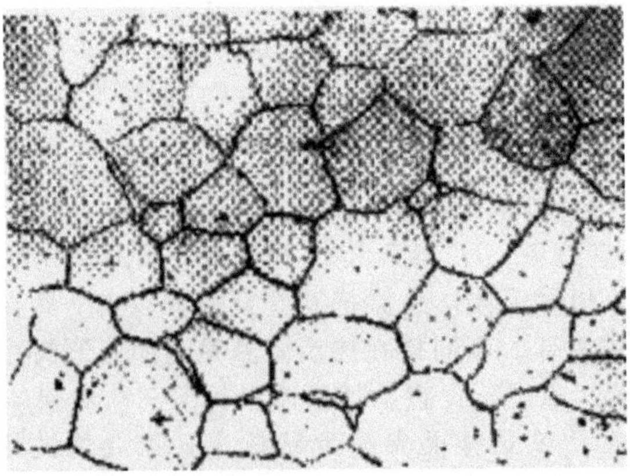

图 4.42　工业纯铁的室温组织

在室温下，析出三次渗碳体量最多的是含碳量为0.0218%的铁碳合金，其含量可用杠杆定律求出 $w_{Fe_3C}=\frac{0.0218}{6.69}\times 100\%=0.33\%$。

2. 共析钢

共析钢即合金(2)含碳量为0.77%，其结晶过程示意如图4.43所示。合金熔液在1～2点间发生匀晶转变结晶出奥氏体。在2点结晶结束后全部转变成单相奥氏体，并使这一状态保持到3点温度以上。当温度冷至3点温度(727℃)，发生共析转变 $\gamma_{0.77}\rightarrow\alpha_{0.0218}+Fe_3C$，转变结束后奥氏体全部转变为珠光体，它是铁素体与渗碳体的层片交替重叠的混合物。珠光体中的渗碳体称为共析渗碳体。当温度继续降低时，铁素体中的含碳量不断减少，于是从铁素体中析出的少量 $Fe_3C_{Ⅲ}$ 与共析渗碳体长在一起无法辨认，其室温组织如图4.44所示。

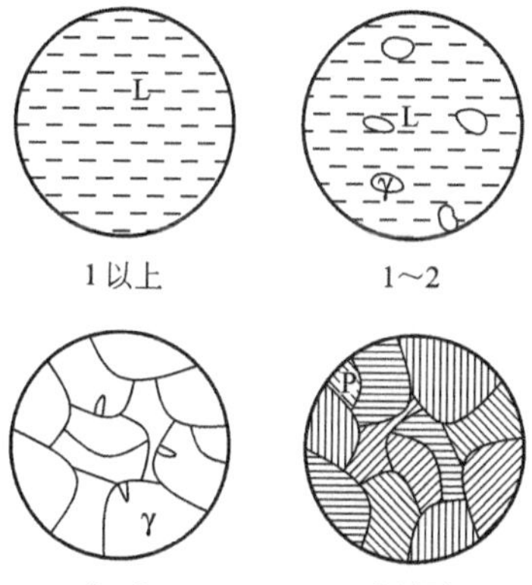

图4.43 $w_C=0.77\%$的碳钢结晶过程示意图

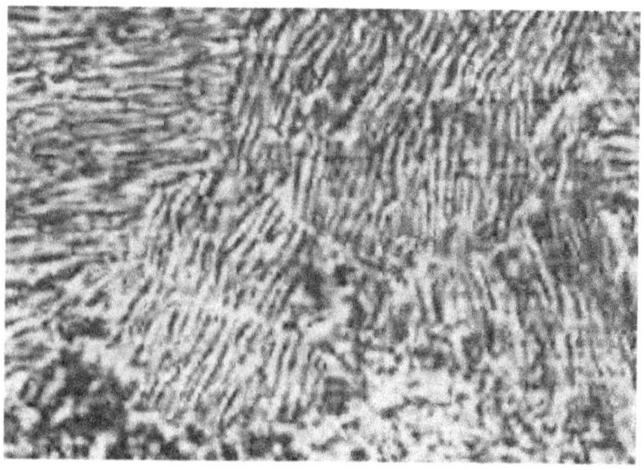

图4.44 光学显微镜下观察的珠光体组织

3. 亚共析钢

现以 $w_C=0.40\%$的碳钢为例进行分析，此合金在图4.40所示(3)的位置上，其结晶过程示意如图4.45所示。合金在1～2点间发生匀晶转变结晶出δ固溶体。冷至2点(1495℃)，发生包晶反应：$L_{0.53}+\delta_{0.09}\rightarrow\gamma_{0.17}$。由于合金的碳含量大于包晶点的成分(0.17%)，所以包

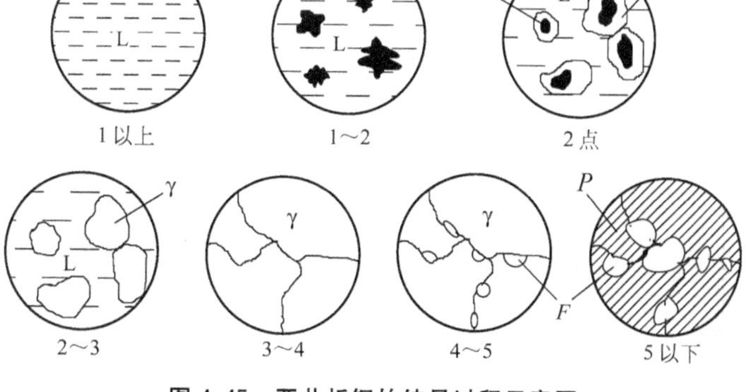

图4.45 亚共析钢的结晶过程示意图

晶转变结束后仍有液相存在。在2～3点间，这些剩余液相继续结晶成奥氏体，温度降至3点，合金全部由含碳量为0.40%的奥氏体组成，继续冷却，单相奥氏体不变，直至冷至4点时发生多晶型转变 $\gamma \rightarrow \alpha$，开始析出铁素体。随着温度下降，铁素体不断增多，其含碳量沿 *GP* 线变化，而剩余奥氏体的含碳量则沿 *GS* 线变化。当温度达到5点(727℃)时，剩余奥氏体的含碳量到0.77%，发生共析转变形成珠光体。在5点以下，先共析铁素体中将析出三次渗碳体，但其数量很少，一般可忽略不计。因此，该合金的室温组织由先共析铁素体和珠光体组成，如图4.46所示。

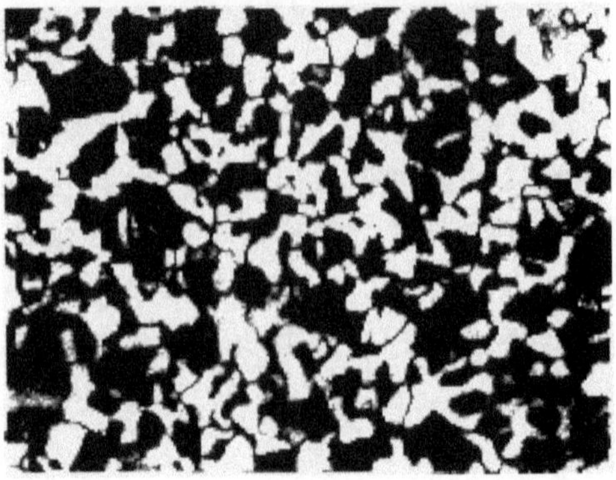

图4.46 亚共析钢的室温组织

亚共析钢的室温组织均由铁素体和珠光体组成。钢中含碳量越高，则组织中的珠光体量越多。利用杠杆定律可以分别计算出钢中的组织组成物——先共析铁素体和珠光体的含量，即

$$w_F=\frac{0.77-0.40}{0.77-0.0218}\times 100\%=49.5\%$$

$$w_P=100\%-49.5\%=50.5\%$$

同样，也可以算出相组成物的含量，分别为

$$w_\alpha=\frac{6.69-0.40}{6.69-0.0218}\times 100\%=94.3\%$$

$$w_{Fe_3C}=100\%-94.3\%=5.7\%$$

4. 过共析钢

以含碳量为1.2%的过共析钢为例进行分析，此合金在图4.40所示(4)的位置上，其结晶过程示意如图4.47所示。合金在1～2点发生匀晶转变结晶出单相奥氏体 γ，2～3点为单相奥氏体相区，3点开始从奥氏体中析出二次渗碳体，直至4点为止。奥氏体的成分沿 *ES* 线变化。因 Fe_3C_{II} 沿奥氏体晶界析出，故呈网状分布。当冷至4点温度(727℃)时，奥氏体的含碳量降为0.77%，因而发生恒温下的共析转变，形成珠光体，因此共析钢的室温平衡组织为网状的二次渗碳体和珠光体，如图4.48所示。

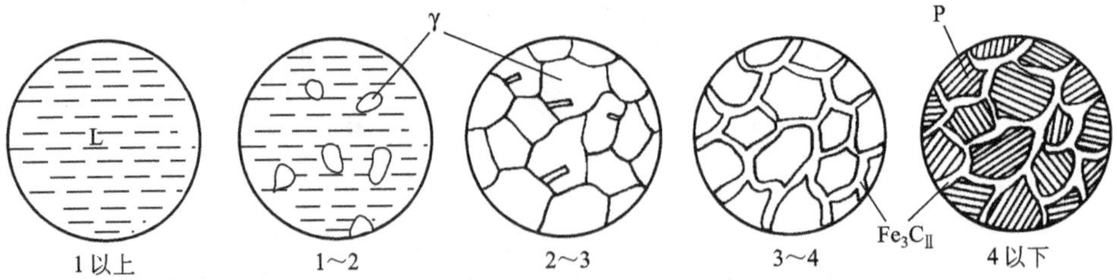

图4.47 过共析钢的结晶过程示意图

5. 共晶白口铸铁

共晶白口铸铁的含碳量为4.3%，此合金在图4.40所示(5)的位置上，其结晶过程示

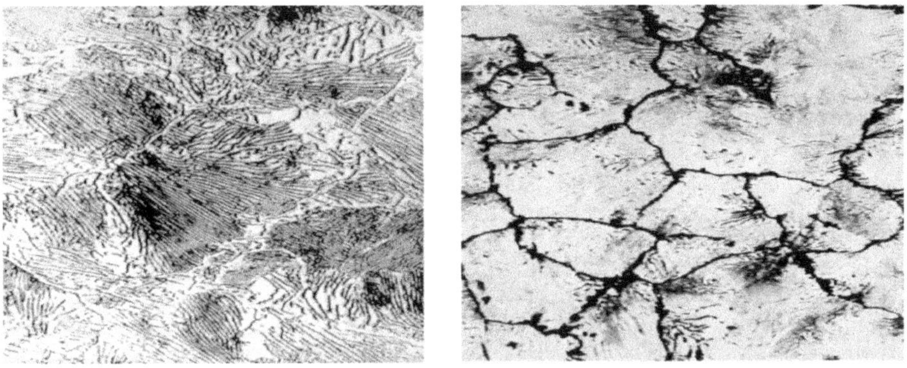

(a) 硝酸酒精浸蚀，白色网状相为二次渗碳体，暗黑色为珠光体

(b) 苦味酸钠的浸蚀，黑色为二次渗碳体，浅白色为珠光体

图 4.48 含碳量为 1.2%的过共析碳钢缓冷后的组织(500×)

意图如图 4.49 所示。合金熔液冷至 1 点(1148℃)时：发生共晶转变 $L_{4.3} \rightarrow \gamma_{2.11} + Fe_3C$，此共晶体称为莱氏体($L_d$)。继续冷却至 1～2 点间，由于碳在奥氏体中的溶解度不断下降，因此共晶体中的奥氏体不断析出二次渗碳体，它通常依附在共晶渗碳体上而不能分辨，二次渗碳体的相对量由杠杆法则计算可达 11.8%。当温度降至 2 点(727℃)时，共晶奥氏体的含碳量降至共析点成分 0.77%，此时在恒温下发生共析转变，形成珠光体。忽略 2 点以下冷却时析出的 $Fe_3C_{Ⅲ}$，最后得到的组织是室温莱氏体，称为变态莱氏体用 L_d'表示，它保持原莱氏体的形态，只是共晶奥氏体已转变为珠光体，如图 4.50 所示。

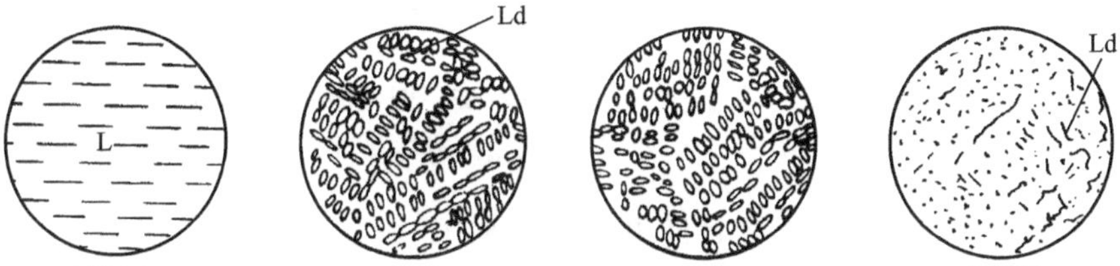

图 4.49 共晶白口铸铁的结晶过程示意图

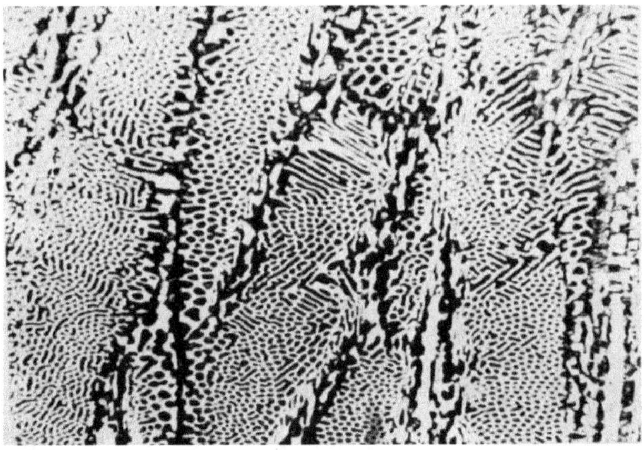

图 4.50 共晶白口铸铁的室温组织

6. 亚共晶白口铸铁

以含碳量为3.0%的亚共晶白口铸铁为例进行分析，此合金在相图中的位置如图4.40(6)所示。合金熔液在1～2点结晶出奥氏体，此时液相成分按*BC*线变化，而奥氏体成分沿*JE*线变化。当温度到达2点(1148℃)时，初生奥氏体含碳量为2.11%，液相含碳量为4.3%，此时剩余液相发生共晶转变，生成莱氏体。在2点以下，初生奥氏体(或称为先共晶奥氏体)和共晶奥氏体中都会析出二次渗碳体，随着二次渗碳体的析出，奥氏体成分随之沿*ES*线变化。当温度冷至3点(727℃)时，所有奥氏体都发生共析转变成为珠光体。所以室温组织为P、Fe_3C_{II}、L′d。图4.51所示为其平衡结晶过程示意图，图4.52所示是该合金的室温组织。图中树枝状的大块黑色组成体是由先共晶奥氏体转变成的珠光体，其余部分为变态莱氏体。由先共晶奥氏体中析出的二次渗碳体与共晶渗碳体连成一片而难以分辨。

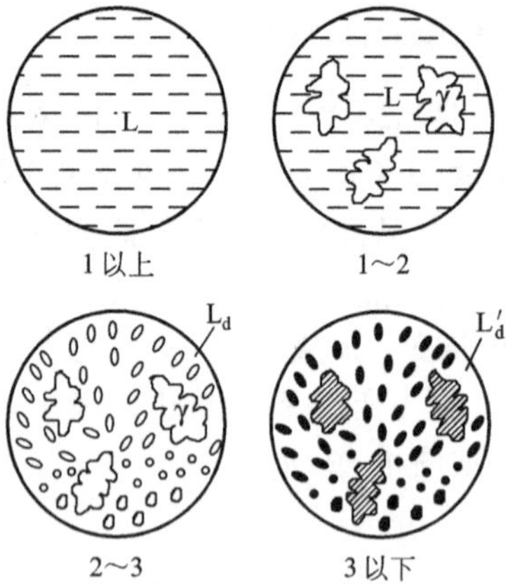

图4.51 亚共晶白口铸铁的结晶过程示意图

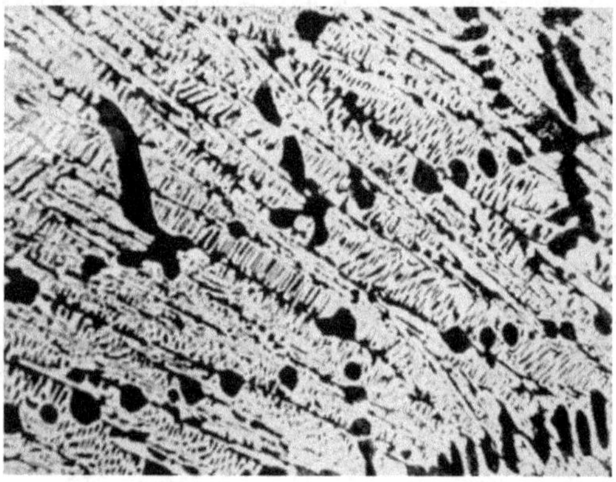

图4.52 亚共晶白口铸铁在室温下的组织黑色树枝状组成体是珠光体，其余为变态莱氏体(80×)

根据杠杆定律计算，该白口铸铁的组织组成物中，初晶奥氏体的含量为

$$w_{\gamma}=\frac{4.3-3.0}{4.3-2.11}\times 100\%=59.4\%$$

莱氏体的含量为

$$w_{L_d}=\frac{3.0-2.11}{4.3-2.11}\times 100\%=40.6\%$$

从初晶奥氏体中析出二次渗碳体的含量为

$$w_{Fe_3C_{II}}=\frac{2.11-0.77}{6.69-0.77}\times 59.4\%=13.4\%$$

珠光体含量为

$$w_P=59.4\%-13.4\%=46.0\%$$

7. 过共晶白口铸铁

以含碳量为5.0%的过共晶白口铸铁为例进行分析，此合金在相图中的位置如图4.40(7)所示，其结晶过程示意如图4.53所示。合金熔液冷至1～2点之间结晶出粗大的先共晶渗碳体，称为一次渗碳体，它不是以树枝状方式生长，而是以条状形态生长，其余的转变与共晶白口铸铁的转变过程相同。过共晶白口铸铁的室温组

织为一次渗碳体和变态莱氏体，如图4.54所示。

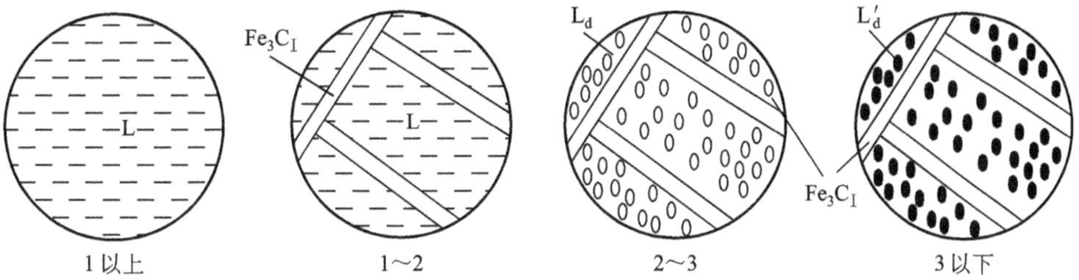

图4.53 过共晶白口铸铁结晶过程示意图

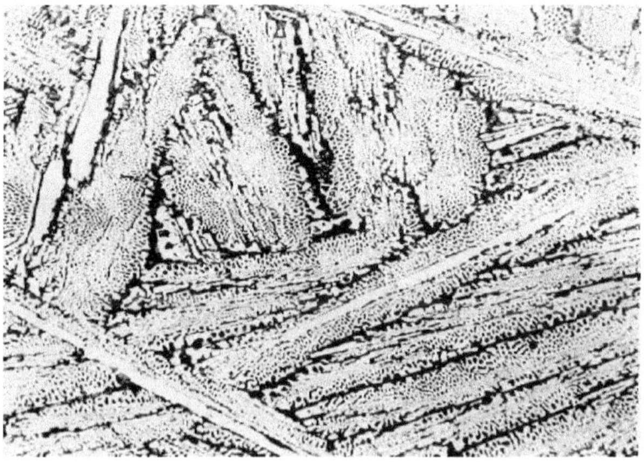

图4.54 过共晶白口铸铁冷却到室温后的组织

4.7.4 含碳量对铁碳合金平衡组织和性能的影响

根据杠杆定律进行计算的结果，可将铁碳合金的成分与平衡结晶后的组织组成物及相组成物之间的定量关系总结如图4.55所示。

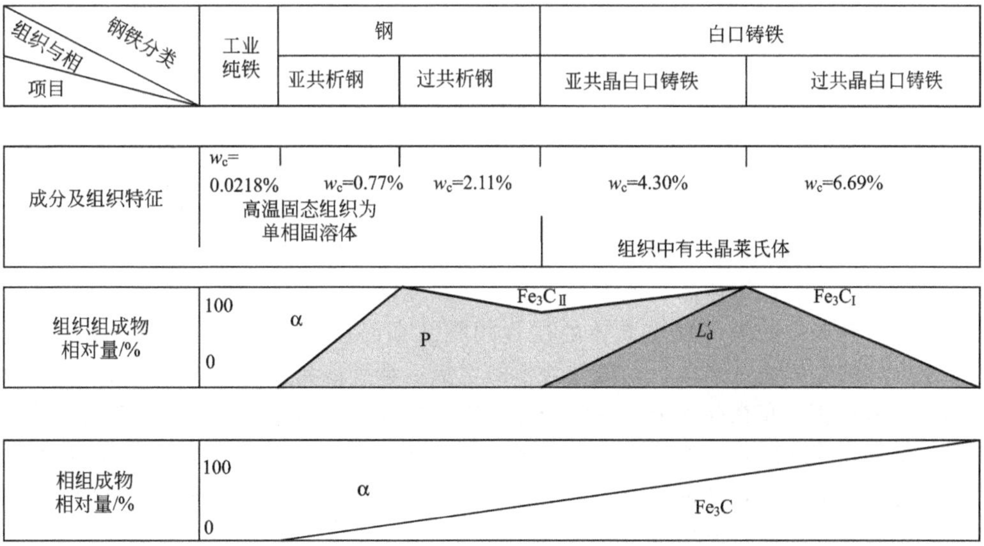

图4.55 铁碳合金成分与组织的关系

从相组成的角度来看，铁碳合金在室温下的平衡组织皆由铁素体和渗碳体两相所组成。当含碳量为零时，合金全部由铁素体所组成，随着含碳量的增加，铁素体的含量呈直线下降，直到 $W_C=6.69\%$ 时降低到零。与此相反，渗碳体的含量则由 0 增加到 100%。

含碳量的变化，不仅引起铁素体和渗碳体相对量的变化，而且要引起组织的变化，显然，这是由于成分的变化，引起不同性质的结晶过程，从而使相发生变化而造成的。如图 4.56所示，随着含碳量的增加，铁碳合金的组织变化顺序为

$$F \rightarrow F+Fe_3C_{Ⅲ} \rightarrow F+P \rightarrow P \rightarrow P+Fe_3C_{Ⅱ} \rightarrow P+Fe_3C_{Ⅱ}+L_d' \rightarrow +L_d' \rightarrow L'd+Fe_3C_{Ⅰ}$$

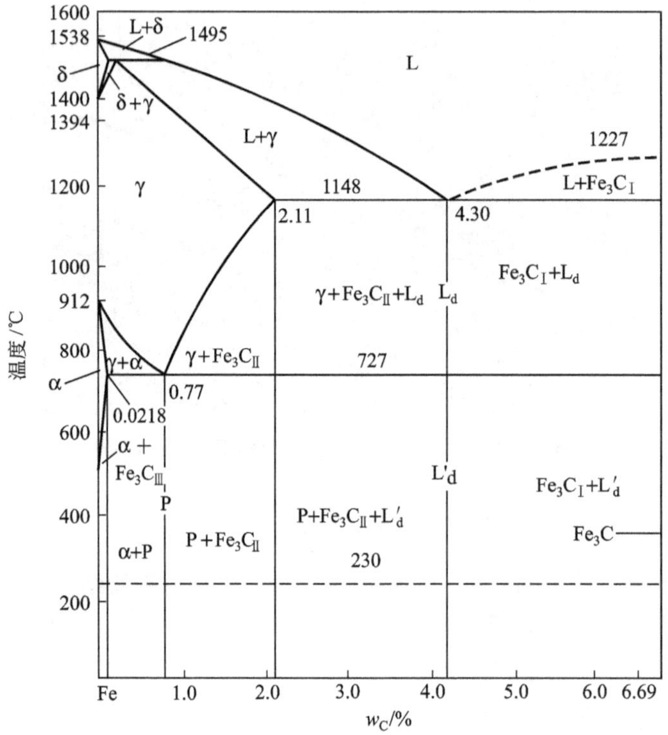

图 4.56 按组织区分的铁碳合金相图

含碳量对钢的力学性能的影响，主要是通过改变显微组织及其组织中各组成相的相对量、形态分布等配合来实现的，如图 4.57 所示。铁碳合金的室温平衡组织均由铁素体和渗碳体两相组成。由于铁素体是软韧相，而渗碳体是硬脆相，珠光体由铁素体和渗碳体组成，珠光体的强度比铁素体高，比渗碳体低，而珠光体的塑性和韧性比铁素体低，而比渗碳体高，而且珠光体的强度随珠光体的层片间距减小而提高。在钢中渗碳体是一个强化相。如果合金的基体是铁素体，则随碳含量的增加，渗碳体越多，合金的强度越高。但若渗碳体这种脆性相分布在晶界上，特别是形成连续的网状分布时，则合金的塑性和韧性显著下降。例如，当含碳量大于 1%以后，因二次渗碳体的数量增多而呈连续的网状分布，则使钢具有很大的脆性，塑性很低，抗拉强度也随之降低。当渗碳体成为基体时，如白口铸铁中，则合金硬而脆，使用价值不大。

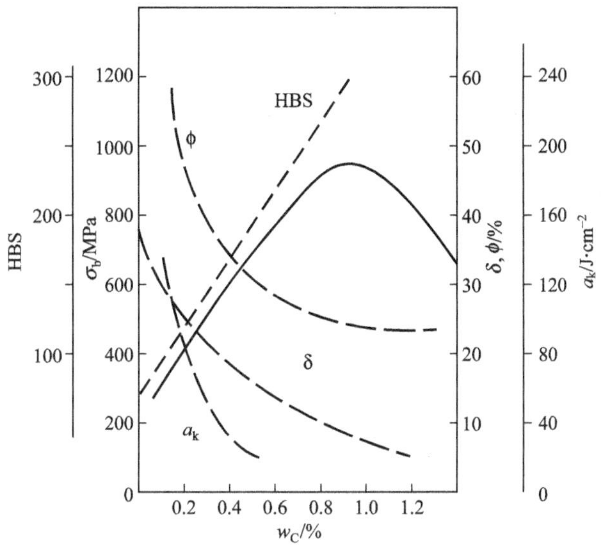

图 4.57 含碳量对碳钢力学性能的影响

习 题

1. 根据下列数据绘制 A－B 二元共晶相图。

已知 A、B 熔点分别为 1000℃和 700℃，室温下二组元互不溶解。w_B 为 25％的合金在 500℃平衡凝固完毕后的组织由 73.33％的先共晶 α 相和 26.67％的(α＋β)共晶体组成；w_B 为 50％的合金在 500℃平衡凝固完毕后则由 40％先共晶 α 相和 60％(α＋β)共晶体组成，该合金中 α 相总量为 50％。

2. Fe－Fe_3C 合金中的一次渗碳体、二次渗碳体、三次渗碳体、共晶渗碳体、共析渗碳体的主要区别是什么？根据 Fe－Fe_3C 相图计算二次渗碳体和三次渗碳体的最大百分含量。

3. 分析 w_C＝3.5％、w_C＝0.6％、w_C＝1.0％铁碳合金从液态平衡冷却到室温的转变过程，用冷却曲线和组织示意图说明各阶段的组织，并分别计算室温下的相组成物和组织组成物百分含量。

4. 根据 Pt－Ag 相图回答下列问题：

(1) 画出含银量为 30％的 Pt－Ag 合金的冷却曲线示意图，并说明冷却过程中所发生的转变。

(2) 分别求出此合金包晶转变结束时及室温时的组织组成物和相组成物百分含量。

5. 根据 Fe－Fe_3C 相图求出珠光体中铁素体和渗碳体各占多少，若合金组织中除有珠光体外，还有 15％二次渗碳体，试求该合金成分。

6. 已知 Pb－Sb 合金为完全不互溶、具有共晶转变的合金，共晶成分为 w_{Sb} 为 11.2％，Pb 的硬度为 HB3，Sb 的硬度为 HB30。若要用铅锑合金制成轴瓦，要求组织是在共晶基体上分布有 5％的硬质点 Sb，求该合金的成分及硬度。

第5章 三元合金相图

本章教学要点

知识要点	掌握程度	相关知识
三元相图的基本知识	了解三元相图的表示方法； 掌握三元系平衡相的定量法则	杠杆定律在二元相图和三元相图中的应用
三元匀晶相图和三元共晶相图分析	理解并能分析三元相图的空间模型； 理解固溶体合金的结晶过程； 重点掌握三元相图的截面图和投影图	三相平衡转变在三元相图和二元相图中的区别。 三元合金在结晶过程中成分的变化
三元相图实例分析	能独立分析三元相图的截面图或投影图，能写出其中的四相平衡转变	等温截面和垂直截面的意义

在工业生产和科学研究中应用的金属材料大多数是三元或多元合金。在多元合金相图中，三元合金相图是最简单的，且较易测定的一种。掌握三元合金相图的基本规律有助于研究三元合金的性能、组织结构与成分之间的关系以及三元合金从液态到固态的转变过程和固态相变过程的特点。

与二元合金相图相比，三元合金相图的类型多而复杂，至今比较完整的三元合金相图只测出了十几种。在生产中经常应用的是三元合金相图的等温截面、变温截面和投影图。本章主要介绍三元合金相图的表达方式和使用方法，分析几种基本类型的三元合金相图。

5.1 三元合金相图的表示方法

三元合金的成分有两个变量，任意两个组元的含量确定后，第三组元的含量便随之确定。因此，三元合金的成分可以由两个成分坐标轴确定，两个坐标轴构成一个平面。这样，再加上垂直于平面的温度坐标轴，即构成了三元合金系的三维空间立体图形。在三元合金相图中通常采用等边三角形表示合金成分，但有些情况下也可以利用直角三角形或等腰三角形表示成分。

1. 等边成分三角形

图5.1所示为一等边三角形，三角形的3个顶点A、B、C分别代表3个组元，三角形的3条边AB、BC、CA分别代表3个二元系$A-B$、$B-C$和$C-A$的合金成分，三角形内任一点则代表一定成分的三元合金。例如，三角形内任一点O所代表的成分可通过下述方法求得。

设等边三角形的三条边AB、BC、CA按顺时针方向分别代表三组元B、C、A的含量，自O点引平行于三角形三边的三条线段Oa、Ob、Oc，分别交BC、CA、AB于a、b、c点。

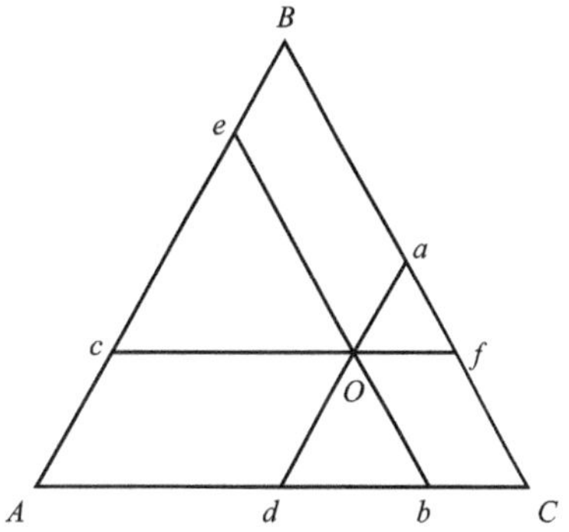

图5.1 等边三角形的几何特性

根据等边三角形的性质：由等边三角形内任一点做平行于3边的3条线段，3线段之和为定值，且等于三角形的任一边长。因此可得

$$Oa+Ob+Oc=AB=BC=CA$$

如果将三角形的边长当作合金的总量，定为100%，则Oa、Ob、Oc这3条线段则代表合金O中三组元A、B、C的含量。

另外由图可知，$Oa=Cb$、$Ob=Ac$、$Oc=Ba$。通常在三角形的边上标出刻度，一般均按顺时针方向标注组元的含量。这样就可以从三角形三条边的刻度上直接读出三组元的含量。为了便于使用，在成分三角形内常画出成分坐标的网格，如图5.2所示，这样就可以迅速读出成分三角形内任一点三元合金的成分。例如，x点合金的成分为$W_A 55\%$、$W_B 20\%$和$W_C 25\%$。反之，若已知合金中三个组元的含量时，也可在成分三角形中求出相应的三元合金成分点的位置。

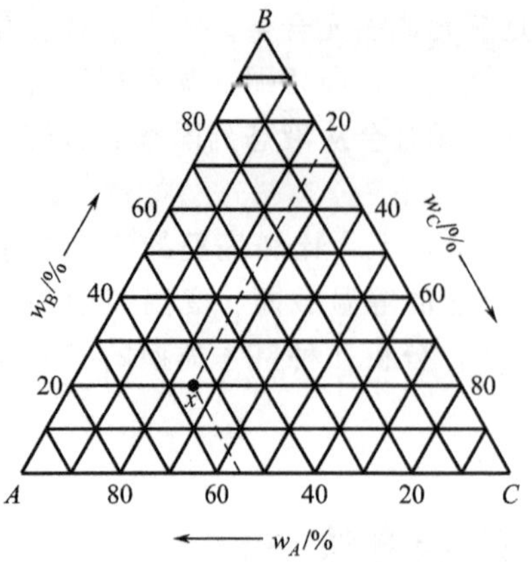

图 5.2 有网格的成分三角形

2. 等边成分三角形中具有特定意义的直线

在等边成分三角形中有以下两种具有特定意义的直线。

1）平行于三角形某一条边的直线

凡成分位于等边三角形某一边平行线上的三元合金，它们所含的与该线对应顶点所代表的组元的含量为定值。如图 5.3 所示，$GQ /\!/ AC$，则 GQ 线上各点所代表的合金 B 组元的含量均相等，$w_B = AG$。

2）通过三角形顶点的直线

凡成分位于通过等边三角形某一顶点的直线上的三元合金，它们所含的由另外两个顶点所代表的两组元的含量之比为定值。如图 5.3 所示，在 BE 线上各点所代表的合金中，A 组元与 C 组元的含量之比为常数，即

$$\frac{w_A}{w_C} = \frac{Ba_1}{Bc_1} = \frac{Ba_2}{Bc_2} = \frac{Ba}{Bc} = \frac{EC}{AE}$$

3. 成分的其他表示方法

1）等腰成分三角形

当三元系中某一组元含量较少，而另两个组元含量较多时，合金成分点将靠近等边三角形的某一边。为了使该部分相图清晰地表示出来，可将成分三角形两腰放大，成为等腰三角形。如图 5.4 所示，由于成分点 o 靠近底边，所以在实际应用中只取等腰梯形部分即可。o 点合金成分的确定与前述等边三角形的求法相同，即过 o 点分别作两腰的平行线，交 AC 于 a，c 两点，则 $w_A = Ca = 30\%$，$w_C = Ac = 60\%$；而过 o 点作 AC 边的平行线，与腰相交于 b 点，则组元 B 的质量分数 $w_B = Ab = 10\%$。

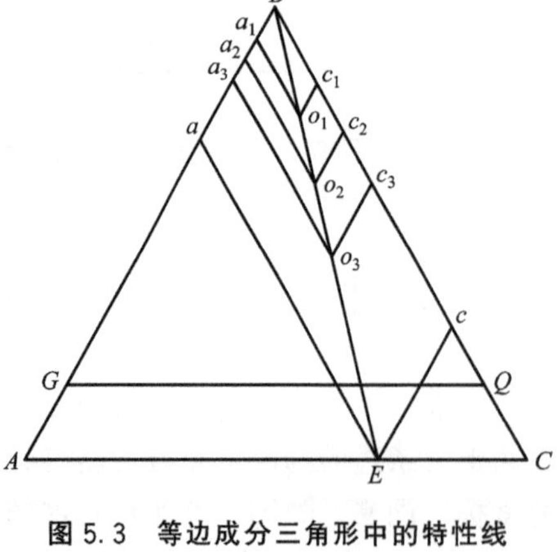

图 5.3 等边成分三角形中的特性线

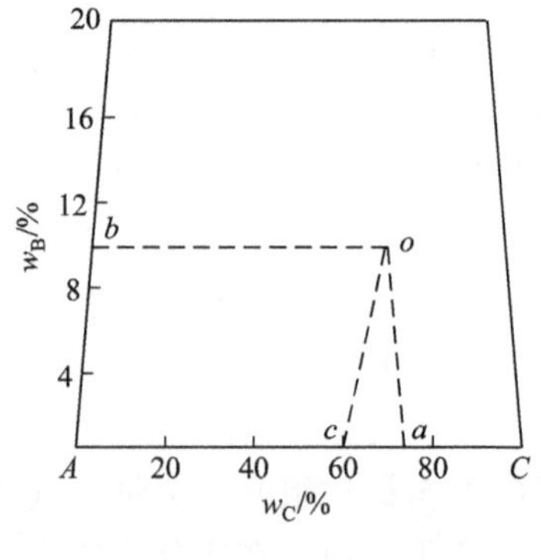

图 5.4 等腰成分三角形

2）直角成分坐标

当三元系成分以某一组元为主，其他两个组元含量很少时，合金成分点将靠近等边三

角形某一顶角。若采用直角坐标表示成分，则可使该部分相图清楚地表示出来。设直角坐标原点代表高含量的组元，则两个互相垂直的坐标轴即代表其他两个组元的成分。例如，图 5.5 中所示的 P 点成分为 $w_{Mn}=0.8\%$，$w_{Si}=0.6\%$，余量为 Fe 的合金。

3）局部图形表示法

如果只需要研究三元系中一定成分范围的材料，就可以在浓度三角形中取出有用的局部(图 5.6)加以放大，这样会表现得更加清晰。在这个基础上得到的局部三元相图(图 5.6 中所示的Ⅰ、Ⅱ或Ⅲ)与完整的三元相图相比，不论测定、描述或者分析，都要简单一些。

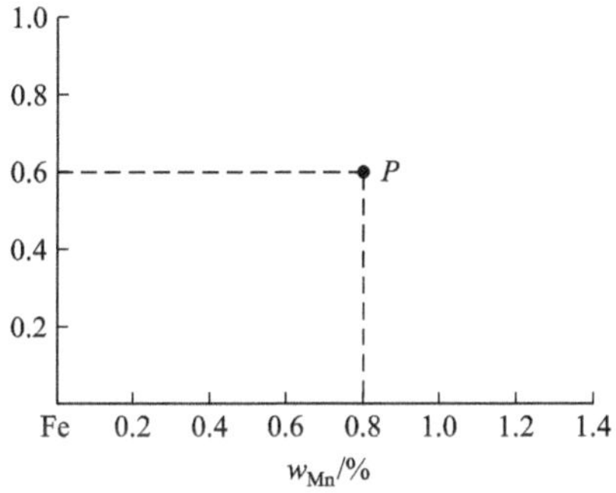

图 5.5　直角成分三角形

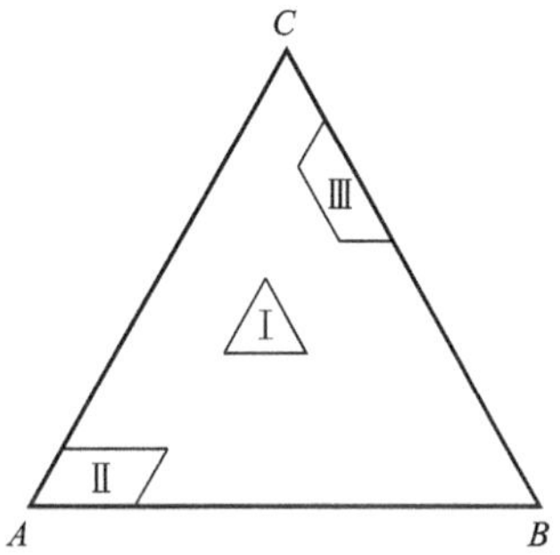

图 5.6　浓度三角形中的各种局部

5.2　三元系平衡相的定量法则

当三元系合金处于两相平衡或三相平衡时，各相的相对含量及其成分可用三元系中的直线法则、杠杆定律和重心法则来进行计算。

5.2.1　直线法则和杠杆定律

在一确定温度下，当某三元系合金处于两相平衡时，合金的成分点与两平衡相的成分点必定在同一直线上，且合金的成分点位于两平衡相的成分点之间。该规律称为直线法则。如图 5.7 所示，当合金 O 在某一温度处于 α+β 两相平衡时，这两个平衡相的成分点分别为 a 和 b，O 点为合金的成分点，则 a、O、b 三点必定在一条直线上，且 O 点位于 a、b 两点之间。两平衡相的质量分数之比为

$$\frac{w_\alpha}{w_\beta}=\frac{Ob}{Oa}$$

上式即为三元系合金相图的杠杆定律。

直线法则证明如下：

设合金 O 的质量分数为 w_O，α 相的质量分数为 w_α，β 相的质量分数为 w_β，则

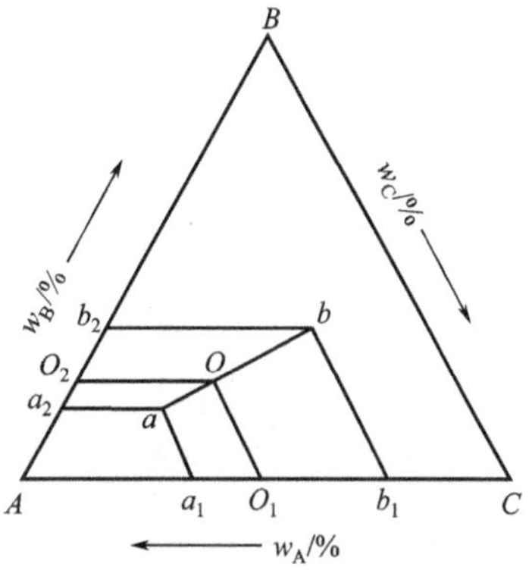

图 5.7　三元系中的直线法则和杠杆定律

$$w_O = w_\alpha + w_\beta$$

由于合金 O、α 相和 β 相中 A 组元的含量分别为 CO_1、Ca_1 和 Cb_1，B 组元的含量分别为 AO_2、Aa_2 和 Ab_2，而 α 和 β 相中 A 组元质量之和等于合金中 A 组元质量。即

$$w_\alpha \cdot Ca_1 + w_\beta \cdot Cb_1 = w_O \cdot CO_1$$

$$w_\alpha \cdot Ca_1 + w_\beta \cdot Cb_1 = (w_\alpha + w_\beta) \cdot CO_1$$

$$w_\alpha (Ca_1 - CO_1) = w_\beta (CO_1 - Cb_1)$$

$$\frac{w_\alpha}{w_\beta} = \frac{CO_1 - Cb_1}{Ca_1 - CO_1} = \frac{O_1 b_1}{a_1 O_1}$$

同理可证：

$$\frac{w_\alpha}{w_\beta} = \frac{O_2 b_2}{a_2 O_2}$$

因为在平衡状态下 w_α / w_β 只能有一定值，所以有

$$\frac{O_1 b_1}{a_1 O_1} = \frac{O_2 b_2}{a_2 O_2}$$

因此，证明了 a、O、b 这 3 点在一条直线上，而且有 $\frac{w_\alpha}{w_\beta} = \frac{Ob}{Oa}$ 的关系。

在三元系合金相图中直线法则和杠杆定律可应用于以下情况：

(1) 当给定合金在一定温度下处于两相平衡状态时，若其中一相的成分给定，则根据直线法则，另一相的成分点必位于两已知成分点连线的延长线上。

(2) 如果两个平衡相的成分点已知，则合金的成分点必然位于两平衡相成分点的连线上，根据两平衡相的成分，可用杠杆定律求出合金的成分。

5.2.2 重心定律

当一个相完全分解成三个新相，或是一个相在分解成两个新相的过程时，研究它们之间的成分和相对量的关系，则须用重心定律。

根据相律，三元系处于三相平衡时，自由度为 1。在给定温度下这三个平衡相的成分应为确定值。合金成分点应位于 3 个平衡相的成分点所连成的三角形内。图 5.8 中所示的 O 为合金的成分点，P、Q、S 分别为三个平衡相 α、β、γ 的成分点。计算合金中各相相对含量时，可设想先把三相中的任意两相，例如，α 和 γ 相混合成一体，然后再把这个混合体和 β 相混合成合金 O。根据直线法则，α－γ 混合体的成分点应在 PS 线上，同时又必定在 β 相和合金 O 的成分点连线 QO 的延长线上。由此可以确定，QO 延长线与 PS 线的交点 R 便是 α＋γ 混合体的成分点。进一步由杠杆定律可以得出 β 相的质量分数为

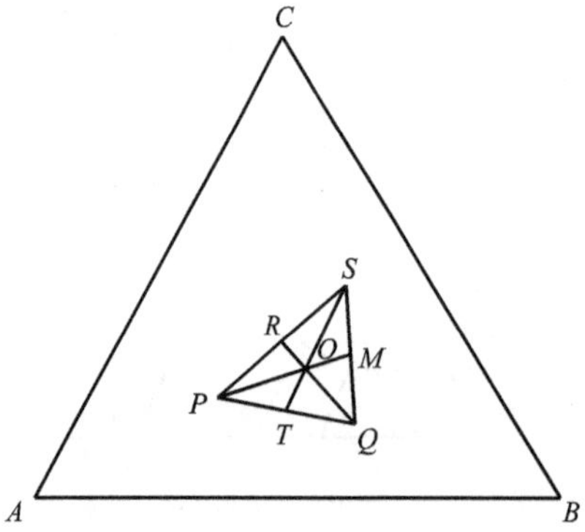

图 5.8 重心定律

$$w_\beta = \frac{OR}{QR}$$

用同样的方法可求出 α 相和 γ 相的质量分数分别为

$$w_\alpha=\frac{OM}{PM}$$

$$w_\gamma=\frac{OT}{ST}$$

结果表明，O 点正好位于成分三角形 PQS 的质量重心，这就是三元系的重心定律。

除几何作图法外，也可直接利用代数方法计算 3 个平衡相的相对量。

5.3 三元匀晶相图

5.3.1 相图的空间模型

3 个组元在液态和固态均无限互溶形成的固溶体相图称为三元匀晶相图。Fe－Cr－V、Au－Ag－Pb 等三元系都具有这样的相图。图 5.9 所示为三元匀晶相图的空间模型。图中底面△ABC 是成分三角形，由代表 3 个组元的 3 顶点引出 3 条垂线作为温度轴，即形成三棱柱体轮廓。t_A、t_B、t_C 分别为 3 个组元的熔点，三棱柱体的 3 个侧面是组元之间形成的 3 个二元匀晶相图，它们的液相线和固相线分别连接成三元合金相图的两个空间曲面：位于上方的向上凸起的曲面为液相面，位于下方的向下凹陷的曲面为固相面。显然，液相面以上的空间为液相区，记为 L，固相面以下的空间为固相区，记为 α，而两个曲面之间的空间则为液、固两相平衡的两相区，记为 L＋α。

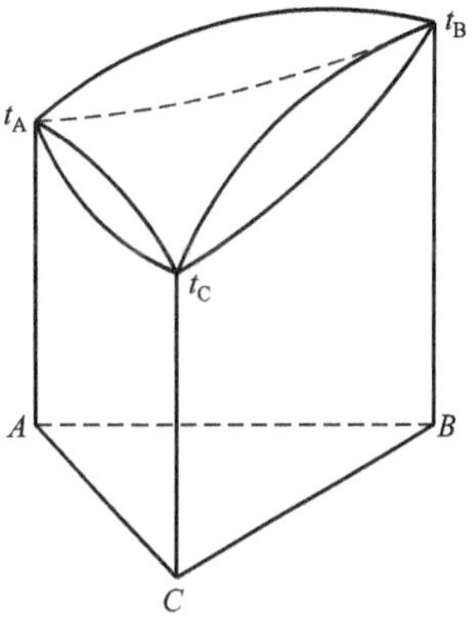

图 5.9　三元匀晶相图的空间模型

5.3.2 固溶体合金的结晶过程

在图 5.10(a)所示的相图中，以成分点为 O 的合金为例分析合金的结晶过程。在液相面以上温度时，合金处于液态。当温度缓慢降至与液相面相交的温度 t_1 时，合金开始结晶，从液相中结晶出成分为 S_1 的 α 固溶体，这时液相的成分等于合金的成分。当温度缓慢降至 t_2 时，α 相的数量不断增多，液相数量不断减少，同时固相的成分沿固相曲面由 S_1 变为 S_2，液相的成分沿着液相曲面由 L_1 变为 L_2。在冷却过程中各个温度下液、固两相均处于平衡状态。根据直线法则可知，两平衡相的成分点连线必定通过原合金的成分点，在 t_1 温度时，其连接线为 L_1S_1，在 t_2 温度时，其连接线为 L_2S_2，以此类推，在 t_3 温度时，其连接线为 L_3S_3，当冷至与固相面相交的温度 t_4 时，结晶终了，转变为单相固溶体，连接线为 L_4S_4，此时固相的成分即为合金的成分。可以想象，在结晶过程中，随着温度下降连接线以原合金成分垂线为轴旋转并平行下移，即液相的成分点沿着液相面上的空间曲线 $L_1L_2L_3L_4$ 变化，固相的成分点沿着固相面上的空间曲线 $S_1S_2S_3S_4$ 变化。$S_1S_2S_3S_4$ 及 $L_1L_2L_3L_4$ 两条空间曲线既不处于同一垂直平面上，也不处于同一水平平面上，它们在成分三角形上的投影呈蝴蝶状，如图 5.10(b)所示。

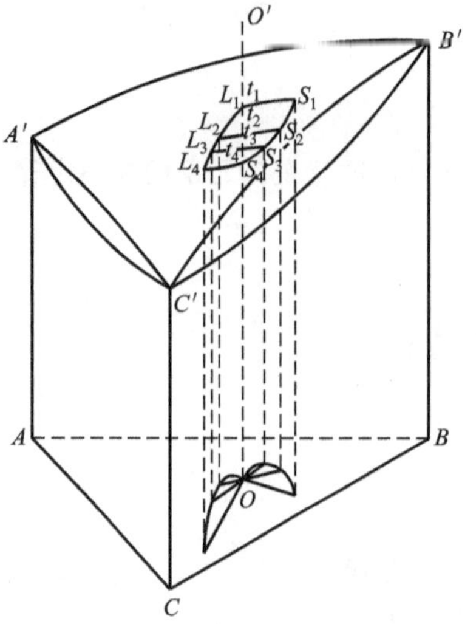

(a) 液、固相成分变化

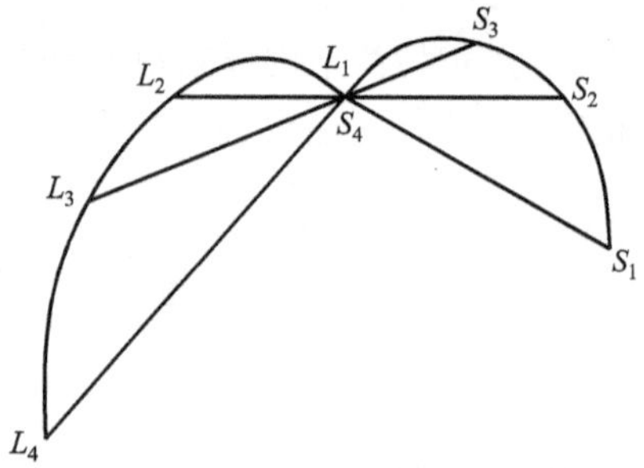

(b) 两相成分变化在成分三角形的投影

图 5.10　三元匀晶合金的结晶过程

应用立体的三元合金相图很不方便，难以确定合金的开始结晶温度和结晶终了温度，也不能确定在一定温度下两个平衡相的对应成分和相对含量等。为了便于使用和研究，通常采用三元合金相图的截面图和投影图。

5.3.3　三元相图的截面图及投影图

1. 等温截面(水平截面)

等温截面又称水平截面。它相当于通过某一恒定温度所作的水平面与三元相图空间模型相交截得到的图形在成分三角形上的投影。图 5.11(b)所示为图 5.11(a)所示三元相图在 t_1 温度的等温截面。t_1 温度低于 B 组元的熔点，高于 A 组元和 C 组元的熔点。t_1 温度水平面与液相面相截的交线为 L_1L_2，与固相面相截的交线为 S_1S_2。将这两条线投影到成分三角形上就得到了该等温截面。L_1L_2 为液相等温线或称为液相线，S_1S_2 为固相等温线或称为固相线，这两条线把三元匀晶相图的等温截面分成：液相区 ACL_2L_1 以 L 表示；固相区 BS_1S_2 以 α 表示；两相平衡区 $L_1L_2S_2S_1$，以 L+α 表示。必须指出，在实际测绘等温截面图时，不是先作空间图然后切割下来，而是通过实验方法直接测定的。

根据相律，三元合金两相平衡时系统的自由度为 2($f=c-p+1=3-2+1=2$)，在等温截面的两相区内，温度一定还有一个自由度。这就是说，在三元合金相图的等温截面中，两个平衡相中只有一个平衡相的成分可以独立改变，另一个平衡相的成分必须随之改变。如果用实验方法测出一个平衡相的成分，通过直线法则就可以确定与之相应的另一个平衡相的成分。例如，用实验方法测定出固相的成分为 m，则根据直线法则，两平衡相成分点间的连接线必定通过合金的成分点，显然，mo 延长线与 L_1L_2 的交点 n 即为液相的成分点。图 5.11(b)中所示的 5 条连接线都是用实验方法测得的。

连接线确定之后，就可以利用杠杆定律计算两平衡相的相对含量。图 5.11(b)中所示的合金 O 在 t_1 温度下固相 α 和液相 L 的相对含量分别为

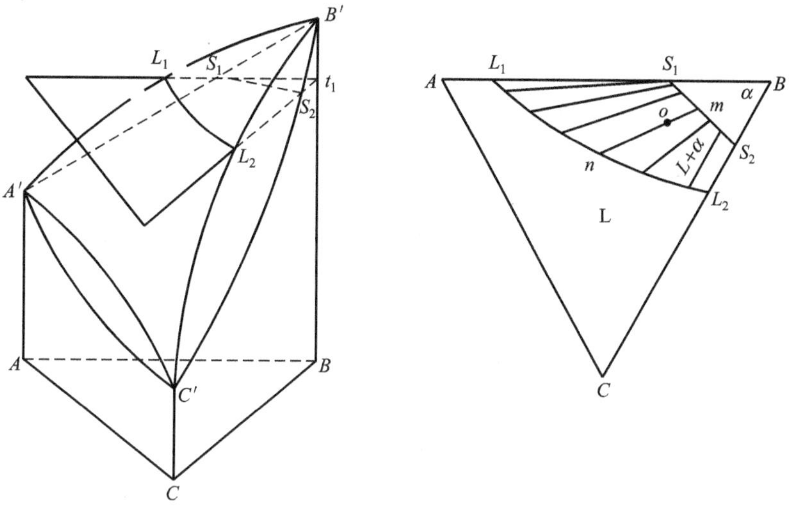

(a) 空间模型　　(b) t_1 等温截面

图 5.11　三元匀晶相图的等温截面

$$w_\alpha=\frac{no}{mn}\times 100\% \quad w_L=\frac{mo}{mn}\times 100\%$$

通过分析不同温度的等温截面图，还可以了解合金状态随温度改变的情况。如图 5.12 所示，在 t_1 温度时，x 点的合金已开始结晶并处于液固两相的平衡状态；温度降至 t_2 时，合金结晶尚未结束；当温度降至 t_3 时，合金结晶已经完毕，得到单相固液体 α。

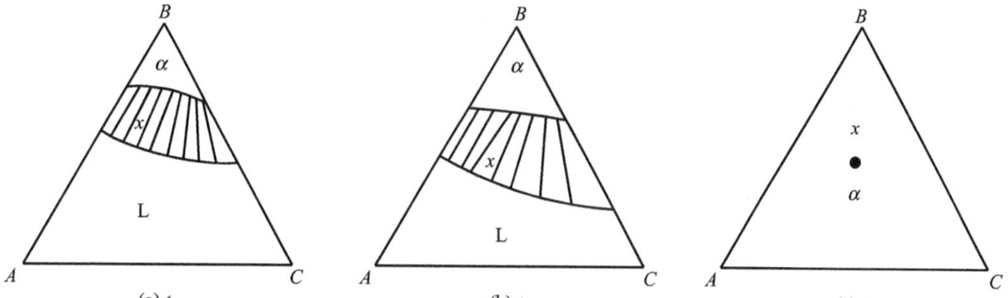

(a) t_1　　(b) t_2　　(c) t_3

图 5.12　等温截面图的应用

2. 变温截面(垂直截面)

变温截面又称垂直截面。它是由垂直于成分三角形的平面与三元相图空间模型相交截面得到的图形。通常利用变温截面可以研究合金结晶过程的相变情况。

变温截面的截取如图 5.13 所示。与底面垂直的面 FE 和 GB 与三元匀晶相图的空间模型相截，与液相面的交线分别为 L_1L_2 及 bL_3，为液相线，与固相面的交线分别为 a_1a_2 及 ba_3，为固相线。液相线与固相线把变温截面分成液相区 L、固相区 α 和液、固两相区 L+α。经常采用的变温截面有两种：一种是平行于成分三角形一边所作的变温截面，此时，位于截面上所有合金含某一组元的量是固定的，图 5.13(b)中所示的 FE 变温截面所有合金含 C 组元的量固定不变；另一种是通过成分三角形某一顶点所作的截面，这个截面上所有的合金中另两顶点所代表的组元之比值是一定的，图 5.13(c)中所示的 GB 变温截面中所有合金 A 组元与 C 组元比值是一定的。这样，变温截面上的合金成分就只剩下一个变量，可以用一个坐标轴来表示合金的成分。变温截面也是用实验方法测定出来的。

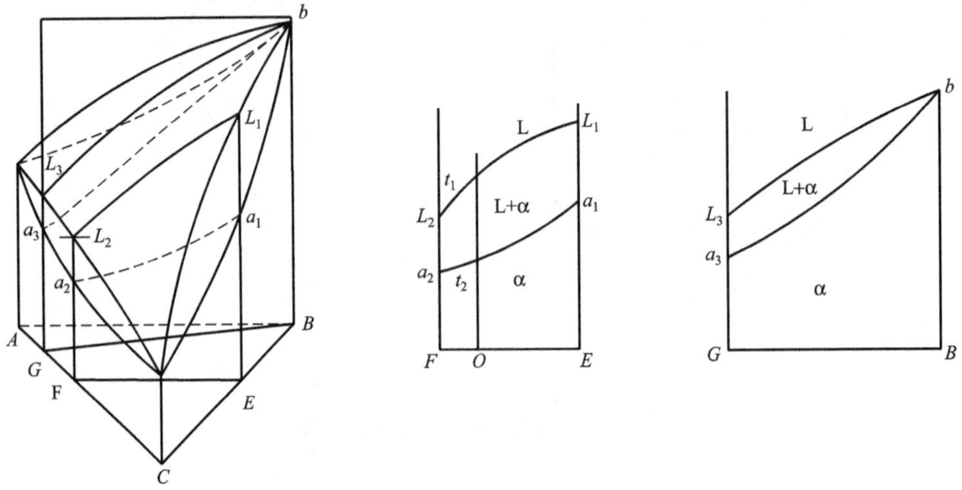

(a) 空间模型　　(b) FE 变温截面　　(c) GB 变温截面

图 5.13　三元匀晶相图的变温截面

与二元合金相图相比，三元合金相图变温截面的液相线和固相线也表示合金结晶开始和结晶终了温度，但二者之间有本质的区别。在变温截面中液相线和固相线并不表示合金结晶过程中液固两相成分变化的轨迹，因为三元匀晶合金在结晶过程中其液、固两相成分点分别沿着液相曲面和固相曲面上的两条空间曲线变化，其轨迹不在同一平面内，所以变温截面中两相区不能用来确定两平衡相成分和相对含量，即不能利用直线法则和杠杆定律。

利用变温截面可以分析合金的结晶过程，确定相变温度，了解合金在不同温度下所处的状态。现以合金 O 为例，由 O 点作垂线，与液相线和固相线相交的温度分别为 t_1 和 t_2。由此可知，当合金 O 缓慢冷却至 t_1 温度时，开始从液相中结晶出 α 固溶体，温度继续下降，结晶出来的 α 相增多，当温度降至 t_2 时，液相完全凝固成 α 相，t_2 为结晶终了温度。

虽然变温截面与二元相图的形状很相似，在分析合金结晶过程时也大致相同。但根据三元固溶体合金结晶时的蝴蝶形规律，在两相平衡时，平衡相的成分点不是都落在一个平面上。因此三元相图中的垂直截面不能使用杠杆定理。

3. 投影图

若将各温度等温截面图中一系列液相面和固相面的等温线投影到成分三角形上并标出相应的温度，即得到液相等温线和固相等温线的投影图。图 5.14(a)、(b)所示分别为不同温度等温截面的液相线投影图和固相线投影图。利用投影图可以比较方便地从温度变化角度研究合金的变化过程。例如，由图 5.14 所示可以看出成分点为 O 的合金在高于 t_4、低于 t_3 的温度开始结晶，在高于 t_6、低于 t_5 的温度结晶终了。

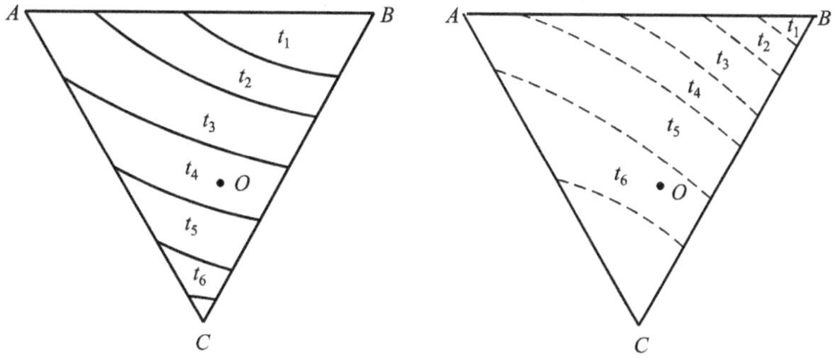

(a) 液相线投影图　　(b) 固相线投影图

图 5.14　三元匀晶相图的投影图

5.4　三元共晶相图

5.4.1　组元在固态下完全不溶的共晶相图

1. 相图的空间模型

合金的三个组元在液态能无限互溶，在固态下几乎完全互不溶解，并且其中任意两个组元之间发生共晶转变，这样的三个组元形成简单的三元共晶系，其空间模型如图 5.15 所示。t_A、t_B、t_C 分别为 A、B、C 三组元的熔点，并且 $t_A > t_B > t_C$。空间图的 3 个侧面是 3 个二元共晶相图，E_1、E_2、E_3 分别表示 A－B、B－C 和 C－A 的二元共晶点，并且 $t_{E1} > t_{E2} > t_{E3}$。

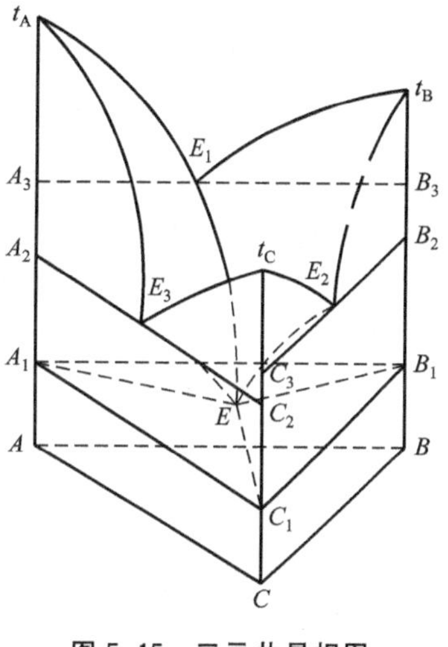

图 5.15　三元共晶相图

图中的 $t_AE_1EE_3t_A$、$t_BE_1EE_2t_B$、$t_CE_2EE_3t_C$ 是 3 块液相面，合金冷至低于液相面的温度时，就开始分别结晶出 A、B 或 C 晶体。

3 块液相面的交线 E_1E、E_2E、E_3E 为 3 条二元共晶线。由相律可知，在二元系中，处于三相平衡的共晶转变时自由度为零。而在三元系中，由于第三组元的加入，则其自由度为 1。这就意味着二元共晶转变不再于恒温、恒成分下进行，而是在一定的温度范围内进行，各个平衡相的成分也随着温度的变化相应地改变。因此，3 个二元共晶点 E_1、E_2 和 E_3 就变成了 3 条二元共晶线。在冷却过程中液相的成分达到这 3 条线时，则分别发生 L→A＋B、L→B＋C、L→C＋A 的共晶转变。

图中的 E 点是 E_1E、E_2E、E_3E 3 条二元共晶线的交点，称为三元共晶点，它表示 E 点成分的液相冷却至 t_E 温度时发生三元共晶转变，形成三元共晶体，即

$$L_E \overset{t_E}{\longleftrightarrow} A+B+C$$

三元共晶转变是四相平衡转变，发生三元共晶转变时自由度等于零($f=3-4+1=0$)，这说明，转变是在恒温下进行，且液相和析出的三个固相的成分均保持不变。通过E点平行于成分三角形的平面——$\triangle A_1B_1C_1$，称为三元共晶面，它是该相图的固相面。

图5.15中所示的在液相面以下、固相面以上还有6个二元共晶空间曲面：$A_1A_3E_1EA_1$、$B_1B_3E_1EB_1$、$A_1A_2E_3EA_1$、$C_1C_2E_3EC_1$、$C_1C_3E_2EC_1$、$B_1B_2E_2EB_1$。这里仅以二元共晶面$A_1A_3E_1EA_1$和$B_1B_3E_1EB_1$为例进行讨论，如图5.16所示。已知二元系A-B的共晶线为$A_3E_1B_3$，任何成分的A、B二元合金当冷却至共晶温度t_{E_1}时都将发生二元共晶转变，其自由度为零。此时三个平衡相的成分和温度都固定不变，液相的成分为E_1，所析出的两个固相A、B的成分分别为A_3和B_3，温度为t_{E_1}。由于第三组元C的加入，自由度变为1($f=3-3+1=1$)，这表明，三个平衡相的成分是依赖温度而变化的，其中液相的成分沿二元共晶线E_1E变化，固相的成分分别沿A_3A_1和B_3B_1变化。这3条线代表3个平衡相的成分随温度变化的规律，称作单变量线。当温度确定后，自由度变为零，3个相的成分也随之确定下来，3个平衡相的成分点之间即构成了一个等温三角形，又称连接三角形。根据重心法则只有成分位于此等温三角形之内的合金才会有此三相平衡。例如温度为t_n时，3个平衡相L、A、B的成分分别为E_n、A_n和B_n，这3个点组成的三角形$\triangle E_nA_nB_n$即为连接三角形。因为三相平衡时，其中任意两相之间也必然平衡，因此，三角形的3个边E_nA_n、A_nB_n、B_nE_n分别是L-A、A-B和B-L两相平衡的连接线。由此可见，二元共晶曲面$A_1A_3E_1EA_1$、$B_1B_3E_1EB_1$及相图的侧面$A_1A_3B_3B_1A_1$实际上是3组两相平衡连接线在$t_{E_1}\sim t_E$之间变化的轨迹，它们围成三相区，三元系的三相区是以3条单变量线作为棱边的空间三棱柱体。

在液相面以下，各二元共晶曲面以上的空间为两相区，共有3个两相区：L+A、L+B、L+C。两相区的形状如图5.17所示，图中两平面$t_AE_3A_2$和$t_AE_1A_3$为相图的部分侧面，$t_AE_1EE_3t_A$为液相面，$A_1A_2E_3EA_1$和$A_1A_3E_1EA_1$为二元共晶曲面，这5个面所包围的空间就是L+A两相区。

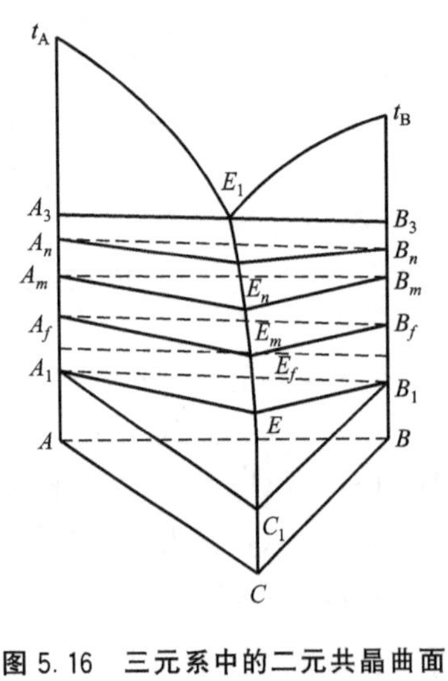

图5.16 三元系中的二元共晶曲面

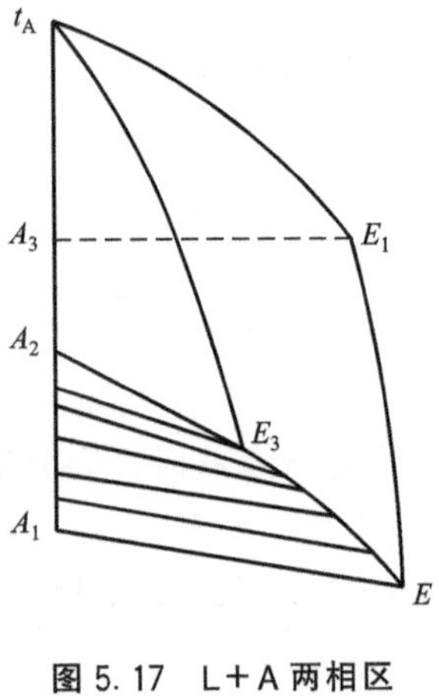

图5.17 L+A两相区

综上分析可以看出，组元在固态完全互不溶解的三元共晶相图中，3 个液相面、6 个二元共晶曲面和一个三元共晶平面把相图分割成 9 个相区：液相面以上的区域为液相区；液相面和二元共晶曲面之间的空间为 L+A、L+B、L+C 这 3 个两相区；二元共晶曲面和三元共晶水平面之间的空间是 L+A+B、L+B+C、L+C+A 这 3 个三相区；三元共晶面以下的空间是 A+B+C 三相区；包含 E 点的三元共晶面是 L 与 A、B、C 这 3 个固相共存的四相区。三条二元共晶线 E_1E、E_2E、E_3E 既是液相面的交线，也是二元共晶面的交线，同时又是液相面与二元共晶面的交线。

2. 等温截面

图 5.18 所示是由相图空间模型上截取的不同温度等温截面图。

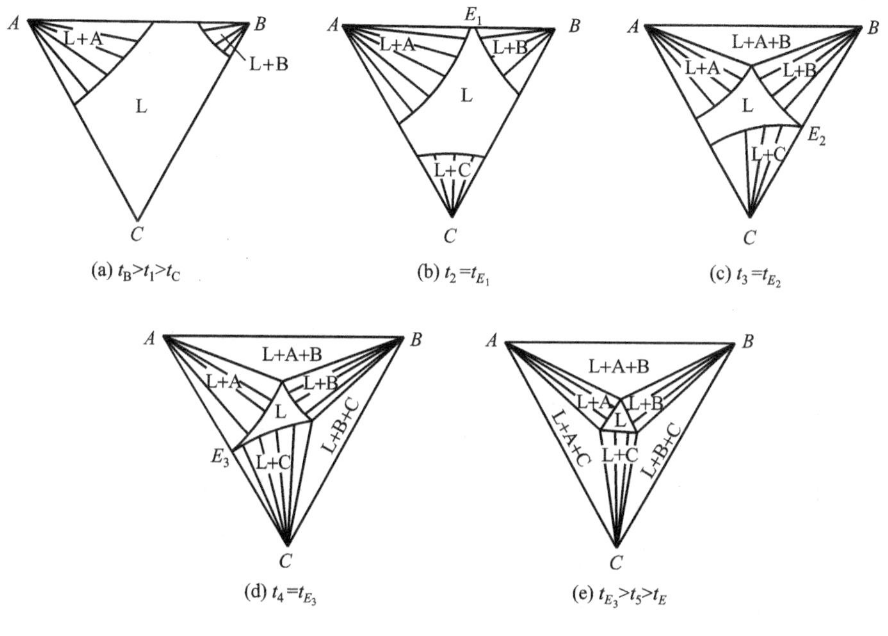

图 5.18　三元共晶相图的等温截面

图 5.18(a)所示为该三元系在 t_1 温度时的等温截面，$t_B>t_1>t_C$。图中的两条曲线是等温截面与两个液相面的交线。等温截面共有 3 个相区：一个是液相区 L，其余两个分别是 L+A 和 L+B 两相区。当温度 $t_2=t_{E_1}$ 时，等温截面如图 5.18(b)所示。由于 t_{E_1} 低于 t_C，但高于 t_{E_2}，所以等温截面图上出现 3 个两相区 L+A、L+B、L+C 和一个液相区 L。L+A 和 L+B 的两条液相线交于 E_1 点。如果温度 $t_3=t_{E_2}$ 时，由于 $t_{E_2}<t_{E_1}$，因此水平截面与二元共晶线 E_1E 相交，如图 5.18(c)所示。该图有一个单相区 L，3 个两相区 L+A、L+B、L+C 和一个三相区 L+A+B。图 5.18(d)所示为 t_{E_3} 温度时的等温截面，由于 $t_{E_3}<t_{E_2}<t_{E_1}$，所以截面分别于 E_1E、E_2E 两条二元共晶线相交，出现了两个三相区 L+A+B、L+B+C。图 5.18(e)所示为 t_5 温度时的等温截面，由于 $t_{E_3}>t_5>t_E$，所以在截面图上出现了 3 个三相区：L+A+B、L+B+C、L+C+A；3 个两相区：L+A、L+B、L+C 和一个单相区 L。

通过对以上 5 个等温截面的分析可以看出，等温截面上的三相区都是直边三角形，三角形的3个顶点与3个单相区相接，分别表示该温度下3个平衡相的成分，三角形的边是三相区与两相区的边界线，同时它也是两相区中的一条连接线。单相区与两相区的交线均为曲线。与三元相图的空间模型相对照可以看出，三角形的3个直边实际上是水平截面与三棱柱体侧面的交线，3个顶点是水平截面与三棱柱体棱边(单变量线)的交点。

利用等温截面可以确定合金在该温度下所存在的平衡相，并可运用直线法则、杠杆定律和重心法则确定合金中各相的成分和相对含量。

3. 变温截面

图5.19(a)所示表示平行于AB边的cd垂直平面与空间模型中各种面的交线，cd垂直平面在成分三角形中的位置如图5.19(b)所示，从而得到了cd的变温截面。从图中可以看出，c_3e_1、d_3e_1是垂直平面与液相面的交线；c_2p_1、p_1e_1、e_1g_1、g_1d_2是垂直平面与4个二元共晶曲面的交线；c_1d_1是垂直平面与三元共晶面的交线。

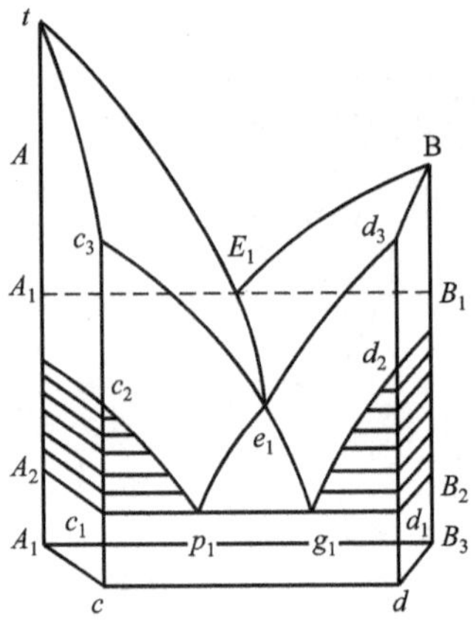

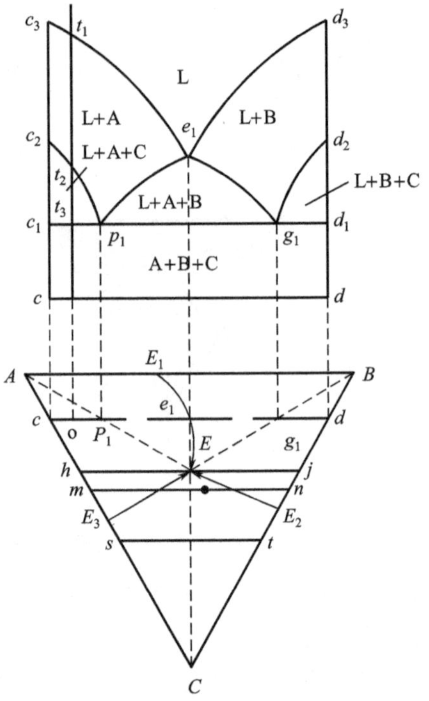

图5.19 平行于AB边的cd变温截面

可利用变温截面分析合金的结晶过程，例如，合金o在t_1温度以上为液相，冷却到t_1温度，开始由液相中析出初晶A，在t_1～t_2之间是L+A两个相。到t_2温度合金中开始发生L→A+C二元共晶转变，从液相中析出二元共晶组织(A+C)，直到t_3温度。在t_3温度发生L→A+B+C三元共晶转变，得到三元共晶组织，这一转变直到液相全部消失为止。因此合金o冷却到室温时，其组织为：初晶A+二元共晶(A+C)+三元共晶(A+B+C)。

平行于AB边[图5.19(b)]的hj、mn、st 3个变温截面如图5.20所示。

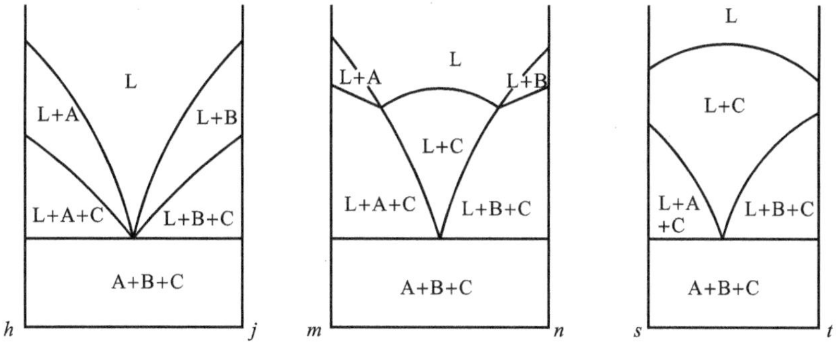

(a) hj 变温截面　　(b) mn 变温截面　　(c) st 变温截面

图 5.20　平行于 AB 边的几个变温截面

图 5.21 所示是通过成分三角形顶点 A 的 Ab 变温截面。图中 t_Ag_1、g_1b_3 是垂直截面与液相面的交线；A_2g_1、g_1r_1、r_1b_2 是垂直截面分别与 3 个二元共晶面的交线，A_1b_1 是垂直截面与三元共晶面的交线。由于三元共晶面平行于成分三角形，所以它是一条水平线。应当指出，图中的 A_2g_1 水平线并不表示等温转变，只说明 Ag 线段上的合金均在 A_2g_1 温度开始发生二元共晶转变。

图 5.22 所示为通过 A、E 两点的 Ah(图 5.21)变温截面。图 5.23 所示为通过顶点 B 的 Bs(图 5.21)变温截面。

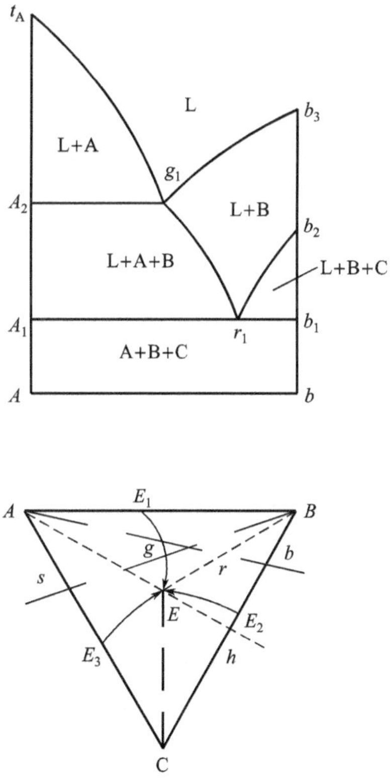

图 5.21　通过顶点 A 的 Ab 变温截面

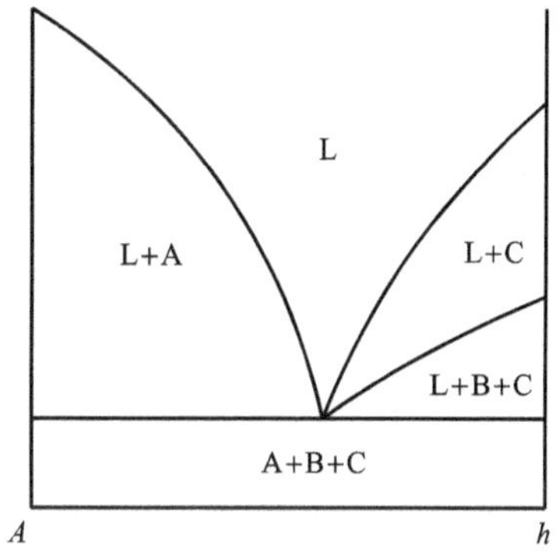

图 5.22　通过顶点 A 的 Ah 变温截面

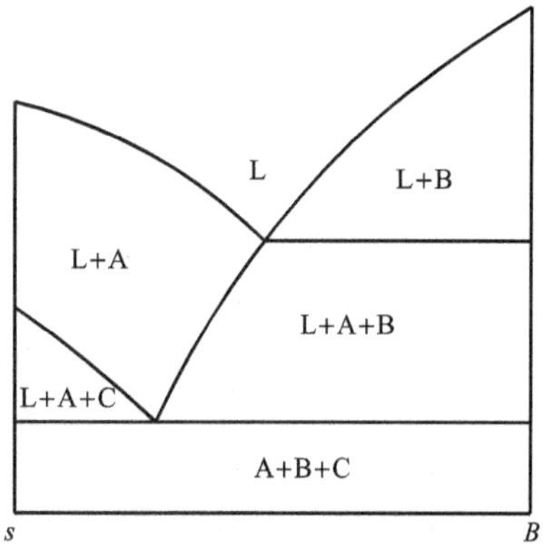

图 5.23　通过顶点 B 的 Bs 变温截面

4. 投影图

为了简化和便于研究，可将空间模型中各类区、面、线投影到成分三角形上，构成了平面投影图。投影图是把空间相图的所有相区间的交线都投影到成分三角形中，好像把相图在垂直方向压成一个平面。图 5.24 所示为三组元在固态下完全不溶的共晶相图的投影图。图中 E_1E、E_2E、E_3E 是 3 条二元共晶线的投影，AE、BE、CE 3 条虚线是二元共晶曲面与三元共晶面的交线。此外，AE_1EE_3A、BE_1EE_2B、CE_2EE_3C 分别是 3 个液相面的投影。AEE_1、BEE_1、BEE_2、CEE_2、CEE_3、AEE_3 则分别为 6 个二元共晶曲面的投影。△ABC 为三元共晶面的投影。E 点是三元共晶点的投影。借助于对相图空间结构的了解，根据此投影图可以分析合金在冷却和加热过程中的相变。

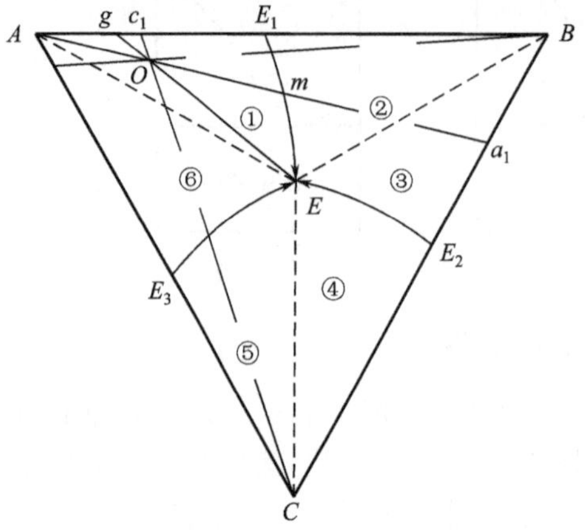

图 5.24　三元共晶相图的投影图

5. 合金的结晶过程及组织

利用投影图可以分析合金的结晶过程和组织，并能确定平衡相的组成和含量。现以图 5.24中 O 点成分的合金为例结合图 5.19 进行讨论。

合金 O 自液态冷却至液相面时(相当于 t_1 温度)，开始结晶出初晶 A。随着温度不断降低，A 晶体的数量不断增加，液相的数量不断减少，由于 A 晶体的成分固定不变，根据直线法则，液相的成分由 O 点沿 AO 的延长线逐渐变化。当液相的成分变化到与 E_1E 线相交的 m 点(相当于 t_2 温度)时，开始发生二元共晶转变：L→A+B。随着温度的继续降低，二元共晶体(A+B)逐渐增多，同时液相的成分沿着 E_1E 二元共晶线变化。当液相的成分变化至 E 点(相当于 t_3 温度)时，发生四相平衡三元共晶转变：L→A+B+C，直至液相全部消失为止。随后温度继续降低，组织不再发生变化。图 5.25 所示为合金 O 结晶过程的冷却曲线。

室温下合金 O 的平衡组织为初晶 A＋二元共晶(A+B)＋三元共晶(A＋B＋C)，图 5.26所示为该合金室温下组织的示意图。

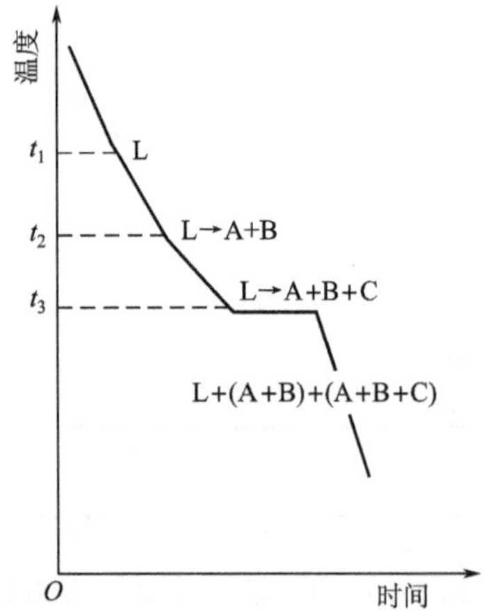

图 5.25　合金 O 的冷却曲线

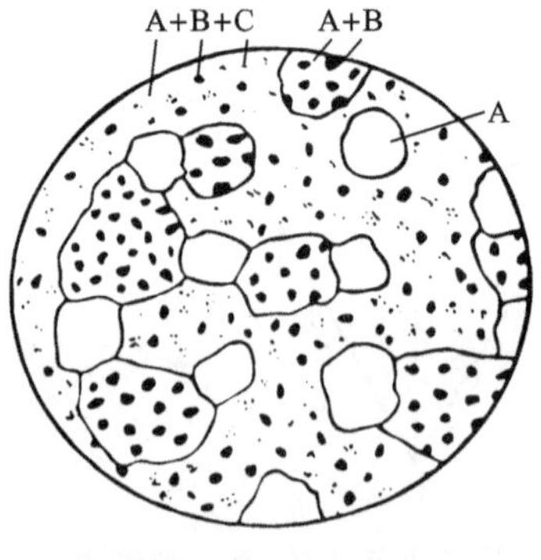

图 5.26　合金 O 在室温下的组织示意图

合金 O 在三元共晶转变结束后进入 A+B+C 三相区，这 3 个相的相对含量可分别用重心法则求出：

$$w_A=\frac{Oa_1}{Aa_1}\times100\%$$

$$w_B=\frac{Ob_1}{Bb_1}\times100\%$$

$$w_C=\frac{Oc_1}{Cc_1}\times100\%$$

合金组织组成物的相对含量，可以利用杠杆定律求出。当液相的成分刚到达二元共晶线 E_1E 上的 m 点时，初晶 A 的含量为

$$w_A=\frac{Om}{Am}\times100\%$$

当液相的成分到达 E 点刚要发生三元共晶转变时，剩余的液相可以利用杠杆定律求出，这部分液相随即发生三元共晶转变，形成三元共晶组织。因此这部分液相的相对量也就是三元共晶体(A+B+C)的含量，即

$$w_{(A+B+C)}=\frac{Og}{Eg}\times100\%$$

二元共晶体的含量则为

$$w_{(A+B)}=\left(1-\frac{Om}{Am}-\frac{Og}{Eg}\right)\times100\%$$

表 5-1 列出合金在投影图(图 5.24)中各区、线、点处的结晶顺序和室温组织组成物。

表 5-1 合金在投影图(图 5.24)中各区、线、点处的结晶顺序和室温组织组成物

区　域	结晶顺序和室温下的组织组成物
①	初晶 A+二元共晶(A+B)+三元共晶(A+B+C)
②	初晶 B+二元共晶(A+B)+三元共晶(A+B+C)
③	初晶 B+二元共晶(B+C)+三元共晶(A+B+C)
④	初晶 C+二元共晶(B+C)+三元共晶(A+B+C)
⑤	初晶 C+二元共晶(C+A)+三元共晶(A+B+C)
⑥	初晶 A+二元共晶(C+A)+三元共晶(A+B+C)
AE 线	初晶 A+三元共晶(A+B+C)
BE 线	初晶 B+三元共晶(A+B+C)
CE 线	初晶 C+三元共晶(A+B+C)
E_1E 线	二元共晶(A+B)+三元共晶(A+B+C)
E_2E 线	二元共晶(B+C)+三元共晶(A+B+C)
E_3E 线	二元共晶(C+A)+三元共晶(A+B+C)
E 点	三元共晶(A+B+C)

5.4.2 组元在固态有限溶解，具有共晶转变的相图

上面讨论了三组元在固态互不溶解的三元共晶相图。但实际上经常遇到的情况往往是组元间有一定的互溶能力，因此，掌握固态下有限溶解的三元共晶相图更有实际意义。

1. 相图分析

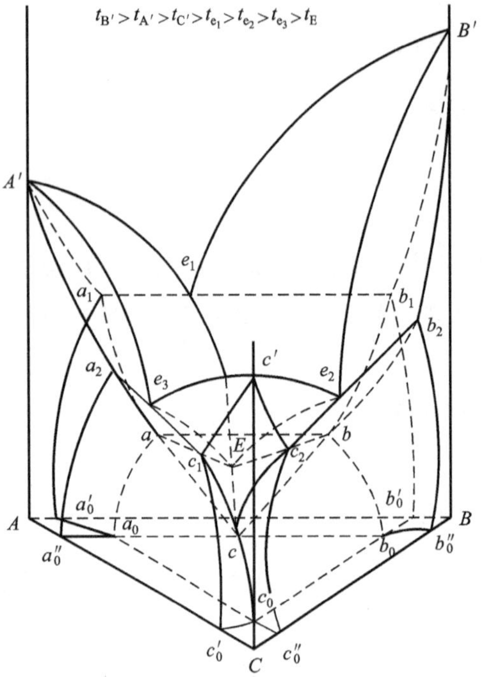

图 5.27　固态下有限溶解的三元共晶相图

图 5.27 所示为固态下有限溶解的三元共晶相图立体模型。它与组元在固态完全不溶的共晶相图(图 5.15)基本相同，其区别仅在于在相图中增加了 3 个单相固溶体区 α、β、γ 以及与之相应的固态溶解度曲面。

1) 液相面

从图 5.27 可以看出，液相面共有 3 个，即 $A'e_1Ee_3A'$、$B'e_1Ee_2B'$、$C'e_2Ee_3C'$。在液相面之上为液相区，当合金冷却到与液相面相交时，分别从液相中析出 α、β 和 γ 相。

3 个液相面的交线 e_1E、e_2E、e_3E 为 3 条二元共晶线，位于这些曲线上的液相，当温度降低至与这些线相交时，将发生三相平衡的二元共晶反应，即 L→α+β、L→β+γ、L→γ+α。E 点为三元共晶点或四相平衡共晶点。位于此点成分的液相，将发生四相平衡的三元共晶转变 L→α+β+γ。以上这些均与组元在固态完全不溶的三元共晶相图相同。

2) 固相面

图 5.15 中所示的固相面只有一个，即三元共晶面，但在图 5.27 中，由于三组元在固态下相互溶解，形成 3 个固溶体 α、β、γ，因此在相图中形成 3 种不同类型的固相面：

(1) 3 个固溶体(α、β、γ)相区的固相面：$A'a_1aa_2A'$(α)、$B'b_1bb_2B'$(β)、$C'c_1cc_2C'$(γ)，它们分别是在液相全部消失的条件下，L→α、L→β、L→γ 等两相平衡转变结束的曲面。

(2) 一个三元共晶面：abc。

(3) 3 个二元共晶转变结束面：a_1abb_1(α+β)、b_2bcc_2(β+γ)、c_1caa_2(γ+α)，它们分别表示二元共晶转变：L→α+β、L→β+γ、L→γ+α 至此结束，并分别与 3 个两相区相邻接，如图 5.28 所示。

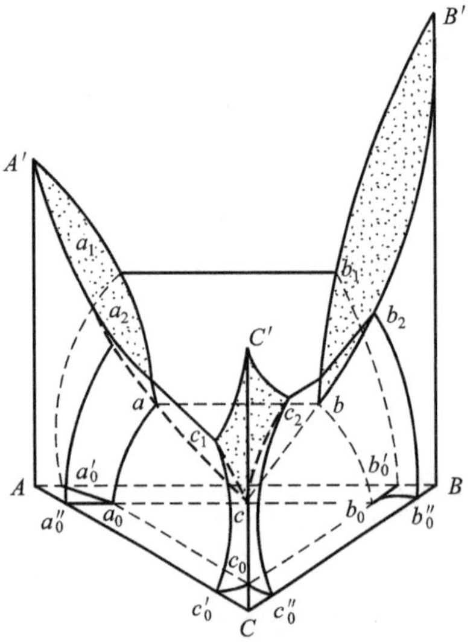

图 5.28　三元共晶相图中的固相面

3）二元共晶区

图 5.27 中所示的二元共晶区即三相区共有 3 组，每组构成一个三棱柱体，每个三棱柱体是一个三相平衡区。图 5.29 画出了三元共晶相图中 4 个三个相区和部分两相区。在L＋α＋β三相平衡棱柱中，其 $a_1aEe_1a_1$ 和 $b_1bEe_1b_1$ 是二元共晶开始面，当液相冷至与此二曲面相交时，开始发生二元共晶转变 L→α＋β，a_1abb_1 是二元共晶转变结束面(同时也是一个固相面)。三棱柱体的底面是三元共晶转变的水平面，上端封闭成一条水平线。三棱柱体的 3 条棱边 e_1E、a_1a、b_1b 分别是三相 L、α 和 β 的成分变温线，即单变量曲线。

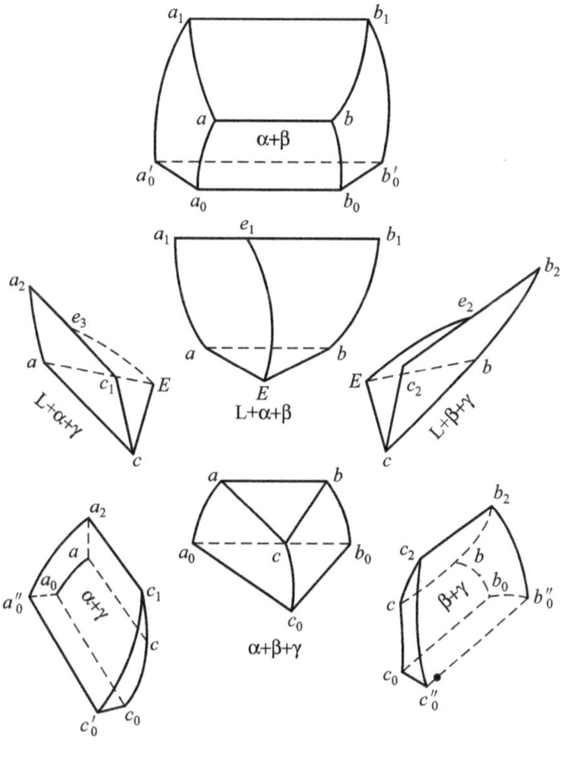

图 5.29 三元共晶相图中的两相区和三相区

另外两个三相平衡棱柱与此大致相同。从图 5.27 所示可以看出，$b_2bEe_2b_2$ 和 $c_2cEe_2e_2$ 为(β＋γ)的二元共晶转变开始面，b_2bcc_2 为(β＋γ)二元共晶转变结束面。3 个曲面构成的三棱柱体是 L＋β＋γ 的三相平衡区，b_2b、c_2c、e_2E 分别是 β、γ 和 L 相的单变量曲线。$c_1cEe_3c_1$ 和 $a_2aEe_3a_2$ 是(γ＋α)二元共晶转变的开始面，a_2acc_1 是其转变结束面，3 个曲面所构成的三棱柱体是 γ＋α＋L 的三相平衡区。c_1c、a_2a、e_3E 分别是 γ、α 和 L 相的单变量曲线。

4）溶解度曲面

在 3 个二元共晶相图中，各有两条溶解度(或固溶度)曲线，如 $a_1a'_0$、$b_1b'_0$等。随着温度的降低，固溶体的溶解度下降，从中析出次生相。在三元相图中，由于第三组元的加入，溶解度曲线变成了溶解度曲面，随着温度的降低，同样将从固溶体中析出次生相来，这些溶解度曲面的存在，是三元合金进行热处理强化的重要依据。

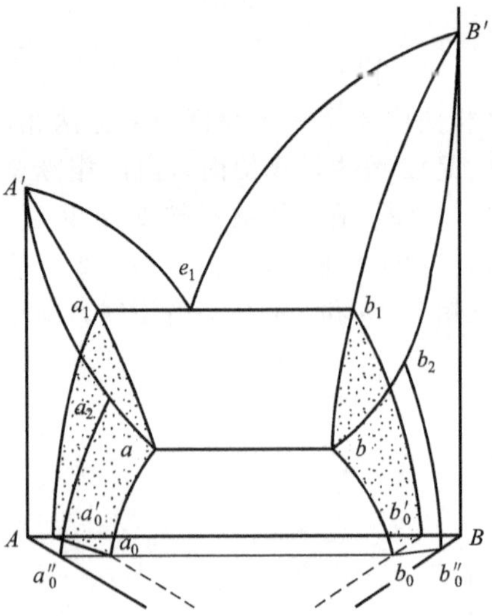

图 5.30 α和β相的溶解度曲面

图 5.30 所示为 α 和 β 两个溶解度曲面：$a_1aa_0a_0'a_1$ 和 $b_1bb_0b_0'b_1$，其中的 a 点表示组元 B 和 C 在 α 相中的溶解度极限，a_0 表示组元 B 和 C 在 α 相中于室温时的溶解度极限；b 点表示组元 A 和 C 在 β 相中的溶解度极限，b_0 表示 A、C 两组元在室温 β 相中的溶解度极限。通过上述一对溶解度曲面，分别发生脱溶转变：

$$\alpha \rightarrow \beta_{\mathrm{II}} \quad \beta \rightarrow \alpha_{\mathrm{II}}$$

这样的溶解度曲面还有 4 个，即 $b_2bb_0b_0''b_2$、$c_2cc_0c_0''c_2$、$c_1cc_0c_0'c_1$、$a_2aa_0a_0''a_2$。

此外，aa_0、bb_0、cc_0 分别为两两溶解度曲面的交线，它们又是三相平衡区 α+β+γ 三棱柱体的 3 个棱边(图 5.29)，是 α、β、γ 三相的成分变温线，即单变量曲线。成分相当于 aa_0 线上的 α 固溶体，当温度降低时，将从 α 相中同时析出 β_{II} 和 γ_{II} 两种次生相。同样，相当于 bb_0、cc_0 线上的合金，当温度降低时，也分别从 β 和 γ 相中同时析出 $\gamma_{\mathrm{II}}+\alpha_{\mathrm{II}}$ 和 $\alpha_{\mathrm{II}}+\beta_{\mathrm{II}}$ 两种次生相，所以又称这 3 条线为同析线。

5）相区

该相图共有 4 个单相区，即液相区 L 和 α、β、γ3 个单相固溶体区。有 6 个两相区，即 L+α、L+β、L+γ；α+β、β+γ、γ+α。有 4 个三相区，其中位于三元共晶面之上的有 3 个：L+α+β、L+β+γ、L+γ+α；位于三元共晶面之下的有一个：α+β+γ。此外，还有一个四相共存区：L+α+β+γ，三角形的顶点是 3 个固相的成分点，液相的成分点位于三角形之中。

2. 等温截面

图 5.31 所示为该相图在几个不同温度时的等温截面。从图中可以看出，二元相图中的相区接触法则对三元相图同样适用：即相图中相邻相区平衡相的数目总是相差一个。此外，单相区与两相区的相界线往往是曲线，而两相区与三相区的相界线则是直线。三相区总是呈直边三角形，三角形的 3 个顶点与 3 个单相区相连，这 3 个顶点就是该温度下 3 个平衡相的成分点。利用杠杆定律和重心法则可以计算两相平衡及三相平衡时的平衡相的含量。如合金 O 在 $T=t_{c_2}$ 温度时处于 L+α+β 三相平衡状态，3 个相的成分分别为 z、x、y，根据重心法则由图 5.31(e)可知合金 O 中三相的相对含量为

$$w_{\mathrm{L}}=\frac{Oq}{zq}\times 100\%$$

$$w_{\alpha}=\frac{Ot}{xt}\times 100\%$$

$$w_{\beta}=\frac{Os}{ys}\times 100\%$$

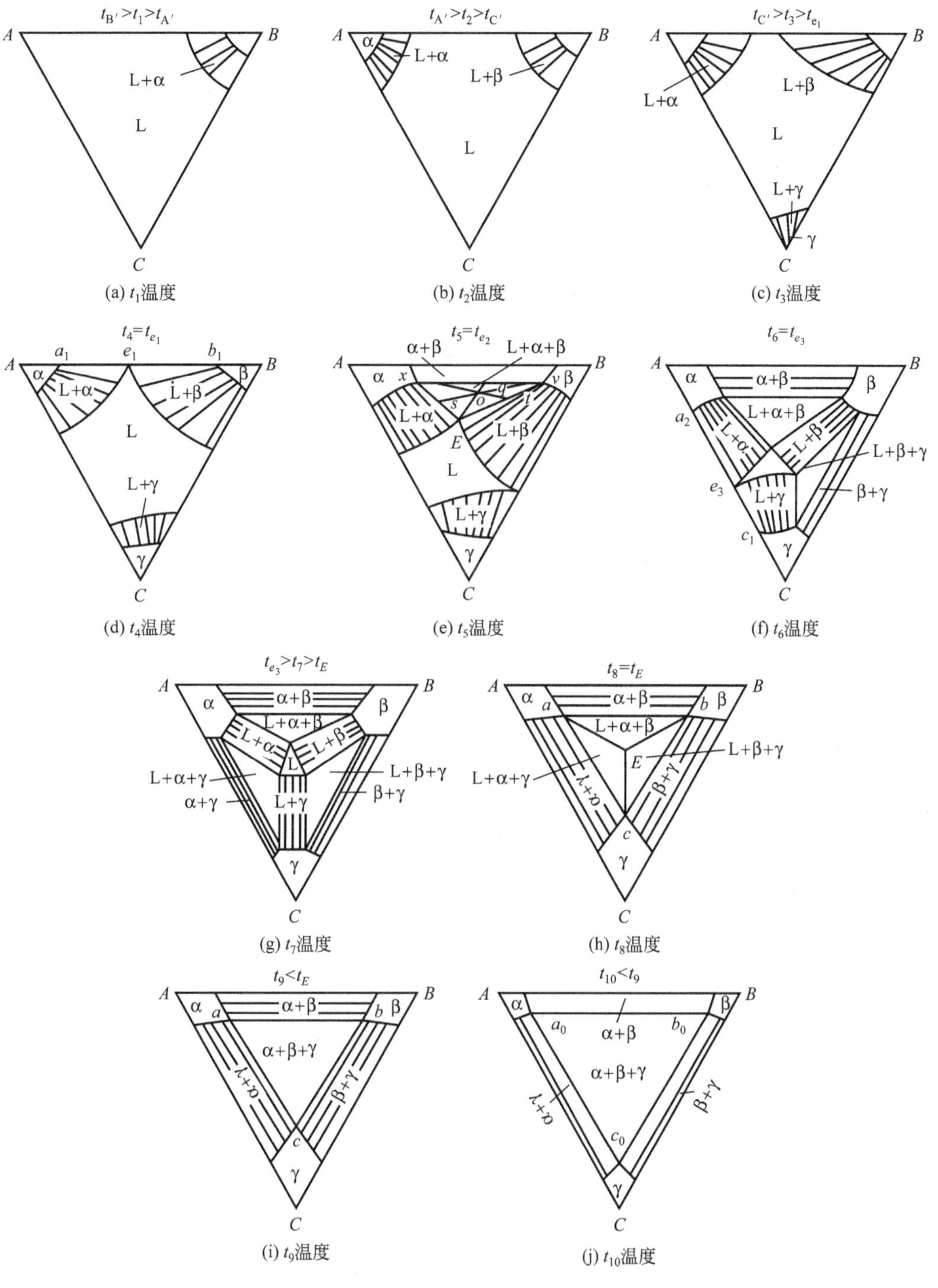

图 5.31 共晶相图的一些等温截面

3. 变温截面

图 5.32 所示为图 5.27 的两个变温截面图，两个截面在成分三角形的位置如图 5.32(c) 所示。从这两变温截面图中可以清楚地看出共晶型相图的典型特征：凡截到四相平衡平面

(三元共晶面)时，在变温截面中形成水平线；在该水平线之上，有 3 个三相平衡区，在水平线之下，有一个由 3 个固相组成的三相平衡区。如果未截到四相平衡平面，但截到了三相(L＋α＋β)共晶转变的开始面($a_1aEe_1a_1$、$b_1bEe_1b_1$)和共晶转变结束面($a_1b_1baa_1$)(图 5.28)，则形成顶点朝上的曲边三角形，这是三相共晶(二元共晶)平衡区的典型特征。

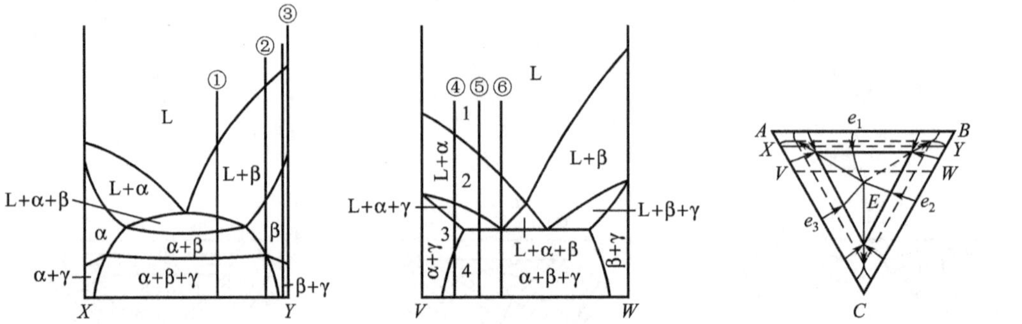

(a) XY 变温截面　(b) VW 变温截面　(c) XY 和 VW 在成分三角形中的位置

图 5.32　三元共晶相图的变温截面

利用变温截面分析合金的结晶过程显得很方便。如图 5.32(b)中所示的合金 p，从 1 点开始结晶出初晶 α，至 2 点开始进入三相区，发生 L→α＋γ 二元共晶转变，冷至 3 点，二元共晶转变结束，进入 α＋γ 两相区。在 4 点以下，由于溶解度的变化而进入三相区，析出二次相，室温组织为 α＋(α＋γ)＋少量次生相 β_{II}。

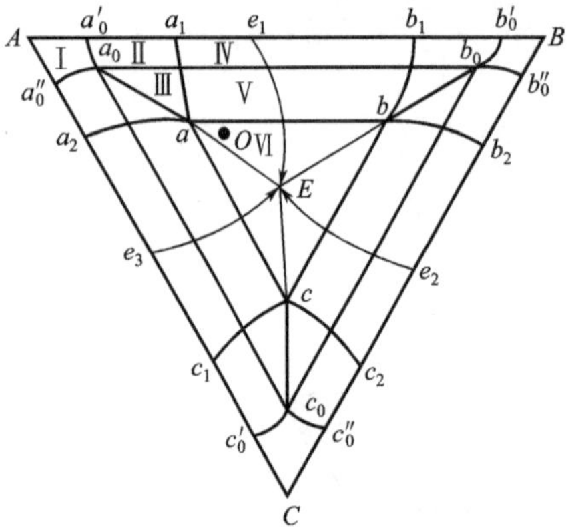

图 5.33　三元共晶相图投影图

4. 投影图

固态有溶解度的三元共晶相图的投影图如图 5.33所示。图中的 e_1E、e_2E、e_3E 是 3 条二元共晶转变线的投影，箭头表示从高温到低温的方向。这 3 条线把液相面分成 3 个部分，即 Ae_1Ee_3A、Be_1Ee_2B、Ce_2Ee_3C，合金冷却到这 3 个液相面时将分别从液相中结晶出初晶 α、β 和 γ 相。α、β 和 γ 3 个单相区的固相面投影分别为 Aa_2aa_1A、Bb_1bb_2B、Cc_2cc_1C。

在分析立体模型时曾经指出，三相平衡区的立体模型是三棱柱体，3 条棱边是 3 个相的成分随温度而变化的曲线，即单变量线。从投影图中可以看出，e_1E、a_1a、b_1b 分别为 L＋α＋β 三相区中 3 个相的单变量线，箭头表示从高温到低温的走向。L＋β＋γ 三相区中的 3 个相的单变量线分别为 e_2E、b_2b、c_2c。L＋γ＋α 三相区中 L、γ、α 的单变量线为 e_3E、c_1c 和 a_2a。这 3 个三相平衡区分别起始于二元系的共晶转变线 a_1b_1、b_2c_2 和 c_1a_2，终止于四相共存平面上的连接线三角形：△abE、△bcE、△cEa。

投影图中间的三角形 abc 是四相平衡共晶平面。在这里发生四相平衡共晶转变之后，形成 α＋β＋γ 三相平衡区(图 5.29)。该三相平衡区的上底面是连接三角形 abc，下底面是连接三角形 $a_0b_0c_0$。α、β、γ 三相的单变量线分别是 aa_0、bb_0、cc_0。a 单相区的极限区域是 Aa_1aa_2A，β 和 γ 单相区的极限区域分别为 Bb_1bb_2B 和 Cc_1cc_2C。α、β、γ 在室温下的单

相区域分别为 $Aa_0'a_0a_0''A$、$Bb_0'bb_0''B$、$Cc_0'c_0c_0''C$。

投影图中的所有单变量线都用箭头表示其从高温到低温的走向。可以看出，3 条液相单变量线都自高温而下聚于四相平衡共晶转变点 E，这是三元共晶型转变投影图的共同特征。

下面以合金 O 为例，分析合金的结晶过程。当合金缓冷至与 Ae_1Ee_3A 液相面相交时，开始从液相中结晶出初晶 α，随着温度的不断降低，α 相数量不断增多，液相 L 和固相 α 的成分分别沿着液相面和固相面呈蝴蝶形规律变化，这一过程与三元匀晶合金相同。当合金冷却到与二元共晶曲面 $a_1e_1Eaa_1$ 相交时，进入 L+α+β 三相平衡区，并发生 L→α+β 共晶转变，在转变过程中，液相的成分沿 e_1E 变化，α 相和 β 相的成分相应地沿 a_1a 和 b_1b 变化。当温度到达四相平衡共晶温度 t_E 时，液相的成分为 L_E，α 和 β 相的成分为 α_a 和 β_b，发生四相平衡共晶转变 $L_E \rightarrow \alpha_a + \beta_b + \gamma_c$，直至液相全部消失为止。此时合金的组织为：初晶 α+二元共晶体(α+β)+三元共晶体(α+β+γ)。

继续降温时，α、β、γ 相的成分分别沿 aa_0、bb_0、cc_0 变化，由于溶解度的改变，这 3 条曲线又都是同析线，即从每个固相中不断地析出另外两相，这个转变可以表示为

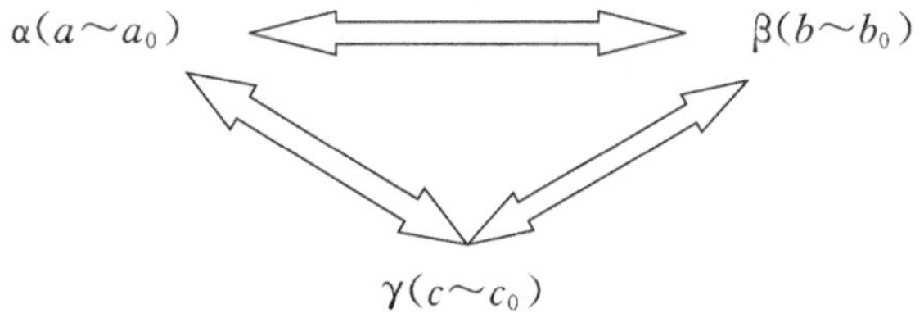

可以用同样的方法分析其他合金的结晶过程，图 5.33 中所标注的 6 个区域，可以反映该三元系各种类型合金的凝固特点，它们的平衡结晶过程及组织组成物和相组成物列于表 5-2 中。

表 5-2　三元共晶相图中合金结晶过程及其组织组成物与相组成物

区域	冷却通过的曲面	转　变	组织组成物	相组成物
Ⅰ	α 相液相面 Ae_1Ee_3A α 相固相面 Aa_1aa_2A	L→α α 相凝固完毕	α	α
Ⅱ	α 相液相面 Ae_1Ee_3A α 相固相面 Aa_1aa_2A α 相溶解度曲面 $a_1aa_0a_0'a_1$	L→$a_{初}$ α 相凝固完毕 α 相均匀冷却 $a \rightarrow \beta_{Ⅱ}$	$\alpha_{初}+\beta_{Ⅱ}$	α+β
Ⅲ	α 相液相面 Ae_1Ee_3A α 相固相面 Aa_1aa_2A α 相溶解度曲面 $a_1aa_0a_0'a_1$ 三相区(α+β+γ)侧面 aa_0b_0ba	L→$\alpha_{初}$ α 相凝固完毕 $\alpha \rightarrow \beta_{Ⅱ}$ $\alpha \rightarrow \beta_{Ⅱ}+\gamma_{Ⅱ}$	$\alpha_{初}+\beta_{Ⅱ}+\gamma_{Ⅱ}$	α+β+γ
Ⅳ	α 相液相面 Ae_1Ee_3A 三相平衡共晶开始面 $a_1aEe_1a_1$ 三相平衡共晶终了面 $a_1abb_1a_1$ 溶解度曲面 $a_1aa_0a_0'a_1$ 和 $b_1bb_0b_0'b_1$ 包含的 α+β 两相区	L→$\alpha_{初}$ L→α+β (α+β)共晶转变完毕 $\alpha \rightarrow \beta_{Ⅱ}$	$\alpha_{初}$+(α+β)+$\beta_{Ⅱ}$	α+β

（续）

区域	冷却通过的曲面	转　变	组织组成物	相组成物
Ⅴ	α相液相面 Ae_1Ee_3A 三相平衡共晶开始面 $a_1aEe_1a_1$ 三相平衡共晶终了面 $a_1abb_1a_1$ 溶解度曲面 $a_1aa_0a_0'a_1$ 和 $b_1bb_0b_0'b_1$ 包含的 α+β 两相区 三相区(α+β+γ)侧面 aa_0b_0ba	L→$α_{初}$ L→α+β (α+β)共晶转变完毕 α→$β_{Ⅱ}$ α→$β_{Ⅱ}+γ_{Ⅱ}$	$α_{初}$+(α+β)+ $β_{Ⅱ}+γ_{Ⅱ}$	α+β+γ
Ⅵ	α相液相面 Ae_1Ee_3A 三相平衡共晶开始面 $a_1aEe_1a_1$ 四相相平衡共晶面 abc 进入三相区(α+β+γ)	L→$α_{初}$ L→α+β L→α+β+γ α→$β_{Ⅱ}+γ_{Ⅱ}$	$α_{初}$+(α+β)+ (α+β+γ)+ $β_{Ⅱ}+γ_{Ⅱ}$	α+β+γ

5.5 三元合金相图实例分析

5.5.1 Fe-C-Si 三元系的变温截面

工业上广泛应用的灰铸铁，主要是在铁碳合金的基础上加入促进石墨化元素 Si 所组成，Fe-C-Si 三元系的变温截面是对灰铸铁进行组织分析和制定热加工工艺的重要依据。图 5.34 所示为 w_{Si} 为 2.4%的 Fe-C-Si 三元相图的变温截面，在成分三角形中它是平行于 Fe-C 边的。

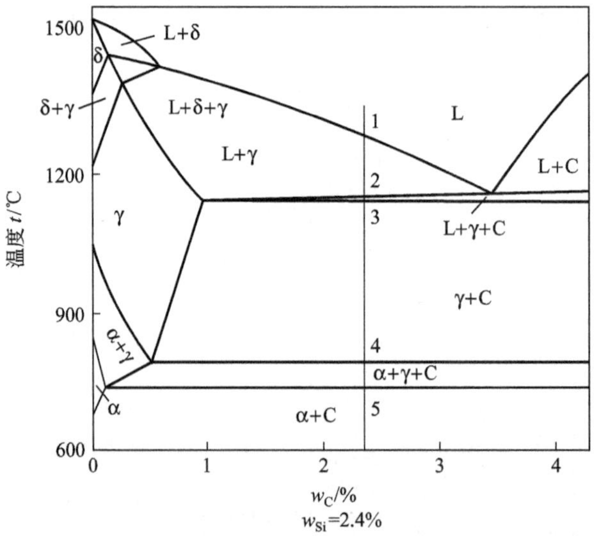

图 5.34 Fe-C-Si 三元系变温截面

在这个截面中有 4 个单相区：液相 L、铁素体 α、高温铁素体 δ 和奥氏体 γ。此外还有 7 个两相区：L+δ、δ+γ、L+γ、L+C、γ+C、α+γ、α+C。3 个三相区：L+δ+γ、L+γ+C、α+γ+C。相邻相区的相数差为 1。

图中左上部的 L+δ+γ 三相区，呈曲边三角形。这个三角形上方一条边与 L+δ 两相区相邻，3 个顶点与 3 个单相区相接，其中三角形下方的顶点与单相区 γ 相接。转变是由一个液相和一个固相转变为另一个固相，说明合金冷却时在该区将发生 L+δ→γ 二元包晶转变，它与二元合金的包晶转变不同，它不是在恒温进行的，而是在一个温度区间进行的。

图中右上部的 L+γ+C 三相区，其上方顶点与液相 L 相接，其下方一条边与两相区 γ+C 相邻，转变是由一个液相过渡到两个固相，说明合金冷却时在该区将发生 L→γ+C 二元共晶转变。这种转变也是在一个温度区间进行的。

在图中下部 α+γ+C 三相区的温度范围内，用同样的方法可以判断，合金冷却时将发生 γ→α+C 二元共析转变。

在变温截面上，如果三相平衡区是一个曲边三角形，它的 3 个顶点与 3 个单相区相连，三角形的曲边与两相区相邻，那么三元系中三相平衡转变通常有共晶型和包晶型两类。随着温度降低，共晶型转变合金由单相区经过三相平衡区进入两相区；包晶型转变合金由两相平衡区经过三相区进入单相区。根据三相区的空间结构及相区接触法则，可以看出，在垂直截面上共晶型三相区三角形的一个顶点在上，它与反应相的相区相连，而在垂直截面上包晶型三相区三角形的一个顶点在下，一边在上，它与两个反应相的相区相连，如图 5.35 所示。

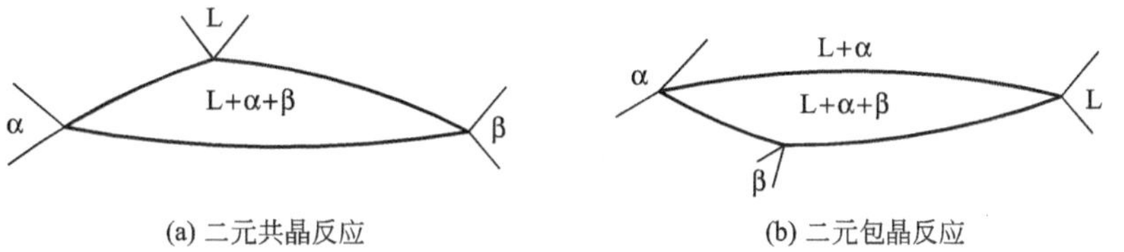

图 5.35　三相区的形状

现以图 5.34 所示的合金 Ⅰ 为例，分析其结晶过程。当温度高于 1 点时，合金处于液态，在 1～2 点温度之间发生匀晶转变，从液相中结晶出 γ，即 L→γ，在 2～3 点温度之间，发生共晶转变 L→γ+C，温度在 4～5 点之间发生共析转变 γ→α+C。在室温下该合金的组织为铁素体 α 和石墨 C 的混合物。

5.5.2　Fe-C-Cr 三元系的等温截面

工业上广泛应用的 Cr13 型不锈钢、高碳高铬冷作模具钢以及滚动轴承钢等均属 Fe-C-Cr 三元合金。

图 5.36 所示为 Fe-C-Cr 三元系在 1150℃的等温截面，C 和 Cr 的含量在这里是用直角坐标表示的。当研究的合金成分以一个组元为主，含其他两组元很少时，为了把这部分相图清楚地表示出来，常采用直角坐标系。

图中有 6 个单相区、9 个两相区和 4 个三相区。C_1、C_2 和 C_3 分别表示碳化物(Cr、

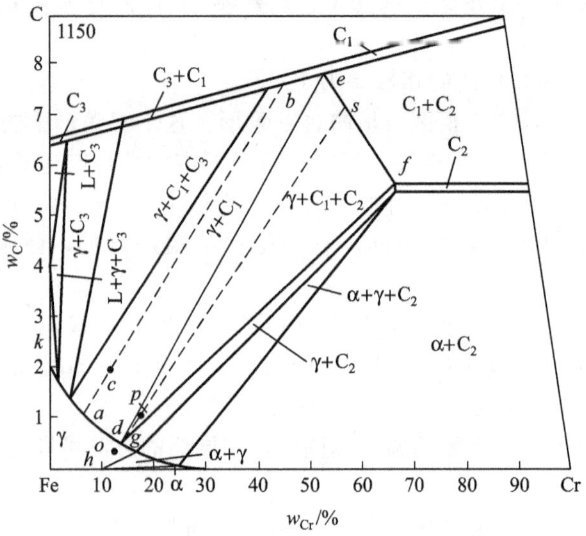

图 5.36 Fe－C－Cr 三元系的等温截面

$Fe)_7C_3$、$(Cr、Fe)_{23}C_6$、$(Cr、Fe)_3C$。

利用等温截面可以分析合金在该温度下的相组成，并可运用杠杆定律和重心法则计算各相的相对含量。下面以几个典型合金为例进行分析。

1. 2Cr13 不锈钢(Cr13%、C0.2%)

从 Fe－Cr 轴上 Cr13%处和 Fe－C 轴上 C0.2%处分别作坐标轴的垂线，两条垂线的交点 O 即为合金的成分点，O 点位于 γ 单相区内，表明该合金在 1150℃ 的组成相为单相奥氏体。

2. Cr12 模具钢(Cr13%、C2%)

合金的成分点 C 位于 $\gamma+C_1$ 两相区内，说明在 1150℃时该合金由 γ 相和$(Cr,Fe)_7C_3$ 两平衡相组成，为了计算相的含量，需要作出两平衡相间的连接线。近似的画法是将两条相界直线延长相交，自交点向 C 点连线，得到近似的连接线 abc。a 点是 γ 相在 1150℃的近似成分点，含 Cr 量约为 7%，含 C 量约为 0.85%，b 点是 C_1 相的近似成分点，含 Cr 量约为 47%，含 C 量约为 7.6%。

利用杠杆定律即可以求出两平衡相的相对含量：

$$w_\gamma=\frac{cb}{ab}\times 100\%=84.2\%$$

$$w_{C_1}=\frac{ac}{ab}\times 100\%=15.8\%$$

计算结果表明，加热至 1150℃时，Cr12 模具钢中有大约 15.8%的碳化物未溶入奥氏体。

3. Cr18 不锈钢(Cr18%、C1%)

合金的成分点 P 位于 $\gamma+C_1+C_2$ 三相区内，表明在 1150℃时该合金处于 γ、C_1、C_2

三相平衡状态，连接三角形的3个顶点def分别代表3个平衡相γ、C_1和C_2的成分。根据重心法则可以计算出3个相的相对含量。首先连接dp交ef于s点，则

$$w_{\gamma}=\frac{ps}{ds}\times 100\%$$

$$w_{C_1}=\frac{sf}{ef}(1-W_{\gamma})\times 100\%$$

$$w_{C_2}=\frac{es}{ef}(1-W_{\gamma})\times 100\%$$

5.6 三元相图小结

三元相图与二元相图相比，由于增加了一个成分变量(即成分变量是两个)，从而使相图形状变得更加复杂。

根据相律，在不同状态下，三元系的平衡相数可以从单相至四相。三元系中的相平衡和相区特征归纳如下。

1. 单相状态

当三元系处于单相状态时，根据吉布斯相律可算得其自由度为$f=4-1=3$，它包括一个温度变量和两个相成分的独立变量。在三元相图中，自由度为3的单相区占据了一定的温度和成分范围，在这个范围内温度和成分可以独立变化，彼此间不存在相互制约的关系。它的截面可以是各种形状的平面图形。

2. 两相平衡

三元系中两相平衡区的自由度为2，这说明，除了温度之外，在共存两相的组成方面还有一个独立变量，即其中某一相的某一个组元的含量是独立可变的，而这一相中另两种组元的含量，以及第二相的成分都随之被确定，不能独立变化。在三元系中，一定温度下的两个平衡相之间存在着共轭关系。无论在垂直截面还是水平截面，都有一对曲线作为其与两个单相区之间的界线。

两相区与三相区的界面由不同温度下两个平衡相的共轭线组成，因此在水平截面中，两相区以直线与三相区隔开，这条直线就是该温度下的一条共轭线。

3. 三相平衡

三相平衡时系统的自由度为1，即温度和各相成分只有一个是可以独立变化的。这时系统称为单变量系，三相平衡的转变称为单变量系转变。

三元系中三相平衡的转变有：

(1) 共晶型转变Ⅰ↔Ⅱ+Ⅲ，包括：

共晶转变 $L\leftrightarrow\alpha+\beta$

共析转变 $\gamma\leftrightarrow\alpha+\beta$

偏晶转变 $L_1\leftrightarrow L_2+\alpha$

$$\text{熔晶转变 } \gamma \leftrightarrow L+\alpha$$

(2) 包晶型转变Ⅰ＋Ⅱ↔Ⅲ，包括：

$$\text{包晶转变 } L+\alpha \leftrightarrow \beta$$

$$\text{包析转变 } \alpha+\gamma \leftrightarrow \beta$$

$$\text{合晶转变 } L_1+L_2 \leftrightarrow \alpha$$

在空间模型中，随着温度的变化，3个平衡相的成分点形成3条空间曲线，称为单变量线。每两条单变量线中间是一个空间曲面，3条单变量线构成一个空间不规则的三棱柱体，其棱边与单相区连接，其柱面与两相区接壤。这个三棱柱体可以开始或终止于二元系的三相平衡线，也可以开始或终止于四相平衡的水平面。图5.15和图5.27中所示的包含液相的三相区都起始于二元系的三相平衡线而终止于四相平面。

任何三相空间的水平截面都是一个共轭三角形，顶点触及单相区，连接两个顶点的共轭线就是三相区和两相区的相区边界线。三角空间的垂直截面一般都是一个曲边三角形。

以合金冷却时发生的转变为例，无论发生何种三相平衡转变，三相空间中反应相单变量线的位置都比生成相单变量线的位置要高，因此其共轭三角形的移动都是以反应相的成分点为前导的，在垂直截面中，则应该是反应相的相区在三相处的上方，生成相的相区在三相区的下方。具体来说，对共晶型转变($L\rightarrow\alpha+\beta$)，因为反应相是一相，所以共轭三角形的移动以一个顶点领先，如图5.37(a)所示。共晶转变时三相成分的变化轨迹为从液相成分作切线和αβ边相交，三相区的垂直截面则是顶点朝上的曲边三角形(图5.19和图5.32)；对于包晶型转变($L+\beta\rightarrow\alpha$)，因为反应相是两相，生成相是一相，所以共轭三角形的移动是以一条边领先，如图5.37(b)所示。包晶转变时的三相浓度的变化轨迹为从液相成分作切线只和αβ线的延长线相交，而从α相成分作切线则和$L\beta$边相交，三相区的垂直截面则是底边朝上的曲边三角形。

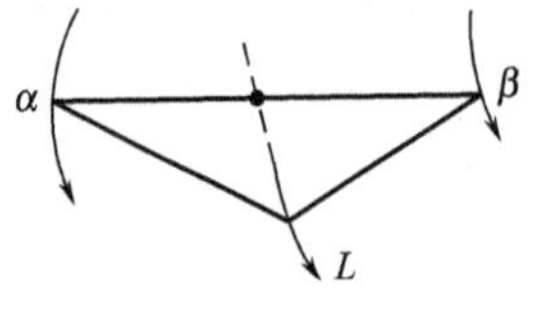

(a) 共晶三角形移动规律

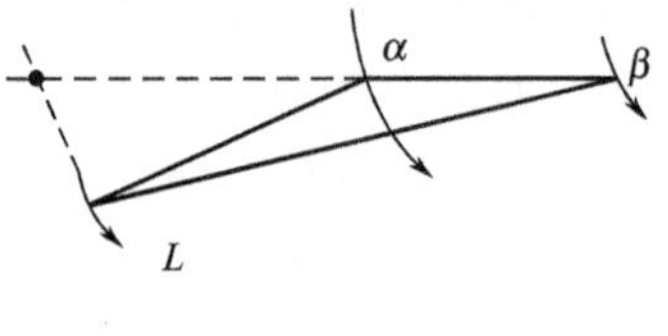

(b) 包晶三角形移动规律

图5.37 共晶、包晶三角形移动规律

4. 四相平衡

根据相律，三元系四相平衡的自由度为零，即平衡温度和平衡相的成分都是固定的。

三元系中四相平衡转变大致可分为3类：

(1) 共晶型转变Ⅰ↔Ⅱ＋Ⅲ＋Ⅳ，包括：

$$\text{共晶转变 } L \leftrightarrow \alpha+\beta+\gamma$$

$$\text{共析转变 } \delta \leftrightarrow \alpha+\beta+\gamma$$

(2) 包共晶型转变Ⅰ＋Ⅱ↔Ⅲ＋Ⅳ，包括：

包共晶转变 L＋α↔β＋γ

包共析转变 δ＋α↔β＋γ

(3) 包晶型转变Ⅰ＋Ⅱ＋Ⅲ↔Ⅳ，包括：

包晶转变 L＋α＋β↔γ

包析转变 δ＋α＋β↔γ

表 5-3　三元系中的四相平衡转变

转变类型	L→α＋β＋γ	L→α＋β＋γ	L→α＋β＋γ
转变前的三相平衡	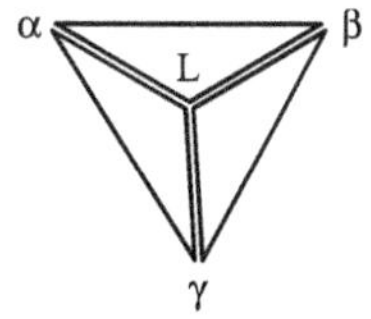	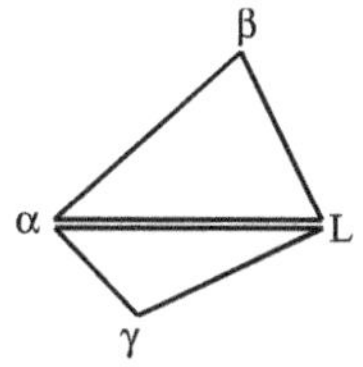	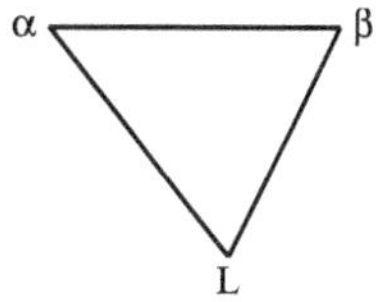
四相平衡	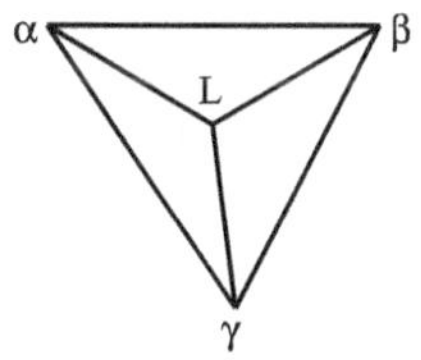	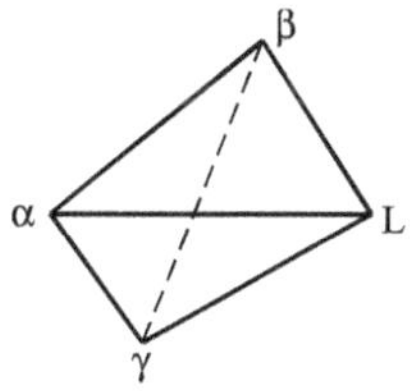	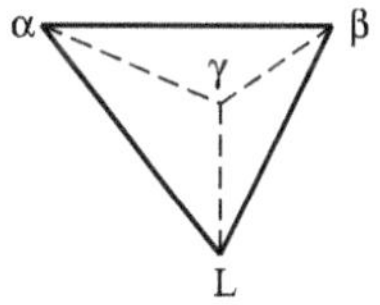
转变后的三相平衡	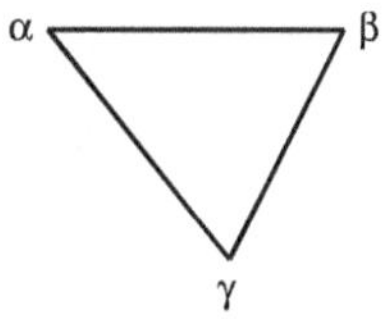	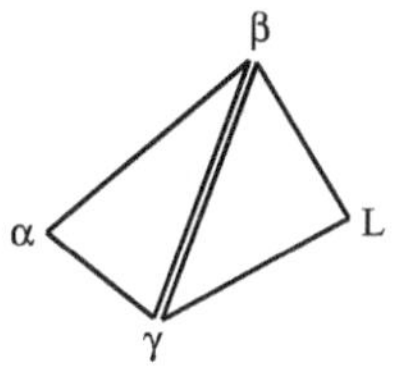	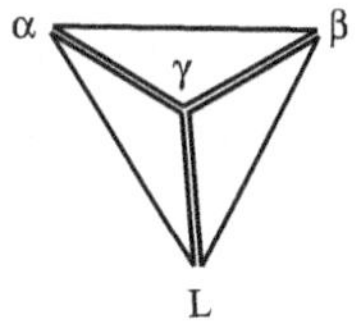
液相面交线的投影	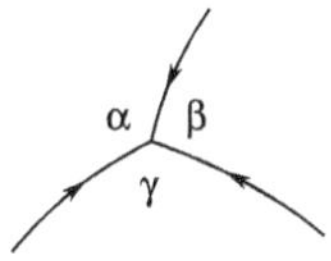	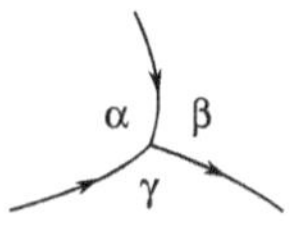	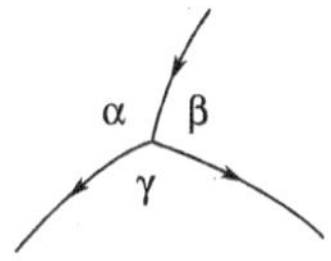

四相平衡区在三元相图中是一个水平面，在垂直截面中是一条水平线。

四相平面以 4 个平衡相的成分点分别与 4 个单相区相连；以 2 个平衡相的共轭线与两相区为界，共与 6 个两相区相邻；同时又与 4 个三相区以相界面相隔。各种类型四相转变平面与周围相区的空间结构关系如图 5.38 所示。

各种类型四相平面的空间结构各不相同，这就是说，在四相转变前后合金系中可能存在的三相平衡是不一样的，同时，各种单变量线的空间走向也不相同。因此，只要根据四相转变前后的三相空间，或者根据单变量线的走向，就可以判断四相平衡转变的类

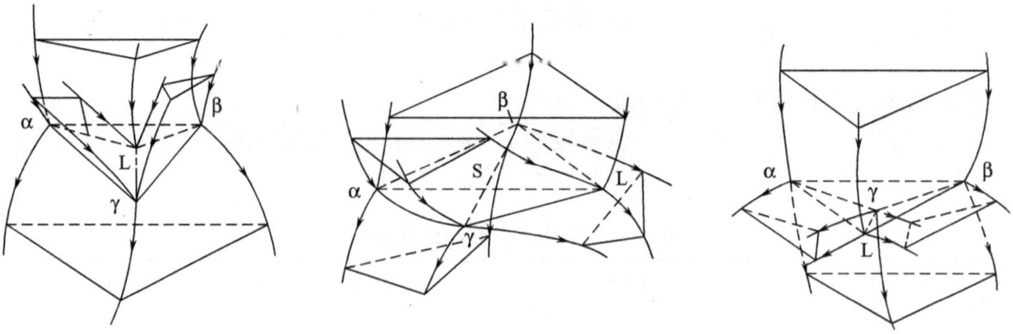

(a) L→α+β+γ　　(b) L+α→β+γ　　(c) L+α+β→γ

图 5.38　3 种四相平衡区的空间结构

型。表 5-3 中列出了各种四相平衡转变的特点(单变量线投影以液相面交线为例)。

最后还需说明的是本章讨论的是三元系相图，但实际上有不少材料的组元数目会超过 3 个，如果组元数增加到 4 个、5 个甚至更多个，就不可能用空间模型来直接表示它们的相组成随温度和成分的变化规律。通常可把系统的某些组元的含量固定，使其成分只剩一个，最多两个自变量，利用实验或计算的方法，绘制出由温度轴和成分轴为坐标的二维或三维图形，其分析和使用方法，与前面讨论的二元和三元相图相似。我们称这样的相图为伪二元或伪三元相图。

习　题

1. 比较二元相图和三元相图的异同。

2. 试说明三元相图的变温截面、等温截面、投影图的作用及局限性。

3. 根据下图所示 Fe-W-C 三元系的低碳部分的液相面的投影图，试标出所有四相反应。

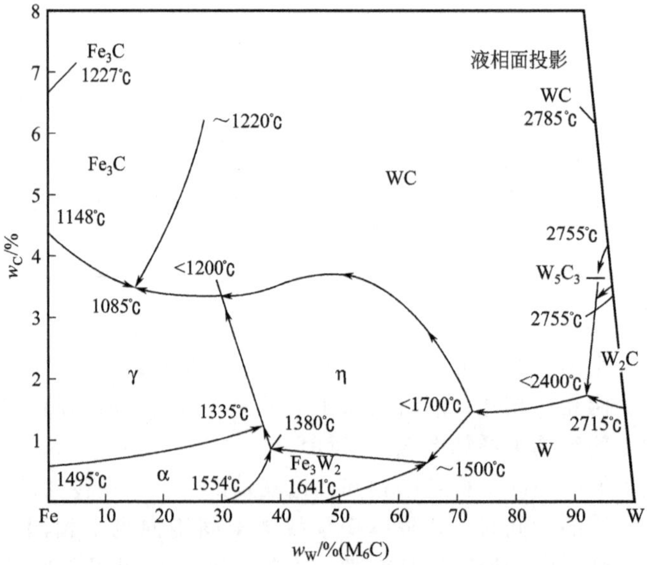

4. 三元共晶相图的投影图如下图所示，试说明合金 K 的平衡结晶过程，并写出该合金的室温平衡组织。

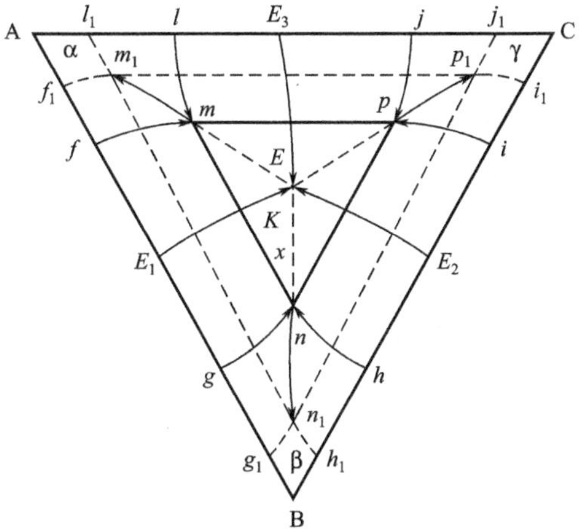

第6章 固体金属中的扩散

本章教学要点

知识要点	掌握程度	相关知识
表象理论	重点掌握菲克第一定律和菲克第二定律的概念，定义以及应用； 理解柯肯达尔效应； 理解反应扩散的意义及应用	扩散的意义； Fe－N相图分析
扩散的热力学分析	理解扩散驱动力； 重点掌握上坡扩散	扩散原子迁移率
扩散的原子理论及影响扩散的因素	理解几种扩散机制； 重点掌握扩散系数以及扩散激活能； 能分析影响扩散的几个因素	扩散激活能的概念； 温度对原子跳跃频率的影响

扩散是物质中原子或分子由于热运动而引起的物质宏观迁移现象，是物质间的一种传递过程。在气体和液体中，除扩散之外，物质的传递还可以通过对流的方式进行；而在固体中，扩散是唯一的物质迁移方式。就原子(或离子)的运动而论，在固体中扩散主要以两种方式进行：一种是大量原子集体的协同运动，也称机械运动，如滑移、孪生、马氏体相变；另一种是无规则的热运动，其中包括热振动和跳跃迁移。在金属中发生的许多变化过程都与扩散有密切的关系。例如，金属铸件的凝固及均匀化退火，冷变形金属的回复和再结晶，材料的固态相变，陶瓷或粉末冶金的烧结，高温蠕变以及各种表面处理等等，都与扩散密切相关。要深入地了解这些过程，就必须先掌握有关扩散的基本规律。研究扩散一般有两种方法：一是表象理论——根据所测量的参数描述物质传输的速率和数量等；二是原子理论——扩散过程中原子是如何迁移的。本章主要讨论固体金属中扩散的一般规律、扩散的影响因素和扩散机制等内容。

6.1 表象理论

6.1.1 菲克第一定律

将两根不同溶质浓度的固溶体合金棒料对焊，加热到高温，则溶质原子将从质量浓度较高的一端向质量浓度较低的一端扩散，并沿长度方向形成质量浓度梯度。若在扩散过程中各处的质量浓度 ρ 只随距离 x 变化，不随时间 t 变化，那么，单位时间通过单位垂直截面的扩散物质量(扩散流量) J 对于各处都相等，即每一时刻从左边扩散来多少原子，就向右边扩散走多少原子，没有盈亏，所以质量浓度不随时间变化。将这种扩散称为稳态扩散。

菲克(A. Fick)于1855年通过实验获得了关于稳态扩散的第一定律，定律指出：扩散中原子的通量与质量浓度梯度成正比，即

$$J=-D\frac{\mathrm{d}\rho}{\mathrm{d}x} \tag{6-1}$$

式中，J 为扩散通量，表示单位时间内通过垂直于扩散方向 x 的单位面积的扩散物质质量，单位为 $\mathrm{kg/(m^2 \cdot s)}$；$D$ 为扩散系数，单位为 $\mathrm{m^2/s}$；ρ 是质量浓度，单位为 $\mathrm{kg/m^3}$；式中负号表示物质的扩散方向与质量浓度梯度 $\mathrm{d}\rho/\mathrm{d}x$ 方向相反，即表示物质从高的质量浓度区向低的质量浓度区方向迁移。

菲克第一定律描述了一种稳态扩散，即质量浓度不随时间而变化。实际上，稳态扩散的情况很少，大部分属于非稳态扩散过程，这类过程可以由菲克第二定律来处理。

6.1.2 菲克第二定律

由于实际中的扩散过程多属与时间因素有关的非稳态扩散，因此，在处理扩散问题时，除应结合菲克第一定律外，通常可以根据扩散物质的质量平衡关系建立反映非稳态扩散的偏微分方程，即菲克第二定律的数学表达式及其在具体扩散条件下的求解。菲克第二定律的推导过程如下：

在具有一定溶质浓度梯度的固溶体合金棒中(截面均为A)，沿扩散方向的x轴垂直截取一个微体积元$\mathrm{d}xA$，并以J_1、J_2分别表示流入和流出该微体积元的扩散通量，如图6.1所示。根据扩散物质的质量平衡关系，流经微体积元的质量变化为

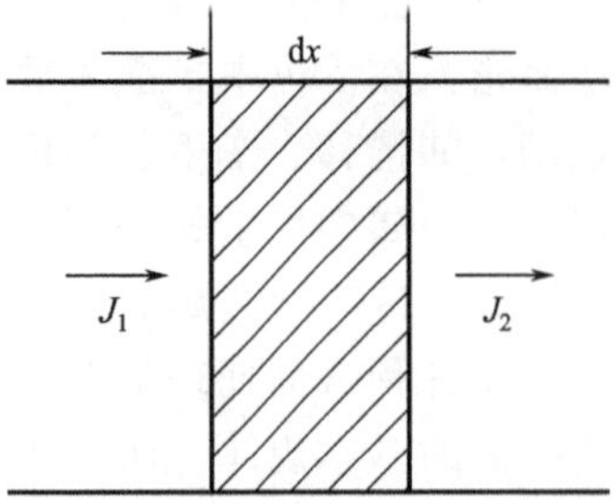

图6.1 在微体积元中扩散的质量平衡

流入质量－流出质量＝积存质量

或 流入速率－流出速率＝积存速率

可见，流入速率为J_1A，流出速率为$J_2A=J_1A+\frac{\partial(JA)}{\partial x}\mathrm{d}x$，则在微体积元中的积存速率为

$$J_1A-J_2A=-\frac{\partial J}{\partial x}A\,\mathrm{d}x$$

该积存速率也可用体积元中扩散物质质量浓度随时间的变化率来表示，因此可得

$$\frac{\partial\rho}{\partial t}A\cdot\mathrm{d}x=-\frac{\partial J}{\partial x}\cdot A\cdot\mathrm{d}x$$

$$\frac{\partial\rho}{\partial t}=-\frac{\partial J}{\partial x}$$

将菲克第一定律代入上式，可得

$$\frac{\partial\rho}{\partial t}=\frac{\partial}{\partial x}\left(D\,\frac{\partial\rho}{\partial x}\right) \tag{6-2}$$

该方程称为菲克扩散第二定律或扩散第二定律。如果扩散系数D与浓度无关，则上式可简化为

$$\frac{\partial\rho}{\partial t}=D\,\frac{\partial^2\rho}{\partial x^2} \tag{6-3}$$

考虑三维扩散的情况，并进一步假定扩散系数是各向同性的(立方晶系)，则菲克第二定律普遍式为

$$\frac{\partial\rho}{\partial t}=D\left(\frac{\partial^2\rho}{\partial x^2}+\frac{\partial^2\rho}{\partial y^2}+\frac{\partial^2\rho}{\partial z^2}\right) \tag{6-4}$$

式中，若D在三维方向不同时，应分别表示。

从以上的扩散定律中可以看出，扩散是由于浓度梯度所引起的，这样的扩散称为化学扩散；另一方面，我们把不依赖于浓度梯度，而仅由热振动而产生的扩散称为自扩散，其由D_s表示。自扩散系数的定义可由式(6.1)得出：

$$D_s=\lim_{\left(\frac{\partial\rho}{\partial x}\to 0\right)}\left(\frac{-J}{\frac{\partial\rho}{\partial x}}\right) \tag{6-5}$$

式(6－5)表示合金中某一组元的自扩散系数是它的质量浓度梯度趋于零时的扩散系数。

6.1.3 菲克第二定律的应用

对于非稳态扩散，则可根据具体扩散问题对菲克第二定律进行求解。由于各种扩散过程及其试样浓度分布的初始条件与边界条件不同，$\rho=f(x,t)$偏微分方程的解存在不同的数学表达式。下面介绍几种较简单而实用的方程解。

1. 无限长棒中的扩散

如图 6.2 所示，将两根很长且截面均匀的合金棒 A、B 对焊在一起，组成一对扩散偶，焊接面垂直于 x 轴。棒 A 的质量浓度为 ρ_1，棒 B 的溶质浓度为 ρ_2，且有 $\rho_1<\rho_2$。将此扩散偶加热保温，焊接面($x=0$)附近的质量浓度将发生不同程度的变化。图中的几条虚线表示不同扩散时间 t 时，焊棒中质量浓度沿 x 方向的分布。

通过解菲克第二定律，求扩散任意时间 t 后，沿棒 x 方向质量浓度 ρ 的分布函数表达式 $\rho=f(x, t)$。

因棒很长而使溶质从焊棒的一端扩散到另一端所需时间很长，所以可认为焊棒为无限长，即棒两端的溶质浓度不受扩散的影响而保持恒定，据此可得

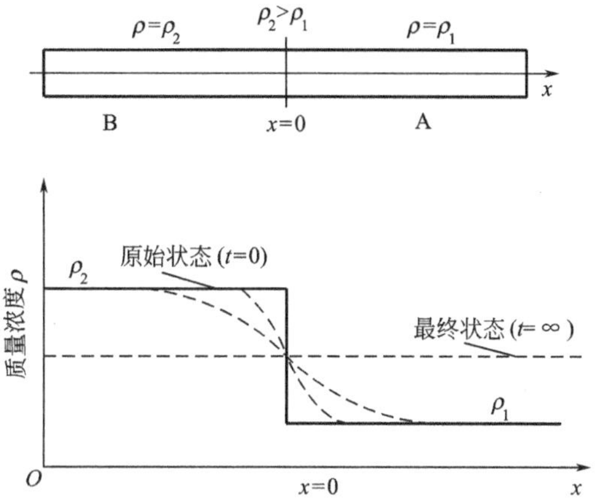

图 6.2 无限长棒中的扩散

初始条件为
$$t=0\begin{cases}x>0, & 则\ \rho=\rho_1\\ x<0, & 则\ \rho=\rho_2\end{cases}$$

边界条件为
$$t\geqslant 0\begin{cases}x=\infty, & 则\ \rho=\rho_1\\ x=-\infty, & 则\ \rho=\rho_2\end{cases}$$

为便于求解菲克第二定律， 设 $\beta=\dfrac{x}{2\sqrt{Dt}}$，代入式(6-3)，可得

$$\frac{\partial\rho}{\partial t}=\frac{\mathrm{d}\rho}{\mathrm{d}\beta}\frac{\partial\beta}{\partial t}=-\frac{\beta}{2t}\frac{\mathrm{d}\rho}{\mathrm{d}\beta}$$

$$\frac{\partial^2\rho}{\partial x^2}=\frac{\partial^2\rho}{\partial\beta^2}\left(\frac{\partial\beta}{\partial x}\right)^2=\frac{\partial^2\rho}{\partial\beta^2}\frac{1}{4Dt}$$

将上两式代入式(6-3)，得

$$-\frac{\beta}{2t}\frac{\mathrm{d}\rho}{\mathrm{d}\beta}=D\cdot\frac{1}{4Dt}\frac{\mathrm{d}^2\rho}{\mathrm{d}\beta^2}$$

或

$$\frac{\mathrm{d}^2\rho}{\mathrm{d}\beta^2}+2\beta\frac{\mathrm{d}\rho}{\mathrm{d}\beta}=0$$

此方程的解为

$$\rho=A\int_0^\beta\exp(-\beta^2)\mathrm{d}\beta+B \tag{6-6}$$

式中，A、B 均为积分常数。

由初始条件确定积分常数，当 $t=0$ 时，有

$$\begin{cases} x>0, & 则\ \rho=\rho_1,\ \beta=\dfrac{x}{2\sqrt{Dt}}=\infty \\ x<0, & 则\ \rho=\rho_2,\ \beta=\dfrac{x}{2\sqrt{Dt}}=-\infty \end{cases}$$

代入式(6-6)，则有

$$\rho_1=A\int_0^{\infty}\exp(-\beta^2)\mathrm{d}\beta+B \quad \rho_2=A\int_0^{-\infty}\exp(-\beta^2)\mathrm{d}\beta+B$$

根据高斯误差函数得

$$\int_0^{\infty}\mathrm{e}^{-\beta^2}\mathrm{d}\beta=\frac{\sqrt{\pi}}{2} \quad \int_0^{-\infty}\mathrm{e}^{-\beta^2}\mathrm{d}\beta=-\frac{\sqrt{\pi}}{2}$$

于是

$$\rho_1=A\frac{\sqrt{\pi}}{2}+B \quad \rho_2=-A\frac{\sqrt{\pi}}{2}+B$$

则

$$A=\frac{2(\rho_1-\rho_2)}{2\sqrt{\pi}} \quad B=\frac{\rho_1+\rho_2}{2}$$

代入式(6-6)得

$$\rho=\frac{\rho_1+\rho_2}{2}+\frac{\rho_1-\rho_2}{2}\frac{2}{\sqrt{\pi}}\int_0^{\beta}\mathrm{e}^{-\beta^2}\mathrm{d}\beta \tag{6-7}$$

把上式中 $\frac{2}{\sqrt{\pi}}\int_0^{\beta}\mathrm{e}^{-\beta^2}\mathrm{d}\beta$ 定义为误差函数 $\mathrm{erf}(\beta)$，即

$$\mathrm{erf}(\beta)=\frac{2}{\sqrt{\pi}}\int_0^{\beta}\mathrm{e}^{-\beta^2}\mathrm{d}\beta$$

误差函数具有下列性质：

$\mathrm{erf}(0)=0$

$\mathrm{erf}(\infty)=1$

$\mathrm{erf}(-\beta)=-\mathrm{erf}(\beta)$

则式(6-7)可改写为

$$\rho=\frac{\rho_1+\rho_2}{2}+\frac{\rho_1-\rho_2}{2}\mathrm{erf}\left(\frac{x}{2\sqrt{Dt}}\right) \tag{6-8}$$

上式反映了不同时间 t，扩散偶中质量浓度沿 x 方向的分布规律。若已知扩散中的 D、t、x 等参数，便可求得相应的 β 值。不同 β 值所对应的 $\mathrm{erf}(\beta)$ 值可查表(表6-1)求得，结合已知的 ρ_1、ρ_2 便可得到 ρ 值。由于 D 是温度的函数，即 $D=D_0\exp\left(-\frac{Q}{RT}\right)$，(其中 Q 为扩散激活能) 因此式(6-8)表示了扩散的温度、时间、位置和浓度四者之间的关系。

【例6-1】 求 $t>0$ 时，$x=0$ 处，焊接面上的 ρ。

解：因 $x=0$，故 $\beta=0$，查表6-1可得 $\mathrm{erf}(0)=0$，求得

$$\rho=\frac{\rho_1+\rho_2}{2}$$

可见，焊接面上的溶质浓度在扩散中恒定不变，与时间无关，为扩散前焊接面两边质量浓度的平均值。

表6-1 β与erf(β)的对应值(β为0～2.7)

β	0	1	2	3	4	5	6	7	8	9
0.0	0.0000	0.0113	0.0226	0.0338	0.0451	0.0564	0.0676	0.0789	0.0901	0.1013
0.1	0.1125	0.1236	0.1348	0.1459	0.1569	0.1680	0.1790	0.1900	0.2009	0.2118
0.2	0.2227	0.2335	0.2443	0.2550	0.2657	0.2763	0.2869	0.2974	0.3079	0.3183
0.3	0.3286	0.3389	0.3491	0.3593	0.3694	0.3794	0.3893	0.3992	0.4090	0.4187
0.4	0.4284	0.4380	0.4475	0.4569	0.4662	0.4755	0.4847	0.4937	0.5027	0.5117
0.5	0.5205	0.5292	0.5379	0.5465	0.5549	0.5633	0.5716	0.5798	0.5879	0.5959
0.6	0.6039	0.6117	0.6194	0.6270	0.6346	0.6420	0.6494	0.6566	0.6638	0.6708
0.7	0.6778	0.6847	0.6914	0.6981	0.7047	0.7112	0.7175	0.7238	0.7300	0.7361
0.8	0.7421	0.7480	0.7538	0.7595	0.7651	0.7707	0.7761	0.7814	0.7867	0.7918
0.9	0.7969	0.8019	0.8068	0.8116	0.8163	0.8209	0.8254	0.8299	0.8342	0.8385
1.0	0.8427	0.8468	0.8508	0.8548	0.8586	0.8624	0.8661	0.8698	0.8733	0.8768
1.1	0.8802	0.8835	0.8868	0.8900	0.8931	0.8961	0.8991	0.9020	0.9048	0.9076
1.2	0.9103	0.9130	0.9155	0.9181	0.9205	0.9229	0.9252	0.9275	0.9297	0.9319
1.3	0.9340	0.9361	0.9381	0.9400	0.9419	0.9438	0.9456	0.9473	0.9490	0.9507
1.4	0.9523	0.9539	0.9554	0.9569	0.9583	0.9597	0.9611	0.9624	0.9637	0.9649
1.5	0.9661	0.9673	0.9687	0.9695	0.9706	0.9716	0.9726	0.9736	0.9745	0.9735
β	1.55	1.6	1.65	1.7	1.75	1.8	1.9	2.0	2.2	2.7
erf(β)	0.9716	0.9763	0.9804	0.9838	0.9867	0.9891	0.9928	0.9953	0.9981	0.999

2. 半无限长棒中的扩散

若棒很长，扩散从棒的一端向另一端进行，由于假定棒无限长，因此棒的另一端成分不受扩散影响，该扩散最典型的例子是渗碳。低碳钢高温奥氏体渗碳是提高钢表面性能和降低生产成本的重要生产工艺。此时，原始碳质量浓度为ρ_0的渗碳零件可被视为半无限长的扩散体，即远离渗碳源一端的碳质量浓度，在整个渗碳过程中不受扩散的影响，始终保持为ρ_0。

初始条件　　　　$t=0$，　$x\geqslant 0$，　$\rho=\rho_0$

边界条件　　　　$t>0$，　$x=0$，　$\rho=\rho_s$

即假定渗碳一开始，渗碳源一端表面就达到渗碳气氛的碳质量浓度ρ_s，由式(6-8)可解得：

$$\rho(x,\ t)=\rho_s-(\rho_s-\rho_0)\mathrm{erf}\left(\frac{x}{2\sqrt{Dt}}\right) \tag{6-9}$$

如果渗碳零件为纯铁($\rho_0=0$)，则上式简化为

$$\rho(x,\ t)=\rho_s\left[1-\mathrm{erf}\left(\frac{x}{2\sqrt{Dt}}\right)\right]$$

在渗碳中，常需要估算满足一定渗碳层深度所需要的时间，可根据式(6-9)求出。

【例6-2】 碳质量分数为0.1%的低碳钢，置于碳质量分数为1.2%的渗碳气氛中，在920℃下进行渗碳，若离表面0.002m处的碳质量分数为0.45%，则需要多少渗碳时间？

解： 已知碳在γ-Fe在920℃时的扩散系数$D=2\times10^{-11}\mathrm{m^2/s}$，由式(6-9)可得

$$\frac{\rho_s-\rho(x,\ t)}{\rho_s-\rho_0}=\text{erf}\left(\frac{x}{2\sqrt{Dt}}\right)$$

代入数值，可得

$$\text{erf}\left(\frac{224}{\sqrt{t}}\right)\approx 0.68$$

查误差函数表可求得

$$\frac{224}{\sqrt{t}}\approx 0.71,\quad t\approx 27.6(\text{h})$$

由上述计算可知，当指定某质量浓度 $\rho(x,\ t)$ 为渗碳层深度 x 的对应值时，误差函数 $\text{erf}\left(\frac{x}{2\sqrt{Dt}}\right)$ 为定值，因此渗碳层深度 x 和扩散系数 t 有以下关系：

$$x=A\sqrt{Dt}\quad 或\quad x^2=BDt \tag{6-10}$$

式中，A 和 B 为常数。由上式可知，若要渗碳层深度 x 增加 1 倍时，则所需的扩散时间为原来的 4 倍。

3. *衰减薄膜源*

在金属 B 长棒的一端沉积一薄层金属 A，将这样的两个样品连接起来，就形成在两个金属 B 棒之间的金属 A 薄膜源，然后将此扩散偶进行扩散退火，则在一定的温度下，溶质 A 在金属 B 棒中的浓度将随退火时间 t 而变。若棒轴和 x 坐标轴平行，金属 A 薄膜源位于 x 轴的原点上，则初始扩散物质的浓度分布为：$\rho(x=0,\ t=0)=\rho$，$\rho(x\neq 0,\ t=0)=0$。当扩散系数 D 与浓度无关时，根据菲克第二定律对衰减薄膜源的解可用下式给出：

$$\rho(x,\ t)=\frac{k}{\sqrt{t}}\exp\left(-\frac{x^2}{4Dt}\right) \tag{6-11}$$

式中，k 是待定常数。从式(6-11)可知，溶质质量浓度以原点为中心成左右对称分布。假定扩散物质的单位面积质量为 M，则

$$M=\int_0^t\int_{-\infty}^{\infty}\rho(x,\ t)\mathrm{d}x\mathrm{d}t=\int_{-\infty}^{\infty}\rho(x,\ 0)\mathrm{d}x \tag{6-12}$$

令 $\frac{x^2}{4Dt}=\beta^2$，则

$$\mathrm{d}x=2\sqrt{Dt}\,\mathrm{d}\beta \tag{6-13}$$

将式(6-11)和式(6-13)代入式(6-12)，整理可得

$$M=2k\sqrt{D}\int_{-\infty}^{\infty}\exp(-\beta^2)\mathrm{d}\beta=2k\sqrt{\pi D}$$

由误差函数可知：

$$\int_0^{\infty}\exp(-\beta^2)\mathrm{d}\beta=\frac{\sqrt{\pi}}{2}$$

$$\int_0^{-\infty}\exp(-\beta^2)\mathrm{d}\beta=-\frac{\sqrt{\pi}}{2}$$

则待定常数

$$k=\frac{M}{2\sqrt{\pi D}}$$

将上式代入式(6－11)就获得薄膜扩散源随扩散时间衰减后的分布：

$$\rho(x, t)=\frac{M}{2\sqrt{\pi Dt}}\exp\left(-\frac{x^2}{4Dt}\right) \tag{6-14}$$

图 6.3 所示显示出由上式计算的不同 Dt 的扩散物质浓度分布特点。$\frac{M}{2\sqrt{\pi Dt}}$是分布曲线的振幅，它随时间的延长而衰减。当 $t=0$ 时，分布宽度为零，振幅为无穷大。因此，高斯解只是该问题的近似解。当扩散时间越长，扩散物质初始分布范围越窄，高斯解就越精确。

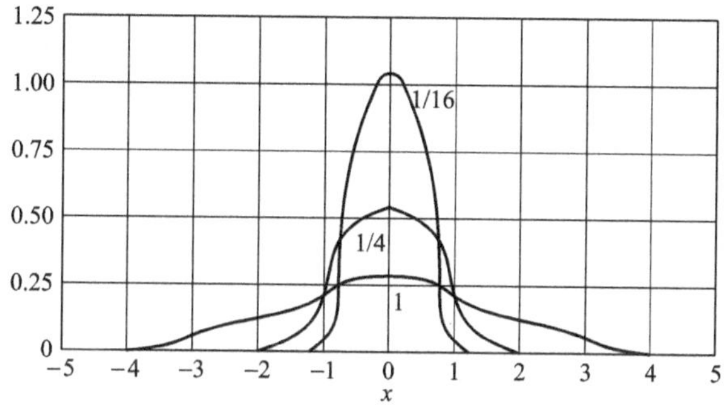

图 6.3 衰减薄膜源扩散后的浓度随距离变化的曲线(数字表示不同的 Dt 值)

如果在金属 B 棒一端沉积扩散物质 A(单位面积质量为 M)，经扩散退火后，其质量浓度为上述扩散偶的 2 倍，即

$$\rho=\frac{M}{\sqrt{\pi Dt}}\exp\left(-\frac{x^2}{4Dt}\right) \tag{6-15}$$

因为扩散物质由原来向左右两侧扩散改变为仅向一侧扩散。

上述衰减薄膜扩散源常被用于示踪原子测定金属的自扩散系数。由于纯金属是均匀的，不存在浓度梯度。为了感知纯金属中的原子迁移，最典型的方法是：在纯金属中 A 的表面上沉积一薄层 A 的放射性同位素 A^* 作为示踪物，扩散退火后，测量 A^* 的扩散浓度。由于同位素 A^* 的化学性质与 A 相同，在这种没有浓度梯度情况下测出 A^* 的扩散系数，即为 A 的自扩散系数。

6.1.4 互扩散

以上多次利用碳在铁中的扩散讨论了菲克扩散方程，其中仅提及了碳原子在铁中的扩散运动，而没有提到铁原子的扩散运动。事实上，铁原子同样也有扩散运动，但与直径小且易迁移的碳原子扩散速率相比是可以忽略的。然而对于置换型溶质原子的扩散，由于溶质与溶剂原子的半径相差不大，原子扩散时必须与相邻原子作置换，两者的扩散能力相差不大，大致属于同一数量级，因此必须考虑溶质和溶剂原子的不同扩散速率。

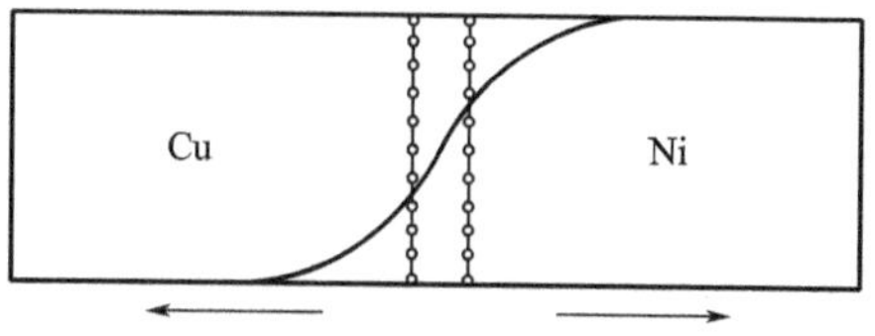

图 6.4 柯肯达尔效应

如图 6.4 所示，将一块纯铜和纯镍对焊起来，在焊接面上嵌入几根细钨丝(惰性)作为标

记。将试样加热到接近熔点的高温长时间保温，然后冷却。经分析得到图6.4所示的成分分布曲线。令人惊讶的是，经扩散后惰性的钨丝向纯镍一侧移动了一段距离。因为惰性的钨丝不可能因扩散而移动，而且镍原子与铜原子直径相差不大，也不可能是它们向对方等量扩散时，因原子直径差别而使界面两侧的体积产生这样大的差别。唯一的解释是镍原子向铜一侧扩散得多，铜原子向镍一侧扩散得少，使铜一侧伸长，镍一侧缩短。这种不等量扩散导致钨丝移动的现象称为柯肯达尔(Kirkendall)效应。

对于柯肯达尔效应所反映的互扩散，如何确定其扩散规律？达肯(Darken)对此进行了分析。标记的漂移表明扩散过程中扩散偶的界面在作相对于观察者的运动，其运动速度就等于标记相对于观察者的漂移速度。而在晶体中的原子同时又在晶体内作扩散运动，其扩散速度就是其相对于标记的运动速度，由观察者所观察到的原子扩散速度就是以上标记漂移速度与原子相对于标记扩散速度的叠加。

令　标记的漂移速度$=V_m$　　原子相对于标记的扩散速度$=V_D$

则　原子相对于观察者的扩散速度$V_总=V_m+V_D$

若有组元i的体积分数为C_i，且相对于观察者以速度V进行迁移，则i原子的扩散通量$J_i=C_iV$，由此对组元A和B，可写出各自相对于观察者的扩散通量分别为

$$\begin{aligned}(J_A)_总&=C_A[V_m+(V_D)_A]=C_AV_m+C_A(V_D)_A\\(J_B)_总&=C_B[V_m+(V_D)_B]=C_BV_m+C_B(V_D)_B\end{aligned}\tag{6-16}$$

式中，组元A和B各自相对于标记的扩散通量又可表示为

$$J_A=-D_A\frac{dC_A}{dx}\quad J_B=-D_B\frac{dC_B}{dx}\tag{6-17}$$

将式(6-17)代入式(6-16)，得

$$\begin{aligned}(J_A)_总&=C_AV_m-D_A\frac{dC_A}{dx}\\(J_B)_总&=C_BV_m-D_B\frac{dC_B}{dx}\end{aligned}\tag{6-18}$$

假定扩散过程中，扩散偶各处的密度保持恒定，则一定有

$$(J_A)_总=-(J_B)_总$$

从而有

$$V_m(C_A+C_B)=D_A\frac{dC_A}{dx}+D_B\frac{dC_B}{dx}\tag{6-19}$$

设x_A和x_B分别为组元A和B的原子分数，因体积浓度等于摩尔浓度(常数)乘以原子分数，故有

$$C_A=Mx_A\quad C_B=Mx_B\quad 且\quad x_A+x_B=1$$

将其代入式(6-19)，得

$$V_m=D_A\frac{dx_A}{dx}-D_B\frac{dx_A}{dx}=(D_A-D_B)\frac{dx_A}{dx}\tag{6-20}$$

再将式(6－20)代入式(6－18)，得

$$(J_A)_{总}=-(x_B D_A+x_A D_B)\frac{dC_A}{dx}=-\overline{D}\frac{dC_A}{dx}$$

$$(J_B)_{总}=-(x_B D_A+x_A D_B)\frac{dC_B}{dx}=-\overline{D}\frac{dC_B}{dx} \qquad (6-21)$$

这就是达肯方程，它反映了相对于观察者的物质扩散通量。此式表明，在互扩散中仍可用菲克第一定律的形式描述扩散规律，但此式中的扩散系数 $\overline{D}$ 是一个与两个简单扩散系数 D_A 和 D_B 有关的参数，称为互扩散系数，D_A 和 D_B 分别称为组元 A 和 B 的本征扩散系数。测定标记的移动速度和 $\overline{D}$，可计算出 D_A 和 D_B。

6.1.5 反应扩散

通过扩散使固溶体内的溶质组元超过固溶度限而不断形成新相的过程称为反应扩散。由反应扩散生成的新相，既可以是新的固溶体，也可以是各种化合物。

钢的各种化学热处理大多数是利用反应扩散而进行的。例如钢的氮化就是利用反应扩散使工作表面生成一些氮化物以增加耐磨性或提高抗疲劳性。

由反应扩散所形成的相可参考平衡相图进行分析。设纯铁在 520℃ 氮化时，由 Fe－N 相图(图 6.5)可以确定所形成的新相。由于金属表面 N 的质量分数大于金属内部，因而金属表面形成的新相将对应于 N 含量高的中间相。当氮的质量分数超过 7.8%，可在表面形成密排六方结构的 ε(视 N 含量不同可形成 Fe_3N、$Fe_{2\sim3}N$ 或 Fe_2N)，这是一种氮含量变化范围相当宽的铁氮化合物。一般氮的质量分数大致在 7.8%～11.0%之间变化，氮原子有序地位于铁原子构成的密排六方点阵中的间隙位置。越远离表面，氮的质量分数越低，随之是 γ′相(Fe_4N)，它是一种可变成分较小的中间相，其质量分数在 5.7%～6.1%之间，氮原子有序地占据铁原子构成的面心立方点阵中的间隙位置。再往里是含氮量更低的 α 固溶体，为体心立方点阵。纯铁氮化后表层氮的浓度和组织如图 6.6 所示。

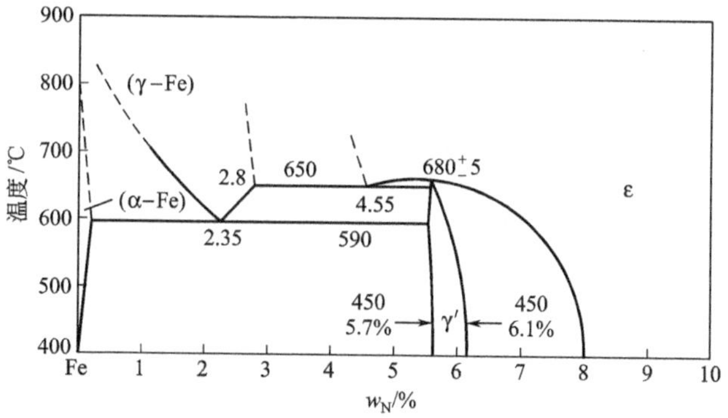

图 6.5 Fe－N 相图

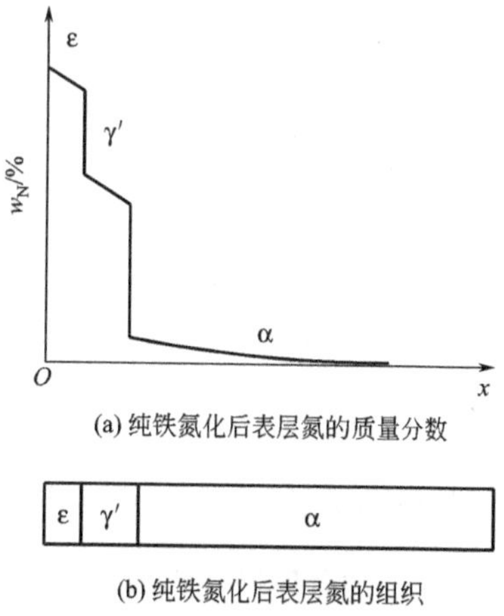

图 6.6 纯铁氮化后表层氮的质量浓度和组织

实验结果表明，在二元合金经反应扩散的渗层组织中不存在两相混合区，而且在相界面上的浓度是突变的，它对应于该相在一定温度下的极限溶解度。不存在两相混合区的原因可用相的热力学平衡条件来解释：如果渗层组织中出现两相共存区，则两平衡相的化学势 μ_i 必然相等，即化学势梯度 $\partial\mu_i/\partial x=0$。这段区域中就没有扩散驱动力，扩散不能进行。同理，三元系中渗层的各部分都不能出现三相共存区，但可以有两相区。

6.2 扩散的热力学分析

6.2.1 扩散驱动力

菲克定律表明，扩散总是由高浓度区向低浓度区进行，浓度梯度似乎是扩散的驱动力。但实际上并非所有的扩散过程都如此，例如，铝铜合金时较早期形成的富铜偏聚区，以及某些合金固溶体的调幅分解形成的溶质原子富集区等。这些物质是由低浓度区向高浓度区进行的扩散的，称为“上坡扩散”或“逆向扩散”，它表明浓度梯度并不是造成扩散的根本原因。从热力学的角度分析，一个体系中的任何自发过程都将朝着使体系自由能 G 降低的方向进行，对多组元体系，设 n_i 为组元 i 的原子数，则在等温等压下，组元 i 原子的自由能可用化学位 μ_i 表示：

$$\mu_i=\frac{\partial G}{\partial n_i}$$

在发生扩散的体系中，沿扩散方向必然存在化学位差，原子在此方向每扩散距离 Δx 将使化学位降低 $\Delta\mu_i$，即化学位梯度是扩散进行的真正驱动力 F，其偏微分形式为

$$F=-\frac{\partial\mu_i}{\partial x}$$

式中，负号表示扩散驱动力与化学位降低的方向一致，也就是扩散总是向化学势减小的方向进行，即在等温等压条件下，只要两个区域中 i 组元存在化学势差 $\Delta\mu_i$，就能产生扩散，直至 $\Delta\mu_i=0$。

在 6.15 节讨论反应扩散时曾指出，二元合金系在反应扩散渗层中不可能存在两相混合区。这是因为在一定温度时，两相区内每相的渗入元素平衡浓度都是一个确定值。由热力学可知，两相平衡共存说明两相区内各处的化学位 μ_i 相等，但因两相区与相邻的相区之间 μ_i 不等，故根据化学位梯度的方向，渗入元素将进入或离开两相区边缘部分。但由于在两相区内 $d\mu_i/dx=0$，扩散因无驱动力而不能进行，因此进入或离开两相区的渗入元素无法通过两相区内的扩散得到疏散或补充，从而渗入元素将在两相区内积累或是减少，破坏了两相区内两相的浓度平衡，最终使两相区转变为其中的一相而消失。

6.2.2 扩散原子迁移率

在化学驱动力的作用下，扩散原子在基体中沿一定方向运动时，会受到基体原子的阻力，当驱动力和阻力达到平衡时原子以恒速 V 扩散前进，V 与扩散驱动力 F 之间的关系

可表示为

$$V_i = -B_i \frac{\partial \mu_i}{\partial x} \tag{6-22}$$

式中，B_i为比例系数，称为迁移率，其为单位驱动力作用下的原子扩散速度。

因为$J_i = C_i V_i = -D_i \frac{\partial C_i}{\partial x}$，将式(6-22)代入并整理得

$$D_i = B_i \frac{\partial \mu_i}{\partial \ln C_i} \tag{6-23}$$

在热力学中，$\partial \mu_i = kT\,\partial \ln \alpha_i$（$\alpha_i$为组元 i 在固溶体中的活度），代入式(6-23)得

$$D_i = kTB_i \frac{\partial \ln \alpha_i}{\partial \ln C_i} \tag{6-24}$$

因 $a_i = \gamma_i x_i$，γ_i为 i 原子的活度系数，x_i 为 i 原子的原子分数，若合金的摩尔密度为常数，则式(6-24)式可写为

$$D_i = kTB_i \left(1 + \frac{\partial \ln \gamma_i}{\partial \ln x_i}\right) \tag{6-25}$$

式(6-25)表明，原子的扩散系数与原子的迁移率成正比。式中，$\left(1 + \frac{\partial \ln \gamma_i}{\partial \ln x_i}\right)$称为热力学因子，当$\left(1 + \frac{\partial \ln \gamma_i}{\partial \ln x_i}\right) > 0$ 时，$D > 0$，原子扩散通量 J 与浓度梯度$\frac{\partial C}{\partial x}$方向相反，原子从高浓度区向低浓度区迁移；当$\left(1 + \frac{\partial \ln \gamma_i}{\partial \ln x_i}\right) < 0$ 时，$D < 0$，J 与$\frac{\partial C}{\partial x}$同方向，原子从低浓度区向高浓度区迁移，发生“上坡扩散”。

引起上坡扩散还可能有以下一些情况：

(1) 弹性应力的作用：晶体中存在弹性应力梯度时，它促使较大半径的原子跑向点阵伸长部分，较小半径原子跑向受压部分，造成固溶体中溶质原子的不均匀分布。

(2) 晶界的内吸附：晶界能量比晶内高，原子规则排列较晶内差，如果溶质原子位于晶界上可降低体系总能量，它们会优先向晶界扩散，富集于晶界上，此时溶质在晶界的质量分数就高于晶内。

(3) 大的电场或温度场也促使晶体中原子按一定方向扩散，造成扩散原子的不均匀性。

6.3 扩散的微观机理

6.3.1 扩散机制

在晶体中，原子在其平衡位置作热振动，并会从一个平衡位置跳到另一个平衡位置，即发生扩散，一些可能的扩散机制的总结如图 6.7 所示。

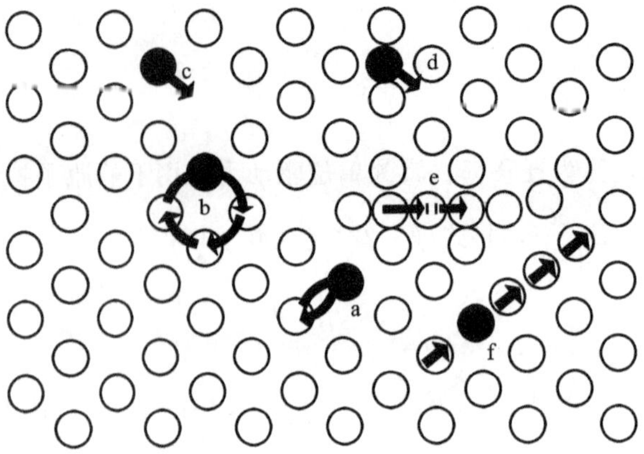

a—直接交换；b—环形交换；c—空位；d—间隙；e—推填；f—挤列

图 6.7 晶体中的扩散机制

1. 交换机制

相邻原子的直接交换机制如图 6.7 中 a 所示，即两个相邻原子互换了位置。这种机制在密堆结构中未必可能，因为它引起大的畸变且需要很大的激活能。甄纳(Zener)在 1951 年提出环形交换机制，如图 6.7 中 b 所示，4 个原子同时交换，其所涉及的能量远小于直接交换，但这种机制的可能性仍不大，因为它受到集体运动的约束。不管是直接交换还是环形交换，均使扩散原子通过垂直于扩散方向平面的净通量为零，即扩散原子是等量互换。这种互换机制不可能出现柯肯达尔效应。

2. 间隙机制

在间隙扩散机制中(图 6.7 中 d)，原子从一个晶格中间隙位置迁移到另一个间隙位置。原子在迁移的过程中，使晶格发生局部的瞬时畸变，这部分畸变能便是溶质原子跳动时所必须克服的势垒。H、N、O、B、C 等尺寸较小的间隙型溶质原子常以这种方式进行扩散。如果一个比较大的原子(置换型溶质原子)进入晶格的间隙位置(即弗兰克尔缺陷)，那么这个原子将难以通过间隙机制从一个间隙位置迁移到邻近的间隙位置，因为这种迁移将导致很大畸变。

为此，提出了“推填”(interstitialcy)机制，即一个填隙原子可以把它近邻的、在晶格结点上的原子“推”到附近的间隙中，而自己则“填”到被推出去的原子的原来位置上，如图 6.7 中 e 所示。此外，也有人提出另一种有点类似“推填”的“挤列”(crowdion)机制。若一个间隙原子挤入体心立方晶体对角线(即原于密排方向)上，使若干个原子偏离其平衡位置，形成一个集体，此集体称为“挤列”，如图 6.7 中 f 所示。原子可沿此对角线方向移动而扩散。

3. 空位机制

在置换固溶体中，一个处于阵点上的原子通过与空位交换位置而迁移，这个过程相当于空位向反方向移动，故也称为空位扩散。空位扩散的速率取决于临近空位的原子是否具有超过能垒的自由能。如图 6.7 中 c 所示。空位扩散机制认为晶体中存在的大量空位在不断移动位置。扩散原子近邻有空位时，它可以跳入空位，而该原子位置成为一个空位。这种跳动越过的势垒不大。当近邻又有空位时。它又可以实现第二次跳动。

空位扩散机制能很好地解释柯肯达尔效应，被认为是置换扩散的主要方式。在柯肯达尔实验中因镍原子比铜原子扩散快，所以有一个净原子流越过钨丝流向铜一侧，同时有一个净空位流越过钨丝流向镍一侧。这样必使铜一侧空位浓度下降(低于平衡浓度)，使镍一侧空位浓度增高(高于平衡浓度)。当两侧空位浓度恢复到平衡浓度时，铜一侧将因空位增加而伸长，镍一侧将因空位减少而缩短，这相当于钨丝向镍一侧移动了一段距离。

4. 晶界扩散及表面扩散

对于多晶材料而言，内部存在大量的位错，晶界处的原子排列较为混乱，表面张力较大，扩散物质可沿3种不同路径进行，即晶体内扩散(或称体扩散)、晶界扩散和样品自由表面扩散，并分别用 D_L、D_B 和 D_S 表示三者的扩散系数。图6.8所示显示出实验测定物质在双晶体中的扩散情况。在垂直于双晶的平面晶界的表面 $y=0$ 上，蒸发沉积放射性同位素M，经扩散退火后，由图中箭头表示的扩散方向和由箭头端点表示的等浓度处可知，扩散物质M穿透到晶体内去的深度远比晶界和沿表面的要小，而扩散物质沿晶界的扩散深度比沿表面要小，

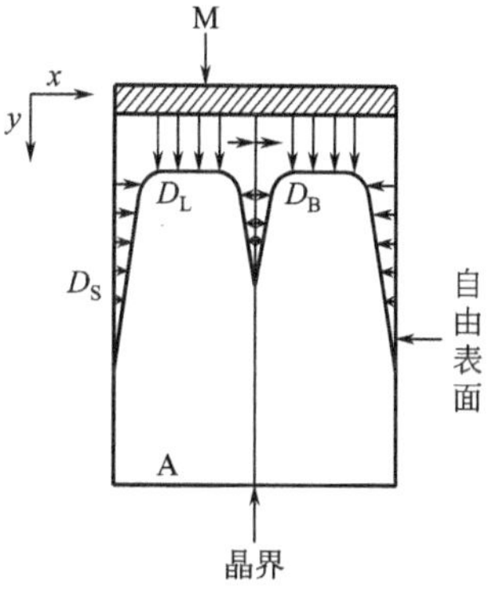

图6.8 物质在双晶体中的扩散

由此得出，$D_L<D_B<D_S$。由于晶界、表面及位错等都可视为晶体中的缺陷，缺陷产生的畸变使原子扩散激活能不到晶格扩散时的一半，因此常把这些缺陷中的原子扩散称为“短路扩散”。

6.3.2 晶体中原子的跳动与扩散系数

1. 原子跳跃频率

根据菲克定律，晶体中原子在其点阵位置上不是静止不动的，而是在不停地进行热振动，并且在某一瞬间会因较高能量而脱离平衡位置，跃迁到相邻的其它平衡位置上，正是这种原子的热运动才导致宏观的物质传输过程。根据菲克定律，当固溶体中的溶质存在浓度梯度时，将发生溶质原子的宏观定向迁移。图6.9中所示的Ⅰ、Ⅱ为固溶体中两个相邻平行晶面，面积均为1并与纸面垂直。设晶面Ⅰ、Ⅱ分别含有 n_1、n_2 个溶质原子($n_1>n_2$)，在一定温度下原子跳动频率为 Γ，且由晶面Ⅰ跳到晶面Ⅱ及由晶面Ⅱ跳到晶面Ⅰ的几率 P 相同。在 Δt 时间内由晶面Ⅰ跳到晶面Ⅱ及由晶面Ⅱ跳到晶面Ⅰ的溶质原子数分别为

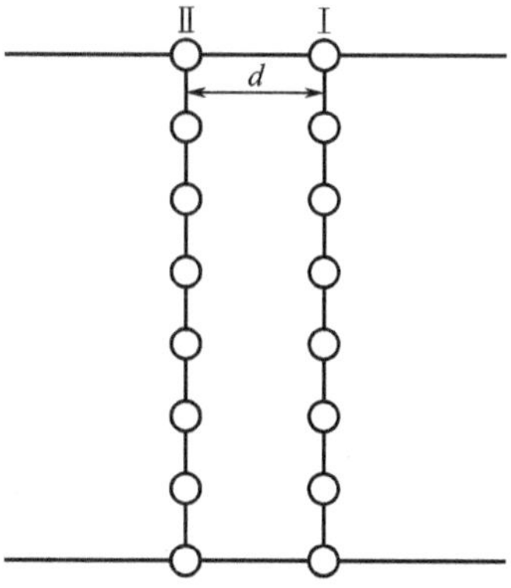

图6.9 相邻晶面间的原子跳动

$$N_{\mathrm{I}\to\mathrm{II}}=n_1P\Gamma\Delta t$$

$$N_{\mathrm{II}\to\mathrm{I}}=n_2P\Gamma\Delta t$$

此时，晶面Ⅱ上净增加溶质原子数为

$$(n_1-n_2)P\Gamma\Delta t=J\Delta t$$

则

$$J=-(n_2-n_1)P\Gamma \tag{6-26}$$

设Ⅰ、Ⅱ两晶面间距为 d，则各自的溶质原子质量浓度分别为 $\rho_1=n_1/d$；$\rho_2=n_2/d$。若以溶质原子沿 x 方向的质量浓度分布表示，则晶面Ⅱ上的质量浓度为

$$\rho_2=\rho_1+\frac{\mathrm{d}\rho}{\mathrm{d}x}d$$

即

$$n_2-n_1=\frac{\mathrm{d}\rho}{\mathrm{d}x}d^2$$

将上式带入式(6-26)，可得

$$J=-(n_2-n_1)P\Gamma=-d^2P\Gamma\frac{\mathrm{d}\rho}{\mathrm{d}x} \tag{6-27}$$

将式(6-27)与菲克第一定律比较，可得

$$D=d^2P\Gamma \tag{6-28}$$

式中，d、P 取决于固溶体的结构，而 Γ 除了与物质本身性质有关，还与温度密切相关。例如，可从 γ-Fe 中固溶的碳在 1198K 时的扩散系数求得跳跃频率为 $1.7\times10^9\mathrm{s}^{-1}$，而碳在室温奥氏体 γ 中 Γ 仅为 $2.1\times10^{-9}\mathrm{s}^{-1}$，两者之比高达 10^{18}，这充分说明了温度对跳跃频率的影响。

2. 扩散系数

对于间隙型扩散，设原子的振动频率为 v，溶质原子最邻近的间隙位置数为 z(即间隙配位数)，则 Γ 应是 v、z 以及具有跳跃条件的原子分数 $\mathrm{e}^{-\Delta G/kT}$ 的乘积，即

$$\Gamma=vz\exp\left(-\frac{\Delta G}{kT}\right)$$

因为

$$\Delta G=\Delta H-T\Delta S\approx\Delta U-T\Delta S$$

所以

$$\Gamma=vz\exp\left(\frac{\Delta S}{k}\right)\exp\left(\frac{-\Delta U}{kT}\right)$$

代入式(6-28)可得

$$D=d^2Pvz\exp\left(\frac{\Delta S}{k}\right)\exp\left(\frac{-\Delta U}{kT}\right)$$

令

$$D_0=d^2Pvz\exp\left(\frac{\Delta S}{k}\right)$$

则

$$D=D_0\exp\left(\frac{-\Delta U}{kT}\right)=D_0\exp\left(\frac{-Q}{kT}\right) \tag{6-29}$$

式中，D_0 称为扩散常数；ΔU 是间隙扩散时溶质原子跳跃所需额外的热力学内能，该迁移能等于间隙原子的扩散激活能 Q。

在固溶体中的置换扩散或纯金属的自扩散中，原子的迁移主要是通过空位扩散机制。与间隙型扩散相比，置换扩散或自扩散除了需要原子从一个空位跳跃到另一个空位时的迁移能，还需要扩散原子近旁空位的形成能。温度 T 时晶体中平衡的空位摩尔分数为

$$\chi_\mathrm{v}=\exp\left(\frac{-\Delta U_\mathrm{v}}{kT}+\frac{\Delta S_\mathrm{v}}{k}\right)$$

式中，ΔU_v为空位形成能；ΔS_v为熵增值。在置换固溶体或纯金属中，若配位数为 Z_0，则空位周围原子所占分数应为

$$Z_0\chi_v=Z_0\exp\left(\frac{-\Delta U_v}{kT}+\frac{\Delta S_v}{k}\right)$$

设扩散原子跳入空位所需的自由能 $\Delta G=\Delta U-T\Delta S$，那么，原子跳跃频率 Γ 应是原子的振动频率 v、空位周围原子所占分数 $Z_0\chi_v$ 和具有跳跃条件的原子所占分数 $\exp\left(\frac{-\Delta G}{kT}\right)$的乘积，即

$$\Gamma=vZ_0\exp\left(-\frac{\Delta U_v}{kT}+\frac{\Delta S_v}{k}\right)\exp\left(-\frac{\Delta U}{kT}+\frac{\Delta S}{k}\right)$$

代入式(6-28)可得

$$D=d^2PvZ_0\exp\left(\frac{\Delta S_v+\Delta S}{k}\right)\exp\left(\frac{-\Delta U_v-\Delta U}{kT}\right)$$

令扩散系数

$$D_0=d^2PvZ_0\exp\left(\frac{\Delta S_v+\Delta S}{k}\right)$$

所以

$$D=D_0\exp\left(\frac{-\Delta U_v-\Delta U}{kT}\right)=D_0\mathrm{e}^{-Q/kT} \tag{6-30}$$

式中，扩散激活能 $Q=\Delta U_v+\Delta U$，由此表明，置换扩散或自扩散除了需要原子迁移能 ΔU 外还比间隙型扩散增加了一项空位形成能 ΔU_v。实验证明，置换扩散或自扩散的激活能均比间隙扩散激活能要大，见表 6-2。

表 6-2 某些扩散系统的 D_0与 Q(近似值)

扩散组元	基体金属	$D_0/\times10^{-5}\mathrm{m^2\cdot s^{-1}}$	$Q/\times10^3\mathrm{J\cdot mol^{-1}}$	扩散组元	基体金属	$D_0/\times10^{-5}\mathrm{m^2\cdot s^{-1}}$	$Q/\times10^3\mathrm{J\cdot mol^{-1}}$
碳	γ铁	2.0	140	锰	γ铁	5.7	277
碳	α铁	0.20	84	铜	铝	0.84	136
铁	α铁	19	239	锌	铜	2.1	171
铁	γ铁	1.8	270	银	银(体积扩散)	1.2	190
镍	γ铁	4.4	283	银	银(晶界扩散)	1.4	96

上述式(6-23)和式(6-24)的扩散系数都遵循阿累尼乌斯(Arrhenius)方程：

$$D=D_0\exp\left(-\frac{Q}{RT}\right) \tag{6-31}$$

式中，R 为气体常数，其值为 8.314J/(mol·K)；Q 代表每摩尔原子的激活能；T 为绝对温度。由此表明，不同扩散机制的扩散系数表达形式相同，但 D_0 和 Q 值不同。

6.3.3 扩散激活能

以上扩散机制表明，当晶体点阵中的原子进行扩散时，必须得到为克服能垒所必须的额外能量才能实现原子从一个平衡位置到另一个平衡位置的基本跃迁，这部分能量称为扩散激活能，并以 Q 表示。因此，求出扩散激活能对于了解扩散机制非常重要，下面介绍通过实验求解扩散激活能的方法。扩散系数的一般表达式如前所得：

$$D=D_0\exp\left(-\frac{Q}{RT}\right)$$

对上式两边取对数，得

$$\ln D-\ln D_0-\frac{Q}{RT} \tag{6-32}$$

由实验测出 $\ln D$ 与 $1/T$ 的关系，作图可得到一条直线，该直线的斜率为 $-Q/R$，与纵坐标相交的截距为 $\ln D_0$，如图 6.10 所示。

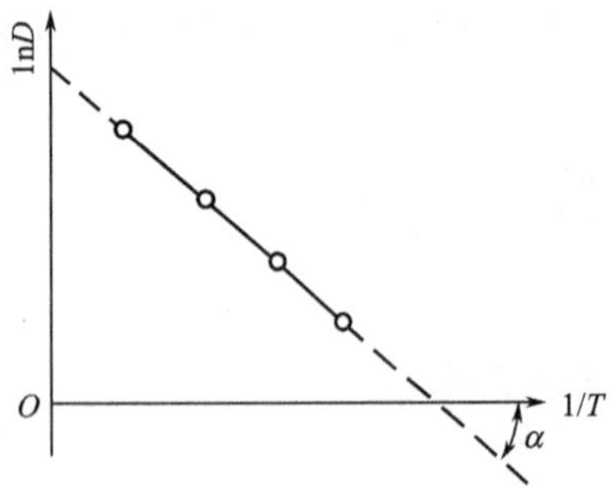

图 6.10　lnD - 1/T 关系图

通过实验测出 $\ln D$ 随 $1/T$ 变化的对应值，可得到如图 6.10 所示的线性关系。由图中线性关系求得 D_0，由斜率可求得 Q。

显然，当原子在高温和低温中以两种不同扩散机制进行时，由于扩散激活能不同，将在 $\ln D-1/T$ 图中出现两段不同斜率的折线。另外，值得注意的是，用 $Q=-R\tan\alpha$ 求 Q 值时，不能通过测量图中的 α 角来求 $\tan\alpha$ 值，而必须用 $\dfrac{\Delta(\ln D)}{\Delta(1/T)}$ 来求 $\tan\alpha$ 值，因为 $\ln D-1/T$ 图中横坐标和纵坐标是用不同量的单位表示的。

6.4　影响扩散的因素

扩散受一系列内外因素的影响，外部因素主要是温度、压力和外部介质等；内部因素主要是化学成分和结构及组织等。这些因素的作用或反映在扩散常数的变化上，或反映在扩散激活能的变化上，总的来说，则集中反映在扩散系数的大小及其变化上。以下分别讨论。

6.4.1　温度

由扩散系数公式 $D=D_0\exp\left(-\dfrac{Q}{RT}\right)$ 可知，扩散系数随温度升高呈指数关系增大。这是因为随着温度的升高，具有跳动条件的原子几率和空位浓度相应增加，因而有利于扩散，即表现为扩散系数明显增大。

例如，碳在 γ-Fe 中扩散时，已知 $D_0=2.0\times10^{-5}\,\mathrm{m^2/s}$，$Q=140\times10^3\,\mathrm{J/mol}$，若温度由 927℃升高到 1027℃，则碳的扩散系数分别为

$$D_{1200\mathrm{K}}=2.0\times10^{-5}\exp\left(\frac{-140\times10^3}{8.314\times1200}\right)=1.61\times10^{-11}(\mathrm{m^2/s})$$

$$D_{1300\mathrm{K}}=2.0\times10^{-5}\exp\left(\frac{-140\times10^3}{8.314\times1300}\right)=4.736\times10^{-11}(\mathrm{m^2/s})$$

由此可见，上述温度提高 100℃时扩散系数将增大 3 倍。由于 D_0、Q 均为近似值以及不同文献选取气体常数 R 值的差异，故 D 值有所不同。

实验表明，不同合金接近熔点温度时的 D 值大致相同，而室温下的 D 值均相当小。如室温下间隙固溶体型合金的 D 在 $10^{-10}\sim10^{-30}$ 范围内；置换固溶体型合金的 D 在 $10^{-20}\sim10^{-50}$ 范围内，因此后者室温下几乎不发生扩散。

6.4.2 晶体结构

1. 结构的类型

通常在密堆积结构中的扩散比在非密堆积结构中要慢，这个规律对溶剂、溶质、置换原子或间隙原子都适用。特别是在具有同素异构转变的金属中，不同结构的自扩散系数完全不同，例如在910℃时，α－Fe的自扩散系数为γ－Fe的280倍。并且溶质原子在不同结构的固溶体中，扩散系数也不相同，例如910℃时，碳在α－Fe中的D约为在γ－Fe中的10^2倍，而其他置换型元素，例如铬、钨、钼等，在α－Fe中的扩散系数也比在γ－Fe中大。由此可见，在致密度较小的结构中，无论是自扩散还是合金元素的扩散都易于进行。

2. 固溶体的类型

间隙原子在固溶体中的扩散激活能较小，扩散速率较快，例如氢、碳在γ－Fe中的扩散激活能分别为4.19×10^4、13.16×10^4J/mol；而镍、铬溶于γ－Fe中形成置换固溶体，其扩散激活能分别为28.28×10^4、33.52×10^4J/mol。由此可见，固溶体的类型不同，原子的扩散速率也就不同。

3. 晶体的各向异性

既然扩散是原子在点阵中的迁移，那么在对称性较低、原子和间隙位置的排列呈各向异性的晶体中，扩散速率必然也是各向异性的。例如锌属于六方晶系，$c/a=1.8563$，实验表明垂直于基面比平行于基面的扩散更困难，因此沿c轴和a轴的扩散系数有一定的差别。又如具有菱方结构的铋，其平行于c轴和a轴的自扩散激活能差别很大，各向异性非常明显。当然，在对称性高的立方系晶体中，没有发现扩散的各向异性。

4. 晶体缺陷

点、线、面缺陷对扩散皆有影响。晶界与空位浓度的影响已讨论过了，如用淬火方法产生过饱和浓度的空位能显著地提高代位原子的扩散速度。

位错密度增加会使晶体中的扩散速度加快，原子沿着位错管道扩散的激活能不到晶格扩散激活能的一半。原子在位错内或其附近地区的跳跃频率也大于点阵内部的跳跃频率，因而位错加速晶体中的扩散。如冷加工后金属中的扩散速度比退火金属中的大。总之，晶界、表面和位错等对扩散起促进作用，这是由于晶体缺陷处点阵畸变较大，原子处于较高能量状态，易于跳跃，故各种缺陷处的扩散激活能均比晶内扩散激活能小，加快了原子扩散。

6.4.3 成分

1. 元素的特性

原子在点阵中扩散需要克服能垒，也就是需要破坏邻近原子的键合才能实现跃迁，因此扩散激活能必然和表征原子间结合力的宏观参量有关。实验结果表明，纯金属的自扩散激活能与其熔点、熔化潜热等之间存在着线性关系，由这些关系可以粗略地估计自扩散激活能。另外，在一些固溶体中(例如铝-铜合金等)，溶质原子的扩散激活能与其熔点之间也成正比，即溶质元素的熔点越高，其扩散激活能越大。

2. 浓度

不论是互扩散系数 $\overline{D}$，还是偏扩散系数 D_1 和 D_2 都随着组元的质量分数改变而改变，即为溶质质量分数的函数，如图 6.11 所示。只是为了计算方便，在固溶体溶质质量分数较低或渗层中的溶质质量分数变化不大时，才把 D 假定为常量，当然这样做所引起的误差不大，因此是允许的。

图 6.12 所示是 γ-Fe 中含碳量对碳扩散系数的影响。含碳量增加，不仅使碳的扩散系数增大，而且也使铁的自扩散系数增加。

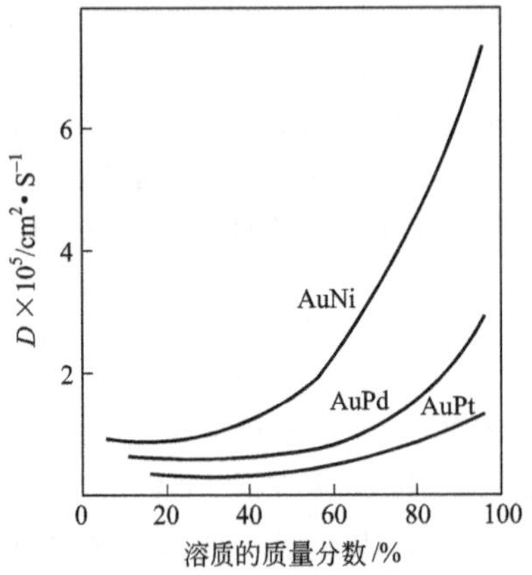

图 6.11　合金的 D 与溶质质量分数的关系

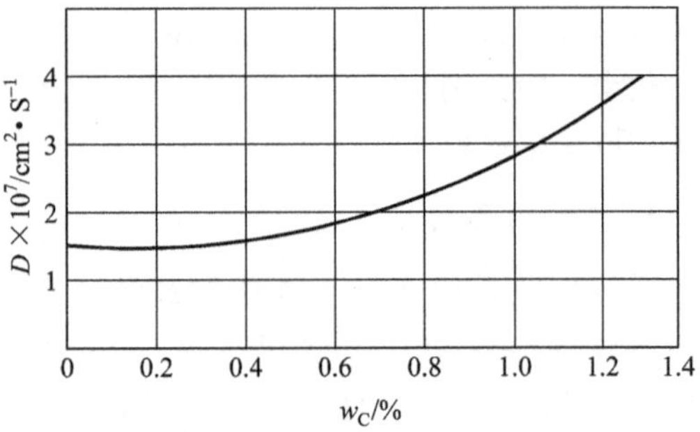

图 6.12　γ-Fe 中含碳量与碳扩散系数的关系

3. 第三组元

三元系的情况更复杂，第三组元的加入会使扩散元素的化学位改变，从而影响其扩散速率和方向。达肯将 Fe-0.4%C 和 Fe-0.4%C-4%Si 两根合金棒对焊在一起，在 1050℃退火 13 天。由于不存在碳的浓度梯度，所以本来不应出现碳原子的扩散。但退火以后，焊接面两侧碳的浓度分布如图 6.13 所示，可见碳原子发生了上坡扩散。

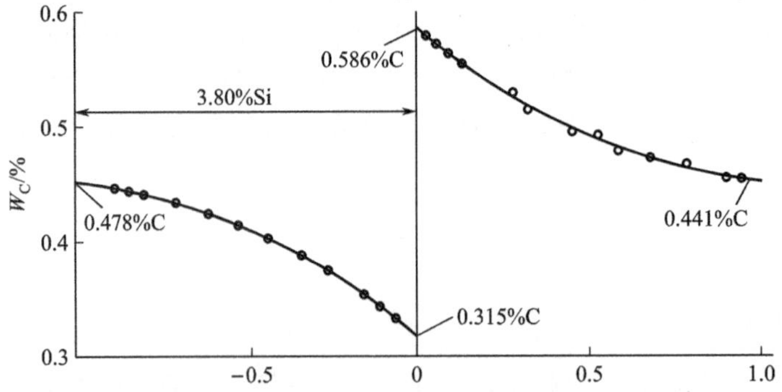

图 6.13　碳钢-硅钢扩散偶中碳的质量分数分布

上述现象产生的原因是由于硅提高了碳的化学位，使其活度增加，因此碳要从含硅棒向不含硅棒扩散，以便消除它的化学位梯度。

如果在焊接面两侧各取一个对称点 A 和 B，把这两点在扩散过程中的成分变化标在三元系的浓度三角形中，则得到图 6.14 所示的轨迹。图中表明扩散开始时，由于碳比硅扩散得快，所以 A、B 两点的成分将沿着等硅线改变含碳量。但随着硅扩散的加快，硅的浓度趋向均匀，于是碳又产生回流，最终 A、B 两点的成分都达到 C，即完全一致。

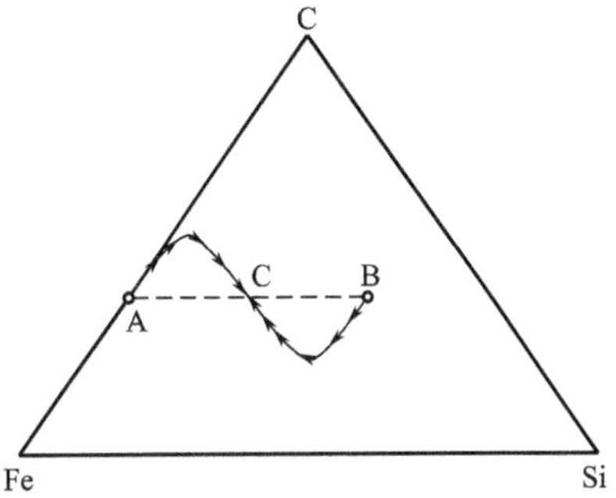

图 6.14 A、B 两点成分的变化轨迹

第三组元对扩散系数也有影响，例如铬、钨、钼等合金元素加入钢中以后，由于与碳的亲和力大，易形成碳化物，所以强烈阻碍碳的扩散，降低其扩散系数。当然也有一些合金元素提高碳的扩散系数或影响不大。

6.4.4 应力

如果合金内部存在着应力梯度，那么，即使溶质分布是均匀的，但也可能出现化学扩散现象。从式(6－24)可见，对于理想固溶体($\gamma_i=1$)或稀固溶体($\gamma_i=$常数)，括号内的因子(又称热力学因子)等于 1，因而

$$D_i = kTB_i$$

可知，扩散速率 D_i 的大小取决于迁移率 B_i 的大小，而 B_i 是单位驱动力作用下原子的扩散速率。如果合金内部存在局部应力场，应力就会提供原子扩散的驱动力 F，应力越大，原子扩散的驱动力越大，原子扩散的速度 v 越大，因为 $v=BF$。如果在合金外部施加应力，使合金中产生弹性应力梯度，也会促进原子向晶体点阵伸长部分迁移，产生扩散现象。

习　题

1. 名词解释：

扩散，柯肯达尔效应，扩散激活能，间隙型扩散，上坡扩散，反应扩散。

2. 二元系发生反应扩散时，在反应过程中，渗层各部分能否有两相混合区出现？为什么？

3. 渗碳为什么在 γ－Fe 中进行，而不在 α－Fe 中进行？

4. 含碳量为 0.8%的碳钢，在 900℃脱碳气氛中保温，此时与气氛相平衡的表面碳浓度为 0.2%。已知在保温 3 小时后，脱碳层厚度为 0.3mm，若保温时间改为 7 小时，试问脱碳层厚度应是多少？

5. 已知铜在铝中扩散时，$D_0=0.84\times10^{-5}\,m^2/s$，$Q=136\times10^3\,J/mol$，试计算 27℃及 527℃时的扩散系数，并用所得数据讨论温度对扩散系数的影响。

6. 若 A 与 B 两元素的原子形成简单立方结构的固溶体，点阵常数 $\alpha=0.3nm$。在室温下，A 原子跳入空位的频率为 10^{-5}次/s，在固溶体中 0.012cm 范围内测得 A 元素的浓度为 0.15%～0.63%(原子百分数)，求每秒通过截面为 $1cm^2$ 的 A 原子数(忽略 A 与 B 原子大小的差异)。

7. 一块含碳量为 0.1% 的碳钢在 930℃ 渗碳，渗到 0.05cm 的地方碳的浓度达到 0.45%。在 $t>0$ 的全部时间，渗碳气氛保持表面成分为 1%，假设 $D_C^\gamma=2.0\times10^{-5}\exp(-140000/RT)\,m^2/s$，

(1) 计算渗碳时间；

(2) 若将渗层加深一倍，则需多长时间？

(3) 若规定 0.3%C 作为渗碳层厚度的量度，则在 930℃ 渗碳 10 小时的渗层厚度为 870℃ 渗碳 10 小时的多少倍？

第7章 金属和合金的凝固

本章教学要点

知识要点	掌握程度	相关知识
纯金属的凝固	理解液态纯金属冷却曲线； 掌握过冷和过冷度的概念； 理解液态和固态金属的自由能—温度曲线； 掌握ΔT和ΔG之间的关系； 重点掌握均匀形核和非均匀形核； 了解液固界面微观结构，晶核长大机制和纯金属的生长形态	凝固的概念； 结构起伏和能量起伏的含义； 热力学第二定律； 形核率的定义和影响因素
合金的凝固	理解平衡分配系数的含义； 能分析固溶体合金平衡凝固过程及非平衡凝固过程； 重点分析固溶体合金凝固时溶质的再分配情况； 重点掌握成分过冷的定义和影响因素	成分起伏的含义； 均匀化退火或扩散退火； 初始过渡期的建立； 热过冷的定义
铸锭的组织与缺陷	重点掌握铸锭三晶区； 了解铸锭的几种常见缺陷，并能分析其形成原因	过冷度和形核率的关系

材料从液态到固态的转变过程称为凝固。根据固态材料内部结构的不同，可分为晶态固态材料和非晶态固态材料两类。由液态凝固到晶态的过程称为结晶。由于固态金属材料通常为晶态，因此金属材料的凝固也称为结晶。了解材料的凝固过程，掌握其规律，对控制铸件或铸锭的组织，提高其产品的使用性能和加工性能都具有重要意义。另外，由于材料由液态向固态的转变是一种相变过程，因此对凝固过程的学习为以后研究固态相变也具有一定的指导作用。本章主要讨论纯金属与合金的凝固。

7.1 纯晶体的凝固

7.1.1 液态金属的结构

人们对液态金属的研究远不如对气态和固态金属的研究深入。最初，由于液态金属具有无定形、易流动等特性，因此人们认为它与气态相似。但20世纪以来对金属三态间物理性质的大量实验研究表明，液态金属更接近于固态金属。

液态金属具有与固态金属相同的结合键和近似的原子间结合力，在熔点附近的液态金属还存在与固态金属相似的原子堆垛和配位情况。X射线衍射分析表明(表7-1)，液态金属中邻近原子之间的平均距离略大于固态金属，而配位数则略小，通常在8～10范围之间，因此，金属材料在发生熔化时体积略有膨胀，但Sb、Bi、Ge、Ga等非密排结构的晶体除外。

表7-1　由X射线衍射分析得到的液体和固体结构数据比较

金　属	液　态		固　态	
	原子间距/mm	配　位　数	原子间距/mm	配　位　数
Al	0.296	10～11	0.286	12
Zn	0.294	11	0.265，0.294	6+6
Cd	0.306	8	0.297，0.330	6+6
Au	0.286	11	0.288	12

关于液态金属原子分布的具体结构，20世纪60年代以来曾先后提出了两种与实验结果较为相符的结构模型：一种是微晶无序模型，认为液态金属原子分布存在局部排列的规则性；另一种是随机密堆模型，认为液态金属原子分布具有随机密堆性。

然而，上述两种模型都存在一定的局限性。液态金属中的这些局部规则排列微区和随机高致密区都是很不稳定的，它们大小不一，处于时聚时散，此起彼伏的状态。这种很不稳定的现象称为“结构起伏”或“相起伏”。均匀的液态金属凝固过程中结晶的核心就是在结构起伏的基础上形成的，故这些结构起伏又称为“晶胚”。

7.1.2 纯金属的凝固过程

液态金属的凝固过程包括晶核形成和晶核长大两个过程。图7.1所示为纯金属结晶过程。将液态金属冷到结晶温度以下，经过一段时间，首先出现第一批具有一定临界尺寸的晶核。随时间的延长，已形成的晶核不断长大。与此同时，剩余的液态金属中又不断有新的晶核生成并不断长大，直到液态金属全部转变为固态晶体为止。单位时间内单位体积液态金属中形成的晶核数 N 称为形核率($m^{-3}\cdot s^{-1}$)。单位时间内晶核长大的线长度称为长大速率 G($m\cdot s^{-1}$)。各个由晶核长成的不规则小晶体称为晶粒，晶粒之间的界面称为晶界。

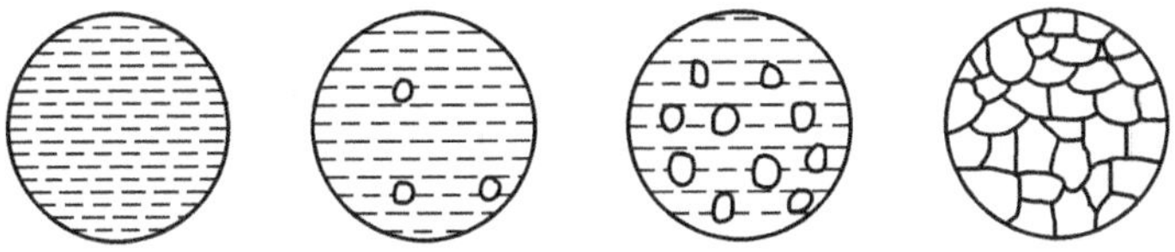

图 7.1 纯金属结晶示意图

图 7.2 所示为液态纯金属在缓慢冷却过程中温度-时间关系曲线，即冷却曲线。由图可见，液态金属在理论凝固温度 T_m(金属的熔点)处，并未开始凝固。只有冷却至 T_m 温度以下某个温度(T_n)才开始凝固。通常将这种实际开始凝固温度低于理论开始凝固温度的现象称为“过冷”，并把理论凝固温度 T_m 与实际凝固温度 T_n 之差 ΔT 称为过冷度($\Delta T=T_m-T_n$)。

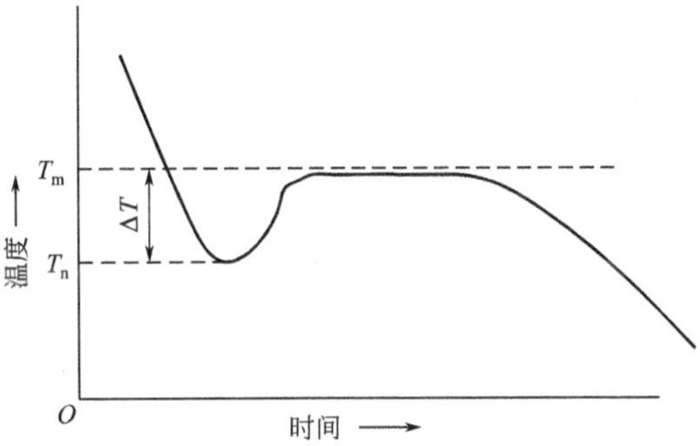

图 7.2 纯金属冷却曲线

由于液态金属在凝固过程中要放出结晶潜热，使温度升高到略低于 T_m 温度，当放热量与散热量相等时曲线上出现了低于 T_m 的“平台”，这时，凝固是在恒温下进行，直至溶液凝固完毕，温度又继续下降。

应该指出，过冷度不是一个恒定值，它随金属的性质、纯度、溶液的冷却速度等因素的改变而改变。对于同一种金属，冷却速度愈大，过冷度愈大。

7.1.3 凝固的热力学条件

金属凝固需要过冷度，这是由热力学条件所决定的。根据热力学第二定律，在等温等压时，物质总是自发地从高自由能状态转变为低自由能状态。液态金属凝固时，只有当固态的自由能低于液态的自由能时，凝固才能进行。自由能 G 可用下式表示

$$G=H-TS$$

式中，H 为焓；T 为绝对温度；S 为熵。自由能是温度和压力的函数，因此可推导出：

$$\mathrm{d}G=-S\mathrm{d}T+V\mathrm{d}P$$

式中，V 为体积；P 为压力。恒压条件下 $\mathrm{d}P=0$，即

$$\frac{\mathrm{d}G}{\mathrm{d}T}=-S$$

熵表示原子排列的规则程度，为正值，因此自由能总是随温度的降低而增大。由

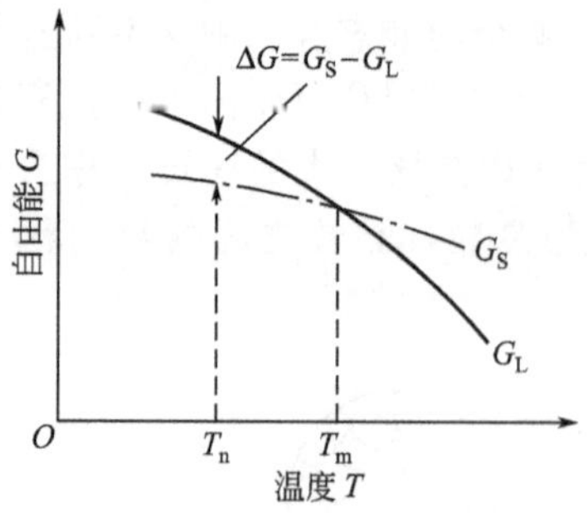

图 7.3 液态和固态金属的自由能-温度曲线

于液态中原子排列的规则性比固态中的差，所以液态的熵 S_L 大于固态的熵 S_S，并且随温度变化的剧烈程度也较大。因此液态的自由能-温度曲线的斜率大于固态，这样两条曲线必然存在一交点，如图 7.3 所示。这一点上，液态与固态的自由能相等，达到两相平衡状态，这一点的温度称为理论凝固温度，也就是晶体的熔点 T_m。

为了使凝固过程能进行，需使$(G_S-G_L)=\Delta G<0$，这样根据图 7.3 所示，必须使 $T<T_m$，即需要过冷。ΔG 为金属凝固的驱动力，有

$$\begin{aligned}\Delta G &= G_S-G_L \\ &=(H_S-TS_S)-(H_L-TS_L) \\ &=(H_S-H_L)-T(S_S-S_L) \\ &=\Delta H-T\Delta S \end{aligned} \tag{7-1}$$

由于恒压条件下，$\Delta H_p=-L_m$，而在理论凝固温度时，有

$$\Delta S=-\frac{L_m}{T_m}$$

代入式(7-1)得

$$\Delta G=-L_m+\frac{TL_m}{T_m}$$

式中，L_m 为结晶潜热。当 $T=T_m$ 时，$\Delta G=0$。当温度过冷到 T_n 时，有

$$\begin{aligned}\Delta G &= \Delta H_m-T_n\Delta S=-L_m+\frac{L_mT_n}{T_m} \\ &=-L_m\left(\frac{T_m-T_n}{T_m}\right)=-L_m\frac{\Delta T}{T_m}\end{aligned} \tag{7-2}$$

式中，ΔT 为过冷度。

由此可见，只有过冷度 $\Delta T>0$ 的条件下才能保证自由能差 $\Delta G<0$，且过冷度 ΔT 越大，则 ΔG 的绝对值越大，即凝固的驱动力越大。

7.1.4 晶核的形成

晶核的形成有两种方式：均匀形核和非均匀形核。

均匀形核是靠自身的结构起伏和能量起伏等条件在均匀的母相中无择优位置，任意地形成核心。这种晶核由母相中的一些原子团直接形成，不受其他外界影响。

非均匀形核是在母相中利用自有的杂质、模壁等异质作为基底，择优形核。这种晶核受杂质等外界影响。

由于非均匀形核所需能量较少，且实际中不可避免地存在杂质等，因此金属凝固时的形核主要为非均匀形核。但非均匀形核的基本原理仍是以均匀形核为基础的，因此先讨论均匀形核。

1. 均匀形核

1）形核时能量变化和临界晶核

均匀形核不需要提供能量，仅靠自身的结构起伏和能量起伏等条件来完成。这样，会给体系能量带来两相变化：一是由于晶胚的形成，液态转变为晶态时体积发生变化，会释放出一部分能量，称为体积自由能，用 ΔG_V 表示（$\Delta G_V<0$），该部分能量促进相变得以进行，是驱动力；二是由于晶胚与液相间形成新的界面能，称为界面自由能，用 σ 表示，该部分能量将阻碍相变进行，是阻力。晶胚达到一定尺寸后就成为结晶的晶核。因此，形成一个晶核所引起的体系的自由能变化为

$$\Delta G=V\Delta G_V+\sigma A \tag{7-3}$$

式中，V 为晶核的体积；A 为晶核与液相之间界面的面积。

假设晶核为球形，半径为 r，则式(7-3)变为

$$\Delta G=\frac{4}{3}\pi r^3\Delta G_V+4\pi r^2\sigma \tag{7-4}$$

当温度一定时，ΔG_V 和 σ 为定值，则 ΔG 是 r 的函数。如图7.4所示为晶核半径 r 与自由能 ΔG 之间的关系，$\Delta G=f(r)$ 曲线存在一极大值，该处 $r=r^*$。$r<r^*$ 时，ΔG 随 r 的增大而增大。显然这种情况下的晶胚是不可能的，晶胚只能重新熔化而消失；$r\geqslant r^*$ 时，ΔG 随 r 的增大而减小，这种情况下，凝固才能自发进行。因此，把半径为 r^* 的晶胚称为临界晶核，r^* 称为临界半径，在过冷液体中不是所有的晶胚都能长成晶核，只有达到临界半径的晶胚才能实现。临界半径 r^* 可通过求极值得到，取 $\mathrm{d}\Delta G/\mathrm{d}r$，则

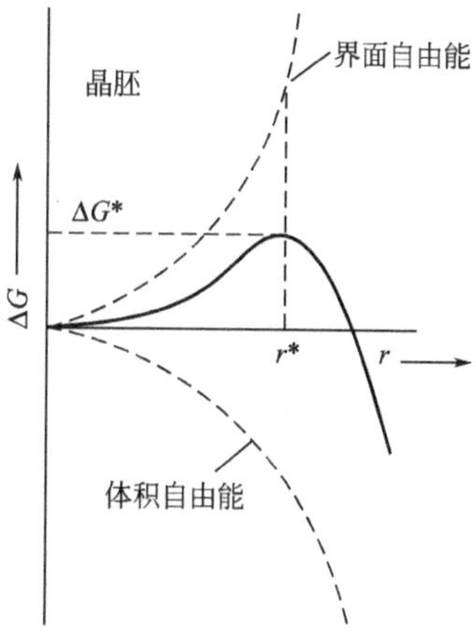

图7.4 晶核半径与 ΔG 的关系

$$r^*=-\frac{2\sigma}{\Delta G_V} \tag{7-5}$$

将式(7-2)代入式(7-5)，得

$$r^*=\frac{2\sigma T_{\mathrm{m}}}{L_{\mathrm{m}}\Delta T} \tag{7-6}$$

由此可知，临界晶核半径 r^* 随过冷度 ΔT 的增大而减小，r^* 越小形核的几率越大，晶核数越多。

将式(7-5)代入式(7-4)，得

$$\Delta G^*=\frac{16\pi\sigma^3}{3(\Delta G_V)^2}=\frac{1}{3}\sigma A^* \tag{7-7}$$

将式(7-2)代入式(7-7)，得

$$\Delta G^*=\frac{16\pi\sigma^3 T_{\mathrm{m}}{}^2}{3(L_{\mathrm{m}}\cdot\Delta T)^2} \tag{7-8}$$

式中，ΔG^* 为形成临界晶核所需的功，简称形核功。形成临界晶核时，体系释放的体积自由能只相当于所需界面能的2/3，而另外的1/3，要靠液体本身存在的能量起伏提供。所谓能

量起伏是液相中各微区的能量偏离体系平均能量的现象，它也是时有时无，此起彼伏的。

由此可见，均匀形核是结构起伏与能量起伏共同作用的结果，二者缺一不可。

液态金属中的结构起伏将形成不同尺寸的晶胚。图 7.5 所示为最大晶胚尺寸、临界晶核尺寸与过冷度之间的关系。图中两条曲线的交点称为均匀形核的临界过冷度 ΔT^*。要使晶胚尺寸达到临界晶核，只有使其具有足够的过冷度 ΔT^*。Turnbull 等人通过小液滴实验得出，对于大多数金属而言，$\Delta T^* \approx 0.2T_m$。

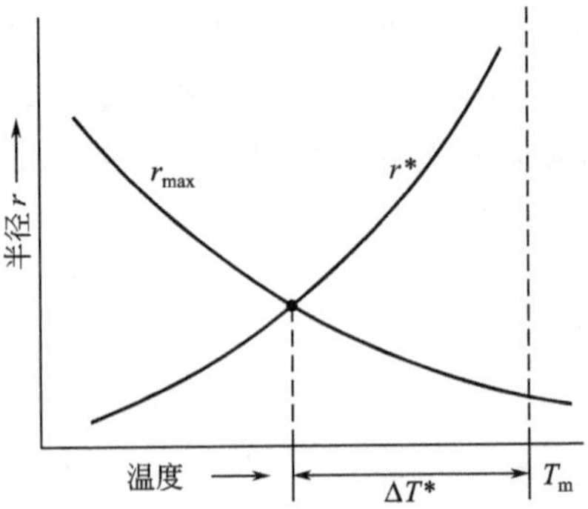

图 7.5　均匀形核的过冷度示意图

2）形核率

形核率是单位时间内单位体积液态金属中形成的晶核数。根据前面的分析，形核率 N 主要受两个因素的影响：一是过冷度，二是原子扩散。随 ΔT 的增大，r^* 减小，ΔG^* 减小，促进形核；当 ΔT 进一步增大，原子从液相向已形成晶胚扩散的速率减慢，阻碍形核。因此，形核率可表示为

$$N = KN_1 \cdot N_2 \tag{7-9}$$

式中，$N_1 = \exp\left(\frac{-\Delta G^*}{kT}\right)$称为形核功因子；$N_2 = \exp\left(\frac{-Q}{kT}\right)$称为原子扩散几率因子；$Q$ 为扩散激活能；k 为玻耳兹曼常数，即

$$N = K\exp\left(\frac{-\Delta G^*}{kT}\right) \cdot \exp\left(\frac{-Q}{kT}\right) \tag{7-10}$$

式中，K 为比例常数。

图 7.6 所示为形核率与温度的关系。由图可知，当过冷度较小时，形核率主要受形核功因子的影响，N 随 ΔT 增大而增大；当过冷度较大时，形核率主要受原子扩散几率因子的影响，N 随 ΔT 增加而减小。

对于易流动液体来说，形核率随温度下降至某值 T^* 时突然显著增大，此温度 T^* 可视为均匀形核的有效形核温度，对于多数液体，有效形核过冷度 $\Delta T^* \approx 0.2T_m$，其中 $\Delta T^* = T_m - T^*$。如图 7.6(b)所示。

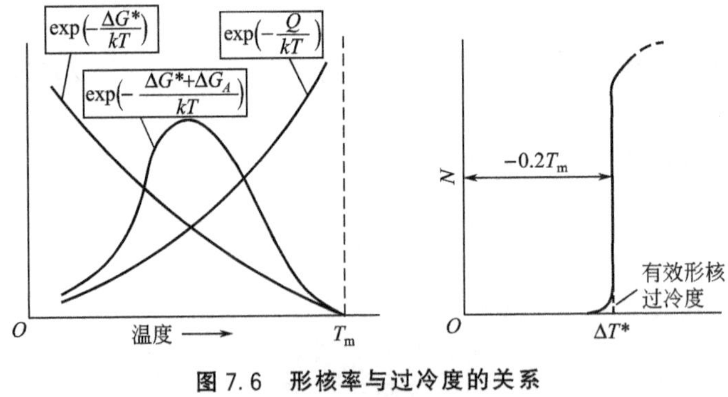

图 7.6　形核率与过冷度的关系

均匀形核所需的过冷度很大，下面以铜为例，进一步计算形核时临界晶核中的原子数。已知纯铜的凝固温度 $T_m = 1356\text{K}$，$\Delta T = 236\text{K}$，熔化热 $L_m = 1628 \times 10^6 \text{J/m}^3$，比表面

能 $\sigma=177\times10^{-3}\mathrm{J/m^2}$，由式(7－6)可得

$$r^*=\frac{2\sigma T_m}{L_m\Delta T}=\frac{2\times177\times10^{-3}\times1356}{1628\times10^6\times236}=1.249\times10^{-9}(\mathrm{m})$$

铜的点阵常数 $a_0=3.615\times10^{-10}\mathrm{m}$，晶胞体积为

$$V_L=(a_0^3)=4.724\times10^{-29}(\mathrm{m}^3)$$

而临界晶核的体积为

$$V_c=\frac{4}{3}\pi r^{*3}=8.157\times10^{-27}(\mathrm{m}^3)$$

则临界晶核中的晶胞数目为

$$n=\frac{V_c}{V_L}\approx173$$

因为铜是面心立方结构，每个晶胞中有4个原子，因此，一个临界晶核的原子数目为692个原子。上述的计算由于各参数的实验测定的差异稍有变化，总之，几百个原子自发地聚合在一起成核的几率很小，故均匀形核的难度较大。

2. 非均匀形核

实际情况中晶核的形核方式基本上都是非均匀形核。非均匀形核时，一些外界因素(如杂质、铸件内壁等)可使形核界面能降低，在较小过冷度发生形核，因此非均匀形核所需过冷度小于均匀形核。例如纯铁均匀形核时的过冷度为295℃，但在工业生产中铁液的过冷度一般不超过20℃。

1) 临界晶核和形核功

设晶核 α 以球冠状形成于基底W上(基底为杂质表面或模壁)，球冠的曲率半径为 r，球冠与基底的界面半径为 R，如图7.7(a)所示。晶核表面与基底面的接触角为 θ，称为浸润角。$\sigma_{\alpha L}$，$\sigma_{\alpha W}$，σ_{LW} 分别表示晶核与液相、晶核与基底、液相与基底的界面能(用表面张力表示)，$A_{\alpha L}$，$A_{\alpha W}$ 分别表示晶核与液相、晶核与基底之间的界面面积，V_α 表示晶核的体积，如图7.7(b)所示，则晶核体积为

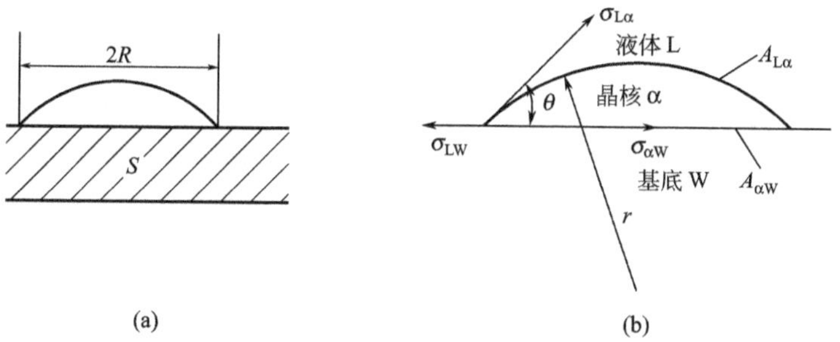

图 7.7 非均匀形核示意图

$$V_\alpha=\pi r^3\left(\frac{2-3\cos\theta+\cos^3\theta}{3}\right) \tag{7-11}$$

晶核与液相的界面面积为

$$A_{L\alpha}=2\pi r(1-\cos\theta) \tag{7-12}$$

晶核与基底的界面面积为

$$A_{\alpha W}=\pi r^2\sin^2\theta \tag{7-13}$$

三相交点处表面张力应处于平衡：

$$\sigma_{LW}=\sigma_{\alpha W}+\sigma_{\alpha L}\cos\theta \tag{7-14}$$

因此非均匀形核时体系自由能的变化为

$$\Delta G=V\Delta G_V+\Delta G_S=V\Delta G_V+(A_{\alpha L}\sigma_{\alpha L}+A_{\alpha W}\sigma_{\alpha W}-A_{\alpha W}\sigma_{LW})$$

把式(7-11)、式(7-12)、式(7-13)代入上式整理得

$$\Delta G=\frac{2-3\cos\theta+\cos^3\theta}{4}\left(\frac{4}{3}\pi r^3\Delta G_V+4\pi r^2\sigma_{\alpha L}\right) \tag{7-15}$$

由上式可求出非均匀形核时的临界晶核半径 $r^*_{非}$ 和形核功 $\Delta G^*_{非}$ 为

$$r^*_{非}=-\frac{2\sigma_{\alpha L}}{\Delta G_V} \tag{7-16}$$

$$\Delta G^*_{非}=\frac{16\pi\sigma^3_{\alpha L}}{3(\Delta G_V)^2}\left(\frac{2-3\cos\theta+\cos^3\theta}{4}\right) \tag{7-17}$$

把式(7-17)与式(7-7)比较得

$$\Delta G^*_{非}=\Delta G^*\left(\frac{2-3\cos\theta+\cos^3\theta}{4}\right) \tag{7-18}$$

由图 7.7(b)可知，θ 在 $0\sim\pi$ 之间变化。当 $\theta=0$ 时，$\Delta G^*_{非}=0$，形核时不需要形核功；当 $\theta=\pi$ 时，$\Delta G^*_{非}=\Delta G^*$，非均匀形核的形核功与均匀形核相等，基底对形核不起作用；当 $0<\theta<\pi$ 时，$\Delta G^*_{非}<\Delta G^*$，非均匀形核的形核功小于均匀形核，可在较小的过冷度下形核。因此，$0<\theta<\pi$ 时，θ 越小，$\Delta G^*_{非}$ 越小，越容易形核。

2）形核率

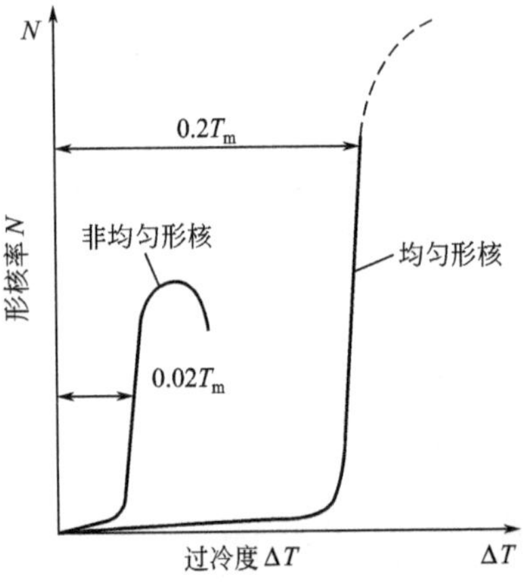

图 7.8　均匀形核率和非均匀形核率随过冷度变化的对比示意图

非均匀形核的形核率与均匀形核相似，也受过冷度和原子扩散的影响。但由于 $\Delta G^*_{非}<\Delta G^*$，因此非均匀形核在较小过冷度下具有较高的形核率。图 7.8 所示为均匀形核和非均匀形核率的对比。由图可知，最主要的差异在于非均匀形核功小于均匀形核功，因而非均匀形核在约为 $0.02T_m$ 的过冷度时，形核率已达到最大值。此外，非均匀形核的最大形核率小于均匀形核，其原因是非均匀形核需要合适的"基底"，基底数量是有限的，当新相晶核很快覆盖基底后，使适合新相形核的基底大为减少，使形核率降低。在杂质和型壁上形核可减少单位体积的表面能，因而使临界晶核的原子数比均匀形核少。仍以铜为例，计算其非均匀形核时临界晶核中的原子数。球冠体积为

$$V_{cap}=\frac{\pi h^2}{3}(3r-h)$$

式中，h 为球冠高度，假定取为 $0.2r$，而 r 为球冠的曲率半径，取铜的均匀形核临界半径 r^*。用前述的方法可得 $V_{cap}=2.284\times10^{-28}\text{m}^3$，而 $V_{cap}/V_L\approx5$ 个晶胞，最终每个临界晶核约有 20 个原子。由此可见，非均匀形核中临界晶核所需原子数远小于均匀形核时的原子数，因此可在较小的过冷度下形核。

7.1.5 晶核的长大

晶核长大是指形核后，原子从液相迁移到固相多于从固相迁移到液相的过程。晶核长大过程中，长大的方式、长大的形态以及长大的速率都将影响最终材料的组织和性能。

1. 液固界面的微观结构

液固两相的界面按微观结构可分为两种，即粗糙界面和光滑界面。由于晶核的长大是液固两相界面两侧原子迁移的过程，因此液固两相界面的结构也将影响晶核的长大。

所谓光滑界面是指界面两侧的液固两相是截然分开的，界面以上为液相，以下为固相，固相的表面是密排晶面，如图 7.9(a)所示。这种界面从微观上看是光滑的，但从宏观上看却是粗糙的，由若干曲折的小平面组成，因此，这种界面又称为小平面界面。

所谓粗糙界面是指液固两相界面在微观上是高低不平的，存在厚度为几个原子的过渡层，如图 7.9(b)所示。这种界面层从微观上看是粗糙的，但由于过渡层很薄，从宏观上看这种界面又是平整光滑的，因此，这种界面又称为非小平面界面。

Jackson 用模型研究了液固两相界面的微观结构，他指出，界面的平衡结构也应该是界面能最低时的结构。他假设在界面能最低时界面为光滑界面，向光滑界面上任意增加原子，光滑界面变为粗糙界面，这时界面自由能的相对变化 ΔG_S 可表示为

$$\frac{\Delta G_S}{NkT_m}=\alpha x(1-x)+x\ln x+(1-x)\ln(1-x) \tag{7-19}$$

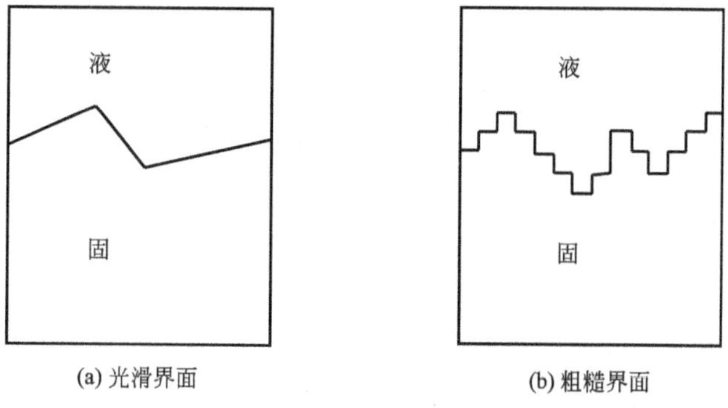

图 7.9 液-固界面示意图

式中，k 为玻耳兹曼常数；T_m 为金属的熔点；N 为界面上的原子位置；x 为界面上原子的位置被固相原子占据的比例；$\alpha = \xi L_m / kT_m$，称为 Jackson 因子，其中 $\xi = \eta/\nu$，η 为界面上原子的平均配位数；ν 是晶体的体配位数；ξ 恒小于 1，称为结晶取向因子。

将式(7-19)按 $\Delta G_S/NkT_m$ 与 x 的关系作图，改变 α 值可得到 3 种不同关系的曲线，如图 7.10 所示。这 3 种曲线分别为：

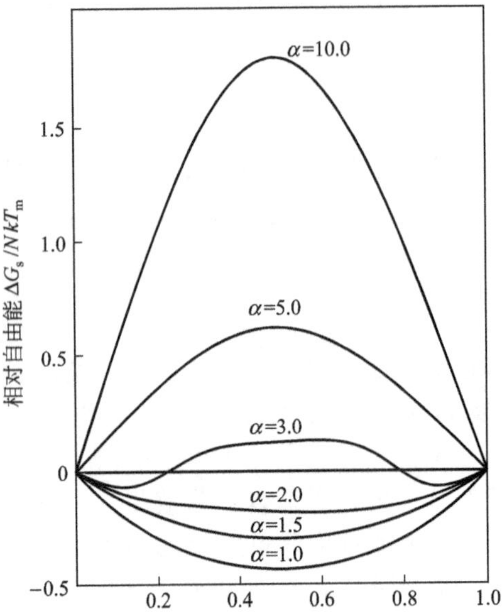

图 7.10　当 α 取不同值时 $\Delta G_S/NkT_m$ 与 x 的关系曲线图

(1) $\alpha \leqslant 2$ 时的曲线具有一个极小值。这类曲线的极小值位于 $x=0.5$ 处，该处的自由能最低，界面上固相原子和空缺位置各占一半，相互穿插，为粗糙界面。大多数金属和某些有机物都属于这种情况。

(2) $\alpha \geqslant 5$ 的曲线有一个极大值和两个极小值。极大值位于 $x \approx 0.5$ 处，极小值出现在 $x \to 0$ 和 $x \to 1$ 处。界面被固相原子全部占据或全被液相原子占据，为光滑界面。部分有机物和无机物属于这种情况。

(3) $2 < \alpha < 5$ 的曲线有两个极小值。极小值既不在 $x \approx 0.5$ 处，又不在 $x \to 0$ 和 $x \to 1$ 处，这两个极小值的位置与 α 和 ξ 有关，为混合界面。Bi、Sb、Si、Ge、Ga 等类金属属于这种情况。

2. 晶核的长大机制

晶核的长大机制是指原子从液相迁移到固相的过程。长大机制与液固界面结构有关，目前认为可能存在的长大机制主要有以下几种。

1) 连续长大

这种长大机制又称为垂直长大。适用于粗糙界面的长大过程。由于粗糙界面上，原子和空缺位置各占 50%，所有的空缺位置都可以随机地接纳从液相而来的原子，而不破坏界面的粗糙度。这种机制不需要孕育期、临界晶核尺寸和形核功，因此除了克服液相中原子间结合力外不受其他阻碍，所以长大的速率很快，所需的过冷度也较小。其平均生长速率为

$$v_g = u_1 \Delta T_K \tag{7-20}$$

式中，u_1 为比例常数，与材料本身有关，单位为 m/s·K，对于大多数金属而言 $u_1 \approx 10^{-2}$ m/s·K。大多数金属都可能属于这种长大机制。

2) 二维晶核长大

这种长大机制又称为台阶式长大，主要适用于光滑界面。二维晶核是指一定尺寸的单分子或单原子的平面薄层。一个二维晶核在界面上首先形成后，界面上便出现一个台阶，液相中的原子将沿着此台阶侧面不断地附着并向周围铺展开，直到铺满整个界面，这时生长中断，晶核也长厚一层。然后在新的界面上再形成新的二维晶核，又很快长厚一层，如

此反复进行，如图 7.11 所示。这种机制的长大是不连续的，所需过冷度较大。其平均生长速率为

$$v_g = u_2 \exp\left(\frac{-b}{\Delta T_K}\right) \tag{7-21}$$

式中，u_2 和 b 均为常数。二维晶核长大机制实际中比较罕见，长大的速度也较慢。

3) 依靠晶体缺陷长大

这种机制也主要适用于光滑界面，其中最典型的依靠螺型位错长大。当光滑界面上存在螺型位错时，液相中的原子可沿螺型位错露头处的台阶不断附着长大，使台阶围绕位错线露头旋转，最终晶体表面呈现由螺型台阶形成的蜷线，如图 7.12 所示。其平均生长速率为

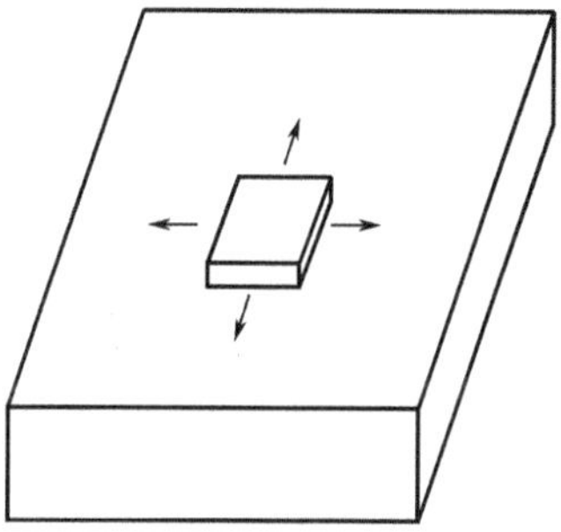

图 7.11 二维晶核长大机制示意图

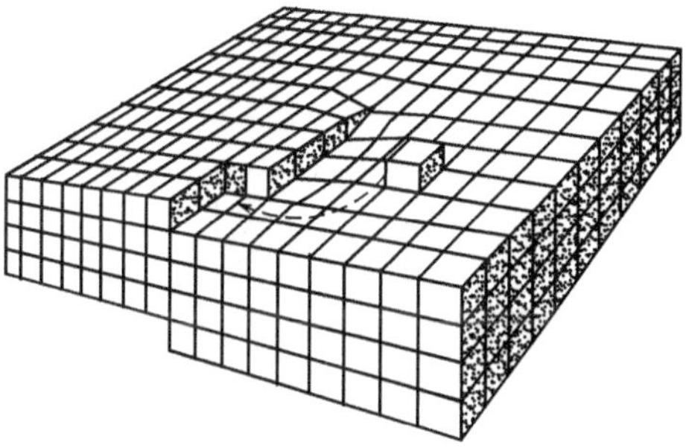

图 7.12 螺型位错台阶机制示意图

$$v_g = u_3 \Delta T_K^2 \tag{7-22}$$

式中，u_3 为比例常数。

实际上，晶体中总是存在原子不规则排列的结构缺陷，但由于界面上提供的可附着原子的位置很少，因此这种机制的生长速率也较慢，但这种方式不需要重新形核。

3. 纯金属的生长形态

纯金属凝固时的生长形态除与液固界面结构有关外，还与界面前沿液相中的温度梯度有关。

1) 正温度梯度下的情况温度越低，型壁处最先凝固，液相中心部分温度永远高于固液界面的温度，结晶潜热只能由固相散出，因此界面推移速度受到固相传热速度的控制。

正温度梯度指液相中离固液界面的距离 Z 越大，温度越高(即 $dT/dZ>0$)，前沿液相体内的动态过冷度(ΔT_K)随距界面距离 Z 的增加而减小，如图 7.13(a)所示。这种情况下，型壁起到散热的作用，故离型壁越近的生长形态有两种情况：

(1) 粗糙界面。此时，晶体的生长方式主要以连续长大方式为主，界面均匀地向前推移，整个界面保持稳定的平面状。即使当界面上偶尔有凸起进入温度较高的液相中时，由于动态过冷度下降，晶体的生长速率便会减慢或停止，周围部分长上来使凸起消失，固液界面仍为稳定的平面状。这种情况下 ΔT_K 很小，因此界面几乎与 T_m 等温面重合(图 7.14(b))。

(2) 光滑界面。此时，晶体的长大方式主要以二维晶核长大方式为主，界面向前推进时，

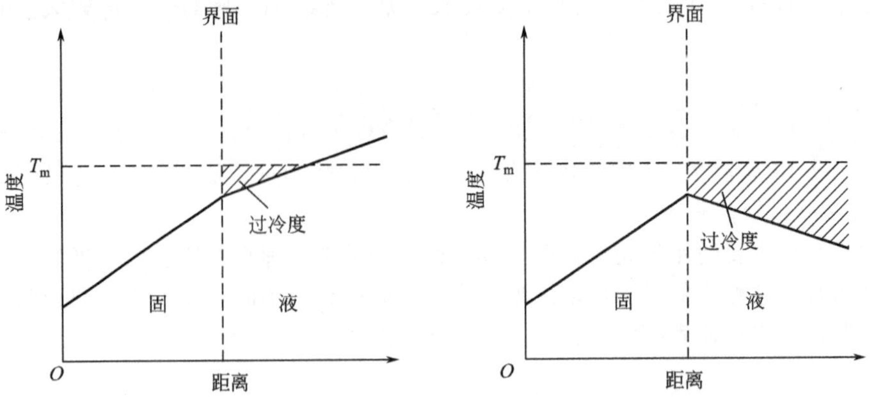

(a) 正温度梯度　　(b) 负温度梯度

图 7.13　两种温度分布方式

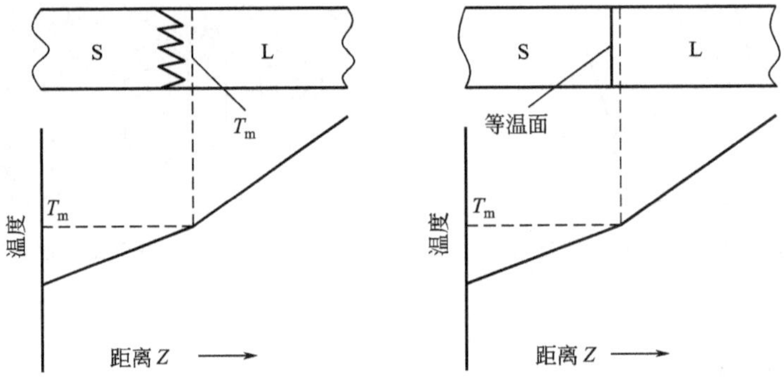

(a) 台阶状（光滑界面结构的晶体）　　(b) 平面状（粗糙界面结构的晶体）

图 7.14　在正的温度梯度下观察到的两种界面形态

原子通过台阶的侧面扩展生长，界面呈台阶状。小平面与 T_m 等温面呈一定角度，这些小平面也不能过多地凸向液体，因此界面从宏观上看也是平行于 T_m 等温面的(图 7.14(a))。

2) 负温度梯度下的情况

负温度梯度是指液相中离固液界面距离 Z 越大，温度越低(即 $dT/dZ<0$)，前沿液相体内的动态过冷度(ΔT_K)随距界面距离 Z 的增加而增大，如图 7.13(b)所示。这种情况下，界面前沿液相内冷却散热及结晶潜热既通过型壁又通过液相散失，因此晶体生长的界面上不能保持稳定的平面状，一旦界面上偶有凸起进入液相就会获得更大的 ΔT_K，从而使生长速率加快，凸起伸入液相中形成一个晶轴，这种晶轴称为主晶轴。同时这些主晶轴由于结晶时向两侧液相中放出潜热，使液相中垂至于主晶轴的方向又产生二次晶轴。同理二次晶轴上又长出三次晶轴等，如图 7.15 所示的树枝状晶，晶体的这种生长方式称为树枝状结晶。树枝状生长

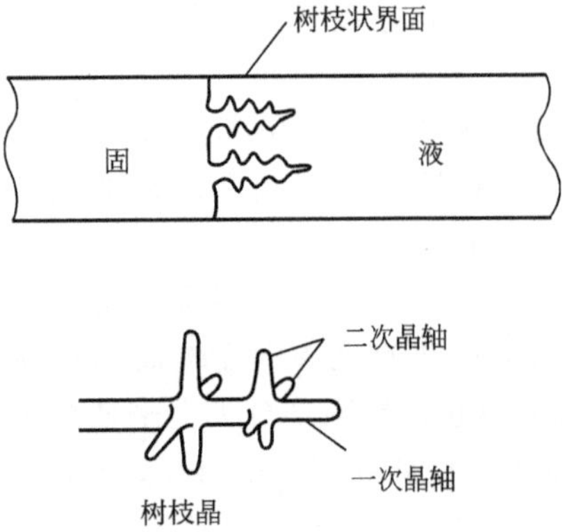

图 7.15　树枝状晶体生长示意图

的晶轴具有一定的晶体学取向，且与其晶体结构类型有关，例如：

面心立方$\langle 100\rangle$

体心立方$\langle 100\rangle$

密排六方$\langle 10\bar{1}0\rangle$

体心四方$\langle 110\rangle$

物质以树枝状方式生长时，最后凝固的金属将树枝状空隙填满，使每个枝晶成为一个晶粒。树枝状生长在具有粗糙界面的物质中表现很明显，而在具有光滑界面的物质中，在负的温度梯度下也有树枝状生长的倾向，但不明显，甚至还保持其小平面特征。

7.2 合金的凝固

7.2.1 平衡分配系数

合金凝固时，要发生溶质的重新分布，重新分布的程度可用平衡分配系数 k_0 来表示。k_0 定义为平衡凝固时固相的物质的量浓度 C_S 和液相物质的量浓度 C_L 之比，即

$$k_0=\frac{C_S}{C_L} \tag{7-23}$$

固溶体凝固是在一定的温度范围内进行的，并且在两相区范围液相和固相的平衡成分是不同的。k_0 可以小于1，也可以大于1，图7.16所示为 $k_0<1$ 和 $k_0>1$ 的情况的相图。k_0 大小仅与合金相图本身的特性有关。$k_0<1$ 时，随溶质增加，固溶体凝固的开始温度和终了温度降低；$k_0>1$ 时，随溶质增加，合金凝固的开始温度和终了温度升高。k_0 越接近1，则该合金凝固时重新分布的溶质成分与原合金成分越接近。

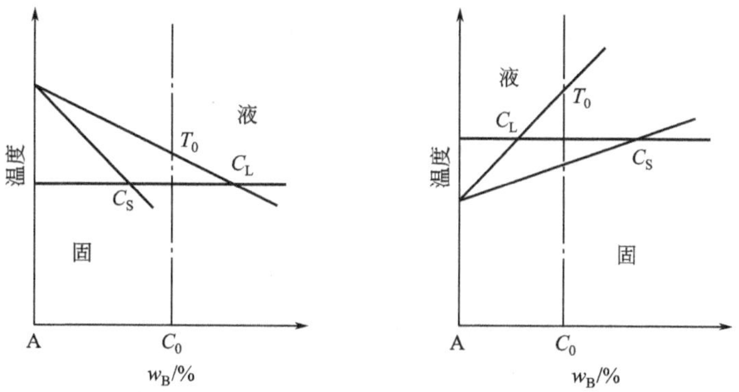

(a) $k_0<1$ (b) $k_0>1$

图7.16 两种 k_0 的情况（C_0 为合金成分）

7.2.2 平衡凝固

平衡凝固是指合金在凝固过程中，冷却速度非常缓慢，每个阶段的相变都有充分的时间进行组元间的相互扩散，达到平衡相的均匀成分。

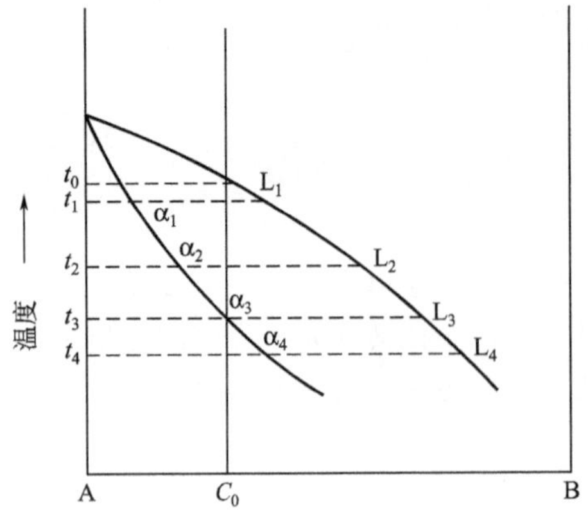

图 7.17 固溶体合金的平衡凝固

如图 7.17 中所示的成分为 C_0 的合金溶液冷却到 t_0 温度时，固溶体 α 成分应为 k_0C_0，但由于没有过冷度，无法形核，只有温度稍低于 t_0 的 t_1 温度时才能形核，α 晶核成分为 α_1，在液固界面处与之平衡的液相成分为 L_1，此时远离相界面处的液相仍保持原合金的成分 C_0，在液相中产生了浓度梯度，必然引起液相内溶剂 A 和溶质 B 原子的相互扩散，B 原子由界面向外扩散，A 原子向界面扩散，使得界面处 B 原子含量降低，A 原子含量增高，破坏了液-固界面处的相平衡，只有靠 α 长大，排出 B 原子，吸收 A 原子才能维持液-固界面处的相平衡。固溶体不断长大，液-固界面连续向液相中推移，溶液中 B 原子含量不断升高，直至整个液相都达到 t_1 温度下的平衡成分 L_1 为止。继续冷却，当温度降到 t_2 时，α 继续长大，液-固界面处立即建立新的平衡，固溶体 α 成分为 α_2，与之平衡的液相成分为 L_2，而远离界面处固相成分为 α_1，液相成分为 L_1。这样在液相和固相中都有浓度梯度，存在扩散过程，在液—固界面处，B 原子由界面向液相和固相中扩散，A 原子由液相和固相向界面处扩散，使得界面处 B 原子含量降低，A 原子含量增高，破坏液-固界面相平衡。同样，只有靠 α 长大排出 B 原子、吸收 A 原子才能维持液-固界面处的相平衡。固溶体不断长大，液相和固相中原子扩散充分进行，直至固相成分全部达到 t_2 温度下的平衡成分 α_2 和液相成分全部达到该温度下的平衡成分 L_2 为止。继续冷却，又重复上述过程，固溶体不断长大直至固相全部转变为成分为 C_0 的均匀固溶体。

终上所述，固溶体平衡凝固过程是：形核→相界平衡→扩散破坏平衡→长大→相界平衡。随着温度的降低，此过程重复进行，直至全部转变为成分均匀的固溶体为止。

由上可见，与纯金属相比，固溶体合金凝固过程有以下两个特点：一是固溶体合金凝固时生成的固相成分与原液相成分不同，即需要成分起伏、能量起伏和结构起伏；二是固溶体合金凝固需在一定温度范围内进行，并且在此温度范围内的每一温度下只能凝固出一定数量的固相，即凝固速率比纯金属慢。

7.2.3 非平衡凝固

固溶体的凝固依赖组元的扩散，要达到平衡凝固，必须有足够的时间使扩散充分进行。但在工业生产中，合金溶液浇铸后冷却速度较快，在每一温度下不能保持足够的扩散时间，使凝固过程偏离了平衡条件，这称为非平衡凝固。

在非平衡凝固中，液、固两相的成分将偏离平衡相图中的液相线和固相线。图 7.18(a)所示是非平衡凝固时液、固两相成分变化的示意图。合金 I 在 t_1 温度时首先结晶出成分为 α_1 的固相，因其含铜量远低于原合金的原始成分，故与之相邻的液相含铜量势必要高至 L_1。随后冷却到 t_2 温度，固相的平衡成分应为 α_2，液相成分则改变至 L_2。但由于冷却较快，液相和固相，尤其是固相中的扩散不充分，其内部成分仍低于 α_2，甚至保留为 α_1，从而出现成分不均匀现象。此时，整个结晶固相的平均成分 α_2' 应在 α_1 和 α_2 之间，而整个液相的平均成分 L_2' 应在 L_1 和 L_2 之间。再继续冷却到 t_3 温度，结晶后的固体平衡成

分应变为 α_3，液相成分变为 L_3，同样因扩散不充分而达不到平衡凝固成分，固相的实际成分为 α_1、α_2 和 α_3 的平均值 α'_3；液相的实际成分则是 L_1，L_2 和 L_3 的平均值 L'_3。合金冷却到 t_4 温度才开始凝固结束。此时固相的平均成分从 α'_3 变到 α'_4，即原合金成分，若把每一温度下的固相和液相的平均成分点连接起来，则分别得到图 7.18(a)中的虚线 $\alpha_1\ \alpha'_2\ \alpha'_3\ \alpha'_4$ 和 $L_1\ L'_2\ L'_3\ L'_4$，它们分别称成为固相平均成分线和液相平均成分线。固、液两相的成分及组织的变化如图 7.18(b)所示。

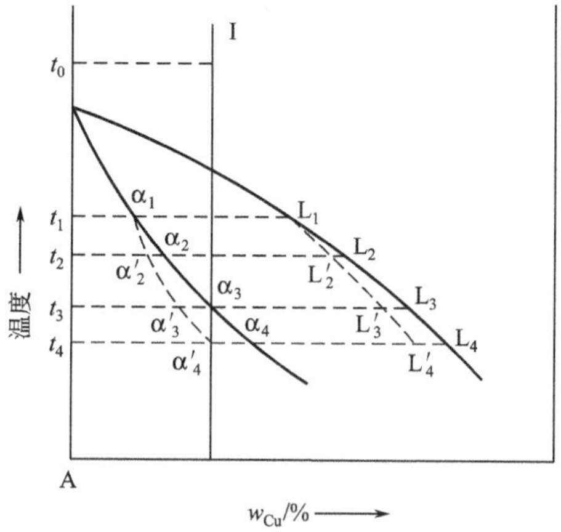

(a) 非平衡凝固时液固两相成分变化

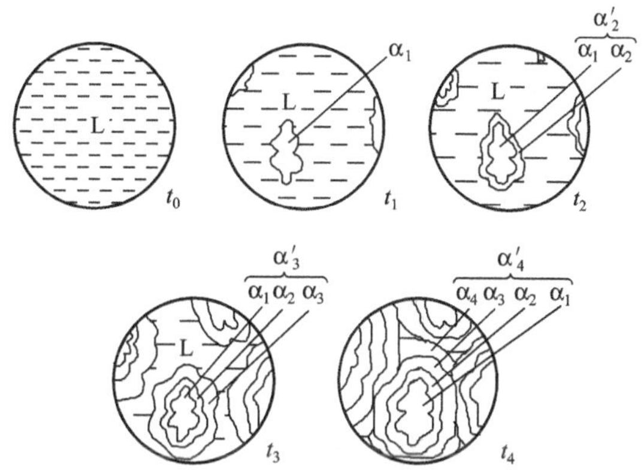

(b) 非平衡凝固时组织变化示意图

图 7.18　固溶体合金的非平衡凝固

从上述对非平衡凝固过程的分析得到如下几点结论：

(1) 固相平均成分线和液相平均成分线与固相线和液相线不同，它们和冷却速度有关，冷却速度越快，其偏离固、液相线越严重；反之冷却速度越慢，其越接近固、液相线，表明冷却速度越接近平衡冷却条件。

(2) 先结晶部分总是富高熔点组元(Ni)，后结晶部分是富低熔点组元(Cu)。

(3) 非平衡凝固总是导致凝固终结温度低于平衡凝固时的终结温度。

固溶体通常以树枝状生长方式结晶，非平衡凝固导致先结晶的枝干和后结晶的枝间的成分不同，故称为枝晶偏析。由于一个树枝晶是由一个核心结晶而成的，故枝晶偏析属于晶内偏析。图 7.19(a)所示是 Cu－Ni 合金的铸态组织，树枝晶形貌的显示是由于枝干和

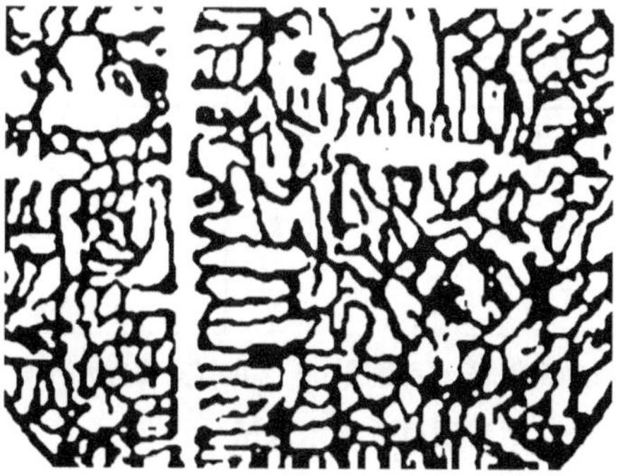

(a) 铜镍合金的铸态组织

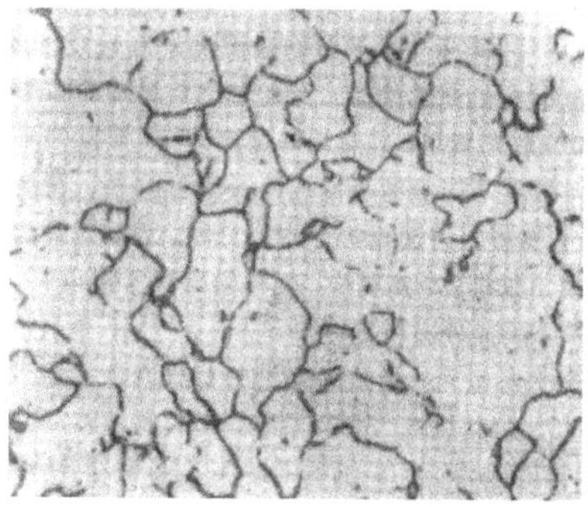

(b) 铜镍合金扩散退火后的组织

图 7.19　铜镍合金的铸态组织和扩散退火后的组织

枝间的成分差异引起侵蚀后颜色的深浅不同所致。如用电子探针测定可以得出：枝干是富镍(不易侵蚀而呈白色)，分枝之间是富铜的(易侵蚀而呈黑色)。固溶体在非平衡凝固条件下生产上述的枝晶偏析是一种普遍现象。

枝晶偏析是非平衡凝固的产物，在热力学上是不稳定的，通过“均匀化退火”或称“扩散退火”，即在固相线以下较高的温度(要确保不能出现液相，否则会使合金“过烧”)经过长时间的保温使原子扩散充分，使之转变为平衡组织。图 7.19(b)所示是经过扩散退火后的 Cu－Ni 合金的显微组织，树枝形态已消失，由电子探针微区分析的结果也证实了枝晶偏析已消除。

7.2.4　固溶体合金凝固时溶质的再分配

合金凝固时溶质要发生重新分配，在非平衡凝固条件下，除了产生枝晶偏析外，还有可能发生宏观偏析。宏观偏析是指铸锭边缘和铸锭中心溶质浓度不同，造成铸锭内先后凝固部位的组织、性能不同，是材料的一种无法消除的缺陷。

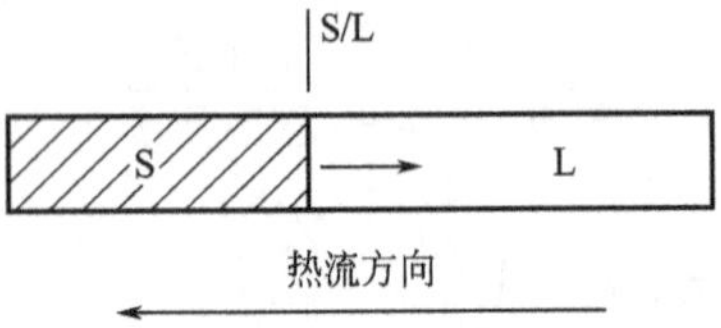

图 7.20　水平单向凝固示意图

为了便于讨论，研究一根水平圆棒由棒端面从左向右的定向凝固，如图 7.20 所示。为了简化问题，作几点假设：①固液界面是平直的；②晶体长大时界面处始终保持局部平衡状态；③不考虑固相内的扩散；④固相和液相的密度相同。

1. 液相中溶质完全混合时溶质的再分配

合金凝固速度很慢时，液相内溶质可通过扩散、对流和搅拌使整个液相中溶质很快完全混合均匀。在 $k_0<1$ 情况下，合金的凝固过程中溶质的再分配可由图 7.21 表示。合金棒从左端开始凝固，最左端固相成分为 k_0C_0，界面推移到 1 处时，有少量溶质从固相排入液相，导致液相成分上升至稍高于 C_0 处，如图 7.21(a)所示，此时固液界面存在局部平衡。随着凝固过程的继续进行，界面推移到 2 处时，固相又向液相中排出溶质，剩余液相中的溶质浓度又增高，同时固相成分也升高，如图 7.21(b)所示。图 7.21(c)为凝固过程进行完毕时，溶质沿合金棒的分布曲线。该过程凝固方程的推导如下：

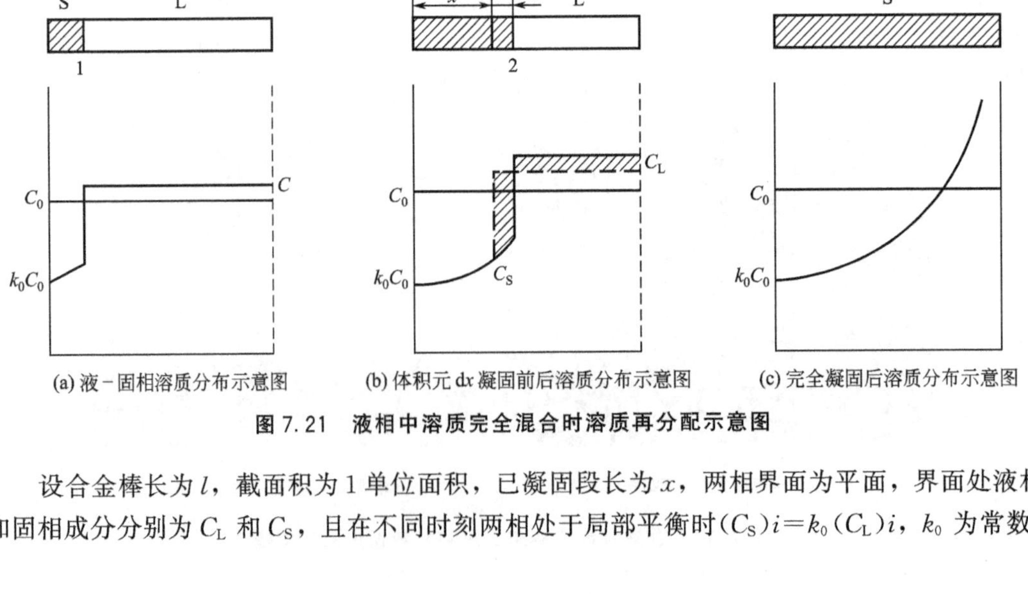

(a) 液－固相溶质分布示意图　(b) 体积元 dx 凝固前后溶质分布示意图　(c) 完全凝固后溶质分布示意图

图 7.21　液相中溶质完全混合时溶质再分配示意图

设合金棒长为 l，截面积为 1 单位面积，已凝固段长为 x，两相界面为平面，界面处液相和固相成分分别为 C_L 和 C_S，且在不同时刻两相处于局部平衡时 $(C_S)i=k_0(C_L)i$，k_0 为常数，

液、固两相的密度近似相等。根据质量守恒定理，1·dx 体积元发生凝固时排出的溶质为

$$(C_L - C_S)dx = C_L(1-k_0)dx$$

这些排出的溶质将均匀分布在剩余液相中，液相浓度升高 dC_L，则

$$(l-x)dC_L = C_L(1-k_0)dx$$

即

$$\frac{dC_L}{C_L} = \frac{(1-k_0)dx}{(l-x)}$$

积分后得

$$\ln C_L = (k_0 - 1)\ln(1-x/l) + \ln C$$

当 $x=0$ 时，$C_L = C_0$，则 $C = C_0$，即

$$C_L = C_0\left(1-\frac{x}{l}\right)^{k_0-1} \tag{7-24}$$

$$C_S = C_0 k_0\left(1-\frac{x}{l}\right)^{k_0-1} \tag{7-25}$$

这种凝固称为正常凝固，固溶体经正常凝固后，整个铸锭的质量浓度分布如图 7.23 中 b 曲线所示($k_0<1$)，这符合一般铸锭中浓度的分布，因此称为正常凝固。这种溶质质量浓度由铸锭表面向中心逐渐增加的不均匀分布，称为正偏析，是宏观偏析的一种。

由正常凝固方程可看出，凝固后的溶质分布也与 k_0 有关。图 7.22 所示为具有不同 k_0

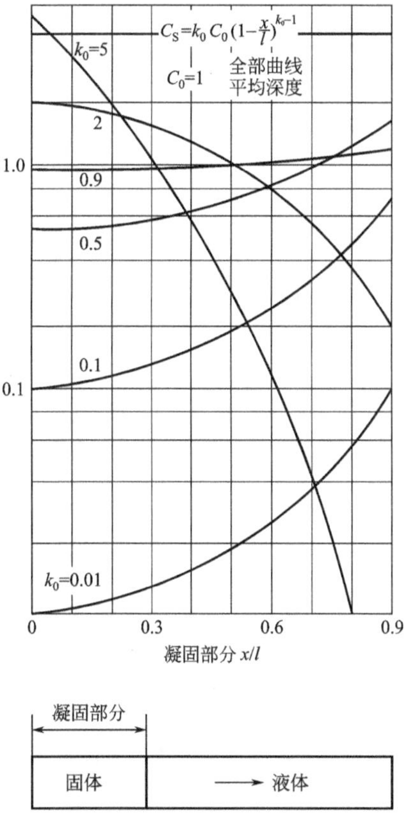

图 7.22　不同 k_0 值单向结晶时，试棒成分的分布

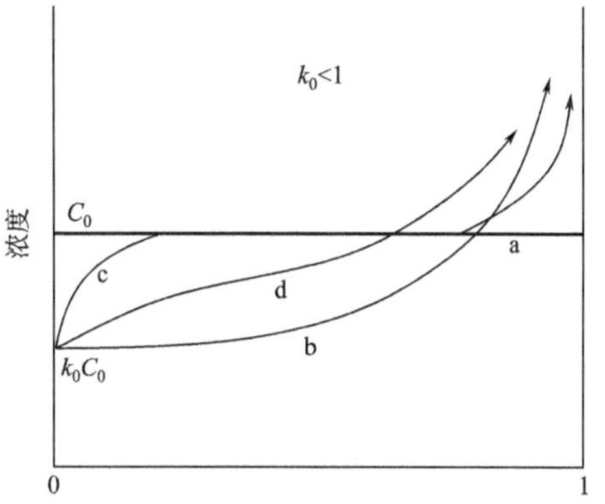

图 7.23　成分为 C_0 的合金熔液在凝固后得到的溶质分布曲线

值的合金凝固后的溶质分布曲线。由图可见：当 $k_0<1$ 时，合金棒从左至右凝固，则左端纯化，右端富集溶质，且 k_0 越小，这个效应越显著；当 $k_0>1$ 时，则溶质富集于左端，k_0 越大，此效应越显著。

2. 液相中溶质部分混合时溶质的再分配

当固溶体凝固时，若其凝固速度较快，液相中溶质只能部分混合。根据流体力学，液体在管道中流动时紧靠管壁的薄层流速为零，该薄层称为边界层，边界层内的液相不产生对流，而只是通过扩散来传输溶质。由于扩散速度较慢，溶质从液-固界面处固相中排出的速度高于从边界层中扩散出去的速度，这样，在边界层中就产生了溶质原子的富集，而在边界层外的液体则因对流而获得均匀的浓度 $(C_L)_B$，液-固界面处一直保持平衡，即 $(C_S)i=k_0(C_L)i$，如图 7.24(a)所示。随着液-固界面不断向前移动，边界层中溶质原子富集越来越多，浓度梯度加大，扩散速度加快，达到一定速度后，溶质从液-固界面处固相中排出的速度正好等于溶质从边界层中扩散出去的速度时，$(C_L)_i/(C_L)_B$ 变为常数。把凝固开始直到 $(C_L)_i/(C_L)_B$ 变为常数的阶段称为“初始过渡期”，如图 7.24(b)所示。

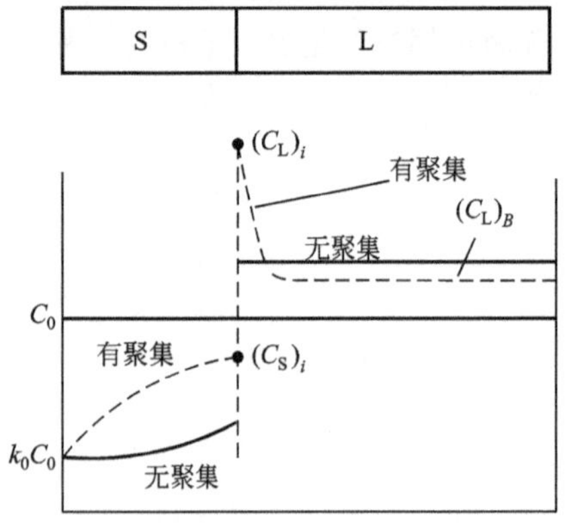

(a) 固液边界层的溶质聚集对凝固圆棒成分的影响

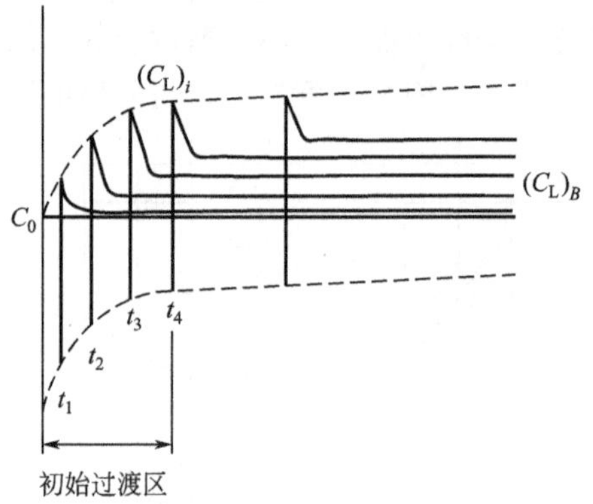

(b) 初始过渡期的建立

图 7.24 凝固过程中溶质的聚集现象

初始过渡期建立后，$(C_L)_i/(C_L)_B=k_1$，而液-固界面处始终保持两相平衡，即 $(C_S)_i/(C_L)_i=k_0$，则

$$k_e=k_0\cdot k_1=(C_S)_i/(C_L)_B$$

式中，k_e 为有效分配系数。

对边界层的扩散方程求解可导出

$$k_e=\frac{k_0}{k_0+(1-k_0)e^{-R\delta/D}} \tag{7-26}$$

式中，δ 为边界层厚度；R 为凝固速度；D 为溶质扩散系数。

此阶段的凝固方程为

$$\left.\begin{aligned}(C_L)_B&=C_0(1-x/l)^{(k_e-1)}\\C_S&=k_eC_0(1-x/l)^{(k_e-1)}\end{aligned}\right\} \tag{7-27}$$

式中，$k_0<k_e<1$。式(7-27)就是液相部分混合情况下固溶体不平衡凝固过程中液相和固相的溶质分布方程，它表示凝固过程中在初始过渡区建立后，液相和固相成分随

凝固体积分数的变化而变化。凝固结束后，合金棒中溶质分布如图 7.23 中 d 曲线所示。由此可见，随边界层厚度 δ 不同，即液相混合情况不同，有效分配系数 k_e 也不同。

(1) 当凝固速度 R 很小时，$(R\delta/D)\longrightarrow 0$，$k_e\approx k_0$，属于液相中溶质完全混合的情况；

(2) 当 R 很大时，$(R\delta/D)\longrightarrow\infty$，$k_e\approx 1$，属于下面将要讨论的液相溶质完全不混合的情况；

(3) 一般情况下，即 $0<R<\infty$ 时，$k_0<k_e<1$，属于液相中溶质部分混合的情况。

3. 液相中溶质仅靠扩散混合时溶质的再分配

若凝固速度 R 很快，液-固界面很快推移，边界层中溶质迅速富集，由于液相完全不混合，当固相中溶质浓度由 k_0C_0 提高到 C_0 时，液-固界面处两相平衡，$(C_L)_i=C_0/k_0$，界面前沿液相中溶质浓度将保持这个数值，而其余液相由于完全不混合，溶质浓度仍保持 C_0，即初始过渡区建立后 $k_e=1$，如图 7.25(a)、(b)所示。由式(7-27)可得

$$\left.\begin{aligned}(C_L)_B&=C_0\left(1-\frac{x}{l}\right)^{1-1}=C_0\\ C_S&=1\cdot C_0\left(1-\frac{x}{l}\right)^{1-1}=C_0\end{aligned}\right\}\qquad(7-28)$$

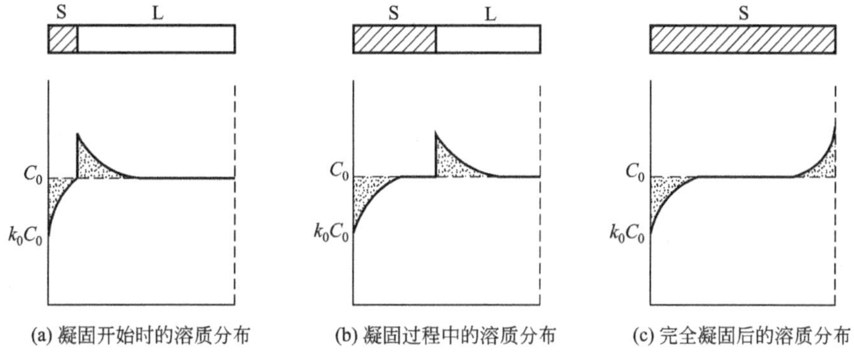

图 7.25 液相中仅靠扩散混合时溶质再分配示意图

式(7-28)表示液相完全不混合情况下，凝固过程中在初始过渡区建立后，固相溶质浓度保持 C_0，边界层外液相溶质浓度也保持为 C_0。直至凝固接近结束，液相剩余很少时，由于质量守恒，剩余液相中溶质浓度迅速升高，故凝固结束后合金棒的末端富含溶质，合金棒的成分分布如图 7-23 中 c 曲线所示。综上所述，固溶体不平衡凝固时，当希望获得最大程度的提纯，则应使$(R\delta/D)\longrightarrow 0$，即使 k_e 尽可能接近 k_0；若希望得到成分均匀的合金棒，则使得$(R\delta/D)$尽可能大，$k_e=1$，这样在初始过渡区建立后，即可获得成分的均匀分布(合金棒两端除外)。

4. 区域熔炼

根据固溶体合金定向凝固时溶质再分配原理，进行材料提纯时，不是将材料全部同时熔化，而是将平行于材料截面的一薄层区域熔化，熔区以恒定的速度 R 沿材料移动，进行有效提纯。这种把先凝固部分的杂质排入熔化的液相中，最后杂质富集在右端的方法称为

“区域熔炼”，如图 7.26 所示。

区域熔炼的杂质分布方程为

$$C_S=C_0\left[1-(1-k_0)\exp\left(-\frac{k_0 x}{l}\right)\right] \tag{7-29}$$

区域熔炼一次后，合金棒的提纯效果比正常凝固的低，但经多次反复区域熔炼，纯度可随熔炼次数的增多而提高，如图 7.27 所示。例如 $k_0=0.1$ 的材料反复 5 次提纯可使左半部杂质含量降低到原含量的 0.001。区域熔炼常用于半导体材料、金属、有机及无机化合物等的提纯，提纯后的纯度极高。

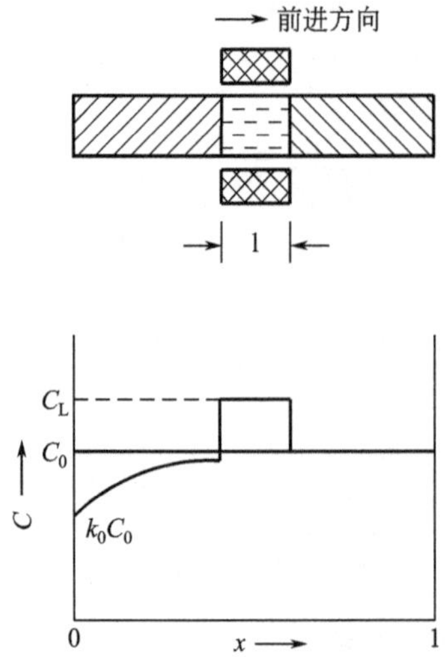

图 7.26　区域熔炼和溶质分布示意图

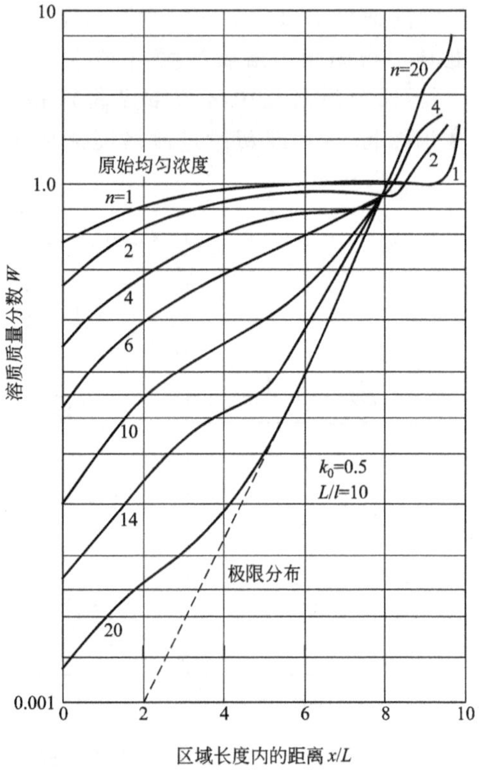

图 7.27　$k_0=0.1$ 时，溶质的分布与熔炼次数 n 和距离的关系(图中 1 表示熔区长度，L 表示合金棒长度)

7.2.5　合金凝固中的成分过冷

1. 成分过冷与热过冷

纯金属凝固时，其理论凝固温度(T_m)是固定的，当液态金属中的实际凝固温度低于 T_m 时，将引起过冷，通常称为热过冷。而固溶体合金凝固时，界面前沿液相中的理论凝固温度将随其浓度的变化而变化，通常将这种界面前沿液相中的实际凝固温度低于由溶质分布所决定的凝固温度时产生的过冷，称为成分过冷。合金在凝固过程中的成分过冷将对晶体的长大形状和铸锭的组织造成影响。

2. 成分过冷的产生

图 7.28 所示示意出成分过冷产生的过程。图 7.28(a)所示为 $k_0<1$ 时二元相图一角及所选的合金成分为 C_0。图 7.28(b)所示为液-固界面前沿液体的实际温度分布(正温度梯度)。图 7.28(c)所示为液体中完全不混合时液-固界面前沿溶质浓度的分布情况，其数学表达式为

$$C_L=C_0\left(1+\frac{1-k_0}{k_0}e^{-RZ/D}\right)$$

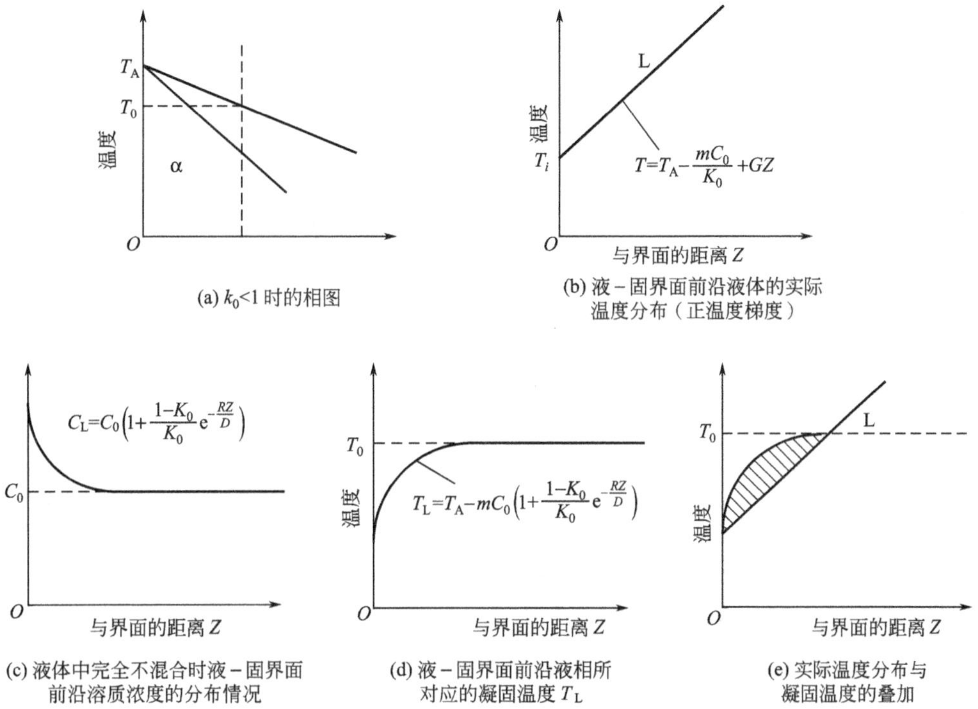

(a) $k_0<1$ 时的相图

(b) 液－固界面前沿液体的实际温度分布（正温度梯度）

(c) 液体中完全不混合时液－固界面前沿溶质浓度的分布情况

(d) 液－固界面前沿液相所对应的凝固温度 T_L

(e) 实际温度分布与凝固温度的叠加

图 7.28　$k_0<1$ 合金的成分过冷示意图

图 7.28(d)所示为图 7.28(c)曲线上每一点溶质浓度所对应的凝固温度 T_L。最后把图 7.28(b)的实际温度分布线叠加到图 7.28(d)上，就得到图 7.28(e)中阴影部分的成分过冷区。

假设液相线为直线，其斜率为 m，纯组元 A 的熔点为 T_A，则成分为 C_L 的液相其平衡凝固温度为

$$T_L=T_A-mC_L$$

$$T_L=T_A-mC_0\left[1+\frac{1-k_0}{k_0}\exp(-Rx/D)\right] \tag{7-30}$$

以上为界面前沿的液相凝固温度。而界面前沿的实际温度则取决于温度梯度。设界面前沿正温度梯度线的斜率为 G，则实际温度为

$$T=T_i+Gx \tag{7-31}$$

在液相完全不混合的情况下，液-固界面处固相的成分为 C_0，液相的成分为 C_0/k_0，所以界面温度 T_i 就是液相成分为 C_0/k_0 时所对应的温度，即

$$T_i=(T_L)_{z=0}=T_A-\frac{mC_0}{k_0}$$

因此

$$T=T_A-\frac{mC_0}{k_0}+Gx$$

显然，只有在 $T<T_L$ 时，即实际温度低于液体的平衡凝固温度时，才会产生成分过冷。成分过冷产生的临界条件(图 7.28(e))为

$$\left.\frac{dT_L}{dz}\right|_{z=0}=G_0 \tag{7-32}$$

对式(7－30)求导，可得 $Z=0$ 处的表达式：

$$\left.\frac{dT_L}{dz}\right|_{z=0}=mw_0\frac{1-k_0}{k_0}\frac{R}{D} \tag{7-33}$$

由式(7－32)和式(7－33)得成分过冷产生的临界条件

$$G=\frac{Rmw_0}{D}\frac{1-k_0}{k_0} \tag{7-34}$$

显然产生成分过冷的条件是$G<\left.\frac{dT_L}{dz}\right|_{z=0}$，于是有

$$G<\frac{mC_0R}{D}\frac{1-k_0}{k_0} \tag{7-35}$$

反之，则不产生成分过冷。显然，液相实际温度梯度 G 越小，液相线斜率 m 越大，合金成分 C_0 越大，凝固速度 R 越大，扩散系数 D 越小，$k_0<1$ 时 k_0 越小或 $k_0>1$ 时 k_0 越大，越容易出现成分过冷。

3. 成分过冷对晶体长大形状的影响

成分过冷对固溶体合金的晶体长大形状有很大的影响。当成分过冷区较小时，界面某个地方出现凸起，在它们进入过冷区后，由于过冷度稍有增加，促使它们进一步凸向液体，但由于成分过冷区不大，凸起部分不可能长很大，使界面形成胞状组织。图 7.29 所示是胞状生长示意图。当成分过冷区较大时，则凸起部分向液相中继续生长，并在侧面形成二次轴，二次轴上又生长出三次轴，这样就形成了树枝状晶体。

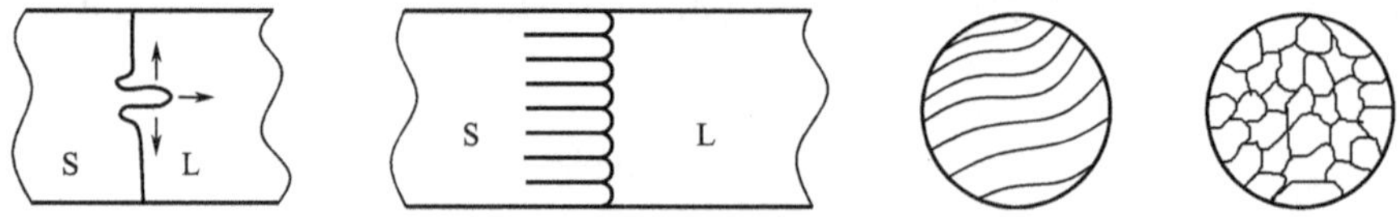

图 7.29　胞状晶形成示意图

和前面的纯金属凝固比较可知，由于成分过冷，可使合金在正的温度梯度下可能凝固得到树枝状组织，而在纯金属凝固中，要得到树枝状组织必须在获得特殊负温度梯度下，因此，成分过冷是合金凝固有别于纯金属凝固的主要特征。

7.3 铸锭的组织与缺陷

在实际生产中，液态金属是在铸锭模或铸型中凝固的，前者得到铸锭，后者得到铸件。虽然它们的结晶过程均遵循着结晶的普遍规律，但是由于铸锭或铸件冷却条件的复杂性，从而使铸态组织具有很多特点。铸态组织包括晶粒大小、形状和取向、合金元素和杂质的分布以及铸锭中的缺陷(缩孔、气孔、偏析、……)等。对铸件来说，铸态组织直接影响到其机械性能和使用寿命；对铸锭来说，铸态组织不但影响到其压力加工性能，而且还影响到压力加工后的金属制品的组织和性能。因此，应该了解铸锭(铸件)的组织及其形成规律，并设法改善铸锭(铸件)的组织。

7.3.1 铸锭三晶区

铸锭的宏观组织通常由3个晶区所组成，即外表层的细晶区、中间的柱状晶区和心部的等轴晶区，如图7.30所示。

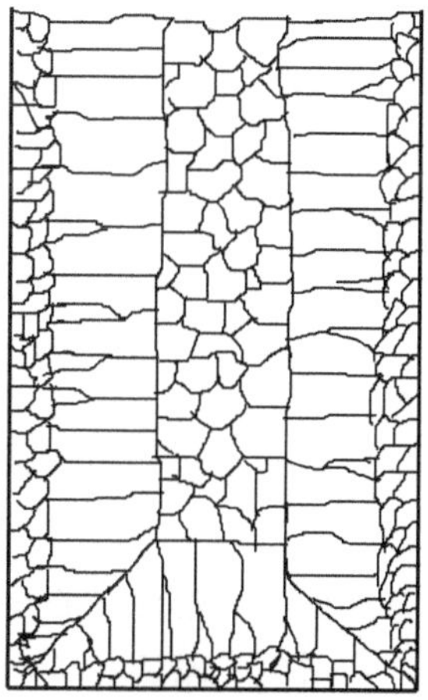

图7.30 铸锭的3个晶区示意图

1. 表层细晶区

当高温的金属液体倒入铸模之后，结晶首先从模壁处开始。这是由于温度较低的模壁有强烈地吸热和散热作用，使靠近模壁的一薄层液体产生极大地过冷，加上模壁可以作为非均匀形核的基底，因此在此一薄层液体中立即产生大量的晶核，并同时向各个方向生长。由于晶核数目多，故邻近的晶核很快彼此相遇，不能继续生长，这样便在靠近模壁处形成一薄层很细的等轴晶粒区。

表层细晶区的形核数目决定于下列因素：模壁的形核能力以及模壁处所能达到的过冷度大小。后者主要依赖于铸锭模的表面温度、铸锭模的热传导能力以及浇注温度等因素。如果铸锭模的表面温度低、热传导能力好以及浇注温度较低的话，便可以获得较大的过冷度，从而使形核率增加，细晶区的厚度增大；相反，如果浇注温度高，铸锭模的散热能力小而使其温度升高很快的话，就可大大降低晶核数目，细晶区的厚度也要相应地减小。

细晶区的晶粒十分细小、组织致密、机械性能很好。但纯金属铸锭表层细晶区的厚度一般都很薄，有的只有几个毫米厚，因此没有多大实际意义。而合金铸锭一般则具有较厚的表层细晶区。

2. 柱状晶区

柱状晶区由垂直于模壁的粗大的柱状晶构成。在表层细晶区形成的同时，一方面模壁的温度由于被液态金属加热而迅速升高，另一方面由于金属凝固后收缩，使细晶区和模壁脱离，形成空气层，给液态金属的散热造成困难。此外，细晶区的形成还释放出大量的结晶潜热，也促使模壁温度升高。由于上述种种原因造成模壁温度升高的结果，导致液态金属冷却减慢，温度梯度变得平缓，这时即开始形成柱状晶区。这是因为：首先，尽管在结晶前沿的液体中有适当的过冷度，但这一过冷度很小。这样小的过冷度虽不能生成新的晶核，但有利于细晶区靠近液相的某些小晶粒的继续长大，而离界面稍远处的液态金属尚处于过热之中，自然也不能形核。因此结晶主要靠这些小晶粒的继续长大来进行；其次，垂直于模壁方向散热最快，因而晶体沿其相反方向择优生长成柱状晶。晶体的长大速度是各向异性的，一次晶轴方向长大速度最大，但是由于散热条件的影响，因此只有那些一次轴平行于散热方向，即垂直于模壁的晶粒长大速度最快，迅速地优先长入液体中，而那些主轴斜生的晶粒则被“挤掉”，不能发展。由于这些优先成长的晶粒并排型向液体中生长，侧面受到彼此的限制而不能侧向生长，只能沿散热方向生长，结果便形成了柱状晶区。各柱状晶的位向都是一次晶轴方向，例如立方晶系各个柱状晶的一次晶轴都是＜001＞方向，结果柱状晶区在性能上就显示出了各向异性，这种晶体学位向一致的铸态组织称为“铸造织构”或“结晶织构”。

由此可见，柱状晶区形成的外因是传热的方向性，内因是晶体生长的各向异性。柱状晶的长大速度与已凝固固相的温度梯度和液相的温度梯度有关，固相的温度梯度越大，或液相的温度梯度越小时，则柱状晶的长大速度便越大。如果已结晶固相的导热性好，散热速度快，始终能保持定向散热，并且在柱状晶前沿的液体中没有新形成的晶粒阻挡的话，那么柱状晶就可以一直长大到铸锭中心，直到与其他柱状晶相遇而止，这种铸锭组织称为穿晶组织。

柱状晶区的发展程度主要决定于它前面液体中是否有正在成长的晶粒阻挡其成长，在其前面液体中若存在生成的新的晶粒，柱状晶区的发展也就停止了。

在柱状晶区，晶粒彼此间的界面比较平直，气泡缩孔很小，组织比较致密。但当沿不同方向生长的两组柱状晶相遇时，会形成柱晶间界。柱晶间界是杂质、气泡、缩孔较富集的地区，因而是铸锭的脆弱结合面，例如在方形铸锭中的对角线处就很容易形成脆弱界面，或简称弱面。当压力加工时，易于沿这些弱面形成裂纹或裂开。此外，柱状晶区的性能有方向性，对塑性好的金属或合金，即使全部为柱状晶组织，也能顺利通过热轧而不致开裂。而对塑性差的金属或合金，如钢铁和镍基合金等，则应力求避免形成发达的柱状晶区，否则往往导致热轧开裂而产生废品。

3. 中心等轴晶区

随着柱状晶的发展，冷却速度逐渐减慢，温度梯度越来越平缓，柱状晶的长大速度也就越来越小，但在柱状晶的晶枝伸展区(固液两相共存)，由于晶枝的相互封锁和干扰，排出的溶质不能向远处液体扩散，从而使晶枝间的溶质浓度增高，熔点下降，再加上潜热的逸散困难，使各级晶枝变得细长瘦弱，而且根部逐渐萎缩，甚至还会发生局部重熔而自动脱落的现象。液体的流动更会加强晶枝的脱落，并将已脱落的残枝碎片带到铸淀中部。此外，在表层细晶区形成时，由于液体的强烈对流作用，也会将晶枝硬性剥落而带入液体中。

可见，在柱状晶的长大过程中，在铸锭中部的液体中就已经存在着大量的可作为晶核的碎枝残片，这是形成中心等轴晶区的一个主要原因。另一方面，随着柱状晶的长大，结晶前沿液体中的成分过冷区也会逐渐加大，这就可能在柱状晶前沿重新形核，特别是当由相对两个方向相向推进的成分过冷区重合时，便会促使铸锭中部迅速形核和长大。除此之外，悬浮在中部液体中的杂质质点，也可成为新的结晶核心。总之，以上情况都说明，在柱状晶长到一定程度后，在铸锭中部就开始了形核长大过程，由于中部液体温度大致是均匀的，所以每个晶粒的成长在各方向上也是接近一致的，因此即形成了等轴晶。当它们长到与柱状晶相遇，全部液体凝固完毕，最后即形成中心等轴晶区。

与柱状晶区相比，等轴晶区的各个晶粒在长大时彼此交叉，枝叉间的搭接牢固，裂纹不易扩展，不存在明显的脆弱界面；各晶粒取向不尽相同，其性能也没有方向性。这是等轴晶区的优点。其缺点是等轴晶的树枝状晶体比较发达，分枝较多，因而显微缩孔也较多，组织不够致密。但显微缩孔一般均未氧化，因此经热压力加工后，一般均可焊合，对性能影响不大。由此可见，一般的铸锭尤其是铸件，都要求得到发达的等轴晶组织。

7.3.2 铸锭的缺陷

在铸锭或铸件中，经常存在一些缺陷，常见的有缩孔、气孔和偏析等。

1. 缩孔

大多数液态金属的密度比固态的小，因此结晶时发生体积收缩。金属收缩后，原来能填满铸型的液态金属，凝固后就不再能填满，如果没有液态金属继续补充的话，就会出现收缩孔洞，称为缩孔。

缩孔是一种重要的铸造缺陷，对性能影响很大，它的出现是不可避免的，人们只能通过改变结晶时的冷却条件和铸锭的形状来控制其出现的部位和分布状况。

缩孔分为集中缩孔和分散缩孔(缩松)。

(1) 集中缩孔。图7.31所示为集中缩孔形成过程示意图。当液态金属浇入铸型后，与型壁先接触的一层液体先结晶，中心部分的液体后结晶，先结晶部分的体积收缩可以由尚未结晶的液态金属来补充，而最后结晶部分的体积收缩则得不到补充。应当指出，体积收缩不仅在结晶时发生，在结晶之后的冷却过程中仍会发生(固态收缩)，其大小与结晶收缩几乎相等，所以人们在室温下所看到的缩孔深度是结晶收缩和固态收缩共同造成的。

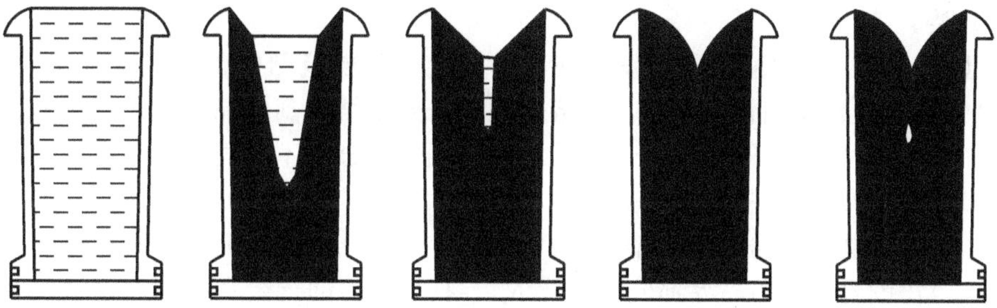

图7.31 集中缩孔形成过程示意图

缩孔的另一种形式叫二次缩孔或中心线缩孔。由于铸锭上部已先凝固，而下部仍处于液体状态，当其凝固收缩时得不到液体的及时补充，因此便形成了二次缩孔。

集中缩孔和二次缩孔都破坏了铸锭的完整性，并使其附近含有较多的杂质，在以后的轧制过程中随铸锭整体的延伸而伸长，并不能焊合，造成废品，所以必须在轧制前予以切除。如果铸锭模设计得不当，浇注工艺掌握得不好，则缩孔长度可能增大，甚至贯穿铸锭中心，严重影响铸锭质量。如果只切除了明显的集中缩孔，未切除暗藏的二次缩孔(中心线缩孔)，将给以后的机械产品留下隐患，造成事故。为了缩短缩孔的长度，必须使铸锭的收缩尽可能地提高到顶部，从而减少切头率，提高材料的利用率。通常采用的方法：一是加快底部的冷却速度，如在铸锭模底部安放冷铁，使凝固尽可能地自下而上进行，从而使缩孔大大减小；二是在铸锭顶部加保温冒口，使铸锭上部的液体最后凝固，收缩时可得到液体的补充，把缩孔集中到顶部的保温冒口中；此外，还可使铸锭模上薄下厚，锭子上大下小，这样也可缩短缩孔长度。

(2) 分散缩孔(疏松)。大多数金属结晶时，是以树枝晶方式长大的，在柱状晶，尤其是在粗大的中心等轴晶形成过程中，由于树枝晶的充分发展以及各晶枝间相互穿插和相互封锁作用，使一部分液体被孤立分割于各枝晶之间，凝固收缩时得不到液体的补充，于是在结晶结束之后，便在这些区域形成许多分散的显微缩孔，称为疏松。疏松使铸锭的致密度降低，在一般情况下，疏松处没有杂质，表面也未被氧化，在热压力加工时可以焊合。

2. 气孔(气泡)

在液态金属中总会或多或少地溶有一些气体，而气体在固体中的溶解度往往比在液体中小得多。这样一来，当液体凝固时，其中所溶解的气体将逐渐富集于结晶前沿的液体中，最后在固相和液相界面上的有利位置形核并长大，形成气泡，或称气孔。另外，气泡也可由于液体中的某些化学反应所产生的气体而造成。这些气泡长大到一定程度后便可能上浮，若浮出表面，即逸散到周围环境中，如果气泡来不及上浮，或铸锭表面已经凝固，则气泡将保留在铸锭内部，形成气孔。

铸锭内部的气孔在压力加工时一般都可以焊合，而靠近铸锭表层的皮下气孔，则可能由于表皮破裂而被氧化，因而在压力加工时便不能焊合，故在压力加工前必须予以除去，否则易在表面形成裂纹。

3. 偏析

铸锭(件)中的偏析不仅指合金组元的偏析，而且还指那些难于避免的存留在铸锭内部的各种杂质的偏析。根据偏析的范围，铸锭中的偏析可分为显微偏析和区域偏析(或宏观偏析)两大类。

(1) 显微偏析。显微偏析是指发生在一个或几个晶粒范围内化学成分不均匀的现象，如前面已指出过的枝晶偏析；同样，固溶体合金从开始结晶到结晶终了的温度范围内，由于是非平衡结晶，因而不同温度所形成的晶粒的化学成分也不相同，这种晶粒之间化学成分不同的现象称为晶间偏析；在胞状组织的交界面上，存在着溶质的富集($k_0<1$)或贫乏($k_0>1$)，这种显微偏析称为胞状偏析。此外，还有一种晶界偏析，指的是由于溶质原子富集($k_0<1$)在最后凝固的晶界部分而造成的。当($k_0<1$)的合金在凝固时使液相富含溶质原子，当相邻晶粒长大至相互接壤时，把富含溶质的液体集中在晶粒之间，凝固成为具有溶质偏析的晶界。应当指出，当结晶速度很大时，晶粒之间的溶质富集程度可以很高，甚至达到合金的平均成分10倍以上。在这种情况下，合金组织中就可能出现不应该有的第二相或共晶体。

(2) 区域偏析。区域偏析又称宏观偏析，它表示发生在铸锭宏观范围内的这一部分与另一部分之间化学成分不均匀的现象。根据其表现形式的不同，可分为正偏析、反偏析和比重偏析3类：

① 正偏析。若合金的分配系数小于1，先凝固的外层中溶质元素的含量低于后凝固的内层，这是正偏析。根据溶质原子的分配规律，在不平衡结晶过程中，溶质原子在固相中基本上不扩散，则先结晶的固相中溶质原子浓度低于平均成分。如果结晶速度小，液体内的原子扩散比较充分，溶质原子通过对流可以向远离结晶前沿的区域扩散，使后结晶液体的浓度逐

渐提高。凝固结束后，铸锭(件)内外溶质浓度差别较大，即正偏析严重。如果结晶速度较快，液相内不存在对流，原子扩散不充分，溶质只在晶枝间富集，则正偏析较小。

正偏析一般难以完全避免，通过压力加工和热处理也难以从根本上改善，它的存在使铸锭(件)的性能不一致，因此在浇注时应采取适当的控制措施。

② 反偏析。反偏析也称负偏析。它与正偏析相反，在分配系数小于1的合金中，铸锭(件)外层溶质元素含量反而比内层的含量高，这称为反偏析。

反偏析形成的原因大致是：原来铸件中心地区富集溶质元素的液体，由于铸件凝固时发生收缩而在树枝晶之间产生空隙(此处为负压)，加上温度的降低，使液体中的气体析出而形成压强，把铸件中心溶质浓度较高的液体沿着柱状晶之间的“管道”吸至(压至)铸件的外层，形成反偏析。

③ 比重偏析。比重偏析是由组成相与熔液之间密度的差别所引起的一种区域偏析。如对亚共晶或过共晶合金来说，如果先共晶相与熔液之间的密度相差较大，则在缓慢冷却条件下凝固时，先共晶相则在液体中上浮或下沉，从而导致结晶后铸件上下部分的化学成分不一致，产生比重偏析。例如，Pb－Sb合金在凝固过程中，先共晶相锑的密度小于液相，因而锑晶体上浮，形成了比重偏析。铸铁中石墨漂浮也是一种比重偏析。

比重偏析与合金组元的密度差、相图的结晶成分间隔及温度间隔等因素有关。合金组元间的密度差越大，相图的结晶成分间隔越大，则初晶与剩余液相的密度差也越大；相图的结晶的温度间隔越大，冷却速度越小，则初晶在液体中有更多的时间上浮或下沉，合金的比重偏析也越严重。

防止或减轻比重偏析的方法有两种：一是增大冷却速度，使先共晶相来不及上浮或下沉；二是加入第三种元素，凝固时先析出与液体密度相近的新相，构成阻挡先共晶相的上浮或下沉的骨架。例如在Pb－Sb轴承合金中加入少量铜，使其先形成Cu_2Sb化合物，即可减轻或消除比重偏析。另外，热对流、搅拌也可以克服显著的比重偏析。比重偏析有时被用来除去合金中的杂质或提纯贵金属。

习题

1. 在液固相界面前沿液体处于正温度梯度条件下，纯金属凝固时界面形貌如何？而在同样条件下，单相固溶体合金凝固时界面形貌又如何？试分析原因。

2. 证明任意形状晶核的临界晶核形成功ΔG^*与临界晶核体积V^*的关系：$\Delta G^* = -\frac{1}{2}V^*\Delta G_V$，式中，$\Delta G_V$为液固相单位体积自由能差。

3. 对于均匀形核，形核功为：$\Delta G^* = \frac{1}{3}A^*\sigma$。此式表示形核功为晶核表面能的1/3，即表面能的1/3靠系统能量起伏提供，而表面能的另外2/3由何处提供呢？

4. 单相固溶体正常凝固时是否会出现成分过冷？为什么？

5. 正常凝固和平衡凝固是否相同？说明两者的相同或不同之处。

6. 纯金属凝固时，均匀形核和非均匀形核的形核功大小是否相同？一般情况下两者哪一个大？为什么？什么情况下两者相同？

第8章 回复与再结晶

本章教学要点

知识要点	掌握程度	相关知识
冷变形金属在加热时组织与性能的变化	了解显微组织的变化； 重点掌握冷变形金属在加热过程中的力学性能和物理性能变化示意图	金属中的位错机制； 点缺陷对电阻及密度的影响
回复、再结晶	了解回复过程中微观结构的变化机制，再结晶过程中的形核机制； 重点掌握冷变形的回复动力学曲线和再结晶动力学曲线； 掌握再结晶温度及其影响因素，再结晶晶粒大小的控制	位错的运动； 小角度晶界的含义； 固态相变的含义； 阿累尼乌斯公式
热加工	重点掌握动态回复和动态再结晶的应力-应变曲线； 了解热加工后金属的组织与性能变化	热加工和冷加工的含义； 加工硬化的定义及原理； 层错能的含义

在前面的章节中讨论了塑性变形对金属的组织、结构和性能的影响。经过冷变形以后，金属中的结构缺陷增多了，组织和性能改变了，并且形成了自由焓比较高的状态。本章主要讨论冷变形金属在重新加热后组织、结构与性能变化的各种过程，这就是回复、再结晶和晶粒长大的过程。它们都是减少或消除结构缺陷的过程，了解这些过程的发生和发展规律对于改善和控制金属材料的性能具有重要意义。

8.1 冷变形金属在加热时的组织与性能变化

8.1.1 显微组织的变化

当冷变形金属加热至其熔点的 1/2 左右温度处，经过一定时间以后，若在高温显微镜下进行动态观察或采用不同保温时间后定点观察，则可发现该过程的显微组织变化，这种变化可以分为 3 个阶段。如图 8.1 所示为加热保温过程中组织变化的 3 个阶段示意图。

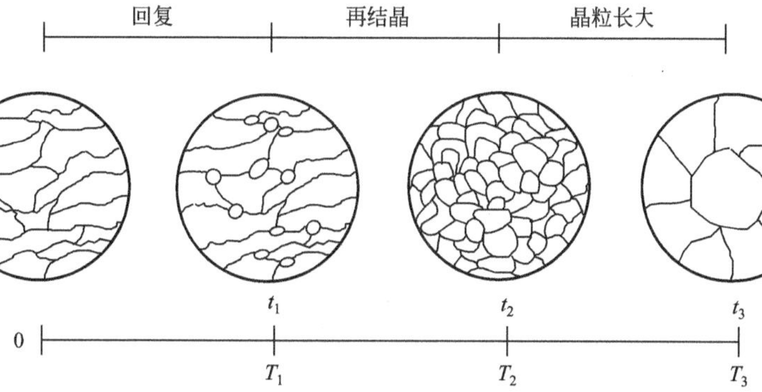

图 8.1 加热保温过程中组织变化的 3 个阶段示意图

第一阶段由 $0-t_1$，在这段时间内从变形金属的显微组织上看不出发生任何变化，其晶粒仍保持纤维状或扁平状变形组织，该阶段称为回复阶段。

第二阶段由 t_1-t_2，首先在变形的晶粒间界面上出现许多新的小晶粒，它们是通过形核与长大过程形成的，随着时间的延长，新晶粒出现并不断长大，即以新的无畸变等轴小晶粒逐渐代替变形组织，该阶段称为再结晶阶段。

第三阶段由 t_2-t_3，上述细小的新晶粒通过互相吞并方式而长大，直至形成较为稳定的尺寸，该阶段称为晶粒的长大阶段。

8.1.2 冷变形金属中的储存能的变化

金属在冷变形时要消耗较多的能量，这个能量中的大部分转化为热，使金属的温度升高，小部分(百分之几到十几)以储存能的形式保留在金属中。由于该储存能的产生，将使冷变形金属具有较高的自由能和处于热力学不稳定状态。因此，这个储存能就成了冷变形金属在加热时发生回复与再结晶的驱动力。

当冷变形金属加热时，如果加热温度足够高，大部分储存能将以热的形式释放出来。这项放热可用高灵敏的扫描示差热量计测得。它是用两个相同的试样，一个经过冷变形，一个经过充分退火，以恒加热速度分别在两个完全相同的炉子中加热。然后测量为了保证每个试样达到规定的加热速度所需的功率 P。由于放出储存能，形变试样所需的功率将较小。这样，在形变试样释放储存能时，两个试样间便出现了功率差 ΔP，释放的储存能越多，功率差就越大。

根据材料性质不同，通常测定的储存能释放谱大致有 3 种类型，如图 8.2 所示。

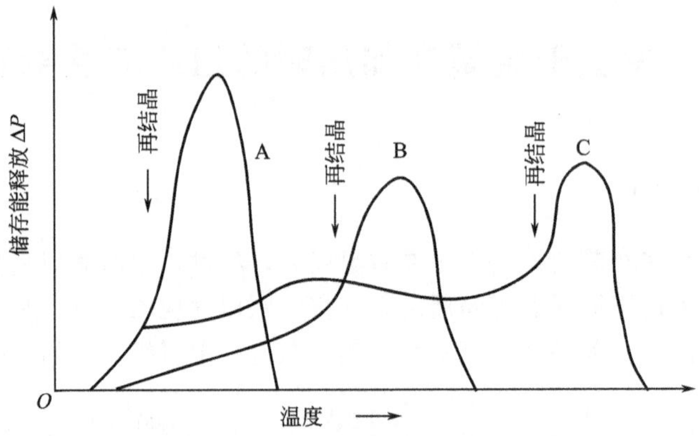

图 8.2　储存能释放谱 3 种常见类型

其中曲线 A 表示纯金属，曲线 B、C 分别表示两种不同的合金。各曲线均有一个能量释放的峰值，所对应的温度即相当于再结晶晶粒开始出现的温度，此前，则为回复阶段。

图中曲线径对比分析表明：回复阶段时各材料释放的储存能量均很小。其中，A 型最小(高纯度金属约占总储存能的 3%)，C 型释放的能量较多，而 B 型居中(某些合金约占总储存能的 7%)。该现象说明杂质或合金元素对基体金属再结晶过程有推迟作用。

8.1.3　性能的变化规律

如图 8.3 所示为变形金属在加热过程中的力学性能和物理性能变化示意图。

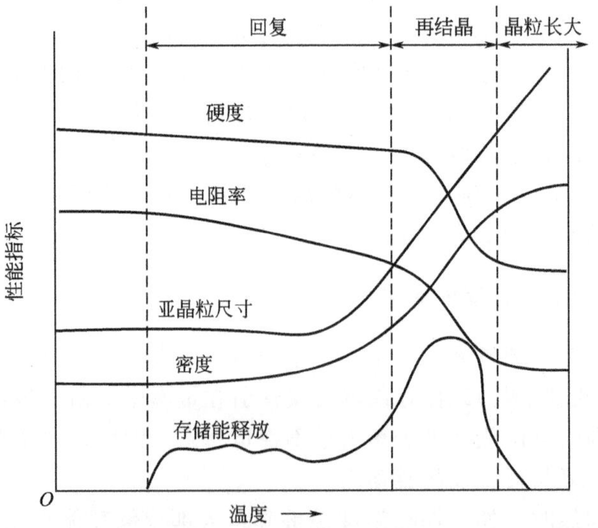

图 8.3　冷变形金属在加热过程中的力学性能和物理性能变化示意图

1. 强度与硬度的变化

通常在回复期间硬度只发生较小变化，约占总变化的1/5，而再结晶阶段则下降较多。可以推断，强度具有与硬度相似的变化规律。这主要与金属中的位错机制有关，即回复阶段时，变形金属仍保持很高的位错密度，而发生再结晶后，则由于位错密度显著降低，故强度与硬度明显下降，塑性大大提高。可以看出，在回复阶段，位错密度的减少有限，只有在再结晶阶段，位错密度才会显著下降。

2. 电阻的变化

电阻代表晶体点阵对电子在电场作用下定向流动的阻力大小，由于分布在晶体点阵中的各种点缺陷(空位、间隙原子等)对电子产生散射，提高电阻率，且对电阻的贡献远大于位错的作用，故回复过程中变形金属电阻率明显下降，说明该阶段点缺陷密度显著地减小。

3. 密度的变化

变形金属的密度在再结晶阶段发生急剧增高，显然除与前期点缺陷数目减少有关外，主要是再结晶阶段中位错密度显著降低所致。

4. 内应力的变化

金属经塑性变形所产生的内应力在回复阶段基本得到消除，但其中微观内应力只有通过再结晶方可全部消除。

5. 亚晶粒尺寸变化

在回复前期，亚晶粒尺寸没有多大变化，在回复后期，尤其在接近再结晶时，亚晶粒尺寸明显增大。

根据回复与再结晶的上述特性，在保持一定硬度要求的前提下，为消除冷冲压件中的内应力，通常采取去应力退火即回复退火。由于再结晶可以消除加工硬化，故作为冷变形加工过程的中间工序，多用于再结晶软化退火。

8.2 回　复

8.2.1 回复过程中微观结构的变化

回复是指冷变形金属加热时，尚未发生光学显微组织变化前的微观结构及性能变化的过程。根据回复阶段加热温度的不同，其内部结构的变化特征与机制可大致有以下3种。

1. 低温回复

冷变形金属在较低温度加热时所产生的回复，主要与空位等点缺陷的运动有关。通过空位迁移至晶界(或金属表面)、空位与位错的交互作用、空位与间隙原子的重新结合等方式，致使塑性变形时增加的大量空位不断消失，点缺陷密度明显下降。

2. 中温回复

冷变形金属在中温加热时除了点缺陷运动外，其回复机制主要与位错的滑移有关。在热激活条件下，由于原受阻位错重新发生滑移，从而导致位错分布组态的改变。其中，当异号位错在同一滑移面上集聚时，将通过相互抵消而使位错密度降低。

3. 高温回复

冷变形金属在较高温度(～0.3T_m)回复时变形金属的回复机制主要与位错的攀移运动有关。在热激活条件下，分布于滑移面上的同号刃型位错，通过空位迁移而引起如图8.4所示的攀移与滑移，并形成垂直于滑移面方向排列的位错墙。如果将单晶体稍加弯曲，使其发生塑性变形，而后进行回复处理，这个单晶体就会变成若干个无畸变的亚晶粒。每个亚晶粒都保持着弯曲晶体的局部位向。由于一个光滑地弯曲着的点阵矢量变成了一个多边形的一部分，所以把这个过程叫做多边化。现代研究表明，多边化是金属回复过程中的一种普遍现象，只要塑性变形造成晶格畸变，退火时就有多边发生。

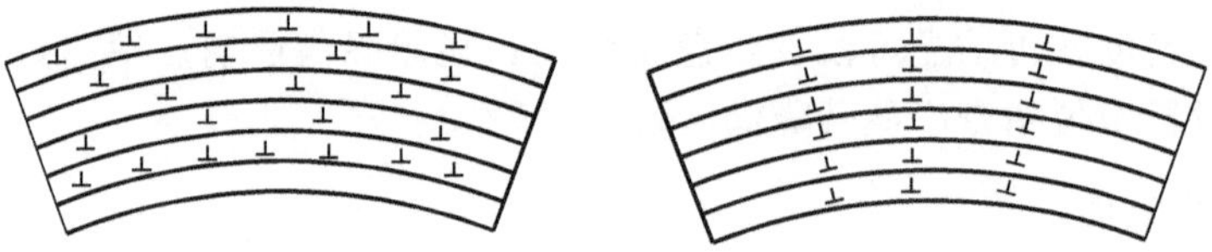

(a) 多边化前　　(b) 多边化后

图8.4　多边化时位错的移动

多边化的机制是弯曲晶体中的同号刃型位错在回复时整齐地排列起来成为小角度晶界。这些亚晶界可用腐蚀法显示出来，其在光学显微镜下表现为排列成行的密集蚀坑(位错露头)。显然，高温回复多边化过程的驱动力主要来自应变能的降低(与同号刃型位错在滑移面上水平塞积相比，垂直堆积位错墙的应变能与应力场要小得多)。

在随后的回复过程中，位错通过各种反应逐渐湮没，于是位错密度减小，胞壁逐渐变得明晰而成为亚晶界。接着这些亚晶粒通过亚晶界的迁移而逐渐长大。亚晶粒内部的位错密度则进一步降低。

8.2.2　回复动力学

变形金属加热时某些力学性能与物理性能的回复程度，是随温度(T)和时间(t)的变化而改变的。

图8.5所示为同一变形程度的纯铁在不同温度下加热时，其屈服强度的回复动力学曲线。横坐标为保温时间，纵坐标为剩余应变硬化率($1-R$)。

其中R为屈服应力回复率，$R=(\sigma_m-\sigma_t)/(\sigma_m-\sigma_0)$，其中$\sigma_0$、$\sigma_m$和$\sigma_t$分别代表变形前、后以及回复后的屈服强度。显然，屈服应力回复程度R愈大，则剩余应变硬化率($1-R$)愈小。

动力学曲线表明，回复是一个弛豫过程，没有孕育期恒温回复时，开始阶段的性能回复速率较快，而随保温时间增长，回复速率则逐渐减小，直到难以测试其变化。随着回复温度的升高，回复速率与回复程度明显增加，其原因与热激活条件下晶体缺陷密度的急剧下降有关。此外，变形量越大，初始回复速率也越快，晶粒尺寸减小也有利于回复过程的加快。

由此可见回复是一个热激活过程，因此，回复过程中性能变化速率与温度关系的回复

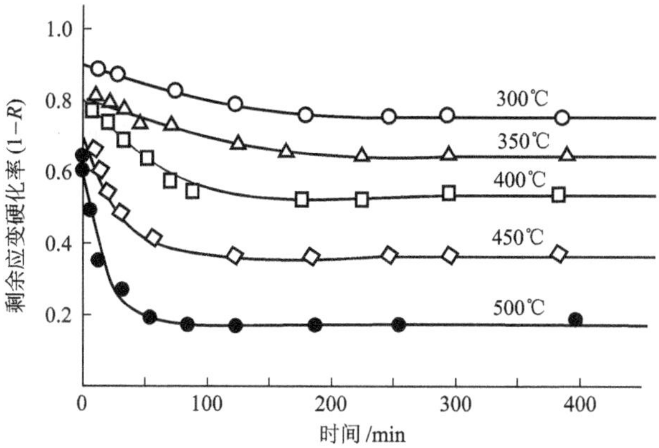

图 8.5 冷变形回复的动力学曲线

动力学公式，可用 Arrhenius 数学表达式描述。其中任意性能的变化速率可存在下列关系：

$$\frac{\mathrm{d}X}{\mathrm{d}t}\left(\text{或}\frac{1}{t}\right)=A\cdot\exp(-Q/kT) \tag{8-1}$$

式中，t 为回复到一定程度所需的时间；Q 为回复过程的激活能；k 为玻耳兹曼常数；T 为绝对温度；A 为常数。

在不同温度下，若以回复到相同程度作比较，则上式的左边为常数，两边取对数，可得

$$\ln\left(\frac{\mathrm{d}X}{\mathrm{d}t}\right)\quad\text{或}\quad\ln\left(\frac{1}{t}\right)=A'-Q/kT$$

即

$$\ln(t)=B+Q/kT \tag{8-2}$$

式中，B 为常数。于是，通过作 $\ln t-1/T$ 图，若为直线，由其斜率即可求出回复过程的激活能 Q。

变形金属的不同性能(如电阻率、硬度等)，可能以各不相同的速率发生回复，这主要与其回复过程的激活能不同有关。

有关回复过程的激活能测定结果表明：锌的回复激活能与其自扩散激活能相近。由于自扩散激活能包括空位形成能和空位迁移能，故可以认为在回复过程中空位的形成与迁移将同时进行。已知空位的产生与位错的攀移密切相关，即说明回复阶段也存在着攀移运动。然而，铁的回复实验表明，短期回复时，其激活能与空位迁移激活能相近；长期回复时，其激活能与铁的自扩散激活能相近。因此有人认为，在回复的开始阶段。其主要机制是空位的迁移，而在后期则以位错攀移机制为主。

8.3 再 结 晶

当变形金属经高于回复温度加热时，在变形组织的基体上产生新的无畸变再结晶晶核，并通过逐渐长大形成等轴晶粒，从而取代全部变形组织，而性能也发生了明显的变化，并恢复到完全软化状态，该过程称为再结晶。

再结晶是通过形核和长大来消除形变和回复基体的过程。一般来说，这个过程首先要经历一段孕育期，然后在某些有利位置形成基本上无应变的晶核，这些晶核部分或完全被大角度晶界所包围，晶界通过大角度界面运动而长大。再结晶完成后，整个基体由再结晶晶粒所占据，由于再结晶核心的长大是通过大角度界面的迁移而实现，所以再结晶会消除或改变原来的形变织构。再结晶的驱动力与回复一样，也是预先冷变形产生储存能，随着储存能的释放，应变能也逐渐降低。新的无畸变的等轴晶粒的形成及长大，使之在热力学上变得更为稳定。

从再结晶的形核和长大的角度看，再结晶与一般相变相似，但是这两个过程本质是不同的。因为它们的驱动力是根本不同的，相变的驱动力是新相和母相的自由能差；而再结晶的驱动力是形变金属或合金的机械储存能。另外，再结晶虽然能使变形晶粒变为等轴晶粒(组织重构)，但并不能改变相的结构和成分，所以再结晶过程并不属于固态相变。

8.3.1 形核与长大

再结晶时，通常是在变形金属中能量较高的区域(如晶界、孪晶界、夹杂物周围或变形带等处)优先形核。有关再结晶过程的形核问题，人们曾进行了大量的工作，并且存在着很多不同的看法，由此提出了几种不同的再结晶形核机制。

1. 晶界弓出形核

对于变形程度较小(一般小于20%)的金属，其再结晶核心多以晶界弓出方式形成，即应变导致晶界迁移或称为凸出形核机制。

当金属的变形度较小时，各晶粒之间将由于变形不均匀性而引起位错密度不同。如图8.6所示，A、B两相邻晶粒中，若B晶粒因变形度较大而具有较高的位错密度时，则经多边化后，其中所形成的亚晶尺寸也相对较为细小。于是，为了降低系统的自由能，在一定温度条件下，晶界处A晶粒的某些亚晶将开始通过晶界弓出迁移而凸入B晶粒中，以吞食B晶粒中亚晶的方式开始形成无畸变的再结晶晶核。再结晶时，晶界弓出形核的能量条件可根据图8.7所示的模型推导。

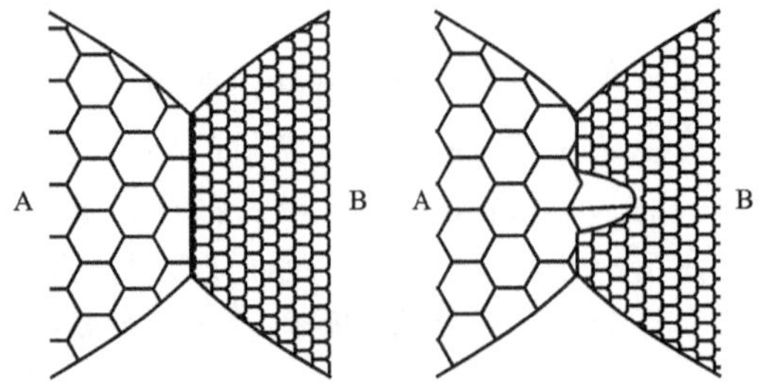

图8.6 具有亚晶粒组织的晶粒间的凸出形核示意图

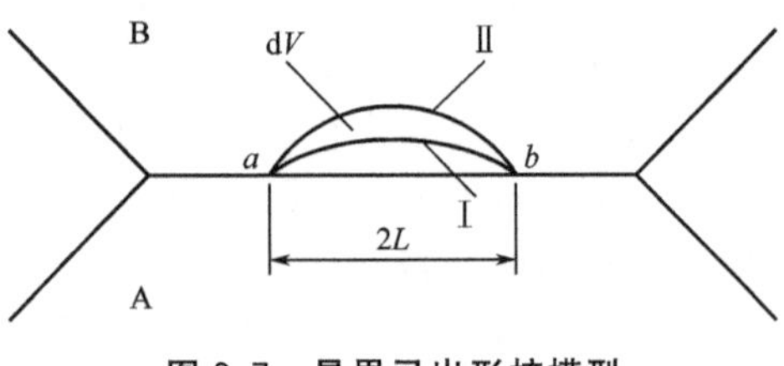

图8.7 晶界弓出形核模型

当A、B两晶粒的部分晶界发生弓出形核时，设弓出晶界从位置Ⅰ迁移至位置Ⅱ所扫过的体积为dV，其面积为dA，由此而引起的单位体积总的自由能变化为ΔG。令晶界的表面能为σ，变形金属的单位体积储存能为E_s。于是，若晶界迁移后共储存能全部释放，则晶界由Ⅰ弓出至Ⅱ时，总的自由能变化为

$$\Delta G=-E_s+\sigma\frac{dA}{dV} \tag{8-3}$$

若晶界为球面，其半径为 r，则 $\frac{\mathrm{d}A}{\mathrm{d}V}=\frac{2}{r}$，上式可以写成

$$\Delta G=-E_s+\frac{2\sigma}{r} \tag{8-4}$$

显然，若晶界弓出段两端 a、b 固定，且 σ 值恒定，则开始阶段随 ab 弓出弯曲，r 逐渐减小，ΔG 值增大。当 r 达到最小值($r_{\min}=L=ab/2$)时，曲率最大，则 ΔG 将达到最大值。此后，若继续弓出，由于 r 的增大而使 ΔG 减小，于是，晶界将自发地向前推移。因此，一段长为 $2L$ 的晶界、其弓出形核的能量条件为 $\Delta G<0$，即

$$E_s\geqslant\frac{2\sigma}{L} \tag{8-5}$$

因此，再结晶形核将在现成晶界上两点间距离为 $2L$，弓出距离大于 L 处进行，使弓出距离达到 L 所需时间即为再结晶的孕育期。

2. 亚晶形核

前述已知，当金属变形程度较大时，其中，由位错缠结组成的胞状结构，将在加热过程中发生胞壁平直化，并形成亚晶。借助亚晶作为再结晶的核心，其形核机制通常可分为以下两种：

(1) 亚晶迁移机制，也称为亚晶直接长大成核机制。由于位错密度较高的亚晶界，其两侧亚晶的位向差较大，故在加热过程中容易发生迁移并逐渐变为大角晶界。与此同时，亚晶尺寸也随之增大，有可能成为再结晶晶核。在变形程度较大且具有低层错能的金属中，多以这种亚晶迁移机制形核。

(2) 亚晶合并机制。变形金属在加热过程中，其相邻亚晶边界上的位错网络通过解离、拆散以及位错的攀移与滑移，逐渐转移到周围其他亚晶界上，从而导致相邻亚晶边界的消失和亚晶的合并。亚晶界的消失及其所引起的亚晶合并，通常是在部分边界开始的。合并后的亚晶，由于尺寸增大以及亚晶界上位错密度的增加，使相邻亚晶的位向差相应增大，有可能成为再结晶晶核。在变形程度较大且具有高层错能的金属中，多以该种亚晶合并机制形核。

应指出，再结晶的形核机制是一个较为复杂的问题，上述 3 种形核方式通常是相互交替的，此外，也可能有同时并进的情况。

3. 再结晶晶核的成长

当变形金属加热到再结晶温度之后，符合式(8-5)条件的再结晶晶核一经出现，便开始自发地成长。在相邻晶粒所存在的畸变能差作用下。晶界总是背离其曲率中心，向着畸变能较高的变形晶粒推移，直到全部形成无畸变(或畸变极少)的等轴晶粒为止，再结晶即告完成。

8.3.2 再结晶动力学曲线

再结晶的开始与发展是通过新晶粒的形核和长大而进行的。而再结晶动力学决定于形核率 $\dot{N}$ 和长大速率 G 的大小。若以纵坐标表示已发生再结晶的体积分数，横坐标表示时间，则由试验得到的恒温动力学曲线具有如图 8.8 所示的典型“S”形特征。该图表明，变形金属在不同温度下所发生的再结晶，均有一个孕育期，温度越低，孕育期越长。且再结晶开始的速度很小，随之逐渐加快，至再结晶的体积分数约为 50%时速度达到最大，然

后又逐渐减慢，这与回复动力学有明显的区别。

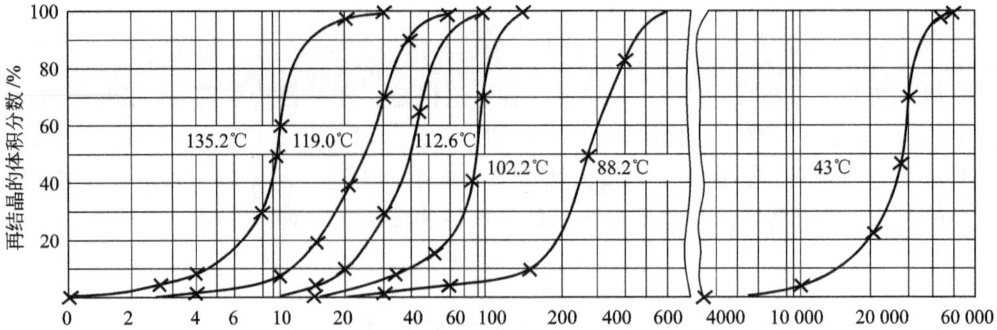

图 8.8 经 98%冷轧的纯铜(质量分数 w_{cu} 为 99.999%)在不同温度下的等温再结晶曲线

阿弗拉米提出，再结晶的动力学曲线可用以下方程表示：

$$x=1-\exp(-Bt^K) \quad (8-6)$$

式中，B 和 K 为常数；x 表示在恒温下经过 t 时间后已经再结晶的体积分数。当再结晶是三维的，K 在 3～4 之间；当再结晶是二维的，如薄板，K 在 2～3 之间；而如果再结晶是一维的，如线材，K 在 1～2 之间。

对式(8-6)取对数，则有

$$\lg\ln\frac{1}{1-x}=K\lg t+\lg B \quad (8-7)$$

通过实验作图：$\lg\ln\frac{1}{1-x}-\lg t$，直线的斜率即为 K 值，试验表明在一定温度范围内，K 值几乎不随温度而变，直线的截距为 $\lg B$。

等温温度对再结晶速率 ν 的影响可用阿累尼乌斯公式来表示，即为 $\nu=Ae^{-Q/RT}$，在再结晶速率和产生某一体积分数 x 所需要的时间 t 成反比，即 $\nu\propto\frac{1}{t}$，所以有

$$\frac{1}{t}=Ce^{-Q/RT} \quad (8-8)$$

式中，C 是常数；Q 是再结晶的激活能；R 为气体常数；T 为绝对温度。对式(8-8)两边取对数得

$$\ln\frac{1}{t}=\ln C-\frac{Q}{R}\cdot\frac{1}{T}$$

作 $\ln t-1/T$ 图，直线的斜率为 Q/R。作图时常以转变量为 50%时作比较标准。照此方法求出的再结晶激活能是常数，它不像回复动力学中求出的激活能，后者因为回复的温度不同，回复的程度不同，没有一个确定值。

同样，若在两个不同恒温下产生相同程度的再结晶时，根据式(8-9)，可得

$$\frac{t_1}{t_2}=e^{-\frac{Q}{R}\left(\frac{1}{T_2}-\frac{1}{T_1}\right)} \quad (8-9)$$

根据上式，若已知某晶体的再结晶激活能以及在某恒温下完成再结晶所需要的等温退火时间，就可计算出在另一温度下等温退火完成再结晶所需的时间。

8.3.3 再结晶温度及其影响因素

再结晶晶核的形成与长大都原子的扩散，因此必须将冷变形金属加热到一定温度之上，足以激活原子，使其进行迁移时，再结晶过程才能进行。由于再结晶可以在一定温度范围内进行，为了便于分析讨论，通常把再结晶温度定义为：经过严重的冷变形(变形度在70%以上)的金属，在约一小时的保温时间内能够完成再结晶(>95%转变量)的温度。但是，应指出再结晶温度并不是一个物理常数，这是因为再结晶前后的晶格类型不变，化学成分不变，所以再结晶不是相变，没有一个恒定的转变温度，而是随条件的不同(如变形程度、材料纯度、退火时间等)而变化，再结晶温度可以在一个较宽的范围内变化。大量实验结果统计表明，金属的最低再结晶温度 T 与其熔点之间存在以下经验关系：

$$T_{再} \approx \delta T_{熔} \tag{8-10}$$

式中，$T_{再}$ 和 $T_{熔}$ 均以热力学温度表示，δ 为系数。对于工业纯金属来说，经大变形并通过一小时退火的 δ 值为0.35～0.4，对于高纯金属，δ 为0.25～0.35甚至更低。表8-1列出了一些常见金属的再结晶温度。

表8-1 常见金属的再结晶温度

金属	再结晶温度/℃	熔点/℃	$(T_R/K)/(T_m/K)$	金属	再结晶温度/℃	熔点/℃	$(T_R/K)/(T_m/K)$
Sn	<15	232	—	Cu	200	1083	0.35
Pb	<15	327	—	Fe	450	1538	0.40
Zn	15	419	0.43	Ni	600	1455	0.51
Al	150	660	0.45	Mo	900	2625	0.41
Mg	150	650	0.46	W	1200	3410	0.40
Ag	200	960	0.39				

影响再结晶温度的因素有以下几方面：

(1) 变形程度的影响。随着冷变形程度的增加，储存能也增多，再结晶的驱动力就越大，因此再结晶温度越低，同时等温退火时的再结晶速度也越快。但当变形量增大到一定程度后，再结晶温度就基本上稳定不变了。若在给定温度下发生再结晶需要一个最小变形量(临界变形程度)，低于此变形度，则储存能不足以驱动发生再结晶。

(2) 原始晶粒尺寸。在其他条件相同的情况下，金属的原始晶粒越细小，则变形的抗力越大，冷变形后储存的能量较高，再结晶温度则较低。此外，晶界往往是再结晶形核的有利地区，故细晶粒金属的再结晶形核率 $\dot{N}$ 和长大速率 G 均增加，所形成的新晶粒更细小，再结晶温度也被降低。

(3) 微量溶质原子。微量溶质原子的存在对金属的再结晶有很大的影响。微量溶质原子存在显著提高再结晶温度的原因可能是溶质原子与位错及晶界间存在着交互作用，使溶质原子倾向于在位错及晶界处偏聚，对位错的滑移与攀移和晶界的迁移起着阻碍作用，从而不利于再结晶的形核和长大，阻碍再结晶过程。

(4) 第二相粒子。第二相粒子的存在既可能促进基体金属的再结晶，也可能阻碍再结晶，这主要取决于基体上分散相粒子的大小及其分布。当第二相粒子尺寸较大，间距较宽(一般大于1μm)时，再结晶核心能在其表面产生，从而促进再结晶。在钢中常可见到再结晶核心在夹杂物 MnO 或第二相粒状 Fe_3C 表面上产生；当第二相粒子尺寸很小且又较密集时，则会阻碍再结晶的进行，在钢中常加入 Nb、V 或 Al 形成 NbC、V_4C_3，AlN 等尺寸很小的化合物(<100nm)，它们会抑制形核，并阻碍晶粒长大。

(5) 再结晶退火工艺。若加热速度过于缓慢时，变形金属在加热过程中有足够的时间进行回复，使点阵畸变度降低，储存能减小，从而使再结晶的驱动力减小，再结晶温度上升。但是，极快速度的加热也会因在各温度下停留时间过短而来不及形核与长大，而致使再结晶温度升高。

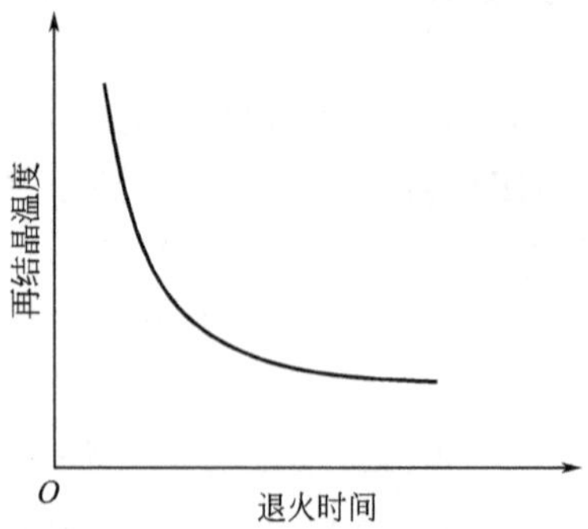

图 8.9　退火时间与再结晶温度的关系

当变形程度和退火保温时间一定时，退火温度愈高，再结晶速度愈快，产生一定体积分数的再结晶所需要的时间也愈短，再结晶后的晶粒愈粗大。

至于在一定范围内延长保温时间会降低再结晶温度，如图 8.9 所示。

8.3.4　再结晶晶粒大小的控制

金属材料的性能与晶粒大小密切相关，因此，控制再结晶的晶粒尺寸，是生产中的一个重要问题。

再结晶晶粒的平均直径 d 可用下式表示：

$$d=K\cdot\left(\frac{\dot{G}}{\dot{N}}\right)^{\frac{1}{4}} \tag{8-11}$$

式中，$\dot{N}$ 为形核率；$\dot{G}$ 为在长大速率；K 为常数。由此可见，凡是影响 $\dot{N}$、$\dot{G}$ 的因素，都将影响再结晶的晶粒大小。

1. 变形度的影响

冷变形程度对再结晶后晶粒大小的影响如图 8.10 所示。当变形程度很小时，晶粒尺寸即为原始晶粒的尺寸，这是因为变形量过小，造成的储存能不足以驱动再结晶，所以晶粒大小没有变化。当变形程度增大到一定数值后，此时的畸变能已足以引起再结晶，但由于变形程度不大，对 $\dot{N}/\dot{G}$ 比值很小，因此得到特别粗大的晶粒。通常，把对应于再结晶后得到特别粗大晶粒的变形程度称为“临界变形度”，一般金属的临界变形度为 2%～10%。在生产实践中，要求细晶粒的金属材料应当避开这个变形量，以免恶化工件性能。

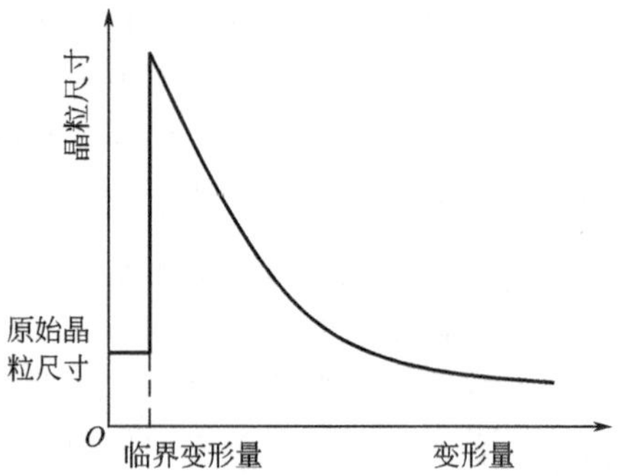

图 8.10　变形量与再结晶之间的关系

当变形量大于临界变形量之后，驱动形核与长大的储存能不断增大，而且形核率 $\dot{N}$ 增大较快，使 $\dot{N}/G$ 变大，因此，再结晶后晶粒细化，且变形度愈大，晶粒愈细小。

2. 退火温度的影响

退火温度对刚完成再结晶时晶粒尺寸的影响比较弱，这是因为它对 $\dot{N}/G$ 比值影响微弱。但提高退火温度可使再结晶的速度显著加快，临界变形度数值变小。若再结晶过程已完成，随后还有一个晶粒长大阶段很明显，温度越高，晶粒越粗。

3. 原始晶粒尺寸

当变形量一定时，材料的原始晶粒度越细，则再结晶后的晶粒也越细。这是由于细晶粒金属存在着较多的晶界，而晶界又往往是再结晶形核的有利区域，所以原始晶粒越细小，经再结晶退火后越容易得到细晶粒组织。

4. 合金元素及杂质

溶于基体中的合金元素及杂质，一方面增加变形金属的储存能，另一方面阻碍晶界的迁移，一般均起细化晶粒的作用。

8.3.5 再结晶后的晶粒长大

再结晶阶段刚刚完成时，得到的是无畸变的等轴再结晶初始晶粒，随着加热温度的升高或保温时间的增长，晶粒之间就会互相吞并而长大，这种现象称为晶粒的长大。再结晶完成后晶粒长大有两种类型：一种是随温度的升高或时间的增长而均匀地连续长大，称为正常长大；另一种是不连续不均匀地长大，称为反常长大，也称二次再结晶。

1. 晶粒的正常长大

晶粒正常长大的特点是在长大过程中，晶粒尺寸比较均匀，且平均尺寸的变化是连续的。再结晶完成后，晶粒长大是自发过程，因为金属总是力图使其界面能最小，就整个系统而言，晶粒长大的驱动力是降低其总界面能。若就个别晶粒而言，晶粒界面的不同曲率是造成晶界迁移的直接原因。晶粒长大时，晶界总是向着曲率中心的方向移动，如图 8.11 所示。通常，小晶粒为凸边界，大晶粒为凹边界，若界面张力为 σ，如图 8.12 所示，图中长为 l 的界面将受到大小为 $l\sigma$ 的一对作用力，其沿曲率中心方向的分力为 $2\sigma \cdot l\sin\frac{d\theta}{2}$。如要保持界面弯曲，必须使界面凹侧具有大于凸侧的压应力，设两侧的压力差为 ΔP，则平衡条件为

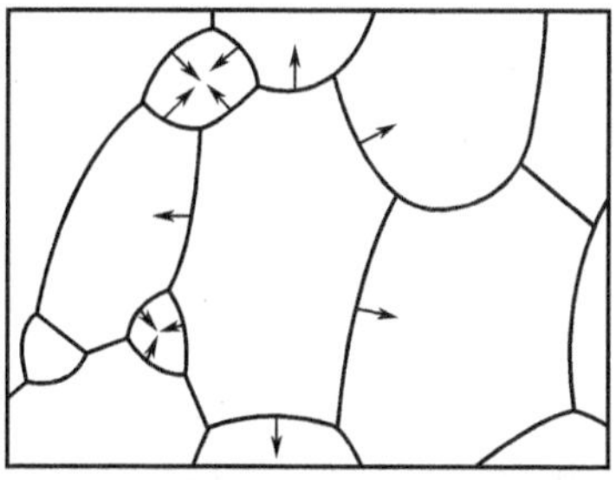

图 8.11 晶粒长大时晶界移动示意图

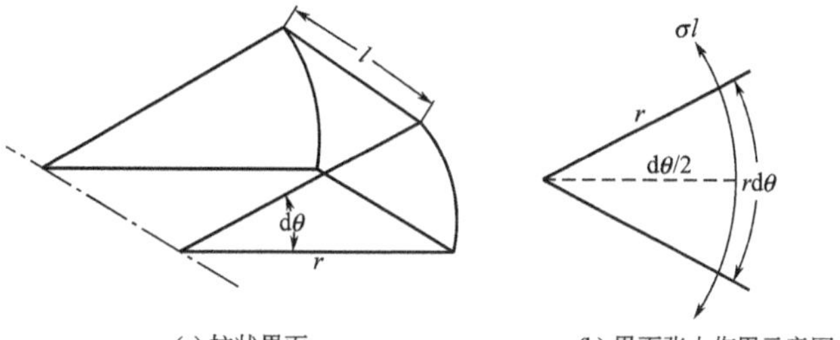

(a) 柱状界面　　(b) 界面张力作用示意图

图 8.12 晶界张力示意图

$$2\sigma l\sin\frac{d\theta}{2}=\Delta P lr d\theta$$

但 θ 很小时，$\sin\frac{d\theta}{2}\rightarrow\frac{d\theta}{2}$，化简上式得 $\Delta P=\sigma/r$。这是假定界面为圆柱面的计算结果，

若界面为球面时，其曲率为柱面的两倍，即 $\Delta P=\frac{2\sigma}{r}$。

可见，当 σ 一定时，界面曲率越大即 r 越小时，压力差 ΔP 越大，压力差会促使原子从凹侧(曲率中心所在的那侧)的晶粒一方向凸侧晶粒进行扩散，因此界面向相反方向移动，即向曲率中心的方向移动。由于小晶粒界面的曲率较大，容易被大晶粒吃掉，所以晶粒长大的过程就是“大吃小”和凹面变平面的过程。在三晶粒会聚处，界面交角呈 120°才能保证界面张力维持平衡，如图 8.13 所示。因此，晶粒长大的稳定形态应为规则的六边形，且界面平直，此时，界面曲率半径无限大，驱动力为零，晶粒停止长大。由此可见，小于六边的小晶粒，具有自发缩小以至消失的趋势。相反，大于六边的大晶粒可以自发长大。

2. 晶粒的异常长大

某些金属材料经过严重的冷变形后，在较高温度下退火，会出现晶粒的异常长大现象。即少数晶粒具有特别大的长大能力，逐步吞掉周围较小的晶粒，其尺寸超过原始晶粒的几十倍或上百倍，比临界变形后形成的再结晶晶粒还要粗大得多。这种现象称为晶粒的异常长大，也称为二次再结晶。二次再结晶是一种特殊的晶粒长大现象。但二次再结晶并不是重新产生新的晶核，实际上只是在一次再结晶晶粒长大的过程中，某些局部区域的晶粒产生了优先长大，如图 8.14 所示。

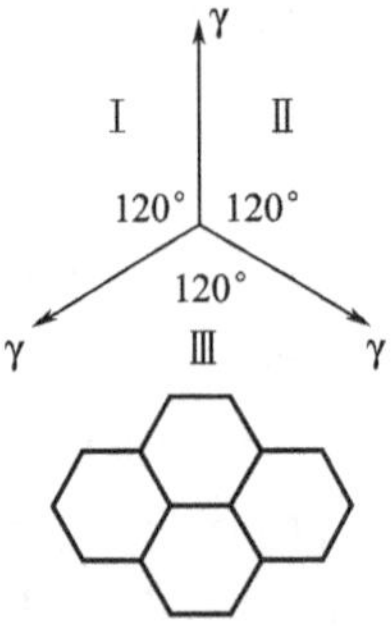

图 8.13　界面张力平衡时的晶粒

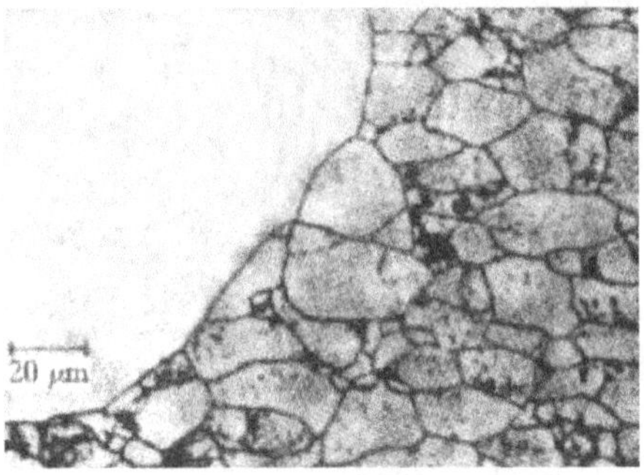

图 8.14　晶粒的异常长大

二次再结晶是怎样产生的呢？主要是在再结晶过程中，正常晶粒长大过程被分散相粒子、织构或表面的热蚀沟等所强烈阻碍，在加热过程中，上述阻碍正常晶粒长大的因素一旦开始消除，少数晶界将迅速迁移，这些晶粒一旦长到超过其周围的晶粒时，就会越长越大，最后形成二次再结晶。因此，二次再结晶的驱动力来自界面能的降低，而不是来自应变能。

8.4　金属的热加工

热加工是指在再结晶温度以上的加工过程，在再结晶温度以下的加工过程称为冷加工。例如铅的再结晶温度低于室温，因此，在室温下对铅进行加工都属于热加工。钨的再结晶温度约为 1200℃，因此，即使在 1000℃拉制钨丝也属于冷加工。由此可见，再结晶温度是区分冷、热加工的分界线。

由于热加工的变形温度高于再结晶温度，故在变形的同时伴随着回复、再结晶过程。

为了和前面讨论的回复、再结晶加以区分，这里称为动态回复和动态再结晶。因此，在热加工过程中，因变形而产生的硬化与动态回复和动态再结晶引起的软化是同时存在的，热加工后金属的组织和性能取决于它们之间相互抵消的程度。

8.4.1 动态回复和动态再结晶

1. 动态回复

冷变形金属在高温回复时，由于螺型位错的交滑移和刃型位错的攀移，产生多边形化和位错缠结胞的规整化，对于层错能高的晶体，这些过程进行得相当充分，形成了稳定的亚晶，经动态回复后就不会发生动态再结晶了。如铝、α-铁、铁素体钢及一些密排六方金属(Zn、Mg、Sn等)，因易于交滑移和攀移，热加工时主要的软化机制是动态回复而没有动态再结晶。动态回复时的应力-应变曲线如图8.15所示，可将其分成3个阶段。第Ⅰ阶段为微应变阶段。热加工初期，高温回复尚未进行，晶体以加工硬化为主，位错密度增加，因此，应力增加很快，但应变量却很小(<1%)。第Ⅱ阶段为均匀变形阶段。晶体开始均匀的塑性变形，位错密度继续增大，加工硬化逐步加强。但同时动态回复也在逐步增加，使形变位错不断消失，其造成的软化逐渐抵消一部分加工硬化，使曲线斜率下降并趋于水平。第Ⅲ阶段为稳态流变阶段。由变形产生的加工硬化与动态回复产生的软化达到平衡，即位错的增殖和湮灭达到了动力学平衡状态，位错密度维持恒定。在变形温度和速度一定时，多边形化和位错胞壁规整化形成的亚晶界是不稳定的，它们随位错的增减而被破坏或重新形成，且二者的速度相等，从而使亚晶得以保持等轴状和稳定的尺寸与位向。此时，流变应力不再随应变的增加而增大，曲线保持水平。

显然，加热时只发生动态回复的金属，由于内部有较高的位错密度，若能在热加工后快速冷却至室温，可使材料具有较高的强度。但若缓慢冷却则会发生静态再结晶而使材料彻底软化。

2. 动态再结晶

对于一些层错能较低的金属，如铜及其合金、镍及其合金、γ-铁、奥氏体钢等，由于它们的扩展位错很宽，很难从节点和位错网中解脱出来，也很难通过交滑移和攀移而与异号位错相互抵消，所以动态回复过程进行得很慢，亚结构中位错密度较高，剩余的储存能足以引起再结晶。图8.16所示为热加工时发生动态再结晶的应力-应变曲线。

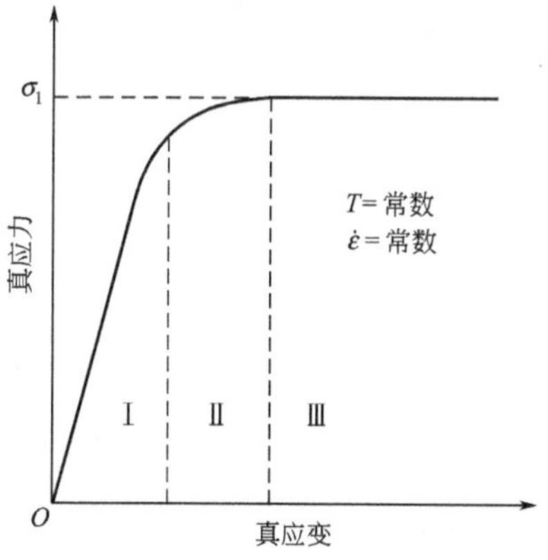

图8.15 动态回复时的应力-应变曲线

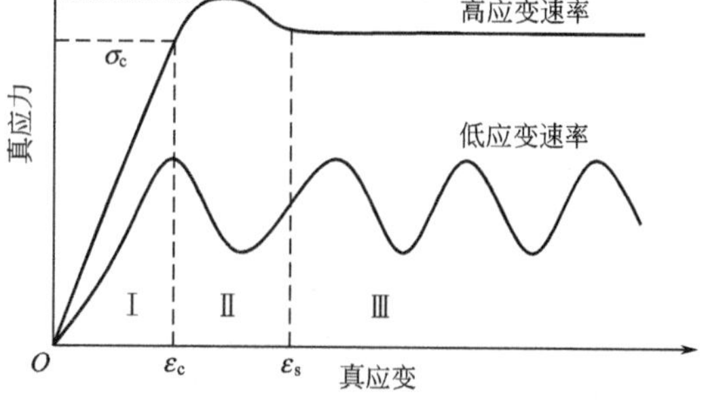

图8.16 动态再结晶的应力-应变曲线

可见，随应变速率不同曲线有所差异，但大致也可分为3个阶段。第Ⅰ阶段为加工硬化阶段，应力随应变上升很快，动态再结晶没有发生，金属出现加工硬化。第Ⅱ阶段为动态再结晶开始阶段，当应变量达到临界值时，动态再结晶开始，其软化作用随应变增加逐渐加强，使应力随应变增加的幅度逐渐降低 。当应力超过最大值后，软化作用超过加工硬化，应力随应变增加而下降。第Ⅲ阶段为稳态流变阶段，此时加工硬化与动态再结晶软化达到动态平衡。当应变以高速率进行时，曲线为水平线；而应变以低速率进行时，曲线出现波动。这是由于应变速率低时，位错密度增加慢，因此在动态再结晶引起软化后，位错密度增加所驱动的动态再结晶一时不能与加工硬化相抗衡，金属又硬化而使曲线上升。当位错密度增加至足以使动态再结晶占主导地位时，曲线便又下降。以后这一过程循环往复，但波动幅度逐渐衰减。

动态再结晶同样是形核长大过程，其机制与冷变形金属的再结晶基本相同，也是大角度晶界的迁移。但动态再结晶具有反复形核、有限长大的特点。已形成的再结晶核心在长大时继续受到变形作用，使已再结晶部分位错增殖，储存能增加，与临近变形基体的能量差减小，长大驱动力降低而停止长大。而当这一部分的储存能增高到一定程度时，又会重新形成再结晶核心，如此反复进行。

8.4.2 热加工后金属的组织与性能

热加工不仅改变了材料的形状，而且由于其对材料组织和微观结构的影响，也使材料性能发生改变，主要体现在以下几方面：

(1) 改善铸态组织，减少缺陷。热变形可焊合铸态组织中的气孔和疏松等缺陷，增加组织致密性，并通过反复的形变和再结晶破碎粗大的铸态组织，减小偏析，改善材料的机械性能。

(2) 形成流线和带状组织使材料性能呈现各向异性。热加工后，材料中的偏析、夹杂物、第二相、晶界等将沿金属变形方向呈断续、链状(脆性夹杂)和带状(塑性夹杂)延伸，形成流动状的纤维组织，称为流线。通常，沿流线方向比垂直流线方向具有较高的机械性能。另外，在共析钢中，热加工可使铁素体和珠光体沿变形方向呈带状或层状分布，称为带状组织。有时，在层、带间还伴随着夹杂或偏析元素的流线，使材料表现出较强的各向异性，横向的塑、韧性显著降低，切削性能也变坏。

(3) 晶粒大小的控制。热加工时动态再结晶的晶粒大小主要取决于变形时的流变应力，应力越大，晶粒越细小。

因此要想在热加工后获得细小的晶粒必须控制变形量、变形的终止温度和随后的冷却速度，同时添加微量的合金元素抑制热加工后的静态再结晶也是很好的方法，热加工后的细晶材料具有较高的强韧性。

习题

1. 某工厂用一冷拉钢丝绳将一大型钢件吊入热处理炉内，由于一时疏忽，未将钢丝绳取出，而是随同工件一起加热至860℃。保温时间到了，打开炉门，吊出工件时，钢丝绳发生断裂，试分析钢丝绳断裂原因。

2. 已知H70黄铜($w_{Zn}=30\%$)在400℃的恒温下完成再结晶需要1h，而在390℃下完成再结晶需要 2h，试计算在 420℃恒温下完成再结晶需要多少时间？

3. 现有一 ϕ6mm 铝丝须最终加工至 ϕ0.5mm 铝材，但为保证产品质量，此铝材的冷加工量不能超过 85%，如何制订合理的加工工艺？

4. 已知锌单晶体的回复激活能为 20000J/mol，在 −50℃去除 2% 的加工硬化需要 13d；若要求在 5min 内去除同样的加工硬化需要将温度提高多少？

5. 什么是一次再结晶二次再结晶？发生二次再结晶的条件有哪些？

6. 什么是临界变形度？在工业生产中有何意义？

第9章 陶瓷材料

本章教学要点

知识要点	掌握程度	相关知识
陶瓷的晶体结构及晶体缺陷	重点掌握陶瓷的几种典型晶体结构； 了解陶瓷材料中点缺陷和位错的特点	三种金属晶体结构； 离子晶体的结构规则； 金属材料中点缺陷和位错的特点
陶瓷的相图	重点掌握 $SiO_2-Al_2O_3$ 相图； 了解 $CaO-SiO_2-Al_2O_3$ 相图	二元相图相关知识； 三元相图相关知识
陶瓷的变形	重点掌握陶瓷材料变形的特点以及原因； 了解几种陶瓷增韧的方法	金属材料塑性变形特点； 滑移机制

9.1 陶瓷材料概论

陶瓷是由粉状原料成形后在高温作用下硬化而形成的制品，是多晶、多相(晶相、玻璃相和气相)的聚集体。陶瓷是一种无机非金属材料，种类繁多，在生活上、工业上应用都非常广泛。其具有耐高温、耐腐蚀、高强度、高硬度、多功能等多种优异性能。传统上陶瓷是陶器与瓷器的总称。后来发展到泛指整个硅酸盐材料，包括玻璃、水泥、耐火材料、陶瓷等。在工业上，为适应航天、能源、电子等新技术的要求，在传统陶瓷的基础上，用无机非金属物质为原料，经过粉碎、配制、成形和高温烧结制得大量新型无机材料，如功能陶瓷、特种玻璃、特种涂层等。

新型无机材料与传统硅酸盐材料相比主要有以下差别。从组成上看，远远超过硅酸盐的范围，除氧化物和含氧酸盐之外，还有碳化物、氮化物、硼化物、硫化物以及其他盐类和单质。从性能上看，不仅具有熔点高、硬度高、化学稳定性好、耐高温等优点，而且一些特殊陶瓷还具有介电性、压电性、铁电性、半导性、软磁性、硬磁性等，为高新技术的发展提高了关键性材料，在现代工业中已得到越来越广泛的应用。在某些时候陶瓷是唯一能选用的材料，例如内燃机的火花塞，瞬时引爆温度可达到2500℃，并要求具有良好的绝缘性和耐化学腐蚀性，显然金属材料和高分子材料均不能满足要求。目前，陶瓷材料、金属材料和高分子材料一起被称为三大固体材料。

陶瓷材料可以根据化学组成、性能特点或用途等不同方法进行分类，一般归纳为工程陶瓷和功能陶瓷两大类，见表9-1。

表9-1 陶瓷材料分类

分类	特　性	典型材料及状态	主要用途
工程陶瓷	高强度(常温、高温)	Si_3N_4，SiC(致密烧结体)	发动机耐热部件：叶片、转子、活塞、内衬、喷嘴、阀门
	韧性	Al_2O_3，B_4C，金刚石(金属结合) TiN，TiC，B_4C，Al_2O_3，WC(致密烧结体)	切削工具
	硬度	Al_2O_3，B_4C，金刚石(粉状)	研磨材料
功能陶瓷	绝缘性	Al_2O_3(高纯致密烧结体) BeO(高纯致密烧结体)	集成电路衬底，散热性绝缘衬底
	介电性	$BaTiO_3$(致密烧结体)	大容量电容器
	压电性	$Pb(Zr_xTi_{1-x})O_3$(经极化致密烧结体)	振荡元件，滤波器
		ZnO(定向薄膜)	表面波延迟元件
	热电性	$Pb(Zr_xTi_{1-x})O_3$(经极化致密烧结体)	红外检测元件
	铁电性	PLZT(致密透明烧结体)	图像记忆元件
	离子导电性	$\beta-Al_2O_3$(致密烧结体)	钠硫电池
		稳定ZrO_2(致密烧结体)	氧量敏感元件

(续)

分类	特　性	典型材料及状态	主要用途
功能陶瓷	半导体	$LaCrO_3$，SiC	电阻发热体
		$BaTiO_3$(控制显微结构)	正温度系数热敏电阻
		SnO_2(多孔质烧结体)	气体敏感元件
		ZnO(烧结体)	变阻器
	软磁性	$Zn_{1-x}Mn_xFe_2O_4$(致密烧结体)	记忆运算元件，磁芯，磁带
	硬磁性	$SrO\cdot 6Fe_2O_3$(致密烧结体)	磁铁

陶瓷材料的各种性能都是由其化学组成、晶体结构和显微组织所决定的。下面将分别介绍常用工程陶瓷的晶体结构、晶体缺陷、相图与变形。

9.2 陶瓷的晶体结构

传统陶瓷的典型组织结构由晶体相、玻璃相和气相组成，其中晶体相是组成陶瓷的基本相，也称主晶相。它往往决定着陶瓷的力学、物理、化学性能。例如由离子键结合的氧化铝晶体组成的刚玉陶瓷，具有机械强度高、耐高温及抗腐蚀等优良性能。

陶瓷和金属类似，具有晶体结构，但与金属不同的是其结构中并没有大量的自由电子。这是因为陶瓷是以离子键或共价键为主的离子晶体(如 MgO、Al_2O_3 等)或共价晶体(SiC、Si_3N_4 等)。氧化物结构和硅酸盐结构是陶瓷晶体中最重要的两类结构。它们的共同特点是：结合键主要是离子键，或含有一定比例的共价键；有确定的成分，可以用准确的分子式表示；具有典型的非金属性质等。

典型的离子晶体是元素周期表中 IA 的碱金属元素 Li、Na、K、Rb、Cs 和ⅦA 的卤族元素 F、Cl、Br、I 之间形成的化合物晶体。这种晶体是以正负离子为结合单元的。例如 NaCl 晶体是以 Na^+ 和 Cl^- 为单元结合成晶体的。它们的结合是依靠离子键的作用，即依靠正负离子间的库仑作用。

为形成稳定的晶体，还必须有某种近距的排斥作用与静电吸引作用相平衡。这种近距的排斥作用是因为泡利原理引起的斥力：当两个离子进一步靠近时，正负离子的电子云发生重叠，此时电子倾向于在离子之间作共有化运动。由于离子都是满壳层结构，共有化电子必须倾向于占据能量较高的激发态能级，使系统的能量增高，即表现出很强的排斥作用。这种排斥作用与静电吸引作用相平衡就形成稳定的离子晶体。

在人们对晶体结构进行长期大量的研究工作当中，从大量的实验数据和结晶化学理论中，发现了离子化合物晶体结构的一些规律。在讨论典型的离子晶体结构前，我们先来讨论离子晶体的结构规则。

9.2.1 离子晶体的结构规则

鲍林(Pauling)在大量的实验基础上，应用离子键理论，提出了下述决定离子化合物结构的几条经验规则。

1. 负离子配位多面体规则(Pauling 第一规则)

该规则指出："在正离子周围形成一负离子配位多面体，正负离子之间的距离取决于离子半径之和，而配位数则取决于正负离子半径之比。"这就是鲍林第一规则。这一规则符合最小内能原理。它将离子晶体结构视为由负离子配位多面体按一定方式连接而成，正离子则处于负离子多面体的中央，故配位多面体才是离子晶体的真正结构基元。

为降低晶体的总能量，正负离子趋向于形成尽可能紧密的堆积，即一个正离子趋向于与尽可能多的负离子为邻。限制的条件是：负离子之间既不重叠，但又与中心的正离子相接触。于是，设想离子晶体内部的结构是这样：负离子有规律地在三维空间成紧密堆积，正离子有规律地分布在负离子堆积体的空隙中。

以一个正离子为中心，周围配置着最邻近的数个负离子，将这些配位的各个负离子的中心连接起来，则成一个多面体，这就是负离子配位多面体。配位多面体的形状取决于负离子的数量多少，可能是正四面体，可能是正八面体或其他形状。配置于正离子周围的负离子数(即正离子配位数)又为正、负离子的半径比(r_C/r_A)大小所决定。所以，正、负离子的半径比、正离子配位数和配位多面体形状三者之间的关系见表 9－2。负离子配位多面体的形状示于图 9.1 中。

表 9－2　正、负离子半径比、正离子配位数和配位多面体形状之间的关系

r_C/r_A	正离子配位数	配位多面体类型	举　例
0～0.155	2	线　形	CO_2
0.155～0.225	3	三角形	B_2O_3
0.225～0.414	4	四面体	SiO_2
0.414～0.732	6	八面体	TiO_2
0.732～1.0	8	立方体	CsCl

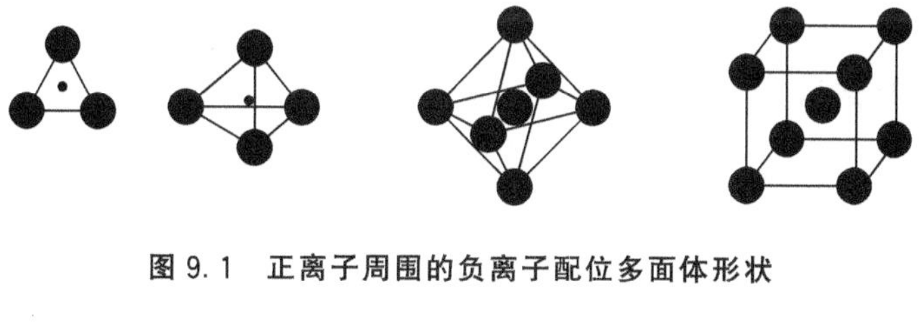

图 9.1　正离子周围的负离子配位多面体形状

2. 电价规则(Pauling 第二规则)

鲍林第二规则也称电价规则：处于最稳定状态的离子晶体，其晶体结构中的每一个负离子所具有的电荷恰恰被所有最邻近的(相互接触的)正离子联系于该负离子的静电价键所抵消。

一个阳离子贡献给其周围负离子配位体中一个阴离子的静电键强度 EBS(在忽略键长等其他因素的影响时)可用下式表示：EBS＝Z/CN，其中 Z 为这个阳离子的电荷数，CN 为这个阳离子的配位数。

3. 负离子配位多面体共用顶、棱和面的规则(Pauling 第三规则)

这一规则也称 Pauling 第三规则。它指出："在一个配位结构中，当配位多面体共用棱、特别是共用面时，其稳定性会降低，而且正离子的电价越高、配位数越低，则上述效应越显著。"这个效应是很容易理解的，因为在相邻两个多面体仅共顶点、仅共棱和仅共面等种种情况下，相邻正离子之间的距离是递减的，因而离子间的静电斥力是递增的，故稳定性也递减。在图 9.2 中分别画出了共顶点、共棱边和共面的配位四面体和配位八面体。由简单的几何关系不难算出，共顶点、共棱边和共面的配位四面体中的正离子间距比为 1∶0.58∶0.33，而在配位八面体中相应的比值则为 1∶0.71∶0.58。

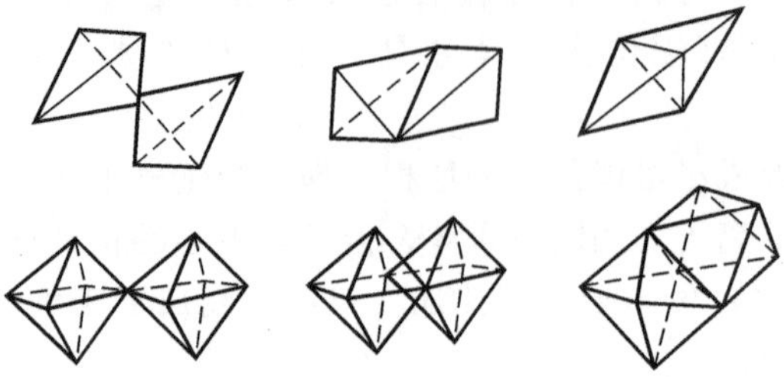

多面体共用顶点、棱或面时
多面体中心距离变化示意图

图 9.2　共用顶点、棱和面的配位四面体和八面体

4. 不同种类正离子配位多面体间连接规则(Pauling 第四规则)

在硅酸盐和多元离子化合物中，正离子的种类往往不只一种，可能形成一种以上的配位多面体。鲍林第四规则认为："在含有一种以上正负离子的离子晶体中，一些电价较高，配位数较低的正离子配位多面体之间，有尽量不相结合的趋势。"这一规则总结了不同种类正离子配位多面体的连接规则。

5. 节约规则(Pauling 第五规则)

鲍林第五规则指出："在同一晶体中，同种正离子与同种负离子的结合方式应最大限度地趋于一致。"因为在一个均匀的结构中，不同形状的配位多面体很难有效地堆积在一起。

鲍林规则虽然是一个经验性的规则，但在分析、理解离子晶体结构时简单明了，突出了结构的特点。它不但适用于结构简单的离子晶体，也适用于结构复杂的离子晶体及硅酸盐晶体。

9.2.2　陶瓷的晶体结构

陶瓷的晶体结构可分为两大类型：一种是按离子键结合的陶瓷，如 MgO、ZrO_2、Al_2O_3 等金属氧化物；另一种是按共价键结合的陶瓷，如 SiC、Si_3N_4、纯 SiO_2 的高温相等。

1. 典型的离子晶体结构

离子晶体按其化学组成分为二元化合物和多元化合物。其中二元化合物中介绍 AB 型，AB_2 型和 A_2B_3 型化合物；多元化合物中主要讨论 ABO_3 型和 AB_2O_4 型。

1) AB 型化合物结构

(1) CsCl 型结构。CsCl 型结构是离子晶体中最简单的一种，属于立方晶系简单立方点阵。Cs^+ 和 Cl^- 半径之比为 0.169nm/0.181nm＝0.933，Cl^- 离子构成正六面体，Cs^+ 在其中心，Cs^+ 和 Cl^- 的配位数均为 8，多面体共面连接，一个晶胞内含有 Cs^+ 和 Cl^- 各一个，如图 9.3 所示。属于这种结构类型的有 CsBr，CsI。

(2) NaCl 型结构。NaCl 结构如图 9.4 所示。它属于立方晶系，面心立方点阵，每个晶胞的离子数为 8，即 4 个 Na^+ 和 4 个 Cl^-。它是一个以面心立方点阵为基的结构，Cl^- 离子占据了 fcc 点阵的结点，Na^+ 离子则位于其八面体间隙中。此结构也可看成是由两个面心立方点阵穿插而成，其中每个钠离子被 6 个 Cl^- 包围，同样，Cl^- 也被等数的 Na^+ 包围。

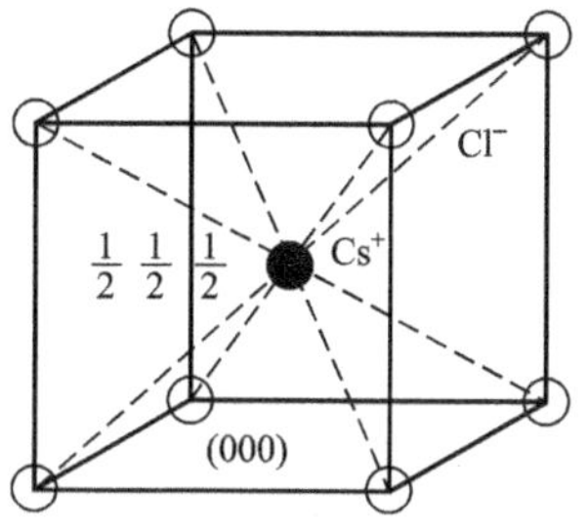

图 9.3　CsCl 型结构的立方晶胞

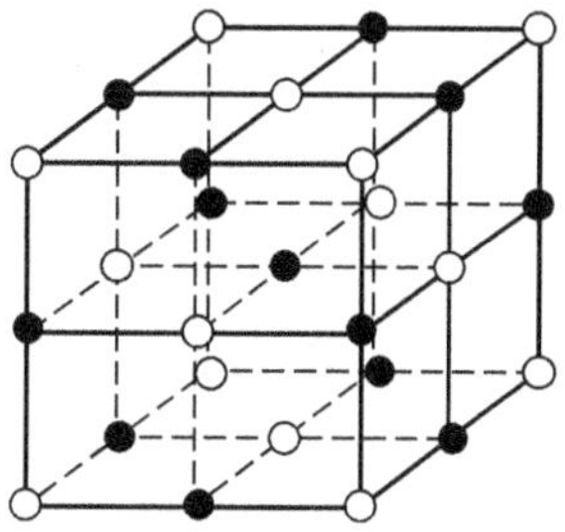

图 9.4　NaCl 晶体结构

现在来验证这个结构是否符合 Pauling 规则。首先按第一规则验证负离子配位多面体类型，因为 Na^+ 和 Cl^- 半径之比为 0.095nm/0.181nm=0.525，将此值和表 9-1 对照。由于 0.525 在 0.414 和 0.732 之间，故负离子多面体应为八面体这是符合图 9.4 的结构的，因为 Na^+ 离子正是处于 Cl^- 离子的八面体间隙中。其次，再按第二规则来确定 Cl^- 离子的配位数 CN^-，得 $CN^-=6$，即每个 Cl^- 离子同时与 6 个 Na^+ 离子形成离子键，这也符合 NaCl 结构特点。

具有 NaCl 型结构的陶瓷材料还有：NaI、MgO、CaO、SrO、BaO、CdO、CoO、MnO、FeO、NiO、TiN、LaN、TiC、ScN、CrN、ZrN 等。

(3) 立方 ZnS 型结构。立方 ZnS 结构类型又称闪锌矿型(β-ZnS)，属于立方晶系，面心立方点阵，如图 9.5 所示。从图中可看出 S^{2-} 位于立方晶胞的顶角和面心上，构成一套完整的面心立方晶格，而 Zn^{2+} 也构成一套面心立方格子，在体对角线 1/4 处互相穿插而成。这可从图 9.5(b)的投影图中清楚看出，这里标注的数字是以 Z 轴晶胞的高度为 100，其他离子根据各自的位置标注为 75，50，25，0。

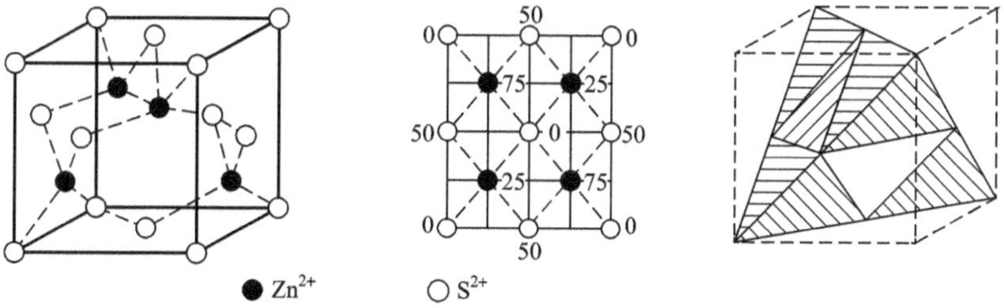

(a) 晶胞结构　　(b) (001) 面上投影图　　(c) 多面体图

图 9.5　立方 ZnS 型结构

在闪锌矿的晶胞中，一种离子(S^{2-} 或 Zn^{2+})占据面心立方结构的节点位置，另一种离子(Zn^{2+} 或 S^{2+})则占据四面体间隙的一半。Zn^{2+} 配位数为 4，S^{2-} 的配位数也为 4。四面体共顶连接(图 9.5(c))。

属于闪锌矿结构的化合物有：β-SiC，GaAs，AlP，InSb 等。

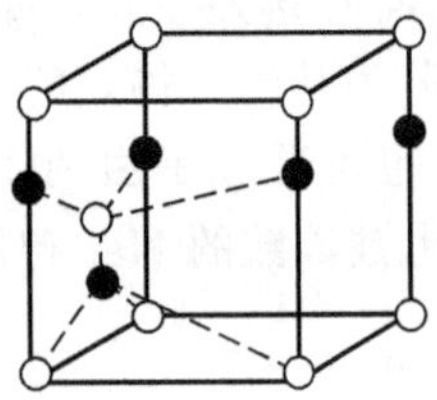

图 9.6 六方 ZnS 结构

(4) 六方 ZnS 结构。六方 ZnS 型又叫纤锌矿结构，属于六方晶系，晶体结构如图 9.6 所示。从图中可看出每个晶胞内包含 4 个离子，其坐标为 $2S^{2-}$：000，$\frac{2}{3}\frac{1}{3}\frac{1}{2}$；$2Zn^{2+}$：00 $\frac{7}{8}$，$\frac{2}{3}\frac{1}{3}\frac{3}{8}$。

这个结构可以看成由较大的负离子构成 hcp 结构，而 Zn^{2+} 占据其中一半的四面体间隙，构成［ZnS_4］四面体。由于离子间极化的影响，使配位数由 6 降到 4，每个 S^{2-} 被 4 个［ZnS_4］四面体共用，且 4 个四面体共顶连接。

属于这类结构类型的有 ZnO，ZnSe，AgI，BeO 等。

2) AB_2 型化合物结构

(1) 萤石(CaF_2)型结构。萤石结构属于立方晶系，具有面心立方点阵，其结构如图 9.7所示，从图中可看出，其中正离子(Ca^+)处在立方体的顶角和各面心位置，构成面心立方结构，负离子(F^-)占据所有的四面体间隙，构成了［FCa_4］四面体，如图 9.7(c)所示，配位数为 4。若 F^- 作简单立方堆积，Ca^+ 填于半数的立方体间隙中，则构成［CaF_8］立方体，故 Ca^+ 的配位数为 8，立方体之间共棱连接，如图 9.7(b)所示。

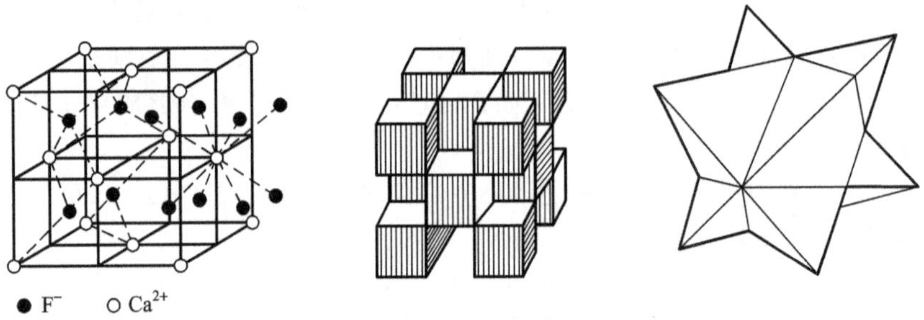

图 9.7 萤石(CaF_2)型结构

属于萤石结构的化合物有：ThO_2、UO_2、CeO_2、BaF_2、PbF_2、SrF_2 等。

CaF_2 熔点低，在陶瓷材料中作助燃剂。此外还有一种反萤石结构，其中的正负离子分布恰好与萤石结构相反，属于此种晶型的有：Li_2O、Na_2O、K_2O、Li_2S、Na_2S、K_2S 等。无论是萤石结构还是反萤石结构，其结构中均有较大的空隙没有填满，因而有利于离子的迁移。

(2) TiO_2(金红石)结构。金红石结构是 TiO_2 的一种常见的稳定结构，也是陶瓷材料中比较重要的一种结构。它具有简单四方点阵。其结构如图 9.8 所示。每个晶胞中含有 2 个 Ti^{4+} 离子和 4 个 O^{2-} 离子。正负离子半径比为 0.45，配位数为 6∶3，每个 O^{2-} 同时与 3 个 Ti^{4+} 键合，即每 3 个［TiO_6］八面体共用一个 O^{2-}；而 Ti^{4+} 位于晶胞的顶角和中心，即处在 O^{2-} 构成的稍有变形的八面体中心，这些八面体之间在(001)面上共棱边，

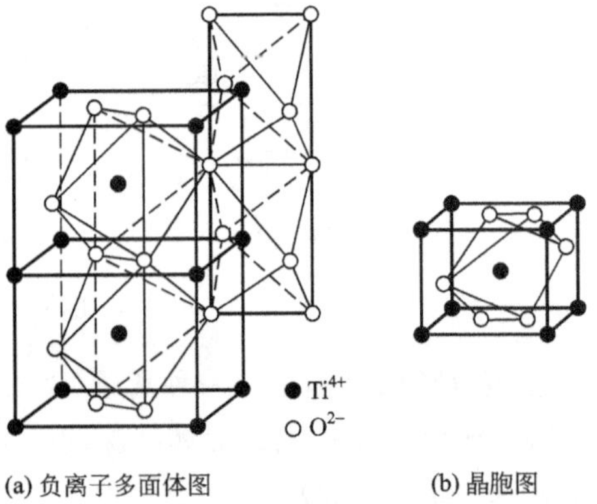

图 9.8 TiO_2(金红石)结构

但八面体间隙只有一半被 Ti^{4+} 占据。

金红石是一种重要的电容器材料，生产中用的原料 TiO_2 称为钛白粉。

具有金红石结构的化合物有：GeO_2、SnO_2、PbO_2、MnO_2、NbO_2、MoO_2、WO_2、CoO_2、MnF_2、CoF_2、FeF_2、MgF_2 等。

(3) β-方石英(方晶石结构)。方晶石为 SiO_2 高温时的同素异构体，属于立方晶系，其晶体结构如图 9.9 所示。Si^{4+} 占据全部面心立方结点位置和立方体内相当于 8 个小立方体中心的 4 个。每个 Si^{4+} 同 4 个 O^{2-} 结合形成 [SiO_4] 四面体；每个 O^{2-} 都连接 2 个对称的 [SiO_4] 四面体，多个四面体之间相互共用顶点，并重复堆垛而形成 β-方石英结构，故与球填充模型相比，这种结构中的 O^{2-} 排列是很疏松的。

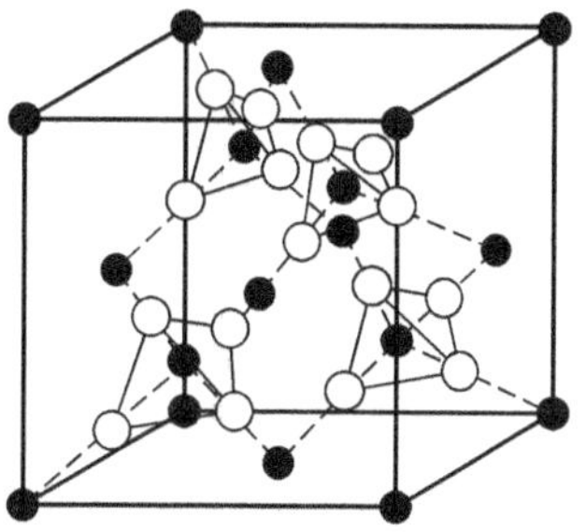

图 9.9 β-方石英型结构

SiO_2 虽有多种同素异构体，但其他的结构都可看成是由 β-方石英的变形而得。石英晶体中由于具有较强的 Si－O 键及完整的结构，因此具有熔点高、硬度高、化学稳定性好等特点。

3) A_2B_3 型化合物结构

典型的 A_2B_3 化合物结构是刚玉，刚玉为天然 $\alpha-Al_2O_3$ 单晶体，呈红色的称红宝石(含铬)，呈蓝色的称蓝宝石(含钛)。它具有简单六方点阵，其结构如图 9.10 所示。图中氧离子构成密排六方结构，其密排面(0001)的堆垛次序是 ABABAB…，而 Al^{3+} 离子位于该结构的八面体间隙中。按电价规则可知，每个 O^{2-} 离子同时与 4 个 Al^{3+} 构成离子键，故 Al^{3+} 离子只占据了八面体间隙总数的 2/3，其余 1/3 间隙是空着的。究竟空间隙在什么位置呢？这里还要满足一条原则，即 Al^{3+}(同类离子)必须尽量远离。因此空间隙的位置就如图 9.10 所示的那样。

除此以外，属于刚玉型结构的化合物还有：Cr_2O_3，$\alpha-Fe_2O_3$，Ti_2O_3，V_2O_3 等。

$\alpha-Al_2O_3$ 是一种很重要的陶瓷材料。它是刚玉-莫莱石瓷及氧化铝瓷中的主晶相。

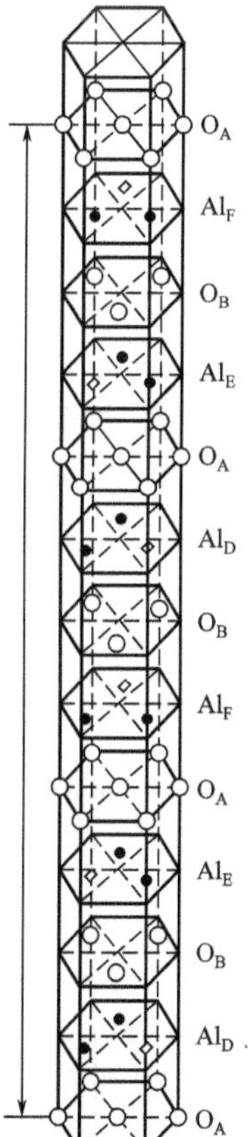

图 9.10 刚玉的结构

4) ABO_3 型化合物结构

(1) 钙钛矿型结构($CaTiO_3$)。钙钛矿又称灰钛石，是以 $CaTiO_3$ 为主要成分的天然矿物。理想情况下为立方晶系，在低温时转变为斜方晶系。图 9.11 所示为理想钙钛矿型结构的立方晶胞。其中 Ca^{2+} 和 O^{2-} 构成 fcc 结构，Ca^{2+} 在立方体的顶角，O^{2-} 在立方体的六个面上；而较小的 Ti^{4+} 填在由 6 个 O^{2-} 所构成的八面体 [TiO_6] 空隙中，这个位置刚好在由 Ca^{2+} 构成的立方体的中心。由组成可知，Ti^{4+} 只填满 1/4 的八面体间隙。[TiO_6] 八面体群相互以顶点连接，Ca^{2+} 则填于 [TiO_6] 八面体群的空隙中，并被 12 个 O^{2-} 所包围，故 Ca^{2+} 的配位数为 12，而 Ti^{4+} 的配位数为 6，见图 9.11(b)所示。

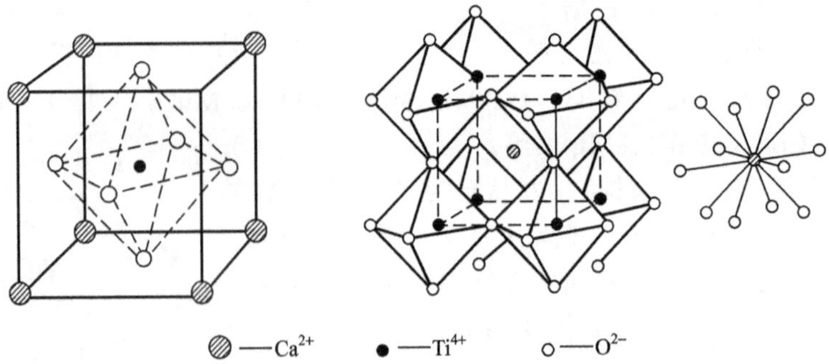

(a) 晶胞结构 (b) 配位多面体的连接和 Ca^{2+} 配位数为 12 的情况

图 9.11 钙钛矿型结构($CaTiO_3$)

钙钛矿结构在电子陶瓷材料中十分重要，一系列具有铁电性质的晶体(如 $BaTiO_3$、$PbTiO_3$ 等)都具有这种结构。此外，$SrTiO_3$、$PbTiO_3$、$SrZrO_3$ 等也具有这种结构。

(2) 方解石($CaCO_3$)型结构。方解石属于菱方晶系，其结构如图 9.12 所示。每个晶胞有 4 个 Ca^{2+} 和 4 个 $[CO_3]^{2-}$ 络合离子。每个 Ca^{2+} 被 6 个 $[CO_3]^{2-}$ 所包围，Ca^{2+} 的配位数为 6；络合离子 $[CO_3]^{2-}$ 中 3 个 O^{2-} 作等边三角形排列，C^{4+} 在三角形的中心位置，C—O 间是共价键结合；而 Ca^{2+} 同 $[CO_3]^{2-}$ 是离子键结合。$[CO_3]^{2-}$ 在结构中的排布均垂直于三次轴。

属于方解石结构的还有 $MgCO_3$(菱镁矿)、$CaCO_3 \cdot MgCO_3$(白云石)等。

5) AB_2O_4 型化合物结构

AB_2O_4 型化合物中最重要的化合物是尖晶石($MgAl_2O_4$)。具有尖晶石结构的化合物有 100 多种，其中 A 可以是 Mg^{2+}、Mn^{2+}、Fe^{2+}、Co^{2+}、Zn^{2+}、Cd^{2+}、Ni^{2+} 等二价金属离子，B 可以是 Al^{3+}、Fe^{3+}、Co^{3+}、Cr^{3+} 等三价金属离子。

尖晶石($MgAl_2O_4$)结构如图 9.13 所示。属于立方晶系，面心立方点阵。每个晶胞内有 32 个 O^{2-}，16 个 Al^{3+} 和 8 个 Mg^{2+} 离子。O^{2-} 呈面心立方密排结构，Mg^{2+} 的配位数为 4，处在氧四面体中心；Al^{3+} 的配位数为 6，处在氧八面体空隙中。尖晶石结构颇为复杂，为了

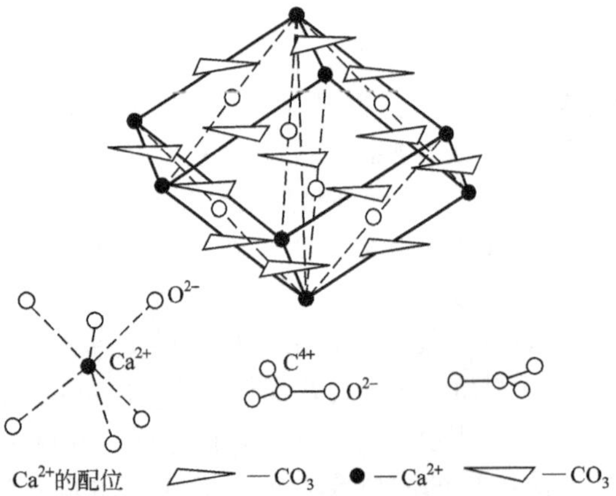

图 9.12 方解石型结构

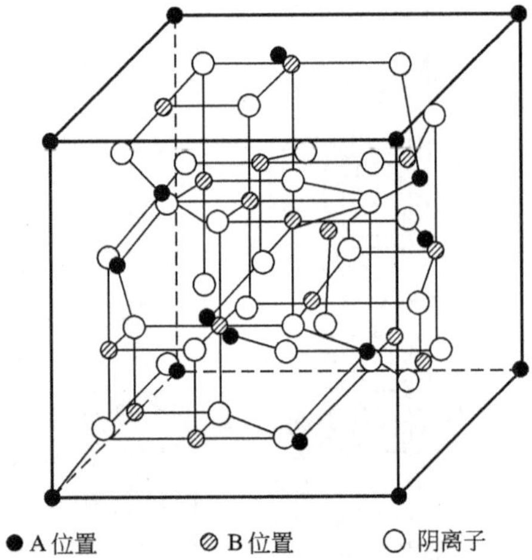

图 9.13 尖晶石的单位晶胞

便于分析讨论，可把这种结构看成是由 8 个立方亚晶胞所组成，如图 9.14 所示，它们在结构上又可分为甲、乙两种类型。在甲型立方亚晶胞中，Mg^{2+} 位于单元的中心和 4 个顶角上，4 个 O^{2-} 分别位于各条体对角线上距临空的顶角 1/4 处。在乙型立方亚胞中，Mg^{2+} 处在 4 个顶角上，4 个 O^{2-} 位于各条体对角线上距 Mg^{2+} 顶角的 1/4 处，而 Al^{3+} 位于 4 条体对角线上距临空顶角的 1/4 处。若把 $MgAl_2O_4$ 晶格看作 O^{2-} 立方最密排结构，八面体间隙有一半被 Al^{3+} 所填，而四面体间隙则只有 1/8 被 Mg^{2+} 所填。

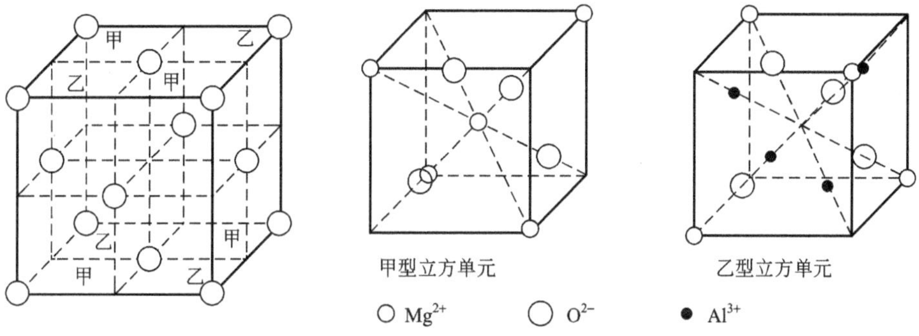

图 9.14 $MgAl_2O_4$ 结构中小单元

属于尖晶石结构的还有：$ZnFe_2O_4$、$CdFe_2N_4$、$FeAl_2O_4$、$CoAl_2O_4$、$NiAl_2O_4$、$MnAl_2O_4$ 和 $ZnAl_2O_4$ 等。

2. 硅酸盐的晶体结构

硅酸盐晶体是构成地壳的主要矿物，是一种丰产、廉价的陶瓷材料。例如普通水泥就是人们最熟悉的硅酸盐。硅酸盐的成分复杂，结构形式多样，但在所有硅酸盐结构中起决定作用的是硅-氧间的结合。硅-氧间的结合是比较单纯的，有规律的，它是我们理解硅酸盐结构的基础。

硅酸盐的结构主要由三部分组成：一部分是由硅和氧按不同比例组成的各种负离子团，称为硅氧骨干，这是硅酸盐的基本结构单元，另外两部分为硅氧骨干以外的正离子和负离子。

硅酸盐晶体结构的基本特点可归纳如下：

(1) 硅酸盐的基本结构单元是 $[SiO_4]^{4-}$ 四面体，硅原子位于氧原子四面体的间隙中，如图 9.15 所示。硅-氧之间的平均距离为 0.160nm 左右，此值小于硅氧离子半径之和，说明硅-氧之间的结合键不仅有纯的离子键，还有相当的共价键成分，一般视为离子键和共价键各占 50%。因此，$[SiO_4]^{4-}$ 四面体的结合是很牢固的。不论是离子键还是共价键，每个 $[SiO_4]^{4-}$ 四面体的氧原子外层只有 7 个电子，故为 −1 价，还能和其他金属离子键合。

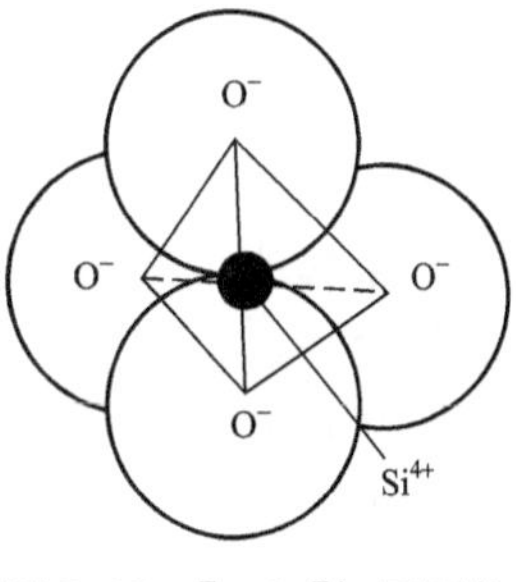

图 9.15 $[SiO_4]^{4-}$ 四面体

(2) 按电价规则，每个 O^{2-} 最多只能为两个 $[SiO_4]^{4-}$ 所共有。如果结构中只有一个 Si^{4+} 提供给 O^{2-} 电价，那么 O^{2-} 的另一个未饱和的电价将由其他正离子如 Al^{3+}、Mg^{2+}、…提供，这就形成了各种不同种类的硅酸盐。

(3) 按鲍林第三规则，$[SiO_4]^{4-}$ 四面体中未饱和的氧离子和金属正离子结合后，可以相互独立地在结构中存在，或者可以通过共用四面体顶点彼此连接成单链、双链或成层状、网状的复杂结构，但不能共棱和共面连接，且同一类型硅酸盐中，$[SiO_4]^{4-}$四面体间的连接方式一般只有一种。

(4) $[SiO_4]^{4-}$四面体中的 Si—O—Si 结合键通常并不是一条直线，而是呈键角为 145°的折线。

综上所述，硅酸盐结构是由四面体结构单元以不同方式相互连接而成的复杂结构，因此，其分类不是按照化学上的正、偏硅酸盐分类，而是按照的不同组合，即按照四面体在空间分布的规律分类。下面简单介绍孤岛状、组群状、链状、层状和骨架状硅酸盐的晶体结构。

1) 孤岛状硅酸盐

所谓孤岛状结构，指在硅酸盐晶体结构中，四面体是以孤立状态存在，即每个单独的四面体只通过与其他正离子连接，而使化合价饱和，就形成了孤岛状硅酸盐，又称原硅酸盐。这里的正离子可以是 Mg^{2+}、Ca^{2+}、Mn^{2+}、Fe^{2+}等金属离子。

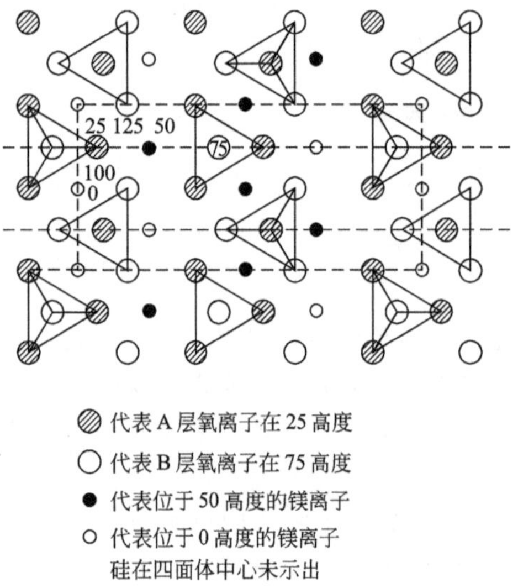

图 9.16　镁橄榄石的理想结构

属于孤岛状硅酸盐结构的矿物有镁橄榄石、锆英石等。下面以镁橄榄石为例来说明该结构的特点。镁橄榄石是镁橄榄石瓷中的主晶相，这种瓷的电学性能很好，但膨胀系数高达 10^{-5}/℃，抗热冲击性能差。其晶体结构属于正交晶系，每个晶胞中有 4 个“分子”，28 个离子，其中 8 个镁离子、4 个硅离子和 16 个氧离子，如图 9.16 所示。

其结构特点如下：

(1) 各 $[SiO_4]^{4-}$四面体是单独存在的，其顶角相间地朝上朝下；

(2) 各 $[SiO_4]^{4-}$四面体只通过 O—Mg—O 键连接在一起；

(3) Mg^{2+}离子周围有 6 个 O^{2-}离子位于几乎是正八面体的顶角，因此整个结构可以看成是由四面体和八面体堆积而成；

(4) O^{2-}离子近似按照六方排列，这是由于氧离子与大多数其他离子相比尺寸较大的缘故。氧离子成密堆积结构是许多硅酸盐结构的一个特征。

二价铁离子 Fe^{2+} 和钙离子 Ca^{2+} 可以取代镁橄榄石中的 Mg^{2+}，而形成$(Mg、Fe)_2[SiO_4]$或$(Ca、Mg)_2[SiO_4]$橄榄石。

2) 组群状硅酸盐晶体结构

组群状结构是指通过桥氧相连接生成的 2、3、4 或 6 个硅氧组群(图 9.17)，这些组群之间再由其他正离子结合构成硅酸盐结构。下面以绿柱石 $Be_3Al_2[Si_6O_{18}]$ 为例来说明这类结构的特点。

绿柱石 $Be_3Al_2[Si_6O_{18}]$ 结构属于六方晶系，图 9.18 所示是其 1/2 晶胞的投影。其基本结构单元是 6 个硅氧四面体形成的六节环。这些六节环之间靠其中 Al^{3+} 和 Be^{2+} 离子连接，Al^{3+} 的配位数为 6，与硅氧网络的非桥氧形成$[AlO_6]$八面体，Be^{2+} 配位数为 4，构

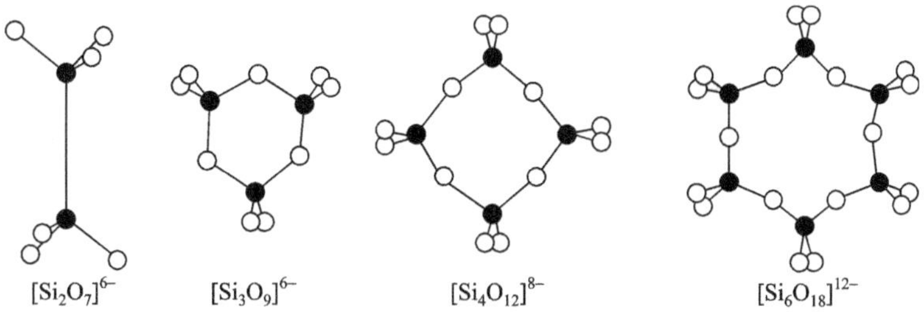

图 9.17 孤立的有限硅氧四面体群的各种形状

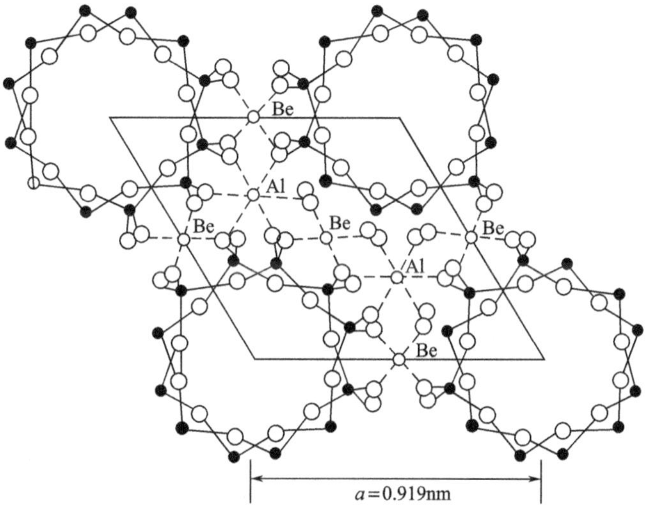

图 9.18 绿柱石的结构

成［BeO_4］四面体。环与环相叠，上下两层错开30°。从结构上看，在上下重叠的六节环内形成了巨大的通路，可储存K^+、Na^+、Cs^+离子及H_2O分子，使绿柱石结构成为离子导电的载体。

3）链状硅酸盐

四面体通过桥氧的连接，在一维方向上伸长成单链或双链，而链与链之间通过其他正离子按一定的配位关系连接，就构成了链状硅酸盐结构(图 9.19)。

单链结构中的基本单元就是一个硅氧四面体，其分子式为［SiO_3］$_n^{2n-}$。在单链结构中由于Si—O键比链与链之间的M—O键强得多，因此链状硅酸盐矿物很容易沿着链间结合较弱处裂成纤维。具有这类结构的陶瓷材料还有：顽辉石Mg［SiO_3］、透辉石CaMg［Si_2O_6］、锂辉石LiAl［Si_2O_6］、顽火辉石Mg_2［Si_2O_6］等。

双链结构的基本单元是4个硅氧四面体，其结构单元分子式为［Si_4O_{11}］$_n^{6n-}$。透闪石Ca_2Mg_5［Si_4O_{11}］$_2$(OH)$_2$、斜方角闪石(Mg、Fe)$_7$［Si_4O_{11}］$_2$(OH)$_2$、硅线石Al［$AlSiO_5$］和莫来石Al［$Al_{1+x}Si_{1-x}O_{5-x/2}$］($x$=0.25～0.40)及石棉类矿物都属于双链结构。

4）层状结构硅酸盐

层状硅酸盐是由大量的、底面在同一平面上的硅氧四面体通过在该平面上共顶连接而形成的具有六角对称的无限二维结构，如图 9.20 所示。此结构的基本单元是虚线所示的

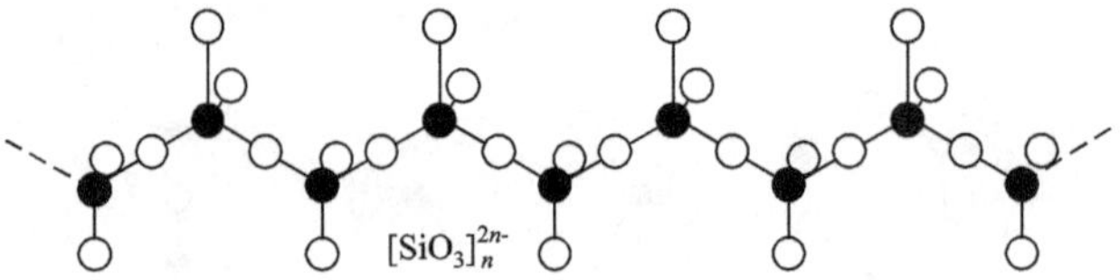

(a) 单链

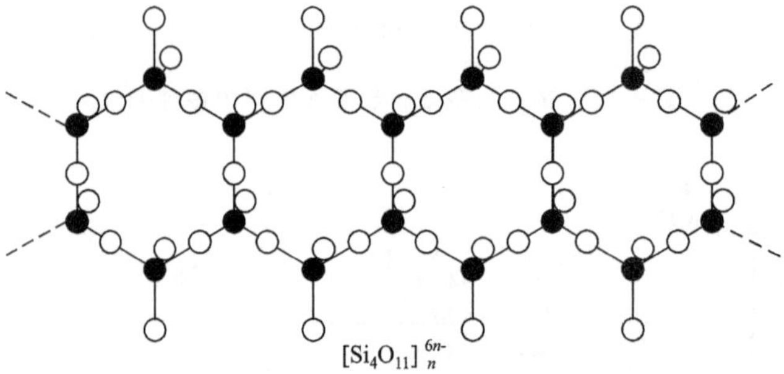

(b) 双链

图 9.19 链状硅酸盐结构

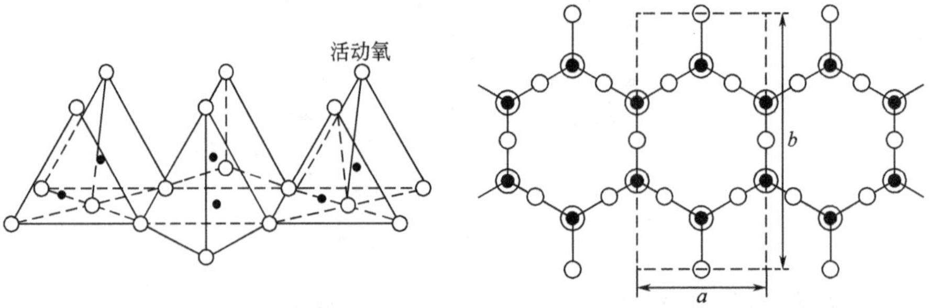

图 9.20 层状硅酸盐中的四面体

区域，其分子式应为 $[Si_4O_{10}]^{4-}$，因而整个这一层四面体可表示为 $[Si_4O_{10}]_n^{4n-}$。单元长度约为 $a=0.520$nm，$b=0.90$nm，这正是大多数层状硅酸盐结构的点阵常数范围。这种结构也称为二节单层结构，即以两个 $[SiO_4]^{4-}$ 四面体的连接为一个重复周期。

由于这种结构中有一个氧离子处于自由端，价态未饱和，称为活性氧，故可与其他金属离子(如 Fe^{2+}、Fe^{3+}、Mg^{2+}、Al^{3+}、Mn^{3+} 等)结合而形成稳定的结构。

5) 骨架状硅酸盐

骨架状硅酸盐也称网络状硅酸盐，它是硅氧四面体在空间组成的三维网络结构。

典型的骨架状硅酸盐就是硅石(即 SiO_2)本身。硅石有 3 种同素异构体，即石英、鳞石英和方石英。其稳定的温度范围如下：

石英→鳞石英→方石英→熔融态

方石英的晶体结构如图 9.9 所示。从图中可看出，Si^{4+} 排成金刚石结构，O^{2-} 离子则位于沿〈111〉方向的一对 Si^{4+} 离子之间，成为连接一对 Si^{4+} 离子的桥氧离子。显然，位于四面体间隙的四个 Si^{4+} 离子就是四个硅氧四面体的中心，这些硅氧四面体通过桥氧离子彼此连接，形成空间网络。

3. 共价晶体结构

共价晶体的共同特点是配位数服从 $8-N$ 法则，N 为原子的价电子数，即结构中的每个原子都有 $8-N$ 个最近邻的原子。这一特点使得共价键结构具有饱和性。

共价晶体最典型代表是金刚石结构，如图 9.21 所示。金刚石是碳的一种结晶形式。其结构中每个碳原子均有 4 个等距离(0.154nm)的最近邻原子，全部按共价键结合，符合 $8-N$ 规则。其晶体结构属于复杂的面心立方结构，碳原子除了占据通常的 fcc 结点外，立方体内还有 4 个原子，其坐标分别为 $\frac{1}{4}\frac{1}{4}\frac{1}{4}$、$\frac{3}{4}\frac{3}{4}\frac{1}{4}$、$\frac{3}{4}\frac{1}{4}\frac{3}{4}$、$\frac{1}{4}\frac{3}{4}\frac{3}{4}$，相当于晶内其中 4 个四面体间隙中心的位置。故晶胞内共包括 8 个原子。实际上，该晶体结构可视为两个面心立方晶胞沿着体对角线相对位移 1/4 距离穿插而成。

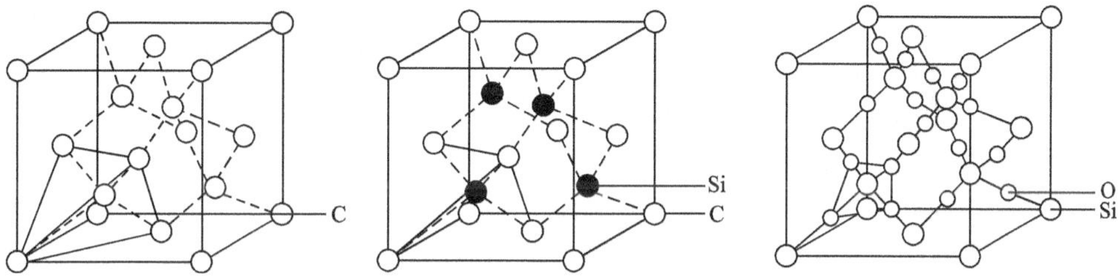

(a) 金刚石 (b) SiC (c) 高温网络结构 SiO_2

图 9.21 共价键晶体

具有金刚石结构的还有 SiC、闪锌矿(ZnS)等，其不同之处在于 SiC 晶体中硅原子取代了复杂立方晶体结构中位于四面体间隙中的碳原子，即一半碳原子占据的位置被 Si 原子取代；而在闪锌矿(ZnS)中，S 离子取代了 fcc 结点位置的碳原子，Zn 离子则取代了 4 个四面体间隙中的碳原子。

9.3 陶瓷的晶体缺陷

与金属等材料一样，晶态陶瓷也存在大量的结构缺陷，包括点缺陷、线缺陷、面缺陷、体缺陷等。分析陶瓷中缺陷的类型及其对材料物理性能的影响，则可以通过改善工艺条件来控制晶体缺陷以得到所要求的晶体质量，以及人为地在陶瓷材料中引入某种类型的缺陷，从而改进陶瓷的物理性能。因此，这是研究陶瓷材料晶体缺陷的重要方面。

9.3.1 点缺陷

陶瓷材料中的点缺陷比较重要，因为陶瓷材料有相当一部分不是像金属材料那样只包含很少种类的元素及采取密堆积形式组成晶体，并且陶瓷的结构空隙一般较大，可能含有一定量的原子(离子)空位，此外，陶瓷晶体中多含有各种杂质，分布可能不均匀，个体情况比较复杂。因此，点缺陷对陶瓷材料的微结构以及物理性质会产生较大的影响。点缺陷主要指空位和间隙原子。

空位是在正常原子位置上的原子空缺，可以形成一个空位，也可以是双空位或空位团。由于陶瓷材料中常存在有正负两种不同的离子，因此，空位的出现可能会引起局部范围内电价的不平衡。

如果某原子的动能远超过某一温度下该原子的平均动能，该原子会离开其平衡位置，造成原先原子位置上的原子空缺，形成一个空位，温度升高加剧了原子的热运动，使得空位浓度增加。除了温度的影响，塑性变形、高能粒子辐照等也会促进空位的大量形成。一般把随温度升高，缺陷浓度也随之增加的点缺陷称为本征点缺陷。

在温度 T 时，空位的平衡浓度为

$$\frac{n}{N}=\exp\left(-\frac{E_{\mathrm{v}}}{kT}\right) \tag{9-1}$$

式中，n 为平衡时空位的数目；N 为晶体中的原子(离子)数，E_{v} 为空位的形成能。空位形成后破坏了晶体点阵的周期性排列，引起点阵畸变，同时空位周围的原子将发生弛豫。

间隙原子是原子跳跃进入其他原子的间隙处，这也是依靠能量起伏形成的。在间隙位置上势能达到极小值，间隙原子在势能极小值附近做热运动，热振动频率 f_0 为 $10^{12}\sim10^{13}\,\mathrm{s}^{-1}$，间隙原子的迁移频率 f 随温度的升高而增大，有

$$f=f_0\exp(-E/kT) \tag{9-2}$$

式中，E 为间隙原子的迁移能，对于间隙原子的热运动，即使温度达到 1000℃，原子振荡能量也只有约 10^{-1}eV，是不足以越过势垒的。只有依靠能量起伏，极少数能量高的原子才能够越过势垒。空位的运动也有同样的规律，但两者的势垒高度不同。

同样，间隙原子在一定温度下也达到一个平衡浓度，也可以用与式(9-1)一样的形式表示，只需将空位形成能换成间隙原子形成能即可。间隙原子也使晶格中局部的周期性排列破坏，使晶格局部产生膨胀，每个填隙原子约引起一个原子体积的增加，同时引起晶格畸变。

材料中的本征点缺陷可以分为 Frenkel 缺陷和 Schottky 缺陷。材料中的 Frenkel 缺陷是指晶体中的一个原子从正常位置移向远离该位置的点阵间隙处，从而在晶体内部同时形成了一个空位和一个间隙原子的缺陷，如 MgO 晶体中 Frenkel 缺陷是由间隙 Mg^{2+} 与空位同时产生的，缺陷反应的平衡常数 $K_{\mathrm{F}}=[\mathrm{Mg}_{\mathrm{t}}^{-}][\mathrm{V}_{\mathrm{Mg}}'']$。由于在一定温度下，化学反应的平衡常数为确定值，因此，Frenkel 缺陷产生后，材料中空位和间隙原子浓度的乘积保持不变，Frenkel 缺陷的浓度为

$$n=(NN')^{1/2}\exp\left(-\frac{E_{\mathrm{i}}}{2kT}\right) \tag{9-3}$$

式中，N、N' 分别表示晶格中的格点数和间隙数；E_{i} 表示将一个原子从晶格位置移向间隙位置所需要的能量，它除了与原子(离子)半径大小有关外，还与晶格中未被正离子占据的间隙数有关。

Schottky 缺陷的形成是由于晶体中的原子离开其正常位置，跑到晶体表面(或位错、晶界等区域)，在晶体内部形成一个空位。在离子化合物中，为了保持局部的电中性，Schottky 缺陷以正负离子同时移动并离开其正常位置形成空位为特征。而且，离开正常原子位置的正负离子的数目正比于它们的化学计量比。

如在 NaCl 晶体中，一对 Schottky 缺陷是由一个钠空位和一个氯空位组成的，而在

Al_2O_3 晶体中，一对 Schottky 缺陷是由两个铝空位和 3 个氯空位组成的。离子晶体中的空位也可以不是按化学计量比形成的，如 NaCl 晶体中有多余的 Cl^- 空位时，为了保持电中性，空位将吸引电子，在晶体中形成色心。在一定温度下，NaCl 晶体中产生 Schottky 缺陷反应的平衡常数为一个定值，因而正负离子空位对浓度的乘积 $[V'_{Na}][V'_{Cl}]$ 只与温度有关。

Schottky 空位的平衡浓度如式(9-1)。值得注意的是，形成空位需要能量，但是另一方面，形成空位后，系统的熵增加了，熵的增加有利于降低体系的自由能。

在实际晶体中，Frenkel 缺陷和 Schottky 缺陷可能同时存在，而且空位也可能以双空位或空位团的形式出现。图 9.22 所示示意性地画出了一价离子晶体中的 Schottky 缺陷和 Frenkel 缺陷。

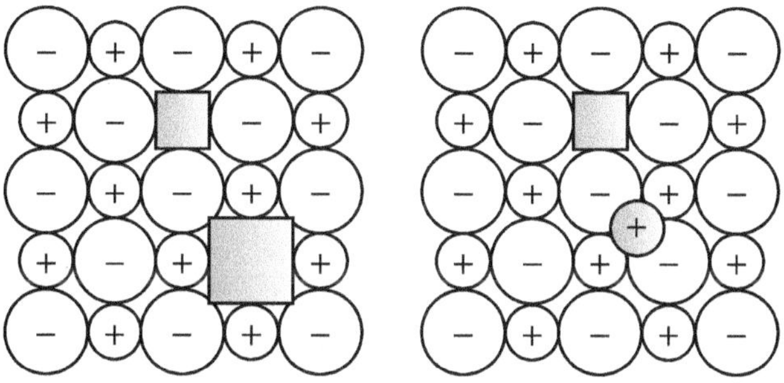

图 9.22 一价离子晶体中的 Schottky 缺陷和 Frenkel 缺陷

陶瓷的相结构主要是化合物，按离子键或共价键形成的化合物。但两个化合物之间可以互溶。例如，NiO-MgO 可以无限互溶，$Mg_2SiO_4-Fe_2SiO_4$ 也可以无限互溶。在两个金属之间形成合金时，要能无限互溶就必须满足 Hume-Rothery 规则：即两者的晶体结构相同，原子尺寸相近，尺寸差小于15%，另外还要求两者有相同的原子价和相似的电负性。这个原来用于金属固溶体形成合金固溶体的规则，也同样适用于形成离子晶体化合物间的固溶。不同的是，在此要以离子半径代替原子半径。

NiO 和 MgO 之间之所以能互溶，是因为两者的晶体结构都是 NaCl 型结构，Ni^+ 离子和 Mg^+ 离子半径分别为 0.069nm 和 0.066nm，十分接近，而且两者的原子价都相同。而 CaO 和 MgO 之间就不能无限互溶了，虽然晶体结构和原子价都相同，但离子半径相差太大。这里须注意的是，两个化合物之间的互溶和其两个金属元素间的互溶是无关的。例如，Mg_2SiO_4 和 Fe_2SiO_4 可以完全互溶，其晶体结构、原子价和离子半径均符合 Hume-Rothery 规则，但 Fe 和 Mg 两金属间是不能互溶的，晶体结构、电负性和原子半径均差别很大。

离子晶体化合物的固溶大多数是置换式固溶，间隙式固溶几乎不太可能，因为离子晶体的正常间隙位置均被填满了，例如 MgO 晶体(NaCl 结构)中所有八面体间隙都被填满了，ZrO_2 立方晶体(CaF_2 结构)中所有四面体间隙也都被填满了。

9.3.2 位错

陶瓷晶体和金属晶体一样含有位错。位错来自于晶体生长和受外力时的晶体变形。20 世纪 50 年代就观察到 SiC 晶体生长的蜷线，这和螺型位错的存在有关。通过实验观察陶瓷晶体，如 MgO、Al_2O_3、ZrO_2、SiC 等都包含位错。与金属相比，陶瓷晶体中固有的位错特别是可动位错很少，另外，金属在变形时可大量增殖位错，而陶瓷晶体由于是以离子键或共价键结合，因此滑移系少，且位错运动的柏氏矢量大，这些都导致了陶瓷变形困难(下面在陶瓷塑性变形中要详细讨论)。

9.4 陶瓷材料的相图

在金属中已讲过各种类型的二元相图及其分析。对于陶瓷材料中所涉及的相图均未超出金属相图讨论的范围，学生已有能力去分析应用它们。在这里只重点举两个例子，来讲解如何根据相图来分析陶瓷材料的组成。

9.4.1 $SiO_2-Al_2O_3$ 相图

该相图在陶瓷材料中的重要性不亚于钢铁材料中的 $Fe-Fe_3C$ 相图。从 1909 年公布第一张 $SiO_2-Al_2O_3$ 相图起，已发表了十几张有关的不同相图，争论的焦点是中间相莫莱石(Mullite)是稳定化合物还是非稳定化合物，莫莱石的成分是否固定。后一问题得到了统一，即莫莱石的成分是不固定的，其中 $w_{Al_2O_3}$ 在 72%～78%之间变动，相当于分子式在 $3Al_2O_3 \cdot 2SiO_2$ 与 $2Al_2O_3 \cdot SiO_2$ 之间，因而在相图中有一个固溶范围，如图 9.23 所示。

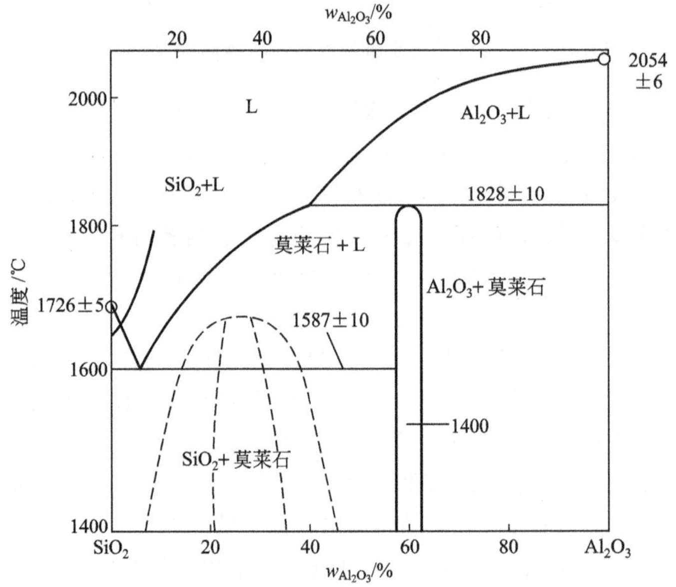

图 9.23 $SiO_2-Al_2O_3$ 相图

$SiO_2-Al_2O_3$ 相图中有两个三相恒温转变，一个是在 1587℃发生的共晶转变：L→SiO_2＋莫莱石；另一个在 1828℃发生的包晶转变：L＋Al_2O_3→莫莱石。

(1) $w_{Al_2O_3}$＜10%的陶瓷(亚共晶)。$w_{Al_2O_3}$＜10%的 $SiO_2-Al_2O_3$ 陶瓷熔液冷至液相线温度，开始以匀晶方式结晶出 SiO_2(方石英)，随着温度的降低，SiO_2 含量增多，而液相中的 Al_2O_3 含量不断增多。当温度降至 1587℃时，液相的成分达到共晶成分——$w_{Al_2O_3}$ 为

10%，发生共晶反应，生成由 SiO_2 和莫莱石机械混合的共晶体。共晶反应结束后的组织为初生相方石英和共晶体。在共晶反应结束后的冷却过程中，由于 SiO_2 和莫莱石几乎不互溶，两者没有脱溶现象。

(2) $w_{Al_2O_3}=10\%$的陶瓷(共晶)。共晶成分 $w_{Al_2O_3}=10\%$的熔液在 1587℃时发生共晶反应，生成共晶体：SiO_2＋莫莱石。共晶体中两组成相的相对量可由杠杆法则计算得到，即

$$w_{SiO_2}=\frac{72-10}{72-0}\times100\%=86\%$$

$$w_{莫莱石}=\frac{10-0}{72-0}\times100\%=14\%$$

共晶转变结束后，SiO_2 将视不同的冷却速度从高温方石英转变成 3 种低温石英的一种。

(3) $10\%<w_{Al_2O_3}<55\%$的陶瓷(过共晶)。该成分内的陶瓷熔液冷却至液相线温度，开始按匀晶方式结晶出莫莱石。随着温度下降，结晶出的莫莱石逐渐增多，液体中的 Al_2O_3 含量减少，其成分沿液相线变化。当温度降到 1587℃时，液相成分达到共晶成分，发生共晶转变。共晶反应结束后的组织为莫莱石和共晶体。在此成分范围内，根据杠杆定理，初生相莫莱石的最大相对量为

$$w_{莫莱石}(最大)=\frac{55-10}{72-10}\times100\%=72.5\%$$

同样，从共晶反应后，共晶体中的 SiO_2 要发生同素异构转变。

(4) $55\%<w_{Al_2O_3}<72\%$的陶瓷。该成分内的陶瓷熔液冷却至液相线温度，先按匀晶方式结晶出 Al_2O_3，随着温度的降低，Al_2O_3 含量增多，液相量减少。当温度降至 1828℃时，则发生包晶反应：$L+Al_2O_3\rightarrow$莫莱石。包晶反应结束后，初生相 Al_2O_3 耗尽，但尚有液相剩余。液相继续按匀晶方式结晶出莫莱石，它们和包晶反应生成的莫莱石结合在一起。随后液相的成分按液相线变化，最终在 1587℃当 $w_{Al_2O_3}$ 为 10%时，则发生共晶转变，生成共晶体。共晶反应后的组织为莫莱石和共晶体。

(5) $72\%<w_{Al_2O_3}<78\%$的陶瓷。该成分内的陶瓷熔液冷却至液相线温度时，开始结晶出 Al_2O_3，随着温度继续降低，冷却至 1828℃时发生包晶反应。如果取包晶相成分 $w_{Al_2O_3}$ 为 75%陶瓷，则包晶反应所需要的液相和 Al_2O_3 的相对量为

$$w_{液相}=\frac{100-75}{100-55}\times100\%=55.6\%$$

$$w_{Al_2O_3}=100\%-55.6\%=44.4\%$$

包晶反应结束后，进入莫莱石单相区，冷至室温仍为单相莫莱石。

(6) $w_{Al_2O_3}>78\%$的陶瓷。该成分内的陶瓷熔液冷却至液相线时，开始结晶出 Al_2O_3，随着温度的降低，液相成分随液相线变化，当温度降至 1828℃时发生包晶反应。包晶反应结束后，液相耗尽，但尚有部分初生相 Al_2O_3，故此时的组织为初生相 Al_2O_3 和包晶产物莫莱石。随温度降至室温，由于莫莱石和 Al_2O_3 均无溶解度变化，故室温组织仍为上述包晶反应后的组织。

9.4.2 $CaO-SiO_2-Al_2O_3$ 三元相图

在陶瓷材料中常用的三元相图是 $CaO-SiO_2-Al_2O_3$ 和 $SiO_2-CaO-Na_2O$ 系。因为三元相图的分析方法在金属材料中已经讲得比较详细，这里再次熟悉三元相图在陶瓷材料中的应用。

图 9.24 所示为 $CaO-SiO_2-Al_2O_3$ 相图，根据前面所学的三元相图知识，试确定成分为 57%SiO_2、38%CaO 和 5%Al_2O_3 的陶瓷结晶过程，以及最后产生的各相的相对含量。由图可知，给定成分的陶瓷位于图中的 x 点。$CaO \cdot SiO_2$ 首先在大约 1450℃从液相中析出。随着温度的降低，$CaO-SiO_2$ 含量不断增加，液体成分沿着 AB 线变化。当液相成分达到 B 点时，发生二元共晶反应，$CaO-SiO_2$ 和 SiO_2 同时析出，此后液相成分即向 C 点移动。当液相成分达到 C 点时，发生三元共晶反应。所以成分为 x 点的陶瓷，最后的组织为初晶 $CaO \cdot SiO_2$＋二元共晶($CaO \cdot SiO_2+SiO_2$)＋三元共晶($CaO \cdot SiO_2+SiO_2+CaO \cdot Al_2O_3 \cdot 2SiO_2$)。对成分为 x 的陶瓷，其最后的 3 个组成相分别是 $CaO \cdot SiO_2$、SiO_2、$CaO \cdot Al_2O_3 \cdot 2SiO_2$，其组成相三角形表示于图 9.24(b)中，根据重心法则，可分别求出各相的相对含量：

$$w_{CaO \cdot SiO_2}=\frac{7.5}{10}=75\%$$

$$w_{SiO_2}=25\% \times \frac{5}{10}=12.5\%$$

$$w_{CaO \cdot Al_2O_3 \cdot 2SiO_2}=25\% \times \frac{5}{10}=12.5\%$$

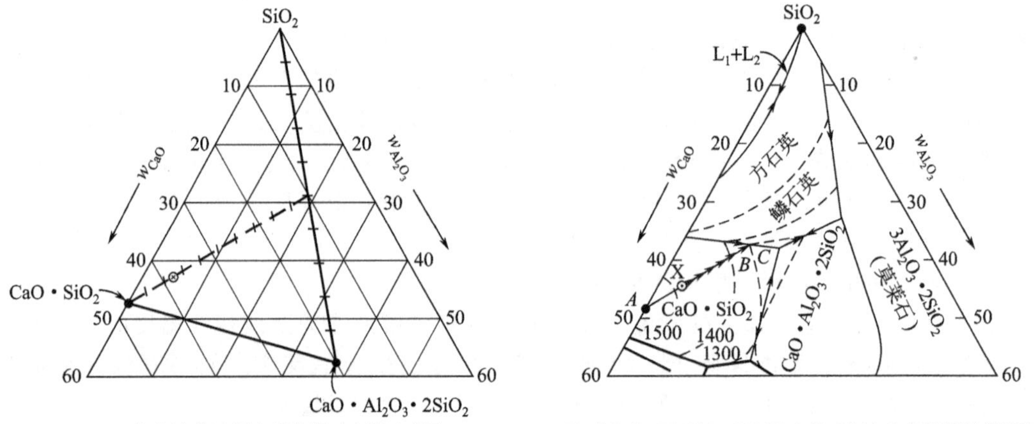

(a) 杠杆定律计算各相的相对含量示意图　　(b) 成分为57%SiO_2, 38%CaO和5%Al_2O_3的陶瓷结晶过程

图 9.24　$CaO-SiO_2-Al_2O_3$ 相图富 SiO_2 石端

9.5　陶瓷材料的变形

陶瓷材料具有强度高、重量轻、耐高温、耐磨损、耐腐蚀等优点，用来作为结构材料，特别是高温结构材料极具潜力，但由于陶瓷材料的塑性、韧性差，在一定程度上限制了它的应用。本章主要讨论陶瓷材料变形的特点。

9.5.1　陶瓷晶体的塑性变形

陶瓷晶体一般由共价键和离子键结合，在室温静拉伸时，除少数几个具有简单晶体结构的晶体如 KCl、MgO 外，一般陶瓷晶体结构复杂，难以变形，在室温下几乎没有塑性，如图 9.25 所示。即弹性变形阶段结束后，立即发生脆性断裂，这与金属材料有很大差异。和金属相比，陶瓷材料变形有以下几个特点：

(1) 陶瓷晶体难以变形，弹性模量比金属大很多，常高出几倍。这是由其原子键合特点决定的，在共价键结合的陶瓷中，原子之间是通过共用电子对形式进行键合，具有方向性和饱和性，并且其键能相当高。位错运动穿过晶体时必须破坏这种强的键合，使晶体具有较高的抗晶格畸变和阻碍位错运动的能力。根据派-纳力公式，派-纳力与位错宽度成指数关系，位错宽度越大，派-纳力越小。共价键结合的晶体，位错宽度只有 1～2b(柏氏矢量)，而金属键结合的金属晶体的位错宽度为 5～10b，因此，位错在共价晶体中运动会遇到很大的派-纳力。所以，结合键的本质决定了共价晶体难以变形，且具有比金属高得多的硬度和弹性模量。离子式结合的陶瓷的塑性变形则不同。图 9.26 所示给出了 NaCl 晶体中发生原子层滑移的示意，用它作为这方面讨论的一个简单的例子。在离子晶体中，首先位错可运动的滑移面要受到极大的限制。只有为数不多的几个原子面可作为滑移面，这是因为在图 9.26 中所示的(100) [010] 系，当两相邻原子层沿 BB'线进行滑移时，相同符号的离子将互相经过才能到达另一个平衡位置，同号离子间的斥力将导致滑移面结合的破坏，因此这样的滑移面是不能开动的。只有图 9.26 中所示的(110) [$1\bar{1}0$] 滑移系，沿 AA'线才有可能进行原子层间的相互滑动，由于整个过程均是异号离子接触经过，才能保证滑移面始终保持相互吸引，从而维持滑移面良好结合使滑动连续进行。因此，刃型位错的形成和运动也只能在(110)面上，多余出来的半原子平面(110)不能只是一层原子，而是由一层正离子再加上一层负离子层所组成。因为抽走一层原子将造成同号离子层接触，电荷力会导致原子层结合的破坏，可见陶瓷晶体中的位错的形成和运动都比金属中的困难得多，位错的原子组态也要复杂许多。但是，在离子式结合的陶瓷晶体中，位错是可以形成而且产生连续的滑移。单晶状态下的离子晶体如氧化镁、氯化钠等由于可以以位错运动的形式产生塑性变形，因此在室温施以压力时可以表现相当的塑性形变。然而，在多晶状态下将由于晶界上发生开裂而导致脆性断裂。重要的工业陶瓷都是多晶状态，所以都是脆性材料。

陶瓷晶体的变形除与结合键的性质有关外，还与晶体的滑移系少、位错的柏氏矢量大有关。

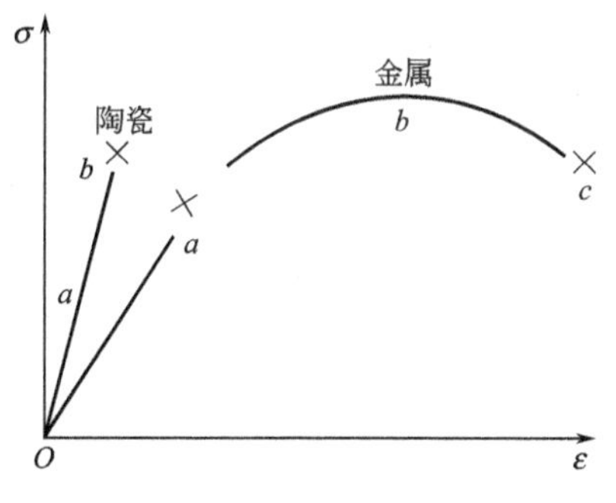

图 9.25　金属材料与陶瓷材料的应力-应变曲线

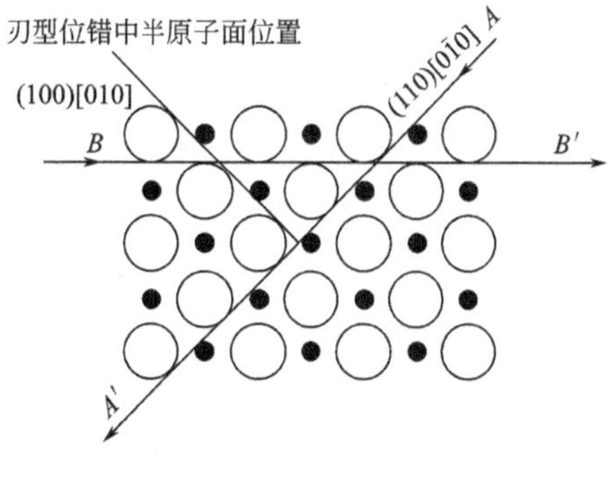

图 9.26　NaCl 晶体结构俯视图沿 AA'线在(110)面 [$1\bar{1}0$] 方向滑移沿 BB'线在(100)面 [010] 方向滑移

(2) 陶瓷的抗压强度比抗拉强度约高一个数量级。如图 9.27 所示为烧结紧密的 Al_2O_3 多晶体在拉伸和压缩时的应力-应变曲线，拉伸时在 280MPa 应力下就脆性断裂，压缩时强度高一些，压缩断裂应力为 2100MPa。而金属的抗拉强度和抗压强度一般是相等的，为何陶瓷有如此差异呢？这是由于陶瓷在烧结过程中难免存在显微孔隙，在加热冷却过程中，由于热应力的存在，往往导致显微裂纹，并由于氧化腐蚀等因素在其表面形成裂纹，因此，在陶瓷材料中先天性裂纹或多或少总是存在。陶瓷的抗压强度一般为抗拉强度的 15 倍。这是因为裂纹在拉伸时一达到临界尺寸就失稳扩展立即断裂，所以其抗拉强度由晶体中的最大裂纹尺寸决定。而压缩时裂纹或者闭合或者呈稳态扩展，并转向平行于压缩轴。因此，其抗压强度由晶体中裂纹的平均尺寸决定。

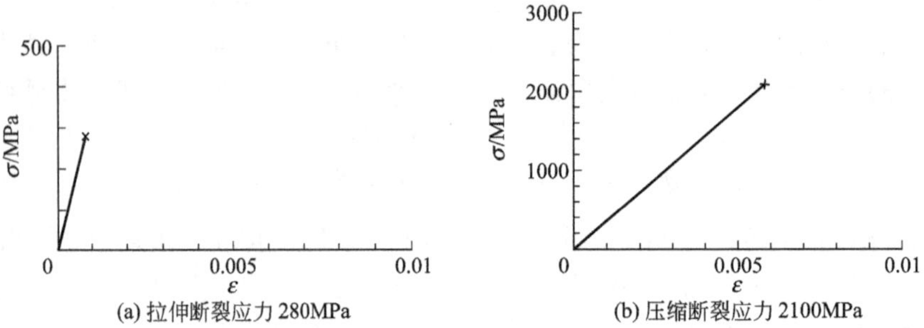

图 9.27 Al_2O_3 的断裂强度

(3) 陶瓷晶体的理论屈服强度很高，约为 $E/30$，但实际断裂强度却很低，两者相差 1～3个数量级。其原因同样是因为陶瓷粉末烧结中难以避免的显微孔隙，冷热循环时由于热应力产生的显微裂纹，或腐蚀等原因造成的微裂纹，使得陶瓷晶体和玻璃一样先天就具有微裂纹。在外力作用下，裂纹尖端会产生严重的应力集中。按照弹性力学估算，当裂纹长度为 c，裂纹尖端的曲率半径为 ρ，在名义应力 σ 的作用下，裂纹的最大应力为

$$\sigma_{\max}=2\sigma\left(\frac{c}{\rho}\right)^{1/2}$$

如取裂尖的曲率半径等于或大于点阵常数，设 $\rho=0.5\text{nm}$，而裂纹长度 $c=50\mu\text{m}=5\times10^4\text{nm}$，可知裂尖的最大应力已可达到理论断裂强度或理论屈服强度了(因为陶瓷晶体如前所述，可动位错少，位错运动又很困难，所以一达到屈服强度就断裂了)。依照上述公式，设裂纹尖端的最大应力等于理论屈服强度，即可反过来求出断裂时的名义应力，其和实验得出的抗拉强度很接近。

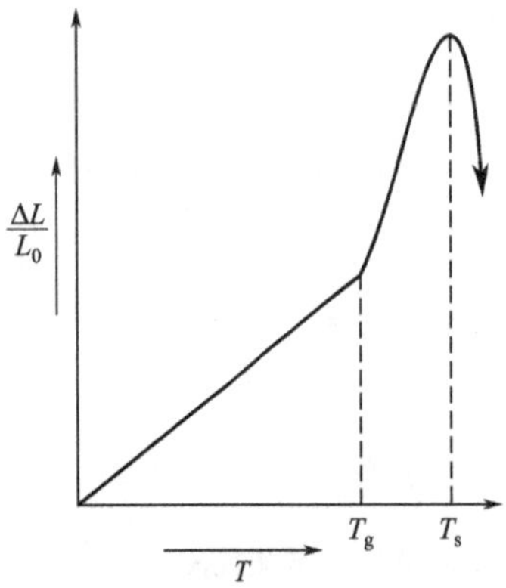

图 9.28 玻璃的热膨胀曲线，T_g 以上热膨胀急剧增加

9.5.2 非晶体陶瓷的变形

非晶体陶瓷与晶体陶瓷不同，在玻璃化温度 T_g 以下，会产生弹性变形，在 T_g 以上，材料的变形类似液体发生黏滞性流动。

在测定玻璃的热膨胀时，如图 9.28 所示，可以看到有两段明显不同的热膨胀系数(曲线的斜率)，在温度 T_g 以下，其热膨胀和晶态固体相似，而在 T_g 以上，热膨胀

急剧增加和液体情况相似。因此，T_g 称为玻璃转化温度。在 T_g 以下材料被看成刚硬的固体，只发生弹性变形，在 T_g 以上，则被看成过冷的液体，材料的变形类似于液体发生黏滞性流动，当温度继续升高至 T_s 时，材料已变成流体不再能维持膨胀试样的形状了，这一温度称为软化温度。

玻璃是由熔体过冷而形成的一种无定形固体，因此在结构上与熔体有相似之处。玻璃是无机非晶态固体中最重要的一族，可以采用轧制、拉制、浇注、压制和吹制成形。它的形变与晶体陶瓷不同，表现为各向同性的黏滞性流动。

熔融态玻璃的固化过程与结晶过程是不同的。若是结晶过程，则由于出现新相，如图 9.29 所示的 T_M 处内能、体积及其他一些性能都发生突变，整个曲线在 T_M 处出现不连续。若是向玻璃转变，当熔体冷却到 T_M 时，体积、内能不发生异常变化，而是沿着 be 变为过冷液体，当达到 f 点时(对应温度 T_g)，熔体开始固化，这时的温度称为玻璃转变温度或称脆性温度，对应黏度为 10^{12} Pa·s，继续冷却，曲线出现弯曲，fh 一段的斜率比以前小了一些，但整个曲线是连续的。通常把黏度为 10^8 Pa·s 对应的温度称为玻璃软化温度，玻璃加热到高于此温度就呈现液态的一般性质。显然向玻璃体转变过程是在较宽广范围内完成的，随着温度下降，熔体的黏度越来越大，最后形成固态玻璃，其间没有新相出现。相反，有玻璃加热变为熔体的过程也是渐变的，因此具有可逆性。玻璃体没有固定的熔点，只有一个从软化温度到脆化温度的范围，在这个范围玻璃由塑性变形转为弹性变形，也就是说，玻璃可在此温度范围内进行塑性变形。应当指出，不同玻璃成分用同一冷却速率，T_g 一般会有差别，各种玻璃的转变温度随成分而变化。同一种玻璃，以不同冷却速度率得到的 T_g 也会不同。但不管转变温度 T_g 如何变化，对应的黏度值却是不变的均为 10^{12} Pa·s。

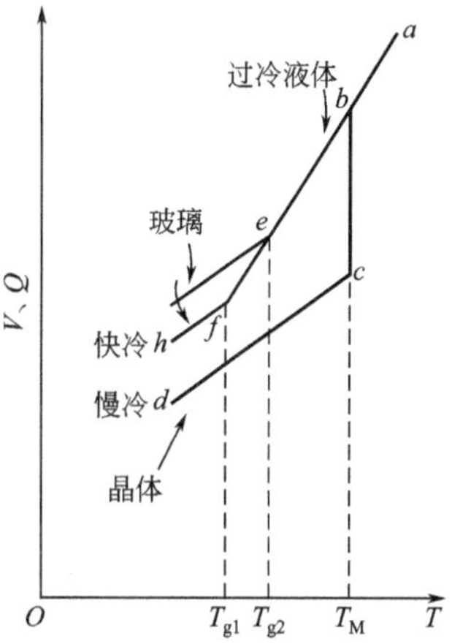

图 9.29 物质体积与内能随温度变化示意图

玻璃生产的各道工序都与黏度密切相关。玻璃的黏滞性可用 η 表示，设在单位面积切应力 F/A 作用下，产生两流层的速度梯度为 dv/dx，则

$$F/A=\eta\frac{dv}{dx} \tag{9-4}$$

这一关系称为牛顿黏性定律。比例系数 η 称为黏滞系数，简称黏度，它反映了流体内摩擦力的大小，η 的数值可理解为速度梯度为 1 时，作用在单位接触面积上的内摩擦力。η 的单位是 Pa·S(帕·秒)。黏度的倒数称液体流动度 ϕ，$\phi=1/\eta$。

对于给定材料，黏度主要取决于温度

$$\eta=\eta_0 e^{Q/RT} \tag{9-5}$$

式中，Q 为黏滞变形的激活能。Q 前为正号，说明随着温度的增加，η 总是减小的。温度和成分对玻璃黏度的影响如图 9.30 所示，该图在玻璃生产中常被应用。

在玻璃生产中可用表面产生残留压应力的办法使玻璃韧化。韧化的方法是将玻璃加热到退火温度(接近玻璃转化温度 T_g)，然后快速冷却，玻璃表面收缩而内部仍有较好的流动性，将玻璃变形，使表面的拉应力松弛，当玻璃心部冷却和收缩时，表面已刚硬，这时表面产生了残留压应力。一般的玻璃多由于表面有裂纹引起破裂，而韧化玻璃使表面微裂纹在附加压应力分量下不易萌生或者不易扩展。经过这种处理的玻璃叫钢化玻璃。

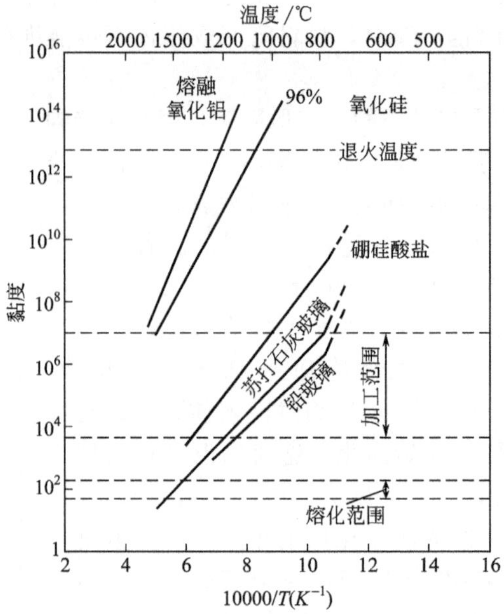

图 9.30 温度和成分对玻璃黏度的影响

习 题

1. 陶瓷材料有何特点？

2. 工程陶瓷和功能陶瓷有何区别？

3. 试分析陶瓷材料有哪几种典型晶体结构？

4. 计算 FeO 的密度，已知其晶体结构为 NaCl 型(Fe^{2+}＝0.077nm，O^{2-}＝0.140nm)。

5. 硅酸盐的晶体结构有何特点？

6. 离子晶体的点缺陷有何特点？

7. 试比较陶瓷材料中的位错和金属材料中的位错有何异同。

8. 根据 $SiO_2-Al_2O_3$ 相图，试分析 $w_{Al_2O_3}=60\%$ 的陶瓷溶液在冷却过程中的变化情况。

9. 根据 $CaO-SiO_2-Al_2O_3$ 三元相图，试分析成分为 50%SiO_2、40%CaO 和 10%Al_2O_3 的陶瓷结晶过程，以及最后产生的各相的相对含量。

10. 为什么陶瓷材料的抗压强度远高于抗拉强度？

11. 与金属材料相比，陶瓷晶体塑性变形有何特点？为什么？

第10章 高分子材料

本章教学要点

知识要点	掌握程度	相关知识
高分子材料基本概念	熟悉单体、高分子、聚合物、结构单元、重复单元、单体单元、链节、均聚物、共聚物、聚合度等； 重点掌握结构单元、重复单元、单体单元、聚合度的概念区	低聚物的概念与特征； 高分子化学发展历史
高分子材料的分类	掌握按来源、高分子链原子组成及性质和用途等方法对高分子材料的分类	常用高分子材料的基本特征及分类
高分子共混物的分类	掌握热力学相容性、共混物的组成及有无化学键等方法对高分子材料共混物的分类	相容； 增容剂； 增韧； 增强

高分子材料是材料科学中一个重要的分支，是当前科学技术发展的一个热点，其研究和开发应用十分活跃。本章主要介绍高分子材料的基本概念、高分子材料及高分子共混物的分类。

10.1 高分子材料概述

10.1.1 高分子材料的基本概念

高分子也称聚合物分子或大分子，其分子量高达 $10^4 \sim 10^6$，其分子结构是由许多重复单元通过共价键有规律的连接而成。例如，聚甲基丙烯酸甲酯由许多甲基丙烯酸甲酯结构单元重复键接而成。

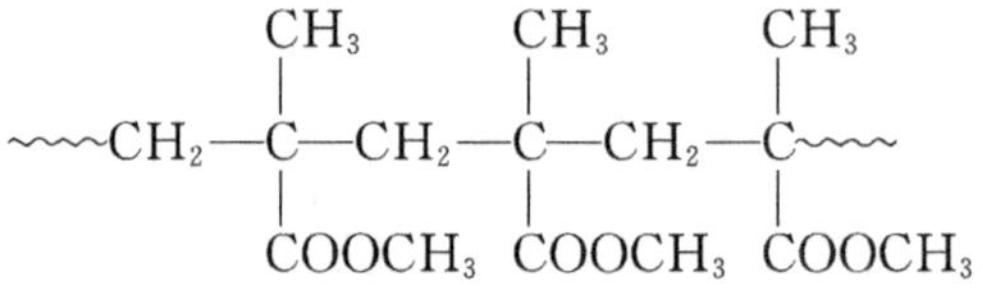

(10-1)

式中，符号 ～～ 代表碳链骨架。为方便起见，上式可缩写成下式：

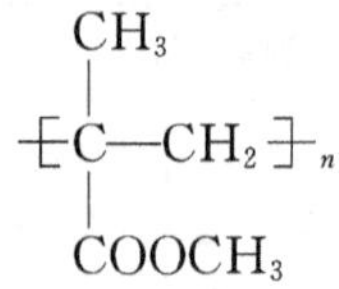

(10-2)

大分子中端基只占很少一部分，故在上式中略去不计。圆(或方)括号内是结构单元，对聚甲基丙烯酸甲酯来说，也是重复单元或单体单元。许多重复单元连接成线形大分子，类似一条链子，因此有时将重复单元俗称为链节。合成聚合物的原料称为单体，通过聚合反应，单体才转变成大分子的结构单元。聚氯乙烯的结构单元与单体的元素组成相同，只是电子结构有所改变。式(10-2)中括号代表重复连接，n 代表重复单元数，有时定义为聚合度(DP)。

根据式(10-2)很容易看出，高分子材料的分子量 M 是重复单元的分子量 M_0 与聚合度(DP)或重复单元数 n 的乘积：

$$M = \mathrm{DP} \cdot M_0 \tag{10-3}$$

聚乙烯的分子式习惯写成 $\text{+}CH_2CH_2\text{+}_n$，以便容易看出其单体单元，而不写成 $\text{+}CH_2\text{+}_n$。

由一种单体聚合而成的高分子材料称为均聚物，如上述的聚甲基丙烯酸甲酯和聚乙烯。由两种以上单体共聚而成的高分子材料则称为共聚物，如氯乙烯-醋酸乙烯共聚物。

聚酰胺一类聚合物的结构式有着另一特征，例如尼龙-66

$$\text{+}NH(CH_2)_6NH\cdot CO(CH_2)_4CO\text{+}_n$$

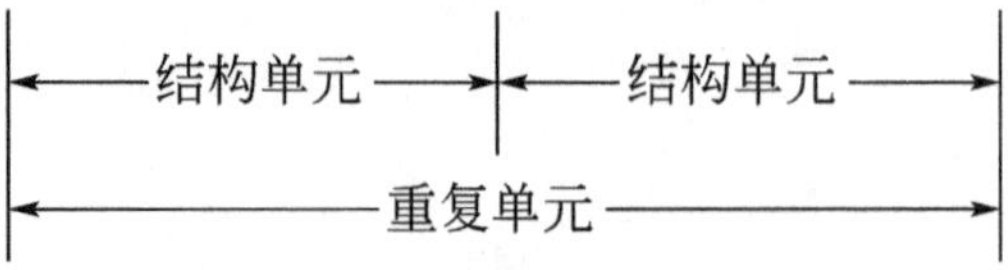

(10-4)

式(10-4)中括号内的重复单元由—$NH(CH_2)_6NH$—和—$CO(CH_2)_4CO$—两种结构单元。

组成，分别由两种单体己二胺 $NH_2(CH_2)_6NH_2$ 和己二酸 $HOOC(CH_2)_4COOH$ 经聚合反应失去水后的结果。这种结构单元就不能称为单体单元。

涤纶聚酯式(10－5)也有类似的情况，即

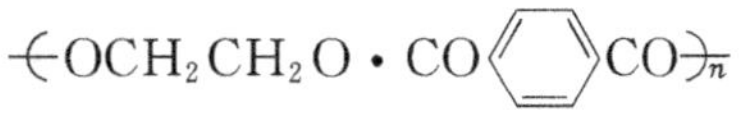
(10－5)

有些场合曾将这类高分子材料的两种结构单元总数称为聚合度，记作 $\overline{X}_n$。这样，式(10－4)和式(10－5)中的聚合度将是重复单元数的2倍，即 $\overline{X}_n=2n=2DP$。

10.1.2 高分子材料的分类

高分子材料的种类繁多，其分类方法也有多种。

1. 单组分高分子材料的分类

对于单一组分的聚合物，可从来源、结构、性质和用途、合成方法、成形热行为等不同角度，对高分子材料进行多种分类。

根据高分子材料的来源可分为3类：①天然高分子，即自然界天然存在的高分子化合物，如淀粉、蛋白质、纤维素等；②半天然高分子，经化学改性后的天然高分子化合物，如由纤维素和硝酸反应得到的硝化纤维素、由纤维素和乙酸反应得到的乙酸纤维素等；③合成高分子，由单体通过人工合成的高分子，如由乙烯聚合得到聚乙烯等。

根据高分子链原子组成的不同可分为3类：①链原子全部由碳原子组成的碳链高分子，如聚乙烯、聚丙烯等；②链原子除碳原子外，还含O、N、S等杂原子的杂链高分子，如聚乙二醇的链原子包括C和O，聚酰胺的链原子包括C和N；③链原子由Si、B、Al、O、N、S、P等杂原子组成，不含C原子的元素有机高分子，如聚二甲基硅氧烷的链原子只有Si和O。其各项分类举例如下：

碳链高分子：

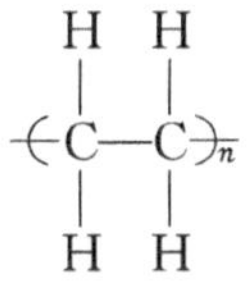
聚乙烯

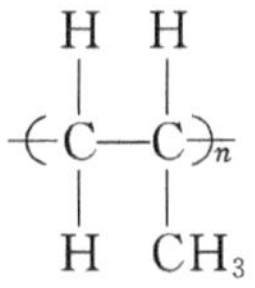
聚丙烯

杂链高分子：

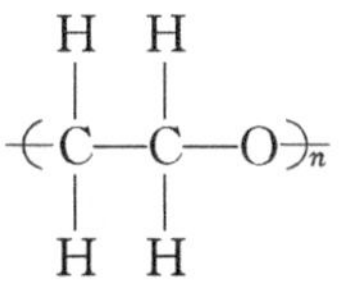
聚乙二醇

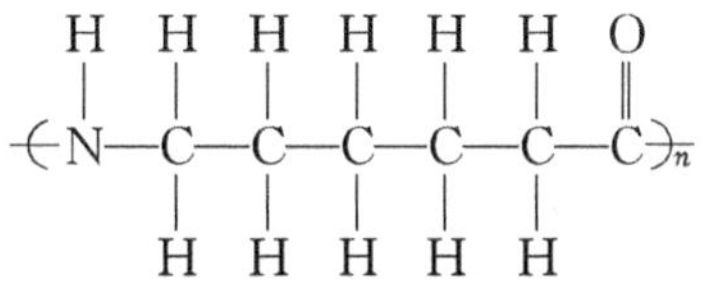
聚酰胺－6(尼龙－6)

元素有机高分子：

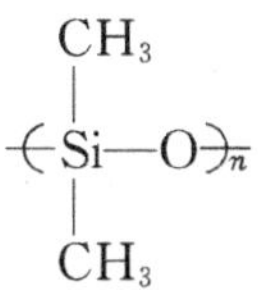
聚二甲基硅氧烷

根据高分子材料的性质和用途可分为塑料、纤维、橡胶、涂料、胶粘剂和功能高分子

材料等。塑料指的是以高分子材料为基础，加入(或不加)各种助剂和填料，经加工形成的塑性材料或刚性材料；纤维是指纤细而柔软的丝状高分子材料，长度至少为直径的100倍；橡胶是指具有可逆形变的高弹性高分子材料。以上3类为高分子材料中用量最大的3个品种。涂料是指涂布于物体表面能形成坚韧的薄膜，主要起装饰和保护作用的高分子材料；胶粘剂是指能通过粘合的方法将两种物体表面粘接在一起的高分子材料；功能高分子材料是指具有特殊功能与用途但通常用量不大的精细高分子材料，功能高分子的研究常常涉及到高分子各个基础学科之间、高分子学科与其他学科领域与应用领域之间的相互交叉与渗透，是近年来高分子科学的热门研究领域之一。

2. 高分子共混物的分类

高分子共混物可按多种方法进行分类。

1) 按热力学相容性分类

(1) 均相高分子共混物。由不同高分子材料组成的多组分体系，若两种或多种高分子材料之间是热力学相容的，形成分子级水平的互溶体系，这种共混体系称为均相高分子共混物。例如PS/PPO、PVC/PCL(聚己内酯)以及PVC和一系列聚丙烯酸酯形成的共混体系，都是均相高分子共混物。这类高分子共混物的一个重要特征是共混的结果使一些重要性质趋于平均化，即共混物的主要性能介于原两种高分子材料性能之间。

(2) 非均相高分子共混物。若高分子共混物中组分间是分相的，存在两相结构，这种共混体称为非均相高分子共混物，大多数高分子共混物都是这种类型。例如含有聚苯乙烯和聚丁二烯的HIPS就是这类高分子共混物的典型代表。体系中塑料和橡胶构成两相，塑料为主要成分，形成连续相，又称基质(matrix)；橡胶构成分散相，以胶粒形式分布于基质之中又称为微区(domain)。这类共混物因为塑料是基质，基本保留塑料强而硬的特点。同时，由于橡胶粒子的存在，使共混物表现出很好的韧性。因此，这类高分子共混物可使两种聚合物的特性实现最有利的结合。

2) 按高分子共混物的组成分类

(1) 橡胶增韧塑料。除了上面提到的HIPS外，聚丙烯中加入少量乙丙橡胶、PVC中加入少量氯化聚乙烯(CPE)等共混体系都是这种类型。它们都是以塑料为基质、橡胶为分散相组成的两相结构体系，橡胶相对塑料相起增韧作用。

(2) 塑料增强橡胶。SBS热塑性弹性体的化学组成与HIPS基本相同，但它们的相态结构不同。SBS是以橡胶相(PB)为基质，以塑料相(PS)为分散相。这样，体系保持橡胶软而富有弹性的特点，塑料相的存在使材料获得增强，并起物理交联作用。此外，一般橡胶中也可加入塑料进行增强。例如，乙丙橡胶(EPR)中加入少量聚丙烯(PP)，顺丁橡胶(BR)中加入少量聚乙烯(PE)，都是以塑料为分散相、橡胶为连续相组成的两相结构体系。此时，塑料对橡胶起增强作用。

(3) 橡胶与橡胶或塑料与塑料共混。由不同橡胶或塑料组成的共混体系，若是热力学不相容的，则含量高的组分构成连续相，含量低的组分为分散相，共混的目的主要是为了改善单一高分子材料某些性能的不足，例如顺丁橡胶具有优良的低温柔性、弹性好、耐磨性好，但其强度低、防滑性差，加入少量天然橡胶(NR)或丁苯橡胶(SBR)，其缺点可得到改善。又如，聚碳酸酯(PC)中加入少量PE，不仅使PC的抗冲击强度显著提高，而且改善了加工性能。

3）按组分间有无化学键分类

按高分子共混物的组分之间有无化学键，可分成两大类：一类是不同高分子材料分子链之间无化学键存在；另一类是不同高分子材料分子链(链段)间存在化学键。

10.2 高分子材料的制备

高分子材料及其制品的制备可以分为单体合成、单体通过聚合反应合成高分子和高分子材料的成形加工3个阶段。制造高分子材料的单体可以从煤、石油、天然气和农副产品中制取，这些天然资源经过一定的化工过程，制成低分子有机化合物，如乙醇、乙烯、甲苯、苯酚等。它们有的可以直接用于聚合，有的则要加工成可以聚合的各类单体，如苯乙烯、对苯二酸、氯乙烯、己二酸等，这些单体通过聚合反应就可以制成高聚物。根据聚合机理和动力学可将聚合反应分为连锁聚合和逐步聚合。随科学技术的发展，为获得综合性能优异的高分子材料，除继续研制合成新型高分子材料外，对已有高分子材料的共混改性已成为发展高分子新材料的一种卓有成效的途径，同时高分子共混物的制备也日益引起人们的兴趣和重视。

本章将着重介绍高分子材料的制备方法——连锁聚合、逐步聚合以及高分子材料的共混。

10.2.1 连锁聚合

1. 自由基聚合

烯类单体加聚成高分子材料一般由链引发、链增长、链终止等基元反应组成，此外还可能伴有链转移反应。

1）链引发

链引发反应是形成单体自由基活性种的反应。用引发剂引发时，将由下列两步组成：

(1)引发剂Ⅰ分解，形成初级自由基R·：

$$I \rightarrow 2R^{\cdot}$$

(2) 初级自由基与单体加成，形成单体自由基：

$$R^{\cdot} + CH_2{=}\underset{\displaystyle X}{\underset{|}{CH}} \longrightarrow RCH_2\underset{\displaystyle X}{\underset{|}{CH^{\cdot}}}$$

单体自由基形成以后，连续与其他单体加聚，而使链增长。

引发剂分解是吸热反应，活化能高，约为105～150kJ/mol，反应速率小，分解速率常数约$10^{-4}\sim10^{-6}s^{-1}$。初级自由基与单体结合成单体自由基是放热反应，活化能低，约20～34kJ/mol，反应速率大，与后继的链增长反应相似。有些单体可以用热、光、辐射等能源来直接引发聚合。

2）链增长

在链引发阶段形成的单体自由基，仍具有活性，能打开第二个烯类分子的π链，形成新的自由基。新的自由基活性并不衰减，连续和其他单体分子结合成单元更多的链自由基，这个过程称为链增长反应，实际上是加成反应。

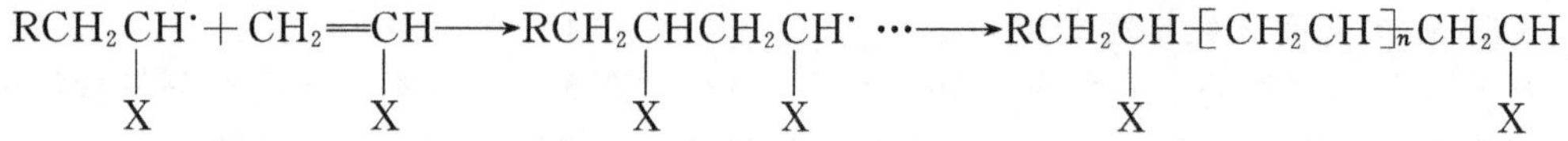

为了书写方便，上述链自由基可以简写成 ～～～$CH_2 \cdot \underset{X}{CH^{\cdot}}$，其中锯齿形代表由许多单元组成的碳链骨架，基团所带的独电子是处在碳原子上。

链增长反应有两个特征：一是放热反应，烯类单体聚合热约为 55～95kJ/mol；二是增长活化能低，约为 20～34kJ/mol，增长速率最高，在 0.01 秒至几秒内，就可以使聚合度达到数千，甚至上万。这样高的速度是难以控制的，单体自由基一经形成以后，立刻与其他单体分子加成，增长成活性链，而后终止成大分子。因此，聚合体系内往往由单体和聚合物两部分组成，不存在一系列中间产物。

对链增长反应，除了应注意速率问题以外，还须研究其对大分子微观结构的影响。

在链增长反应中，结构单元间的结合可能存在“头-尾”和“头-头”或“尾-尾”两种形式：

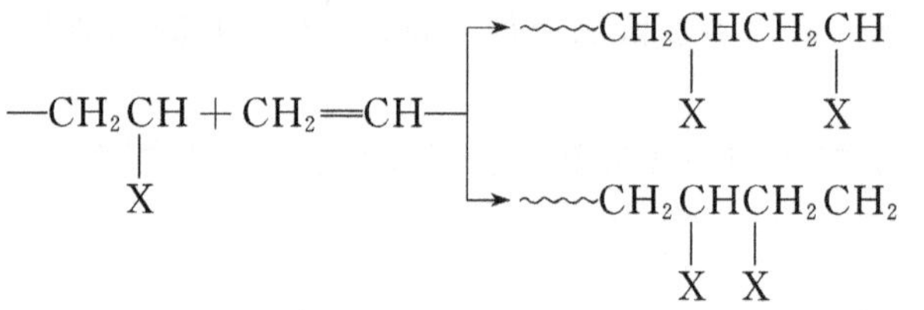

经实验证明：主要以头-尾形式连接，原因是有电子效应和位阻效应。按头-尾形式连接时，取代基与独电子连在同一碳原子上，苯基一类的取代基对自由基有共轭稳定作用，加上相邻次甲基的超共轭效应，自由基得以稳定。而按头-头形式连接时，无共轭效应，自由基比较不稳定。两者活化能差为 34～42kJ/mol，因此有利于头尾连接。对于共轭稳定较差的单体，如醋酸乙烯酯，会有一些头-头形式连接出现。聚合温度升高时，头-头形式结构将增多。

另一方面，次甲基一端的空间位阻较小，有利于头尾连接。电子效应和空间位阻效应双重因素，都促使增长量以头尾连接为主，但还不能做到序列结构上的绝对规整性。

从立体结构看来，自由基高分子材料分子链上取代基在空间的排布是无规的，因此这种高分子材料往往是无定型的。

3）链终止

自由基活性高，有相互作用而终止的倾向，终止反应有偶合终止和歧化终止两种方式。

两链自由基的独电子相互结合成共价键的终止反应称做偶合终止。偶合终止的结果是：大分子的聚合度为链自由基重复单元数的两倍，即

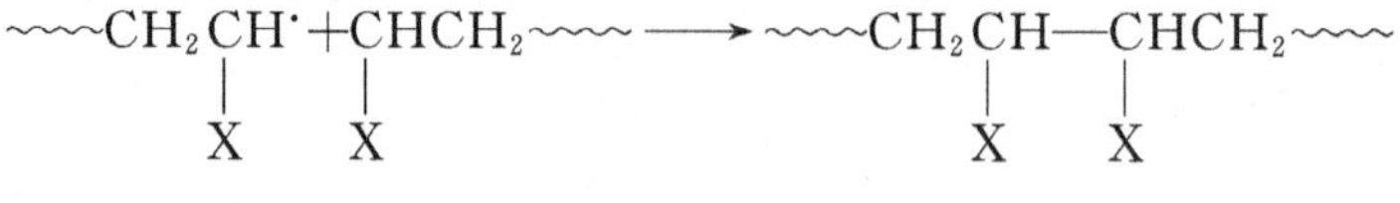

用引发剂引发并无链转移时，大分子两端均为引发剂残基。

某链自由基夺取另一个自由基的氢原子或其他原子的终止反应则称为歧化终止。歧化终止的结果是，聚合度与链自由基中单元数相同，即

$$\sim\sim\sim CH_2\underset{|\atop X}{CH^{\cdot}} + \underset{|\atop X}{C}HCH_2\sim\sim\sim \longrightarrow \sim\sim\sim CH_2\underset{|\atop X}{C}H_2 + \underset{|\atop X}{C}H{=}CH\sim\sim\sim$$

在自由基聚合所有基反应中，由于链引发速率最小，所以链引发成为控制整个聚合速率的关键。

2. 自由基共聚合

由两种(或三种)单体进行共聚合反应，可得到二元(或三元)共聚物。依照二元共聚物中两种单体链节(以 A 和 B 代表)的序列排布，大致可分为如下 5 类共聚反应(不包括交联反应)：

(1) 交替共聚　…*ABABABAB*…

(2) 无序共聚　…*AABAABBABBBAA*…

(3) 嵌段共聚　…*AAAAAABBB*…*BBAAA*…

(4) 嵌均共聚　…*AAAAAABAAAAAABBAAAA*…

(5) 接枝共聚　…*AAAAAAA*…*AAAAA*…

```
        B          B
        B          B
        B          B
        ⋮          ⋮
        B          B
        B          B
        ⋮          B
                   ⋮
```

嵌段共聚与嵌均共聚的区别为前者包含两者嵌段，后者以一种单体链段为主，另一种单体链段极短或仅为一个链节。这样，两种单体共聚后，可以改变大分子的结构和性能，增加品种，扩大应用范围。

3. 离子聚合

离子聚合反应是聚合反应的一个类型，和自由基聚合反应相似，也分为链开始、链增长、链终止等步骤，同属连锁反应的历程。但是反应的活性中心是离子而不是独电子的自由基。

离子聚合反应因活性中心所带电荷的不同(如正碳离子 $\sim\sim\sim\overset{|}{\underset{|}{C^{+}}}$ 、负碳离子 $\sim\sim\sim\overset{|}{\underset{|}{C^{-}}}$ 等)，可分为阳(正)离子聚合反应和阴(负)离子聚合反应两类。

阳离子聚合反应通式可表示如下：

$$A^{+}B^{-} + M \rightarrow AM^{+}B^{-} \cdots \xrightarrow{M} M_n$$

式中，A^{+}表示阳离子活性中心，可以是碳阳离子，也可以是氧离子；B^{-}是紧靠中心离子的引发剂碎片，所带电荷相反，称为反离子或抗衡离子。

适合阳离子聚合反应的烯类单体分子的基团(X)多属给电子基团，即 X＝R—，RO

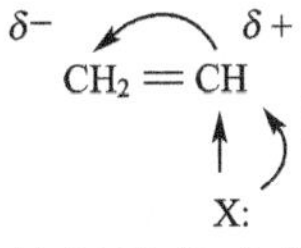

型单体结构具有正负偶极，例如异丁烯 $CH_2{=}C(CH_2)_2$、苯乙烯、乙烯基醚等烯类化合物，以及环氧化物和环氧乙烷、四氢呋喃等均能进行阳离子聚合反应。

阴离子聚合反应通式可表示如下：

$$A^+B^- + M \rightarrow BM^-A^+ \cdots \xrightarrow{M} M_n$$

式中，B^-表示阴离子活性中心，一般由亲核试剂提供；A^+为反离子，一般为金属离子。活性中心可以是自由离子、离子对，甚至是处于缔合状态的阴离子活性种。

4. 配位聚合

配位聚合的概念最初是Natta在解释α-烯烃聚合(用Ziegler-Natta引发剂)机理时提出的。配位聚合是指单体分子首先在活性种的空位上配位，形成某种形式的络合物(常称σ-π络合物)，随后单体分子相插入过渡金属—烷基键(M_t—R)中进行增长，增长反应可用以下图式示意：

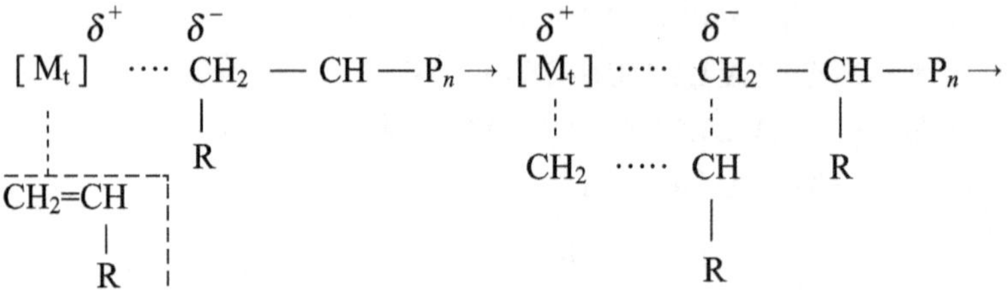

式中，[M_t] 为过渡金属；┈┆ 为空位；P_n 为增长链；CHZ=CH-R为α-烯烃。由于这类聚合常是在络合引发剂的作用下，单体首先和活性种发生配位络合，而且本质上常是单体对增长链端络合物的插入反应。所以又称络合聚合或插入聚合(insertion polymerization)。

配位聚合的特点是：

(1) 单体首先在嗜电性金属上配位形成π络合物；

(2) 反应是阴离子性质的；

(3) 反应是经过四元环(或称四中心)的插入过程。尽管增长链端是阴离子性质的，但插入反应本身却既有阴离子性质又有阳离子性质。这是因为插入反应包括两个同时进行的化学过程：一是增长链端阴离子对C=C双键β碳的亲核攻击，二是阳离子从δ^+对烯烃π键的亲电性进攻(如右所示)。

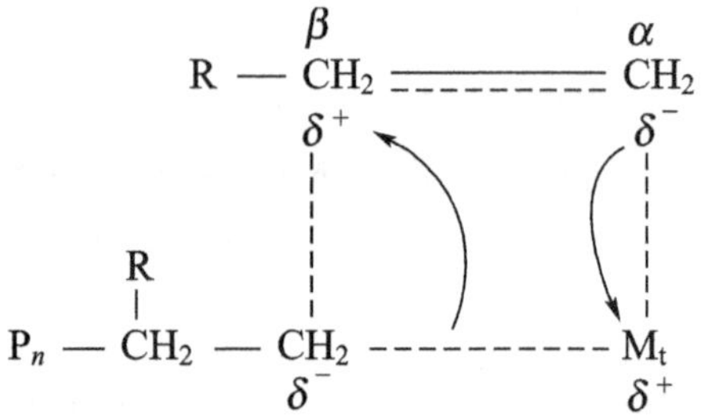

(4) 单体的插入反应有两种可能的途径：一是单体插入后不带取代基的一端带负电荷并和反离子M_t相连，称为一级插入；二是带取代基的一端带负电荷并和反离子M_t相连，称为二级插入；其反应为

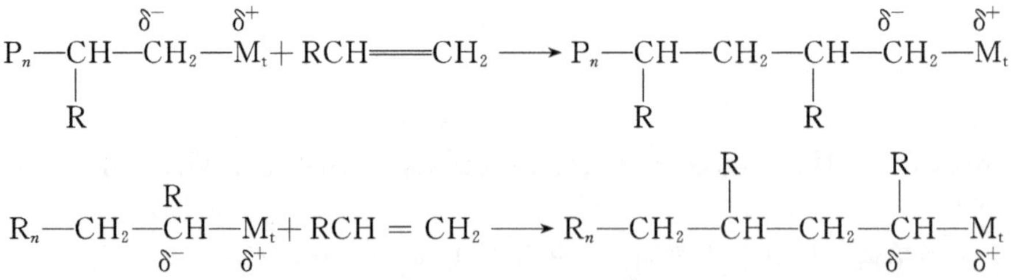

虽然这两种插入所形成的聚合物的结构完全相同，但用红外光谱(IR)和核磁共振(^{13}C-NMR)对高分子材料的端基分析证明，丙烯的全同聚合是一级插入，而丙烯的间

同聚合却为二级插入，其原因尚不清楚。

理论上讲，按照增长链端的电荷性质，应有配位阴离子聚合和配位阳离子聚合之分。但是，由于增长链端的反离子经常是金属或过渡金属(如钛、钒等)，而单配位又经常是富电子双键在亲电性金属上发生，因而常见的配位聚合多属配位阴离子聚合(如 α-烯烃只有配位阴离子机理)。配位阴离子聚合的特点是可以制备各种有规立构高分子材料。但是，乙烯和丙烯采用典型的 Ziegler - Natta 引发剂($VOCl_3$ - $Al(C_2H_5)_2Cl$)共聚合，聚合过程虽属配位阴离子性质，但所得共聚物却为无规分子链，它不是有规立构聚合物。一般来说，配位阴离子聚合的立构规化能力(或定向能力)取决于引发剂类型、特定的组合和配比、单体种类和聚合条件等。

10.2.2 逐步聚合反应

1. 概述

逐步聚合反应，顾名思义，它的主要特征是形成大分子过程的逐步性。如以 O、X 表示能相互作用的各类官能团(—COOH，—OH，$—NH_3$ 等)。以⊗表示反应后形成的新键合基团(—OCO—，—NHCO—等)，以 O—O，X—X，O—X 等分别表示不同类型的双官能团单体，其逐步聚合反应过程示例如下：

1.

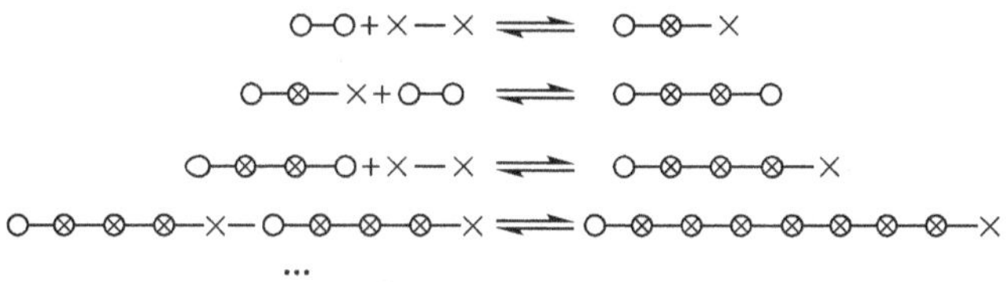

2.

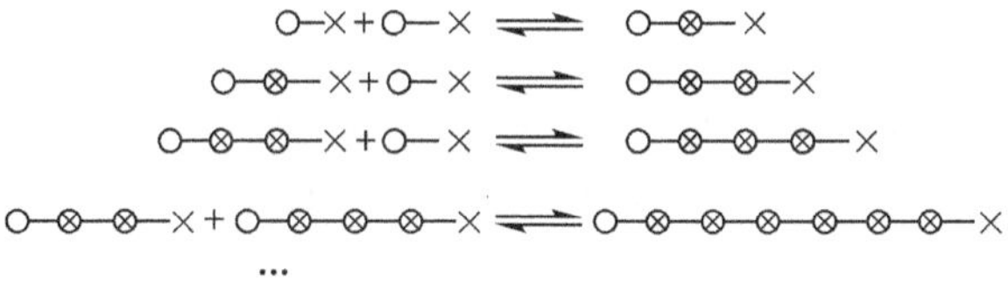

3.

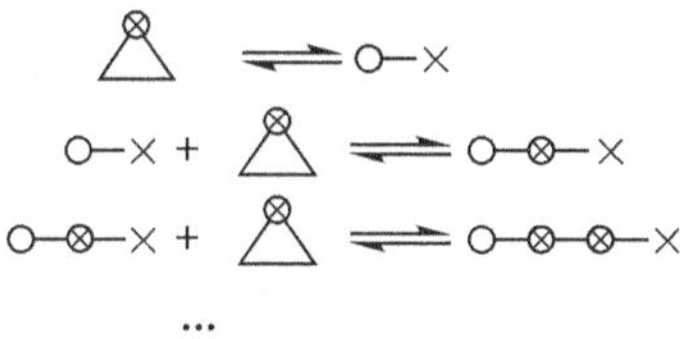

逐步聚合反应的特点：这类反应没有特定的反应活性中心。每个单体分子的官能团，都有相同的反应能力。每一高分子链增长速率较慢，随着反应时间的延长，分子质量逐步增大，每一个单体可以与任何一个单体或高分子链反应，每一步反应的产物都能独立存在，在任何时候都可以终止反应，在任何时候又能使其继续以同样活性进行反应。由于分子链中的官能团和单体官能团反应能力相同，所以在聚合反应初期，单体消失很快，生成了许多两个或两个以上的单体分子组成的二聚体、三聚体、四聚体和其他低聚物等。

工业生产中，合成尼龙- 66 的聚酰胺化反应和合成涤纶的聚酯化反应就属于这种类型。

逐步聚合反应包括逐步缩聚反应和逐步加聚反应。按照卡罗瑟斯(Carothers)的定义，缩聚反应是指在生成聚合反应物的过程中同时副产简单的小分子(如水等)的反应。然而某些重键加成反应，如二异氰酸酯与二元羟基化合物的加成反应、代尔斯-奥而德斯(Diels - Aldes)聚合反应等虽然在生成聚合反应物的同时，并没有小分子副产物，但是它们却遵循着与聚酰胺化和聚酯化反应相同的基本规律，即大分子链的增长过程是一个逐步过程。弗洛里·哈金斯(Flory Huggins)则把合成高分子材料的反应按其链增长的历程分为两大类，即逐步增长的聚合反应和链式增长的聚合反应。但现在仍沿用“缩聚反应”这个名词。

加聚反应是指具有两个或两个以上反应官能团的低分子化合物相互作用而生成大分子的过程。这里有反应官能团的置换-消除反应，即在生成大分子的同时生成低分子化合物，如水、氯化氢、醇等；也有加成反应，即只生成大分子而没有低分子产物。所谓官能团，除了包括通常的基团，如氨基、羟基、羧氨基、异氰酸酯基以外，还有离子、游离基、络合基团等。有些单体的反应官能团是在反应过程中形成的(如合成酚醛树脂时的羟甲基—CH_2OH)。

2. 线型缩聚反应机理

以二元醇和二元酸合成聚酯为例来说明线型缩聚反应的机理。二元醇和二元酸第一步反应形成二聚体(羟基酸)，即

$$HOROH + HOOCR'COOH \rightleftharpoons HORO \cdot OCR'COOH + H_2O$$

二聚体也可以同二元醇或二元酸进一步反应，形成三聚体：

$$HORO \cdot OCR'COOH + HOROH \rightleftharpoons HORO \cdot OCR'CO \cdot OROH + H_2O$$

或 $$HOOCR'COOH + HORO \cdot OCR'COOH \rightleftharpoons HOOCR'CO \cdot ORO \cdot OCR'COOH + H_2O$$

二聚体也可相互反应，形成四聚体，三聚体和四聚体还可以相互反应、自身反应或与单体、二聚体反应，含羟基的任何聚体和含羧基的任何聚体都可以进行缩聚反应，通式如下：

$$n\text{一聚体} + m\text{一聚体} \rightleftharpoons (n+m)\text{一聚体} + \text{水}$$

缩聚反应就这样逐步进行下去，聚合度随时间或反应程度的增加而增加。

在缩聚反应中，带不同官能团的任何两个分子都能相互反应，无特定的活性种，各步反应的速率常数和活化能基本相同，并不存在链引发、链增长、链终止等基元反应。

由于许多分子可以同时反应，缩聚早期，单体很快消失，转变为二聚体、三聚体、四聚体等低聚物，转化率很高，以后的缩聚反应则在低聚物之间进行，分子量分布也较宽。所谓转化率是指转变成聚合物的单体占起始单体量的百分率。

在缩聚过程中，聚合度稳步上升。延长聚合时间的主要目的在于提高产物分子质量，而不是提高转化率。

10.2.3 高分子共混物的制备

制备高分子共混物的方法主要有物理共混法和共聚-共混法两类，此外，还有IPN(互穿聚合物网络)法。对各种方法所得的高分子共混物的形态结构及性能特征亦有所描述，即各种共混法所得的高分子共混物的理想形态结构大多应为稳定的微观多相体系或者亚微观多相体系。这里的“稳定”指高分子共混物在成形以及其制品在使用过程中不会产生宏观的相分离。某些场合，也可能希望得到均相的共混物。影响高分子共混物形态结构的最根本因素是其共混组分的热力学相容性，但并非相容性好的共混体系就一定能形成理想的

形态结构，它还要受到共混方法及工艺条件的影响，所以人们必然要研究各种各样的共混方法及相应的设备以及工艺条件。这里需要附带指出的是，工程上对于方法、设备及工艺条件的考虑是多方面的，除了首先要顾及到共混产物的形态结构、性能外，还要考虑工艺过程实施的难易、设备造价、生产效率，甚至操作是否繁杂等问题。下面正是出于这样的多方面考虑，对各种共混方法作简要介绍。

1. 物理共混法

物理共混法是依靠物理作用实现高分子共混的方法，工程界又常称为机械共混法，共混过程在不同种类的混合或混炼设备中完成。

大多数高分子共混物均可用物理共混法制备。在混合及混炼过程中，通常仅有物理变化。有时，由于强烈的机械剪切作用及热效应使一部分高分子材料发生降解，产生大分子自由基，继而形成少量接枝或嵌段共聚物。这类化学反应应不成为该过程的主体，否则就不属于物理共混法的范畴。

从物料形态分类，物理共混法包括粉料(干粉)共混、熔体共混、溶液共混及乳液共混4类：

1) 粉料(干粉)共混法

将两种或两种以上品种不同的细粉状高分子材料在各种通用的塑料混合设备中加以混合，形成各组分均匀分散的粉状高分子混合物的方法称为粉料(干粉)共混法。用这种方法进行高分子共混时，也可同时加入必要的各种塑料助剂(如增塑剂、稳定剂、润滑剂、着色剂、填充剂)。

经干粉混合所得高分子共混物料，在某些情况下可直接用于压制、压延、注射或挤出成形，或经挤出造粒后再用以成形。可见，干粉共混法具有设备简单、操作容易的优点。其缺点为：

(1) 所用高分子原料必须呈细粉状。若原料颗粒较大，还需采用粉碎设备制粉。但对许多韧性较大的高分子材料，例如尼龙、聚碳酸酯等，粉碎相当困难，此类情况就得利用深冷粉碎技术制粉时，能耗很大，使成本增高。在实验室小规模制粉时，可利用溶剂溶解高分子材料，再用非溶剂沉淀的方法实现制粉，由于耗费大量溶剂也难以实现工业化；

(2) 干粉混合时，高分子物料温度低于它们的黏流温度($<T_f$)，物料不易流动，故混合分散效果较差。干粉共混高分子材料成形后，相畴较粗大，制品的各项物理力学性能指标受到一定程度的影响，严重地还会造成制品各个部位性能的不一致。这种不良影响对高分子材料组分之间相溶性欠佳的高分子共混物尤为明显。

可见，一般情况不宜单独使用干粉共混法。然而，对于某些难溶难熔聚合物的共混仍有实用价值。例如氟树脂、聚酰亚胺树脂、聚苯醚树脂、聚苯硫醚树脂等共混物的制取。此外，当共混高分子材料组分彼此之间相容性较好，且一种组分用量相当少时，也可考虑采用干粉共混法。

干粉共混操作时，应注意下列事项：

(1) 高分子材料粉料的粒度应相当微细，且粒度随高分子材料种类、所用混合设备及工艺条件以及共混物料的成形方法等有所不同；

(2) 异种高分子材料粉料的粒度和密度应比较相近，这样才易于均匀混合，且不致在运输、加工成形过程引起组分间的分层；

(3) 如干粉共混时还需加入增塑剂、润滑剂、防老剂等塑料助剂，则需注意各高分子材料组分对各种塑料助剂吸收能力有无明显差异。若吸收塑料助剂的能力区别较大，应按二段加料法进行共混，即首先将塑料助剂与吸收该剂能力弱的聚合物组分混合，操作一段时间后，再加入另一聚合物组分，否则就会造成塑料助剂在不同聚合物组分中分配不平衡，影响制品性能。

2) 熔体共混法

熔体共混又称为熔融共混，此法系将共混所用的高分子材料组分在其黏流温度以上($>T_f$)用混炼设备制取均匀高分子材料共熔体，然后再冷却、粉碎(或造粒)的方法。其工艺过程示意如图 10.1 所示。

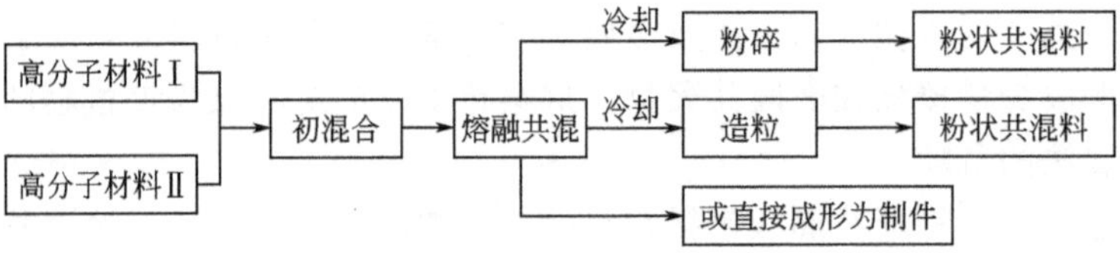

图 10.1 熔融共混工艺过程示意

初混合的设备和操作情况类似于干粉共混，但由于熔融共混法中的初混合并非最终的共混操作，所以高分子材料原料在粒度上的要求不很严格。某些情况，也可不经初混合，直接在混炼设备中熔融共混。

熔融共混法具有下述优点：

(1) 共混的高分子材料原料在粒度大小及粒度均一性方面不似干粉共混法那样严格，所以原料准备操作较简单；

(2) 熔融状态下，异种高分子材料分子链之间扩散和对流激化，且由于混炼设备的强剪切分散作用，使得混合效果显著高于干粉共混，共混物料成形后，制品内相畴较小；

(3) 在混炼设备强剪切力作用下，导致一部分高分子材料的分子链降解并可形成一定数量的接枝或嵌段共聚物，从而促进了不同高分子材料组分之间的相容。

选择熔融法共混时，应注意：

(1) 各原料高分子材料组分均应为易熔聚合物。高分子材料熔融温度过高时会给混炼设备的制造带来较大的困难。

(2) 一般情况下，各高分子材料原料的熔融温度和热分解温度应相近，以免在一种高分子材料组分的熔融温度下引起另一种高分子材料组分的分解。这一问题对于热敏性高分子材料的共混尤其需要注意。

(3) 各原料高分子材料组分在共同混炼温度下，应具有相近的熔体黏度，否则难以获得均匀的共混体系。

(4) 各原料高分子材料组分在共同混炼温度下的弹性模量值不应相差过大，因为弹性模量的差异会导致各高分子材料组分受力不均，混炼设备所施加的剪切力将主要集中在弹性模量高的高分子材料组分上，以致不仅影响混合效果，还可能引起一种高分子材料组分的过度降解。

(5) 在其他工艺条件相同情况下，延长物料的被混炼时间或增加混炼操作次数，在一定范围内虽可提高共混物料的均匀性，但应避免高分子材料有可能出现的过度降解以及由此引起高分子共混物料性能的劣化。

熔融共混法是一种最常采用的高分子共混法，它与初混操作配合一般可取得较满意的混合效果。其中，挤出共混具有操作连续、省劳力、设备结构简单、维修方便、体积小等优点，因而应用最广泛。

3）溶液共混法

将各原料高分子材料组分加入共同溶剂中（或将原料高分子材料组分分别溶解、再混合）搅拌溶解混合均匀，然后加热蒸出溶剂或加入非溶剂共沉淀便获得高分子共混物。

溶液共混法适用于易溶高分子和某些液态高分子以及高分子共混物以溶液状态被应用的情况。此法在试验研究工作中有一定的意义，例如在初步观察高分子材料之间的相溶性方面，可根据高分子共混物的溶液是否发生分层现象以及溶液的透明性来判断，若出现分层和浑浊则认为相溶性较差。但因溶液共混法所制得的高分子共混物混合分散性差，且此法消耗大量溶剂，因而工业上意义不大。

4）乳液共混法

乳液共混法的基本操作是将不同种类的聚合物乳液一起搅拌混合均匀后，加入凝聚剂使异种高分子材料共沉析以形成高分子共混体系。

当原料高分子材料为高分子乳液或共混物将以乳液形式被应用时，此法最有利。此法还常与下面讲的共聚-共混法联用以及可作为熔融共混的预备性操作。单一地使用乳液共混法尚难获得相畴细微的高分子共混物。

2. 共聚-共混法

前已述及，共聚-共混法制取高分子共混物是一种化学方法，这一点与机械共混法明显不同。共聚-共混法又有接枝共聚-共混与嵌段共聚-共混之分，在制取高分子共混物方面，接枝共聚-共混法更为重要。

接枝共聚—共混法的典型操作程序是：首先制备一种高分子材料（高分子材料Ⅰ），随后将其溶于另一高分子材料（高分子材料Ⅱ）的单体中，形成均匀溶液后再依靠引发剂或热能的引发使单体与高分子材料Ⅰ发生接枝共聚，同时单体还会发生均聚作用。上述反应产物为高分子共混物，它通常包含着3种主要高分子材料组分，即高分子材料Ⅰ、高分子材料Ⅱ以及高分子材料Ⅰ为骨架接枝上高分子材料Ⅱ的接枝共聚物。接枝共聚组分的存在促进了两种高分子材料组分的相溶，所以接枝共聚-共混产物的相畴较机械共混法产物的相畴微细。影响接枝共聚-共混产物性能的因素很多，其中主要有原料高分子材料Ⅰ和Ⅱ的性质、它们的比例、接枝链的长短、数量等。

接枝共聚-共混法制得的高分子共混物，其性能通常优于机械共混法的产物，所以近年来发展很快，应用范围逐渐推广。目前，主要用于生产橡胶增韧塑料。例如抗冲聚苯乙烯及ABS树脂虽然在早期曾用机械共混法制取，但现已几乎全被接枝共聚-共混法所取代。另外，橡胶增韧聚氯乙烯等也开始研究用此法生产。

接枝共聚-共混法生产高分子共混物所使用的设备与一般的聚合设备相同，即间歇式聚合釜或釜式、塔式等连续操作设备。在操作方式上除上述的本体法外，还有本体-悬浮法、乳液法等。

3. IPN法

IPN法形成互穿网络高分子共混物，是一种以化学法制备物理共混物的方法。其典型操作是：先制备一交联高分子材料网络(高分子材料Ⅰ)，将其在含有活化剂和交联剂的第二种高分子材料(高分子材料Ⅱ)单体中溶胀，然后聚合，于是把第二步反应所产生的交联高分子材料网络与第一种高分子材料网络相互贯穿，实现了两种高分子材料的共混。在这种共混体系中，两种不同高分子材料之间不存在接枝或化学交联，而是通过在两相界面区域不同链段的扩散和纠缠达到两相之间良好的结合，形成一种互穿网络高分子共混体系，其形态结构为两相连续。

IPN法虽然开发较晚，但发展很快。以具体操作方式而言，前述的典型操作可称为分步IPN法。该法虽然可得到形态均匀稳定的共混体系，而且可根据交联固化顺序的不同而调整和改变共混物性能，但其产物成形加工成制品却是困难的。同步IPN法的开发使方法实施和产物加工都更方便一些，并且可在更宽广范围内改变产物的化学组成。此外，还有胶乳IPN法为制造具有核-壳结构的IPN类共混物创造了多种途径。由于IPN法的特点和共混组成的局限性，IPN法对于高分子共混物的制备而言，只能是一种特殊的方法。

10.3 高分子材料的结构

高分子的结构是指组成高分子的不同尺度结构单元在空间的相对排列，包括高分子的链结构和聚集态结构。高分子的链结构是指单个高分子的结构和形态，又可分为近程结构和远程结构。近程结构包括构造和构型。构造是指高分子材料分子链的形状，例如线形、支化、交联网络等；构型是指分子链中原子在空间的几何排列。近程结构，属于化学结构，又称一级结构。远程结构又称二级结构，是指单个高分子链的大小和形态、链的柔顺性及分子在各种环境中所采取的构象。高分子的聚集态结构，或称物理结构，则是指大分子堆砌、排列的形式和结构。高分子材料可以采取有序排列的结晶态结构，可以采取无序排列的非晶态结构，可以形成两者之间的介态——液晶态结构，还可以采取分子链沿某方向作优势平行排列的结构——取向态结构，等等。

10.3.1 分子的链结构

1. 高分子链的近程结构

高分子链的近程结构是指链结构单元的化学组成、键接方式、空间立构、支化和交联、序列结构等问题。这些近程结构与高分子材料的聚集态结构和性能密切相关。

高分子链结构单元的化学组成直接决定链的形状和性质，进而影响高分子材料的性能。如聚乙烯和聚丙烯可以制成丝、薄膜、片材、棒及各种异形材，是典型的热塑性塑料，而聚1，4-丁二烯和聚异戊二烯是典型的合成橡胶。

大分子链是由许多结构单元通过主价键连接起来的链状分子。在缩聚过程中，结构单元的连接方式比较固定。但在加聚过程中，单体构成大分子的连接方式比较复杂，存在许多可能的连接方式。例如对于 $CH_2{=}CH(X)$ 型烯烃单体，若设有取代基X的一端称为头，另一端为尾，则存在头-尾、头-头及尾-尾连接的不同方式。双烯类单体聚合时，除了头、尾连接的问题之外，还存在1-4、1-2及3-4加成的问题。结构单元的连接方式对聚合物的化学、物理性能有明显影响。例如用聚乙烯醇制维尼纶时，只有头-尾连接时才能与甲醛缩合生成聚乙烯醇缩甲醛，头-头连接时不能进行缩醛化。当大分子中含有很多头-头连接时，便剩下很多羟基不能与甲醛缩合。有些维尼纶纤维缩水性很大，主要原因即在于此。此外，由于羟基分布不规则，强度亦下降。

在高分子共聚物中，还存在一个单体单元的键合序列问题。高分子共聚物是由两种或两种以上的单体共同聚合制得的。以两种不同单体单元 A 和 B 制得的二元共聚物可以分为无规、交替、接枝和嵌段共聚物 4 种，即

$\cdots A—B—A—A—B—A—A—A—B—B—A—B\cdots$　　无规共聚物

$\cdots A—B—A—B—A—B—A—B—A—B—A—B\cdots$　　交替共聚物

$\cdots A—A\cdots A—A—B—B\cdots B—B—A—A\cdots A—A\cdots$　　嵌段共聚物

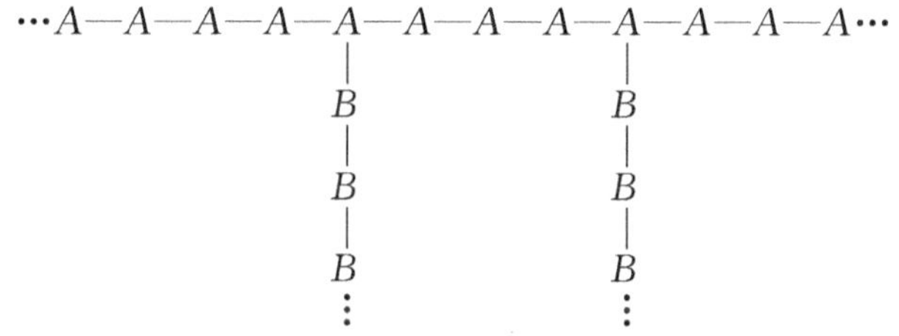

接枝聚合物

结构单元的键接方式是分子链构型范畴中的一个问题，另一个内容是立构问题。构型指的是分子中各原子在空间的相对位置和排列，这种化学结构需经过键的破坏或生成才能改变。

双烯类单体采取 1－4 加成的连接方式时，因大分子主链上存在双键，所以有顺式和反式之分。例如，天然橡胶是顺式 1－4 加成的聚异戊二烯，古塔波胶是反式加成的聚异戊二烯。由于结构不同，两者性能迥异。天然橡胶是很好的弹性体，密度为 0.9g/cm^3，熔点 $T_m=-70$℃，玻璃化温度 $T_g=-70$℃，能溶于汽油、CS_2 及卤代烃；古塔波胶由于等同周期小，容易结晶，无弹性，密度为 0.9g/cm^3，$T_m=65$℃，$T_g=-53$℃。

如果碳原子上所连接的 4 个原子(或原子基团)各不相同时，此碳原子就称为不对称碳原子。例如，结构单元为 $\text{⁅}CH_2—\underset{\displaystyle X}{\underset{|}{CH}}\text{⁆}_n$ 型的高分子，在每一个结构单元中有一个不对称原子 C*，每一个链节有两种旋光异构体，如图 10.2 所示。它们在高分子中有 3 种键接方式，即将 C—C 链拉伸放在一个平面上，H 和 X 分别处于平面的上下两侧。当取代基在平面两侧作不规则分布或者说两种旋光异构体单元完全无规键接时，称为无规立构；当取代基全部处于主链平面的一侧或者高分子全部由一种旋光异构单元键接而成，则称全同异构；取代基相间分布于主链平面的两侧或者两种旋光异构示意图光异构单元交替键接，称为间同立构。

对于小分子物质来说，不同的空间构型常有不同的旋光性。高分子链虽然含有许多不对称碳原子，但由于内消旋或外消旋作用，即使空间规整性很好的高聚物，也没有旋光性。

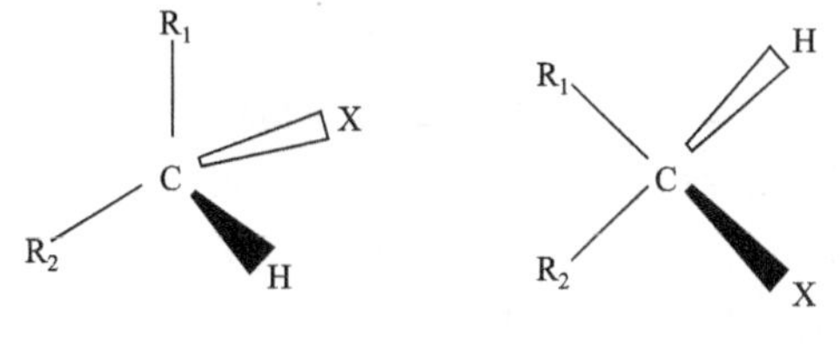

图 10.2　旋光异构示意图

2. 高分子链的远程结构

高分子链的远程结构包括高分子的大小(相对分子质量及其分布)和形态。通常，相对分子质量越大，分子的相对尺寸也越大，所以相对分子质量大小是高分子链远程结构的重要表征之一。但是，除了有限几种蛋白质以外，无论是天然还是合成的高分子，相对分子质量都不均一，即具有多分散性。因此，高聚物的相对分子质量只具有统计意义。统计方法和测定方法不同，所得的统计平均相对分子质量也不同。常用的有数均相对分子质量 M_n、重均相对分子质量 M_w 和 Z 均相对分子质量 M_z。高分子材料的相对分子质量及相对分子质量分布对其使用性能和加工性能都有很大影响。例如，相对分子质量及相对分子质量分布对高分子材料的拉伸强度、耐褶度以及成形加工过程(模塑、成膜、纺丝等)都有影响。常见的聚苯乙烯塑料制品的相对分子质量为几十万，如果其相对分子质量低至几千，就不能成形；相反，当相对分子质量大到几百万到几千万，又难以加工。所以，高分子材料的相对分子质量在一定范围内才合适。如果高分子材料中含有大量的低相对分子质量尾端，则产品容易起泡，强度低，耐老化性能差，如聚碳酸酯。如果高分子材料中含有较多的高相对分子质量尾端，纺丝过程中就会堵塞纺丝孔甚至会使加工不能进行，挤压、吹塑过程中会造成结块现象。在涤纶片基的生产过程中，倘若相对分子质量分布不均匀，则成膜性差，抗应力开裂能力也会降低。高分子材料的相对分子质量和相对分子质量分布又可作为加工过程中各种工艺条件选择的依据。例如，加工温度的选择、成形压力的确定以及加工速度的调节等。此外，相对分子质量分布的测定还可以为聚合反应机理及其动力学以及老化过程等研究提供必要的信息。

相对分子质量大小是高分子链远程结构的表征之一。此外，相对分子质量一定时，分子链在空间所取的卷曲或伸展状态也是高分子链远程结构的重要内容。不同的分子形态与高分子链的构象有关。C—C 单键可以绕主轴相对自由旋转(内旋转)。以丁烷分子为例，C—C 单键沿着连接第二和第三个碳原子的单键旋转，使构成分子的原子在空间有不同的排列方式，这种现象称为构象。在旋转时，随着旋转角的改变，可以采取不同的空间排列，呈现不同的构象。

对高分子材料来说，分子链含有上万个碳原子，每一个碳原子由于绕着单键的旋转，可以有 3 种不同的空间排列方式，而整个分子链将有可能选择 39997 种不同的空间排列方式，也就是说可能有 39997 种不同的构象。这也是高分子材料具有柔性的原因。高分子材料分子链由于内旋不断改变其构象的性质称为柔性。一般情况下，高分了链的最可几构象是不规则卷曲起来的线团，称为无规线团。

10.3.2 高分子材料的聚集态结构

高分子材料的聚集态结构也称超分子结构，指高分子材料内分子链的排列与堆砌结构。虽然高分子材料的分子链结构对高分子材料的材料性能有着显著的影响，但由于高分子材料是由许多单个高分子链聚集而成，有时即使相同链结构的同一种聚合物，在不同加工成形条件下，也会产生不同的聚集态结构，所得制品的性能也截然不同，因此高分子材料的聚集态结构对高分子材料材料性能的影响比高分子链结构更直接、更重要。研究掌握高分子材料的聚集态结构与性能的关系，对选择合适的加工成形条件、改进材料的性能、制备具有预期性能的高分子材料材料具有重要意义。

高分子材料的聚集态结构主要包括非晶态结构、晶态结构、液晶态结构、取向态结构和织态结构。有些高分子材料尤其是结构规整的聚烯烃具有很高的结晶性，能得到比较完善的结晶形态，聚乙烯甚至可在特定的条件下获得聚合物单晶，但任何高分子材料在本体条件下都不能完全结晶。半结晶聚合物中，规整的晶区相互之间通过未取向、无规构象的分子链构成非晶区连接；低结晶度聚合物中少量的不完善的结晶微区分散在非晶态的基体中；有些分子链结构规整性差的高分子材料则是完全非晶态的，如无规聚苯乙烯、无规聚甲基丙烯酸甲酯等。

不同的聚集态结构中分子链的堆砌方式各不相同。

1. 高分子材料的非晶态

高分子材料的非晶态是指高分子材料中分子链的堆砌不具有长程有序性，是完全无序的。非晶态高分子材料也称无定形高分子材料。非晶态结构是一个比晶态更为普遍存在的聚集形态，包括玻璃态、高弹态、黏流态(或熔融态)及结晶高分子材料中的非晶区。玻璃态、高弹态、黏流态为非晶态高分子材料的3种力学状态，可随温度变化而相互转换，其中玻璃态向高弹态的转变温度为玻璃化温度(T_g)，高弹态向黏流态的转变温度为黏流温度(T_f)。

目前有关非晶态结构的理论主要有两种模型：

(1) 无规线团模型。该模型认为非晶态高分子材料中，每条分子链都取无规线团构象，分子链之间相互贯穿、纠缠，如图10.3(a)所示。当其分子量足够高时，相互穿透的分子链就会形成稳定的纠缠结构，这种纠缠结构使聚合物分子链的运动受限，打个比方，就像一团杂乱堆放的毛线，毛线越长，越容易产生纠缠，越难将其彼此分开。由于这种纠缠作用，聚合物分子链运动时不是整个分子链的刚性运动，而是以含若干个链单元的链段为运动单元的蠕动。

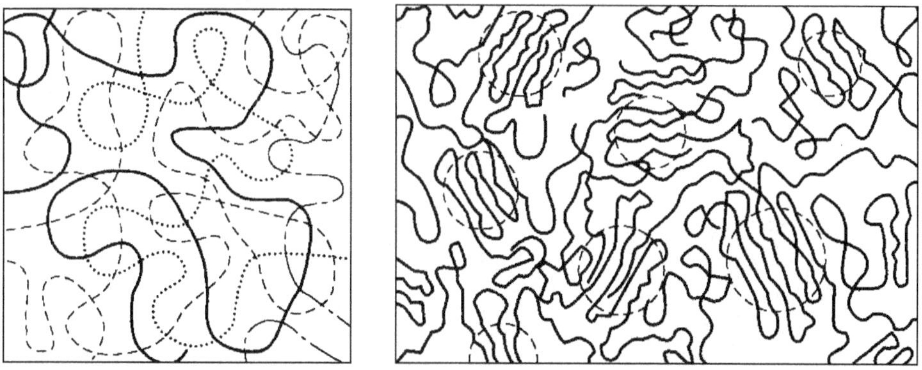

(a) 无规线团模型　　(b) 两相球粒模型

图10.3　非晶态结构的两种模型

由于在高分子材料的非晶态结构中不存在有序性，因此非晶态高分子材料在聚集态结构上是均匀的。在这种模型中，分子链间存在着不被分子链占据的空隙，即所谓的自由体积，自由体积越大，分子链排列越疏松，密度越小。自由体积提供分子链内旋转所需的空间，自由体积可因温度高低而发生变化。

无规线团模型中由于每条分子链都处在许多相同的高分子材料分子链的包围之中，分子内及分子间的相互作用是相同的，因此非晶态聚合物中的分子链等同于无扰分子链，分子链取无规构象。

(2) 两相球粒模型，又称折叠链缨状胶束粒子模型。该模型认为非晶态高分子材料并不是完全无序的，而是存在着局部有序区域，即非晶态高分子材料包含无序和有序两部分，如图 10.3(b)所示。其中的有序部分(图中虚线圆弧内)是由高分子材料分子链折叠而成的“球粒”或“链接”，其尺寸约为 2～4nm，球粒中的分子链折叠排列比较规整，但比晶态的有序性要低得多；球粒之间区域内的分子链排列是无规的，其尺寸约为 1～5nm。

上述两种非晶态结构模型各有一定的实验依据，能从不同角度解释高分子材料的一些结构和性能，但不同观点之间还存在较大的争议，有待进一步深入研究。

2. 高分子材料的结晶态

1) 高分子材料的晶体结构

高分子材料的结晶态是一种三维长程有序结构，其晶体结构可用晶胞参数(晶格常数和晶格角)来描述。由于化学键的键长和键角随温度的变化小，因此晶格常数 c 基本不随温度变化，但由于分子振动随温度升高而增大，因此晶格常数 a 和 b 随温度升高稍有增大。根据晶胞参数的不同可分为 7 种不同的晶体类型(晶系)，见表 10 - 1。

表 10 - 1　晶体类型及其晶胞参数

晶体类型	晶胞参数	晶体类型	晶胞参数
立方	$a=b=c$；$\alpha=\beta=\gamma=90°$	斜方(正交)	$a\neq b\neq c$；$\alpha=\beta=\gamma=90°$
立方	$a=b\neq c$；$\alpha=\beta=90°$，$\gamma=120°$	单斜	$a\neq b\neq c$；$\alpha=\gamma=90°$，$\beta\neq 90°$
四方	$a=b\neq c$；$\alpha=\beta=\gamma=90°$	三斜	$a\neq b\neq c$；$\alpha\neq\beta\neq\gamma\neq 90°$
三方(菱形)	$a=b=c$；$\alpha=\beta=\gamma\neq 90°$		

其中立方和六方晶系属于高级晶系，四方、三方和斜方晶系属于中级晶系，三斜和单斜晶系属于低级晶系。在高分子材料晶体中，由于高分子材料分子链只能采取与主链中心轴平行的方向排列，其他两维为分子间的作用力，其作用范围在 0.25～0.5nm 之间，这种特性导致高分子材料不能形成立方晶系，也很难形成高级晶系，多为较低级的晶系。同一结晶性高分子材料可以形成不同的晶体结构，称为同质多晶现象，不同的结晶结构可在一定条件下相互转变。

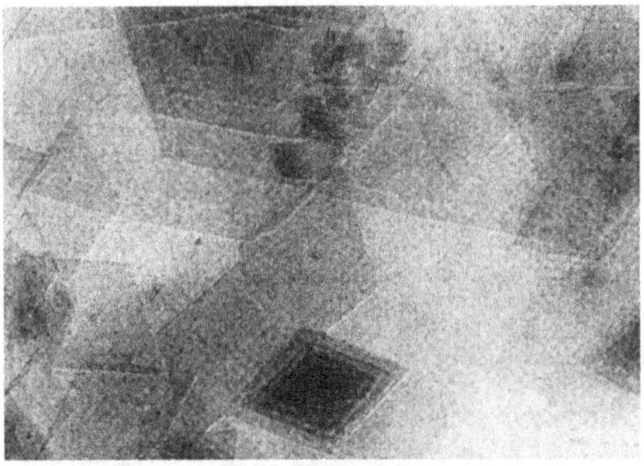

图 10.4　聚乙烯单晶的电镜照片

2) 高分子材料物的结晶形态

根据结晶条件不同，高分子材料可形成多种形态的晶体，包括：

(1) 单晶。高分子材料单晶都是具有规则几何外形的薄片状晶体，如聚乙烯的单晶为菱形，如图 10.4 所示。

一般高分子材料的单晶只能从极稀溶液(质量分数在 0.01%～0.1%)中缓慢结晶而成。单晶的晶片厚度与聚合物的分子量无关，只取决于结晶时的温度和热处理条件，在常压下，晶片的厚度不超过 50nm，而高分子材料分子链的长度通常达数百纳米，因此高分子材料分子链在单晶中是折叠排列。单晶的生长除了横向延伸外，还常常沿其螺旋位错中心盘旋生长，从而发展成多层结构，如图 10.6 中所示下方较深色的晶体。通常质量分数约为 0.01%时可得到单层片晶，质量分数约为 0.1%时将发展成多层晶片，质量分数大于 1%则不能得到单晶，只能得到球晶。

(2) 球晶。球晶是聚合物最常见的结晶形态，为圆球状晶体，尺寸较大，一般是由结晶性高分子材料从浓溶液中析出或由熔体冷却时形成的。球晶在正交偏光显微镜下可观察到其特有的黑十字消光或带同心圆的黑十字消光图像，如图 10.5 所示。

图 10.5 高分子球晶的正交偏光显微镜照片

球晶中，高分子材料分子链通常是沿垂直于球晶半径的方向排列的。当偏振光通过高分子球晶时就会发生双折射现象，将入射的偏振光分为两束振动方向相互垂直的偏振光，其振动方向分别平行和垂直于球晶的半径方向。由于在这两个方向的折射率不同，这两束光通过球晶的速度也不同，因而会产生相差而发生干涉现象，导致通过球晶某部分区域的光可以通过与起偏器正交的检偏器，而另一部分区域的光则不能，因此产生了球晶照片上明暗相间的黑十字现象。

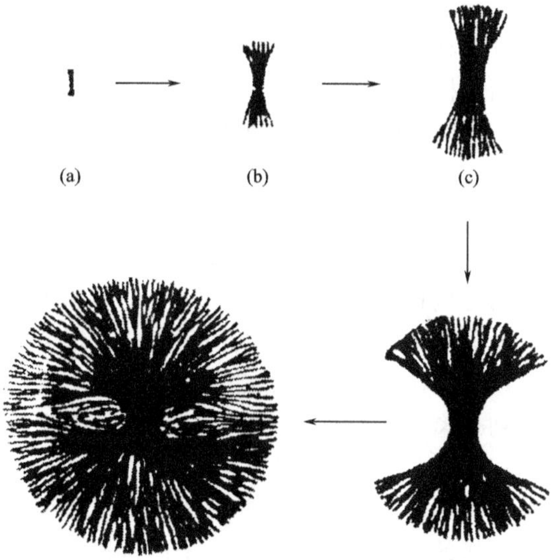

图 10.6 高分子球晶的生长过程示意图

球晶的生长过程如图 10.6 所示，一般认为球晶生成的初期是以折叠链晶片开始(图 10.6(a))，由于熔体迅速冷却或其他条件所限，这些小晶片来不及规整地堆砌成单晶，为了减小表面能而以某些晶核(多层片晶)为中心，逐渐向外扩张生长；经历捆束状阶段(图 10.6(b)～(c))之后同时向四周扭曲生长，形成填满空间的球状外形；最后生长成较大的尺寸(图 10.6(d)～(e))。在结晶程度较低时，球晶分散于连续的非晶区中，随着结晶度的提高，球晶在生长过程中会与相邻球晶相互碰撞，阻碍了球晶外缘的正常生长，从而互相挤压成为不规则的多面体。

(3) 伸直链晶片。伸直链晶片是由完全伸展的分子链平行规整排列而成的小片状晶体，晶体为折叠链结构，晶体中分子链的平行排列方向平行于晶面，晶片厚度基本与伸展的分子链长度相当，甚至更大。这种晶体主要形成于极高压力下，如聚乙烯在高压下进行熔融结晶或对熔体结晶进行加压热处理便可得到伸直链晶片，其电镜照片如图 10.7 所示。

(4) 纤维状晶和串晶。纤维状晶是在流动场的作用下使高分子材料分子链的构象发生畸变，成为沿流动方向平行排列的伸展状态，在适当的条件下结晶而成。纤维状晶由完全伸展的分子链组成，分子链的取向与纤维轴平行，在显微镜下观察时纤维状晶具有类似纤维的细长形状(图 10.8)。纤维状晶的长度可大大超过聚合物分子链的实际长度，说明纤维晶是由不同分于链连续排列而成。强烈搅拌结晶性聚合物的稀溶液，当结晶温度较低时可形成高分子材料串晶。

图 10.7　聚乙烯的伸直链晶片

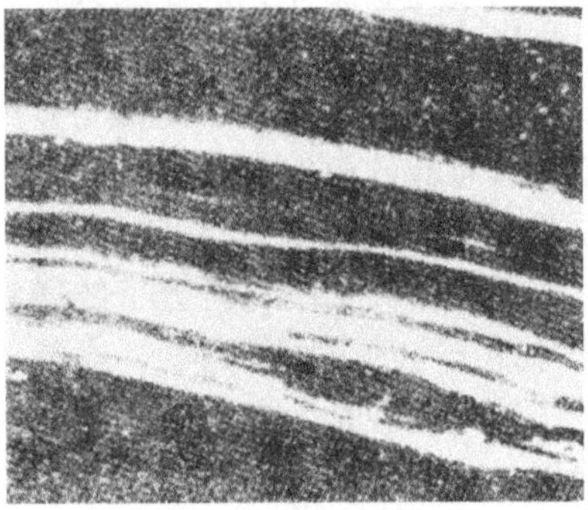

图 10.8　纤维状晶

3) 高分子材料的晶态模型

(1) 缨状胶束模型。缨状胶束模型是最早和最简单的高分子材料晶态模型，该模型认为结晶高分子材料中晶区与非晶区紧密混合，互相穿插，同时存在。晶区的分子链相互平行排列成规整的结构，而非晶区分子链的堆砌完全无序。其中晶区的尺寸较小，分子链的长度远大于晶区的长度，因此一条分子链可同时穿越数个晶区和非晶区，晶区在通常情况下是无规取向的。缨状胶束模型有时也称为两相结构模型。

(2) 折叠链模型。高分子材料晶体的折叠链模型，称为近邻规整折叠链模型，其后又几经修正发展为松散折叠链模型和插线板模型。

近邻规整折叠链模型认为高分子材料晶体中分子链是以反复平行折叠的形式排列的，每条分子链都在相邻的位置上再进入折叠结构，这样折叠时相连的链段在晶片中的空间排列总是相邻的，分子链折叠时其曲折部分所占的比例很小，结晶高分子材料中的非晶区是由分子链折叠时的曲折部分、分子链的末端以及分子链的一些错位结构所组成。近邻松散折叠链模型与近邻规整折叠链模型不同的是：该模型认为虽然分子链再进入折叠结构时也是发生在相邻位置，但其曲折部分并不是短小和规整的，而是松散和不规则的，它们构成了结晶高分子材料中的非晶区。

插线板模型则认为高分子材料晶体中相邻排列的两段分子链段并不像折叠链模型那样都是属于同一分子相邻接的链段，而可能是非邻接的链段或属于不同分子的链段。在形成多晶时，一条分子链可先在一个晶片中进入晶格，之后穿越非晶区。进入另一晶片排列，即使是再进入原来的晶片，其进入点也不在相邻位置上。

4) 高分子材料结晶过程的影响因素

(1) 分子链结构。高分子材料的结晶能力与分子链结构密切相关，分子结构越简单、对称性越高、立体规整性越好、取代基的空间位阻越小、分子链相互作用越强(如聚酰胺等能产生氢键或带强极性基团)的高分子材料越易结晶。如聚乙烯和聚四氟乙烯分子结构简单又具有很高的对称性，最容易结晶，几乎无法得到完全非晶态的高分子材料；若在分子链上引入大小或取代位置不同的侧基或侧链，破坏分子链的规整性，高分子材料的结晶能力就会大大下降；对于单取代乙烯基高分子材料，有全同、间同和无规立体构型，全同立构高分子能结晶，间同立构高分子有时能结晶，无规立构高分子不能结晶。

分子链的结构还会影响结晶速率，一般分子链结构越简单、对称性越高、取代基空间位阻越小、立体规整性越好，结晶速率越快。

(2) 温度。温度对结晶速率的影响极大，有时温度相差甚微，但结晶速率常数可相差上千倍。

(3) 应力。应力能促使分子链沿外力方向进行有序排列，可提高结晶速度。

(4) 分子量。对同种聚合物而言，分子量对结晶速率有显著影响，在相同条件下，一般分子量低的结晶速率快，结晶能力强。

(5) 杂质。杂质影响较复杂，有的可阻碍结晶的进行，有的则能加速结晶。能促进结晶的物质在结晶过程中往往起成核作用(晶核)，称为成核剂。高分子材料中成核剂的加入不仅可提高高分子材料结晶速率，还可增加晶粒数目，使高分子材料晶粒的尺寸减小，有利于获得透明度更高的聚合物材料。

5) 结晶对高分子材料性能的影响

结晶使高分子链规整排列，堆砌紧密，因而增强了分子链间的作用力，使高分子材料的密度、强度、硬度、耐热性、耐溶剂性、耐化学腐蚀性等性能得以提高，从而改善高分子材料的使用性能。但结晶使弹性、断裂伸长率、抗冲击强度等性能下降，对以弹性、韧性为主要使用性能的材料是不利的。如结晶会使橡胶失去弹性，发生爆裂。

3. 高分子材料的液晶态

液晶态是晶态向液态转化的中间态，既具有晶态的有序性(导致各向异性)，又具有液态的连续性和流动性。

根据形成条件的不同，液晶态分为热致性液晶和溶致性液晶。热致性液晶在受热熔融时形成各向异性熔体；溶致性液晶则在溶于某种溶剂后可形成各向异性的溶液。

能够形成液晶的高分子通常由刚性的介晶单元和柔性单元两部分组成，刚性介晶单元多由芳香族或脂肪族环状结构组成，柔性单元多由可以自由旋转的键连接而成的饱和链组成。刚性介晶单元可以是棒状的，也可以是盘状的，常见的刚性介晶单元结构如下：

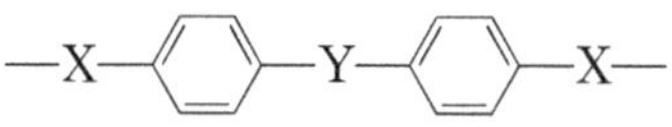

棒状刚性单元

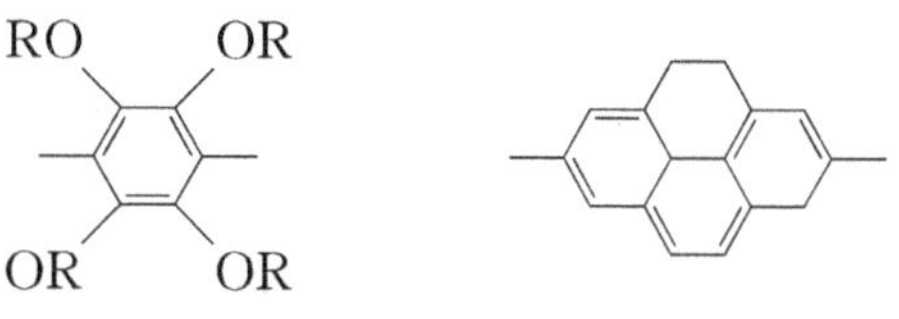

盘状刚性单元

式中，X=—O—，—COO—等；Y=—COO—，*p*—C_6H_4—，*trans*-CH=CH—，*trans*-N=N—，—CH=N—等。

根据刚性介晶单元在聚合物分子链中的位置，可分为主链型高分子液晶和侧链型高分子液晶，主链型液晶的刚性介晶单元在主链上，而侧链型液晶高分子的刚性介晶单元通过柔性的间隔基连接在非介晶的主链上。

高分子液晶根据其分子的排列形式和有序性可分为近晶型、向列型和胆甾型 3 种类型。

4. 高分子材料的取向态

在理想的无定形高分子材料中，其分子链构象是无规的，但在真实的高分子材料材料中，高分子材料分子链常常并不是完全无规的。在高分子材料成形过程中，由于不可避免的外力作用，高分子材料熔体中原本为无规线团的部分分子链或其中的部分链段就会沿外力方向进行优势的平行排列，如图 10.9 所示。

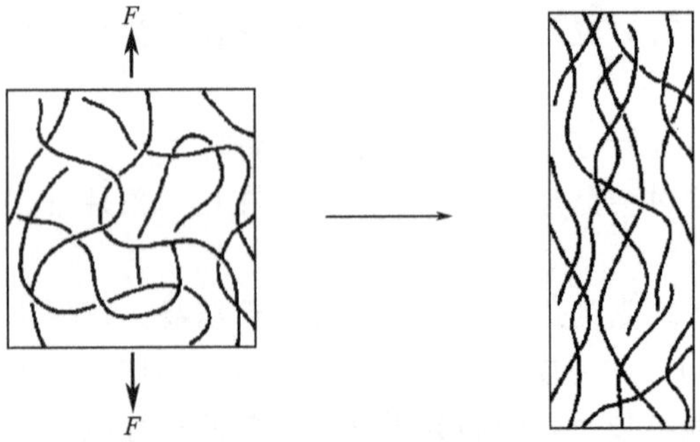

图 10.9 熔融聚合物取向示意图

高分子材料的分子链或链段在外力作用下沿外力方向上的优势平行排列称为取向，当将取向的高分子材料熔体迅速冷却至其 T_g 以下时，这种优势平行排列就被“冻结”，所得的局部有序结构称为高分子材料的取向态。

高分子材料的取向态与结晶态都是有序结构，但结晶态是三维有序的，而取向态是一维或二维有序的。未取向的高分子材料是各向同性的，即各个方向上的性能相同。而取向后的高分子材料，除其标量性能(如密度，比热容等)外，所有其他的物理性能都与其测试方向有关。随着取向度的增加，在取向方向上其共价键性能得到加强，表现高刚性、高强度、低热膨胀性等；而与取向方向垂直方向上的共价键性能减弱，所体现的性能更多是由范德瓦尔斯力作用所致，因而其性能反而有所减弱。即取向高分子材料是各向异性的，测试方向不同，材料性能也不同。

利用高分子材料取向结构的这种特性，可以有目的地对高分子材料施加外力作用使之在一定方向上进行取向以提高其力学性能。由于高分子材料分子链的取向必须通过链段运动才能实现，因此非晶态高分子材料的取向必须在高于其 T_g 下进行，而晶态高分子材料的取向必须在高于其 T_m 下进行。根据所加外力方式的不同，高分子材料的取向一般有单轴取向和双轴取向两种方式。

对于纤维材料只需要一维取向，经单轴拉伸即可。对于薄膜材料如果只单轴拉伸，在垂直拉伸方向上就很容易撕裂，且保存时还会产生不均匀收缩，用这样的膜制作胶片、磁带就会造成变形、录音失真等，所以常用的薄膜材料都必须双轴取向。

非晶态高分子材料的取向包括分子链取向和链段取向，链段取向可通过链段运动来实现，这种取向可在高弹态下进行；而分子链取向必须通过整个分子链中各链段的协同运动才能实现，只能在高分子材料处于黏流态时才能进行。结晶高分子材料取向时，除了其中的非晶区可发生链段取向与分子链取向外，其晶粒也会发生取向。

结晶高分子材料的取向过程实质上是球晶的变形过程。在拉伸过程中，球晶首先被拉成椭圆形，再继续拉伸变为带状结构，在球晶形变过程中，组成球晶的片晶之间发生倾斜、晶面滑移、转动甚至破裂，形成新的取向的折叠链结晶结构，也可能使原有的折叠链晶片部分地转变成分子链沿拉伸方向规整排列的伸直链结晶。

结晶高分子材料的取向可有两种途径：①将高分子材料在熔融状态下拉伸，然后使取向的熔体迅速结晶；②将球晶高分子材料在固态下进行拉伸。

高分子材料的拉伸取向结构是由链段运动所引起的，是热力学不平衡状态，因此可在升温条件下解取向，非晶态高分子材料的取向结构可在升温至其 T_g 附近时发生解取向，使分子恢复其无规线团状态，并收缩至其原来的尺寸，取向的结晶高分子材料也可发生相似的热收缩，但需加热到其熔点。

10.3.3 高分子材料共混物的形态结构

对于不同的加工条件和两相的组分，会得到不同的形态结构，从而对高分子材料的性能产生显著的影响。高分子材料共混物可以由两种或两种以上的组分组成。前已述及，对于热力学上相容的共混体系，有可能形成均相的形态结构，反之则形成两个或两个以上的多相体系，这种多相体系是共混高分子材料中最常见的。在多相体系中，存在连续相和分散相，通常含量多的组分为连续相，含量少的组分为分散相。随着分散相含量的增加，其形态从球状分散到棒状分散，当两组分的含量相近时，则形成层状结构，随着两种组分含量进一步变化。分散相和连续相将发生逆转，如图 10.10 所示。

图 10.10 非均相多组分高分子材料的织态结构模型

白色—组分 A；黑色—组分 B

本节中将针对双组分体系进行讨论，但也同样适用于多组分体系。

1）两种高分子材料均为非晶高分子材料

由两种非晶高分子材料构成的两相体系，按照相的连续性可分成 3 种基本类型：单相连续结构、两相共连续结构及相互贯穿的两相连续结构。其分别介绍如下：

（1）单相连续结构。单相连续结构是指构成高分子材料共混物的两个相或多个相只有一个连续相，其他的相分散于连续相中，称为分散相。其中分散相也可称为相畴，根据相畴的形状、大小以及与连续相的结合情况的不同，又可将单连续相分为 4 类：①相畴结构不规则，大小分布很宽。机械共混法得到的共混物通常是这种形态，如机械共混法制得的聚苯乙烯和聚丁二烯橡胶的共混物(图 10.11(a))。②相畴形状较规则，一般为球形，颗粒内部不包含或只包含极少量的连续相成分。如用梭基丁腊橡胶(CTBN)增韧的环氧树脂。在 SBS 中当丁二烯的含量较少(约 20%发)时，也会形成这种形态(图 10.11(b))。③相畴具有细胞状结构或香肠结构，在分散相颗粒中包含连续相成分所构成的更小颗粒，如图 10.11(c)所示，在分散相内部又可把连续相成分所构成的更小的包容物当作分散相，而构成颗粒的分散相则成为连续相。这时分散相颗粒的截面形似香肠，所以称为香肠结构。④相畴为片层状。分散相呈微片状分散于连续相基体中，当分散相浓度较高时，进一步形成了分散相的片层。如将阻隔性优异的聚酰胺成微片状均匀分散于聚乙烯中，可以得到阻隔性良好的共混物。

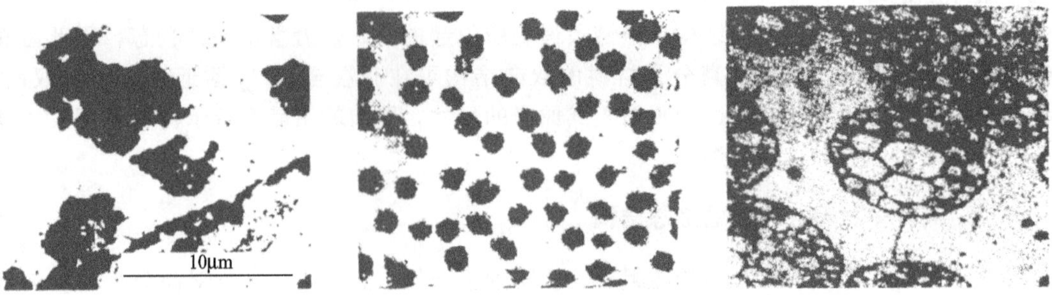

(a) (b) (c)

图 10.11 多相体系的单相连续结构

图 10.12 丁二烯含量为60%SBS的电镜照片

(2) 两相连续结构。这种形态可以分为两相共连续结构和相互贯穿的两相连续结构。两相共连续结构形态包括层状结构或互锁结构，嵌段高分子材料共聚物中当两组分含量相近时常形成这类结构。如SBS中当丁二烯含量为60%时即形成两相交错的层状结构，如图10.12所示。相互贯穿的两相连续结构的典型例子是互穿网络高聚物(IPNs)。在IPNs中两种高分子材料网络相互贯穿，使得整个共混物成为一个交织网络，两相都是连续的。如果两种组分的相容性不够好，则会发生一定程度的相分离，这种高分子材料网络的贯穿不是在分子水平上的，而是在相畴程度上。两组分的相容性越好，相畴越小。

2) 含结晶高分子材料共混物的织态结构

从广义上讲，结晶高分子材料也是一种多相体系，当结晶度较低时，晶区为分散相，非晶区为连续相；当结晶度较高时，晶区为连续相，非晶区为分散相；对于结晶-非晶或结晶-结晶共混体系，上述的原则也同样适用。但除了不相容的两组分的相态结构外，还需要考虑晶态结构、晶相同非晶相的织态结构因素，使得凝聚态结构的研究更加复杂(图10.13)。

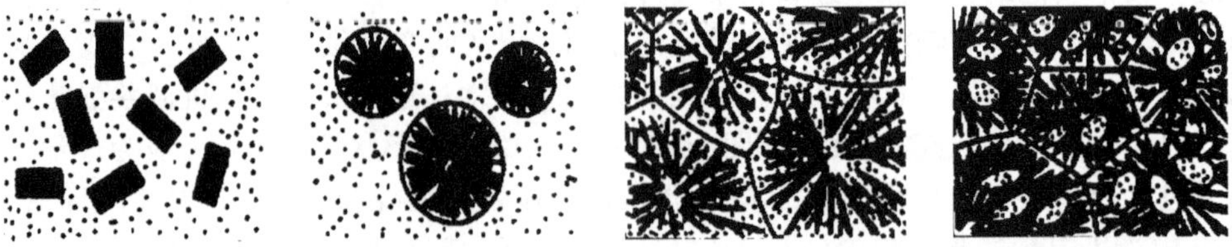

(a) 晶粒分散在非晶区 (b) 球晶分散在非晶区 (c) 非晶态分散于球晶中 (d) 非晶态集聚成较大的相畴分散在球晶中

图 10.13 晶态共混物形态结构示意图

3) 含液晶高分子的共混物

目前液晶高分子的应用除了用于高强度和高模量材料外，最重要的应用还有与一般的结晶或非晶高分子材料混合，用作增强材料。这一类材料以“分子复合材料”和“原位复合材料”为代表。

“分子复合材料”是将刚性棒状的高分子液晶分散到柔性链分子基体中，使它们尽可能地达到分子级的分散水平，高分子液晶类似于纤维增强复合材料中的纤维，起到增强和增韧的作用。已开发出的分子复合材料主要有两类：一类是酰胺类(如 kevlar)，为刚性分子；另一类是芳杂环类刚性分子；柔性链基体高聚物品种很多，目前已成功开发出对聚苯二甲酰对苯二胺/聚酰胺、聚苯并噻唑/聚 2，5 -苯并咪唑、聚对苯二甲酰对苯二胺/聚氯乙烯等高分子复合材料，都有很好的机械性能。

“原位复合材料”是将热致性液晶与热塑性树脂熔融共混，用挤塑和注塑等常用技术制造的。热致性液晶微纤起增强剂作用，它是在共混物熔体的剪切或拉伸流动时在基体树脂中原位形成的。它的增强形式在树脂加工前不存在，而是在加工过程中原位就地形成的。现在已实现了用亚微米直径的热致性液晶对热塑性树脂的原位增强。为了获得增强效果，必须考虑两个关键因素：一是要形成直径为 100nm、长径比足够大的热致液晶微纤；二是要在起增强作用的热致液晶微纤与被增强基体树脂之间形成足够强的界面相互作用。

4) 高分子共混物的界面

在共混高分子材料中，在两相之间还存在着一个过渡区，也就是界面层。界面层在两相之间起着传递应力的作用。界面层的结构，特别是两种高聚物之间的黏合强度，对高分子材料的性质，特别是力学性能有决定性的影响。一般认为界面层是通过两相的相互接触并且使大分子链段发生相互扩散而形成的，界面层的厚度主要取决于两种高分子材料的相容性，此外与高分子链的柔性、组成以及相分离条件也有关系。在界面层中可能存在着两种作用力：一是两相之间的化学键合力，如接枝和嵌段共聚物；另一种是物理作用力，如机械法得到的共混物。因此当用橡胶改进聚苯乙烯的力学性能时，用接枝的办法往往比机械共混的效果好。界面层无论是从结构还是从性能上都与单独的两相不同，因此常常把它看作第三相。

10.4 高分子材料的性能和断裂

高分子材料具有优良的物理化学性能，这些性能是其内部结构的具体反映。在 10.3 节高分子材料结构的基础上，继续了解高分子材料的性能特点和表征方法，为正确选择、合理利用高分子材料、改善现有高分子材料的性能、合成具有特定性能的高分子材料提供可靠的依据。

10.4.1 高分子材料的力学性能

高分子材料的力学性能是指其对外力作用的响应特性，包括高分子材料或其表面的变化、形变的可逆性、抗形变性能及抗破损性能等。

1. 表征高分子材料力学性能的物理量

1) 应力与应变

材料在外力作用下发生形变的同时，在其内部还会产生对抗外力的附加内力，以使材料保持原状，当外力消除后，内力就会使材料回复原状并自行逐步消除。当外力与内力达到平衡时，内力与外力大小相等，方向相反。单位面积上的内力定义为应力，用 σ 来表示。材料在外力作用下，其几何形状和尺寸所发生的变化称为应变或形变，通常以单位长度(面积、体积)所发生的变化来表征。材料的受力方式不同，发生形变的方式也不同，应力和应变的定义也有所区别。材料受力方式主要有简单拉伸、简单剪切及均匀压缩 3 种。

2) 弹性模量

弹性模量是指在弹性形变范围内材料产生单位应变所需应力的大小。分别对应于以下三种受力和变形的基本类型，聚合物材料的弹性模量定义如下：

拉伸模量(杨氏模量)E：　$E=\sigma/\varepsilon$　σ 为拉伸应力，ε 为相对伸长率

剪切模量(刚性模量)G：　$G=\sigma_S/\gamma$　σ_S 为剪切应力，γ 为剪切应变

体积模量(本体模量)B：　$B=P/\gamma_V$　P 为压力，γ_V 为压缩应变

弹性模量是材料刚性的一种表征，其中以拉伸模量和剪切模量较常用，而体积模量较少用。高分子材料弹性模量的高低取决于其链段运动的难易程度，而链段运动的难易程度与温度密切相关，因此高分子材料的模量受温度的影响显著。图 10.14所示为不同结构聚苯乙烯的模量与温度关系示意图。

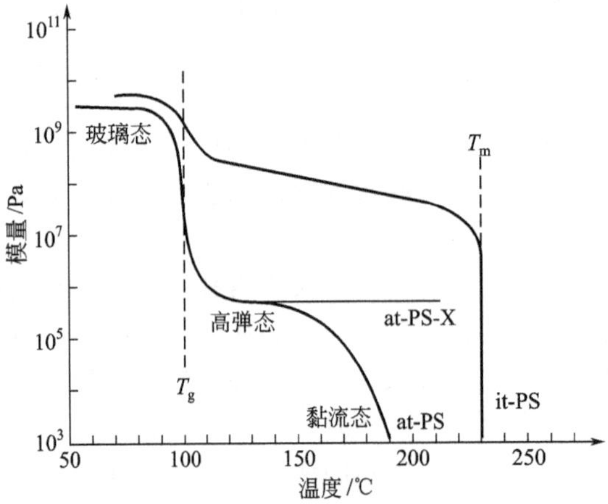

图 10.14　聚苯乙烯的拉伸模量对温度的依赖性

at－PS：无规聚苯乙烯；at－PS－X：轻度交联无规聚苯乙烯；it－PS：半结晶等规聚苯乙烯

当温度低于 T_g 时，由于链段运动被冻结，所有的玻璃态高分子材料都具有大小相近的模量(约为 10^9GPa)，随着温度升高，模量开始缓慢下降，当温度升高至 T_g 附近时，链段运动解冻，模量迅速下降。如果分子量足够高，对于非晶态的无规聚苯乙烯，其模量的下降将经历高弹态平台阶段，当温度继续升高时，高分子材料的模量又会迅速下降，开始进入黏流态；对于半结晶的等规聚苯乙烯，当温度接近 T_g 时，由于其中的非晶态区域较少，晶区起到物理交联点的作用，大大地限制了链段运动，因而其模量的下降并不像非晶态聚苯乙烯显著，在该温度范围内，结晶聚苯乙烯的模量明显高于非晶态聚苯乙烯，当温度继续升高时，随着晶区逐渐熔化，模量逐渐下降，当温度到达其熔点 T_m 时，晶区全部熔化，模量迅速下降，进入黏流态；对于轻度交联的无规聚苯乙烯，当温度升高至 T_g 附近时，其模量也会发生显著的下降，但由于化学交联的作用，分子链不会发生相对滑移，不会出现黏流态。

高分子量高分子材料之所以会出现高弹态平台区，是因为当温度刚过 T_g 时，分子链之间的纠缠作用可以阻碍分子链之间的滑移，使高分子材料仍然保持较高的模量；当温度再升高时，由于分子运动的动能大大增加，容易使分子链间的纠缠解离，结果导致模量下降。

3) 力学强度

当材料所受的外力超过材料的承受能力时，材料就会发生破坏。力学强度用来衡量材料抵抗外力破坏的能力，是指一定条件下材料所能承受的最大应力。

根据外力作用方式不同，主要有以下3种：

(1) 抗张强度(σ_t)：衡量材料抵抗拉伸破坏的能力，也称拉伸强度；

(2) 抗弯强度(σ_f)：也称挠曲强度或弯曲强度，抗弯强度的测定是在规定的试验条件下，对标准试样施加静止弯曲力矩，直至试样断裂；

(3) 冲击韧性(σ_i)：冲击强度也称冲击强度，定义为试样受冲击断裂时单位截面积所吸收的能量，是衡量材料韧性的一种指标。

一般拉伸实验的拉伸速度约为0.1m/s，而在日常生活中，材料遭受的形变速度要高得多。虽然可以采用高速拉伸(如拉伸速度高达250m/s)来测试材料抵抗高速形变的性能，但这样的拉伸设备成本昂贵，而冲击韧性的试验成本要低得多。有几种不同的方法测试材料的冲击韧性，其中最常用的是Charpy冲击试验和Izod悬臂梁式冲击试验。

冲击韧性可用于衡量高分子材料是否具有足够的能量吸收性能以应用于一些特殊场合，如饮料瓶或窗等。由于冲击韧性的测量值随温度的降低以及形变速度的升高而降低，因此为了准确地评价高分子材料的应用性能，测试其冲击韧性时的测试条件应尽量与其实际应用环境相近。

2. 高分子材料的高弹性

高弹态高分子材料最重要的力学性能是其高弹性。高分子材料的高弹性具有许多与金属等材料的普弹性显著不同的特性：①高弹态高分子材料弹性模量小，形变量很大。普弹形变的形变量都很小，一般不到1%，而高弹态形变的形变量大得多，可达1000%；②金属等普弹形变材料被拉伸时变冷，受热时膨胀；而高弹态聚合物被拉伸时发热，受热时收缩；③高弹态高分子材料的形变需要时间，形变随时间而发展直至最大形变。

高弹性与普弹性之所以有如此差别，在于其本质上的不同。普弹性在本质上属于能弹性，而高弹性本质上是熵弹性，是由熵变引起的。在外力作用下，高分子材料分子链由卷曲状态变为伸展状态，分子排列的规整性提高，熵减小，同时由于分子链间的距离减小，分子链间的相互排斥作用有所增加，使体系变得不稳定；当外力移去后，由于热运动，分子链自发地趋向熵增大的状态，分子链由伸展再回复卷曲状态，因而其形变具有可逆性。

高弹性是高分子材料材料作为橡胶的基本前提，要使高分子材料具有良好的高弹性，一般需具有以下基本条件：①具有高分子量，其分子长度是其直径的上万倍，在通常情况下，分子链总是呈卷曲状态；②分子链间的相互作用小，有利于产生大形变，分子间的相互作用越小，分子运动的阻力越小，越容易产生变形；③分子的对称小，不易形成结晶结构，因为晶区的存在会大大地限制聚合物分子的链段运动，不易产生大形变；④具有适度的交联结构，若没有交联结构，由于橡胶分子间的作用力小，聚合物分于在外力作用下会发生分子链的相对位移，这样的形变不能复原，也就不存在弹性。通过交联，由于分子链间有化学键连接，在外力作用只要不破坏化学键就不会发生分子链相对位移，其形变就可以恢复。随着交联密度的增大，高分子材料分子的链段运动受到的限制越大，模量越高，形变量越小，因此应根据实际情况适当调节交联度。

3. 高分子材料力学性能的影响因素

高分子材料的力学性能受多种因素的影响，可归纳为有利因素和不利因素。

1）有利因素

（1）高分子材料的结构。在高分子材料分子链上引入空间位阻大的取代基，主链中引入芳杂环，可增加链的刚性，分子链易于取向，力学强度增加；适度交联，有利于拉伸强度的提高；冲击强度的影响较复杂，分子链刚性的增大在很多情况下会使高分子材料的脆性增大，冲击强度降低，但是若分子链的构象有利于分子链在外力作用下快速取向，则可提高高分子材料的冲击强度。

（2）结晶和取向。结晶和取向可使分子链规整排列，增加其抵抗外力破坏的能力，使高分子材料的强度增大，但结晶度过高，可导致抗冲强度和断裂伸长率降低，使材料变脆。

（3）共聚和共混。共聚和共混都可使高分子材料综合两种以上均聚物的性能，可通过选择共聚或共混组分有目的地提高高分子材料的某方面性能，如聚苯乙烯是脆性材料，但将苯乙烯与丙烯腈共聚所得高分子材料的抗张强度和冲击强度都会有明显的提高。

（4）材料复合。高分子材料的强度可通过在高分子材料中添加增强材料得以提高。如由浸渍了不饱和树脂的玻璃纤维织物经层压成形制得的玻璃钢，其抗张强度可达到甚至超过钢材，其中的玻璃纤维即为增强材料。

2）不利因素

（1）应力集中。若高分子材料中存在某些缺陷，受力时，缺陷附近局部范围内的应力会急剧增加，称为应力集中。应力集中首先使其附近的高分子链断裂和相对位移，然后应力再向其他部位传递，进而其他部位的分子链相继断裂，最终导致材料断裂。应力集中使材料的性能大大下降，就如同撕布料时，先剪个缺口，缺口就成为应力集中点，撕裂时就很容易从缺口处撕裂开来。

缺陷的产生原因多种，如高分子材料中的小气泡、生产过程中混入的杂质、聚合物收缩不均匀而产生的内应力等。

（2）惰性填料。有时为了降低成本，在高分子材料中加入一些只起稀释作用的惰性填料，如在高分子材料中加入的粉状碳酸钙，惰性填料往往使高分子材料材料的强度降低。

（3）增塑。增塑剂的加入可使材料强度降低，只适于对弹性、韧性的要求远甚于强度的软塑料制品。

（4）老化。高分子材料在加工和使用过程中发生的老化可使高分子材料的强度下降。

4. 高分子材料的力学松弛

在外力作用下，理想弹性体(如弹簧)的平衡形变是在瞬间达到的，与时间无关；而理想黏性流体(如水)的形变则随时间线性发展。高分子材料的形变与时间有关，但又不成线性关系，其形变与时间的关系介乎理想弹性体和理想黏性体之间，高分子材料的这种性能称为黏弹性。

高分子材料的力学性能随时间的变化统称为力学松弛。最基本的力学松弛现象包括蠕变、应力松弛等。聚合物的蠕变和应力松弛性能可用来表征高分子材料的尺寸稳定性。其分别介绍如下：

（1）蠕变。蠕变是指在恒温下对高分子材料快速施加较小的恒定外力时，材料的变形随时间而逐渐增大的力学松弛现象，如挂东西的塑料绳慢慢变长。高分子材料的蠕变性能与其结构密切相关，柔性链高分子材料的蠕变较明显，而刚性高分子材料的蠕变较小；分子量的增大、交联度的提高有利于减弱蠕变现象，温度升高、外力加大可使蠕变增大。高分子材料的蠕变性能对于需长期承受负荷的聚合物的选择特别重要。

高分子材料在外力作用所发生的蠕变包含普弹形变、高弹形变和黏性流动 3 个部分。

(2) 应力松弛。应力松弛是指在恒定温度和形变保持不变的情况下，高分子材料内部的应力随时间增加而逐渐衰减的现象。如用塑料绳绑捆东西，时间久了会变松。这是由于当高分子材料被拉长时，高分子构象处于不平衡状态，它会通过链段沿外力方向的运动来减少或消除内部应力，以逐渐过渡到平衡态构象。由于应力松弛是通过分子运动产生的，因此与温度相关。当温度高于高分子材料的 T_g 时，高分子材料分子的链段运动充分发展，应力松弛很快，几乎观察不到；当温度低于 T_g 时，链段运动被冻结，应力松弛过程很慢，也难以觉察；只有当温度处于玻璃态向高弹态转变的过渡区域内时，应力松弛才较明显。

10.4.2 高分子材料的断裂

高分子材料的断裂与强度是与其使用性能丧失有关的一类问题。高分子材料在各种使用条件下所能表现出的强度和对抗破坏的能力是其力学性能的重要方面。

1. 断裂类型

图 10.15 所示为韧性高分子材料被拉伸时的典型应力-应变曲线。

可见，在曲线上有一个应力出现极大值的转折点 Y，称为屈服点，对应的应力称屈服应力(σ_y)。在屈服点之前，特别是在应变比较小(如<1%)时，应力与应变基本成正比关系，材料的形变符合胡克弹性。经过屈服点后，继续拉伸时，热塑性高分子材料常常会出现“细颈”现象，即被拉伸试样的截面积突然减小，应力随之下降。“细颈”总是从靠近夹具的地方开始发展，因为夹具的作用，该处应力最集中。“细颈”现象也称为“冷拉伸现象”，弹性体拉伸时不会产生“细颈”现象。继续拉伸，细颈部分持续发展，但截面积保持不变，拉伸应力基本不变。当材料继续被拉伸时，由于分子链在拉伸方向上发生取向，从而对继续形变产生抵抗，应力又再增加，直至试样断裂，材料发生断裂时的应力称断裂应力(σ_b)，相应的应变称为断裂伸长率(ε_b)。若材料的断裂发生在屈服点之前，则为脆性断裂；在屈服点后发生的断裂称为韧性断裂。

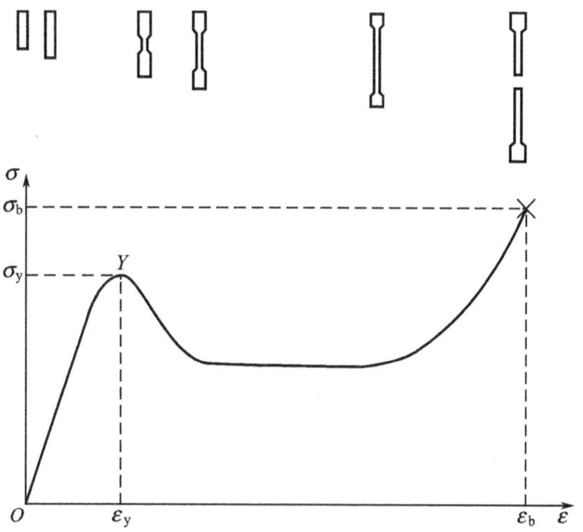

图 10.15 韧性高分子材料拉伸的应力-应变曲线

2. 断口形貌

试样或构件的断面经历了材料在外界服役条件下的整个断裂过程，每一断面上的形貌、轮廓线和粗糙度等特征，真实地记录了有关断裂过程的珍贵资料，因此通过对试样或构件的断口分析，可查找导致断裂产生的原因，探寻断裂的性质及机理。同时断裂过程又与材料的成分、结构等特征有关，因而材料断口分析的方法也可用来探讨材料成分、结构等特征与材料性能之间的关系，为材料设计、加工等提供指导。

1）断口分析实验方法

高分子材料的断面易受环境温度、介质的影响，随断口放置时间延长，其断面形貌特征可能改变，因此断口分析应尽快进行。高分子材料断口必须进行清洗时，不能采用有机溶剂，可用清水清洗、风干。体视显微镜下观察分析断口时，应注意长时间的热光源照明可能会导致断口熔化。

高分子材料的微观断口分析可采用投射复型法，但通常采用扫描电镜法。高分子材料一般不导电，因此要在试样断面上喷镀导电层。喷镀导电层的方法一般有离子溅射法和真空蒸发法。断口通常不经过任何处理直接喷镀导电层，以使断面的原始形貌特征尽可能完整的保留下来，但有时先将试样断面进行溶剂溶蚀处理或离子刻蚀以增加图像反差或作特殊的观察分析。如对弹性体增韧高分子材料，通过刻蚀处理将弹性体溶去后观察分析弹性体及基体的变形断裂机理。刻蚀处理过的断面形貌或多或少地偏离了真实的断面形貌特征，是否选用该法要慎重考虑。

用SEM观察分析高分子材料断面时，尽量选用较低的加速电压，一般不超过20kV，否则在较高的电压下，电子流易使样品表面升温熔化而破坏断面形态。

2）典型断口形貌特征

（1）镜面区。典型脆性玻璃态无定形高分子材料(PS、PMMA)的断面上通常可观察到宏观上平整而高度反光的区域——镜面区。镜面区在自然光照射下，可出现彩色光晕，低倍下，镜面区通常观察不到特征花样。但高倍下，PS镜面区的每一平面(对应单一银纹)除存在无特征区外(图10.16(a)，(b))，还可观察到两种剥离特征花样：不规则剥离花样(图10.16(a))和长条形剥离花样(图10.16(c))，随离无特征区距离增大，剥离花样越来越细密。

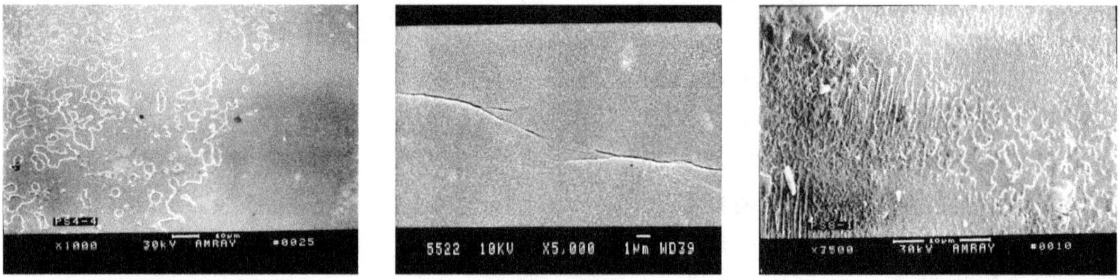

(a) 无特征区和无规则剥离花样　(b) 无特征区放大　(c) 长条形剥离花样

图10.16　PS镜面区上高倍特征

无定形玻璃态高分子材料的镜面区形成机制，许多学者都采用“撕布”模型来进行解释，认为外力作用下，裂纹尖端塑性区内的分子链逐渐取向、滑移或断裂，使裂纹沿银纹中脊缓慢向前扩展而形成镜面区。

（2）抛物线形貌。很多高分子材料断面上存在抛物线形态，抛物线的顶点逆指向裂纹扩展方向。大量观察统计的结果将高分子材料断面上的抛物线形貌分为两类：Ⅰ型抛物线，一般在脆性断口上出现，其两匹配断面上对应的抛物线特征花样凹凸正好相配(图10.17(a))；Ⅱ型抛物线通常在韧性断面上出现，其两匹配断面上对应的抛物线特征都呈凹向(图 10.17(b))。同一材料在不同的试验条件下，两种类型的抛物线都可能出现。

在两种抛物线形态的焦点上都可观察次级断裂源(图 10.17(c)、(d))，表明其形成机理类同，都是次级裂纹萌生扩展的结果。

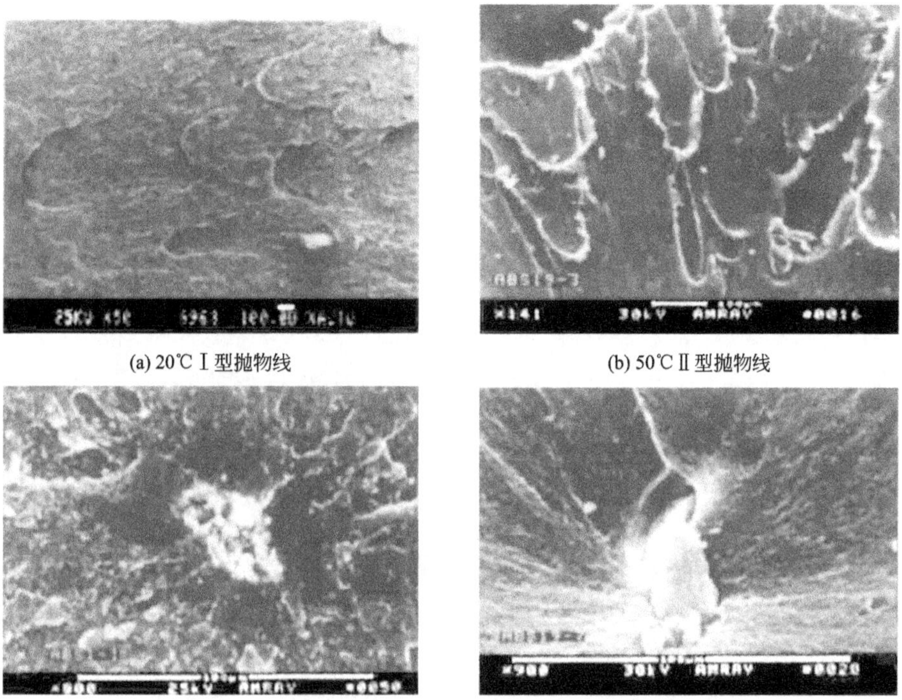

(a) 20℃ Ⅰ型抛物线　(b) 50℃ Ⅱ型抛物线

(c) 20℃ Ⅰ型抛物线焦点放大　(d) 50℃ Ⅱ型抛物线焦点放大

图 10.17　抛物线形貌(ABS)

(3) 纤维形态。高分子材料在外力作用下的破坏过程一般都经历了分子链取向(形成银纹或剪切带)及取向分子链束的破坏。后一过程产生的机制可能是构成分子链束的分子链断键，也可能是分子链间解缠、滑移分离的结果。脆性无定形玻璃态高分子材料，如PS，在断口上很难直接观察到分子链间滑移分离下的纤维(束)形貌特征。已有的研究中发现，一定试验条件下，PS 断面上靠近断裂源的区域，可观察到图 10.18 所示的纤维(束)形貌特征，随试验温度增高或裂纹扩展速度降低，纤维形貌特征越来越多，且纤维越细、越长。纤维形貌可能是两分离面间分子链滑移分离的结果，也可能是同一平面上基体树脂在横向拉应力(σ_{22}、σ_{33})作用下撕裂分离而成。图 10.18(d)所示为 PC 基体在横向应力作用下撕裂分离形成纤维(束)形态的过程。

高分子材料的分子链间解缠、滑移分离过程与其运动能力有关，随温度升高或裂纹扩展速度降低，分子链间的解缠、滑移分离越易进行，因而较高试验温度或较低裂纹扩展速度下的断面纤维形态越多。

(4) 周期条纹。在无定形玻璃态高分子材料冲击断面上有时可观察到图 10.19 所示的周期性条纹，每一条纹间距相同。可认为周期性条纹的形成是弹性应力波在银纹中传播并与裂尖干涉作用的结果。应力波在银纹的两界面上传播，当应力波达到某一银纹/基体界

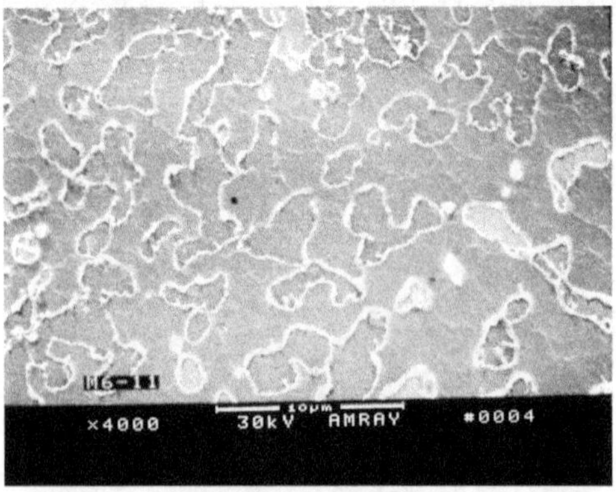

(a) PS,20℃冲击断面

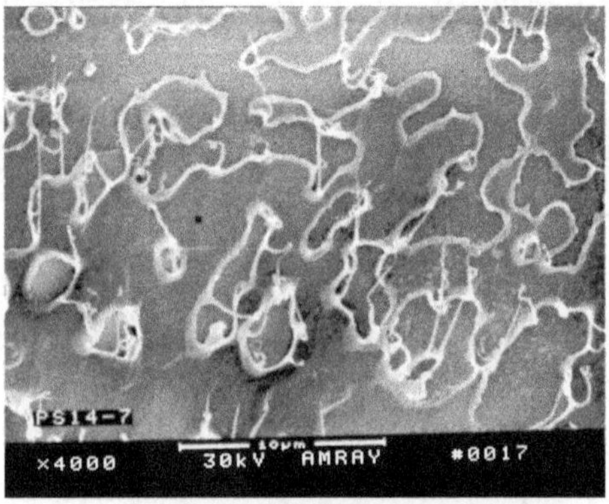

(b) PS,50℃冲击断面

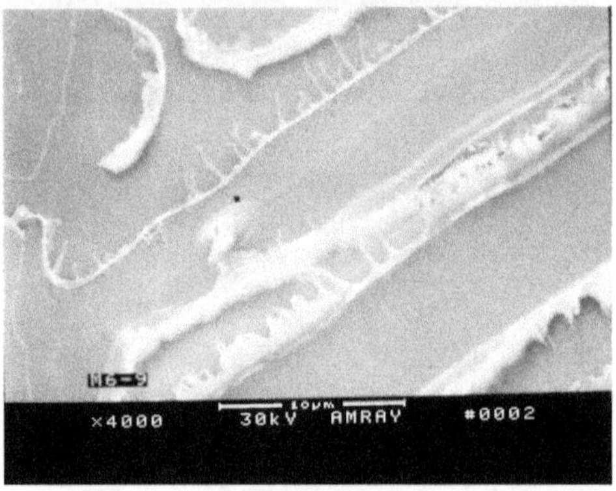

(c) PS,20℃冲击断面

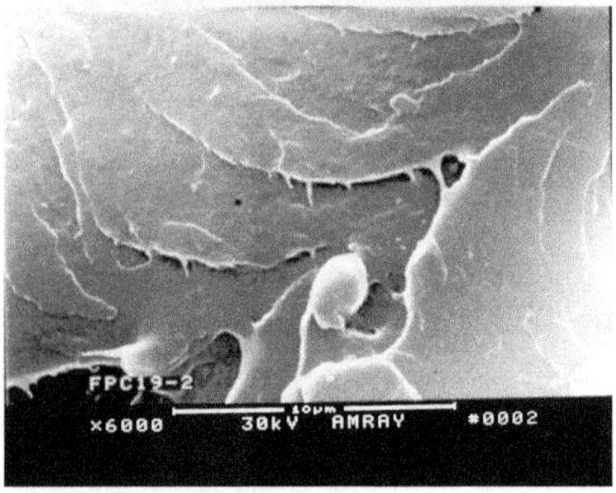

(d) GFPC 冲击断面

图 10.18　脆性无定形玻璃态高分子材料断面纤维(束)形貌

面上时，由于应力叠加作用，使该界面上的银纹/基体破裂或弱化，裂纹沿该界面扩展，当应力波传播到另一银纹/基体界面上时，同样的作用使裂纹沿该银纹/基体界面扩展，形成周期剥离花样，由于应力波传播反射间距相等，体现出周期条纹间距相等。

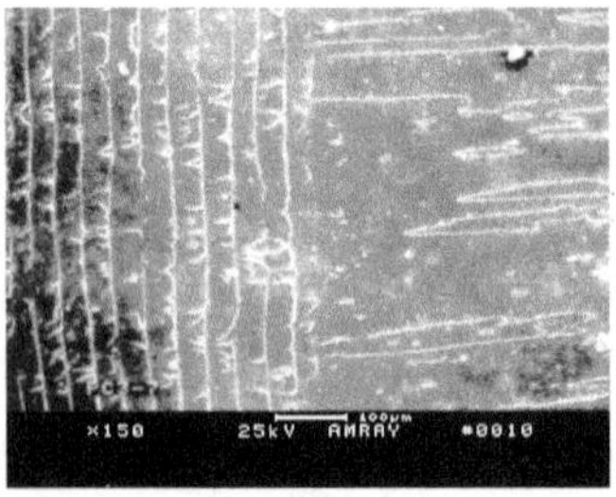

(a) PC 冲击断面上周期条纹

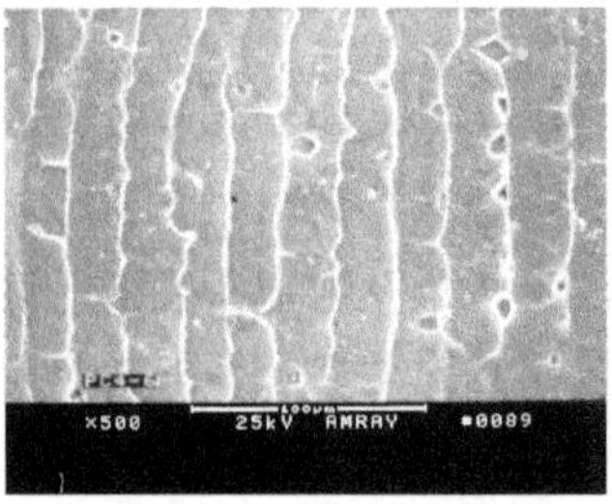

(b) 条纹由高、低平面交替组成

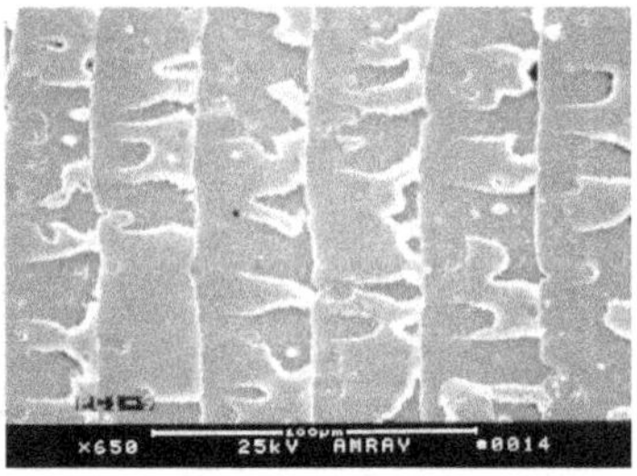

(c) 条纹上的一些特征花样

图 10.19　无定形玻璃态 PC 冲击断面上的周期条纹(箭头指示裂纹方向)

(5) 肋状形貌。玻璃态无定形高分子材料脆断面上，紧接着起裂平坦区往往出现肋状形态(图 10.20)。两匹配断面上的肋状形态特征相对应，每一肋状结构的前部为粗糙带，后部为光滑区。随裂纹扩展，肋状形态的间距越来越小。肋区形态特征及形成条件有如下特点：①一完整的肋条形态由粗糙区和平坦区交替构成，粗糙区在前，光滑区在后；②粗糙区由众多高低不平的小平面组成，其上可能存在银纹破裂特征——剥离花样或次级断裂形貌，也可能观察不到上述特征；③光滑区上通常可观察到银纹剥离花样或次级断裂形貌，随裂纹扩展，剥离花样或抛物线形态越来越细密，对应的裂纹扩展速度越来越快；④肋状形态是在一定条件下形成的，对于脆性材料，其易在高温断面上出现；而对韧性材料，其在较低的温度下易出现，当温度降低到某临界值以下时，断面上观察不到肋区形态。

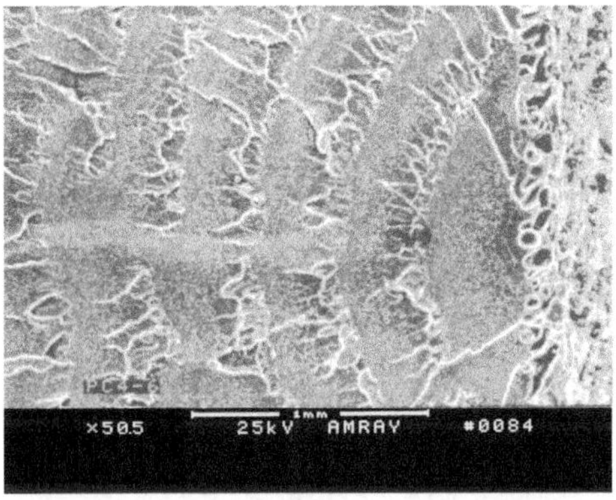

(a) 肋区形态

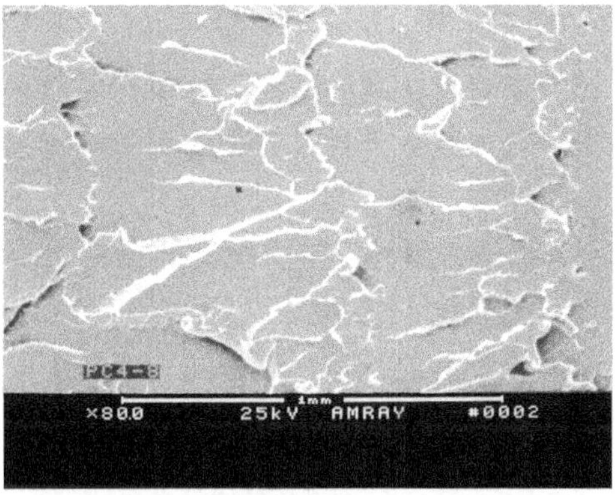

(b) 图(a)放大，粗糙区不同平面交汇形成平坦区

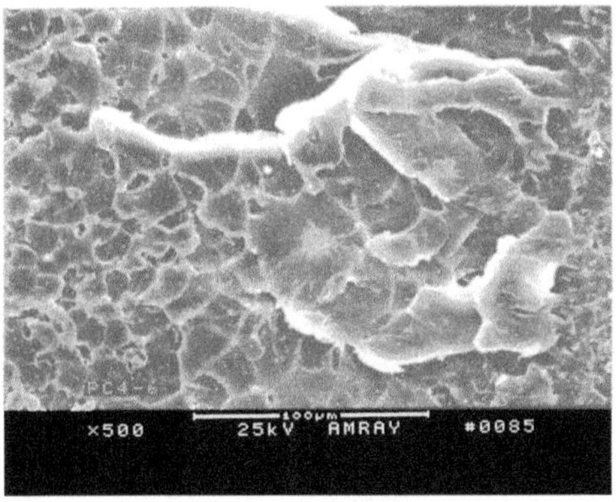

(c) 粗糙区上次级断裂特征

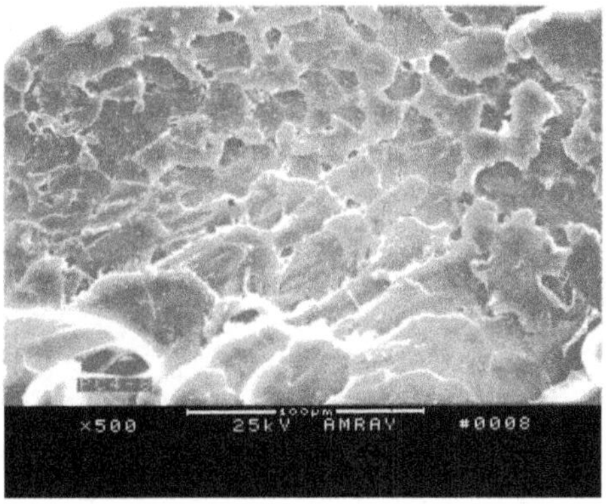

(d) 平坦区上次级断裂特征

图 10.20　PC 冲击断面肋区形态(裂纹从右至左扩展)

10.4.3　高分子材料的耐热性能

高分子材料的耐热性包含两方面：热变形性——受热时外观尺寸的改变；热稳定性——耐热降解、热氧化性能。

1. 热变形性

大多数应用场合要求高分子材料在受热条件下具有良好的外观尺寸稳定性，这就要求高分子材料在受热条件下不易发生形变，而形变小的高分子材料必然处于玻璃态或晶态，高弹态高分子材料即使在很小外力作用下也可产生大形变，不可能具有良好的耐热变形性。高分子材料的 T_g 或 T_m 越高，意味着其转变为高弹态的温度也越高，耐热变形性越好。而高分子材料的 T_g 或 T_m 与其分子链结构和聚集态结构密切相关，为了获

得高的 T_g 或 T_m，必须使其分子链内部及分子链之间具有强的相互作用，为此可有以下几条途径：

(1) 增加结晶度；

(2) 增加分子链刚性：引入极性侧基，在主链或侧基上引入芳香环或芳香杂环；

(3) 使分子间产生适度交联：交联聚合物不熔不溶，只有加热到分解温度以上才遭破坏。

2. 热稳定性

高分子材料在高温条件下可能产生两种结果：降解和交联。两种反应都与化学键的断裂有关，组成高分子材料分子的化学键能越大，耐热稳定性越高。为提高耐热性，应采取如下措施：

(1) 尽量避免分子链中弱键的存在；

(2) 在主链结构中引入梯形结构，因为在环结构中破坏其中的某一个键并不会导致高分子材料分子量的下降，而在同一个环中同时断裂两个键的可能性很低，因此主链上含有环结构的高分子材料，其热稳定性较高；

(3) 在主链中引入 Si、P、B、F 等杂原子，即合成元素有机高分子材料。

高分子材料的热稳定性通常采用热分析手段进行评价，常用的是热重分析法(TGA)，它测试的是高分子材料在等速升温过程中的质量损失，测试所得的谱图是由试样的质量残余率对温度的曲线(称为热重曲线，TG)或试样的质量残余率随时间的变化率对温度的曲线(称为微商热重法，DTG)组成。

习　题

1. 解释下列名词：

高分子，重复单元，结构单元，单体单元，聚合度，碳链高分子，杂链高分子，元素有机高分子，均相高分子共混物，非均相高分子共混物，连锁聚合，逐步聚合，自由基聚合，离子聚合，配位聚合，应力，应变，弹性模量，抗张强度、抗弯强度、冲击韧性、蠕变、应力松弛、脆性断裂、韧性断裂。

2. 塑料、纤维、橡胶、涂料、胶粘剂和功能高分子材料各具有什么特点及主要应用领域是什么？

3. 为什么自由基聚合可以双基终止而离子聚合不可以双基终止？O_2、H_2O、CO_2 可以作为何种聚合的阻聚剂或终止剂？

4. 高分子共混物的制备有哪些方法？各具有什么特点？

5. 什么是高分子材料的聚集态？高分子材料的聚集态主要有哪些类型？

6. 结晶性高分子材料和晶态高分子材料有何区别？高分子材料结晶过程主要受哪些因素影响？

7. 如何得到取向的高分子材料？取向对高分子材料的性能有何影响？

8. 高分子共混物的形态结构有哪些类型？各具有哪些特点？

9. 高分子材料的高弹性有哪些特性?

10. 高分子材料力学性能的影响因素有哪些?

11. 高分子材料典型断口形貌特征有哪些? 各具有什么特点?

第11章 复合材料

本章教学要点

知识要点	掌握程度	相关知识
复合材料增强体	了解复合材料增强体的概念、分类	复合材料基体的概念、分类
金属基复合材料，陶瓷基复合材料，聚合物基复合材料	了解金属基复合材料，陶瓷基复合材料，聚合物基复合材料的性能特点，发展概况	金属材料，陶瓷材料，高分子材料性能特点

11.1 复合材料概论

11.1.1 复合材料的发展概况

20世纪60年代以来，随着科学技术的发展，对材料的性能要求越来越高，在许多方面，传统单相材料的性能已不能满足实际的需求。这就促进人们研究制备出由多相组成的复合材料，以提高材料的性能。把两种材料结合在一起，发挥各自的长处，又在一定程度上克服各自固有的弱点，这统称为复合材料。例如玻璃或纤维有高弹性模量和高强度，而塑料有好的塑性容易加工成形，把这两者结合起来，就产生了玻璃钢或碳纤维增强复合材料。陶瓷材料(碳化物或氧化物)硬度很高耐磨性很好，可是不容易加工成形，当它们用金属黏合(通过烧结)起来，即形成硬质合金，这是金属和陶瓷复合材料。

在复合材料中，通常有一相为连续相，称为基体；另一相为分散相，称为增强材料。分散相是以独立的形态分布在整个连续相中，两相之间存在着相界面。分散相可以是增强纤维，也可以是颗粒或弥散的填料。复合后的产物必须为固体材料。复合材料既可以保持原材料的某些特点，又能发挥组合后的新特征，它可以根据需要进行设计，从而达到使用要求的性能。

由于复合材料各组分之间可取长补短、协同作用，因此它弥补了单相材料的缺点，改进了单相材料的性能，甚至产生了单一材料所不具有的新性能。复合材料的诞生和发展，是现代科学技术不断进步的结果，也是材料设计方面的一个突破。它综合了各种材料如纤维(晶须)、树脂、橡胶、金属、陶瓷等的优点，按需要设计，复合成为综合性能优异的新材料。

随着航空航天技术的发展，对结构材料的比强度、比模量、耐热性和加工性能要求都越来越高。针对不同的需求，开发出了高性能树脂基先进复合材料，以后又出现了金属基和陶瓷基先进复合材料。

经过20世纪60年代末期使用，树脂基高性能复合材料已用于飞机的承力结构，后又逐步进入其他工业领域。其增强体纤维有碳纤维、芳纶等。70年代末期开发出了用高强度、高模量的耐热碳纤维和陶瓷纤维与金属复合，特别是与轻金属复合的金属基复合材料，该材料克服了树脂基复合材料耐热性差、导热性低等缺点，具有耐疲劳、耐磨损、高阻尼、不吸潮、热膨胀系数低等优点，已经广泛应用于航空航天等高科技领域。80年代开始，逐渐研制出陶瓷复合材料。该材料是用陶瓷纤维补强陶瓷基体以提高韧性，克服了陶瓷材料脆性高的缺点，其主要应用目标是用于制造燃气涡轮叶片和其他耐热部件。复合材料因其具有可设计的特点受到重视，发展很快，已使其与金属、陶瓷、聚合物等材料并列为重要材料。

11.1.2 复合材料的命名和分类

复合材料的分类方法很多，可根据增强材料与基体材料的名称来命名。将增强材料放在前面，基体材料的名称放在后面，再加上"复合材料"。例如，玻璃纤维和环氧树脂构成的复合材料称为"玻璃纤维环氧树脂复合材料"。为书写简便，也可仅写增强材料和基体材料的缩写名称，中间用斜线隔开，后面再加"复合材料"。如上述玻璃纤维和环氧树脂构成的复合材料，可写作“玻璃/环氧树脂复合材料”。有时为突出增强材料或基体材料，根据强调的组分不同，也可简称为“玻璃纤维复合材料”或“环氧树脂复合材料”。碳纤维和金属基体构成的复合材料称为“金属基复合材料”，也可称为“碳/金属复合材料”。碳纤维和碳构成的复合材料称为“碳/碳复合材料”。

按基体材料分类，复合材料可分为如下几类：

(1) 聚合物基复合材料，其中含有热固性树脂基复合材料、热塑性树脂基复合材料和橡胶基复合材料；

(2) 金属基复合材料，其中含有轻金属基复合材料、高熔点金属基复合材料及金属间化合物基复合材料；

(3) 无机非金属基复合材料，其中包括陶瓷基复合材料、碳基复合材料及水泥基复合材料。

按不同增强体形式分类，复合材料可分为如下几类：

(1) 颗粒增强复合材料，其中包括微米颗粒增强和纳米颗粒增强复合材料。

(2) 纤维增强复合材料，其中包括连续纤维复合材料和不连续纤维复合材料。

(3) 片材增强复合材料，其中包括人工晶片和天然片状物增强复合材料；

(4) 叠层复合材料。

11.2 复合材料的增强体

复合材料一般由基体和增强体两部分组成，连续的一相为基体，处于基体中的不连续相为增强体。根据材料性质的不同，基体可以是金属或合金，可以是高分子材料，也可以是陶瓷材料，主要起连接增强物和传载作用。增强体根据其外观形态不同分成纤维（长纤维、短纤维）、晶须（细小单晶）、片状、球状或颗粒状。这些增强体可以由石墨、陶瓷及金属构成，在结构复合材料中主要起承载作用。

11.2.1 增强体的概念

增强体是复合材料中能提高基体材料力学性能的组元物质，是复合材料的重要组成部分，它可以起着提高基体的强度、韧性、模量、耐热、耐磨等性能的作用。随着复合材料的发展和新的增强体品种的不断出现，用于复合材料的增强体的范围不断扩大，主要有高性能的纤维、晶须、金属丝、片状物和颗粒等。连续长纤维具有很高的强度、模量，是先进复合材料选用的主要增强物，如碳(石墨)纤维、硼纤维、碳化硅纤维等。其中发展最快、已大批量生产和应用的增强纤维是碳纤维，它的最高拉伸强度已达7000MPa(日本东丽公司生产)，密度只有$1.8g/cm^3$，断裂伸长率2%；碳纤维的最高模量已达900GPa(美国杜邦公司生产的P130石墨纤维)，密度为$2.19g/cm^3$，热导性比铜高3倍，热膨胀系数为$-1.5\times10^{-6}/℃$。这样优良的力学、物理性能将对复合材料的性能起重要作用。

作为复合材料的增强体应具有以下基本特性：

(1) 增强体应具有能明显提高基体某种所需特性的性能，如高的比强度、比模量、高热导率、耐热性、耐磨性、低热膨胀性等，以便赋予基体某种所需的特性和综合性能。

(2) 增强体应具有良好的化学稳定性。在复合材料制备和使用过程中，其组织结构和性能不发生明显的变化和退化，与基体有良好的化学相容性，不发生严重的界面化学反应。

(3) 与基体有良好的润湿性，或通过表面处理后能与基体良好地润湿，以保证增强体与基体良好地复合和分布均匀。

11.2.2 增强体的分类及原理

用于复合材料的增强体品种很多，根据复合材料的性能需要，主要分为以下几种。

1. 纤维类增强体

在复合材料中，纤维增强的复合材料占有最重要的位置，因此在一般概念中讲复合材料实际上就是指纤维增强的复合材料。将强的刚硬的脆性纤维和塑性较好的基体复合在一起，可使材料具有很好的力学性能，如强度、刚度(特别是比刚度、比强度)、疲劳抗力等都很高。纤维增强的复合材料中，纤维承受了绝大部分外载荷，而基体只是将力传给纤维，并保持一定的塑性和韧性。

纤维类增强体有连续长纤维和短纤维。连续长纤维的连续长度均超过数百米。纤维性能有方向性，一般沿轴向均有很高的强度和弹性模量。连续纤维中又分为单丝和束丝，碳(石墨)纤维、氧化铝纤维和碳化硅纤维(烧结法制)、氮化硅纤维等是以500～1200根直径为5.6～1.4μm的细纤维组成束丝作为增强体使用。而硼纤维、碳化硅纤维(CVD法制)是以直径为95～140μm的单丝作为增强体使用。连续纤维制造成本高、性能高，主要用于高性能复合材料。

短纤维连续长度一般几十毫米，排列无方向性，一般采用生产成本低、生产效率高的喷射方法制造。其性能一般比长纤维低。在使用时可先将短纤维制成预制件，再用挤压铸造、压力浸渗、泥浆渗透等方法制造出短纤维增强复合材料。主要的短纤维有硅酸铝纤维、氧化铝、碳纤维、氮化硼纤维等，制成的复合材料无明显的方向性。

2. 连续长纤维增强的复合材料力学性能

纤维增强的复合材料中，纤维承受了绝大部分外载荷，而基体只是将力传给纤维，并保持一定的塑性和韧性。下面从力学上来分析纤维增强的原因。

就纤维的长度和分布而言，有连续的长纤维和不连续的短纤维两种，不连续的短纤维又可能是定向排列的或者是任意排列的，这3种纤维排列的示意图如图11.1所示，它们对力学性能的影响也是不一样的。

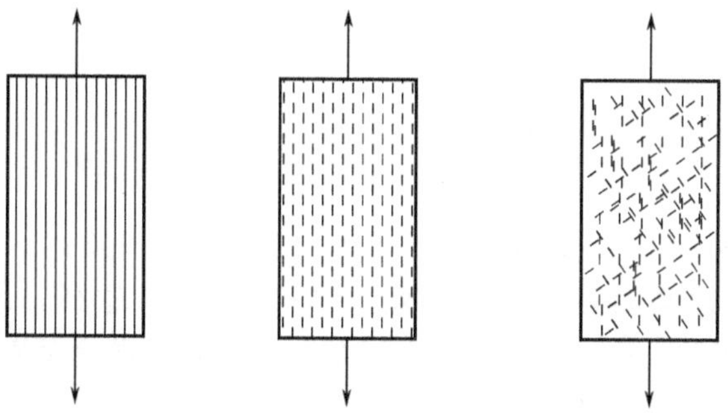

(a) 连续的长纤维　(b) 定向排列的短纤维　(c) 任意排列的短纤维

图11.1　3种纤维增强的复合材料

首先讨论连续长纤维对复合材料力学性能的影响。

对纤维增强的复合材料，有混合定则可以预测复合材料的密度 ρ、热导率 k 和电导率 σ，其表达式为

$$\rho_c = f_m \rho_m + f_f \rho_f$$

$$k_c = f_m k_m + f_f k_f$$

$$\sigma_c = f_m \sigma_m + f_f \sigma_f$$

式中，下角标 c 表示复合材料；而下角标 m、f 分别表示基体和纤维；f 表示体积分数。混合定则不仅适用于纤维增强的复合材料，也同样适用于颗粒状的复合材料。对复合材料密度和热导率的理论预测和实验测定值符合得很好。

以上只是就材料的物理性能而言，混合定则能否用于理论计算复合材料的力学性能，要看具体情况。力学上考虑复合材料变形时，作了一些简单的假定：①纤维在基体中均匀分布；②纤维与基体结合得很完善；③基体内完全致密的，没有空洞；④施加的载荷平行于纤维或者垂直于纤维；⑤材料内未受载之前是处于无应力状态，即没有残留应力；⑥纤维与基体在小变形量时看成线弹性材料。

1）载荷平行于纤维

当纤维与基体结合很牢固时，纤维与基体的伸长量必然相等，即 $\varepsilon_f = \varepsilon_m = \varepsilon_c$，这是等应变情况。此时纤维与基体各自承受的应力为 $\sigma_f = E_f \varepsilon_f = E_f \varepsilon_c$，$\sigma_m = E_m \varepsilon_m = E_m \varepsilon_c$，又因为 $E_f \gg E_m$，比如玻璃纤维的弹性模量是环氧或聚酯的 10 倍，可知纤维所承受的应力总是远大于基体承受的应力。

假设复合材料受外力 P，分别由纤维和基体承担，则有 $P_c = P_f + P_m$，$\sigma_c A_c = \sigma_f A_f + \sigma_m A_m$，或写为

$$\sigma_c = \sigma_f \frac{A_f}{A_c} + \sigma_m \frac{A_m}{A_c}$$

因为 $A_c = A_f + A_m$，均匀截面中面积比等于体积比，所以有

$$\sigma_c = \sigma_f V_f + \sigma_m V_m = \sigma_f V_f + \sigma_m (1 - V_f) \tag{11-1}$$

即

$$E_c \varepsilon_c = E_f \varepsilon_f V_f + E_m \varepsilon_m V_m$$

$$E_c = E_f V_f + E_m V_m = E_f V_f + E_m (1 - V_f) \tag{11-2}$$

由公式(11-1)和(11-2)可知，当载荷平行于纤维时，其强度与弹性模量是服从混合定则的。

由纤维承担载荷的分量为

$$\frac{P_f}{P_c} = \frac{\sigma_f V_f}{\sigma_f V_f + \sigma_m (1 - V_f)} = \frac{E_f V_f}{E_f V_f + E_m (1 - V_f)} \tag{11-3}$$

可知纤维所承担的荷载大小取决于两个因素：E_f/E_m 和纤维体积分数 V_f，这种关系表示于图 11.2 中。对塑性基的复合材料，通常 $E_f/E_m > 10$，这样，即使纤维体积分数为 20%，由纤维承担的荷载也达 70%以上。虽然纤维承担的总载荷随着其体积分数增加而增加，但圆柱形纤维理论上排列的体积分数只能到 90%左右，实际上只能达到 80%，超过此极限，基本就不能浸润纤维。因此，用混合定则估算复合材料的强度与弹性模量总是比实际测定值高，要打 20%折扣，才符合纤维在高体积分数的情况。

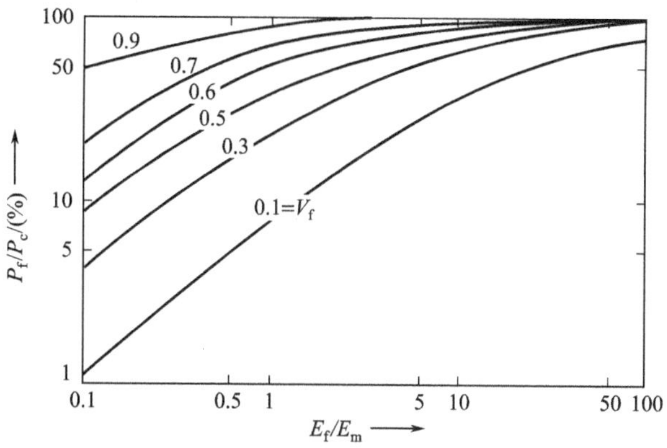

图11.2 载荷平行于纤维时承担的荷载取决于 E_f/E_m 和 V_f

注意，只有纤维体积分数超过一临界值时，才能实现纤维增强，这时复合材料的抗拉强度大于基体的抗拉强度。因为 $\sigma_c^{TS}=\sigma_f^{TS}V_f+\sigma'_m(1-V_f)$，当纤维断裂时基体的应力为 σ'_m，当 $\sigma_c^{TS}=\sigma_f^{TS}$时，临界体积分数为

$$V_c=\frac{\sigma_m^{TS}-\sigma'_m}{\sigma_f^{TS}-\sigma'_m}$$

复合材料的抗拉强度随纤维体积分数的变化而变化，如图 11.3 所示。在环氧树脂基体中用玻璃纤维、碳纤维或硼纤维，其临界体积分数为 2%～3%，通常应用的纤维体积分数都远大于此数值。

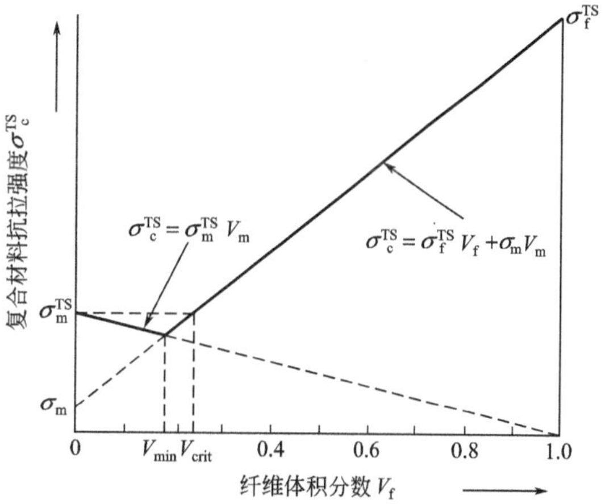

图 11.3 纤维体积分数必须超过临界值 V_c才能实现增强

2）载荷垂直于纤维

当载荷垂直于纤维时，纤维与基体中的应力相等，属于等应力情况，而应变不等，复合材料的总应变等于纤维与基体各自产生的应变之和。

因为 $\varepsilon_c=\varepsilon_m V_m+\varepsilon_f V_f$，所以有

$$\frac{\sigma_c}{E_c}=\frac{\sigma_m}{E_m}V_m+\frac{\sigma_f}{E_f}V_f \tag{11-4}$$

因为 $\sigma_c=\sigma_m=\sigma_f$，所以有

$$\frac{1}{E_c}=\frac{V_m}{E_m}+\frac{V_f}{E_f} \tag{11-5}$$

$$E_c=\frac{E_m E_f}{V_m E_f+V_f E_m} \tag{11-6}$$

由公式(11－6)可知，当载荷垂直于纤维时，用高弹性模量的纤维并不能有效地起到增强作用，是基体的弹性模量起主要作用，除非纤维体积分数很高，才产生较大的强化效果。图 11.4 所示表示玻璃纤维增强环氧树脂，载荷平行于纤维(等应变)和载荷垂直于纤

维(等应力)，这两种情况的弹性模量和纤维体积分数的关系。

由上面讨论的两种情况可知：对单相排列的连续纤维，其力学性能明显地有各向异性，当载荷平行于纤维时力学性能最高，而荷载垂直于纤维时力学性能最低。无论是金属基体还是塑料基体的复合材料都有此特性，图 11.5 所示表示了用硼纤维增强的钛合金，其纤维位向对力学性能的影响。

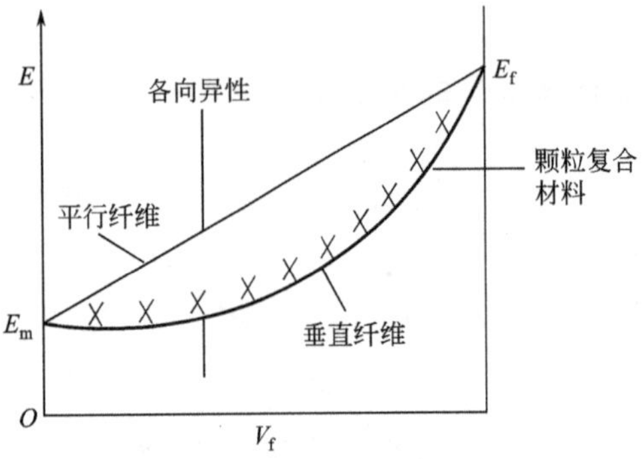

图 11.4 复合材料的弹性模量

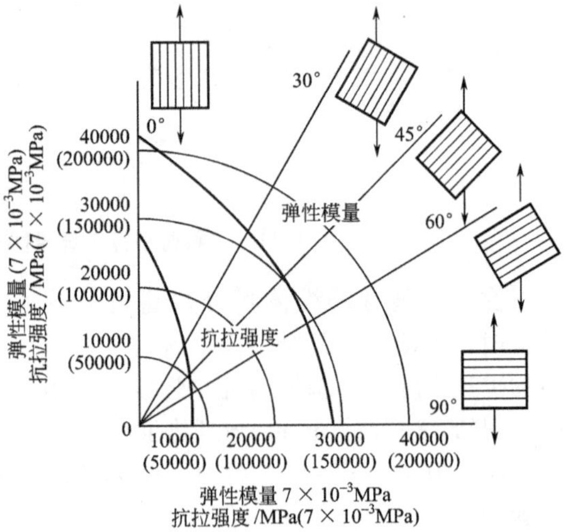

图 11.5 硼纤维增强的钛合金，纤维位向对力学性能的影响

3. 不连续纤维复合材料的力学性能

不连续纤维比连续长纤维容易加工，但连续纤维的材料强度最高，纤维呈不连续分布时要降低强度和刚度。本节将证明，不连续纤维有一临界 l_c，当纤维的长度 $l \gg l_c$时，不连续纤维可使材料的强度接近连续纤维分布的数值。

现在来分析不连续纤维定向分布，载荷平行于纤维的情况。和连续纤维不同，$\varepsilon_f = \varepsilon_m = \varepsilon_c$，这一关系已不存在。特别是短纤维，由于基体和纤维弹性模量差别甚大，两者形变量的差别使纤维与基体的界面上产生了切应力。载荷由基体传递到不连续纤维，正是由于这种切应力的存在，在不连续纤维短杆上产生了拉应力。在纤维的两端，由于基体和纤维的形变差别较大，故两端的切应力最高，纤维的中央最小。

在纤维短杆上取一微小单元体，在这单元上受力的情况如图 11.6 所示。由此，可列出平衡方程：

$$\left(\frac{\pi}{4}d_f^2\right)(\sigma_f + d\sigma_f) - \left(\frac{\pi}{4}d^2\sigma_f\right) - \pi d \times dx \times \tau = 0$$

化简后，可得

$$\frac{d\sigma_f}{dx} = \frac{4\tau}{d}$$

因此，离纤维一端的正应力分布为 $\sigma_f = \frac{4}{d}\int_0^x \tau dx$ 。

假定纤维与基体表面上的切应力为常数，并等于基体的剪切强度，即 $\tau = \tau_m$，则上式变为

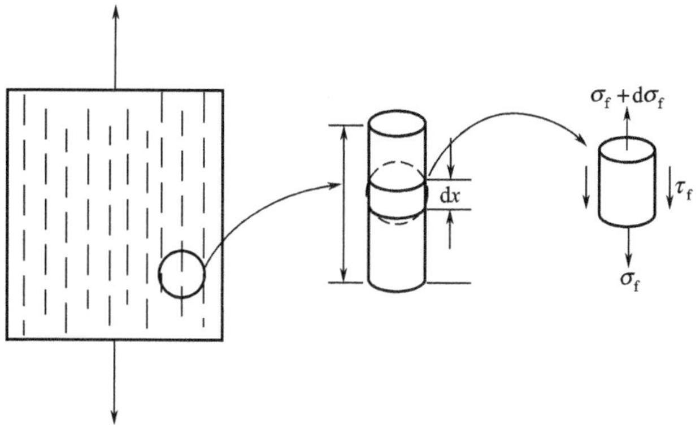

图 11.6 不连续纤维纵向拉伸时单元体的受力分析

$$\sigma_f = \frac{4\tau_m}{d}x \tag{11-7}$$

可见，自纤维两端起的应力是不均匀的，如图 11.7(a)所示，在端部 $\sigma_f = 0$，σ_f随离端部距离 x 线性增加，到纤维中间部分达到最大值。当纤维中间部分的最大拉应力等于纤维的抗拉强度或断裂强度时，纤维的长度称为临界长度。具有临界长度纤维的应力分布如图 11.7(b)所示。由式(11.7)，当 $x = \frac{l_c}{2}$时，$\sigma_f = \sigma_f^{TS}$。于是，临界纤维长度为

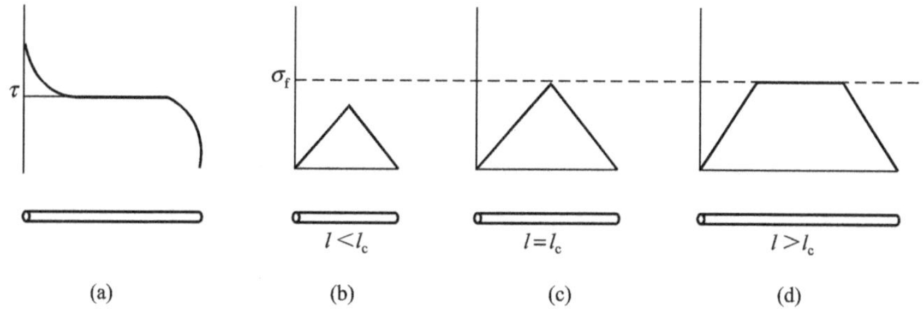

图 11.7 基体的切应力分布

$$l_c = \frac{\sigma_f^{TS}}{2\tau_m} \cdot d \tag{11-8}$$

由式(11-8)可知，临界长度不仅取决于纤维的抗拉强度和基体的抗剪强度，还和纤维的直径 d 有关。表 11-1 列出了几种典型复合材料的临界长度和长径比。

在不连续纤维中，临界纤维长度是一个重要的力学参量，可看出：

(1) 当 $l < l_c$，最大纤维应力总是低于纤维的抗拉强度，纤维不会断裂。复合材料要发生破坏，除非是在纤维和基体的界面上或者是基体损坏。这种短纤维的强度潜力未充分发挥。

(2) 当 $l = l_c$，只有纤维中间部分的应力达到了纤维的抗拉强度(图 11.7(c))，而纤维两端的承载能力没有充分发挥。

(3) 要使纤维增强的效果好，只有 $l \gg l_c$。

(4) 对给定的的纤维直径和纤维强度，l_c还可用改变基体的抗剪强度 τ_m 来控制，可以加入一些偶联剂，使纤维与基体结合更牢固，也就是增加了 τ_m，从而减小了 l_c，而不必改变纤维的长度。

表 11-1 几种典型复合材料的临界长度 l_c 和长径比 l_c/d

基　　体	τ_m/Pa	纤　　维	σ_f^{TS}/MPa	$d/\mu m$	l_c/d	l_c/mm
Ag	55	Al_2O_3	20800	2	189	0.38
Cu	76	钨丝	2900	2000	19	38
Al	80	硼纤维	2800	100	18	1.75
环氧	40	硼纤维	2800	100	35	3.5
聚酯	30	玻璃纤维	2400	13	40	0.52
环氧	40	碳纤维	2600	7	33	0.23

在 $l>l_c$ 的情况下，虽然纤维两端的应力小于最大纤维应力($=\sigma_f^{TS}$)，但它们对纤维总的承载能力的贡献不可忽略，考虑了两端的应力分布后，我们引用了一个平均应力：

$$\overline{\sigma_f}=\frac{1}{l}\int_0^l \sigma_f \mathrm{d}x$$

$$\overline{\sigma_f}=\sigma_f^{TS}\left(1-\frac{l_c}{2l}\right) \tag{11-9}$$

运用混合定则时，我们是采用$\overline{\sigma_f}$来代替原式的 σ_f，即

$$\sigma_c^{TS}=\sigma_f^{TS}\left(1-\frac{l_c}{2l}\right)V_f+\sigma_m' V_m \tag{11-10}$$

当比较式(11-10)和(11-1)，可知不连续纤维的强度总是低于连续纤维的值，但是只要 $l>5l_c$，就能达到连续纤维强度水平的 90%以上。不连续纤维与连续纤维的抗拉强度比值和纤维长度的关系如图 11.8 所示。

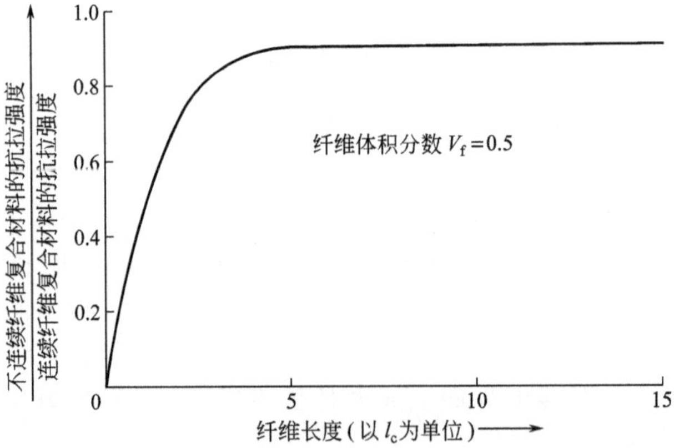

图 11.8 不连续纤维与连续纤维的抗拉强度比值和纤维长度(以 l_c 为单位)的关系

4. 颗粒类增强体

颗粒类增强体一般是一种硬而脆的颗粒，使其均匀分布在一种软的材料中，就像钢中的两相混合物——铁素体和渗碳体，渗碳体可呈片状或球状分布在铁素体基体内一样，但是，我们并不把钢中这样产生的两相组织称做复合材料。凡是因相变而使原材料的单相(如奥氏体或马氏体)析出硬而脆的第二相，这都是沉淀强化。而复合材料中的硬颗粒并不是通过相变产生的。

颗粒增强体主要是一些具有高强度、高模量、耐热、耐磨、耐高温的陶瓷等无机非金属颗粒，主要有碳化硅、氧化铝、氮化硅、碳化钛、碳化硼、石墨、细金刚石、高岭土、滑石、碳酸钙等。另外还有一些金属和聚合物颗粒增强体，后者主要有热塑性树脂粉末，主要包括聚乙烯、聚丙烯、聚酰胺、聚酰胺树脂等。颗粒增强体以很细的粉状(<50μm)加入基体中起提高强度、模量、增韧、耐磨、耐热等作用。主要用烧结法、热压、粉末冶金法、液体搅拌法、共喷法和压力浸渍法等制造颗粒增强复合材料。由于颗粒增强物制成的复合材料具有各向同性，因此在复合材料中的应用发展非常迅速，尤其是在汽车工业中。通常把颗粒增强的复合材料，按照颗粒尺寸和数量分为：弥散强化的复合材料和颗粒强化的复合材料。前者的颗粒尺寸很小，占的体积分数也很小，而后者颗粒尺寸大，占的体积分数也较大。

近年来颗粒增强复合材料得到迅速发展，用于金属基、聚合物基和陶瓷基复合材料的增强颗粒主要是陶瓷颗粒，如 $A1_2O_3$、SiC、Si_3N_4、TiC、B、C、石墨和 $CaCO_3$ 等。$A1_2O_3$、SiC 和 Si_3N_4 等常用于金属基和陶瓷基复合材料，而石墨和 $CaCO_3$ 则常用于增强聚合物基复合材料。如 $A1_2O_3$、SiC、B_4C 等颗粒已用于增强铝基、镁基复合材料，而 TiC、TiB_2 等颗粒已用于增强钛基复合材料。常用的颗粒增强物的性能见表 11-2 所列。

表 11-2 常用颗粒增强物的性能

颗粒名称	密度/(g/cm^3)	熔点/℃	热膨胀系数/(10^{-6}/℃)	热导率/[W/(m·K)]	硬度/[kg/(m·K)]	弯曲强度/MPa	弹性模量/GPa
碳化硅(SiC)	3.21	2700	4.0	75.31	2700	400～500	—
碳化硼(B_4C)	2.52	2450	5.73	—	3000	300～500	260～460
碳化钛(TiC)	4.92	3200	7.4	—	2600	500	—
氧化铝(Al_2O_3)	—	2050	9.0	—	—	—	—
氮化硅(Si_3N_4)	3.2～3.35	2100 分解	2.5～3.2	12.55～29.29	HRA89～93	900	330
莫莱石($3Al_2O_3 \cdot SiO_2$)	3.17	1850	4.2	—	3250	约 1200	—
硼化钛(TiB_2)	4.5	2980	—	—	—	—	—

11.3 金属基复合材料

随着现代科学技术的发展，对轻质高强结构材料的需求十分强烈，金属基复合材料具有质量轻、强度高、耐磨耐热性好等优点，是一种先进的工程材料，在航空航天、汽车、生物工程等高技术领域得到日益广泛的应用。

11.3.1 金属基复合材料的种类和性能

金属基复合材料的发展与现代科学技术和高技术产业的发展密切相关，特别是航天、航空、电子、汽车以及先进武器系统的迅速发展对材料提出了日益增高的性能要求，除了要求材料具有一些特殊的性能外，还要具有优良的综合性能，有力地促进了先进复合材料的迅速发展。如航天技术和先进武器系统的迅速发展，对轻质高强结构材料的需求十分强烈。由于航天装置越来越大，结构材料的结构效率变得更为重要。宇航构件的结构强度、刚度随构件线性尺寸的平方增加，而构件的质量随线性尺寸的立方增加。为了保持构件的强度和刚度就必须采用高比强度、高比刚度和轻质高性能结构材料。

单一的金属、陶瓷、高分子等工程材料已经难以满足这些迅速增长的性能要求。为了克服单一材料性能上的局限性，充分发挥各种材料的优点，弥补其不足，人们已越来越多地根据零构件的性能要求和工作条件，设计和选择两种或两种以上化学、物理性能不同的材料按一定的方式、比例、分布结合成复合材料，充分发挥各组成材料的优良特性，弥补其短处，使复合材料具有单一材料所无法达到的特殊和综合性能，以满足各种特殊和综合性能需求。

金属基复合材料正是为了满足上述要求而诞生的。与传统的金属材料相比，它具有较高的比强度与比刚度，而与树脂基复合材料相比，它又具有优良的电导性与耐热性，与陶瓷材料相比，它又具有较高的韧性和较高的抗冲击性能。

1. 金属基复合材料的分类

金属基复合材料是以金属或合金为基体，以高性能的第二相为增强体的复合材料。金属基复合材料品种繁多，有多种分类方式，可归纳为以下 3 种。

1) 按增强体类型分类

(1) 连续纤维增强金属基复合材料；

(2) 非连续增强金属基复合材料(包括颗粒、短纤维、晶须增强金属基复合材料)；

(3) 自生增强金属基复合材料；

(4) 层板金属基复合材料。

2) 按基体类型分类

主要有铝基、镁基、锌基、铜基、钛基、镍基、耐热金属基、金属间化合物基等复合材料。目前以铝基、镁基、镍基、钛基复合材料发展较为成熟，已在航天、航空、电子、汽车等工业中应用。下面主要介绍这几种材料。

(1) 铝基复合材料。这是在金属基复合材料中应用得最广的一种。由于铝合金基体为面心立方结构，因此具有良好的塑性和韧性，再加之它所具有的易加工性、工程可靠性及价格低廉等优点，为其在工程上应用创造了有利的条件。在制造铝基复合材料时通常并不是使用纯铝而是铝合金。这主要是由于铝合金具有更好的综合性能。

(2) 镍基复合材料。这种复合材料是以镍及镍合金为基体。由于镍的高温性能优良，因此这种复合材料主要是用于制造高温下工作的零部件。人们研制镍基复合材料的一个重要目的是希望用它来制造燃汽轮机的叶片，从而进一步提高燃汽轮机的工作温度。但目前由于制造工艺及可靠性等问题尚未解决，所以还未能取得满意的结果。

(3) 钛基复合材料。钛比任何其他的结构材料具有更高的比强度。此外，钛在中温时比铝合金能更好地保持其强度。因此，对飞机结构来说，当速度从亚音速提高到超音速时，钛比铝合金显示出了更大的优越性。随着速度的进一步加快，还需要改变飞机的结构设计，采用更细长的机翼和其他翼型，为此需要高刚度的材料。而纤维增强钛恰好可以满足这种对材料刚度的要求。钛基复合材料中最常用的增强体是硼纤维，这是由于钛与硼的热膨胀系数比较接近。

(4) 镁基复合材料。以陶瓷颗粒、纤维或晶须作为增强体，可制成镁基复合材料，集超轻、高比刚度、高比强度于一身，该类材料比铝基复合材料更轻，具有更高的比强度和比刚度将是航空航天方面的优选材料。

3) 按用途分类

1) 结构复合材料。主要用做承力结构，它基本上由增强体和基体组成，它具有高比强度、高比模量、尺寸稳定、耐热等特点。用于制造各种航天、航空、电子、汽车、先进武器系统等高性能构件。

2) 功能复合材料。是指除力学性能外还有其他物理性能的复合材料，这些性能包括电、磁、热、声、力学(指阻尼、摩擦)等。该材料可用于电子、仪器、汽车、航空、航天、武器等。

2. 金属基复合材料的性能特征

金属基复合材料的增强体主要有纤维、晶须和颗粒，这些增强体主要是无机物(陶瓷)和金属。无机纤维主要有碳纤维、硼纤维、碳化硅纤维、氧化铝纤维、氮化硅纤维等。金属纤维主要有铍、钢、不锈钢和钨纤维等。用于增强金属复合材料的颗粒主要是无机非金属颗粒，主要包括石墨、碳化硅、氧化铝、氮化硅、碳化钛、碳化硼等。

金属基复合材料的性能取决于所选用金属或合金基体和增强物的特性、含量、分布等。通过优化组合可以既具有金属特性，又具有高比强度、高比模量、耐热、耐磨等综合性能。综合归纳金属基复合材料有以下性能特点。

1) 高比强度、比模量

比强度和比模量是指材料的强度和模量与材料的密度的比值。在金属中所加的增强体一般为高强度、高模量、低密度的纤维、晶须或颗粒。例如，某种碳纤维的密度为$1850kg/m^3$，而强度高达7000MPa。如果这种纤维在金属基体中所占的体积分数达10%～20%时，可以看出金属基复合材料的比强度增长是十分显著的。陶瓷颗粒增强金属基复合材料既具有较高的比强度和比弹性模量，又具有陶瓷材料所持有的高耐磨性、高耐蚀性等诸多优点，目前正在被开发和应用，如由碳化硅颗粒(SiC)增强的铝基复合材料已用于制造飞机前缘加强筋等结构件。而且由于它具有高耐磨性，在汽车、内燃机工业上也得到应用。

2) 导热、导电性能

金属基复合材料中金属基体占有很高的体积分数，一般在60%以上，因此仍保持金属所具有的良好导热和导电性。良好的导热性可以有效地传热，减少构件受热后产生的温度梯度和迅速散热，这对尺寸稳定性要求高的构件和高集成度的电子器件尤为重要。良好的导电性可以防止飞行器构件产生静电聚集的问题。

在金属基复合材料中采用高导热性的增强物还可以进一步提高金属基复合材料的热导率，使复合材料的热导率比纯金属基体还高。为了解决高集成度电子器件的散热问题，现已研究成功的超高模量石墨纤维、金刚石纤维、金刚石颗粒增强铝基、铜基复合材料的热导率比纯铝、铜还高，用它们制成的集成电路底板和封装件可有效迅速地把热量散去，提高了集成电路的可靠性。

3）热膨胀系数小、尺寸稳定性好

金属基复合材料中所用的增强物碳纤维、碳化硅纤维、晶须、颗粒、硼纤维等均具有很小的热膨胀系数，又具有很高的模量，特别是高模量、超高模量的石墨纤维具有负的热膨胀系数。加入相当含量的增强物不仅大幅度提高材料的强度和模量，也使其热膨胀系数明显下降，并可通过调整增强物的含量获得不同的热膨胀系数，以满足各种应用的要求。例如，石墨纤维增强镁基复合材料，当石墨纤维含量达到48%时，复合材料的热膨胀系数为零，即在温度变化时使用这种复合材料做成的零件不发生变形。

通过选择不同的基体金属和增强物，以一定的比例复合在一起，可得到导热性好、热膨胀系数小、尺寸稳定性好的金属基复合材料。

4）良好的高温性能

由于金属基体的高温性能比聚合物高很多，增强纤维、晶须、颗粒主要是无机物(如石墨、碳化硅、氧化铝、氮化硅等)，在高温下又都具有很高的高温强度和模量，因此金属基复合材料比基体金属具有更高的高温性能，特别是连续纤维增强金属基复合材料，纤维在复合材料中起着主要承载作用，纤维强度在高温下基本不下降，纤维增强金属基复合材料的高温性能可保持到接近金属熔点，并比金属基体的高温性能高许多。如石墨纤维增强铝基复合材料在500℃高温下，仍具有600MPa的高温强度，而铝基体在300℃时，强度已下降到100MPa以下。又如钨纤维增强耐热合金，在1100℃、100h高温持久强度为207MPa，而基体合金的高温持久强度只48MPa。因此金属基复合材料被选用在发动机等高温零部件上，可大幅度提高发动机的性能和效率。总之，金属基复合材料做成的零构件比金属材料、聚合物基复合材料零构件相比，能在更高的温度下使用。

5）良好的耐磨性

金属基复合材料，尤其是陶瓷纤维、晶须、颗粒增强金属基复合材料具有很好的耐磨性。这是因为在基体金属中加入了大量的陶瓷增强物，而陶瓷材料硬度高、耐磨、化学性质稳定，用它们来增强金属不仅提高了材料的强度和刚度，也提高了复合材料的硬度和耐磨性。比如碳化硅颗粒增强铝基复合材料的耐磨性比基体金属高出2倍以上；与铸铁比较，SiC_p/Al复合材料的耐磨性比铸铁还好。SiC_p/Al复合材料的高耐磨性在汽车、机械工业中具有重要应用前景，可用于汽车发动机、制动盘、活塞等重要零件，能明显提高零件的性能和使用寿命。

6）良好的断裂韧性和抗疲劳性能

金属基复合材料的断裂韧性和抗疲劳性能取决于纤维等增强物与金属基体的界面结合状态，增强物在金属基体中的分布以及金属基体、增强物本身的特性，特别是界面状态，适中的界面结合强度既可有效地传递载荷，又能阻止裂纹的扩展，提高材料的断裂韧性。

7）不吸潮、不老化、气密性好

与聚合物相比金属性质稳定、组织致密，不会老化、分解、吸潮等，也不会发生性能的自然退化，这比聚合物基复合材料好，在太空使用不会分解出低分子物质污染仪器和环境，有明显的优越性。

8）可设计性强

通过改变增强体和基体的种类及相对含量、增强体集合形式及排布方式来满足材料结构与性能的设计要求。

总之，金属基复合材料主要采用高强度、高模量、脆硬的非金属颗粒或纤维来增强韧性金属基体，使之具有高的比强度、比刚度，优良的耐磨性能及热稳定性。因而广泛应用于航天、航空、汽车等工业部门，以满足轻质、高性能的需要，在许多领域都具有广泛的应用前景。如纤维增强金属基复合材料具有高的强度、低的线膨胀系数和良好的高温性能，再如颗粒增强铝基复合材料具有高的比强度、高的比弹性模量以及耐磨损、耐高温等优点。

11.3.2 金属基复合材料的制造工艺

金属基复合材料制造方法及工艺是影响金属基复合材料迅速发展和广泛应用的关键问题。金属基复合树料的性能、应用、成本等在很大程度上取决于金属基复合材料的制造工艺和方法。目前金属基复合材料多数制造过程是将复合过程与成型过程合为一体，同时完成复合和成型。由于基体金属的熔点、物理和化学性质不同，增强物的几何形状、化学、物理性质不同，应选用不同的制造工艺。现有的制造工艺有：粉末冶金法、热压法、热等静压法、挤压铸造法、共喷沉积法、液态金属浸渗法、液态金属搅拌法、反应自生法等。归纳起来可分成以下几大类：固态法、液态法和自生成法及其他制备法。

1. 固态法

将金属粉末或金属箔与增强物(纤维、晶须、颗粒等)按设计要求以一定的含量、分布、方向混合或排布在一起，再经加热、加压，将金属基体与增强物复合在一起，形成复合材料。整个工艺过程处于较低的温度，金属基体和增强物都处于固态。金属基体与增强物之间的界面反应不严重。粉末冶金法、热压法、热等静压法、轧制法、拉拔法等均属于固态复合成形方法。

2. 液态金属法

液态金属法是金属基体处于熔融状态下与固体增强物复合成材料的方法。金属在熔融态流动性好，在一定的外界条件下容易进入增强物间隙。为了克服液态金属基体与增强物浸润性差的问题，可用加压浸渗。金属液在超过某一临界压力时，能渗入增强物的微小间隙，而形成复合材料。也可通过在增强物表面涂层处理使金属液与增强物自发浸润。如在制备 C_f/Al 复合材料时用 Ti－B 涂层。液态法制造金属基复合材料时，制备温度高，易发生严重的界面反应，有效控制界面反应是液态法的关键。液态法可用来直接制造复合材料零件，也可用来制造复合丝、复合带、锭坯等作为二次加工成零件的原料。挤压铸造法、真空吸铸、液态金属浸渍法、真空压力浸渍法、搅拌复合法等属于液态法。

3. 自生成法及其他制备法

在基体金属内部通过加入反应元素，或通入反应气体在液态金属内部反应，产生微小的固态增强相，一般是金属化合物 TiC，TiB_2，Al_2O_3 等微粒起增强作用。通过控制工艺参数获得所需的增强物含量和分布。反应自生成法制备的复合材料中的增强物不是外加的而是在高温下金属基体中不同元素反应生成的化合物，与金属有较好的相容性。

其他方法还有复合涂(镀)法，将增强物(主要是细颗粒)悬浮于镀液中，通过电镀或化学镀将金属与颗粒同时沉积在基板或零件表面，形成复合材料层。也可用等离子等热喷镀法将金属与增强物同时喷镀在底板上形成复合材料。复合涂(镀)法一般用来在零件表面形成一层复合涂层，起提高耐磨性、耐热性等作用。

11.4 陶瓷基复合材料

陶瓷基复合材料是在陶瓷基体中引入第二相材料，使之增强、增韧的多相材料，又称为多相复合陶瓷或复相陶瓷。

陶瓷基复合材料是从20世纪80年代逐渐发展起来的，由于它具有耐高温、耐磨、抗高温蠕变、导热系数低、热膨胀系数低、耐化学侵蚀等特点，在树脂基和金属基复合材料不能满足性能要求的工况条件下可以得到广泛的应用。

11.4.1 陶瓷基复合材料的种类

现代陶瓷材料具有耐高温、硬度高、耐磨损、耐腐蚀及相对密度轻等许多优良的性能。但它同时也具有致命的弱点，即脆性，这一弱点正是目前陶瓷材料的使用受到很大限制的主要原因。因此，陶瓷材料的强韧化问题便成了研究的一个重点问题。现在这方面的研究已取得了初步进展，探索出了若干种韧化陶瓷的途径，其中往陶瓷材料中加入起增韧、增强作用的第二相而制成陶瓷基复合材料即是其中一种重要方法。鉴于普通陶瓷材料从广义上讲本身都是复合材料，这里所述的陶瓷复合材料是专指为获得单相陶瓷材料所不具备的性能的人工制造的两相(增强相和基体相)材料。陶瓷复合材料强韧化的途径有：颗粒弥散、纤维(晶须)补强增韧、层状复合增韧、与金属复合增韧及相变增韧(指 ZrO_2)。在陶瓷中加人纤维(晶须)是提高韧性比较有效的方法。陶瓷基复合材料的分类方法很多，常见的分类方法有以下几种。

(1) 按材料作用分类：

① 结构陶瓷复合材料，用于制造各种受力构件；

② 功能陶瓷复合材料，具有各种特殊性能(如光、电、磁、热、生物、阻尼、屏蔽等)。

(2) 按增强材料形态分类：

① 颗粒增强陶瓷复合材料；

② 纤维(晶须)增强陶瓷复合材料；

③ 片材增强陶瓷复合材料。

颗粒增强体按其相对于基体的弹性模量大小，可分为两类：一类是延性颗粒复合于强基质复合体系，主要通过第二相粒子的加入在外力作用下产生一定的塑性变形或沿晶界滑移产生蠕变来缓解应力集中，达到增强增韧的效果，如一些金属陶瓷、反应烧结 SiC、SHS 法制备的 TiC/Ni 等均属此类；另一类是刚性粒子复合于陶瓷中。延性颗粒主要是指金属，而刚性粒子是陶瓷。但不论哪类颗粒根据其大小及其对复合材料性能产生的影响，又可进一步分为颗粒弥散强化复合材料和真正颗粒复合材料。其中弥散粒子十分细小，直径从纳米级到几个微米之间，主要利用第二相粒子与基体晶粒之间的弹性模量与热膨胀系数上的差异，在冷却中粒子和基体周围形成残余应力场。这种应力场与扩展裂纹尖端应力交互作用，从而产生裂纹偏转、绕道、分支和钉扎等效应，对基体起增韧作用。一般选择弥散相的原则如下：①弥散相往往是一类高熔点、高硬度的非氧化物材料，如 SiC、TiB_2、B_4C、CBN 等，基体一般为 $A1_2O_3$、ZrO_2、莫莱石等，此外，ZrO_2 相变增韧粒子是近年来发展起来的一类新型颗粒增强体；②弥散相必须有最佳尺寸、形状、分布及数量，对于相变粒子，其晶粒尺寸还与临界相变尺寸有关，如 t-ZrO_2 一般应小于 3μm；③弥散相在基体中的溶解度须很低．且不与基体发生化学反应；④弥散相与基体须有良好的结合强度。

真正颗粒复合材料指的是含有大量的粗大颗粒，这些颗粒不能有效阻挡裂纹扩展，设计这种复合材料的目的不是为了提高强度，而是为了获得不同寻常的综合性能，如混凝土、砂轮磨料等即为此类颗粒复合材料。

但陶瓷基颗粒复合材料尤其是先进陶瓷基颗粒复合材料指的大多数是颗粒弥散增强的陶瓷复合材料(或称作复相陶瓷)；与纤维复合材料相比，颗粒的制造成本低、各向同性，除相变增韧粒子外，颗粒增强在高温下仍然起作用，因而逐渐显示了颗粒弥散增强材料的优势。

许多材料特别是脆性材料在制成纤维后，其强度远远超过块状材料的强度。其原因是，物体越小，表面和内部包含的能导致脆性断裂的危险裂纹的可能性越小。纤维增强体的种类很多，根据直径的大小和性能特点可分为晶须和纤维两类。晶须是直径很小的针状材料，长径比很大、结晶完善，因此强度很高。晶须是目前所有材料中强度最接近于理论强度的。常用的增强陶瓷的晶须有石墨、碳化硅、氮化硅和氧化铝等。陶瓷晶须一般用气相结晶法生产，工艺复杂，造价较高，暂时还没有在工业中广泛应用。增强陶瓷用纤维大多是直径为几微米至几十微米的多晶材料或非晶态材料，如玻璃纤维、碳纤维、硼纤维、氧化铝纤维和碳化硅纤维等。

一般在设计纤维或晶须补强陶瓷时选择纤维增强材料有以下几个原则：①尽量使纤维在基体中均匀分散，多采用高速搅拌、超声分散等方法，湿法分散时，常常采用表面活性剂避免料浆沉淀或偏析；②弹性模量要匹配，一般纤维的强度、弹性模量要大于基体材料；③纤维与基体要有良好的化学相容性，无明显的化学反应或形成固溶体；④纤维与基体热膨胀系数要匹配，只有纤维与基体的热膨胀系数差不大时才能使纤维与界面结合力适当，保证载荷转移效应，并保证裂纹尖端应力场产生偏转及纤维拔出，对热膨胀系数差较大的，可采取在纤维表面涂层或引入杂质使纤维—基体界面产生新相缓冲其应力；⑤适量的纤维体积分数，过低则力学性能改善不明显，过高则纤维不易分散，不易致密烧结；⑥纤维直径必须在某个临界直径以下，一般认为纤维直径尺度与基体晶粒尺寸在同一数量级。

片材增强陶瓷基复合材料实际上是一种层状复合材料，由层片状的陶瓷结构单元和界面分隔层两部分组成。陶瓷基层状复合材料的性能主要是由这两部分各自的性能和两者界面的结合状态所决定的。陶瓷结构单元一般选用高强的结构陶瓷材料，在使用中可以承受较大的应力，并具有较好的高温力学性能。目前研究中采用较多的是 SiC、Si_3N_4、$A1_2O_3$ 和 ZrO_2 等作为基体材料，此外还加少量烧结助剂以促进烧结致密化。界面分隔材料的选择与优化也十分关键，正是这一层材料形成了整体材料特殊的层状结构，才使承载过程发挥设计的功效。一般来说，不同基体材料选择不同的界面分隔材料，其选择原则有以下几方面：

(1) 应选择具有一定强度，尤其是高温强度的材料，以保证在常温下正常使用及在高温下不发生大的蠕变。

(2) 界面分隔层要与结构单元具有适中的结合。既要保证它们之间不发生反应，可以很好地分隔结构单元，使材料具有宏观的结构，又要能够将结构单元适当地“粘接”而不发生分离。

(3) 界面层与结构单元有合适的热膨胀系数匹配，使材料中的热应力不对材料造成破坏。

在界面分隔材料的选择中，处理好分隔材料与基体材料的结合状态和匹配状态尤为重要，这将直接影响材料宏观结构所起作用的程度。陶瓷基层状复合材料是将陶瓷基片和界面相互交替叠层，经一定工艺烧结而成。

由于基体材料不同，选择的界面材料差别也很大。目前研究较多的是：以石墨(C)作为 SiC 的夹层材料(SiC/C 陶瓷基层状复合材料)；以氮化硼(BN)作为 Si_3N_4 的夹层材料(Si_3N_4/BN 陶瓷基层状复合材料)；此外还对 $A1_2O_3$/Ni、TZP/$A1_2O_3$、Ce - TZP/Ce - TZP - $A1_2O$ 等材料体系也有研究。

(3) 按基体材料分类：

① 氧化物基陶瓷复合材料；

② 非氧化物基陶瓷复合材料；

③ 微晶玻璃基复合材料；

④ 碳/碳复合材料。

用做陶瓷基复合材料的基体主要包括氧化物陶瓷、非氧化物陶瓷、微晶玻璃和碳。其中氧化物陶瓷主要有：$A1_2O$、SiO_2、ZrO_2、MgO、ThO_2、UO_2 和 $3A1_2O \cdot SiO_2$(莫莱石)等；非氧化物陶瓷是指金属碳化物、氮化物、硼化物和硅化物等，主要包括 SiC、TiC、B_4C、ZrC、Si_3N_4、TiN、BN、TiB_2 和 $MoSi_2$ 等。氧化物陶瓷主要由离子键结合，也有部分共价键。它们的结构取决于结合键的类型、各种离子的大小以及在极小空间保持电中性的要求。纯氧化物陶瓷，它们的熔点多数超过 2000℃。随着温度的升高，氧化物陶瓷的强度降低，但在 800～1000℃以前强度的降低不大，高于此温度后大多数材料的强度剧烈降低。纯氧化物陶瓷在任何高温下都不会氧化，所以这类陶瓷是很有用的高温耐火结构材料。

非氧化物陶瓷不同于氧化物，这类化合物在自然界很少有，需要人工合成。它们是先进陶瓷特别是金属陶瓷的主要成分和晶相，主要由共价键结合而成，但也有一定的金属键的成分。由于共价键的结合能一般很高，因而由这类材料制备的陶瓷一般具有较高的耐火度、高的硬度(有时接近于金刚石)和高的耐磨性(特别对浸蚀性介质)，但这类陶瓷的脆性都很大，并且高温抗氧化能力一般不高，在氧化气氛中将发生氧化而影响材料的使用寿命。

微晶玻璃是向玻璃组成中引进晶核剂，通过热处理、光照射或化学处理等手段，使玻璃内均匀地析出大量微小晶体，形成致密的微晶相和玻璃相的多相复合体。通过控制析出微晶的种类、数量、尺寸大小等，可以获得透明微晶玻璃、膨胀系数为零的微晶玻璃及可切削微晶玻璃等。微晶玻璃的组成范围很广，晶核剂的种类也很多，按基础玻璃组成，可分为硅酸盐、铝硅酸盐、硼硅酸盐、硼酸盐及磷酸盐五大类。用纤维增强微晶玻璃可显著提高其强度和韧性。

11.4.2 陶瓷基复合材料的性能特征

用陶瓷颗粒弥散强化陶瓷复合材料的抗弯强度和断裂韧性都有些提高，但不很理想，尤其是断裂韧性比金属材料差很远，限制了它作为结构件的应用范围。用延性(金属)颗粒强化陶瓷基复合材料，其韧性可显著提高，但其强度变化不明显，且其高温性能下降。

在陶瓷基体中加入适量的短纤维(或晶须)，可以明显改善韧性，但强度提高不够显著，其模量与基体材料相当。如果加入数量较多的高性能的连续纤维(如碳纤维或碳化硅纤维)，除了韧性显著提高外，其强度和模量均有不同程度的增加。纤维/陶瓷复合材料的韧性除与纤维和基体有关外，纤维与基体的结合强度、基体的气孔率、工艺参数也有明显影响。纤维与基体的结合强度过大将使韧性降低，若其结合强度过小，将使材料的强度降低。基体中的气孔能改变复合材料的破坏模式，气孔率越大，韧性越差。

纤维增强陶瓷基复合材料的拉伸和弯曲性能与纤维的长度、取向和含量、纤维与基体的强度和弹性模量、它们的热膨胀系数的匹配程度、基体的气孔率和纤维的损伤程度密切相关。无规则排列短纤维/陶瓷复合材料的拉伸和弯曲性能有时低于基体材料，这是因为无规则排列纤维的应力集中的影响以及热膨胀系数不匹配造成的。将短纤维定向可以提高该方向上的性能。用定向的连续纤维可以明显提高强度，因为提高了增强效果，降低了应力集中，并可提高纤维的体积含量。单向纤维增强陶瓷复合材料的剪切强度受纤维与基体间的结合强度及基体中气孔率的影响，结合强度大、气孔率低，则层间剪切强度高。

纤维在陶瓷基材料中的作用，与树脂基和金属基材料不同。纤维在陶瓷基材料中主要不是其增强作用(虽然也有一定的增强作用)，而是其增韧作用，克服单纯陶瓷材料的固有脆性。陶瓷基材料中纤维之所以能起增韧作用，是因为裂纹在基体中扩散时，当遇到纤维，若纤维与基体的结合不是很强，纤维和基体将在界面上脱开，在裂纹达到界面时，就改变了裂纹的传播方向，扩展方向不是垂直于纤维，而是沿着脱开的界面扩散，这使裂纹传播的路程大大增加，因而必须消耗更多的断裂功。由于纤维存在，使裂纹扩展的方向改变，其演变过程的示意图如图 11.9 所示。应该着重指出，按照这种机制的纤维增韧，必须要求纤维与基体的界面结合力不是很强，如果界面结合很强，裂纹将垂直纤维横贯整个截面，这种情况下材料的韧性也不高。这样，对陶瓷基复合材料，如要求纤维增韧，它又具有另一个不同于树脂基或金属基材料的特点，即对树脂基或金属材料，必须要求界面有很高的结合强度，通过界面上的切应力，基体将载荷传递给纤维，以达到纤维增强的作用；而陶瓷基材料则不希望界面很高的结合强度，以此达到纤维增韧的目的。所以，有适中的界面强度是控制陶瓷基材料韧性的关键。

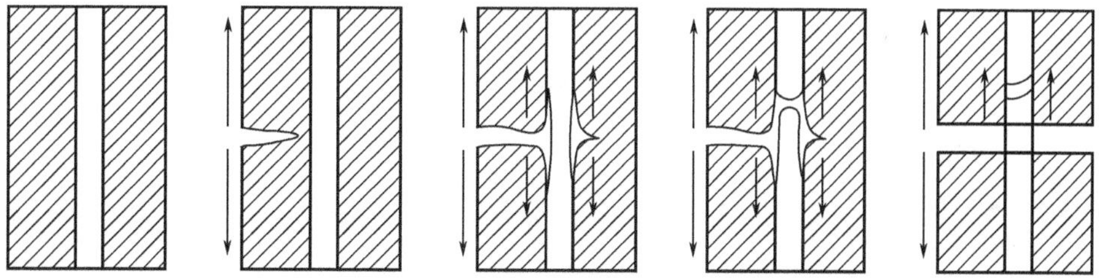

图 11.9 纤维增韧原理，当纤维/基体界面强度适中，裂纹扩展至界面时引起界面脱开，裂纹沿界面扩展

界面的结合强度如何进行控制呢？由于陶瓷基体塑性很低而制作陶瓷的温度又很高，纤维与基体热膨胀的不同，所产生的热应力是引起基体开裂或界面脱开的主要因素。复合材料中的热应力正比于 $\Delta\alpha\Delta T$，$\Delta\alpha=\alpha_f-\alpha_m$，$\alpha_f$ 为纤维的热膨胀系数，α_m 为基体的热膨胀系数，ΔT 为温度间隔。这里要注意的是：纤维在轴向和径向上的热膨胀系数有时是不相等的，特别是常用的碳纤维，其轴向 $\alpha_a\approx0$，径向 $\alpha_r=8\times10^{-6}\mathrm{K}^{-1}$。如 $\Delta\alpha_a$ 为正值，冷却时基体受压，基体内不大容易产生裂纹。而在径向上，如 $\Delta\alpha_r$ 为正值，冷却时纤维收缩易和基体脱开，降低了界面结合强度。由于纤维与基体热膨胀系数的不同，可得出参数 Φ_a，$\Phi_r=\Delta\alpha\Delta T\left(\dfrac{E_m}{\sigma_m}\right)$，$E_m$、$\sigma_m$ 分别为基体的弹性模量和强度，我们可从参数 Φ_a、Φ_r 的大小看出热膨胀对基体损伤的程度。例如，碳纤维在不同的陶瓷基体中所造成损伤见表 11－3，可见硼硅玻璃和玻璃陶瓷基体中没有开裂的情况。

表 11－3　热膨胀失匹而引起碳纤维增强的一些复合材料破坏程度的比较

基　　体	α_m （$\times15^{-60}$℃$^{-1}$）	T_c /℃	E_m /GPa	$(\sigma_m)\mu$ /MPa	σ_a /MPa	σ_r /MPa	Φ_a	Φ_f	破 坏 程 度
MgO	13.6	1200	300	200	4900	2020	25	10	严重裂纹
Al_2O_3 （80%浓度）	8.3	1400	230	300	2660	97	9	0.3	严重开裂
钠-钙玻璃	8.9	480	60	100	260	26	2.6	0.3	局部裂纹
硼硅酸盐玻璃	3.5	520	60	100	110	－140	1.1	1.4	没有开裂
玻　　璃	1.5	1000	100	100	150	－650	1.5	－6.5	没有开裂

注：所用碳纤维 $\alpha_a\sim0$，$\alpha_r\sim8\times10^{-6}$℃$^{-1}$

α_m——基体放热膨胀系数；T_c——低于这个温度，几乎不出现应力松弛；

$(\sigma_m)\mu$——基体强度；σ_a、σ_r——计算的体积中轴向和径向应力；

Φ_a、Φ_r——热膨胀失匹参数$(\alpha_f-\alpha_m)\Delta TE_m/\sigma_m$

陶瓷基复合材料的研究，已经发展到韧性可与金属相比的阶段，特别是热压 Si_3N_4/SiC 晶须和 SiC/SiC 纤维，只是成本昂贵，应用受到限制。表 11－4 给出陶瓷基复合材料的强度与断裂韧性。

表 11－4　纤维增强陶瓷材料的抗弯强度和断裂韧性

材　　料	抗弯强度/MPa	断裂韧性 K_{IC}/(MPa・m$^{1/2}$)
Al_2O_3	550	4～5
Al_2O_3/SiC 晶须	800	8.7
Al_2O_3/SiC 纤维	—	10.5
SiC	500	4.0
SiC/SiC	750	25.0
ZrO_2	200	5.0
ZrO_2/SiC 纤维	450	22.0
玻璃-陶瓷	200	2.0
玻璃-陶瓷/SiC 纤维	830	17.0
反应烧结 Si_3N_4	260	2～3
反应烧结 Si_3N_4/SiC 晶须	900	20.0
热压 Si_3N_4	470	3.7～4.5
热压 Si_3N_4/SiC 晶须	800	56.0

11.5 聚合物基复合材料

在三类复合材料中，聚合物基复合材料的应用最广，发展也最快。从20世纪40年代出现玻璃纤维增强聚酯复合材料(在我国亦称之为“玻璃钢”)以来，现代复合材料的发展十分迅速。现代聚合物基复合材料的应用极其广泛，例如在运输(如汽车、航空、船舶等)、宇航、军事、建筑、工业用罐、管道、电气、机械设备、消费品等各个方面都有广泛的应用。

11.5.1 聚合物基复合材料的种类和性能特点

凡是以聚合物为基体的复合材料统称为聚合物基复合材料，因此聚合物基复合材料是一个很大的材料体系。聚合物基复合材料体系的分类具有多种不同的划分标准，如按增强纤维的种类可分为：玻璃纤维增强聚合物基复合材料、碳纤维增强聚合物基复合材料、硼纤维增强聚合物基复合材料、芳纶纤维增强聚合物基复合材料及其他纤维增强聚合物基复合材料。如按基体材料的性能可分成通用型聚合物基复合材料、耐化学介质腐蚀型聚合物基复合材料、耐高温型聚合物基复合材料、阻燃型聚合物基复合材料。但最能反映聚合物基复合材料的则是按聚合物基体的结构形式来分类，聚合物基复合材料可分为热固性树脂基复合材料、热塑性树脂基复合材料及橡胶基复合材料。

聚合物基复合材料是最重要的高分子结构材料之一，它具有以下几个特点：

(1) 比强度大，比模量大。例如高模量碳纤维/环氧树脂的比强度是钢的5倍，是铝合金的4倍，其比模量为铝、铜的4倍。

(2) 耐疲劳性能好。金属材料的疲劳破坏常常是没有明显预兆的突发性破坏，而聚合物基复合材料中纤维与基体的界面能阻止材料受力所致裂纹的扩展。因此，其疲劳破坏总是从纤维的薄弱环节开始，逐渐扩展到结合面上，破坏前有明显的领兆。大多数金属材料的疲劳极限是其拉伸强度的30%～50%，而聚合物基复合材料，其疲劳极限可达其拉伸强度的70%～80%。

(3) 减振性好。较高的自振频率会避免工作状态下引起的早期破坏，而结构的自振频率除了与结构本身形状有关而外，还与材料的比模量的平方根成正比。在聚合物基复合材料中，纤维与基体界面具有吸振的能力。其振动阻尼很高，减振效果很好。

(4) 耐烧蚀性能好。聚合物基复合材料的耐热性是相当好的，所以适宜作烧蚀材料。所谓材料的烧蚀是指材料在高温时，表面发生分解，引起汽化，与此同时吸收热量，达到冷却的目的，随着材料的逐渐消耗，表面出现很高的吸热率。例如玻璃纤维增强酚醛树脂，就是一种烧蚀材料，烧蚀温度可达1650℃。其原因是酚醛树脂受高的入射热时，会立刻碳化，形成耐热性很高的碳原子骨架，而且纤维仍然被牢固地保持在其中。此外，玻璃纤维本身有部分气化，而表面上残留下几乎是纯的二氧化硅，它的粘结性相当好，从而阻止了进一步的烧蚀，并且它的导热系数只有金属的0～0.3%，瞬时耐热性好。

(5) 可设计性强，成型工艺简单且安全性好。通过改变纤维、基体的种类及相对合量、纤维集合形式及排列方式、铺层结构等可以满足对复合材料结构与性能的各种设计要求。工艺过程多为整体成型，一般不需焊、铆、切割等二次加工，工艺过程比较简单。由于一次成型，不仅减少了加工时间而且零部件、紧固件和接头的数目也随之减少，使结构更加轻量化。另外，聚合物基复合材料中有大量的独立纤维，每平方厘米的复合材料上有几千根，甚至上万根纤维分布着，当材料超载时，即使有少量纤维断裂，但其载荷会重新分配到未断裂的纤维上，在短期内不至于使整个构件失去承载的能力。

11.5.2 几种常用的纤维增强体

聚合物基复合材料所选用的纤维主要是玻璃纤维和碳纤维，但在重要用途上如军用航天飞行，则不计成本用硼纤维。聚合物基体中，早先主要采用热固性塑料，以后逐渐发展了热塑性塑料。

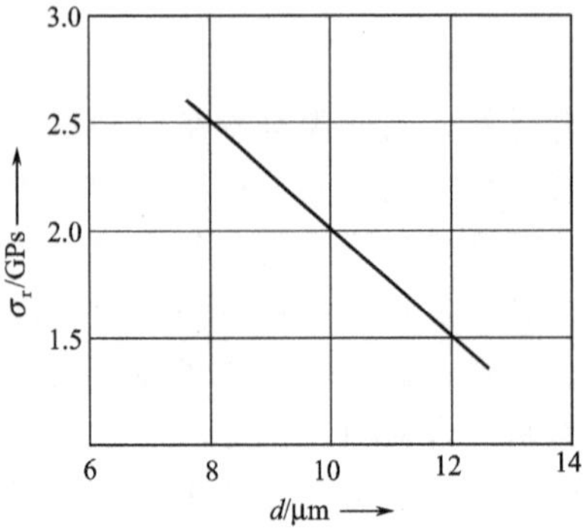

图 11.10 强度 σ_f 随碳纤维直径的增加而减小

下面分别讨论纤维与基体的特征，并将聚合物为基的复合材料与常用的金属材料作比较。

对选用的纤维要求：①尽可能低的密度；②高的抗拉强度和弹性模量；③纤维的直径越细越好，直径越细的材料，内部缺陷和表面缺陷越少，纤维强度越高。图 11.10 所示表示碳纤维的直径和强度的关系，一般的玻璃纤维和碳纤维直径均在 10μm 左右；④对于不连续的纤维，要有高的长度/直径比，以使大部分外载荷由纤维承担；⑤要有较好的挠度或柔度，以便加工成形或编织成各种形状；⑥纤维与基体间要有好的浸润性和结合；⑦低的成本。

1. 玻璃纤维

玻璃纤维是复合材料目前使用量最大的一种增强纤维。随着玻璃纤维增强塑料(玻璃钢)工业的发展，玻璃纤维工业也得到迅速发展。自 20 世纪 70 年代开始，国外玻璃纤维的特点是：普遍采用池窑拉丝新技术；大力发展多排多孔拉丝工艺；用于玻璃钢的纤维直径逐渐变粗，其直径为 14～24μm，重视纤维/树脂界面研究，发展多种偶联剂，加强玻璃纤维的前处理。

中国玻璃纤维工业起始于 1950 年，当时只能生产绝缘材料用的初级纤维。1958 年后，玻璃纤维工业迅速发展，玻璃纤维年产量达 6 万 t，其中无碱纤维占 20%，中碱纤维占 80%；纤维直径大多为 628μm，正向粗纤维方向发展，正在推广池窑拉丝工艺。

1) 玻璃纤维的分类

(1) 根据玻璃纤维的化学组成可分为：无碱纤维——含碱量在 1%以下，低碱纤维——含碱量在 2%～6%之间，有碱纤维——含碱量在 10%～16%之间。

(2) 根据玻璃纤维的外观形状可分为：长纤维、短纤维、空心纤维、卷曲纤维。

(3) 根据纤维特性可分为：高强度及高模量纤维、耐高温纤维、耐碱纤维、普通纤维。

2) 玻璃纤维的结构及化学组成

(1) 玻璃纤维的结构。玻璃纤维的拉伸强度比块状玻璃高许多倍，但经过研究表明：玻璃纤维的结构与玻璃相同。关于玻璃结构的假说到目前为止比较能够反映实际情况的是“微晶结构假说”和“网络结构假说”。

微晶结构假说认为，玻璃是由硅酸块或二氧化硅的“微晶子”所组成，这种“微晶子”在结构上是高度变形的晶体，在“微晶子”之间由无定形中间层隔离，即由硅酸盐过冷溶液所填充。网络结构假说认为，玻璃是由二氧化硅的四面体、铝氧三面体或硼氧三面体相互连成不规则三维网络，网络间的空隙由Na、K、Ca、Mg等阳离子所填充。二氧化硅四面体的三维网状结构是决定玻璃性能的基础，填充的Na、Ca等阳离子称为网络改性物。

大量资料表明，玻璃结构是近似有序的。原因是玻璃结构中存在一定数量和大小比较规则排列的区域，这种规则性是由一定数目的多面体遵循类似晶体结构的规则排列造成的。但是有序区域不是像晶体结构那样有严格的周期性，微观上是不均匀的，宏观上却又是均匀的，反映到玻璃的性能上是各向同性的。

(2) 玻璃纤维的化学组成。玻璃纤维的化学组成主要是二氧化硅、三氧化二硼、氧化钙、三氧化二铝等，它们对玻璃纤维的性质和生产工艺起决定性作用。以二氧化硅为主的称为硅酸盐玻璃，以三氧化二硼为主的称为硼酸盐玻璃。氧化钠、氧化钾等碱性氧化物为助熔氧化物，它们可以降低玻璃的熔化温度和黏度，使玻璃熔液中的气泡容易排除。它们主要通过破坏玻璃骨架，使结构疏松，从而达到助熔的目的，因此氧化钠和氧化钾的含量越高，玻璃纤维的强度、电绝缘性能和化学稳定性都会相应的降低。加人氧化钙、三氧化二铝等，能在一定条件下构成玻璃网络的一部分，改善玻璃的某些性质和工艺性能；用氧化钙取代二氧化硅，可降低拉丝温度；加入三氧化二铝可提高耐水性。总之，玻璃纤维化学成分的制定，一方面要满足玻璃纤维物理和化学性能的要求，具有良好的化学稳定性，另一方面要满足制造工艺的要求，如适合的成形温度、硬化速度及黏度范围。

3) 玻璃纤维的物理性能

玻璃纤维具有一系列优良性能，拉伸强度高，防火、防霉、防蛀、耐高温和电绝缘性能好等。它的缺点是具有脆性，不耐腐蚀，对人的皮肤有刺激性等。

(1) 外观和相对密度。与天然纤维或人造纤维不同，玻璃纤维的外观是光滑的圆柱体，横断面几乎是圆形。用于复合材料的玻璃纤维，直径一般为5～20μm，其密度为2.4～2.7g/cm^3，有碱玻璃纤维的密度较无碱玻璃纤维的小。

(2) 表面积大。由于玻璃纤维的表面积大，使得纤维表面处理的效果对性能的影响很大。

(3) 玻璃纤维的力学性能，包括以下方面：

① 玻璃纤维的最大特点是拉伸强度高，但是其扭转强度和剪切强度均较其他纤维低很多。一般玻璃制品的拉伸强度只有40～100MPa，而直径为3～9μm的玻璃纤维拉伸强度则高达1500～4000MPa，较一般合成纤维高约10倍，比合金钢还高2倍。几种纤维材料和金属材料的强度如表11-5所示。

表11-5 几种纤维材料和金属材料的强度

性能/材料	羊毛	亚麻	棉花	生丝	呢绒	高强合金钢	铝合金	玻璃	玻璃纤维
纤维直径/μm	15	16～50	10～20	18	块状	块状	块状	块状	—
拉伸强度/MPa	100～300	350	300～700	440	200～600	1600	40～460	40～120	1000～3000

② 玻璃纤维高强的原因，许多学者提出了不同的假说，其中比较有说服力的是微裂纹假说。微裂纹假说认为，玻璃的理论强度取决于分子或原子间的吸引力，其理论强度很高，可达到2000～12000MPa，但强度的实际测试结果低很多，这是因为在玻璃或玻璃纤维中存在着数量不等，尺寸不同的微裂纹，因而大大降低了其强度。微裂纹分布在玻璃或玻璃纤维的整个体积内，但以表面的微裂纹危害最大。由于微裂纹的存在，玻璃纤维或玻璃在外力作用下，在微裂纹处产生应力集中，首先发生破坏。

玻璃纤维比玻璃的强度高很多，这是因为玻璃纤维高温成形时减少了玻璃溶液的不均一性，使微裂纹产生的机会减少。此外，玻璃纤维的断面较小，随着表面积的减少，使微裂纹存在的概率也减少，从而使纤维强度增高。有人更明确地提出，直径小的玻璃纤维强度比直径大的纤维强度高的原因是由于表面微裂纹尺寸和数量较小，从而减少了应力集中，使纤维具有较高的强度。

2. 碳纤维

1）概述

碳(石墨)纤维是由碳元素组成的一种高性能增强纤维。其最高强度已达7000MPa，最高弹性模量达900GPa，而其密度约为1.8～2.1g/cm^3，并具有低热膨胀、高导热、耐磨、耐高温等优异性能，是一种很有发展前景的高性能纤维。

碳元素是一种非常轻的元素，碳有多种结构形态：有无定形态、金刚石、石墨等结构，其中石墨的结构是由碳原子以六方形式在层内排列。在石墨片层中，碳原子以较短的共价键排列，具有很强的结合力。在沿石墨片层方向具有很高的弹性模量，理论上可达1000GPa，而片层与片层之间以范德瓦尔斯力相连接，层间距较长，约为0.335nm，结合力弱，因此在垂直片层方向的弹性模量只有35GPa。碳纤维是石墨结构，因此在性能上有明显的各向异性。在石墨结构的基面上，原子间的结合是共价键，弹性模量很高，而在垂直于基面的c轴方向，面间的结合很弱，是范德瓦尔斯力起主要作用，弹性模量也低得多。生产上用的碳纤维，就是要使石墨结构的基面，形成很强的定向排列，平行于拉丝方向，造成择优取向，这样才能发挥碳纤维的优点。制造碳纤维一种常用的原料为聚丙烯腈(简写为PAN)，工艺过程一般包括3个步骤：①先作稳定化处理。220℃在空气中加热数小时，主要是防止在随后的高温处理中熔化。②碳化处理。在惰性气体中于1000℃加热与拉伸。主要是去除非碳元素。③石墨化处理。由于石墨化温度不同，可得到高模量的碳纤维和高强度的碳纤维两种。热处理温度对碳纤维的强度与模量的影响如图11.11所示，随着加热温度的升高，原先被碳化处理的丝状材料，其结构变得更有规则，并向真正的石墨结构转变。石墨化的丝状材料在高温下可到达高的弹性模量约500GPa。但抗拉强度还不太高，如在2000℃以上的高温进行热拉伸，使石墨基面按丝状方向排列，则强度可有较大的提高。

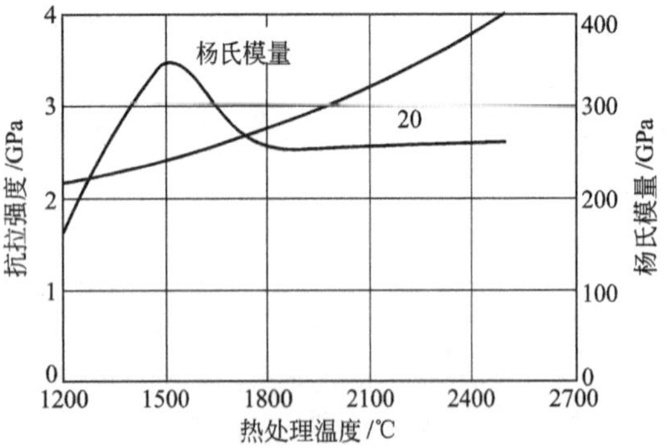

图 11.11 碳纤维的强度和弹性模量决定于最终的热处理温度

碳纤维有许多品种，有不同的分类方法，一般可以根据原丝的类型、碳纤维的性能和用途进行分类。碳纤维按石墨化程度可分为碳纤维和石墨纤维，一般将小于1500℃碳化处理成的称为碳纤维，将碳化处理后再经高温石墨化处理(2500℃左右)的碳纤维称为石墨纤维。碳纤维强度高，而石墨纤维模量高。以制取碳纤维的原丝分类，碳纤维可分为聚丙烯腈基碳纤维、黏胶基碳纤维、沥青基碳纤维和木质素纤维基碳纤维。以其性能分类，碳纤维可分为高强度碳纤维、高模量碳纤维和中模量碳纤维等，后者有耐火纤维、碳质纤维和石墨纤维等。根据其用途分类，碳纤维可分为受力结构用碳纤维、耐焰碳纤维、活性碳纤维、导电用碳纤维、润滑用碳纤维和耐磨用碳纤维。

2) 碳纤维的性能

碳纤维是黑色有光泽、柔软的细丝。单纤维直径为5～110μm，一般以数百根至一万根碳纤维组成的束丝供使用。由于原料和热处理工艺不同，碳纤维的品种很多。高强度型碳纤维的密度约为1.8g/cm³，而高模量和超高模量碳纤维的密度约为1.85～2.1g/cm³。碳纤维具有优异的力学性能和物理化学性能。

(1) 碳纤维的力学性能。根据实际研究知道，影响碳纤维弹性模量的直接因素是晶粒的取向度，而热处理条件的张力是影响这种取向的主要因素。碳纤维的拉伸强度(σ)、弹性模量(E)与材料的固有弹性模量(E_0)、纤维的轴向取向度(a)，结晶厚度(d)、碳化处理的反应速度常数(K)之间的关系如下：

$$E=E_0(1-a)^{-1} \tag{11-11}$$

$$\sigma=K[(1-a)\sqrt{d}]^{-1} \tag{11-12}$$

根据阿累尼乌斯公式，反应速度常数K是温度T的函数。从式(11－11)可知，碳纤维的弹性模量E与材料固有属性E_0。成正比，它还是微晶沿纤维轴取向度的函数。取向度越高，碳纤维的弹性模量越大。式(11－12)表明：影响碳纤维的强度，除取向度外，反应速度常数最重要，而该常数主要取决于反应温度。提高反应温度可以提高反应速率，在提高温度的同时提高牵引率，可提高碳纤维的强度。

如碳纤维具有很高的强度和弹性模量。随着碳纤维的制造技术的提高，碳纤维的最高强度已达到7000MPa，而弹性模量已达900GPa，接近石墨单晶的理论计算模量，但其强度却远远低于理论强度。表11－6是各国生产碳纤维的力学性能。

表11－6 各国碳纤维的力学性能

牌　　号	直径/μm	每束根数/根	拉伸强度/MPa	拉伸模量/GPa	延伸率L/%	密度/(g/cm³)	热膨胀系数/(10⁻⁶/℃)	热导率/[W/(m·K)]
Nicalon NL－201	15	500	2940	206	1.4	2.55	3.1	10
NL－221	12	500	3234	206	1.6	2.55	3.1	10
NL－401	12	500	2744	176	1.6	2.30	3.1	—
NL－501	15	500	2940	206	1.4	2.50	3.1	—

碳纤维的应力-应变曲线是一条曲线，纤维在断裂前是弹性体。断裂是瞬间开始和完成的。因此碳纤维的断裂是典型的脆性断裂。

碳纤维的力学性能除取决于纤维的结构之外，与纤维的直径、纤维性能测试试样的标距长短都有关系。一般用作结构材料的碳纤维，其直径约为6～11μm。

(2) 碳纤维的物理化学性能。碳纤维的密度在1.5~2.0g/cm³，这除与原丝结构有关外，主要决定于碳化处理的温度。一般经过高温(3000℃)石墨化处理后，密度可达2.0g/cm³。碳纤维具有很好的导热、导电性能。在沿纤维轴向随着石墨化程度提高，弹性模量提高，碳纤维的导热性提高。碳纤维的比热容一般为0.03~0.71kJ/(kg·℃)，碳纤维的热导率有方向性，平行于纤维轴方向热导率为16.74W/(m·K)，而垂直于纤维轴方向为0.837W/(m·K)。热导率随温度的升高而下降。碳纤维导电性好，它的比电阻与纤维类型有关。在25℃时，高模量碳纤维的比电阻为755μΩ·cm，而高强度的碳纤维的比电阻为1500μΩ·cm。

碳纤维的另一特征是热膨胀系数小，其热膨胀系数与石墨片层取向和石墨化程度有密切关系。碳纤维的纵向热膨胀系数约为$(-1.5\sim-0.5)\times10^{-6}$/K；而横向热膨胀系数约为$(5.5\sim8.4)\times10^{-6}$/K。

碳纤维具有优异的耐热和耐腐蚀性能。在惰性气氛下碳纤维热稳定性好，在2000℃的高温下仍能保持良好的力学性能；但在氧化气氛下超过450℃时碳纤维将被氧化，使其力学性能明显下降。

碳纤维能耐一般的酸、碱腐蚀。在高温下与金属有不同程度的界面反应，严重损伤纤维，因此在用作金属基复合材料的增强物时，应采取有效的防止反应的措施。另外碳纤维还有良好的耐低温性能，如在液氮温度下也不脆化。

3. 硼纤维

1) 概述

硼纤维是一种新型的无机纤维。美国最早研制，并在20世纪60年代在航天工业获得应用，硼纤维是一种将硼通过高温化学气相沉积在钨丝或碳芯表面制成的高性能增强纤维，具有很高的比强度和比模量，也是制造金属基复合材料最早采用的高性能纤维。用硼纤维增强铝的复合材料制成的航天飞机主仓框架强度高、刚性好，代替铝合金骨架可节省44%的质量。美国、俄罗斯是硼纤维的主要生产国。

2) 硼纤维的制造

硼纤维是用化学气相法在一根受热的纤芯(钨丝或碳丝)上沉积而成。所用做纤芯的钨丝的直径一般为10~13μm而碳丝的直径一般为30μm左右。如在超细的钨丝上，用氢气高温还原三氯化硼，生成无定形的硼，并沉积在芯材表面，形成直径约100μm的硼纤维。其沉积的化学反应如下：

$$2BCl_3+3H_2=2B+6HCl\uparrow$$

用做纤芯的钨丝需经过仔细清洗，除去表面油污和杂质在氢气中加热到1200℃左右，除去钨丝表面的氧化物，钨丝通过水银密封触夹通电，靠钨丝本身的电阻加热到1000℃以上，化学气相沉积在丝的表面不断进行，硼原子不断地沉积在丝的表面形成直径100μm左右的硼纤维。硼纤维的结构和性能与沉积温度密切相关，因此需分段加以控制。硼纤维最初形成阶段，硼原子与纤芯钨丝直接接触，易形成W_2B、WB、W_2B_5和WB_4，为控制过多的生成硼化物，在此阶段温度应控制在1100~1200℃，以控制硼的扩散，逐渐形成硼层。第二阶段温度较高，控制在1200~1300℃以得到较快的沉积速度，形成硼纤维。

在20世纪70年代以后，硼纤维的制造技术有了大发展。主要集中在3个方面：

（1）采用新的芯材代替价格昂贵的钨丝。最有代表性的是采用涂钨（或碳）的石英玻璃纤维芯材。用此种纤维制备硼纤维，比直接使用钨丝和碳丝要便宜得多，比直接使用碳纤维时的高温膨胀性能要好些，还可降低硼纤维的表观密度，以及提高它的比弹性模量。

（2）改进化学气相沉积法及其有关设备。在沉积过程中，随着纤维直径的增加以及芯材与硼在高温下的化学反应，电阻值变化很大，甚至由于局部电阻增大出现“亮点”，造成硼的不均匀沉积，影响硼纤维的质量。因此，采取了辅助外部加热装置和射频加热装置，实现了反应温度的均匀分布。

（3）硼纤维的后处理。后处理技术，主要包括化学处理和表面涂层处理两个方面。一方面化学处理的目的是把影响纤维性能，如裂纹等表面缺陷处理掉，这类处理方法包括用某些化学溶剂对纤维进行浸蚀或抛光，而热处理法则以消除残余应力为目标。另一方面表面涂层处理目的是增加硼纤维的辅助保护层，使其在高温下不与基质材料（如金属）起反应。这些保护层有氧化铝、碳化物、硼化物或氧化物合成的各种渗滤障碍层。

3）硼纤维的性能

与其他增强纤维相比，硼纤维具有较低的密度、较高的强度、很高的弹性模量和熔点以及较高的高温强度，其性能见表11－7所列。

表11－7　硼纤维的性能

性　能	典型值	性　能	典型值
拉伸强度/GPa	3.45	线膨胀系数/(10^{-6}/K)	1.5
弹性模量/GPa	400	密度/(g/cm^3)	2.4～2.6

随着科学技术的不断进步，硼纤维的性能得到不断的提高。弹性模量比玻璃纤维高出约4倍，而其强度超过了钢的强度。

4）硼纤维的应用

硼纤维除了在航天工业上用做结构材料外，在航空工业中也得到应用。例如B－1洲际战略轰炸机、F－14和F－15等军用飞机中，均使用硼纤维增强钛合金的部件。

11.5.3　热固性和热塑性聚合物基复合材料

聚合物基复合材料是目前应用最广泛的复合材料，其产量远远超过其他基体的复合材料。聚合物基体一般指热固性聚合物（树脂）与热塑性聚合物。热固性树脂是由某些低分子的合成树脂（固态或液态）在加热、固化剂或紫外线等作用下，发生交联反应并经过凝胶化阶段和固化阶段形成不熔、不溶的固体，因此必须在原材料凝胶化之前成形，否则就无法加工。这类聚合物耐温性较高，尺寸稳定性也好，但是一旦成形后就无法重复加工。热塑性聚合物即通称的塑料，该种聚合物（基本上是线形聚合物）在加热到一定温度时可以软化甚至流动，从而在压力和模具的作用下成形，并在冷却后硬化固定。这类聚合物一般软化点较低（目前也有高软化点的品种），容易变形，但可再加工使用。

1. 热固性聚合物基复合材料

热固性树脂在初始阶段流动性很好，容易浸透增强体，同时工艺过程较容易控制。热固性树脂早期有酚醛树脂，随后有不饱和聚酯树脂和环氧树脂，近来又发展了性能更好的双马树脂和聚酰亚胺树脂。这些树脂几乎适合于各种类型的增强体。它们虽可以湿法成形(即浸渍后立即加工成形)，但通常都先制成预浸料(包括预浸丝、布、带、片状和块状模塑料等)，使浸入增强体的树脂处于半凝胶化阶段，在低温保存条件下限制固化反应的发展，并应在一定期间内进行加工。所用的加工工艺有手工铺设法、模压法、缠绕法、挤拉法、热压罐法、真空袋法以及最近才发展的树脂传递模塑法(RTM)和增强式反应注射成形法(RRIM)等。各种热固性树脂的固化反应机理各不相同，根据使用要求的差异，采用的固化条件也有很大差别。一般的固化条件有室温固化、中温固化(120℃)左右和高温固化(170℃以上)。目前正在发展一类树脂体系(包括固化剂、促进剂等助剂)可以低温成型，然后在脱离模具的自由状态下加热后固化定型。

下面简要介绍几种重要的树脂基体。

1) 环氧树脂

环氧树脂是目前聚合物基复合材料中使用最广泛的树脂基体。环氧的种类很多，适合作为复合材料基体的有双酚A环氧树脂、多官能团环氧树脂和酚醛环氧树脂三种。其中多官能团环氧树脂的玻璃化温度较高，因而耐温性好；酚醛环氧固化后的交联密度大，因此力学性能较好。环氧树脂与增强体的粘接力强、固化时收缩少，基本上不放出低分子挥发物，因此尺寸稳定性好。但环氧树脂的耐温性不仅取决于本身结构，很大程度上还依赖于使用的固化剂和固化条件。例如，用脂肪族多元胺作为固化剂可在低温下固化，但耐温性很差；如果用芳香族多元胺和酸酐作固化剂，并在高温下固化(100～150℃)和后固化(150～250℃)，则最高可耐250℃的温度。这表明耐温性也取决于固化温度。实际上环氧基复合材料可在55～177℃范围内使用，并有很好的耐化学品腐蚀性和电绝缘性。

2) 热固性聚酰亚胺树脂

聚酰亚胺聚合物有热塑性和热固性两种，均可作为复合材料基体。目前已正式应用的、耐温性最好的是热固性聚酰亚胺基体的复合材料。热固性聚酰亚胺经固化后与热塑性聚合物一样在主链上带有大量芳杂环结构，此外，由于其分子链端头上带有不饱和链而发生加成反应，变成交联型聚合物，这样就显著提高了其耐温性和热稳定性。聚酰亚胺聚合物是用芳香族四羧酸二酐(或二甲酯)与芳香族二胺通过酰胺化和亚胺化获得的。热固性聚酰亚胺则是在上述合成过程中加入某些不饱和二羧酸酐(或单脂)作为封头的链端基制成的。

2. 热塑性聚合物基复合材料

热塑性聚合物基复合材料发展较晚，从目前产量来看，似乎远比不上热固性复合材料，但这类复合材料具有不少热固性材料所不具备的优点。首先是聚合物本身的断裂韧性好，提高了复合材料的抗冲击性能；其次是吸湿性低，可改善复合材料的耐环境能力；最突出的是可以重复再加工，而且工艺过程短，成形效率高。

可以作复合材料基体的热塑性聚合物品种很多，包括各种通用塑料(如聚丙烯、聚氯乙烯等)、工程塑料(如尼龙、聚碳酸酯等)以及特种耐高温的聚合物(如聚醚醚酮、聚醚砜和杂环类聚合物)。热塑性聚合物基复合材料必须先将聚合物基体与各种增强体制成连续的片(布)状、带状和粒状预浸料，才能进一步加工成各种形状的复合材料构件。特别是粒状预浸料可使用塑料加工设备，如挤出机和注射成形机。然而由于热塑性聚合物在熔融状态下的粘度也很高，因此带来预浸的难度。现用的预浸方法有：①薄膜法，将聚合物膜与增强体无纬布、织物、毡等交替层叠，再用热滚筒或热履带热压成连续片材；②溶液法，用溶剂溶解聚合物后浸渍增强体，然后将溶剂挥发制成预浸料；③熔融法，以聚合物熔体对增强体进行浸渍；④粉末法，将聚合物磨细，以流态床法或静电吸附法将其附着在增强体周围，然后再热压使之熔化浸渍；⑤纤维法，将聚合物先纺成纤维再与增强体交织，然后热压；⑥造粒法，螺杆挤出机的螺杆将聚合物熔体与切短的增强体混合，由模口挤出细条状，再切成粒料。

下面简要介绍几种热塑性聚合物基复合材料。

1）聚丙烯基复合材料

聚丙烯是通用大品种塑料，产量很大，有较好的使用和加工性能。用作复合材料基体的聚丙烯一般为有规立构并为半结晶的结构体，熔点为176℃；所用的增强体主要是廉价的玻璃纤维，有时也加入一些无机填料，以满足性价比的要求。采用造粒法制备预浸料(纤维体积分数一般低于40%，制成的复合材料比未增强塑料的相应性能提高一倍左右，同时制品收缩率低、热稳定性明显提高(变形温度可达150℃）。由于该种复合材料原料来源丰富，力学及电学性能良好，特别因价格相对低廉、加工方便，受到汽车、家电、仪表等工业的青睐。

2）聚醚醚酮基复合材料

聚醚醚酮是近来发展的典型耐高温工程塑料。它是一种结晶度较高的聚合物，各种性能均很好，特别是耐温性。它适合制备高性能复合材料制品，基本上是与碳纤维或芳酰胺纤维采用薄膜叠层法复合制成预浸料，然后经剪裁放入模具中热压成形。复合材料的热变形温度为300℃，在200℃以下能保持良好的力学性能，例如用60%单向碳纤维增强，强度可达1.8GPa，模量为120GPa；另外，还具有阻燃性和抗辐射性。该种复合材料适用于航空、航天用制件，如机翼、天线部件、雷达罩等。

3）聚酰胺基复合材料

聚酰胺商品名尼龙，是常用的工程塑料，具有半结晶结构。聚酰胺类的品种较多，用于复合材料的为尼龙66(己二胺和己二酸的缩合物）。它可以与各种增强体进行复合，多数仍是玻璃纤维布和毡(特别是连续毡）。用熔融法制成片材(GMT)可以冲压成形。聚酰胺塑料本身就具有良好的强韧性，且有耐磨自润滑性能，特别是耐油、抗化学腐蚀性很强。制成复合材料后能进一步提高力学性能和耐热性并保留其他优点，因此特别适合于制造汽车车壳部件和油箱，此外也可采用造粒法制造中小型齿轮和机械零件。

习　题

1. 什么是复合材料？

2. 复合材料如何命名和分类？

3. 复合材料的增强体应具备何特征？

4. 试分析在以下两种情况下连续长纤维对复合材料力学性能的影响：

(1) 荷载平行于纤维。

(2) 荷载垂直于纤维。

5. 试证明不连续纤维有一临界纤维长度 l_c，当纤维的长度 $l \gg l_c$ 时，不连续纤维可使材料的强度接近连续纤维分布的数值。

6. 金属基复合材料有哪些种类?
7. 试分析金属基复合材料的性能特征。
8. 陶瓷基复合材料有哪些种类?
9. 试分析陶瓷基复合材料的性能特征。
10. 试分析聚合物基复合材料有何特点。
11. 试分析碳纤维和玻璃纤维作为增强体各有什么特点。

第12章 材料强化与韧化

本章教学要点

知识要点	掌握程度	相关知识
细晶强化	理解细晶强化的原理及特点	hall-petch 公式 $\sigma=\sigma_0+K_y d^{-1/2}$
固溶强化	理解固溶强化的概念及强化机理	溶质原子和位错的交互作用
形变强化	掌握形变过程中位错发生了哪些变化，这些变化对强化有何帮助	形变过程中位错的增殖；位错的交割，面角位错引起的强化
弥散强化	理解弥散强化概念及其强化机理	不可变形粒子的强化作用，可变形粒子的强化作用

在材料的发展历史上人们长期追求的目标是材料的强度、塑性和韧性的提高以及强韧性的良好配合。理解材料的强韧化机理，掌握材料强韧化现象的物理本质，是发展新型材料，改善材料制备、加工工艺和挖掘材料潜力的基础。

结构材料主要有三类，金属材料、陶瓷材料和高分子材料。从性能特点来看，材料可以分为塑性材料和脆性材料两大类。塑性材料通常是指那些断裂强度显著高于其屈服强度的材料，如大部分金属材料、高分子材料。脆性材料是指那些断裂强度显著低于其屈服强度的材料，如绝大部分陶瓷材料和部分金属材料与高分子材料。材料的主要用途所涉及的最重要的性能指标是强度。材料的强度按失效的形式可分为屈服强度、断裂强度、抗拉强度和疲劳强度等。但是就构件的具体服役状况而言，材料强度的概念是唯一的，这就是导致材料失效的最大应力。

一般说来韧性是材料变形和断裂过程中吸收能量的能力，它是强度和塑性的综合表现；强度是材料抵抗变形和断裂的能力，而塑性则表示材料断裂时总的塑变程度。因此，可以用材料在塑性变形和断裂全过程中吸收能量的多少表示韧性的高低。提高材料的强度和韧性可以节约材料，降低成本，增加材料在使用过程中的可靠性和服役寿命，对国民经济建设具有重要意义。

晶体的结合键和原子组态的不同，是金属材料、陶瓷材料和高分子材料力学性能不同的根本原因。通过改变材料的内部结构可以达到控制材料性能的目的，不同种类的材料，提高其强度、改善其韧性的机理、方法也不相同。

从金属晶体完整的概念考虑，若能消除晶体中的缺陷，特别是消除位错，就可以制造出完整晶体，可显著提高材料的强度。但是，目前尚不能制造出大尺寸无位错的金属，只能制造直径在 1μm 数量级的极细金属须或丝，而且晶须的性能极不稳定，存在一定数量位错时其强度急剧下降。从金属晶体的缺陷理论可知，若能提高晶体中的位错密度 ρ，使之达到一定值也可有效地提高金属的强度。因而，金属材料的强化可通过两种途径来实现：或者制成无缺陷的完整晶体，使金属的实际强度接近于理论强度；或者在有缺陷的金属晶体中设法提高位错密度，阻止位错的运动。第二种途径是金属材料确凿不移的强化手段。

金属材料的强化涉及多种机制，包括细晶强化、固溶强化、变形强化、弥散强化等。实际材料的强度并非由单一的强化机制决定。大多数情况下，强化是多种机制共同作用的结果。

12.1 细晶强化

当一个晶粒在某一滑移系上动作后，在位错遇到晶界时，便塞积起来，位错塞积产生了大的应力集中，该应力值远大于施加的外力。而作用在晶界附近 r 处的塞积力 $\tau(r)$ 与位错塞积的范围 L 有关

$$\tau(r)=\tau_0+\tau_0(L/r)^{1/2} \tag{12-1}$$

位错塞积的范围 L 就是晶粒平均直径 d 的一半。当材料屈服时，外力并不一定要达到材料的临界屈服应力 τ_c，只要 $\tau(r)=\tau_c$ 就行了，这时外力 τ_0 使材料屈服的条件可改写为

$$\tau_c = \tau_0 + \tau_0 (L/r)^{1/2} = \tau_0 \{[(d/2)^{1/2} + (r)^{1/2}]/(r)^{1/2}\}$$
$$= \tau_0 (d/2r)^{1/2} \qquad (12-2)$$

式(12－2)最后一步的推导是因为 $r \ll d$，所以将分子中的 $(r)^{1/2}$ 项忽略。这里仅仅考虑由于晶界处位错塞积造成了使晶体屈服所需的外加力的改变。这样，在式(12－2)中的 τ_0 应改写为 $\Delta\tau = \tau - \tau_i$，$\tau$ 和 τ_i 分别表示有晶界存在和无晶界存在时晶体屈服所需的外力。式(12－2)中材料的临界屈服切应力 τ_c 是材料常数，r 是位错距晶界的平均距离，也是材料常数，因此令 $\tau_c \sqrt{2r} = K_y$，K_y 是一个新的材料常数。式(12－2)成为

$$\Delta\tau = \tau - \tau_i = K_y d^{-1/2}$$
$$\tau = \tau_i + K_y d^{-1/2} \qquad (12-3)$$

式中 τ 的含义是，当外力等于 τ 时，已经有位错在某软取向晶粒处塞积，这时正好达到了开动临近晶粒中的位错，也就是在这种条件下，位错的运动可以贯穿整个材料而导致塑性变形传递给整个材料。因此，τ 是材料的宏观切变屈服强度。而 $\Delta\tau$ 是由于晶界的存在，材料屈服强度的改变值。

如果把式(12－3)中的各项改写成拉伸强度形式，就得到

$$\sigma = \sigma_0 + K_y d^{-1/2} \qquad (12-4)$$

式(12－4)就是著名的 hall-petch 公式，是 20 世纪 50 年代从实验中得到的经验公式，这个公式从问世至今一直得到非常广泛的应用。

应当指出，材料强度的提高大多是以牺牲塑性为代价的。只有细晶强化，不仅提高了强度而且也提高了材料的塑性。这主要是因为细晶粒材料的塑性变形分布比较均匀，减少了变形的大程度集中引起形成微观裂纹的危险，这样就使材料在断裂前能承受更多的整体塑性变形。粗晶粒位错塞积的数目多，产生的应力集中大，它虽有容易使相邻晶粒位错源开动的一面，但如果相邻晶粒的取向特别不利于变形或者其位错源受碳、氮的钉扎作用，形成气团，位错源就不容易开动，应力集中不能被松弛，则在相邻晶粒某一特定方向产生很大的拉应力，易形成微观裂纹，因而塑性较低。

最后还应指出，hall-petch 公式适用的晶粒尺寸是有一个界限的，如 0.3～400μm。因为 $d<0.3\mu m$ 的非常细小的晶粒内提供不出足够数量的位错，以构成足够强度的应力场，而 $d>400\mu m$ 的更为粗大的晶粒再多些塞积位错数目，对应力集中应力场强度的影响也不大。

12.2 固溶强化

固溶强化是利用点缺陷对金属晶体进行强化。所谓固溶强化即指通过溶入某种溶质元素形成固溶体而使金属强度、硬度升高，而塑性有所下降的现象。

金属材料中存在固溶原子时，固溶原子必然会引起周围晶格的畸变，在其周围产生一个应力场，由于固溶原子应力场与位错应力场交互作用的结果，溶质原子具有向位错偏聚而形成原子气团的倾向。这时，位错的运动要么摆脱这种原子气团，要么拖带着气团一齐运动。摆脱原子气团需增加一部分外力以克服它与位错间的交互吸引，如果拖带原子气团一齐运动，也需增加一部分外力。当位错上有原子偏聚形成原子气团时，原子气团对位错运动有钉扎作用。所以，位错运动的难度提高，造成固溶强化。

如果溶质原子在金属中形成的有序固溶体(超结构)在滑移面两侧的原子之间形成了A和B型原子的一定匹配关系，当有位错在滑移面上运动时，会不断破坏这种有序关系，形成反相畴界。设反相畴界能为γ，单个位错在有序晶体中运动时所需施加的切应力为

$$\Delta\tau=\gamma/b$$

式中，b为柏氏矢量的模。

当一对位错一起运动时，由于反相畴界并不增加，不会引起能量的增加，故应力不需提高。但是当随着变形量增大而进行多组滑移时，位错要穿过与其滑移面相交的反相畴界，这就增大了无序区域的面积，导致流变应力的额外增高；此外，当位错对的前一个位错交滑移到另一个滑移面后而后一个位错未能随之交滑移时，就形成了固定位错对，阻碍该位错的继续滑移。

在无序固溶体中，固溶强化的实质是溶质原子的长程应力场和位错的交互作用。这种作用使位错截交成弯曲形状，如图12.1所示。

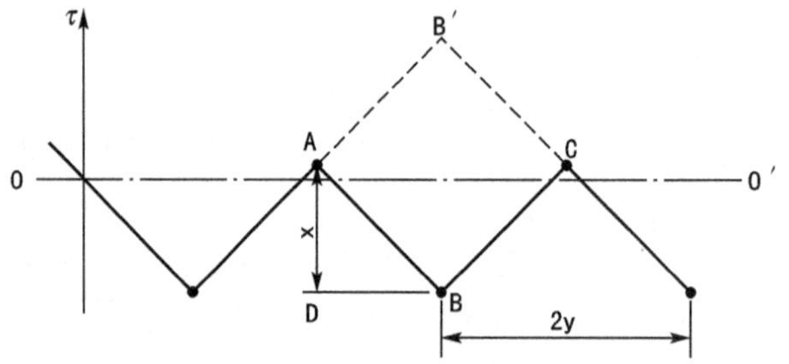

图12.1　溶质原子对位错的钉扎作用

图中O－O′为未被钉扎的平直位错线沿τ的方向滑移，当该平直位错线与溶质原子A、B、C相遇时，由于A、B、C的钉轧作用，钉扎的结果使平直位错线呈现ABC曲线形状。处于位错线上的少数溶质原子与位错线的交互作用很强，这些原子造成位错线的局部曲率远大于由平均内应力求出的曲率。钉扎的第一效应就是使位错线呈曲折形状。在外加切应力τ作用下，由于B点位错张力的协调作用，将使ABC段位错移到AB′C，在B′处又钉扎起来。因为钉扎位错所释放的能量足以补偿位错长度增加而升高的弹性能，位错的弹性能反而有所降低，所以位错呈曲折弯曲形状。钉扎位错经热激活可以脱钉，因而被钉扎时相对处于低能量。ABC段移动到AB′C，ABC和AB′C是相邻的平衡位置，阻力最大点是在位错处于中间位置AC时产生，外加切应力必须克服该阻力方可使位错移动。若AC≈$2y$，ABC比$2y$略大，近似地当作$2y$，ABC变为AC一方面要脱钉需要能量，另一方面位错长度的缩短要释放能量，故总共需要

$$(E_b-E_s)\cdot 2y\approx E_b\cdot 2y \tag{12-5}$$

式中，E_b是位错脱钉所需能量；E_s为单位长度位错由于加长而升高的能量，$E_s\ll E_b$可忽略。由ABC变为AC，位错线扫过的面积为$x/2\cdot 2y$，外加切应力需要做的功为$\tau b(2y)\cdot x/2$，故

$$\tau b\cdot xy\approx E_b\cdot 2y \tag{12-6}$$

由图12.1可看出，沿着OO′方向，单位长度上有$1/y$个溶质原子。用柯氏气团的概念，如果位错与溶质原子交互作用能为U_0，则单位长度位错受溶质钉扎所降低的能量为

$$E_b=U_0/y \tag{12-7}$$

所以

$$\tau = 2U_0/bxy \quad (12-8)$$

设 C 为溶质原子百分数，在滑移面单位面积上有 $1/b^2$ 个原子，其中有 c/b^2 个溶质原子，又注意到面积 xy 上只摊上一个原子，所以 $c/b^2 \approx 1/xy$，所以式(12-8)可写为

$$\tau = (2U_0/b^3)C \quad (12-9)$$

式(12-9)反映了在常温下固溶强化的规律。此式表明在强钉扎下，推动位错所需的临界切应力既与溶质-位错相互作用能 U_0 成正比，也与溶质浓度 C 成正比。

12.3 变形强化

在冷变形过程中，金属内位错密度增加，位错之间的交互作用加剧，位错运动阻力增大，从而导致金属的流变应力随变形程度的增加而增加，要继续变形只有不断增加外力，这种现象叫加工硬化或变形强化。变形强化是金属材料的一项重要特征，可被用作强化金属的途径。特别是那些不能通过热处理强化的材料，如纯金属以及某些合金(奥氏体不锈钢)，主要是借冷加工提高材料强度。本节主要讨论纯金属变形时产生强化的几种原因。

12.3.1 位错的增殖

前面已经谈到，金属材料的塑性变形是在切应力的作用下靠位错运动实现的，位错最终移至晶体表面而产生宏观塑性变形。依此观点，变形后晶体中的位错数量应越来越少。然而，事实恰恰相反，经剧烈塑性变形后的金属晶体，其位错密度可增加4～5个数量级。这种现象充分说明晶体在变形过程中位错必然是在不断地增殖。变形后产生大量位错是引起强化的原因之一。当晶体中位错的分布比较均匀时，流变应力和位错密度的关系为

$$\tau = \tau_0 + \alpha G b\sqrt{\rho} \quad (12-13)$$

式中，ρ 为位错密度；G 为切变模量；b 为柏氏矢量；α 为系数，多晶体铁素体 $\alpha=0.4$；参数 τ_0 表示位错交互作用以外的因素对位错运动所造成的阻力。式(12-13)表明，当 ρ 增高时，τ 也增大。金属在变形后会引起位错增殖的机制很多，现主要介绍两种。

1) 弗兰克-瑞德(Frank-Read)位错源

图12.2表示弗兰克-瑞德源位错增殖机制。若某滑移面有一段刃位错CD，它的两个端点上连有其他位错AC和BD，C点和D点是位错线的结点，不能运动。现沿位错 b 的方向施加切应力，使位错线CD在滑移面上运动。但由于CD两端固定，所以只能使位错线发生弯曲(图12.2(b))。单位长度位错线所受的滑移力 $F_d=\tau b$，它总是与位错线本身垂直，所以弯曲后的位错每一小段继续受到的作用沿它的法线方向向外扩展，其两端则分别绕结点C、D发生回转(图12.2(c))。当两端弯曲的线段相互靠近时(图12.2(d))，由于该两线段平行于 b，但位错线方向相反，分别属于左螺旋和右螺旋位错，它们互相抵消，形成一闭合的位错环和位错环内的一小段弯曲位错线(图12.2(e))。只要外加应力继续作用，位错环便继续向外扩张，同时环内的弯曲位错在线张力作用下又被拉直，恢复到原始状态，并不断重复上述过程，络绎不绝地产生新的位错环(图12.2(f))，从而产生位错的增殖，使晶体产生可观的滑移量。

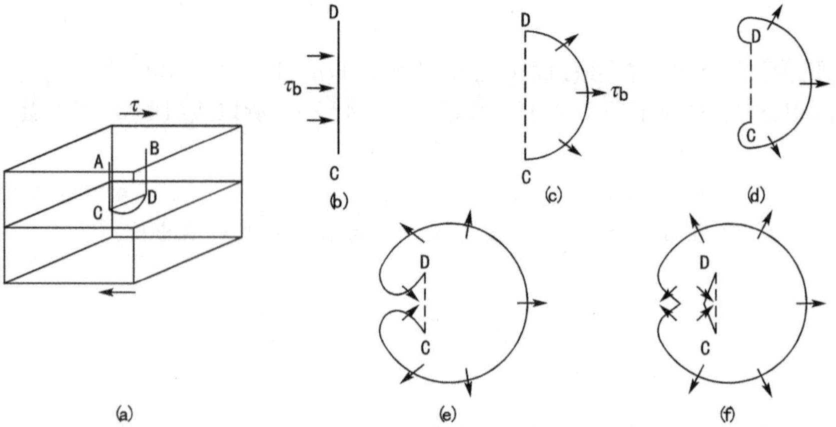

图 12.2　F-R 源动作过程

为使 F-R 源动作，外加应力必须克服位错线弯曲时线张力所引起的阻力。在弯曲位错线中取一微单元弧段，可写出力的平衡关系：$\tau b\mathrm{d}s=2T\sin\dfrac{\mathrm{d}\theta}{2}$，即 $\tau bR\mathrm{d}\theta=2T\dfrac{\mathrm{d}\theta}{2}$，令 $T=\dfrac{1}{2}Gb^2$，可得

$$\tau=\frac{Gb}{2R} \tag{12-14}$$

可见外加切应力的大小和位错线曲率半径 R 成反比，即曲率半径 R 越小，所需的切应力 τ 越大。当位错线弯曲成半圆时，τ 最大$\left(R=\dfrac{CD}{2}=\dfrac{L}{2}\right)$，故使位错源发生作用的临界切应力为

$$\tau_c=\frac{Gb}{L} \tag{12-15}$$

Frank-Read 位错源增殖机制已被实验所证实，人们已在硅、镉、Al-Cu、Al-Mg 合金不锈钢等晶体中直接观察到类似的 F-R 源的迹象。另外，实验观察到的退火态金属的位错网络长度平均为 10^{-4}cm 左右，如取 $L\approx10^{-4}$cm，$b\approx10^{-8}$cm 求出的临界切应力 $\tau_c=10^{-4}G$，这个数值接近于实际晶体的屈服强度。因此，如用弗兰克-瑞德模型，即可把晶体的屈服强度理解为开动 F-R 源的临界切应力。

应当指出：F-R 源开动后并不是永远不断地放出位错，当位错环遇到障碍就会塞积，位错塞积后的应力集中就会对位错源有一个反作用力，使位错源停止动作。

2）双交滑移机制

如果位错在原滑移面上运动受阻，位错就会转到和原来滑移面相交的另一个滑移面上去，这就是交滑移。当位错又转回和原来滑移面平行的面时，这个过程称双交滑移。对高层错能的面心立方和体心立方金属，变形时的位错增殖主要是靠双交滑移。如图 12.3 所示，设有一螺型位错先在面心立方晶体的(111)晶面(m 面)上滑移，遇到障碍通过交滑移转移到另一滑移面$(1\bar{1}1)$(n 面)，绕过障碍后又转到与 m 晶面平行的另一滑移面(111)(m' 面)。这样在滑移面(n 面)上生成刃型位错 AC 和 BD。由于刃型位错 AC 和 BD 不能随螺型位错一起运动，对于 m'面上的位错 CD 来说，其两端 C、D 被钉扎，于是位错线 CD 在

m'面上以弗兰克-瑞德源机制增殖位错。这种位错增殖方式称为双交滑移增殖机制。有时在第二个(111)面(m'面)扩展出来的位错环又可以通过交滑移转移到第三个(111)面上进行增殖。从而使位错迅速增加，因此，它是比上述的弗兰克-瑞德源更有效的增殖机制。

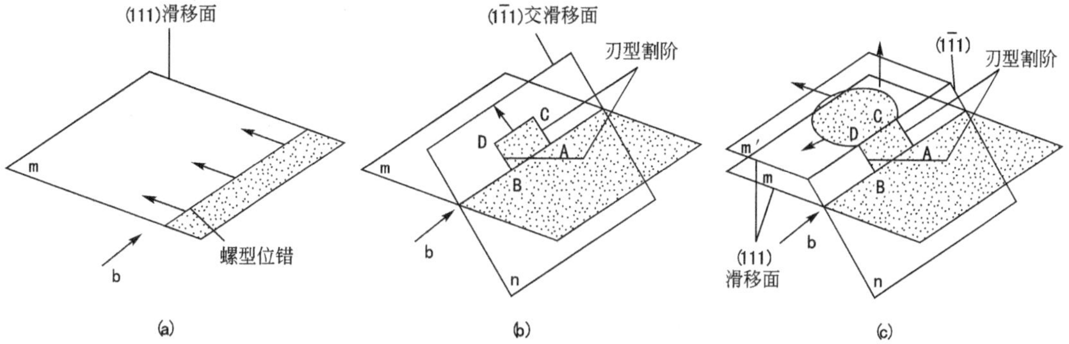

图 12.3　螺型位错通过双交滑移增殖

12.3.2　位错的交割

晶体中位错的方位各不相同，在发生多滑移过程中，不同滑移面上的位错在运动中相遇就有可能发生位错互相切割的现象，称为位错的交割。位错交割的结果是在原来直的位错线上会形成一段一个或几个原子间距大小的折线。位错交割时会发生相互作用，这对材料的强化、点缺陷的产生有重要意义。

1）割阶与扭折

在位错的滑移过程中，其位错线往往很难同时实现全长的运动。因而一个运动的位错线，特别是在受到阻碍的情况下，有可能通过其中一部分线段(n个原子间距)首先进行滑移。当由此形成的弯折部分就在位错的滑移面上时，称为扭折；当弯折部分垂直于位错的滑移面时，称为割阶。扭折和割阶也可由位错之间的交割而形成。

图 12.4 为刃型位错和螺型位错中的割阶与扭折示意图。从图中可以看出，刃型位错的割阶部分与柏氏矢量垂直，故为刃型位错，而扭折部分与柏氏矢量平行，故为螺型位错；螺型位错中的扭折和割阶，由于均与柏氏矢量相垂直，故均为刃型位错。

刃形位错的攀移是通过空位或原子向位错线的扩散而实现的，但原子(或空位)并不可能在某一瞬间就能一起聚集到整条位错线上，而是逐步迁移到位错线上的。这样，在位错的已攀移段与未攀移段之间就会产生一个台阶，也就是说在位错线上形成了割阶。因此，位错的攀移可理解为割阶沿位错线逐步推进，而使位错线上升或下降。攀移过程与割阶的形成能和移动速度有关。

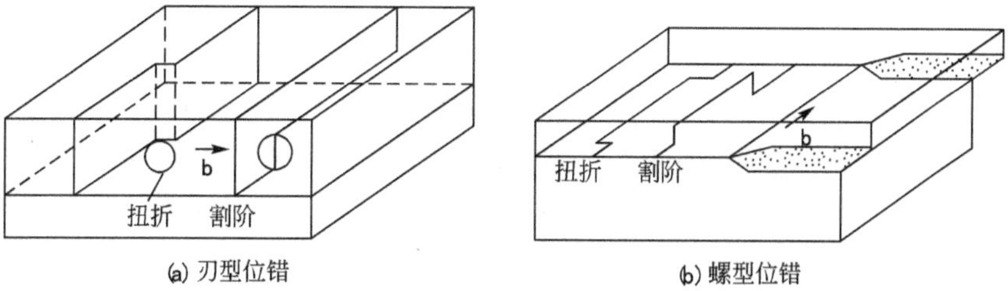

图 12.4　位错运动中出现的割阶与扭折示意图

2）典型的位错交割

(1)两个柏氏矢量相互垂直的刃型位错交割。

如图 12.5(a)所示，柏氏矢量为 b_1 的刃型位错 AB 和柏氏矢量为 b_2 的刃型位错 CD 分别位于两垂直的平面 m 和 n 上。若 CD 为不动位错，而 AB 向下运动与 CD 交割时，由于 AB 扫过的区域其滑移面 m 两侧的晶体将发生 b_1 距离的相对位移，因此，交割后在位错线 CD 产生 EF 小台阶。位错线 CD 变为 CEFD，折线因不在位错线 CD 运动的滑移面上，故称为割阶。割阶的大小和方向决定于 b_1，但是线段 EF 因仍属于 CEFD 位错线，其柏氏矢量还是 b_2，所以 EF 为刃型割阶。位错线 AB 仍为直线并没有割阶。这是因为位错线 AB 和柏氏矢量 b_2 平行的缘故。在位错线 CD 形成割阶后，本来线段 CE 和 FD 都容易在自身存在的滑移面上运动，而刃型割阶 EF 运动的平面由 EF 和 b_2 决定，常常是不易滑动的平面，这样，带割阶的刃位错运动就困难些。

(2) 两个柏氏矢量相互平行的刃型位错交割。

如图 12.5(b)所示，交割后，在 AB 和 CD 位错线上分别产生了平行于 b_1、b_2 的 MN、OP 台阶，但它们的滑移面和原位错的滑移面一致，故为扭折。折线 MN、OP 分别平行于 b_1、b_2，故为螺型位错。在运动过程中，这种扭折在线张力的作用下可能被拉直而消失，因此，扭折对原位错的运动影响不大。

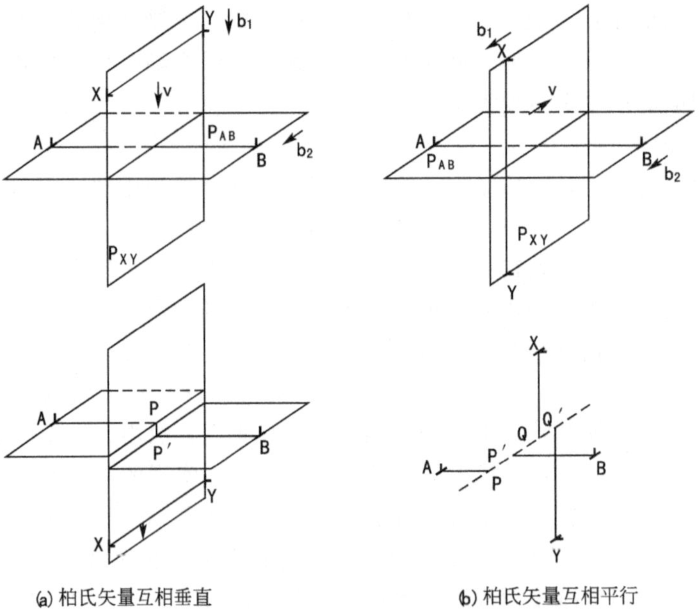

(a) 柏氏矢量互相垂直　　(b) 柏氏矢量互相平行

图 12.5　两根相互垂直的刃型位错的交割

(3) 两个柏氏矢量相互垂直的刃型位错和螺型位错的交割。

如图 12.6 所示，设想一柏氏矢量为 b_1 的刃型位错 AB 在滑移面上运动，和一穿过其滑移面的柏氏矢量为 b_2 的螺型位错 CD 相交割。交割后在刃型位错 AB 上形成大小等于 $|b_2|$ 且平行于 b_2 的割阶 PQ，其柏氏矢量为 b_1。由于该割阶的滑移面与原刃型位错 AB 的滑移面不同，因而当带有这种割阶的位错继续运动时，将受到一定的阻力。同样，交割后在螺型位错 CD 上也形成长度等于 $|b_1|$，柏氏矢量为 b_2 的一段折线 MN，由于它垂直于

b_2，故属于刃型位错，又由于它位于螺型位错 CD 的滑移面上，因此，MN 是扭折。

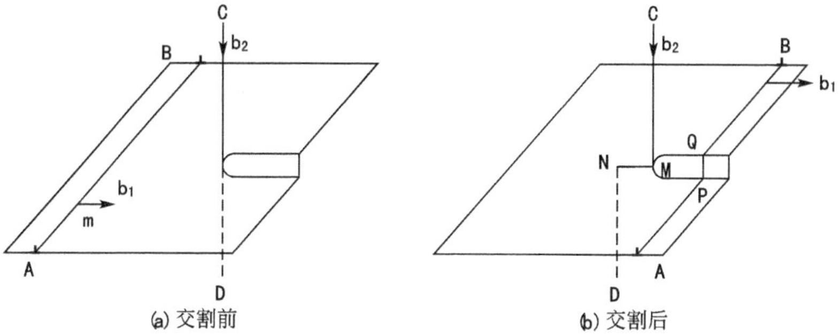

图 12.6 刃型位错和螺型位错的交割

(4) 两个柏氏失量相互垂直的螺型位错的交割。

如图 12.7 所示，运动位错 AA′和位错 BB′交割后，在 AA′上形成大小等于$|b_2|$，方向平行于 b_2 的割阶 MM′。它的柏氏矢量为 b_1，其滑移面不在 AA′的滑移面上，是刃型割阶。割阶 MM′不能随位错 AA′滑移只能作攀移，结果形成一系列的空位或间隙原子。显然，这种割阶对位错的滑移起阻碍作用。同样，在位错线 BB′上也形成一刃型割阶 NN′。当螺位错上的刃型割阶高度为 1～2 个原子间距时，螺型位错可带动割阶一起运动，当割阶高度较大时，就对螺型位错运动造成很大阻力。

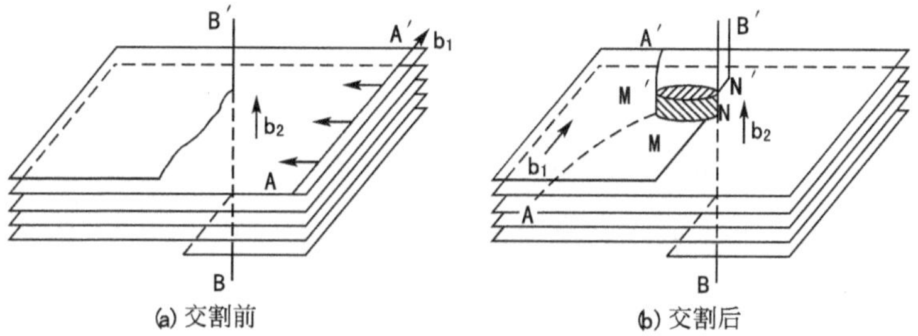

图 12.7 两个螺型位错的交割

综上所述，可以得出一般性结论；(1)任意两种类型位错相互交割时，都可能产生一扭折或割阶，其大小和方向取决于另一位错的柏氏矢量，但具有原位错线的柏氏矢量。所有的割阶必定是刃型位错，而扭折可以是刃型也可是螺型的。(2)扭折与原位错线在同一滑移面上，可随主位错线一起运动，几乎不产生阻力，而且扭折在线张力作用下易于消失。但割阶则与原位错线不在同一滑移面上，故除非割阶产生攀移，否则割阶就不能跟随主位错线一起运动，成为位错运动的障碍。(3)螺型位错上的割阶比刃型位错上的割阶运动阻力大，尽管螺型位错没有固定的滑移面，似乎螺型位错更容易运动，特别是交滑移，但螺型位错上一旦形成割阶，尤其是割阶较大，运动就困难了。割阶造成位错运动的障碍称为割阶强化。

12.3.3 面角位错引发的强化

面角位错是面心立方晶体中除 Frank 位错外又一类固定位错。

如图 12.8 所示，在面心立方的$(1\bar{1}1)$和$(\bar{1}11)$面上分别有全位错$\frac{a}{2}[10\bar{1}]$ 和$\frac{a}{2}[0\bar{1}1]$，它们在各自滑移面上分解为扩展位错

$$\left.\begin{aligned}\frac{a}{2}[10\bar{1}]\rightarrow\frac{a}{6}[21\bar{1}]+\frac{a}{6}[1\bar{1}\bar{2}]\\ \frac{a}{2}[0\bar{1}1]\rightarrow\frac{a}{6}[1\bar{1}2]+\frac{a}{6}[\bar{1}\bar{2}1]\end{aligned}\right\}\qquad(12-16)$$

该两扩展位错各在自己的滑移面上相向移动，当每个扩展位错在两滑移面的交线上相遇时，就会发生位错反应，生成新的先导位错

$$\frac{a}{6}[\bar{1}\bar{2}1]+\frac{a}{6}[21\bar{1}]\rightarrow\frac{a}{6}[1\bar{1}0]\qquad(12-17)$$

即两个滑移面上各有一个肖克莱位错相互作用，结合成新位错。

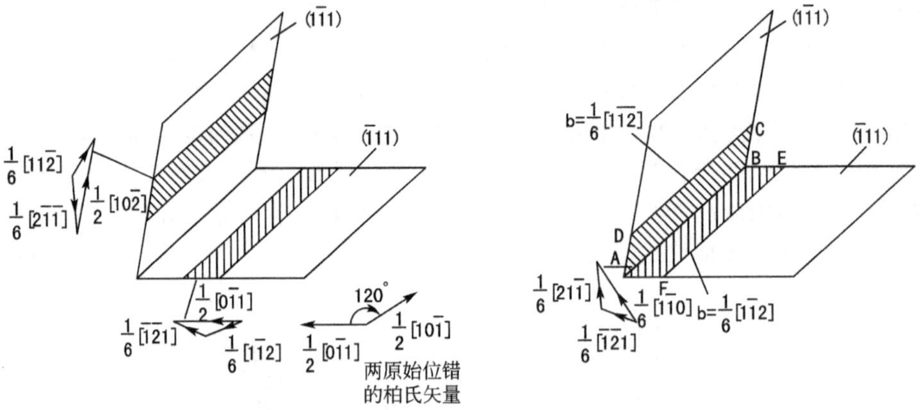

图 12.8 Lomer-cottrell 位错的形成过程

新位错的特征为新位错的位错线即为两个滑移面的交线，交线 AB 的方向为$[\bar{1}\bar{1}0]$，但位错的柏氏矢量为$\frac{1}{6}$ $[1\bar{1}0]$。由于柏氏矢量和位错线的点乘积为零(即柏氏矢量与位错线垂直)，可知生成的是刃型位错。该刃型位错的滑移面由柏氏矢量和位错线的叉乘积决定，叉乘积的结果代表滑移面的法线方向。即位错线的滑移面为(001)，由于面心立方金属的滑移面是{111}，故此位错是固定位错，通常称为梯杆位错。不仅如此，它还带动两片分别位于$(1\bar{1}1)$和$(\bar{1}11)$上的层错区，以及$\frac{a}{6}$ $[1\bar{1}\bar{2}]$ 和$\frac{a}{6}$ $[1\bar{1}2]$ 两个不全位错。这种形成于两个{111}面之间的面角上，由三个不全位错和两片层错所构成的位错组态称为罗麦尔-考垂尔(Lomer-cottrell)位错，简称面角 (dislocation) 位错。它好像一个压杆，压在两个滑移面上，使得另两个肖克莱位错也难于运动，它对低层错能的面心立方金属的变形强化起重大作用。

12.4 弥散强化

工程上应用的金属材料基本上都是两相或多相合金。当第二相以细小弥散的微粒均匀

分布于基体相中时，将会产生显著的强化作用。从本质上讲，弥散强化不是通过第二相的强度而是通过第二相对位错运动的阻碍作用而表现出来的。通常可将第二相粒子分为“不可变形的”和“可变形的”两类。这两类粒子与位错交互作用的方式不同，其强化的途径也就不同。

12.4.1 不可变形粒子的强化作用

不可变形粒子是具有较高的硬度和一定尺寸并与母相部分共格或非共格的颗粒。它对位错运动的阻碍作用如图 12.9 所示。当运动位错与其相遇时，将受到粒子阻碍，使位错线绕着它发生弯曲。随着外加应力的增大，位错线受阻部分的弯曲加剧，以致围绕着粒子的位错线在左右两边相遇，于是正负位错彼此抵消，当绕过的最大角 θ 达到 π 时，每一条位错线绕过颗粒后留下一个位错环，而后恢复平直状态，继续向前推移。显然，位错按这种方式运动时受到的阻力是很大的，而且每个留下的位错环要作用于位错源一个反向应力，故继续变形时必须增大应力以克服此反向应力，使流变应力迅速提高。

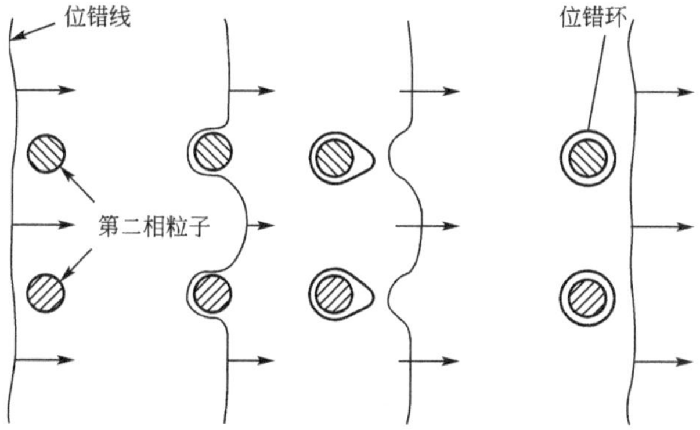

图 12.9 位错绕过第二相粒子的示意图

计算弥散强化作用的公式是 Orowan 在 1948 年提出的，假设第二相质点在滑移面上呈方阵排列(图 12.10)，可以把位错线的张力近似取为 αGb^2，位错滑移遇障碍质点受阻时，外加切应力与位错线弯曲半径 R 之间的关系为 $\tau=\alpha Gb/2R$，由图 12.10 可知，如果点状质点列的间距为 L，则有下面几何关系：

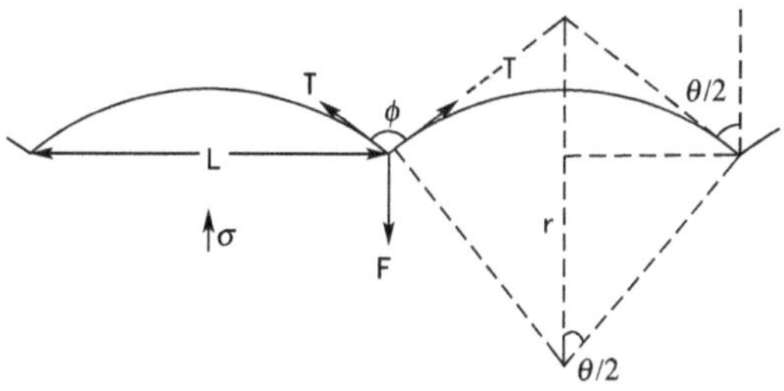

图 12.10 位错滑移遇方阵质点弓弯示意图

$$\theta/2+\phi/2=90^\circ$$
$$\sin(\theta/2)=\cos(\phi/2)$$

故

$$\sin(\theta/2)=L/2R$$
$$R=L/(2\cos(\phi/2))$$

因此

$$\tau=(\alpha Gb/L)\cdot\cos(\phi/2) \tag{12-18}$$

可见，对于一定间距的障碍质点而言，位错弓弯程度越大，所需外加切应力 τ 越大。在外力作用下，位错越过障碍质点的摆脱钉扎条件可表示为

$$\phi=\phi_c$$

式中，ϕ_c 为质点的障碍强度。在障碍质点处，存在如下平衡：

$$2T\cos(\phi_c/2)=F^* \tag{12-19}$$

式中，F^* 为障碍质点对位错的钉扎力。因此，为克服第二相质点对位错运动的阻力，需要增加的应力(弥散质点使材料切应力强度的提高值)$\Delta\tau$ 为

$$\Delta\tau=(\alpha Gb/L)\cdot\cos(\phi_c/2) \tag{12-20}$$

式中，$\cos(\phi_c/2)$被称为质点障碍强度因子。可按此因子的大小将障碍的钉扎作用分为强钉扎和弱钉扎，其主要差别在于位错摆脱钉扎时，所达到的临界弓弯程度不同。当 $\phi_c=0$ 时，不可变形的粒子对位错有强钉扎作用。则式(12-20)成为常用的 Orowan 公式

$$\Delta\tau=\alpha Gb/L \tag{12-21}$$

这就是不可变形粒子对屈服强度的贡献。可见位错绕过粒子所需的切应力反比于颗粒间距。故当沉淀相颗粒的半径为 R，体积分数为 f，且在基体上是弥散分布时，可导出沉淀相颗粒对材料切应力强度的提高公式为

$$\Delta\tau=\frac{2.5Gb}{2.36\pi\cdot 2R\left(\frac{\sqrt{\pi}}{4}-f^{\frac{1}{2}}\right)}f^{\frac{1}{2}}\ln\left(\frac{R}{b}\right) \tag{12-22}$$

当 f 很小时可简化为

$$\Delta\tau=\frac{10Gb}{5.72\pi^{\frac{3}{2}}\cdot R}f^{\frac{1}{2}}\ln\left(\frac{R}{b}\right) \tag{12-23}$$

综上所述，第二相粒子的含量越高，尺寸越小，弥散强化的效果越显著，且其强化效果等同于固溶强化时。它对塑性的削弱作用比较小。

12.4.2 可变形粒子的强化作用

可变形粒子通常是指沉淀相与母相保持共格关系，颗粒尺寸小(<15nm)，可被运动位错所切割并随基体一起变形的颗粒，如图 12.11 所示。在这种情况下，强化作用主要取决于粒子本身的性质，以及与基体的联系，其强化机制较为复杂。因此可变形粒子的强化效应与以下几方面有关。

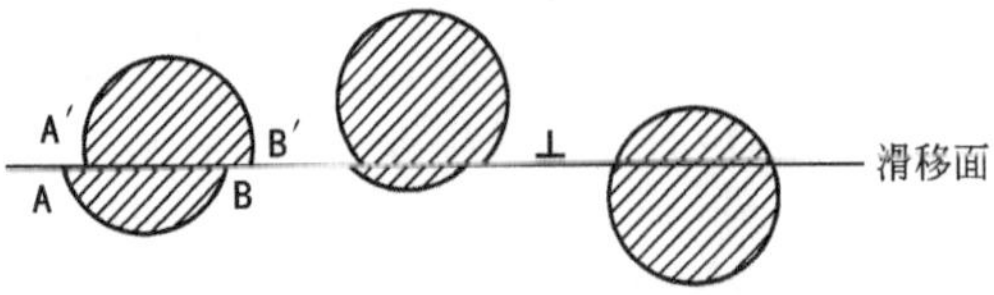

图 12.11 位错切割粒子的机制

(1) 位错切过粒子后产生宽度为 b 的滑移台阶，增加界面能，加大位错运动的能量消耗。

(2) 第二相粒子与基体的晶体结构不同或至少是点阵常数不同，故当位错切过共格颗粒时，在滑移面上造成错配的原子排列，因而增大位错运动的做功。

(3) 沉淀相粒子的共格应力场与位错应力场之间产生交互作用，位错通过共格应变区时，会产生一定的强化效应。

(4) 当粒子是有序结构时，位错切过粒子时会打乱滑移面上下原子的有序排列，产生反相畴界，引起能量的升高。

(5) 由于粒子和基体的层错能不同，当形成扩展位错通过时，其宽度会发生变化，引起能量升高。

(6) 当粒子的弹性切变能高于基体时，位错进入沉淀相会增大位错自身的弹性畸变能，引起位错的能量和线张力变大，位错运动的阻力加大。

(7) 由于粒子与基体中的滑移面取向不同，故位错切过粒子后会产生割阶，割阶存在会阻碍整个位错线的运动。

上述分析表明，与基体相完全共格的沉淀相粒子具有显著的强化效应。

时效处理是强化材料的常用方法，时效处理是通过在过饱和固溶体中析出弥散的第二相粒子来强化材料的，通常被称为时效强化或沉淀强化。从组织形式上讲这种强化方法应该归为弥散强化。但是，时效析出相与机械加入的第二相粒子或反应生成的与基体性质差别很大的化合物粒子有很大区别。时效析出的亚稳相通常与基体保持共格关系，在其周围的基体中会形成一个应力场。该应力场与位错应力场的交互作用产生对基体的强化作用。共格析出粒子对位错运动产生阻力而造成的切应力强度的提高为

$$\Delta\tau=\beta G\varepsilon^{\frac{3}{2}}(r/b)^{\frac{1}{2}}f^{\frac{1}{2}} \tag{12-24}$$

式中，β 为与位错类型有关的常数，对刃型位错 $\beta=3$，对螺型位错 $\beta=1$；ε 为共格应变或晶格错配度。由此式可以看出，强化效果都随第二相粒子的含量 f 和粒子尺寸增大而提高。似乎强化值随粒子尺寸增大而提高的论断与弥散强化的原理相违背。但应注意，上式的前提是粒子与基体完全共格。实际上粒子尺寸不可能过大，否则完全共格的关系就会破坏。而且，共格应变的弥散强化机制并不要求位错一定要切过粒子，只需从粒子附近经过就行，所以共格粒子可以有更显著的强化效果。因此，对弥散强化作用的计算必须分清弥散粒子是共格粒子还是非共格粒子，式(12-23)仅适用于共格粒子，如果是非共格粒子，就应该使用式(12-24)。

12.5 陶瓷中的相变增韧

陶瓷材料在使用性能方面有许多优点，如硬度高、耐磨性好、耐高温、抗氧化、耐腐蚀等，但陶瓷能本身存在两大弱点，使其在应用上受到限制。这两大弱点是难以加工成形制成一定形状的构件，以及它的韧性很低，由此也带来了很低的强度。在改进加工成形方面，现代陶瓷已发展和研制出许多新的烧结工艺。如果能使陶瓷的韧性显著地提高，就有可能使陶瓷成为重要的高温结构材料。

一般情况下陶瓷材料中发生相变会引起内应力而造成开裂，因此，在陶瓷生产中往往将相变视为不利因素而尽量避免。但研究发现，在某些情况下，可以利用相变提高陶瓷材料的韧性和强度。利用相变增韧已是结构陶瓷材料提高韧性的一个重要途径。

下面以 ZrO_2 为例，说明相变增韧的原理。

12.5.1 相变增韧

纯 ZrO_2 具有以下多晶转变，单斜相 $\xrightleftharpoons{1170℃}$ 正方相 $\xrightleftharpoons{2370℃}$ 立方相 $\xrightleftharpoons{2680℃}$ 液相。当纯 ZrO_2 冷却通过相变温度发生正方相($t-ZrO_2$)向单斜相($m-ZrO_2$)转变时，伴随有3%～

5%的体积膨胀，导致烧结件开裂。为了防止相变引起的开裂，可在 ZrO_2 中加入稳定剂。MgO、CaO、Y_2O_3、CeO_2 和其他稀土氧化物都可以作为稳定剂。这些氧化物的阳离子半径和 Zr^{4+} 相近，它们在 ZrO_2 中的溶解度极大，可以和 ZrO_2 形成单斜、正方和立方等晶型的置换固溶体。

高温时稳定剂和 ZrO_2 形成立方固溶体相，它可以通过快冷抑制共析分解，并将高温立方相保持到室温。如室温得到全部是立方相结构则称为完全稳定的 ZrO_2(Fully Stabilized Zirconia，FSZ)。FSZ 没有多大的实用价值。如果稳定剂的添加量不足，则形成正方相和立方相的混合结构，称为部分稳定的 ZrO_2(Partially Stabilized Zirconia，PSZ)。室温下正方相在应力诱发下可转变为单斜相。$t-ZrO_2 \rightleftarrows m-ZrO_2$ 是马氏体型相变，它具有钢的马氏体相变特征。ZrO_2 的马氏体转变温度很高，在 950～850℃范围。它与钢的马氏体不同，钢的马氏体是非平衡相，而 ZrO_2 由正方相转变为单斜相是一平衡相结构。氧化锆马氏体有透镜片状、平行层状和板条状等多种形态。透镜片状马氏体是块状试样中最常见的形态。马氏体内部的亚结构也可以是位错或孪晶。另外，ZrO_2 还有一个特性，其相变温度随着颗粒尺寸的减小而下降，一直可降到室温。当基体对 ZrO_2 颗粒有足够的压应力且 ZrO_2 颗粒足够小时，其相变温度可降至室温以下，这样在室温下 ZrO_2 仍保持正方相结构。

当材料受到外应力作用时，基体对 ZrO_2 的压抑作用得到松弛，ZrO_2 颗粒即发生正方相向单斜相的转变，并在基体中引发微裂纹，从而吸收了主裂纹扩展的能量，达到提高断裂韧性的效果。ZrO_2 发生相变时的自由焓平衡关系为

$$\Delta G_{m/t} = -\Delta G_{化学} + \Delta U_T - \Delta U_a \tag{12-25}$$

式中，$\Delta G_{m/t}$ 为单位体积 $t-ZrO_2$ 向 $m-ZrO_2$ 相变引起的自由焓变化；$\Delta G_{化学}$ 为 $m-ZrO_2$ 和 $t-ZrO_2$ 之间化学自由焓；ΔU_T 为相变弹性应变能的变化；ΔU_a 为激发相变外应力所付出的能量。

为使 $\Delta G_{m/t} < 0$，即

$$\Delta G_{化学} \geqslant \Delta U_T - \Delta U_a \tag{12-26}$$

可知 $\Delta G_{化学}$ 是相变的驱动力，而弹性应变能的变化 ΔU_T 是相变的阻力。当 $\Delta G_{化学}$ 不足以克服 ΔU_T 的作用时，要使氧化锆发生相变只能借助于外力。因此，陶瓷基体中 ΔU_a 的存在将有利于断裂能的提高。由于

$$\Delta U_T = 1/2 E\varepsilon^2 \tag{12-27}$$

式中，E 和 ε 分别为 ZrO_2 相的平均弹性模量和相变引起的应变。

在借助于外应力 σ_a 激发 ZrO_2 相变的状态下，激发相变外应力所付出的能量为

$$\Delta U_a = 1/2 \cdot \sigma_a \cdot \varepsilon \cdot V \tag{12-28}$$

式中的单位体积 $V=1$，所以

$$\sigma_a = \frac{2\Delta U_a}{\varepsilon} \tag{12-29}$$

由式(12-26)和式(12-27)得到

$$\sigma_a \geqslant \frac{\Delta U_T - \Delta G_{化学}}{\varepsilon/2} \tag{12-30}$$

式(12-26)和式(12-30)就是引起相变的能量和应力条件。

在陶瓷烧结的冷却过程中，大颗粒的 ZrO_2 优先由正方相转变为单斜相。即 ZrO_2 的相变起始温度 M_s 是随着 ZrO_2 的颗粒减小而降低的。若 ZrO_2 颗粒小则相变温度足以偏移到

常温下，即 t-ZrO_2 一直保持常温，则陶瓷基体中就储存了相变弹性压应变能(U_T)，只有当基体受到了适量的外张应力，使 ZrO_2 的束缚得以解除，才能发生正方相 ZrO_2 向单斜相 ZrO_2 的转变，所以小颗粒弥散分布的 ZrO_2 有利于相变增韧。

综上所述，高温正方相保持室温是相变增韧的必要条件。氧化锆颗粒尺寸越小，发生马氏体转变温度越低；另外稳定剂的量越大，正方相越稳定，越不容易转变为单斜相。因此，生产上要达到相变增韧的目的，主要通过两种手段，其一是控制加入稳定剂的数量，其二是控制氧化锆的晶粒尺寸，当尺寸小于某临界尺寸时，不发生相变，仍保持亚稳的正方相。在不同的陶瓷基体中或稳定剂不同，发生相变的临界尺寸都会不一样。

12.5.2 微裂纹增韧

在大多数情况下，陶瓷体内存在有裂纹。当受外力或应力集中时，裂纹会迅速扩展，致使陶瓷体破坏。因此，如何防止裂纹扩展，消除应力集中，是解决问题的关键。

ZrO_2 中的陶瓷在由正方相向单斜相转变过程中，相变出现体积膨胀而产生微裂纹。无论是陶瓷冷却过程中产生的 ZrO_2 相变激发微裂纹，还是裂纹扩展过程中在其尖端区域形成的应力诱发 ZrO_2 相变导致的微裂纹，都将起到分散主裂纹尖端能量的作用，从而提高了断裂能，称为微裂纹增韧。

当 ZrO_2 颗粒的相变温度低于室温，陶瓷基体中储存着相变弹性压应变能 U_T。如果 ZrO_2 颗粒的相变温度高于室温，则 ZrO_2 颗粒会自发地发生正方相向单斜相的转变，此时在基体中会激发出微裂纹，在有微裂纹韧化作用的情况下，主裂纹尖端的应力将重新分布，如图 12.12 所示。为了防止主裂纹扩展，可用图 12.13 加以说明。在立方相氧化锆的基体上，弥散分布着许多细小的正方相，氧化锆块状试样内部原来就有许多显微裂纹，在外力作用下裂纹尖端的应力集中和三向拉应力会使裂尖前方的正方相转变为单斜相，这种转变叫做应力诱发马氏体。转变为马氏体需要消耗大量的功或能，转变的结果使裂尖的应力松弛了，或者说是应力松弛的弹性能转化为马氏体相变所需的功。另一方面，立方相转变为单斜相的体积膨胀，使周围的基体受到压缩，这也会促使裂纹闭合。这两方面的作用，都会阻止裂纹扩展，提高了材料的断裂韧性。

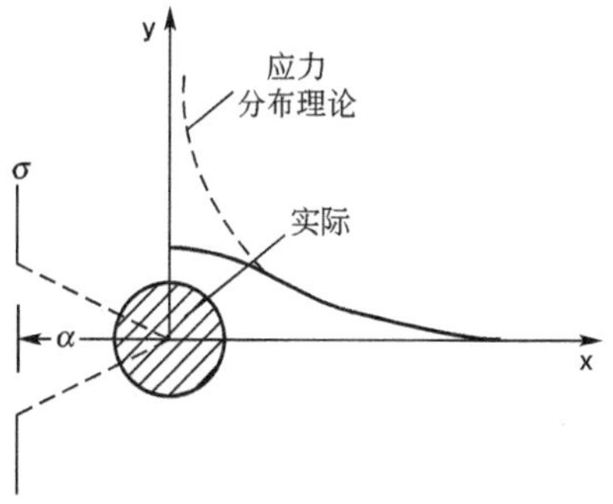

图 12.12 微裂纹区导致主裂纹尖端应力重新分布

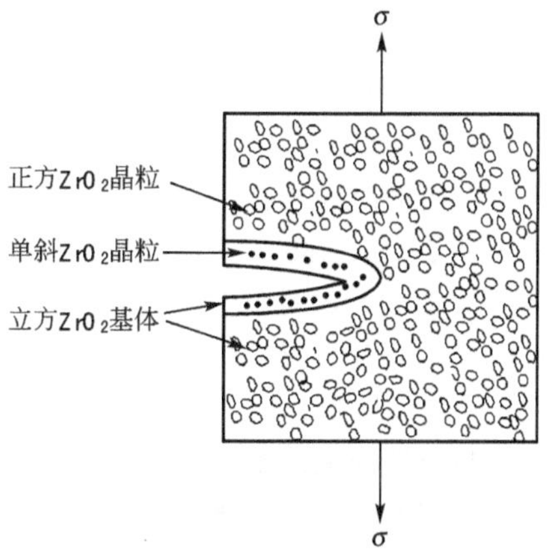

图 12.13 ZrO_2 相变诱发微裂纹区增韧示意图

12.6 高聚物的强化与韧化

12.6.1 高聚物的强化原理

高分子材料强化机理与金属材料不同，各种元素的加入或分子键结构的变化并不是阻碍位错的运动，而是以其他的机制起作用。高分子是由分子链组成的。分子链中的原子之间、链节之间的相互作用是强的共价键结合。这种结合力为分子链的主价力，它的大小取决于链的化学组成。分子链之间的相互作用是弱的范德华力和氢键。这类结合力为次价力，约为主价力的1%～10%。

对高分子材料机械强度的研究表明，大分子链的主价力、分子间力和大分子的柔顺性是决定其机械性能的主要因素。当无数大分子链靠分子间力(范德华力、氢键力)聚集起来时，才显示其强度特征。因此，高分子材料的强度与其聚集状态、分子链间作用力及结构不均一性等因素有关。

在外力作用下，高分子材料的主价键和次价键均要承担载荷。从构成大分子链的化学键的强度和大分子链相互作用力的强度，可以估算出高分子材料的理论强度。但实际应用的高分子材料，由于内部存在缺陷，其强度很低，仅为理论强度的1%～0.1%。另外，由于分子链不能同时承载和同时断裂，尤其是次价键更不会同时发生。一般情况下是链段间次价键先断裂，并使载荷逐渐地转移到处于薄弱环节的主价键上，尽管主价键的强度比分子间力大得多，但因应力集中而断裂。实验温度越低，速度越高，链段运动越困难，就越易造成应力集中使主价键断裂，脆性断裂的特征也越明显。

在高分子材料中结构不均一的部位，如裂纹、银纹、表面刻痕、空孔和杂质等，均会导致裂纹的产生。特别是高分子材料所含包含的自然发生的裂纹，其长度约为10^{-3}～10^{-4}cm，宽度接近分子大小，在裂纹的尖端会造成大的应力集中，可能超过分子断裂的理论强度，导致高分子材料的断裂。

高分子材料的强化途径主要有以下几种。

(1) 链段交联。

高分子链的几何形状主要有线性、支化性和体性(三维网状)等三类。线性链结构的聚合物在玻璃化温度T_g以上，虽然也能在一定程度上表现出橡胶弹性，但总伴随有黏性流动，当力作用的时间稍长，就会永久变形。为了使线性聚合物获得足够的强度和弹性，其分子链间必须交联。随着交联程度的增加，交联键的平均距离缩短，高分子材料的断裂强度将会进一步增大，屈服强度和弹性模量也会大幅度提高。交联使单位面积内承载的网络键数目增多，并且可以均匀承载，这是交联强化的基本原理。

(2) 引入极性基。

取代基极性的强弱对高分子链的柔顺性影响很大。取代基的极性越强，其相互间作用力越大，单键的内旋越困难，因而高分子链的柔顺性越差。链间作用力对高聚物的机械强度有很大的影响。链上极性部分越多，极性越强，链间作用力就越大。橡胶、塑料、纤维三类物质的链间作用能是依次递增的，也就是说，纤维类高聚物的链间作用能最大，橡胶类高聚物的链间作用能最小，塑料高聚物介于两者之间，而它们之间并无严格界限。因此，在大分子链中引入极性基团，增加链间作用力，可以提高高聚物的强度。例如，在聚丁二烯的大分子链上引入适当的极性基(羧基)，增强了链间作用力力，得到了强度较高的羧基橡胶。

(3) 结晶度和取向。

高分子的聚集态结构主要有晶态结构、非晶态结构、取向态结构、液晶态结构以及织态结构。晶态高分子材料的结晶度和大分子取向对其强度有着明显的影响。实际的晶态高聚物中存在着晶区和非晶区，一个大分子链可以贯穿几个晶区和非晶区。在非晶区分子链是蜷曲和相互缠结的，当结晶性高聚物受力时，可使应力分散并导致微晶取向化，使强度得到提高。结晶度的提高使高分子的密度增大，而且微晶还会起到物理交联的作用，使应力均匀分布，断裂强度上升。人们用电子显微镜等仪器观测结晶性高聚物时发现，在聚合物中存在着各种大小(10nm～1cm)、各种形状(片状、纤维状、球状)的有序结构单元。它们的出现随着聚合物的性质、结晶条件和后处理情况不同而有所差别。如聚合物熔体冷却时，常常会得到一种球状晶体，称为球晶。高分子材料处于玻璃化温度 T_g 以下时，未取向的晶粒，特别是大的球状晶的增加，有使强度减小、脆性增大的倾向。缓慢冷却或在 T_m 以下退火会使结晶度提高，但形成的球状晶体尺寸也随之增大。反之，快速冷却(类似淬火)能获得结晶度低的、球晶尺寸小的高聚物，这种高聚物具有低的屈服强度和很好的韧性。

实验表明，若使高聚物熔体在高压下结晶，或高度拉伸结晶性高聚物，可以获得由伸直链形成的纤维状晶体结构。这种结构可使高聚物具有高的抗拉强度，屈服强度和弹性模量也得到相应提高。

(4) 定向聚合。

定向聚合是提高高分子材料结构上均一性的有效方法。研究发现，在高分子材料的聚合过程中，三乙基铝和四氯化钛型催化剂对大分子的空间排列有一种特殊的定向作用，可以使 α-烯烃单体生成空间排列规整的大分子链，使聚乙烯的密度、拉伸弹性模量、物理性能和机械性能都有所提高。定向聚合的出现，在高分子合成和结构研究方面产生重大的突破，它开辟了改性高分子材料的新途径。

12.6.2 高聚物的韧化原理

由统计规律可知，高分子材料分子链呈伸直构象的几率是极小的(因熵值小)，而呈蜷曲构象的几率较大(因熵值大)。因此，分子链通常是呈蜷曲状态。导致分子链呈蜷曲构象的原因是单键的内旋转，内旋越自由，蜷曲的趋势越大，高分子链的柔顺性越好。

在高聚物内部，由于结构的不均一性导致裂纹尖端应力集中，在拉伸过程中，在裂纹尖端产生塑性应变，引发大量银纹。银纹首先在与应力垂直的方向上增厚，直到增厚的银纹进一步演变成裂缝。这个过程加快了裂纹尖端区域弹性应变能的释放，设应变能释放率为 g_c，对于高分子材料 g_c 有一临界值 g_{ic}，当 $g_c > g_{ic}$时，材料会发生韧-脆转变。研究表明，材料的韧性是拉伸试验速率的函数，裂纹尖端的有效速率往往比标称应变速率高得多。随着应变速率的增加，g_{ic}减小，即越容易出现 $g_c > g_{ic}$，导致材料发生韧-脆转化。在银纹化过程中主要消耗在银纹的形成和变形上。

图 12.14 是材料经不同拉伸速度拉伸后所得到的应力-应变曲线，曲线下的面积是材料的冲击韧性值。拉伸速度增大，应力-应变曲线向纵轴靠近，断裂强度增大，伸长率减小，曲线下的总面积减小，即冲击韧性下降。如果提高温度，使试验温度高于 T_g，则断

裂强度下降，断裂伸长率增大，断裂伸长率的大小往往对材料的冲击韧性起着很大的作用，通常材料冲击韧性随着伸长率增大而增大。非晶态高分子链越柔顺，相对分子量越大，在外力作用下，能将较多的外加动能变为热能(由分子内摩擦产生)，则其冲击韧性越高。

试验温度升高，冲击韧性增加，当温度上升至材料玻璃化温度附近或更高时，非晶态高聚物的冲击韧性急增。大多数结晶性高分子材料，在 T_g 以上时，也比在 T_g 以下具有更大的冲击韧性。温度在 T_g 附近时应力集中可以缓和，分子运动较易，于是外力所做的功在冲击短时间内也能变成分子间的内摩擦热而散逸。

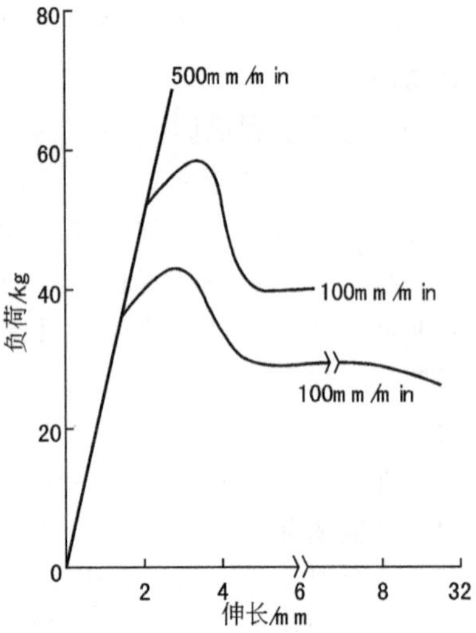

图 12.14　拉伸速度对硬聚氯乙烯的应力-应变曲线的影响

热塑性塑料的大分子结构及分子间力是决定材料性能的主要因素。若这两个因素均能促使材料堆砌密度小，玻璃化温度低时，则冲击韧性就高。大分子链的柔顺性好，可提高高分子材料的结晶度，而结晶度的提高，常使冲击韧性下降。热固性塑料的交联键起着束缚链段运动的作用，交联密度较大时，抗冲击性能下降。

相对分子量增加使分子链的构象和缠结点均增多，使高分子材料的强度和延伸率均得以提高，而强度和延伸率的提高会使冲击韧性获得改善，所以随相对分子量的增大，材料的冲击韧性上升。例如，相对分子量达到数百万的超高相对分子质量的聚乙烯具有极其优越的抗冲击性能。相对分子质量对晶态高聚物冲击韧性的影响还与结晶度有关。若相对分子质量降低使结晶度提高，冲击韧性降低，同时冲击韧性对温度的敏感性也降低。应该指出，高聚物的相对分子质量有一临界值。当相对分子质量大于临界值时，高聚物为韧性，反之为脆性。

在高分子材料中添加增塑剂，使分子间的作用力减小，链段以至大分子链易于运动，使材料的冲击韧性提高。但某些增塑剂在添加较少时，有反增塑作用，反而使冲击韧性下降。例如，在聚氯乙烯等材料中加入增塑剂邻苯二甲酸二辛酯(DOP)，当 DOP 含量＜10％时，聚氯乙烯等材料的冲击韧性随增塑剂含量的增加而明显下降，当 DOP 含量＞10％时，冲击韧性随增塑剂含量的增加而迅速上升。

多元嵌段是增加高分子材料韧性的有效方法。在玻璃化温度较高的链段中嵌入玻璃化温度较低的链段。在使用过程中，刚性高的链段发挥保证硬度、强度的作用，而具有低的玻璃化温度和高柔顺性的链段可保证共聚物的韧性。最著名的共聚物就是 ABS，它是丙烯腈(A)、丁二烯(B)和苯乙烯(S)三者共聚合成的。苯乙烯和丙烯腈形成线性共聚物叫 SAN，作为材料的基体，苯乙烯和丁二烯也形成线性共聚物，叫 BS 橡胶，BS 填充于基体之间。这两种共聚物的结合使 ABS 有很好的强度、刚度和韧性。ABS 是在聚苯乙烯改性的基础上发展起来的。聚苯乙烯的缺点是脆性和不耐高温，当形成 ABS 共聚物之后，苯乙烯的良好性能(坚硬、透明、良好的电性能和加工成形性能)被保留下来；由于丙烯腈的作用而具有较高的强度，耐热和耐油性；而丁二烯则具有弹性和抗冲击性。所以 ABS 把这三者的优点结合起来，它广泛用于制造电信器材、汽车和飞机上的零部件。

习 题

12-1　简要分析加工硬化、细晶强化、固溶强化及弥散强化在本质上有何异同。

12-2　常温下晶界为什么能强化金属？你能举出实验根据吗？为什么细晶粒金属不仅强度高而且塑性也好？

12-3　加工硬化的实质是什么？典型的单晶体加工硬化曲线有何特征？三种典型金属结构的加工硬化曲线有什么不同？

参 考 文 献

[1] 徐恒钧．材料科学基础［M］．北京：北京工业大学出版社，2001.
[2] 张联盟，黄学辉，宋晓岚．材料科学基础［M］．武汉：武汉理工大学出版社，2004.
[3] 李见．材料科学基础［M］．北京：冶金工业出版社，2000.
[4] 胡赓祥，蔡珣．材料科学基础［M］．上海：上海交通大学出版社，2000.
[5] 胡赓祥，蔡珣．材料科学基础［M］．2 版．上海：上海交通大学出版社，2006.
[6] 刘国勋．金属学原理［M］．2 版．北京：冶金工业出版社，1983.
[7] 石德珂，沈莲．材料科学基础［M］．2 版．西安：西安交通大学出版社，1995.
[8] 余永宁，毛卫民．材料的结构［M］．2 版．北京：冶金工业出版社，2001.
[9] 余永宁．金属学原理［M］．2 版．北京：冶金工业出版社，2003.
[10] 曹明盛．物理冶金基础［M］．北京：冶金工业出版社，1988.
[11] 谭毅，李敬锋．新材料概论［M］．2 版．北京：冶金工业出版社，2004.
[12] 宋维锡．金属学［M］．2 版．北京：冶金工业出版社，1989.
[13] 胡德林．金属学与热处理［M］．2 版．西安：西北工业大学出版社，1994.
[14] 王键安．金属学与热处理［M］．2 版．北京：机械工业出版社，1980.
[15] 胡赓祥，钱苗根．金属学［M］．上海：上海科学技术出版社，1980.
[16] 陈进化．位错基础［M］．2 版．上海：上海科学技术出版社，1984.
[17] 石德柯．材料科学基础［M］．西安：西安交通大学出版社，2003.
[18] 徐祖耀．金属学原理［M］．上海：上海科学技术出版社，1964.
[19] 钟家湘，郑秀华，刘颖．金属学教程［M］．2 版．北京：北京理工大学出版社，1995.
[20] 崔忠圻．金属学与热处理原理［M］．北京：机械工业出版社，2000.
[21] 刘锡礼，王秉权．复合材料力学基础［M］．北京：中国建筑工业出版社，1989.
[22] 李超．金属学原理［M］．2 版．哈尔滨：哈尔滨工业大学出版社，1989.
[23] 谢希文，路若英．金属学原理［M］．2 版．北京：航空工业出版社，1987.
[24] 郑子樵．材料科学基础［M］．2 版．长沙：中南大学出版社，2005.
[25] 赵品，谢辅洲，孙振国．材料科学基础教程［M］．哈尔滨：哈尔滨工业大学出版社，2003.
[26] 杜丕一，潘颐．材料科学基础［M］．北京：中国建材工业出版社，2002.
[27] 侯增寿，卢光熙．金属学原理［M］．上海：上海科学技术出版社，1990.
[28] 潘金生，仝建民，田民波．材料科学基础［M］．北京：清华大学出版社，1998.
[29] 刘智恩．材料科学基础［M］．2 版．西安：西北工业大学出版社，2003.
[30] 张留成．高分子材料导论［M］．北京：化学工业出版社，1993.
[31] 周曦亚．复合材料［M］．北京：化学工业出版社，2004.
[32] 石德柯．材料科学基础［M］．2 版．西安：西安交通大学出版社，2003.
[33] 梁晖，卢江．高分子科学基础［M］．北京：化学工业出版社，2006.
[34] 陶杰，姚正军，薛烽．材料科学基础［M］．北京：化学工业出版社，2006.
[35] 张钧林，严彪，王德平，袁华．材料科学基础［M］．北京：化学工业出版社，2006.
[36] 何曼君，张红东，陈维孝，董西侠．高分子物理［M］．上海：复旦大学出版社，2006.
[37]［英］Henderson B．晶体缺陷［M］．范印哲译．北京：高等教育出版社，1984.
[38]［英］Cottrell A H．晶体中的位错和范性流变［M］．葛庭燧译．北京：科学出版社，1960.

[39] Cahn R W，Haasen P. Physical metallurgy [M] 4th ED. Elsevier Science BV，1996.
[40] Barrett C S，Massalski T B. Structure of metals [M] 3rd ED. Pergamon Press ，1980.
[41] 崔忠圻，刘北兴. 金属学与热处理原理 [M]. 哈尔滨：哈尔滨工业大学出版社，1998.
[42] 唐仁正. 物理冶金基础 [M]. 北京：冶金工业出版社，1997.
[43] 张国定，赵昌正. 金属基复合材料 [M]. 上海：上海交通大学出版社，1996.